"十三五"国家重点出版物
出版规划项目

中国植物
大化石记录
1865—2005

Ⅳ Record of Megafossil Ginkgophytes from China

中国银杏植物大化石记录

吴向午　王永栋／编著

科学技术部科技基础性工作专项
(2013FY113000)资助

中国科学技术大学出版社

内 容 简 介

本书是"中国植物大化石记录(1865—2005)"丛书的第Ⅳ分册,由内容基本相同的中、英文两部分组成,共记录1865—2005年间正式发表的中国银杏类大化石属名63个(含依据中国标本建立的属名14个和含有化石种的现生属名1个)、种名580余个(含依据中国标本建立的种名240个)。书中对每一个属的创建者、创建年代、异名表、模式种、分类位置以及种的创建者、创建年代和模式标本等原始资料做了详细编录;对归于每个种名下的中国标本的发表年代、作者(或鉴定者)、文献页码、图版、插图、器官名称、产地、时代、层位等数据做了收录;对依据中国标本建立的属、种名,种名的模式标本及标本的存放单位等信息也做了详细汇编。各部分附有属、种名索引,存放模式标本的单位名称及丛书属名索引(Ⅰ—Ⅵ分册),书末附有参考文献。

本书在广泛查阅国内外古植物学文献和系统采集数据的基础上编写而成,是一份资料收集较齐全、查阅较方便的文献,可供国内外古植物学、生命科学和地球科学的科研、教育及数据库等有关人员参阅。

图书在版编目(CIP)数据

中国银杏植物大化石记录/吴向午,王永栋编著.—合肥:中国科学技术大学出版社,2019.4

(中国植物大化石记录:1865—2005)
国家出版基金项目
"十三五"国家重点出版物出版规划项目
ISBN 978-7-312-03701-6

Ⅰ.中… Ⅱ.①吴…②王… Ⅲ.银杏类植物-植物化石-中国 Ⅳ.Q914.2

中国版本图书馆CIP数据核字(2015)第321320号

出版	中国科学技术大学出版社 安徽省合肥市金寨路96号 http://press.ustc.edu.cn https://zgkxjsdxcbs.tmall.com	开本 印张 插页 字数	787 mm×1092 mm 1/16 24.75 1 802千
印刷	合肥华苑印刷包装有限公司	版次	2019年4月第1版
发行	中国科学技术大学出版社	印次	2019年4月第1次印刷
经销	全国新华书店	定价	218.00元

总序

　　古生物学作为一门研究地质时期生物化石的学科,历来十分重视和依赖化石的记录,古植物学作为古生物学的一个分支,亦是如此。对古植物化石名称的收录和编纂,早在 19 世纪就已经开始了。在 K. M. von Sternberg 于 1820 年开始在古植物研究中采用林奈双名法不久后,F. Unger 就注意收集和整理植物化石的分类单元名称,并于 1845 年和 1850 年分别出版了 *Synopsis Plantarum Fossilium* 和 *Genera et Species Plantarium Fossilium* 两部著作,对古植物学科的发展起了历史性的作用。在这以后,多国古植物学家和相关的机构相继编著了古植物化石记录的相关著作,其中影响较大的先后有:由大英博物馆主持,A. C. Seward 等著名学者在 19 世纪末 20 世纪初编著的该馆地质分部收藏的标本目录;荷兰 W. J. Jongmans 和他的后继者 S. J. Dijkstra 等用多年时间编著的 *Fossilium Catalogus* II: *Plantae*;英国 W. B. Harland 等和 M. J. Benton 先后主编的 *The Fossil Record* (*Volume 1*) 和 *The Fossil Record* (*Volume 2*);美国地质调查所出版的由 H. N. Andrews Jr. 及其继任者 A. D. Watt 和 A. M. Blazer 等编著的 *Index of Generic Names of Fossil Plants*,以及后来由隶属于国际生物科学联合会的国际植物分类学会和美国史密森研究院以这一索引作为基础建立的"Index Nominum Genericorum (ING)"电子版数据库等。这些记录尽管详略不一,但各有特色,都早已成为各国古植物学工作者的共同资源,是他们进行科学研究十分有用的工具。至于地区性、断代的化石记录和单位库存标本的编目等更是不胜枚举:早年 F. H. Knowlton 和 L. F. Ward 以及后来的 R. S. La Motte 等对北美白垩纪和第三纪植物化石的记录,S. Ash 编写的美国西部晚三叠世植物化石名录,荷兰 M. Boersma 和 L. M. Broekmeyer 所编的石炭纪、二叠纪和侏罗纪大化石索引,R. N. Lakhanpal 等编写的印度植物化石目录,S. V. Meyen 的植物化石编录以及 V. A. Vachrameev 的有关苏联中生代孢子植物和裸子植物的索引等。这些资料也都对古植物学成果的交流和学科的发展起到了积极的作用。从上述目录和索引不难看出,编著者分布在一些古植物学比较发达、有关研究论著和专业人员众多的国家或地区。显然，目录和索引的编纂，是学科发展到一定阶段的需要和必然的产物，因而代表了这些国家或地区古植物学研究的学术水平和学科发展的程度。

虽然我国地域广大，植物化石资源十分丰富，但古植物学的发展较晚，直到20世纪50年代以后，才逐渐有较多的人员从事研究和出版论著。随着改革开放的深化，国家对科学日益重视，从20世纪80年代开始，我国古植物学各个方面都发展到了一个新的阶段。研究水平不断提高，研究成果日益增多，不仅迎合了国内有关科研、教学和生产部门的需求，也越来越多地得到了国际同行的重视和引用。一些具有我国特色的研究材料和成果已成为国际同行开展相关研究的重要参考资料。在这样的背景下，我国也开始了植物化石记录的收集和整理工作，同时和国际古植物学协会开展的"Plant Fossil Record (PFR)"项目相互配合，编撰有关著作并筹建了自己的数据库。吴向午研究员在这方面是我国起步最早、做得最多的。早在1993年，他就发表了文章《中国中、新生代大植物化石新属索引(1865－1990)》，出版了专著《中国中生代大植物化石属名记录(1865－1990)》。2006年，他又整理发表了1990年以后的属名记录。刘裕生等(1996)则编制了《中国新生代植物大化石目录》。这些都对学科的交流起到了有益的作用。

由于古植物学内容丰富、资料繁多，要对其进行全面、综合和详细的记录，显然是不可能在短时间内完成的。经过多年的艰苦奋斗，现终能根据资料收集的情况，将中国植物化石记录按照银杏植物、真蕨植物、苏铁植物、松柏植物、被子植物等门类，结合地质时代分别编纂出版。与此同时，还要将收集和编录的资料数据化，不断地充实已经初步建立起来的"中国古生物和地层学专业数据库"和"地球生物多样性数据库(GBDB)"。

"中国植物大化石记录(1865－2005)"丛书的编纂和出版是我国古植物学科发展的一件大事，无疑将为学科的进一步发展提供良好的基础信息，同时也有利于国际交流和信息的综合利用。作为一个长期从事古植物学研究的工作者，我热切期盼该丛书的出版。

前言

在我国,对植物化石的研究有着悠久的历史。最早的文献记载,可追溯到北宋学者沈括(1031－1095)编著的《梦溪笔谈》。在该书第 21 卷中,详细记述了陕西延州永宁关(今陕西省延安市延川县延水关)的"竹笋"化石[据邓龙华(1976)考辨,可能为似木贼或新芦木髓模]。此书也对古地理、古气候等问题做了阐述。

和现代植物一样,对植物化石的认识、命名和研究离不开双名法。双名法系瑞典探险家和植物学家 Carl von Linné 于 1753 年在其巨著《植物种志》(*Species Plantarum*)中创立的用于现代植物的命名法。捷克矿物学家和古植物学家 K. M. von Sternberg 在 1820 年开始发表其系列著作《史前植物群》(*Flora der Vorwelt*)时率先把双名法用于化石植物,确定了化石植物名称合格发表的起始点(McNeill 等,2006)。因此收录于本丛书的现生属、种名以 1753 年后(包括 1753 年)创立的为准,化石属、种名则采用 1820 年后(包括 1820 年)创立的名称。用双名法命名中国的植物化石是从美国史密森研究院(Smithsonian Institute)的 J. S. Newberry [1865(1867)]撰写的(《中国含煤地层化石的描述》*Description of Fossil Plants from the Chinese Coal-bearing Rocks*)一文开始的,本丛书对数据的采集时限也以这篇文章的发表时间作为起始点。

我国幅员辽阔,各地质时代地层发育齐全,蕴藏着丰富的植物化石资源。新中国成立后,特别是改革开放以来,随着国家建设的需要,尤其是地质勘探、找矿事业以及相关科学研究工作的不断深入,我国古植物学的研究发展到了一个新的阶段,积累了大量的古植物学资料。据不完全统计,1865(1867)－2000 年间正式发表的中国古植物大化石文献有 2000 多篇[周志炎、吴向午(主编),2002];1865(1867)－1990 年间发表的用于中国中生代植物大化石的属名有 525 个(吴向午,1993a);至 1993 年止,用于中国新生代植物大化石的属名有 281 个(刘裕生等,1996);至 2000 年,根据中国中、新生代植物大化石建立的属名有 154 个(吴向午,1993b,2006)。但这些化石资料零散地刊载于浩瀚的国内外文献之中,使古植物学工作者的查找、统计和引用极为不便,而且有许多文献仅以中文或其他文字发表,不利于国内外同行的引用与交流。

为了便于检索、引用和增进学术交流,编者从 20 世纪 80 年代开始，在广泛查阅文献和系统采集数据的基础上，把这些分散的资料做了系统编录，并进行了系列出版。如先后出版了《中国中生代大植物化石属名记录(1865—1990)》(吴向午，1993a)、《中国中、新生代大植物化石新属索引(1865—1990)》(吴向午，1993b)和《中国中、新生代大植物化石新属记录(1991—2000)》(吴向午，2006)。这些著作仅涉及属名记录，未收录种名信息，因此编写一部包括属、种名记录的中国植物大化石记录显得非常必要。本丛书主要编录1865—2005年间正式发表的中国中生代植物大化石信息。由于篇幅较大，我们按苔藓植物、石松植物、有节植物、真蕨植物、苏铁植物、银杏植物、松柏植物、被子植物等门类分别编写和出版。

本丛书以种和属为编写的基本单位。科、目等不立专门的记录条目，仅在属的"分类位置"栏中注明。为了便于读者全面地了解植物大化石的有关资料，对模式种(模式标本)并非产自中国的属(种)，我们也尽可能做了收录。

属的记录：按拉丁文属名的词序排列。记述内容包括属(属名)的创建者、创建年代、异名表、模式种[现生属不要求，但在"模式种"栏以"(现生属)"形式注明]及分类位置等。

种的记录：在每一个属中首先列出模式种，然后按种名的拉丁文词序排列。记录种(种名)的创建者、创建年代等信息。某些附有"aff.""Cf.""cf.""ex gr.""?"等符号的种名，作为一个独立的分类单元记述，排列在没有此种符号的种名之后。每个属内的未定种(sp.)排列在该属的最后。如果一个属内包含两个或两个以上未定种，则将这些未定种罗列在该属的未定多种(spp.)的名称之下，以发表年代先后为序排列。

种内的每一条记录(或每一块中国标本的记录)均以正式发表的为准；仅有名单，既未描述又未提供图像的，一般不做记录。所记录的内容包括发表年代、作者(或鉴定者)的姓名，文献页码、图版、插图、器官名称，产地、时代、层位等。已发表的同一种内的多个记录(或标本)，以文献发表年代先后为序排列；年代相同的则按作者的姓名拼音升序排列。如果同一作者同一年内发表了两篇或两篇以上文献，则在年代后加"a""b"等以示区别。

在属名或种名前标有"△"者，表示此属名或种名是根据中国标本建立的分类单元。凡涉及模式标本信息的记录，均根据原文做了尽可能详细的记述。

为了全面客观地反映我国古植物学研究的基本面貌，本丛书一律按原始文献收录所有属、种和标本的数据，一般不做删舍，不做修改，也不做评论，但尽可能全面地引证和记录后来发表的不同见解和修订意见，尤其对于那些存在较大问题的，包括某些不合格发表的属、种名等做了注释。

《国际植物命名法规》(《维也纳法规》)第 36.3 条规定:自 1996 年 1月1日起,植物(包括孢粉型)化石名称的合格发表,要求提供拉丁文或英文的特征集要和描述。如果仅用中文发表,属不合格发表[McNeill 等,2006;周志炎,2007;周志炎、梅盛吴(编译),1996;《古植物学简讯》第 38 期]。为便于读者查证,本记录在收录根据中国标本建立的分类单元时,从 1996 年起注明原文的发表语种。

为了增进和扩大学术交流,促使国际学术界更好地了解我国古植物学研究现状,所有属、种的记录均分为内容基本相同的中文和英文两个部分。参考文献用英文(或其他西文)列出,其中原文未提供英文(或其他西文)题目的,参考周志炎、吴向午(2002)主编的《中国古植物学(大化石)文献目录(1865—2000)》的翻译格式。各部分附有 4 个附录:属名索引、种名索引、存放模式标本的单位名称以及丛书属名索引(Ⅰ-Ⅵ分册)。

"中国植物大化石记录(1865—2005)"丛书的出版,不仅是古植物学科积累和发展的需要,而且将为进一步了解中国不同类群植物化石在地史时期的多样性演化与辐射以及相关研究提供参考,同时对促进国内外学者在古植物学方面的学术交流也会有诸多益处。

本书是"中国植物大化石记录(1865—2005)"丛书的第Ⅳ分册,记录 1865—2005 年间正式发表的中国银杏类大化石属名 63 个(含依据中国标本建立的属名 14 个和含有化石种的现生属名 1 个)、种名 580 余个(含依据中国标本建立的种名 240 个)。银杏植物现生 1 属 1 种 *Ginkgo biloba* L. 是著名的活化石。在地质历史时期,银杏植物始现于二叠纪,晚三叠世开始发展,侏罗纪至早白垩世最为繁盛,几乎遍布全球,白垩纪末从属种数量和分布上明显衰退,在古近纪末期(渐新世)急剧衰退,现今只有这 1 种,该种是典型的孑遗植物。中国中生代的银杏类植物化石非常丰富,为深入了解和探究银杏类植物的起源发育以及演化、辐射等提供了重要的记录和证据(Zhou and Zhang,1989,1992;Zhou,2002;Zhou and Zheng,2003;周志炎、吴向午,2006)。

一般认为银杏纲(Ginkgopsida)包含银杏目(Ginkgoales)和茨康目(Czekanowskiales)2 个目。但有些学者认为茨康目是一类亲缘关系不清楚的裸子植物(Harris,1976;Stewart,1983;Taylor and Taylor,1993)。本书仍依据传统的分类法把此目作为银杏类汇编。有些晚古生代的属(如 *Psygmophyllum* Schimper,*Ginkgophyllum* Saporta,*Dicranophyllum* Grand'Eury,等等)是否属于银杏植物尚有疑问,中生代的个别属(如 *Sorosaccus* 等)能否归于银杏类也有争议。本记录暂按原作者的意见予以收录。分散保存的化石花粉不属于当前记录的范畴,故未做收录。本记录在文献收录和数据采集中存在不足、错误和遗漏,请读者多提宝贵意见。

本项工作得到了国家科学技术部科技基础性工作专项（2013FY113000）及国家基础研究发展计划项目（2012CB822003，2006CB700401）、国家自然科学基金项目（No. 41272010）、现代古生物学和地层学国家重点实验室项目（No. 103115）、中国科学院知识创新工程重要方向性项目（ZKZCX2-YW-154）及信息化建设专项（INF105-SDB-1-42），以及中国科学院科技创新交叉团队项目等的联合资助。

　　本书在编写过程中得到了中国科学院南京地质古生物研究所古植物学与孢粉学研究室主任王军等有关专家和同行的关心与支持，尤其是周志炎院士给予了多方面帮助和鼓励并撰写了总序；南京地质古生物研究所图书馆张小萍和冯曼等协助借阅图书和网上下载文献；田宁、蒋子堃博士和李丽琴、周宁硕士等提供了不少协助。此外，本书的顺利编写和出版与杨群所长以及现代古生物学和地层学国家重点实验室戎嘉余院士、沈树忠院士、袁训来主任的关心和帮助是分不开的。编者在此一并致以衷心的感谢。

编　　者

目　录

总序　|　i

前言　|　iii

系统记录　|　1

  裸籽属 Genus *Allicospermum* Harris,1935　|　1

  石花属 Genus *Antholites*　|　1

  石花属 Genus *Antholithes* Brongniart,1822　|　2

  石花属 Genus *Antholithus* Linné,1786,emend Zhang et Zheng,1987　|　2

  北极拜拉属 Genus *Arctobaiera* Florin,1936　|　3

  拜拉属 Genus *Baiera* Braun,1843　|　3

  △白果叶属 Genus *Baiguophyllum* Duan,1987　|　18

  拜拉属 Genus *Bayera*　|　19

  苦戈维里叶属 Genus *Culgoweria* Florin,1936　|　19

  茨康叶属 Genus *Czekanowskia* Heer,1876　|　19

    茨康叶（瓦氏叶亚属）Subgenus *Czekanowskia* (*Vachrameevia*)
      Kiritchkova et Samylina,1991　|　26

  △大同叶属 Genus *Datongophyllum* Wang,1984　|　26

  叉叶属 Genus *Dicranophyllum* Grand'Eury,1877　|　27

  △渡口叶属 Genus *Dukouphyllum* Yang,1978　|　28

  桨叶属 Genus *Eretmophyllum* Thomas,1914　|　29

  银杏属 Genus *Ginkgo* Linné,1735　|　30

  准银杏属 Genus *Ginkgodium* Yokoyama,1889　|　41

  准银杏属 Genus *Ginkgoidium* Yokoyama,1889　|　42

  似银杏属 Genus *Ginkgoites* Seward,1919　|　43

  似银杏枝属 Genus *Ginkgoitocladus* Krassilov,1972　|　57

  银杏叶属 Genus *Ginkgophyllum* Saporta,1875　|　57

  银杏木属 Genus *Ginkgophyton* Matthew,1910（non Zalessky,1918）　|　58

  银杏木属 *Ginkgophyton* Zalessky,1918（non Matthew,1910）　|　58

  拟银杏属 Genus *Ginkgophytopsis* Hoeg,1967　|　59

  银杏型木属 Genus *Ginkgoxylon* Khudajberdyev,1962　|　60

  舌叶属 Genus *Glossophyllum* Kräusel,1943　|　60

哈兹叶属 Genus *Hartzia* Harris, 1935 (non Nikitin, 1965) | 64

槲寄生穗属 Genus *Ixostrobus* Raciborski, 1891 | 65

卡肯果属 Genus *Karkenia* Archangelsky, 1965 | 67

薄果穗属 Genus *Leptostrobus* Heer, 1876 | 67

拟刺葵属 Genus *Phoenicopsis* Heer, 1876 | 69

  拟刺葵（苦果维尔叶亚属）Subgenus *Phoenicopsis* (*Culgoweria*) (Florin) Samylina, 1972 | 76

  拟刺葵（拟刺葵亚属）Subgenus *Phoenicopsis* (*Phoenicopsis*) Samylina, 1972 | 76

  △拟刺葵（斯蒂芬叶亚属）Subgenus *Phoenicopsis* (*Stephenophyllum*) (Florin) ex Li, 1988 | 77

  拟刺葵（温德瓦狄叶亚属）Subgenus *Phoenicopsis* (*Windwardia*) (Florin) Samylina, 1972 | 78

顶缺银杏属 Genus *Phylladoderma* Zalessky, 1913 | 79

△始拟银杏属 Genus *Primoginkgo* Ma et Du, 1989 | 80

原始银杏型木属 Genus *Protoginkgoxylon* Khudajberdyev, 1971, emend Zheng et Zhang, 2000 | 80

△异叶属 Genus *Pseudorhipidopsis* P'an, 1936—1937 | 81

假托勒利叶属 Genus *Pseudotorellia* Florin, 1936 | 82

△拟掌叶属 Genus *Psygmophyllopsis* Durante, 1992 | 83

掌叶属 Genus *Psygmophyllum* Schimper, 1870 | 84

△辐叶属 Genus *Radiatifolium* Meng, 1992 | 87

扇叶属 Genus *Rhipidopsis* Schmalhausen, 1879 | 87

铲叶属 Genus *Saportaea* Fontaine et White, 1880 | 91

△中国叶属 Genus *Sinophyllum* Sze et Lee, 1952 | 92

似管状叶属 Genus *Solenites* Lindley et Hutton, 1834 | 93

堆囊穗属 Genus *Sorosaccus* Harris, 1935 | 94

小楔叶属 Genus *Sphenarion* Harris et Miller, 1974 | 94

楔拜拉属 Genus *Sphenobaiera* Florin, 1936 | 96

△楔叶拜拉花属 Genus *Sphenobaieroanthus* Yang, 1986 | 108

△楔叶拜拉枝属 Genus *Sphenobaierocladus* Yang, 1986 | 109

小果穗属 Genus *Stachyopitys* Schenk, 1867 | 109

似葡萄果穗属 Genus *Staphidiophora* Harris, 1935 | 110

狭轴穗属 Genus *Stenorhachis* Saporta, 1879 | 110

斯蒂芬叶属 Genus *Stephenophyllum* Florin, 1936 | 113

△天石枝属 Genus *Tianshia* Zhou et Zhang, 1998 | 114

托勒利叶属 Genus *Torellia* Heer, 1870 | 114

托列茨果属 Genus *Toretzia* Stanislavsky, 1971 | 115

毛状叶属 Genus *Trichopitys* Saporta, 1875 | 115

乌马果鳞属 Genus *Umaltolepis* Krassilov, 1972 | 115

△条叶属 Genus *Vittifoliolum* Zhou, 1984 | 116

△义马果属 Genus *Yimaia* Zhou et Zhang, 1988 | 118

银杏胚珠化石 *Ginkgo*-ovule | 118

银杏种子化石 *Ginkgo*-samen ｜ 118
　　拟刺葵碎片 *Phoenicopsis*-reste ｜ 119

附录 ｜ 120
　　附录 1　属名索引 ｜ 120
　　附录 2　种名索引 ｜ 123
　　附录 3　存放模式标本的单位名称 ｜ 139
　　附录 4　丛书属名索引（Ⅰ－Ⅵ分册）｜ 141

GENERAL FOREWORD ｜ 161

INTRODUCTION ｜ 163

SYSTEMATIC RECORDS ｜ 169
　　Genus *Allicospermum* Harris, 1935 ｜ 169
　　Genus *Antholites* ｜ 169
　　Genus *Antholithes* Brongniart, 1822 ｜ 170
　　Genus *Antholithus* Linné, 1786, emend Zhang et Zheng, 1987 ｜ 170
　　Genus *Arctobaiera* Florin, 1936 ｜ 171
　　Genus *Baiera* Braun, 1843 ｜ 171
　　△Genus *Baiguophyllum* Duan, 1987 ｜ 192
　　Genus *Bayera* ｜ 192
　　Genus *Culgoweria* Florin, 1936 ｜ 192
　　Genus *Czekanowskia* Heer, 1876 ｜ 193
　　　　Subgenus *Czekanowskia* (*Vachrameevia*) Kiritchkova et Samylina, 1991 ｜ 201
　　△Genus *Datongophyllum* Wang, 1984 ｜ 201
　　Genus *Dicranophyllum* Grand'Eury, 1877 ｜ 202
　　△Genus *Dukouphyllum* Yang, 1978 ｜ 204
　　Genus *Eretmophyllum* Thomas, 1914 ｜ 204
　　Genus *Ginkgo* Linné, 1735 ｜ 206
　　Genus *Ginkgodium* Yokoyama, 1889 ｜ 219
　　Genus *Ginkgoidium* Yokoyama, 1889 ｜ 220
　　Genus *Ginkgoites* Seward, 1919 ｜ 221
　　Genus *Ginkgoitocladus* Krassilov, 1972 ｜ 239
　　Genus *Ginkgophyllum* Saporta, 1875 ｜ 239
　　Genus *Ginkgophyton* Matthew, 1910 (non Zalessky, 1918) ｜ 240
　　Genus *Ginkgophyton* Zalessky, 1918 (non Matthew, 1910) ｜ 240
　　Genus *Ginkgophytopsis* Hoeg, 1967 ｜ 241
　　Genus *Ginkgoxylon* Khudajberdyev, 1962 ｜ 242
　　Genus *Glossophyllum* Kräusel, 1943 ｜ 242
　　Genus *Hartzia* Harris, 1935 (non Nikitin, 1965) ｜ 247
　　Genus *Ixostrobus* Raciborski, 1891 ｜ 248

Genus *Karkenia* Archangelsky, 1965 | **251**

Genus *Leptostrobus* Heer, 1876 | **251**

Genus *Phoenicopsis* Heer, 1876 | **253**

    Subgenus *Phoenicopsis* (*Culgoweria*) (Florin) Samylina, 1972 | **262**

    Subgenus *Phoenicopsis* (*Phoenicopsis*) Samylina, 1972 | **263**

    △Subgenus *Phoenicopsis* (*Stephenophyllum*) (Florin) ex Li, 1988 | **263**

    Subgenus *Phoenicopsis* (*Windwardia*) (Florin) Samylina, 1972 | **264**

Genus *Phylladoderma* Zalessky, 1913 | **265**

Genus *Primoginkgo* Ma et Du, 1989 | **266**

Genus *Protoginkgoxylon* Khudajberdyev, 1971, emend Zheng et Zhang, 2000 | **266**

△Genus *Pseudorhipidopsis* P'an, 1936—1937 | **267**

Genus *Pseudotorellia* Florin, 1936 | **268**

△Genus *Psygmophyllopsis* Durante, 1992 | **270**

Genus *Psygmophyllum* Schimper, 1870 | **270**

△Genus *Radiatifolium* Meng, 1992 | **274**

Genus *Rhipidopsis* Schmalhausen, 1879 | **274**

Genus *Saportaea* Fontaine et White, 1880 | **280**

△Genus *Sinophyllum* Sze et Lee, 1952 | **281**

Genus *Solenites* Lindley et Hutton, 1834 | **281**

Genus *Sorosaccus* Harris, 1935 | **283**

Genus *Sphenarion* Harris et Miller, 1974 | **283**

Genus *Sphenobaiera* Florin, 1936 | **286**

△Genus *Sphenobaieroanthus* Yang, 1986 | **301**

△Genus *Sphenobaierocladus* Yang, 1986 | **302**

Genus *Stachyopitys* Schenk, 1867 | **302**

Genus *Staphidiophora* Harris, 1935 | **302**

Genus *Stenorhachis* Saporta, 1879 | **303**

Genus *Stephenophyllum* Florin, 1936 | **307**

△Genus *Tianshia* Zhou et Zhang, 1998 | **308**

Genus *Torellia* Heer, 1870 | **308**

Genus *Toretzia* Stanislavsky, 1971 | **308**

Genus *Trichopitys* Saporta, 1875 | **309**

Genus *Umaltolepis* Krassilov, 1972 | **309**

△Genus *Vittifoliolum* Zhou, 1984 | **310**

△Genus *Yimaia* Zhou et Zhang, 1988 | **312**

Ginkgo-ovule | **312**

Ginkgo-samen | **313**

Phoenicopsis-reste | **313**

APPENDIXES | 314

    Appendix 1   Index of Generic Names | **314**

    Appendix 2   Index of Specific Names | **317**

    Appendix 3   Table of Institutions that House the Type Specimens | **333**

    Appendix 4   Index of Generic Names to Volumes Ⅰ－Ⅶ | **335**

REFERENCES | 352

系 统 记 录

裸籽属 Genus *Allicospermum* Harris,1935

1935　Harris,121 页。
1986　叶美娜等,88 页。
1993a　吴向午,51 页。
模式种:*Allicospermum xystum* Harris,1935
分类位置:裸子植物或银杏植物(gymnosperm or ginkgophytes)

光滑裸籽 *Allicospermum xystum* Harris,1935

1935　Harris,121 页,图版 9,图 1—10,13,18;插图 46;裸子植物种子和角质层;东格陵兰斯科斯比湾;早侏罗世(*Thaumatoperis* Zone)。
1993a　吴向午,51 页。

?光滑裸籽 ?*Allicospermum xystum* Harris

1986　叶美娜等,88 页,图版 53,图 7,7a;种子;四川达县斌郎;早侏罗世珍珠冲组。

△卵圆形裸籽 *Allicospermum ovoides* Li,1988

1988　李佩娟等,142 页,图版 100,图 21;银杏类种子;采集号:80QFu;登记号:PB13763;标本保存在中国科学院南京地质古生物研究所;青海绿草山宽沟;中侏罗世石门沟组 *Nilssonia* 层。

裸籽(未定种)*Allicospermum* sp.

2002　吴向午等,171 页,图版 13,图 13,14;种子;内蒙古阿拉善右旗长山;中侏罗世宁远堡组下段。

石花属 Genus *Antholites*

[注:此属名最初由 Yokoyama(1906,19 页)引用,未指明属名的创建者和创建年代,可能为 *Antholithes* Brongniart,1822 或 *Antholithus* Linné,1786 的错误拼写(斯行健、李星学等,1963, 362 页)]

1906　Yokoyama,19 页。
1963　斯行健、李星学等,362 页。

1993a 吴向午,55页。

△**中国石花 *Antholites chinensis* Yokoyama,1906**
1906　Yokoyama,19页,图版2,图4;果穗;松柏类或银杏类;四川彭县青岗林;早侏罗世。
　　　〔注:此标本后被斯行健、李星学等(1963,362页)改定为有疑问的化石〕
1993a 吴向午,55页。

石花属 Genus *Antholithes* Brongniart,1822
1822　Brongniart,320页。
1963　斯行健、李星学等,362页。
1993a 吴向午,55页。
模式种:*Antholithes liliacea* Brongniart,1822
分类位置:分类位置不明或银杏植物?(plant incertae sedis or ginkgophytes?)

百合石花 *Antholithes liliacea* Brongniart,1822
1822　Brongniart,320页,图版14,图7;"菁朵"状的印痕标本;亲缘关系不明。
1993a 吴向午,55页。

石花属 Genus *Antholithus* Linné,1786,emend Zhang et Zheng,1987
1963　斯行健、李星学等,362页。
1987　张武、郑少林,309页。
1993a 吴向午,55页。
选模种:*Antholithus wettsteinii* Krässer,1943(张武、郑少林,1987,309页)
分类位置:不明或银杏植物或银杏植物?(plant incertae sedis or ginkgophytes or ginkgophytes?)

魏氏石花 *Antholithus wettsteinii* Krässer,1943
1943　Krässer,76页,图版10,图11,12;图版11,图6,7;图版13,图1—7;插图8;雄性花穗;
　　　奥地利伦兹;晚三叠世。
1993a 吴向午,55页。

△富隆山石花 *Antholithus fulongshanensis* Zhang et Zheng,1987
1987　张武、郑少林,310页,图版17,图6;图版30,图1—1b;插图36;雄性花穗;登记号:
　　　SG110145;标本保存在沈阳地质矿产研究所;辽宁南票富隆山盘道沟;中侏罗世海房
　　　沟组。
1993a 吴向午,55页。

△卵形石花 *Antholithus ovatus* Wu S Q,1999(中文发表)
1999a 吴舜卿,24页,图版20,图2,2a,5,5a,7,7a;枝叶;采集号:AEO-113,AEO-114,AEO-
　　　210;登记号:PB18341,PB18342;正模:PB18342(图版20,图5);标本保存在中国科学

院南京地质古生物研究所;辽宁北票上园黄半吉沟;晚侏罗世义县组下部尖山沟层。

△杨树沟石花 *Antholithus yangshugouensis* Zhang et Zheng,1987
1987　张武、郑少林,311页,图版24,图7;图版30,图3—3b;插图37;雄性花穗;登记号:SG110156;标本保存在沈阳地质矿产研究所;辽宁喀喇沁左翼杨树沟;早侏罗世北票组。
1993a　吴向午,55页。

石花(未定多种) *Antholithus* spp.
1999a　*Antholithus* spp.,吴舜卿,24页,图版20,图4,4a,6,6a;花;辽宁北票上园黄半吉沟;晚侏罗世义县组下部尖山沟层。

北极拜拉属 Genus *Arctobaiera* Florin,1936
1936　Florin,119页。
1996　周志炎、章伯乐,362页。
模式种:*Arctobaiera flettii* Florin,1936
分类位置:茨康目(Czekanowskiales)

弗里特北极拜拉 *Arctobaiera flettii* Florin,1936
1936　Florin,119页,图版26—31;图版32,图1—6;叶及角质层;法兰士·约瑟兰地群岛;侏罗纪。

△仁保北极拜拉 *Arctobaiera renbaoi* Zhou et Zhang,1996(英文发表)
1996　周志炎、章伯乐,362页,图版1,图1—6;图版2,图1—8;插图1,2;长枝、短枝、叶及角质层;登记号:PB17449,PB17451—PB17454;正模:PB17451(图版1,图3);正模负面:PB17452(图版1,图6);标本保存在中国科学院南京地质古生物研究所;河南义马;中侏罗世义马组中部。
1997　周志炎,Guignard,180页,图版1,图1—7;图版2,图1—4;角质层;河南义马北露天煤矿;中侏罗世义马组中部。

拜拉属 Genus *Baiera* Braun,1843
1843(1839—1843)　Braun,in Müester,20页。
1963　斯行健、李星学等,229页。
1993a　吴向午,58页。
模式种:*Baiera dichotoma* Braun in Münster,1843
分类位置:银杏目(Ginkgoales)

两裂拜拉 *Baiera dichotoma* Braun in Münster,1843
1843(1839—1843)　Braun,in Münster,20页,图版12,图1—5;叶;德国巴伐利亚;晚三叠世。

1874　*Bayera dichotoma* Braun,Brongniart,408页,扇形叶;陕西丁家沟;侏罗纪。[注:原文将属名拼为 *Bayera*;此标本后被改定为 *Baiera* sp.(斯行健、李星学等,1963)]
1993a　吴向午,58页。

阿涅特拜拉 *Baiera ahnertii* Kryshtofovich,1932

1932　Kryshtofovich,Prynada,371页,图版1,图4;叶;苏联南滨海;早白垩世。
1984　陈芬等,59页,图版27,图6—7;叶;北京门头沟、大安山、房山;早侏罗世下窑坡组。
1985　杨关秀、黄其胜,198页,图3-104(左);叶;北京西山;早侏罗世下窑坡组。
1995　曾勇等,58页,图版17,图2;图版26,图6—8;叶及角质层;河南义马;中侏罗世义马组。

阿涅特拜拉(比较种) *Baiera* cf. *ahnertii* Kryshtofovich

1992　黄其胜、卢宗盛,图版1,图6;叶;内蒙古鄂尔多斯横山无定河;早侏罗世富县组。

狭叶拜拉 *Baiera angustiloba* Heer,1878

1878a　Heer,24页,图版7,图2;叶;俄罗斯勒拿河流域;早白垩世。
1883b　Schenk,256页,图版53,图1;叶;山西大同;侏罗纪。[注:此标本曾被改定 *Baiera gracilis*(Bean MS)Bunbury(斯行健、李星学等,1963,233页)]
1906　Krasser,605页,图版2,图10;北京西山;侏罗纪。[注:此标本曾改定 *Baiera gracilis*(Bean MS)Bunbury(斯行健、李星学等,1963,233页)]

狭叶拜拉(比较种) *Baiera* cf. *angustiloba* Heer

1908　Yabe,10页,图版1,图2a;叶;吉林陶家屯;侏罗纪。

△浅田拜拉 *Baiera asadai* Yabe et Ôishi,1928

1928　Yabe,Ôishi,9页,图版3,图2;叶;山东潍县刘家沟;侏罗纪。
1933　Ôishi,242页,角质层;山东坊子;侏罗纪。
1950　Ôishi,110页,图版35,图3;叶;山东坊子;早侏罗世。
1963　斯行健、李星学等,230页,图版77,图1;叶;山东潍县;早—中侏罗世坊子群。
1980　陈芬等,429页,图版3,图5;叶;北京西山大安山;早—侏罗世下窑坡组。
1980　张武等,285页,图版145,图6,7;叶;辽宁凌源沟门子;早侏罗世郭家店组;辽宁本溪;中侏罗世大堡组。
1982　王国平等,276页,图版129,图3;叶;山东潍县;早—中侏罗世坊子组。
1983　段淑英等,图版10,图6;叶;云南宁蒗;晚三叠世背箩山煤系。
1984　陈芬等,59页,图版27,图8;叶;北京门头沟、大安山;早侏罗世下窑坡组。
1985　杨关秀、黄其胜,198页,图3-104(右);叶;山东潍县,北京西山,辽宁凌源;早—中侏罗世坊子群、门头沟群。
1991　北京地质矿产局,图版13,图9;叶;北京门头沟、大安山;早侏罗世下窑坡组。
1995　曾勇等,57页,图版17,图3,4;图版19,图1;图版27,图8;图版28,图1,2;叶及角质层;河南义马;中侏罗世义马组。
1996　米家榕等,121页,图版24,图19;叶;辽宁北票兴隆沟;中侏罗世海房沟组。
1998　张泓等,图版45,图3;叶;陕西延安西杏子河;中侏罗世延安组。

浅田拜拉(比较种) *Baiera* cf. *asadai* Yabe et Ôishi

1929　Yabe,Ôishi,106页,图版21,图4;叶;山东坊子;侏罗纪。
1933　Ôishi,215页,图版32(3),图9,10;叶;辽宁大堡;侏罗纪。[注:此标本后改定为 *Baiera*

gracilis(Bean MS)Bunbury(斯行健、李星学等,1963)]

△不对称拜拉 *Baiera asymmetrica* Mi,Sun C,Sun Y,Cui et Ai,1996(中文发表)
1996 米家榕等,120 页,图版 25,图 1—3,10—13;插图 14;叶;标本 3 块,标本号:BU5197—BU5199;正模:BU5199(图版 25,图 1);标本保存在长春地质学院地史古生物教研室;辽宁北票东升矿;早侏罗世北票组上段。
2003 许坤等,图版 6,图 4;叶;辽宁北票东升矿一井;早侏罗世北票组上段。

南方拜拉 *Baiera australis* M'Coy ex Stirling,1892
1892 M'Coy,见 Stirling,图版 1,图 2;叶;澳大利亚南吉普斯兰;南吉普斯兰植物群。

南方拜拉(比较种) *Baiera* cf. *australis* M'Coy
1923 周赞衡,82,140 页,图版 2,图 7;叶;山东莱阳;晚侏罗世莱阳组。[注:此标本被李星学有疑问地改定为 *Ginkgoites*? sp. (斯行健、李星学等,1963,228 页)]

△白田坝拜拉 *Baiera baitianbaensis* Yang,1978
1978 杨贤河,528 页,图版 187,图 5;叶;标本 1 块,标本号:SP0143;正模:SP0143(图版 187,图 5);标本保存在成都地质矿产研究所;四川广元白田坝;早侏罗世白田坝组。
1989 杨贤河,图版 1,图 3;叶;四川广元白田坝;早侏罗世。

△巴列伊拜拉 *Baiera balejensis* (Prynada) Zheng ex zhang et al.,1980
1962 *Ginkgo balejensis* Prynada,170 页,图版 10,图 4,5;插图 35;叶;苏联伊尔库茨克盆地;侏罗纪。
1980 张武等,285 页,图版 145,图 9;叶;辽宁本溪;中侏罗世转山子组。

△北方拜拉 *Baiera borealis* Wu S Q,1999(中文发表)
1999a 吴舜卿,16 页,图版 8,图 3,4;叶;采集号:AEO-108,AEO-95;登记号:PB18267,PB18268;合模 1:PB18267(图版 8,图 3);合模 2:PB18268(图版 8,图 4);标本保存在中国科学院南京地质古生物研究所;辽宁北票上园;晚侏罗世义县组下部。[注:依据《国际植物命名法规》(《维也纳法规》)第 37.2 条,1985 年起,模式标本只能是 1 块标本]
2003a 吴舜卿,171 页,图 233;叶;辽宁北票上园;晚侏罗世义县组下部。

优雅拜拉 *Baiera concinna* (Heer) Kawasaki,1925
1876b *Ginkgo concinna* Heer,63 页,图版 13,图 6—8;图版 7,图 8;叶;俄罗斯伊尔库茨克盆地;侏罗纪。
1925 Kawasaki,48 页,图版 27,图 80,80a,80b,80d;叶;朝鲜;侏罗纪。
1950 Ôishi,112 页,辽宁昌图沙河子;晚侏罗世。
1980 张武等,285 页,图版 145,图 8;叶;辽宁凌源沟门子;早侏罗世郭家店组。
1983 段淑英等,图版 10,图 5;叶;云南宁蒗;晚三叠世背箩山煤系。
1984 陈芬等,60 页,图版 27,图 3—5;图版 30,图 2;叶;北京门头沟、大安山;早侏罗世下窑坡组。
1985 杨关秀、黄其胜,199 页,图 3-105.1;叶;北京西山,辽宁凌源;早—中侏罗世门头沟群、郭家店组;河北宣化;晚侏罗世玉带山组;辽宁昌图;早白垩世沙河子组。
1987 陈晔等,121 页,图版 35,图 7—9;叶;四川盐边;晚三叠世红果组。
1995 曾勇等,58 页,图版 16,图 1,3;图版 29,图 1,2;叶及角质层;河南义马;中侏罗世义马组。

1996　米家榕等,123页,图版24,图11,13—18,21,22;图版26,图1,3;叶;河北抚宁石门寨;早侏罗世北票组;辽宁北票兴隆沟;中侏罗世海房沟组。

优雅拜拉(比较属种) Cf. Baiera concinna (Heer) Kawasaki
1933　Yabe,Ôishi,216页,图版32(3),图16;叶;辽宁沙河子;侏罗纪。
1933　Ôishi,242页,图版36(1),图8;角质层;辽宁沙河子;侏罗纪。
1963　斯行健、李星学等,230页,图版77,图7,8;叶;辽宁沙河子;中、晚侏罗世。

优雅拜拉(比较种) Baiera cf. concinna (Heer) Kawasaki
1981　刘茂强、米家榕,26页,图版3,图4,6;叶;吉林临江义和;早侏罗世义和组。
1986　段淑英等,图版1,图5;叶;陕西彬县百子沟;中侏罗世延安组。

△厚叶拜拉 Baiera crassifolia Chen et Duan,1987
1987　陈晔、段淑英,见陈晔等,122页,图版36,图1;叶;标本号:7358;四川盐边;晚三叠世红果组。

茨康诺斯基拜拉 Baiera czekanowskiana Heer,1876
1876b　Heer,56页,图版10,图1—5;图版7,图1;叶;俄罗斯伊尔库茨克盆地;侏罗纪。
1987　张武、郑少林,305页,图版29,图12;叶;辽宁锦西南票盘道沟;中侏罗世海房沟组。

△树形? 拜拉 Baiera? dendritica Mi,Sun C,Sun Y,Cui et Ai,1996 (中文发表)
1996　米家榕、孙春林、孙跃武、崔尚森、艾永亮,见米家榕等,123页,图版26,图15,17;插图15;叶;标本号:HF5035;正模:HF5035(图版26,图15);标本保存在长春地质学院地史古生物教研室;河北抚宁黑山窑村西;早侏罗世北票组。

△东巩拜拉 Baiera donggongensis Meng,1983
1983　孟繁松,227页,图版4,图2;叶;登记号:D76023;正模:D76023(图版4,图2);标本保存在宜昌地质矿产研究所;湖北南漳东巩;晚三叠世九里岗组。

雅致拜拉 Baiera elegans Ôishi,1932
1932　Ôishi,353页,图版49,图6—11;插图4;叶;日本成羽;晚三叠世。
1976　李佩娟等,128页,图版41,图1—4;叶;云南禄丰一平浪;晚三叠世一平浪组干海子段。
1978　周统顺,118页,图版28,图1,2;叶;福建漳平大坑;晚三叠世文宾山组。
1982　王国平等,276页,图版122,图2;叶;福建漳平大坑;晚三叠世文宾山组。
1984　陈公信,604页,图版264,图3—5;叶;湖北蒲圻苦竹桥;晚三叠世鸡公山组。
1986　叶美娜等,68页,图版46,图3,5,8;叶;四川开县七里峡、达县斌郎;晚三叠世须家河组7段。
1992　孙革、赵衍华,545页,图版243,图3;叶;吉林汪清天桥岭;晚三叠世马鹿沟组。
1993b　孙革,85页,图版36,图1;叶;吉林汪清马鹿沟村东北;晚三叠世马鹿沟组。

雅致拜拉(比较种) Baiera cf. elegans Ôishi
1952　斯行健、李星学,11,31页,图版8,图2,2a,3,5;图版9,图4,4a,6;叶;四川巴县一品场;早侏罗世香溪组。
1962　李星学等,151页,图版92,图2;叶;长江流域;晚三叠世—早侏罗世。
1964　李佩娟,139页,图版19,图1—4;叶;四川广元荣山;晚三叠世须家河组。
1982a　吴向午,57页,图版9,图2;叶;西藏安多县土门;晚三叠世土门格拉组。

1987　陈晔等,123 页,图版 36,图 3;叶;四川盐边;晚三叠世红果组。
1987　何德长,85 页,图版 17,图 3;叶;福建安溪格口;早侏罗世梨山组。
1995a　李星学(主编),图版 78,图 5;叶;四川广元荣山;晚三叠世须家河组。(中文)
1995b　李星学(主编),图版 78,图 5;叶;四川广元荣山;晚三叠世须家河组。(英文)

△瘦形拜拉 *Baiera exiliformis* Yang,1978
1978　杨贤河,528 页,图版 177,图 3;叶;标本号:SP00094;正模:SP00094(图版 177,图 3);标本保存在成都地质矿产研究所;四川新龙雄龙;晚三叠世喇嘛垭组。

△小型拜拉 *Baiera exilis* Sze,1949
[注:此种模式标本被李星学归于 *Baiera furcata* (Lindley et Hutton) Braun(斯行健、李星学等,1963,231 页)]
1949　斯行健,31 页,图版 8,图 5,6;叶;标本保存在中国科学院南京地质古生物研究所;湖北秭归香溪;早侏罗世香溪煤系。

叉状拜拉 *Baiera furcata* (Lindley et Hutton) Braun,1843
1837　*Solenites? furcata* Lindley et Hutton,图版 209;叶;英国约克郡;中侏罗世。
1843　Braun,21 页。
1954　徐仁,61 页,图版 53,图 2;叶;陕西横山;早、中侏罗世。
1959　斯行健,9,26 页,图版 6,图 6,7;图版 7,图 1—5;叶;青海柴达木;早、中侏罗世。
1963　斯行健、李星学等,231 页,图版 78,图 1—7;叶;山西大同,陕西横山,新疆准噶尔,青海柴达木,湖北秭归香溪;早、中侏罗世。
1976　张志诚,194 页,图版 99,图 6,7;图版 117,图 4;叶;山西大同蜂子涧、龙王庙;中侏罗世云岗组;陕西延安王家坪;中侏罗世延安组。
1979　何元良等,151 页,图版 74,图 1,2,2a;叶;青海大柴旦大煤沟;中侏罗世大煤沟组。
1980　陈芬等,429 页,图版 3,图 4;叶;北京西山门头沟;早—中侏罗世下窑坡组。
1980　张武等,285 页,图版 146,图 1,2;图版 183,图 1;叶;辽宁喀喇沁左翼;早侏罗世;内蒙古呼伦贝盟伊敏;早白垩世扎赉诺尔群大磨拐河组。
1982　段淑英、陈晔,506 页,图版 13,图 7,8;叶;四川云阳南溪;早侏罗世珍珠冲组。
1982b　杨学林、孙礼文,51 页,图版 21,图 1;叶;吉林洮安万宝五井;中侏罗世万宝组。
1984　陈芬等,60 页,图版 28,图 1,2;叶;北京门头沟、大安山、长沟谷;早侏罗世下窑坡组。
1984　陈公信,604 页,图版 260,图 4,5;叶;湖北秭归香溪、当阳桐竹园;早侏罗世香溪组、桐竹园组。
1984　顾道源,152 页,图版 80,图 16;叶;新疆和丰阿克雅;早—中侏罗世三工河组。
1984　王自强,275 页,图版 139,图 10,11;图版 167,图 6—8;图版 168,图 5—8;叶及角质层;河北下花园;中侏罗世门头沟组。
1985　杨关秀、黄其胜,199 页,图 3-105.3;叶;新疆、青海、陕西、山西、辽宁、北京西山;早—中侏罗世。
1987　陈晔等,122 页,图版 30,图 6;叶;四川盐边;晚三叠世红果组。
1987　何德长,78 页,图版 8,图 5;叶;浙江遂昌靖居口;中侏罗世毛弄组。
1989　梅美棠等,107 页,图版 58,图 5;叶;中国;晚三叠世—早侏罗世。
1993　米家榕等,127 页,图版 34,图 5,7;叶;吉林双阳大酱缸;晚三叠世大酱缸组;辽宁北票羊草沟;晚三叠世羊草沟组。

1993c 吴向午,81页,图版2,图3—4a,5B;图版3,图2—4A,4aA;图版6,图7B,7aB;图版7,图3,4;图版8,图1—4;叶及角质层;陕西商县凤家山—山倾村;早白垩世凤家山组下段。
1995 邓胜徽等,54页,图版24,图5,6;图版25,图4;图版44,图1—5;插图21;叶及角质层;内蒙古霍林河;早白垩世霍林河组。
1995 李承森,崔金钟,91页(包括图3幅);内蒙古;早白垩世。
1995 王鑫,图版3,图7;叶;陕西铜川;中侏罗世延安组。
1996 米家榕等,123页,图版25,图4—9;图版26,图2,5,9,12;叶;河北抚宁石门寨;早侏罗世北票组;辽宁北票兴隆沟;中侏罗世海房沟组。
1997 邓胜徽等,43页,图版25,图5;图版28,图15—17;图版29,图7;叶;内蒙古扎赉诺尔;早白垩世伊敏组;内蒙古大雁;早白垩世伊敏组、大磨拐河组。
1998 张泓等,图版42,图9;图版45,图4;图版47,图3;图版48,图3,4;叶;甘肃兰州窑街,宁夏平罗汝箕沟,青海大煤沟;中侏罗世窑街组、延安组、大煤沟组。
2003 邓胜徽等,图版74,图5;叶;新疆塔里木盆地库车河;早侏罗世杨霞组。
2003 袁效奇等,图版19,图5;叶;陕西神木考考乌素沟;中侏罗世延安组。
2004 孙革、梅盛吴,图版5,图10,10a;图版9,图7,8;叶;甘肃山丹高家沟;中侏罗世早期。
2005 孙柏年等,图版10,图4;角质层;甘肃窑街;中侏罗世窑街组含煤岩段。

叉状拜拉(比较属种) Cf. *Baiera furcata* (Lindley et Hutton) Harris
1988 李佩娟等,99页,图版74,图3;图版116,图1—4;叶及角质层;青海大煤沟;中侏罗世大煤沟组 *Tyrmia-Sphenobaiera* 层。

叉状拜拉(比较种) *Baiera* cf. *furcata* (Lindley et Hutton) Braun
1963 斯行健、李星学等,232页,图版80,图6[=*Baiera lindleyana* Seward(斯行健,1933c,29页,图版7,图8)];叶;内蒙古萨拉齐巴都沟(石灰沟);早—中侏罗世。
1977a 冯少南等,238页,图版94,图10;叶;河南渑池义马;早—中侏罗世;湖北秭归;早—中侏罗世香溪群上煤组。
1982 王国平等,276页,图版126,图7;叶;江西万载老鸦窝;晚三叠世安源组。
1986 叶美娜等,68页,图版46,图6;叶;四川达县雷音铺;晚三叠世须家河组7段。
1996 常江林、高强,图版1,图11;叶;山西武宁麻黄沟;中侏罗世大同组。

纤细拜拉 *Baiera gracilis* (Bean MS) Bunbury, 1851
1851 Bunbury,182页,图版12,图3;叶;英国;中侏罗世。
1906 Yokoyama,30页,图版9,图2a;叶;辽宁昌图沙河子、凤城赛马集碾子沟;中、晚侏罗世。
1922 Yabe,24页,图版4,图6,15;叶;北京大安山,吉林陶家屯;侏罗纪。
1933c 斯行健,16,34页,图版7,图1—3,4(?);叶;山西大同张家湾,山东潍县坊子;早侏罗世。
1941 Stockmans,Mathieu,48页,图版6,图5—7;叶;山西大同高山;侏罗纪。
1950 Ôishi,109页,图版35,图1;叶;北京;早侏罗世。
1961 沈光隆,172页,图版2,图1,2;叶;甘肃徽成;中侏罗世沔县群。
1963 斯行健、李星学等,233页,图版74,图7;图版77,图2;图版79,图1;图版80,图7,8(?);叶;山西大同,山东潍县坊子,辽宁阜新(?),北京西山;早、中侏罗世—晚侏罗世。
1976 张志诚,195页,图版99,图5;叶;山西大同鹊儿山;中侏罗世云岗组。

1977a 冯少南等,238页,图版95,图2;叶;河南渑池义马;早—中侏罗世。
1980 张武等,285页,图版146,图3;叶;辽宁凌源沟门子;早侏罗世郭家店组;辽宁本溪;中侏罗世大堡组。
1982 陈芬、杨关秀,579页,图版2,图9;叶;河北平泉猴山沟;早白垩世九佛堂组。
1983 李杰儒,图版3,图9;叶;辽宁锦西后富隆山盘道沟;中侏罗世海房沟组。
1984 陈芬等,60页,图版28,图3,4;叶;北京西山;早侏罗世下窑坡组,中侏罗世上窑坡组。
1985 杨关秀、黄其胜,199页,图3-105.2;叶;山西、山东、辽宁、北京西山;侏罗纪;辽宁阜新、昌图,吉林火石岭;早白垩世。
1987 段淑英,46页,图版16,图1,2;叶;北京西山斋堂;中侏罗世窑坡组。
1987 孟繁松,254页,图版35,图9;叶;湖北远安晓坪曾家坡;早侏罗世香溪组。
1987 钱丽君等,82页,图版27,图1—3;叶及角质层;陕西神木永兴;中侏罗世延安组2段。
1989 段淑英,图版1,图4;叶;北京西山斋堂;中侏罗世窑坡组。
1993 米家榕等,128页,图版34,图10;叶;吉林汪清天桥岭嘎呀河西岸;晚三叠世马鹿组。
1995 王鑫,图版2,图4;叶;陕西铜川;中侏罗世延安组。
1995 曾勇等,58页,图版15,图5;图版17,图5;图版26,图3—5;叶及角质层;河南义马;中侏罗世义马组。
1996 米家榕等,124页,图版26,图8,14,16,18;叶;辽宁北票兴隆沟;中侏罗世海房沟组。
1998 张泓等,图版54,图5;叶;陕西延安西杏河;中侏罗世延安组。
1999a 吴舜卿,16页,图版10,图7;叶;辽宁北票上园黄半吉沟;晚侏罗世义县组下部尖山沟层。
2003 袁效奇等,图版20,图7;叶;陕西神木考考乌素沟;中侏罗世延安组。

纤细拜拉(比较种) *Baiera* cf. *gracilis* (Bean MS) Bunbury

1908 Yabe,9页,图版1,图3c;图版2,图5c;叶;吉林陶家屯;侏罗纪。
1933 Ôishi,242页,图版36(1),图4—7;图版39(4),图5—7;角质层;辽宁沙河子;侏罗纪。
1933 Yabe,Ôishi,217页,图版32(3),图13B,14,15;图版33(4),图5;叶;辽宁沙河子、碾子沟,吉林火石岭、陶家屯;侏罗纪。
1952 斯行健、李星学,11,31页,图版9,图5;叶;四川巴县一品场;早侏罗世香溪群。
1963 斯行健、李星学,234页,图版73,图3a;图版74,图8;图版79,图5B;叶及角质层;辽宁昌图沙河子、凤城赛马集碾子沟,吉林火石岭、陶家屯,北京房山大安山;早、中侏罗世—晚侏罗世。
1980 黄枝高、周惠琴,99页,图版43,图3,4;图版44,图5;叶;陕西铜川柳林沟;晚三叠世延长组上部。
1982 王国平等,277页,图版129,图5;叶;福建清流嵩溪;早侏罗世梨山组。
1982a 杨学林、孙礼文,593页,图版3,图1;叶;松辽盆地九台;晚侏罗世沙河子组。
1982b 杨学林、孙礼文,51页,图版21,图2,3a,6;叶;吉林洮安万宝二井、万宝五井;中侏罗世万宝组。
1984 康明等,图版1,图11,12;叶;河南济源杨树庄;中侏罗世杨树庄组。
1985 黄其胜,图版1,图10;叶;湖北大冶金山店;早侏罗世武昌组。
1985 商平,图版8,图8;叶;辽宁阜新;早白垩世海州组孙家湾段。
1987 陈晔等,123页,图版30,图5;叶;四川盐边;晚三叠世红果组。
1987 何德长,79页,图版11,图2;图版12,图3;叶;浙江遂昌靖居口;早侏罗毛弄组4层。

1988　张汉荣等,图版 2,图 3;叶;河北蔚县南石湖;中侏罗世郑家窑组。
1996　米家榕等,124 页,图版 26,图 7;叶;辽宁北票兴隆沟;中侏罗世海房沟组。

基尔豪马特拜拉 *Baiera guilhaumati* Zeiller,1903

1902—1903　Zeiller,205 页,图版 50,图 16—19;叶;越南鸿基;晚三叠世。
1931　斯行健,37 页,图版 6,图 1—6;叶;江苏南京栖霞山;早侏罗世象山群。
1954　徐仁,61 页,图版 53,图 4;叶;云南一平浪;晚三叠世。
1958　汪龙文等,588 页;叶;云南,江苏南京;晚三叠世。
1963　斯行健、李星学等,235 页,图版 79,图 2—4;叶;江苏南京栖霞山;早侏罗世象山群。
1964　王钰(主编),128 页,图版 76,图 13,14;叶;华南;晚三叠世晚期—早侏罗世。
1974　胡雨帆等,图版 2,图 8;叶;四川雅安;晚三叠世。
1980　张武等,286 页,图版 110,图 2;叶;吉林浑江石人;晚三叠世北山组。
1982　王国平等,276 页,图版 128,图 8;叶;江苏南京栖霞山;早、中侏罗世象山群。
1985　杨关秀、黄其胜,199 页,图 3-105.4;叶;四川,福建;晚三叠世;江苏南京,安徽;早侏罗世。
1987　孟繁松,255 页,图版 35,图 4;叶;湖北远安晓坪曾家坡;早侏罗世香溪组。
1988　黄其胜,图版 2,图 7;叶;安徽怀宁;早侏罗世武昌组中上部。
1991　黄其胜、齐悦,图版 1,图 12;叶;浙江兰溪马涧;中侏罗世马涧组。
1993　米家榕等,128 页,图版 34,图 11;叶;辽宁北票羊草沟;晚三叠世羊草沟组。
1995　曾勇等,59 页,图版 21,图 2;叶;河南义马;中侏罗世义马组。

基尔豪马特拜拉(比较种) *Baiera* cf. *guilhaumati* Zeiller

1931　斯行健,57 页;辽宁阜新孙家沟;早白垩世(注:原文为早侏罗世)。
1952　斯行健、李星学,11,30 页,图版 8,图 4;叶;四川巴县一品场;早侏罗世香溪群。
1962　李星学等,152 页,图版 92,图 2;叶;长江流域;晚三叠世—早侏罗世。
1963　斯行健、李星学等,235 页,图版 77,图 3;图版 80,图 1;叶;四川巴县一品场;早侏罗世香溪群。
1987　陈晔等,123 页,图版 35,图 10;叶;四川盐边;晚三叠世红果组。
2000　曹正尧,336 页,图版 3,图 15;图版 4,图 1—15;叶及角质层;安徽宿松毛岭;早侏罗世武昌组;江苏南京石佛庵;早侏罗世陵园组。
2002　吴向午等,163 页,图版 13,图 9;叶;内蒙古阿拉善右旗炭井沟;中侏罗世宁远堡组下段。

△赫勒拜拉 *Baiera hallei* Sze,1933

1933c　斯行健,18 页,图版 7,图 9;叶;山西静乐;侏罗纪。
1963　斯行健、李星学等,235 页,图版 80,图 2;叶;山西静乐;侏罗纪。
1981　周惠琴,图版 2,图 7;叶;辽宁北票羊草沟;晚三叠世羊草沟组。
1984　王自强,275 页,图版 140,图 5—8;图版 173,图 1—9;叶及角质层;山西大同,河北下花园,河南义马;中侏罗世大同组、门头沟组、义马组。
1992　周志炎、章伯乐,152 页,图版 1;图版 2,图 1—3;图版 4;图版 5,图 9;图版 6,图 10;图版 7;图版 8,图 5,7,8;插图 1—3;叶及角质层;河南义马;中侏罗世义马组。
1995　王鑫,图版 1,图 11;叶;陕西铜川;中侏罗世延安组。

赫勒拜拉(比较种) *Baiera* cf. *hallei* Sze
2003　袁效奇等,图版 20,图 8;叶;陕西神木考考乌素沟;中侏罗世延安组。

△黄氏拜拉 *Baiera huangi* Sze,1949
[注:本种后改定为 *Sphenobaiera huangi*(Sze)Hsu(徐仁,1954;斯行健、李星学等,1963,242 页)]
1949　斯行健,32 页,图版 7,图 1—4;叶;标本保存在中国科学院南京地质古生物研究所;湖北秭归香溪、当阳崔家沟;早侏罗世香溪煤系。

△木户拜拉 *Baiera kidoi* Yabe et Ôishi,1933
1933　Ôishi,243 页,图版 37(2),图 1,2;图版 39(4),图 11,12;角质层;吉林火石岭、陶家屯;侏罗纪。
1933　Yabe,Ôishi,218 页,图版 33(4),图 3;叶;吉林火石岭、陶家屯;侏罗纪。
1950　Ôishi,112 页;吉林火石岭;晚侏罗世。
1963　斯行健、李星学等,236 页,图版 80,图 3,4;图版 81,图 8,9;叶;吉林火石岭、陶家屯;中、晚侏罗世。
1980　张武等,286 页,图版 183,图 2;叶;吉林营城;早白垩世沙河子组。
1982　张采繁,536 页,图版 347,图 4;叶;湖南浏阳跃龙;早侏罗世跃龙组。

林德勒拜拉 *Baiera lindleyana* (Schimper) Seward,1900
1869　(1869—1874)　*Jeanpaulia lindleyana* Schimper,683 页;英国;侏罗纪。
1900　Seward,266 页,图版 9,图 6,7;插图 46;叶;英国;侏罗纪。
1911　Seward,19,48 页,图版 4,图 44;叶;新疆准噶尔佳木河右岸阿雅;侏罗纪。[注:此标本后被归于 *Baiera furcata* (Lindley et Hutton) Braun(斯行健、李星学等,1963)]
1933c　斯行健,17 页,图版 7,图 7;叶;山西大同;早、中侏罗世。[注:此标本后被归于 *Baiera furcata* (Lindley et Hutton) Braun(斯行健、李星学等,1963)]
1964　Miki,14 页,图版 1,图 c;叶;辽宁凌源;晚侏罗世狼鳍鱼层。

林德勒拜拉(比较属种) Cf. *Baiera lindleyana* (Schimper) Seward
1929b　Yabe,Ôishi,105 页,图版 21,图 3;叶;山东坊子;侏罗纪。

林德勒拜拉(比较种) *Baiera* cf. *lindleyana* Seward
1933c　斯行健,29 页,图版 7,图 8;叶;内蒙古萨拉齐巴都沟(石灰沟);早、中侏罗世。
1936　潘钟祥,36 页,图版 11,图 7;图版 13,图 12;叶;陕西横山石湾;早、中侏罗世瓦窑堡煤系中部。[注:此标本后归于 *Baiera furcata* (Lindley et Hutton) Braun(斯行健、李星学等,1963)]

△岭西拜拉 *Baiera lingxiensis* Zheng et Zhang,1982
1982b　郑少林、张武,319 页,图版 18,图 7—12;叶及角质层;标本 1 块,登记号:HCS003;标本保存在沈阳地质矿产研究所;黑龙江双鸭山岭西;早白垩世城子河组。

长叶拜拉 *Baiera longifolia* Heer,1876
1876c　Heer,52 页,图版 7,图 2,3;图版 8;图版 9,图 1—11;叶;俄罗斯西伯利亚;侏罗纪。

长叶拜拉(比较种) *Baiera* cf. *longifolia* Heer
1941　Stockmans,Mathieu,48 页,图版 6,图 3;叶;河北临榆柳江;早、中侏罗世。[注:此标本

后改定为 *Sphenobaiera longifoli*（斯行健、李星学等，1963，243页）］

卢波夫拜拉 *Baiera luppovi* Burakova，1963

1963　Burakova，见 Baranova 等，206页，图版10，图1，2；叶；西土库曼斯坦；侏罗纪。
1984　陈芬等，61页，图版28，图5；叶；北京大安山；早侏罗世下窑坡组。

△东北拜拉 *Baiera manchurica* Yabe et Ôishi，1933

［注：此种曾被改定为 *Ginkgo manchurica*（Yabe et Ôishi）Meng et Chen（陈芬等，1988）和 *Ginkgoites manchuricus*（Yabe et Ôishi）ex Cao（曹正尧，1992，234页）］

1933　Yabe，Ôishi，218页，图版32(3)，图12，13A；图版33(4)，图1；叶；辽宁沙河子、大台山，吉林陶家屯、火石岭(?)；侏罗纪。
1933　Ôishi，244页，图版36(1)，图9；图版37(2)，图6；图版39(4)，图13；角质层；辽宁沙河子；侏罗纪。
1950　Ôishi，112页，吉林火石岭及陶家屯；晚侏罗世。
1963　斯行健、李星学等，236页，图版79，图5A；图版80，图9；图版81，图1—3；叶；吉林火石岭、陶家屯；中、晚侏罗世。
1980　黄枝高、周惠琴，99页，图版58，图3；叶；陕西安塞温家沟；中侏罗世延安组中部、上部。
1980　张武等，286页，图版182，图11；叶；辽宁昌图沙河子；早白垩世沙河子组。
1982a　刘子进，134页，图版70，图4；叶；陕西安塞温家沟；早—中侏罗世延安组。
1985　杨关秀、黄其胜，200页，图3-106(左)；叶；辽宁阜新、昌图，吉林陶家屯；早白垩世阜新组、沙河子组。
1988　孙革、商平，图版1，图10b；图版2，图7；叶；内蒙古东部霍林河；晚侏罗世—早白垩世霍林河组。
1992　孙革、赵衍华，545页，图版243，图9；图版245，图5；图版246，图4；图版259，图1，2；叶；吉林九台县营城子；早白垩世营城子组；石碑岭；早白垩世沙河子组。
1993　胡书生、梅美棠，图版2，图9a；叶；吉林辽源西安；早白垩世长安组下煤段。
1994　高瑞祺等，图版14，图5；叶；辽宁昌图沙河子；早白垩世沙河子组。
1995　王鑫，图版3，图8；叶；陕西铜川；中侏罗世延安组。
2001　孙革等，89，194页，图版15，图1；图版51，图1；叶；辽宁西部；晚侏罗世尖山沟组。

△最小拜拉 *Baiera minima* Yabe et Ôishi，1933

1933　Yabe，Ôishi，219页，图版32(3)，图11；叶；辽宁沙河子；侏罗纪。
1933　Ôishi，245页，图版37(2)，图3—5；图版39(4)，图8—10；角质层；辽宁沙河子；侏罗纪。
1950　Ôishi，112页，吉林九台火石岭；晚侏罗世。
1963　斯行健、李星学等，237页，图版81，图4—7；叶及角质层；辽宁昌图沙河子；中、晚侏罗世。
1980　张武等，286页，图版182，图9—10，12；叶；辽宁昌图沙河子；早白垩世沙河子组；吉林辽源；晚侏罗世。
1981　陈芬等，图版3，图5；叶；辽宁阜新海州；早白垩世阜新组。
1985　杨关秀、黄其胜，200页，图3-106右；叶；辽宁阜新、昌图，吉林辽源；早白垩世阜新组、沙河子组。
1985　商平，图版8，图3；叶；辽宁阜新；早白垩世海州组中段。
1993　胡书生、梅美棠，图版2，图9b；叶；吉林辽源西安；早白垩世长安组下煤段。
1994　高瑞祺等，图版15，图4；叶；辽宁昌图沙河子；早白垩世沙河子组。

最小拜拉（比较种）Baiera cf. minima Yabe et Ôishi
1984　王自强,276页,图版155,图2,3;叶;河北张家口,北京西山;早白垩世青石硓组、坨里砾岩组。
1996　米家榕等,124页,图版26,图11,13;叶;辽宁北票冠山;早侏罗世北票组;北票兴隆沟;中侏罗世海房沟组。

极小拜拉 Baiera minuta Nathorst, 1886
1886　Nathorst,93页,图版1,图3;图版13,图1,2;图版20,图14—16;叶;瑞士;晚三叠世。
1954　徐仁,61页,图版54,图1;叶;四川威远矮子山,湖南醴陵;晚三叠世。[注:此标本后改定为 Baiera cf. muensteriana（Presl）Saporta（斯行健、李星学等,1963）]
1978　周统顺,118页,图版28,图3;叶;福建漳平大坑;晚三叠世文宾山组上段。
1985　杨关秀、黄其胜,201页,图3-107(右);叶;湖南、江西、广东、四川;晚三叠世。
1989　周志炎,150页,图版15,图1—5;图版16,图1—5;图版19,图1,10;插图32—34;叶和角质层;湖南衡阳杉桥;晚三叠世杨柏冲组。
1994　高瑞祺等,图版15,图2;叶;辽宁昌图沙河子;早白垩世沙河子组。

极小拜拉（比较属种）Baiera cf. B. minuta Nathorst
1992　王士俊,49页,图版21,图3,7;图版42,图5—8;叶及角质层;广东乐昌关春;晚三叠世。

敏斯特拜拉 Baiera muensteriana (Presl) Saporta, 1884
1838(1820—1838)　Sphaeroccites muensteriana Presl,见 Sternberg,105页,图版28,图3;叶;德国;三叠纪。
1884　Saporta,272页,图版155,图10—12;图版156,图1—6;图版157,图1—3;叶;法国;侏罗纪。
1981　周惠琴,图版2,图5;叶;辽宁北票羊沟;晚三叠世羊草沟组。
1992　孙革、赵衍华,546页,图版243,图4,11;叶;吉林汪清天桥岭;晚三叠世马鹿沟组。
1993b　孙革,86页,图版34,图8,9;图版36,图3;叶;吉林汪清马鹿沟东北、天桥岭镇南嘎呀河西岸;晚三叠世马鹿沟组。
1996　孙跃武等,图版1,图15;叶;河北承德上谷;早侏罗世南大岭组。

敏斯特拜拉（比较种）Baiera cf. muensteriana (Presl) Saporta
1949　斯行健,33页;叶;湖北巴东瓦屋基;早侏罗世香溪煤系。
1952　斯行健、李星学等,11,31页,图版8,图1,1a;叶;四川威远;早侏罗世矮山子页岩。
1963　斯行健、李星学等,238页,图版82,图1—1b;叶;四川威远;早侏罗世矮山子页岩(相当于香溪群上部);湖北巴东瓦屋基;早侏罗世香溪群;湖南醴陵(?);晚三叠世—早侏罗世安源群。
1980　黄枝高、周惠琴,105页,图版60,图6;叶;陕西安塞县温家沟;中侏罗世延安组中部、上部。
1982　王国平等,277页,图版129,图12;叶;福建漳平大坑;晚三叠世文宾山组。
1984　王自强,276页,图版31,图13;叶;山西怀仁、河北承德;早罗世永定庄组、甲山组。
1986　叶美娜等,69页,图版46,图2,4;叶;四川达县雷音铺;晚三叠世须家河组7段。
1992　黄其胜,图版17,图6;叶;四川宣汉七里峡;晚三叠世须家河组7段。

△木里拜拉 *Baiera muliensis* Li et He，1979

1979 李佩娟、何元良，见何元良等，151页，图版73，图6，6a；叶；标本1块，采集号：lu8；登记号：PB6400；模式标本：PB6400（图版73，图6，6a）；标本保存在中国科学院南京地质古生物研究所；青海天峻木里；早—中侏罗世木里群江仓组。

△多裂拜拉 *Baiera multipartita* Sze et Lee，1952

1952 斯行健、李星学，12，13页，图版9，图1—3；叶；标本3块；标本保存在中国科学院南京地质古生物研究所；四川巴县一品场；早侏罗世香溪群。
1963 斯行健、李星学等，238页，图版82，图2—4；图版83，图1；叶；四川巴县一品场；早侏罗世香溪群。
1968 《湘赣地区中生代含煤地层手册》，75页，图版30，图2，3；图版31，图3；叶；湖南，江西；晚三叠世—早侏罗世。
1974a 李佩娟等，361页，图版186，图9；叶；四川威远连界场；晚三叠世须家河组。
1977a 冯少南等，238页，图版94，图12；叶；广东曲江；晚三叠世小坪组。
1978 杨贤河，529页，图版184，图6；叶；四川通江平溪；晚三叠世须家河组。
1980 何德长、沈襄鹏，26页，图版14，图3；叶；广东曲江牛牯墩；晚三叠世。
1982 段淑英、陈晔，506页，图版13，图3—6；叶；四川合川炭坝、大竹枷档湾；晚三叠世须家河组。
1982 王国平等，277页，图版122，图4；叶；江西横峰西山坪；晚三叠世安源组。
1982 张采繁，536页，图版340，图12，13；图版347，图14—17；叶；湖南怀化泸阳、宜章长策下坪、资兴三都同日坨；晚三叠世—早侏罗世。
1983 段淑英等，图版10，图4；叶；云南宁蒗；晚三叠世背箩山煤系。
1986 吴其切等，图版23，图2；叶；江苏南部；早侏罗世南象组。
1986 张采繁，198页，图版3，图1，2；插图8；叶及角质层；湖南常宁柏坊；早侏罗世石康组顶部。
1987 陈晔等，122页，图版35，图3，4；叶；四川盐边；晚三叠世红果组。
1989 梅美棠等，107页，图版56，图5；叶；华南；晚三叠世—早侏罗世。
1992 王士俊，50页，图版20，图5；图版42，图1—4；叶及角质层；广东乐昌关春；晚三叠世。
1996 黄其胜等，图版1，图7；叶；四川开县；早侏罗世珍珠冲组。
1999b 吴舜卿，44页，图版38，图1—3A，4—7，10—12；图版44，图2，9；图版50，图3—4a；叶及角质层；四川彭县磁峰场、旺苍金溪、万源万新石冠寺；晚三叠世须家河组。
2001 黄其胜等，图版1，图2；叶；重庆开县温泉；早侏罗世珍珠冲组下部Ⅱ段。

多裂拜拉（比较种） *Baiera* cf. *multipartita* Sze et Lee

1963 斯行健、李星学等，239页，图版77，图10；图版82，图5；图版83，图2；叶；四川巴县一品场；早侏罗世香溪群；四川广元须家河；晚三叠世须家河组。
1981 周惠琴，图版2，图2；叶；辽宁北票羊草沟；晚三叠世羊草沟组。
1987 陈晔等，124页，图版35，图5，6；叶；四川盐边；晚三叠世红果组。

△东方拜拉 *Baiera orientalis* Yabe et Ôishi，1933

［注：此种后被Florin（1936）改定为*Ginkgoites orientalis*（Yabe et Ôishi）Florin（斯行健、李星学等，1963，224页）；被张武等（1980）改定为*Ginkgo orientalis*（Yabe et Ôishi）］

1933 Yabe，Ôishi，220页，图版33（4），图4；叶；吉林火石岭；侏罗纪。
1950 Ôishi，112页，吉林火石岭；晚侏罗世。

菲利蒲斯拜拉 *Baiera phillipsii* Nathorst, 1880

1835 *Sphenopteris? longifolia* Phillips,119 页,图版 7,图 4;叶;英国约克郡;侏罗纪。
1880 Nathorst,76 页;英国约克郡;侏罗纪。

菲利蒲斯拜拉(比较种) *Baiera* cf. *phillipsii* Nathorst

1933 Yabe,Ôishi,222 页,图版 33(4),图 2;叶;吉林火石岭;侏罗纪。[注:此标本后改定为 *Ginkgoites chilinensis* Lee(斯行健、李星学等,1963,220 页)]
1934 Ôishi,246 页,图版 37(2),图 7,8;图版 39(4),图 14;角质层;吉林火石岭;侏罗纪。[注:此标本被李星学改定为 *Ginkgoites chilinensis*(斯行健、李星学等,1963)]
1950 Ôishi,112 页,吉林火石岭;晚侏罗世。

多型拜拉 *Baiera polymorpha* Samylina, 1956

1956 Samylina,1525 页,图版 1,图 1—7;叶;苏联阿尔丹盆地;早白垩世。
1982 谭琳、朱家楠,148 页,图版 35,图 7—9;叶;内蒙古固阳小三分子村东;早白垩世固阳组。

△假纤细拜拉 *Baiera pseudogracilis* Hsu, 1954

1954 徐仁,61 页,图版 53,图 3;叶;标本 1 块;山西大同;中侏罗世。
1982 段淑英、陈晔,507 页,图版 14,图 1;图版 16,图 3;叶;四川云阳南溪;早侏罗世珍珠冲组。

稍美丽拜拉 *Baiera pulchella* Heer, 1876

[注:此种被 Florin(1936,108 页)改定为 *Sphenobaiera pulchella* (Heer) Florin]
1876 Heer,114 页,图版 20,图 3c;图版 22,图 1a;图版 28,图 3;叶;黑龙江流域;侏罗纪。
1935 Toyama,Ôishi,71 页,图版 4,图 3;叶;内蒙古呼伦贝尔;中侏罗世。[注:此标本后改定为 *Sphenobaiera* cf. *pulchella* (Heer) Florin(斯行健等,1963,243 页)]

△青海? 拜拉 *Baiera? qinghaiensis* Li et He, 1979

1979 李佩娟、何元良,见何元良等,151 页,图版 75,图 1,1a,2—4;叶及角质层;标本 1 块,采集号:H740102;登记号:PB6399;模式标本:PB6399(pl. 75,fig. 1);标本保存在中国科学院南京地质古生物研究所;青海大柴旦大煤沟;中侏罗世大煤沟组。

△刺拜拉 *Baiera spinosa* Halle, 1927

[注:此种后改定为 *Sphenobaiera spinosa* (Halle)(Florin,1936,108 页)]
1927 Halle,191 页,图版 52,图 12—14;图版 53,图 7—9;叶;山西太原;晚二叠世早期上石盒子系。
1953 斯行健,76 页,图版 55,图 5;叶;山西太原;晚二叠世早期上石盒子系。

△细脉拜拉 *Baiera tenuistriata* Halle, 1927

[注:此种后改定为 *Sphenobaiera tenuistriata* (Halle)(Florin,1936,108 页)]
1927 Halle,189 页,图版 53,图 1—5,6(?);图版 54,图 25,26;叶;山西太原;晚二叠世早期上石盒子系。
1953 斯行健,76 页,图版 66,图 6;叶;山西太原;晚二叠世早期上石盒子系。

△强劲拜拉 *Baiera valida* Sun et Zheng, 2001(中文和英文发表)

2001 孙革、郑少林,见孙革等,89,194 页,图版 15,图 2;图版 51,图 2—7;叶;标本 5 块,登记号：PB19079—PB19082，ZY3020；正模：PB19079（图版15，图2）；保存在中国科学院南京地质古生物研究所；辽宁西部；晚侏罗世尖山沟组。

△秭归拜拉 *Baiera ziguiensis* Chen G X，1984（non Meng，1987）
1984 陈公信，604页，图版265，图1；叶；登记号：EP675；标本保存在湖北省区测队陈列室；湖北秭归泄滩；早侏罗世香溪组。

△秭归拜拉 *Baiera ziguiensis* Meng，1987（non Chen G X，1984）
1987 孟繁松，255页，图版35，图2，3；图版37，图4，5；叶及角质层；标本2块，登记号：P82218，P82219；合模1：P82218；合模2：P82219；标本保存在宜昌地质矿产研究所；湖北秭归车站坪；早侏罗世香溪组。〔注：依据《国际植物命名法规》(《维也纳法规》）第37.2条，1958年起，模式标本只能是1个标本，而且此种名被 *Baiera ziguiensis* G X Chen G X（1984）先期占用，为一个非法的晚出同名〕

拜拉（未定多种）*Baiera* spp.
1908 *Baiera* sp. a，Yabe，8页，图版1，图2b；叶；吉林陶家屯；中、晚侏罗世。〔注：此标本被李星学改定为 *Ginkgoites* sp.（斯行健、李星学等，1963，228页）〕

1911 *Baiera* sp.，Seward，48页，图版4，图45；叶；新疆准噶尔库布克河附近；侏罗纪。

1927 *Baiera* sp.，Halle，192页，图版53，图10；叶；山西太原；晚二叠世早期上石盒子系。

1933 *Baiera* sp. a，Ôishi，246页，图版38（3），图1—4；图版39（4），图17；角质层；吉林火石岭；侏罗纪。〔注：这些标本被李星学改定为 *Ginkgoites* sp.（斯行健、李星学等，1963）〕

1933 *Baiera* sp. b，Yabe，Ôishi，221页，图版35（6），图3A；叶；辽宁沙河子；侏罗纪。〔注：此标本被李星学有疑问地改定为 *Ginkgoites*？ sp.（斯行健、李星学等，1963）〕

1933 *Baiera* sp. a，Yabe，Ôishi，221页，图版32（3），图17；图版33（4），图6，10；图版35，图3A；叶；吉林火石岭；侏罗纪。〔注：这些标本被李星学改定为 *Ginkgoites*？ sp.（斯行健、李星学等，1963）〕

1933 *Baiera* sp. b，Ôishi，247页，图版38（3），图5；图版39（4），图15，16；角质层；辽宁昌图沙河子；侏罗纪。〔注：这些标本被李星学有疑问地改定为 *Ginkgoites*？ sp.（斯行健、李星学等，1963）〕

1933c *Baiera* sp.，斯行健，54页，图版8，图9；叶；辽宁阜新；晚侏罗世（？）。

1933c *Baiera* sp.（?n. sp.），斯行健，28页，图版2，图10，11；叶；内蒙古乌兰察布石拐子；早、中侏罗世。

1945 *Baiera* sp.，斯行健，52页，图版17；叶；福建永安坂头；晚侏罗世—早白垩世坂头组。

1952 *Baiera* sp.，斯行健、李星学，12，32页，图版9，图7；叶；四川巴县一品场；早侏罗世香溪群。

1953 *Baiera* sp.，斯行健，76页，图版66，图6；叶；山西太原；晚二叠世早期上石盒子系。

1963 *Baiera* sp. 1，斯行健、李星学等，239页，图版82，图6，7；叶；四川巴县一品场；早侏罗世香溪群。

1963 *Baiera* sp. 2，斯行健、李星学等，240页，图版77，图9；叶；新疆准噶尔库布克河附近；中侏罗世。

1963 *Baiera* sp. 4，斯行健、李星学等，240页〔= *Bayera dichotoma*（Brongniart，1874，408页）〕（无图）；陕西丁家沟；侏罗纪（？）。

1964 *Baiera* sp. 1，李佩娟，139页，图版19，图5；叶；四川广元荣山；晚三叠世须家河组。

1964　*Baiera* sp. 2,李佩娟,140 页,图版 19,图 6;叶;四川广元荣山;晚三叠世须家河组。

1964　*Baiera* sp. 3,李佩娟,140 页,图版 19,图 11;叶;四川广元荣山;晚三叠世须家河组。

1968　*Baiera* sp.,《湘赣地区中生代含煤地层手册》,75 页,图版 36,图 4;叶;江西横铺前;早侏罗世西山坞组。

1976　*Baiera* sp.［Cf. *B. gracilis*（Bean MS）Bunbury］,周惠琴等,210 页,图版 116,图 2—5;叶;内蒙古准格尔旗五字湾;中三叠世二马营组上部。

1976　*Baiera* sp.,李佩娟等,128 页,图版 41,图 5,5a;叶;云南禄丰一平浪;晚三叠世一平浪组干海子段。

1980　*Baiera* sp.［Cf. *B. gracilis*（Bean MS）Bunbury］,黄枝高、周惠琴,100 页,图版 7,图 1;叶;内蒙古准格尔旗五字湾;中三叠世二马营组上部。

1980　*Baiera* sp. 1,黄枝高、周惠琴,100 页,图版 58,图 6;插图 9;叶;陕西延安杨家崖;中侏罗世延安组下部。

1980　*Baiera* sp. 2,黄枝高、周惠琴,101 页,图版 59,图 1;插图 10;叶;陕西延安杨家崖;中侏罗世延安组下部。

1980　*Baiera* sp. 3（sp. nov.）,黄枝高、周惠琴,101 页,图版 8,图 7;叶;陕西吴堡张家墕;中三叠世二马营组上部。

1980　*Baiera* sp.,吴舜卿等,80 页,图版 5,图 1—3;叶;湖北秭归沙镇溪;晚三叠世沙镇溪组。

1980　*Baiera* sp.,吴舜卿等,111 页,图版 27,图 6;图版 37,图 5,6;图版 38,图 3,4;叶及角质层;湖北秭归香溪;早—中侏罗世香溪组。

1980　*Baiera* spp.,吴舜卿等,111 页,图版 28,图 3—7;图版 37,图 7,8;图版 38,图 6;叶及角质层;湖北秭归香溪;早—中侏罗世香溪组。

1981　*Baiera* sp.,陈芬等,47 页,图版 3,图 4;叶;辽宁阜新海州矿;早白垩世阜新组。

1981　*Baiera* sp.,周惠琴,图版 2,图 1,3;叶;辽宁北票羊草沟;晚三叠世羊草沟组。

1982　*Baiera* sp.,谭琳、朱家楠,148 页,图版 36,图 1;叶;内蒙古固阳小三分子村东;早白垩世固阳组。

1982b　*Baiera* sp.,吴向午,98 页,图版 14,图 5;叶;西藏察雅巴贡一带;晚三叠世巴贡组。

1982　*Baiera* sp.,张武,189 页,图版 2,图 6,7;叶;辽宁凌源;晚三叠世老虎沟组。

1982　*Baiera* sp.,张采繁,536 页,图版 342,图 3;叶;湖南浏阳跃龙;早侏罗世跃龙组。

1984　*Baiera* sp. 2,陈芬等,61 页,图版 28,图 6;叶;北京大安山;早侏罗世下窑坡组。

1986　*Baiera* sp. 1,陈晔等,42 页,图版 8,图 7;叶;四川理塘;晚三叠世拉纳山组。

1986　*Baiera* sp. 2,陈晔等,43 页,图版 9,图 2;叶;四川理塘;晚三叠世拉纳山组。

1986b　*Baiera* sp.,陈其奭,11 页,图版 3,图 9;叶;浙江义乌;晚三叠世乌灶组。

1986　*Baiera* sp.,吴其切等,图版 23,图 3;叶;江苏南部;早侏罗世南象组。

1986　*Baiera* sp.,周统顺、周惠琴,69 页,图版 20,图 11;叶;新疆吉木萨尔大龙口;中三叠世克拉玛依组。

1987　*Baiera* sp. 1,陈晔等,124 页,图版 36,图 2;叶;四川盐边;晚三叠世红果组。

1987　*Baiera* sp. 2,陈晔等,124 页,图版 36,图 4;叶;四川盐边;晚三叠世红果组。

1987　*Baiera* sp.,段淑英,46 页,图版 18,图 3;叶;北京西山斋堂;中侏罗世窑坡组。

1988　*Baiera* sp. 2,黄其胜,图版 1,图 4;叶;安徽怀宁;早侏罗世武昌组下部。

1992　*Baiera* sp. 1,王士俊,50 页,图版 21,图 8,11;叶;广东乐昌关春;晚三叠世。

1993　*Baiera* sp.,米家榕等,128 页,图版 35,图 1;叶;河北承德上谷;晚三叠世杏石口组。

1993b　*Baiera* sp.,孙革,86 页,图版 34,图 8,9;图版 36,图 3;叶;吉林汪清鹿圈子村北山;晚三叠世马鹿沟组。

1993c　*Baiera* sp.,吴向午,82页,图版5,图1;叶;陕西商县凤家山-山倾村剖面;早白垩世凤家山组下段。

1995　*Baiera* sp.,王鑫,图版3,图12;叶;陕西铜川;中侏罗世延安组。

1995　*Baiera* sp.,曾勇等,60页,图版16,图2;图版22,图5;叶及角质层;河南义马;中侏罗世义马组。

1995　*Baiera* sp.(*B. guilhaumatii* Zeiller),曾勇等,59页,图版15,图7;图版29,图3,4;叶及角质层;河南义马;中侏罗世义马组。

1996　*Baiera* sp.,米家榕等,125页,图版26,图10;叶;河北抚宁石门寨;早侏罗世北票组。

1996　*Baiera* sp. indet.,米家榕等,124页,图版26,图6;叶;辽宁北票兴隆沟;中侏罗世海房沟组。

1997　*Baiera* sp.1,邓胜徽等,43页,图版18,图4;图版25,图2;叶;内蒙古大雁盆地、免渡河盆地;早白垩世大磨拐河组。

1997　*Baiera* sp.2,邓胜徽等,43页,图版29,图8;叶;内蒙古大雁盆地;早白垩世伊敏组。

2002　*Baiera* sp.,吴向午等,166页,图版13,图1—3;叶;内蒙古阿拉善右旗道卜头沟;早侏罗世芨芨沟组上段。

2004　*Baiera* sp.,孙革、梅盛吴,图版9,图4,5;叶;甘肃山丹高家沟;中侏罗世早期。

拜拉?（未定多种）*Baiera*? spp.

1963　*Baiera*? sp.,斯行健、李星学等,240页,图版82,图8;叶;辽宁阜新;晚侏罗世(?)。

1989　*Baiera*? (*Sphenobaiera*?) sp.,斯行健,71,214页,图版81,图1—2a;叶;内蒙古准格尔旗黑带沟;二叠纪。

1992　*Baiera*? sp.2,王士俊,50页,图版21,图4;叶;广东乐昌关春;晚三叠世。

1993　*Baiera*? sp.,米家榕等,129页,图版34,图14;插图33;叶;吉林双阳八面石煤矿南井;晚三叠世小蜂蜜顶子组上段。

2004　*Baiera*? sp.,孙革、梅盛吴,图版9,图3;叶;内蒙古阿拉善右旗上井子剖面;中侏罗世青土井群下部。

?拜拉（未定多种）　?*Baiera* spp.

1940　?*Baiera* sp.,斯行健,45页,图版1,图13;叶;广西;早二叠世上植物层。

1996　?*Baiera* sp.,米家榕等,125页,图版26,图4;叶;河北抚宁石门寨;早侏罗世北票组。

△白果叶属 Genus *Baiguophyllum* Duan,1987

1987　段淑英,52页。
1993a　吴向午,8,215页。
1993b　吴向午,503,510页。

模式种:*Baiguophyllum lijianum* Duan,1987

分类位置:茨康目(Czekanowskiales)

△利剑白果叶 *Baiguophyllum lijianum* Duan,1987

1987　段淑英,52页,图版16,图4,4a;图版17,图1;插图14;长、短枝及叶;标本号:S-PA-86-

680(1),S-PA-86-680(2);正模:S-PA-86-680(2)(图版17,图1);标本保存在瑞典国家自然历史博物馆古植物室;北京西山斋堂;中侏罗世门头沟煤系。
1993a　吴向午,8,215页。
1993b　吴向午,503,510页。

拜拉属 Genus *Bayera*

［注：此属名见于 Brongniart(1874,408页),系 *Baiera* 之异名］
1874　Brongniart,408页。

两裂拜拉 *Bayera dichotoma* Braun

1874　Brongniart,408页；扇形叶；陕西丁家沟；侏罗纪。［注：此标本后被改定为 *Baiera* sp. (斯行健、李星学等,1963,240页)］

苦戈维里叶属 Genus *Culgoweria* Florin,1936

1936　Florin,133页。
1984　周志炎,46页。
1993a　吴向午,70页。
模式种:*Culgoweria mirobilis* Florin,1936
分类位置:茨康目(Czekanowskiales)

奇异苦戈维里叶 *Culgoweria mirobilis* Florin,1936

1936　Florin,133页,图版33,图3—12;图版34;图版35,图1,2;叶及角质层;法兰士·约瑟兰地群岛;侏罗纪。
1993a　吴向午,70页。

△西湾苦戈维里叶 *Culgoweria xiwanensis* Zhou,1984

1984　周志炎,46页,图版28,图9—9c;图版29,图1—3;叶及角质层;登记号:PB8931;正模:PB8931(图版28,图9);标本保存在中国科学院南京地质古生物研究所;广西西湾;早侏罗世西湾组。
1993a　吴向午,70页。

茨康叶属 Genus *Czekanowskia* Heer,1876

1876　Heer,68页。
1883　Schenk,251页。
1936　Florin,128页。
1963　斯行健、李星学等,247页。

1993a 吴向午,74页。

模式种:*Czekanowskia setacea* Heer,1876

分类位置:茨康目(Czekanowskiales)

刚毛茨康叶 *Czekanowskia setacea* Heer,1876

1876　Heer,68页,图版5,图1—7;图版6,图1—6;图版10,图11;图版12,图5b;图版13,图10c;叶;俄罗斯伊尔库茨克盆地乌斯季巴列伊;侏罗纪。

1954　徐仁,63页,图版54,图6;叶;辽宁北票;中侏罗世。

1963　斯行健、李星学等,249页,图版74,图9;叶和短枝;辽宁北票,新疆东天山库鲁克塔格山南麓;侏罗纪。

1977b　冯少南等,239页,图版96,图7,8;叶;湖北大冶金山店;早侏罗世。

1978　张吉惠,485页,图版164,图10;叶;贵州大方新场;早侏罗世。

1980　张武等,289页,图版183,图11;叶;辽宁北票;早侏罗世北票组;辽宁昭乌达盟王子坟;早白垩世九佛堂组。

1982b　杨学林、孙礼文,53页,图版22,图3;图版24,图13;叶和短枝;吉林洮安万宝二井、裕民一井;中侏罗世万宝组。

1984　陈芬等,63页,图版32,图1;叶;北京西山大台;早侏罗世下窑坡组。

1984　陈公信,606页,图版263,图4,5;叶;湖北鄂城程潮、大冶金山店;早侏罗世武昌组。

1984　顾道源,152页,图版76,图3;叶;新疆吐鲁番兄弟泉;早侏罗世三工河组。

1985　李佩娟,图版21,图1;叶;新疆温宿西琼台兰冰川3900米河谷(天山托木尔峰);早侏罗世。

1985　杨关秀、黄其胜,202页,图3-109(右);叶;辽宁北票,新疆;早—中侏罗世;辽宁西部,黑龙江鸡西、鹤岗;早白垩世九佛堂组、冰沟组、城子河组。

1986　叶美娜等,72页,图版47,图5;叶;四川开县水田;早侏罗世珍珠冲组。

1991　北京地质矿产局,图版12,图7;叶;北京大安山西苑;晚三叠世杏石口组。

1992　孙革、赵衍华,547页,图版242,图4;图版245,图4;叶;吉林汪清天桥岭;晚三叠世马鹿沟组。

1993　米家榕等,132页,图版36,图6—15,19,21;叶;黑龙江东宁;晚三叠世罗圈站组;吉林汪清、双阳;晚三叠世马鹿沟组、小蜂蜜顶子组上段、大酱缸组;辽宁北票;晚三叠世羊草沟组;北京房山;晚三叠世杏石口组。

1993b　孙革,88页,图版37,图1,2;叶;吉林汪清天桥岭镇南(嘎呀河西岸);晚三叠世马鹿沟组。

1993a　吴向午,74页。

1994　萧宗正等,图版13,图5;叶;北京石景山杏石口;晚三叠世杏石口组。

1995a　李星学(主编),图版104,图6;短枝及叶;黑龙江省鹤岗;早白垩世石头河子组。(中文)

1995b　李星学(主编),图版104,图6;短枝及叶;黑龙江省鹤岗;早白垩世石头河子组。(英文)

1995　王鑫,图版1,图8;叶;陕西铜川;中侏罗世延安组。

1996　米家榕等,130页,图版28,图12,16;图版29,图1—4,8,9;叶及角质层;辽宁北票台吉二井、冠山、三宝、东升矿、河北抚宁石门寨;早侏罗世北票组;辽宁北票海房沟;中侏罗世海房沟组。

1996　孙跃武等,图版1,图18;叶;河北承德上谷;早侏罗世南大岭组。

2001　孙革等,84,191页,图版14,图1;图版49,图3,4;图版73,图1—6;叶及角质层;辽宁西部;晚侏罗世尖山沟组。
2003 许坤等,图版7,图5,11;叶;辽宁北票海房沟牛甲;中侏罗世海房沟组。
2003 袁效奇等,图版17,图4a;叶;内蒙古达拉特旗罕台川;中侏罗世延安组。
2005 孙柏年等,33页,图版18,图1;叶;甘肃窑街;中侏罗世窑街组砂泥岩段。

刚毛茨康叶(比较种) *Czekanowskia* cf. *setacea* Heer
1997 邓胜徽等,46页,图版29,图5,6;叶;内蒙古大雁盆地;早白垩世大磨拐河组。

刚毛茨康叶(集合种) *Czekanowskia* ex gr. *setacea* Heer
1998 张泓等,图版44,图3;图版47,图4;图版49,图5;叶;内蒙古阿拉善右旗长山子;中侏罗世青土井组;甘肃兰州窑街;中侏罗世窑街组;宁夏平罗炭窑沟;中侏罗世木葫芦组。

△柔弱? 茨康叶 *Czekanowskia*? *debilis* Wu S Q,1999(中文发表)
1999a 吴舜卿,17页,图版10,图2;叶;采集号:AEO-96;登记号:PB18280;标本保存在中国科学院南京地质古生物研究所;辽宁北票上园;晚侏罗世义县组下部。

△雅致茨康叶 *Czekanowskia elegans* Wu,1988
1988 吴向午,见李佩娟等,109页,图版72,图1A;图版73,图1A;图版137,图5,5a;图版139,图1—3;叶及角质层;采集号:80DP$_1$F$_{18}$;登记号:PB13638—PB13640;正模:PB13638(图版72,图1A);标本保存在中国科学院南京地质古生物研究所;青海大煤沟;早侏罗世甜水沟组 *Ephedrites* 层。
1995 周志炎,图版93,图3;叶;青海大柴旦大煤沟;早侏罗世甜水沟组。

△宽展茨康叶 *Czekanowskia explicita* Mi,Sun C,Sun Y,Cui et Ai,1996(中文发表)
1996 米家榕、孙春林、孙跃武、崔尚森、艾永亮,见米家榕等,129页,图版29,图7,10;图版30,图1;插图17;叶及角质层;标本号:BL-5028,BL-7003;正模:BL-7003(图版29,图7);标本保存在长春地质学院地史古生物教研室;辽宁北票台吉二井、冠山二井;早侏罗世北票组下段。

△府谷茨康叶 *Czekanowskia fuguensis* Huang et Zhou,1980
1980 黄枝高、周惠琴,107页,图版55,图1;叶;登记号:OP3101;陕西府谷殿儿湾;早侏罗世富县组。

府谷茨康叶(比较种) *Czekanowskia* cf. *fuguensis* Huang et Zhou
2003 袁效奇等,图版21,图4;叶;陕西府谷高石崖;早侏罗世富县组。

哈兹茨康叶 *Czekanowskia hartzi* Harris,1926
1926 Harris,104页,图版4,图1—3;插图25E—25G;叶及角质层;丹麦东格陵兰斯科斯比湾;早侏罗世(*Thaumatopteris* Zone)。
1980 吴舜卿等,113页,图版29,图1;图版36,图1—5;图版37,图4;叶及角质层;湖北兴山大峡口;早—中侏罗世香溪组。
1984 陈公信,606页,图版267,图6;叶;湖北兴山大峡口;早侏罗世香溪组。
1988 黄其胜,图版1,图3;叶;安徽怀宁;早侏罗世武昌组下部。
1996 黄其胜等,图版1,图6;叶;四川开县;早侏罗世珍珠冲组下段。
2001 黄其胜,图版1,图3;叶;重庆开县温泉;早侏罗世珍珠冲组下部2段。

宽叶茨康叶 *Czekanowskia latifolia* Turutanova-Ketova, 1931

1931　Turutanova-Ketova, 335页, 图版5, 图6; 叶; 苏联伊塞克; 早侏罗世。

宽叶茨康叶 (比较种) *Czekanowskia* cf. *latifolia* Turutanova-Ketova

2002　吴向午等, 167页, 图版12, 图5; 图版13, 图10; 叶及角质层; 甘肃金昌青土井; 中侏罗世宁远堡组下段。

穆雷茨康叶 *Czekanowskia murrayana* (Lindley et Hutton) Seward, 1900

1834(1831—1837)　*Solenites murrayana* Lindley et Hutton, 105页, 图版121; 叶; 英国; 中侏罗世。

1900　Seward, 279页, 图48—50; 叶; 英国; 中侏罗世。

1906　Krasser, 613页, 图版3, 图8; 叶; 吉林蛟河、火石岭等; 侏罗纪。[注: 此标本后改定为 *Solenites* cf. *murrayana* Lindley et Hutton (斯行健、李星学等, 1963, 260页)]

1906　Yokoyama, 31页, 图版10, 图1; 叶; 辽宁凤城赛马集碾子沟; 中侏罗世。[注: 此标本后改定为 *Solenites* cf. *murrayana* Lindley et Hutton (斯行健、李星学等, 1963, 260页)]

1933　Yabe, Ôishi, 222页; 叶; 辽宁碾子沟; 中侏罗世; 吉林蛟河、火石岭; 晚侏罗世—早白垩世。

那氏茨康叶 *Czekanowskia nathorstii* Harris, 1935

1935　Harris, 40页, 图版4, 图3, 7, 9; 图版5, 图1—5; 图版6, 图2—4, 6—8; 图版8, 图1, 2; 插图19; 叶及角质层; 丹麦东格陵兰; 早侏罗世 *Thaumatopteris* 带, 晚三叠世 (*Lepidopteris* Zone)。

1999b　吴舜卿, 45页, 图版39, 图1, 1a; 图版50, 图5, 5a; 图版51, 图2, 2b; 叶及角质层; 四川达县铁山; 晚三叠世须家河组。

那氏茨康叶 (比较种) *Czekanowskia* cf. *nathorsti* Harris

1988　李佩娟等, 110页, 图版76, 图2; 图版80, 图3A; 图版84, 图3; 图版127, 图5, 6; 图版128, 图1—5; 图版129, 图1—5; 叶及角质层; 青海柴达木大煤沟; 早侏罗世小煤沟组 *Zamites* 层。

△矮小茨康叶 *Czekanowskia pumila* Wu, 1988

1988　吴向午, 见李佩娟等, 110页, 图版75, 图2, 2a; 图版126, 图1—4; 图版127, 图4, 6; 叶和角质层; 采集号: 80DP$_1$F$_{20-2}$; 登记号: PB13645; 正模: PB13645 (图版75, 图2, 2a); 标本保存在中国科学院南京地质古生物研究所; 青海柴达木大煤沟; 早侏罗世小煤沟组 *Zamites* 层。

坚直茨康叶 *Czekanowskia rigida* Heer, 1876

1876　Heer, 70页, 图版5, 图8—11; 图版6, 图7; 图版10, 图2a; 图版20, 图3d; 图版21, 图6e, 8; 叶; 俄罗斯伊尔库茨克盆地乌斯季巴列伊; 侏罗纪。

1883b　Schenk, 251, 262页, 图版50, 图7; 图版54, 图2a; 叶; 北京西山八大处、湖北秭归; 侏罗纪。

1884　Schenk, 176(14)页, 图版15(3), 图13; 叶; 四川; 侏罗纪。

1901　Krasser, 148页, 图版2, 图7, 8; 叶; 新疆东天山库鲁克塔格山南麓; 侏罗纪。

1911　Seward, 20, 48页, 图版4, 图46; 叶、短枝及鳞状叶; 新疆准噶尔扎伊尔山库克塔尔; 侏罗纪。

1928　Yabe, Ôishi, 10 页, 图版 3, 图 3—5; 图版 4, 图 1; 叶; 山东坊子; 侏罗纪。
1931　斯行健, 58 页; 叶; 辽宁朝阳北票; 早侏罗世。
1933c　斯行健, 54 页, 图版 5, 图 7, 8; 叶; 辽宁朝阳广富营子、凌源; 早—中侏罗世。
1935　Toyama, Ôishi, 77 页, 图版 5, 图 3; 叶; 内蒙古呼纳盟扎赉诺尔; 早—中侏罗世。
1939　Matuzawa, 图版 6, 图 6; 图版 7, 图 4, 5; 叶; 辽宁北票; 中侏罗世。
1941　Stockmans, Mathieu, 50 页, 图版 6, 图 12; 叶; 河北柳江, 北京门头沟; 侏罗纪。
1950　Ôishi, 115 页, 图版 36, 图 8; 叶; 东北; 侏罗纪。
1954　徐仁, 63 页, 图版 54, 图 5; 叶; 山西大同; 中侏罗世。
1954　Takahashi, 95 页, 插图 1; 叶; 辽宁凌源; 早白垩世热河统。
1959　斯行健, 13, 29 页, 图版 5, 图 3; 叶; 青海柴达木鱼卡; 早—中侏罗世。
1963　李星学等, 134 页, 图版 106, 图 8; 叶; 中国西北地区; 早—中侏罗世。
1963　斯行健、李星学等, 248 页, 图版 83, 图 6; 图版 85, 图 7; 叶和短枝; 北京西山八大处, 山东潍县坊子、辽宁北票、凌源, 山西大同, 青海柴达木鱼卡, 内蒙古 8 扎赉诺尔, 新疆准噶尔; 侏罗纪。
1964　Miki, 14 页, 图版 2, 图 D; 叶; 辽宁凌源; 晚侏罗世狼鳍鱼层 (*Lycoptera* Bed)。
1976　张志诚, 196 页, 图版 100, 图 2; 叶; 山西大同青瓷窑; 中侏罗世大同组。
1977a　冯少南等, 239 页, 图版 96, 图 6; 叶; 河南义马; 早—中侏罗世。
1979　何元良等, 152 页, 图版 74, 图 7; 叶; 青海大柴旦鱼卡; 中侏罗世大煤沟组。
1980　黄枝高、周惠琴, 107 页, 图版 53, 图 3; 图版 54, 图 2; 图版 60, 图 4, 5; 叶; 陕西铜川焦坪、府谷殿儿湾; 中侏罗世延安组, 早侏罗世富县组。
1980　张武等, 289 页, 图版 147, 图 2, 3; 图版 183, 图 3; 图版 184, 图 1; 叶; 辽宁赤峰大庙张家营子; 早白垩世九佛堂组。
1982　段淑英、陈晔, 507 页, 图版 14, 图 2, 3; 叶; 四川达县铁山; 早侏罗世珍珠冲组。
1982a　刘子进, 134 页, 图版 74, 图 1; 叶; 陕西黄陵店头; 早—中侏罗世延安组。
1982　王国平等, 278 页, 图版 126, 图 9; 叶; 山东潍县坊子; 早侏罗世坊子组。
1982b　杨学林、孙礼文, 52 页, 图版 22, 图 1, 2a, 4; 叶和短枝; 吉林洮安万宝二井、万宝五井、裕民一井、黑顶山、大有屯、尖山、兴安堡; 中侏罗世万宝组。
1982　张采繁, 536 页, 图版 347, 图 4; 图版 352, 图 5; 叶; 湖南浏阳跃龙; 早侏罗世跃龙组。
1984　陈芬等, 62 页, 图版 31, 图 1; 叶; 北京门头沟、大台、千军台、大安山、斋堂、长沟峪、房山东矿; 早侏罗世下窑坡组, 中侏罗世上窑坡组。
1984　顾道源, 152 页, 图版 76, 图 2; 图版 80, 图 17; 叶; 新疆克拉玛依深底沟; 中侏罗世西山窑组。
1984　王自强, 271 页, 图版 156, 图 1, 2; 叶; 河北围场、平泉; 晚侏罗世张家口组。
1985　李佩娟, 148 页, 图版 18, 图 4, 4a; 叶; 新疆温宿西琼台兰冰川 3900 米河谷(天山托木尔峰); 早侏罗世。
1985　米家榕、孙春林, 图版 1, 图 6, 15, 27; 叶; 吉林双阳八面石煤矿南井; 晚三叠世小蜂蜜顶子组。
1985　商平, 图版 7, 图 6; 叶; 辽宁阜新八家子山; 早白垩世海州组。
1985　杨关秀、黄其胜, 202 页, 图 3-109(左); 叶; 中国北部; 侏罗纪。
1986　段淑英等, 图版 2, 图 11; 叶; 内蒙古鄂尔多斯盆地南缘; 中侏罗世延安组。
1986　鞠魁祥、蓝善先, 图版 2, 图 9, 10; 叶; 南京吕家山; 晚三叠世范家塘组。
1987　段淑英, 49 页, 图版 19, 图 2, 4; 叶; 北京西山斋堂; 中侏罗世门头沟煤系。
1988　李杰儒, 图版 1, 图 6; 叶; 辽宁苏子河盆地; 早白垩世。

1989　梅美棠等,109页,图版60,图9;叶;北半球;早侏罗世—早白垩世。
1990　宁夏回族自治区地质矿产局,图版9,图9;叶;内蒙古阿拉善左旗缺台沟;中侏罗世延安组。
1991　北京地质矿产局,图版12,图6;叶;北京八大处杏石口;晚三叠世杏石口组。
1992　孙革、赵衍华,547页,图版249,图5—7;叶;吉林蛟河煤矿;晚侏罗世奶子山组;吉林安图明月;中侏罗世屯田营组。
1992　黄其胜、卢宗盛,图版2,图8;叶;陕西神木考考乌素;中侏罗世延安组。
1993a　吴向午。74页。
1994　萧宗正等,图版13,图6;叶;北京石景山区杏石口;晚三叠世杏石口组。
1995　王鑫,图版3,图9;叶;陕西铜川;中侏罗世延安组。
1995　曾勇等,65页,图版18,图1;图版24,图1—4;叶及角质层;河南义马;中侏罗世义马组。
1998　廖卓庭、吴国干(主编),图版13,图1,2,7,8;叶;新疆三塘湖巴里坤三塘湖煤矿;中侏罗世西山窑组。
2001　孙革等,84,191页,图版15,图4;图版49,图1,2;叶;辽宁西部;晚侏罗世尖山沟组。
2003　许坤等,图版8,图2;叶;辽宁西部;早白垩世义县组。
2003　袁效奇等,图版18,图5;叶;内蒙古达拉特旗高头窑柳沟;中侏罗世延安组。
2004　孙革、梅盛吴,图版9,图1;叶;内蒙古阿拉善右旗红柳沟;中侏罗世青土井群上部。
2005　苗雨雁,525页,图版2,图14,23;叶;新疆准噶尔盆地白杨河;中侏罗世西山窑组。

坚直茨康叶(比较种) *Czekanowskia* cf. *rigida* Heer

1955　李星学,36页,图版2,图4;叶;山西大同高山镇南;中侏罗世云岗群。[注:此标本后被改定为 *Solenites* cf. *murrayana* Lindley et Hutton(斯行健、李星学等,1963,260页)]
1984　历宝贤、胡斌,142页,图版4,图11;叶;山西大同永定庄华严寺;早侏罗世永定庄组。

坚直茨康叶(集合种) *Czekanowskia* ex gr. *rigida* Heer

1998　张泓等,图版46,图4;叶;青海大柴旦大煤沟;早侏罗世火烧山组。

?坚直茨康叶 ?*Czekanowskia rigida* Heer

1985　李佩娟,图版19,图3B;叶;新疆温宿西琼台兰冰川3900米河谷(天山托木尔峰);早侏罗世。

坚直茨康叶? *Czekanowskia rigida* Heer?

1908　Yabe,10页,图版2,图1c;叶;吉林陶家屯;侏罗纪。
1933　Yabe,Ôishi,222页,图版32(3),图8c;图版34(5),图1;叶;辽宁魏家铺子,吉林陶家屯;侏罗纪。

△神木茨康叶 *Czekanowskia shenmuensis* He,1987

1987　何德长,见钱丽君等,83页,图版27,图4,7,8;叶及角质层;登记号:Sh061;标本保存在煤炭科学研究总院地质勘探分院;陕西神木考考乌素沟;中侏罗世延安组4段。

△奇丽茨康叶 *Czekanowskia speciosa* Li,1988

1988　李佩娟等,111页,图版78,图3;图版83,图2;图版125,图1—8;叶及角质层;采集号:80QFu;登记号:PB13646,PB13647;正模:PB13647(图版83,图2);标本保存在中国科学院南京地质古生物研究所;青海柴达木盆地绿草山东风沟;中侏罗世石门沟组

Nilssonia 层。

△狭窄茨康叶 *Czekanowskia stenophylla* Li,1988

1988　李佩娟等,112页,图版79,图1,2;图版82,图1,1a;图版88,图1;图版124,图1—8;叶及角质层;采集号:80Dong Fu;登记号:PB13648—PB13651;正模:PB13648(图版79,图1);标本保存在中国科学院南京地质古生物研究所;青海柴达木盆地绿草山东风沟;中侏罗世石门沟组 *Nilssonia* 层。

1995a　李星学(主编),图版93,图4;叶;青海大柴旦绿草山;中侏罗世石门沟组。(中文)

1995b　李星学(主编),图版93,图4;叶;青海大柴旦绿草山;中侏罗世石门沟组。(英文)

茨康叶(未定多种) *Czekanowskia* spp.

1911　*Czekanowskia* sp.,Seward,20,49页,图版4,图54—57;图版5,图58;图版6,图69;图版7,图75,77;叶及角质层;新疆准噶尔扎伊尔山铁木尔滩;侏罗纪。

1925　*Czekanowskia* sp.,Teilhard de Chardin,Fritel,538页;叶;陕西榆林油坊头;侏罗纪。〔注:此标本后改定为 *Solenites* cf. *murrayana* Lindley et Hutton(斯行健、李星学等,1963,260页)〕

1963　*Czekanowskia* sp.1,斯行健、李星学等,250页,图版80,图10;图版83,图7;图版85,图8;图版87,图2,3;叶及角质层;新疆准噶尔扎伊尔山铁木尔滩;早、中侏罗世。

1964　*Czekanowskia* sp.,李佩娟,141页,图版20,图1a;叶;四川广元须家河;晚三叠世须家河组。

1983　*Czekanowskia* sp.,李杰儒,图版3,图11;叶;辽宁锦西后富隆山盘道沟;中侏罗世海房沟组。

1984　*Czekanowskia* sp.1,王自强,271页,图版154,图10;叶;北京西山;早白垩世坨里砾岩组。

1984　*Czekanowskia* sp.2,王自强,271页,图版131,图14;叶;山西怀仁;早侏罗世永定庄组。

1987　*Czekanowskia* sp.,陈晔等,126页,图版37,图7;叶;四川盐边;晚三叠世红果组。

1987　*Czekanowskia* sp.,钱丽君等,图版22,图1;叶;陕西神木考考乌素沟;中侏罗世延安组3段。

1988　*Czekanowskia* sp.1,李佩娟等,113页,图版79,图3;图版123,图5—8;叶及角质层;青海柴达木盆地绿草山宽沟;中侏罗世石门沟组。

1988　*Czekanowskia* sp.2,李佩娟等,113页,图版74,图5;图版126,图5—8;图版137,图1—3;叶及角质层;青海柴达木大煤沟;早侏罗世甜水沟组。

1995　*Czekanowskia* sp.,曹正尧等,8页,图版3,图8;图版4,图3;叶;福建政和;早白垩世南园组。

1995　*Czekanowskia* sp.1,吴舜卿,472页,图版1,图8;叶;新疆库车克孜勒努尔沟;早侏罗世塔里奇克组。

1995　*Czekanowskia* sp.2,吴舜卿,472页,图版1,图7;叶;新疆库车克孜勒努尔沟;早侏罗世塔里奇克组。

1996　*Czekanowskia* sp.,常江林、高强,图版1,图12;叶;山西宁武新堡;中侏罗世大同组。

2001　*Czekanowskia* sp.,孙革等,85,192页,图版14,图2;图版71,图1—5;图版72,图1—6;叶及角质层;辽宁西部;晚侏罗世尖山沟组。

？茨康叶（未定多种）？*Czekanowskia* spp.

1949 ？*Czekanowskia* sp.，斯行健，33 页；叶；湖北秭归香溪、白石岗；早侏罗世香溪群。
1980 ？*Czekanowskia* sp.，吴舜卿等，113 页，图版 30，图 1；叶；湖北秭归沙镇溪；早—中侏罗世香溪组。

茨康叶？（未定多种）*Czekanowskia*? spp.

1963 *Czekanowskia*? sp. 2，斯行健、李星学等，250 页；叶；湖北秭归香溪、观音寺、白石岗；早侏罗世香溪群。
1986 *Czekanowskia*? sp.，李星学等，27 页，图版 32，图 4—4b；图版 33，图 5，6；叶；吉林蛟河杉松；早白垩世奶子山组。
1990 *Czekanowskia*? sp.，吴舜卿、周汉忠，455 页，图版 2，图 9；叶；新疆库车；早三叠世俄霍布拉克组。

茨康叶（瓦氏叶亚属）Subgenus *Czekanowskia* (*Vachrameevia*) Kiritchkova et Samylina, 1991

1991 Kirtchkova, Samylina, 91 页。
2002 吴向午等, 167 页。

模式种：*Czekanowskia* (*Vachrameevia*) *australis* Kiritchkova et Samylina, 1991
分类位置：茨康目（Czekanowskiales）

澳大利亚茨康叶（瓦氏叶）*Czekanowskia* (*Vachrameevia*) *australis* Kiritchkova et Samylina, 1991

1991 Kirtchkova, Samylina, 91 页，图版 2，图 19；图版 6，图 8；图版 15，图 2—4；图版 62；叶及角质层；哈萨克斯坦南部；早—中侏罗世。

茨康叶（瓦氏叶）（未定种）*Czekanowskia* (*Vachrameevia*) sp.

2002 *Czekanowskia* (*Vachrameevia*) sp.，吴向午等，167 页，图版 11，图 1B；图版 17，图 1—3；叶及角质层；内蒙古阿拉善右旗长山；中侏罗世宁远堡组下段。

△大同叶属 Genus *Datongophyllum* Wang, 1984

1984   王自强, 281 页。
1993a 吴向午, 13, 218 页。
1993b 吴向午, 503, 551 页。

模式种：*Datongophyllum longipetiolatum* Wang, 1984
分类位置：分类位置未定之银杏目（Ginkgoales incertae sedis）

△长柄大同叶 *Datongophyllum longipetiolatum* Wang, 1984

1984 王自强，218 页，图版 130，图 5—13；带叶的营养枝和生殖枝；标本 7 块，登记号：P0174，P0175（合模），P0176，P0177（合模），P0179，P0180（合模），P0182；标本保存在中国科学院南京地质古生物研究所；山西怀仁；早侏罗世永定庄组。[注：依据《国际植物命名法规》(《维也纳法规》)第 37.2 条，1958 年起，模式标本只能是 1 块标本]

1993a 吴向午,13,218 页。
1993b 吴向午,503,511 页。

大同叶(未定种) *Datongophyllum* sp.
1984 *Datongophyllum* sp.,王自强,282 页,图版 130,图 14;叶;山西怀仁;早侏罗世永定庄组。

叉叶属 Genus *Dicranophyllum* Grand'Eury,1877
1877 Grand'Eury,275 页。
1883a Schenk,222 页。
1939 Stockmans,Mathieu,97 页。
1953 斯行健,77 页。
1974 《中国古生代植物》编写小组,145 页。
模式种:*Dicranophyllum gallicum* Grand'Eury,1877
分类位置:银杏纲(Ginkgopsida)

鸡毛状叉叶 *Dicranophyllum gallicum* Grand'Eury,1877
1877 Grand'Eury,275 页,图版 14,图 8—10;短枝,具有二歧分叉成丝状裂片的叶;法国;石炭纪。

△狭叶叉叶 *Dicranophyllum angustifolium* Schenk,1883
1883a Schenk,222 页,图版 42,图 17,18;带叶短枝;河北开平;中石炭世晚期唐山组。

△下延?叉叶 *Dicranophyllum? decurrens* Bohlin,1971
1971 Bohlin,105 页,图版 21,图 7;插图 253E,253F;带叶短枝;甘肃鱼儿红;晚古生代。

△叉状叉叶 *Dicranophyllum furcatum* Bohlin,1971
1971 Bohlin,105 页,图版 21,图 6;图版 22,图 1,2;插图 256A;带叶短枝;甘肃鱼儿红;晚古生代。

△宽叉叶 *Dicranophyllum latum* Schenk,1883
1883a Schenk,222 页,图版 42,图 12,13;带叶短枝;河北开平;中石炭世晚期唐山组。
1939 Stockmans,Mathieu,97 页,图版 3,图 12,12a;带叶短枝;河北开平;中石炭世晚期赵各庄层。
1953 斯行健,77 页,图版 69,图 4,5;带叶短枝;河北开平;中石炭世晚期唐山组。
1974 《中国古生代植物》编写小组,145 页,图版 115,图 3,4;带叶短枝;河北开平;中石炭世晚期唐山组。
1987 张泓,图版 20,图 2;图版 21,图 3;带叶短枝;山西朔县杨间;晚石炭世本溪组下段。

宽叉叶(比较属种) Cf. *Dicranophyllum latum* Schenk
1996 钟蓉等,图版 1,图 1,2;枝,叶;辽西南票苇子沟剖面层 7;石炭纪。

宽叉叶(比较种) *Dicranophyllum* cf. *latum* Schenk
1971 Bohlin,103 页,图版 21,图 2—4;带叶短枝;甘肃鱼儿红;晚古生代。

1993　黄本宏,99页,图版1,图5—7a;枝叶;内蒙古布特哈旗哈多河;石炭纪宝力群。

小叉叶 *Dicranophyllum paulum* Zalessky,1933
1933　Zalessky,4页,图10,30;苏联库尔涅茨克;二叠纪。
1998　廖卓庭、吴国干(主编),图版11,图11;叶;新疆三塘湖伊吾侏罗沟;晚石碳世巴塔玛依内山组。

△? 四裂叉叶 ?*Dicranophyllum quadrilobatum* Bohlin,1971
1971　Bohlin,104页,图版21,图5;插图255;带叶短枝;甘肃鱼儿红;晚古生代。

叉叶(未定多种) *Dicranophyllum* spp.
1953　*Dicranophyllum* sp.,斯行健,77页,图版69,图6;带叶短枝;河北开平;中石炭世晚期赵各庄层。
1987　*Dicranophyllum* sp.,席运宏、阎国顺,267页,图版97,图2;叶;河南焦作寺岭;早二叠世晚期太原组。
1987　*Dicranophyllum* sp.1,席运宏、阎国顺,267页,图版90,图7;叶;河南焦作寺岭;早二叠世晚期太原组。
1990　*Dicranophyllum* sp.,何锡麟,280页,图版29,图10;叶;内蒙古黑岱沟;晚石炭世本溪组。
1993　*Dicranophyllum* sp.,李星学等,140页,图版49,图1,1a;带叶短枝(?);北祁连山东段;石炭纪。
1998　*Dicranophyllum* sp.(sp. nov.),廖卓庭、吴国干(主编),图版11,图6,7,12;带叶短枝(?);新疆三塘湖盆地伊吾侏罗沟;晚石碳世巴塔玛依内山组。

叉叶?(未定多种) *Dicranophyllum*? spp.
1939　*Dicranophyllum*? sp.,Stockmans,Mathieu,98页,图版23,图4;带叶短枝(?);河北开平;中石炭世晚期赵各庄层。
1963　*Dicranophyllum*? sp.,李星学,47页,图版42,图4;带叶枝(?);山西东南部襄垣窑脚;早二叠世山西组上部。
1971　*Dicranophyllum*? sp.Ⅰ,Bohlin,106页,图版21,图8;插图254;带叶短枝;甘肃鱼儿红;晚古生代。
1971　*Dicranophyllum*? sp.Ⅱ,Bohlin,107页,图版22,图3,4;插图256B,257;带叶短枝;甘肃鱼儿红;晚古生代。
1971　*Dicranophyllum*? sp.Ⅲ,Bohlin,107页,图258;带叶短枝;甘肃鱼儿红;晚古生代。
1971　*Dicranophyllum*? sp.Ⅳ,Bohlin,107页,图259;带叶短枝;甘肃鱼儿红;晚古生代。

?叉叶(未定多种) ?*Dicranophyllum* spp.
1971　*Dicranophyllum*? sp.Ⅴ,Bohlin,108页,图版21,图9;插图260;带叶短枝;甘肃鱼儿红;晚古生代。
1971　*Dicranophyllum*? sp.Ⅵ,Bohlin,108页,图261;带叶短枝;甘肃鱼儿红;晚古生代。

△渡口叶属 Genus *Dukouphyllum* Yang,1978
[注:杨贤河原把此属归于苏铁植物,后改归于银杏纲(Ginkgopsida)银杏目(Ginkgoales)楔拜

拉科(Sphenobaieraceae)(杨贤河,1982,483 页)]
1978　杨贤河,525 页。
1982　杨贤河,483 页。
1993a　吴向午,13,218 页。
1993b　吴向午,502,511 页。

模式种:*Dukouphyllum noeggerathioides* Yang,1878

分类位置:苏铁类植物(cycadophytes)或银杏纲楔拜拉科(Sphenobaieraceae,Ginkgopsida)

△诺格拉齐蕨型渡口叶 *Dukouphyllum noeggerathioides* Yang,1978

1978　杨贤河,525 页,图版 186,图 1—3;图版 175,图 3;叶;标本 4 块,登记号:SP0134—SP0137;合模:SP0134—SP0137;标本保存在成都地质矿产研究所;四川渡口摩沙河;晚三叠世大荞地组。[注:依据《国际植物命名法规》(《维也纳法规》)第 37.2 条,1985 年起,模式标本只能是 1 块标本]
1993a　吴向午,13,218 页。
1993b　吴向午,503,511 页。

△陕西渡口叶 *Dukouphyllum shensiense* (Sze) Yang,1982

1956a　*Glossophyllum*? *shensiense*,斯行健,48 页,图版 38,图 4,4a;图版 48,图 1—3;图版 49,图 1—6;图版 50,图 1—3;图版 53,图 7b;图版 55,图 5;叶;陕西;晚三叠世延长群。
1982　杨贤河,483 页,图版 3,图 9;叶;四川合川炭坝;晚三叠世须家河组。

桨叶属 Genus *Eretmophyllum* Thomas,1914

1914　Thomas,259 页。
1986　叶美娜等,70 页。
1993a　吴向午,81 页。

模式种:*Eretmophyllum pubescens* Thomas,1914

分类位置:银杏目(Ginkgoales)

柔毛桨叶 *Eretmophyllum pubescens* Thomas,1914

1914　Thomas,259 页,图版 6;叶;英国约克郡代顿湾;侏罗纪(Gristhorpe plant bed)。
1993a　吴向午,81 页。

柔毛桨叶(比较种) *Eretmophyllum* cf. *pubescens* Thomas

1996　米家榕等,128 页,图版 28,图 15;叶;辽宁北票海房沟;中侏罗世海房沟组。

△宽桨叶 *Eretmophyllum latifolium* Meng,2002(中文发表)

2002　孟繁松等,312 页,图版 7,图 4;图版 8,图 2—7;叶及角质层;登记号:$SCG_1 XP-2(1)$,$SCG_1 XP-2(2)$;正模:$SCG_1 XP-2(2)$(图版 8,图 2);副模:$SCG_1 XP-2(1)$(图版 7,图 4);标本保存在宜昌地质矿产研究所;湖北秭归车站坪;早侏罗世香溪组。

△宽叶桨叶 *Eretmophyllum latum* Duan,1991

[注:此种名似应中译为"宽桨叶",但此中译名已被孟繁松等(2002)新建立的 *Eretmophyllum*

latifolium Meng 率先占用，为了避免重复，本书暂译为"宽叶桨叶"］

1991　段淑英、陈晔，137 页，图 13，17，19—31；叶及角质层；标本号：No. 8441—No. 8444，No. 8454，No. 8455；正模：No. 8441（图 17）；内蒙古东部；早白垩世。（注：原文未注明模式标本保存地点）

1995　李承森、崔金钟，92 页（包括 2 幅图）；内蒙古；早白垩世。

赛汗桨叶 *Eretmophyllum saighanense* (Seward) Seward，1919

1912　*Podozamites saighanense* Seward，35 页，图版 4，图 53；叶；阿富汗；侏罗纪。

1919　Seward，60 页，图 658；叶；阿富汗；侏罗纪。

1996　米家榕等，128 页，图版 28，图 7—10；叶；河北抚宁石门寨；早侏罗世北票组。

△柔弱桨叶 *Eretmophyllum subtile* Duan，1991

1991　段淑英、陈晔，136 页，图 1—12，14—16，18；叶及角质层；标本号：No. 8439，No. 8440，No. 8463，No. 8473；正模：No. 8439（图 2）；内蒙古东部；早白垩世。（注：原文未注明模式标本保存地点）

桨叶（未定多种）*Eretmophyllum* spp.

1988　*Eretmophyllum* sp.，李佩娟等，103 页，图版 67，图 4；叶；青海柴达木大煤沟；中侏罗世大煤沟组 *Tyrmia-Sphenobaiera* 层。

1996　*Eretmophyllum* sp.，米家榕等，127 页，图版 29，图 5，6；叶；河北抚宁石门寨；早侏罗世北票组。

桨叶？（未定多种）*Eretmophyllum*? spp.

1986　*Eretmophyllum*? sp.，叶美娜等，70 页，图版 47，图 6；叶；四川达县白腊坪；晚三叠世须家河组 7 段。

1993a　*Eretmophyllum*? sp.，吴向午，81 页。

1997　*Eretmophyllum*? sp.，吴舜卿等，169 页，图版 5，图 6；叶；中国香港大澳；早、中侏罗世。

银杏属 Genus *Ginkgo* Linné，1735

1901　Krasser，148 页。

1963　斯行健、李星学等，220 页。

1993a　吴向午，84 页。

模式种：（现生属名和种名）

分类位置：银杏目（Ginkgoales）

不整齐银杏 *Ginkgo acosmia* Harris 1935

1935　Harris，8 页，图版 1，图 3—5；图版 2，图 1，2；插图 3E—3H，4；叶及角质层；丹麦东格陵兰；晚三叠世（*Lepidopteris* Zone）。

1989　梅美棠等，106 页，图版 58，图 4；叶；华南；晚三叠世。

铁线蕨型银杏 *Ginkgo adiantoides* (Unger) Heer，1878

1850　*Salisburia adiaantoides* Unger，392 页；意大利。

1878b　Heer,21页,图版2,图7—10;叶;俄罗斯库页岛;晚白垩世。
1942　Endo,38页,图版16,图1,3,6;叶;辽宁抚顺;始新世。
1978　《中国新生代植物》编写组,7页,图版5,图4;图版6,图4,8;图版7,图4;扇形叶;辽宁抚顺;始新世。
1980　张武等,282页,图版181,图1—3;图版195,图1;叶;黑龙江黑河三加山、宾县陶淇河;内蒙古呼伦贝尔盟伊敏;早白垩世陶淇河组、伊敏组;辽宁抚顺;始新世抚顺群古城子组。
1982b　郑少林、张武,317页,图版16,图17;图版17,图1—8;插图13;叶及角质层;黑龙江双鸭山岭西;早白垩世城子河组。
1984　张志诚,118页,图版1,图11,13,14,16;图版5,图4;图版7,图8d;叶;黑龙江嘉荫太平林场;晚白垩世太平林场组。
1985　杨关秀、黄其胜,194页,图3-98.1;叶;黑龙江鸡西、宾县;早白垩世穆棱组、伊敏组;辽宁抚顺;始新世抚顺群古城子组。
1986　陶君容、熊宪政,122页,图版2,图4;图版3,图3—6;叶;黑龙江嘉荫;晚白垩世乌云组。
1991　张川波等,图版1,图9;叶;吉林刘房子;早白垩世大羊草沟组。
2000　陶君容等,129页,图版5,图4;图版6,图3—6;叶;黑龙江嘉荫;晚白垩世乌云组。

铁线蕨型银杏(比较种) *Ginkgo* cf. *adiantoides* (Unger) Heer
1986　张川波,图版1,图5;叶;吉林延吉铜佛寺;早白垩世铜佛寺组。

△无珠柄银杏 *Ginkgo apodes* Zheng et Zhou,2004(英文发表)
2003　吴舜卿,171页,图232;胚珠器管及叶;辽宁义县;晚侏罗世义县组下部。(裸名)
2003　*Ginkgo species*,周志炎、郑少林,821页,图1;胚珠器官及叶;辽宁义县;早白垩世义县组砖城子带。(裸名)
2004　郑少林、周志炎,93页,图版1,图1—7,9—10,12—15;胚珠器官及叶;登记号:PB19880,PB19882,PB19883-1,PB19883-2,PB19884,PB19890-1,PB19890-2;正模:PB19884(图版1,图3,15);副模:PB19880,PB19882,PB19883-1,PB19883-2,PB19890-1,PB19890-2;标本保存在中国科学院南京地质古生物研究所;辽宁义县;早白垩世义县组砖城子层。

△北京银杏 *Ginkgo beijingensis* (Chen et Dou) ex Zheng et Zhang,1990
〔注:此种名最早由郑少林、张武(1990)引用〕
1984　*Ginkgoites beijingensis* Chen et Dou,陈芬等,57页,图版27,图1;叶;北京大安山;早侏罗世下窑坡组,中侏罗世上窑坡组。
1990　郑少林、张武,221页,图版5,图6;叶;辽宁凤城赛马大偏岭;早侏罗世长梁子组。

△吉林银杏 *Ginkgo chilinensis* (Lee) ex Zhang et al.,1980
〔注:此种名最早由张武等(1980)引用〕
1963　*Ginkgoites chilinensis* Lee,斯行健、李星学等,220页,图版71,图8;图版73,图5;图版86,图4,5;叶及角质层;吉林火石岭;中、晚侏罗世。
1980　张武等,283页,图版182,图2—6;叶;吉林营城,内蒙古呼伦贝尔盟大雁;早白垩世沙河子组、大磨拐河组。
1982b　郑少林、张武,317页,图版17,图9—16;叶及角质层;黑龙江双鸭四方台;早白垩世城

2005　孙柏年等,图版10,图3;图版17,图2;叶及角质层;甘肃窑街;中侏罗世窑街组。

革质银杏 *Ginkgo coriacea* Florin,1936

1936　Florin,111页,图版22,图8—13;图版23,24;图版25,图1—5;叶及角质层;弗兰茨·约瑟夫陆地;早白垩世。

1993a　孙革,162页,图版1—6;插图2,3;叶及角质层;叶;内蒙古霍林河盆地;早白垩世霍林河组。

1995　邓胜徽等,51页,图版18,图5;图版22,图7;图版22,图1,7;图版41,图1—7;图版42,图3—6;插图20;叶及角质层;内蒙古霍林河盆地;早白垩世霍林河组。

1995　李承森、崔金钟,88—90页(包括6幅图);叶;内蒙古;早白垩世。

1995a　李星学(主编),图版103;图1—8;叶及角质层;内蒙古霍林河盆地;早白垩世霍林河组。(中文)

1995b　李星学(主编),图版103;图1—8;叶及角质层;内蒙古霍林河盆地;早白垩世霍林河组。(英文)

1997　邓胜徽等,41页,图版23,图1—15;图版24,图1—9,14;图版25,图1A;图版28,图6,7;叶;内蒙古海拉尔;早白垩世大磨拐河组、伊敏组(主要产大磨拐河组)。

△粗脉?银杏 *Ginkgo*? *crassinervis* (Yabe et Ôishi) ex Zhang et al.,1980

〔注:此种名最早由张武等(1980)引用〕

1933　*Ginkgoites*? *crassinervis* Yabe et Ôishi,213页,图版32,图8a;叶;吉林长春附近陶家屯;中、晚侏罗世。

1980　张武等,283页,图版182,图7(＝Yabe,Ôishi,1933,213页,图版32,图8a);叶;吉林营城;早白垩世沙河子组。

△弯曲银杏 *Ginkgo curvata* Chen et Meng,1988

1988　陈芬、孟祥营,见陈芬等,65,156页,图版59,图12,13;标本2块,标本号:Fx284,Fx285;标本保存在武汉地质学院北京研究生部;叶;辽宁阜新;早白垩世阜新组。(注:原文未指定模式标本)

△大雁银杏 *Ginkgo dayanensis* Chang,1980

1980　张武等,283页,图版181,图7,11;标本2块,登记号:D437,D438;标本保存在沈阳地质矿产研究所;叶;内蒙古呼伦贝尔盟大雁;早白垩世扎赉诺尔群大磨拐河组。(注:原文未指定模式标本)

1995　邓胜徽等,52页,图版25,图3;叶;内蒙古霍林河盆地;早白垩世霍林河组。

1997　邓胜徽等,41页,图版24,图13;图版28,图2—4;叶;内蒙古扎赉诺尔坳陷、伊敏坳陷、大雁盆地、免渡河盆地;早白垩世大磨拐河组、伊敏组。

指状银杏 *Ginkgo digitata* (Brongniart) Heer,1876

1830(1820—1838)　*Cyclopteris digitata* Brongniart,219页,图版61,图2,3;叶;英国;侏罗纪。

1876c　Heer,40页,图版8,图1a;图版10,图1—6;叶;挪威斯匹次卑尔根;早白垩世。

1911　Seward,17,45页,图版3,图40;叶;新疆准噶尔扎伊尔山库克塔尔;侏罗纪。

1924　Kryshtofovich,106页;辽宁黑山八道壕;侏罗纪。

1935　Toyama,Ôishi,69页,图版3,图4,5;叶;内蒙古呼纳盟扎赉诺尔;中侏罗世。

| 1963 | 斯行健、李星学等,217 页,图版 71,图 5,6;叶;内蒙古呼纳盟扎赉诺尔;晚侏罗世。
| 1981 | 刘茂强、米家榕,26 页,图版 3,图 2;叶;吉林临江义和地区;早侏罗世义和组。
| 1982b | 郑少林、张武,318 页,图版 4,图 15;图版 5,图 11;图版 15,图 8;叶;黑龙江双鸭山四方台、鸡东哈达;早白垩世城子河组、穆棱组。
| 1984 | 陈芬等,57 页,图版 30,图 3;叶;北京大安山;早侏罗世下窑坡组。
| 1984 | 王自强,273 页,图版 140,图 9;图版 172,图 1—10;叶及角质层;山西怀仁;早侏罗世永定庄组。
| 1985 | 商平,图版 8,图 4;叶;辽宁阜新;早白垩世海州组中间段。
| 1985 | 杨关秀、黄其胜,194 页,图 3-98.3;叶;内蒙古呼纳盟扎赉诺尔,辽宁北票;晚侏罗世。
| 1988 | 孙革、商平,图版 4,图 3;叶;内蒙古霍林河煤田;晚侏罗世—早白垩世霍林河组。
| 1991 | 米家榕等,298 页,图版 1,图 1—4;叶;河北抚宁黑山窑;早侏罗世北票组下段。
| 1991 | 张川波等,图版 1,图 8;叶;吉林六台;早白垩世大羊草沟组。
| 1992 | 孙革、赵衍华,543 页,图版 244,图 2;叶;吉林蛟河;早白垩世乌林组。
| 1996 | 常江林、高强,图版 1,图 10;叶;山西武乡滩泥沟;中侏罗世大同组。
| 1999 | 商平等,图版 2,图 1;叶;新疆吐哈盆地三道岭煤田;中侏罗世西山窑组。
| 2003 | 邓胜徽等,图版 72,图 4;图版 73,图 1;叶;新疆哈密三道岭;中侏罗世西山窑组。
| 2005 | 孙柏年等,图版 15,图 4;图版 16,图 5;叶;甘肃窑街;中侏罗世窑街组含煤段。

指状银杏(比较种) *Ginkgo* cf. *digitata* (Brongniart) Heer
| 1980 | 黄枝高、周惠琴,96 页,图版 30,图 6;图版 40,图 6;图版 42,图 2;叶;陕西神木杨家坪;晚三叠世延长组下段。
| 1982 | 王国平等,275 页,图版 127,图 5;叶;浙江临安;早、中侏罗世。
| 2002 | 吴向午等,163 页,图版 13,图 1—3;叶;内蒙古阿拉善右旗芨芨沟;中侏罗世宁远堡组下段。

雅致似银杏 *Ginkgo elegans* Sun,2005(裸名)
| 2005 | 孙柏年等,图版 15,图 5;叶;甘肃窑街;中侏罗世窑街组砂岩段。

费尔干银杏 *Ginkgo ferganensis* Brick in Sixtel,1960
| 1960 | Sixtel,77 页,图版 12,图 1,2;叶;中亚费尔干;晚三叠世。
| 1986 | 徐福祥,421 页,图版 2,图 2;叶;甘肃靖远刀楞山;早侏罗世。
| 1992 | 孙革、赵衍华,543 页,图版 244,图 1,8,9;叶;吉林双阳腾家街;早侏罗世板石顶子组。
| 1996 | 米家榕等,117 页,图版 20,图 1,2;图版 21,图 1—3,5—9;图版 22,图 3,4;叶及角质层;河北抚宁石门寨,辽宁北票台吉二井;早侏罗世北票组;辽宁北票海房沟;中侏罗世海房沟组。
| 2003 | 许坤等,图版 6,图 5;叶;辽宁北票海房沟;中侏罗世海房沟组。

费尔干银杏(比较种) *Ginkgo* cf. *ferganensis* Brick
| 1985 | 李佩娟,148 页,图版 18,图 5;叶;新疆温宿塔克拉克(天山托木尔峰);早侏罗世。

扇形银杏 *Ginkgo flabellata* Heer,1876
| 1876b | Heer,60 页,图版 13,图 3,4;图版 7,图 10;115 页,图版 28,图 6;叶;俄罗斯伊尔库茨克、黑龙江流域;侏罗纪。
| 1906 | Yokoyama,27 页,图版 7,图 6—9;叶;河北宣化老东苍(鸡鸣山之北);侏罗纪。[注:此

标本后改定为 *Ginkgoites sibiricus*（Heer）Seward（斯行健、李星学等，1963，225页）］

海氏银杏(拜拉?) *Ginkgo*（*Baiera*?）*hermelini* Hartz, 1896
1896　　Hartz, 240页, 图版19, 图1; 叶; 丹麦东格陵兰; 早侏罗世（*Thaumatopteris* Zone）。

海氏银杏(比较种) *Ginkgo* cf. *hermelini* Hartz
1931　　斯行健, 55页, 图版8, 图3—5; 叶; 辽宁朝阳北票煤矿; 侏罗纪。［注: 这些标本曾被归于 *Ginkgo huttoni*（斯行健、李星学等, 1963, 218页）］

1933c　斯行健, 28页, 图版7, 图5, 6; 叶; 内蒙古大青山石拐村; 早、中侏罗世。［注: 这些标本曾被归于 *Ginkgo huttoni*（斯行健、李星学等, 1963, 218页）］

1949　　斯行健, 31页, 图版14, 图9, 10; 叶; 湖北西部白石岗; 早侏罗世香溪煤系。［注: 此标本后改定为 *Ginkgoites* cf. *marginatus*（斯行健、李星学等, 1963, 223页）］

胡顿银杏 *Ginkgo huttoni*（Sternberg）Heer, 1876
1833　　*Cyclopteris huttoni* Sternberg, 66页; 英国; 中侏罗世。

1876　　Heer, 59页, 图版5, 图1b; 图版8, 图4; 图版10, 图8; 叶; 俄罗斯伊尔库茨克盆地; 侏罗纪。

1901　　Krasser, 150页, 图版4, 图3, 4; 叶; 新疆哈密与吐鲁番之间三道岭西南; 侏罗纪。

1963　　斯行健、李星学等, 218页, 图版74, 图1, 2; 叶; 内蒙古大青山石拐村; 早、中侏罗世。

1976　　张志诚, 193页, 图版98, 图1—3, 6; 叶; 内蒙古包头石拐沟、西乌珠穆沁旗巴其、土默特左旗陶思浩大沟; 早—中侏罗世石拐沟群。

1980　　张武等, 283页, 图版142, 图5; 图版145, 图3—5; 图版181, 图8; 叶; 吉林长春石碑岭; 早白垩世沙河子组; 辽宁北票; 早侏罗世北票组。

1981　　陈芬等, 图版3, 图1; 叶; 辽宁阜新海州; 早白垩世阜新组。

1982b　郑少林、张武, 318页, 图版15, 图4; 图版25, 图10—12; 叶; 黑龙江双鸭山宝山; 早白垩世城子河组。

1984　　陈芬等, 57页, 图版26, 图1; 叶; 北京大安山、门头沟; 早、中侏罗世下窑坡组, 中侏罗世上窑坡组。

1985　　杨关秀、黄其胜, 194页, 图3-98.2; 叶; 华北, 东北（如内蒙古）, 辽宁阜新、北票, 吉林蛟河, 黑龙江鸡西、鹤岗; 晚三叠世—早白垩世。

1988　　孙革、商平, 图版3, 图5; 叶; 内蒙古霍林河煤田; 晚侏罗世—早白垩世霍林河组。

1991　　米家榕等, 298页, 图版1, 图5—12; 叶; 河北抚宁黑山窑; 早侏罗世北票组下段。

1991　　赵立明、陶君容, 图版2, 图13; 叶; 内蒙古赤峰平庄; 晚侏罗世杏园组。

1993a　吴向午, 84页。

1994　　高瑞祺等, 图版14, 图6; 叶; 吉林长春石碑岭; 早白垩世沙河子组。

2005　　孙柏年等, 31页, 图版2, 图2; 图版17, 图3; 图版18, 图2; 图版19, 图1, 2, 4; 叶及角质层; 甘肃窑街; 中侏罗世窑街组砂泥岩段。

胡顿银杏(比较属种) Cf. *Ginkgo huttoni*（Sternberg）Heer
1996　　米家榕等, 117页, 图版20, 图6; 叶; 河北抚宁石门寨, 辽宁北票海房沟; 中侏罗世海房沟组。

2003　　修申成等, 图版2, 图2; 叶; 河南义马; 中侏罗世义马组。

2003　　许坤等, 图版6, 图7; 叶; 辽宁北票海房沟; 中侏罗世海房沟组。

胡顿银杏(比较种) *Ginkgo* cf. *huttoni* (Sternberg) Heer

1984　顾道源,151 页,图版 76,图 1;叶;新疆吉木萨尔臭水沟;早侏八道湾组。
1987　陈晔等,120 页,图版 33,图 6;图版 34,图 4,5;叶;四川盐边;晚三叠世红果组。
1993　米家榕等,123 页,图版 31,图 1,2;图版 34,图 4,6;叶;吉林汪清天桥岭嘎呀河西岸;晚三叠世马鹿组。

△巨叶银杏 *Ginkgo ingentiphylla* Meng et Chen,1988

1988　孟祥营、陈芬,见陈芬等,65,156 页,图版 40,图 1—3;叶;标本 1 块,标本号:Fx181;标本保存在中国地质大学(北京);辽宁阜新;早白垩世阜新组。

清晰银杏 *Ginkgo lepida* Heer,1876

1876b　Heer,62 页,图版 7,图 7;图版 12;叶;俄罗斯伊尔库茨克盆地;侏罗纪。
1906　Krasser,605 页,图版 2,图 7—9;叶;吉林火石岭;侏罗纪。[注:此标本后被定为 *Ginkgoites* cf. *lepidus* (Heer) Florin(斯行健、李星学等,1963,222 页)]
1906　Yokoyama,31 页,图版 9,图 2b;叶;辽宁凤城赛马集碾子沟;侏罗纪。(注:此标本曾被改定为 *Ginkgoites* cf. *lepidus* (Heer) Florin,斯行健、李星学等,1963,222 页)
1908　Yabe,8 页,图版 1,图 2b,3d;图版 2,图 4,5d;叶;吉林陶家屯;侏罗纪。
1976　张志诚,194 页,图版 98;图 4,5;图版 99,图 1;叶;内蒙古锡林脑包;晚侏罗世—早白垩世固阳组。
1980　张武等,284 页,图版 145,图 1;图版 181,图 5,9;叶;内蒙古昭乌达盟王子坟;早白垩世九佛堂组;吉林蛟河奶子山;早白垩世奶子山组。
1982　谭琳、朱家楠,146 页,图版 35,图 5,6;叶;内蒙古固阳小三分子村东;早白垩世固阳组。
1987　陈晔等,120 页,图版 33,图 4,5;图版 34,图 1;叶;四川盐边;晚三叠世红果组。

清晰银杏(比较种) *Ginkgo* cf. *lepida* Heer

1933b　斯行健,70 页,图版 10,图 1,2;叶;甘肃武威北达板;早、中侏罗世。[注:此标本后被定为 *Ginkgoites* cf. *lepidus* (Heer) Florin(斯行健、李星学等,1963,222 页)]

浅裂银杏 *Ginkgo lobata* Feistmantel,1877

1877　Feistmantel,图版 1,图 1;叶;印度;Jabalpur 群。
1982b　郑少林、张武,318 页,图版 15,图 9—13;叶及角质层;黑龙江双鸭山宝山;早白垩世城子河组。

长叶银杏 *Ginkgo longifolius* (Phillips) Harris,1974

1829　*Sphenopteris longifolia* Phillips,148 页,图版 7,图 17;叶;英国;中侏罗世。
1946　*Ginkgoites longifolius* (Phillips), Harris,20 页,插图 6,7;叶;英国约克郡;中侏罗世。
1974　Harris,21 页,插图 6—8;叶及角质层;英国约克郡;中侏罗世。
1982b　郑少林、张武,318 页,图版 18,图 5;叶;黑龙江双鸭山西岭;早白垩世城子河组。
1988　李佩娟等,91 页,图版 65,图 4;图版 66,图 1,2;图版 70,图 1;图版 111,图 5;图版 112,图 1—4;图版 136,图 1;叶及角质层;青海大煤沟;中侏罗世饮马沟组 *Eborcia* 层、大煤沟组 *Tyrmia-Sphenobaiera* 层。
2002　吴向午等,164 页,图版 13,图 4,5,6(?),7;图版 14,图 1—6;叶及角质层;内蒙古阿拉善右旗长山;中侏罗世宁远堡组;内蒙古阿拉善右旗井坑子洼;早侏罗世芨芨沟组上段。

2003 邓胜徽等,图版 75,图 1;叶;河南义马;中侏罗世义马组。

长叶银杏(比较属种) Cf. *Ginkgo longifolius* (Phillips) Harris
1996 米家榕等,117 页,图版 22,图 1;叶;河北抚宁石门寨,辽宁北票兴隆沟;中侏罗世海房沟组。

大叶银杏 *Ginkgo magnifolia* (Du Toit) ex Pan,1936
[注:此种名最早由潘钟祥(1936)引用]
1927 *Ginkgoites magnifolia* Du Toit,370 页,图版 20;图版 21;图 1;图版 30;插图 17;叶;南非;晚三叠世卡鲁群上部。
1936 潘钟祥,29 页,图版 12,图 9,10;图版 14,图 4;叶;陕西绥德高家庵;晚三叠世延长组下部。[注:此标本被斯行健(1956a,图版 47,图 1)及斯行健、李星学等(1963,222 页)改定为 *Ginkgoites magnifolius* Du Toit]

大叶银杏(比较种) *Ginkgo* cf. *magnifolia* (Du Toit) ex Pan
1949 斯行健,30 页,图版 10,图 3;叶;湖北秭归香溪;早侏罗世香溪煤系。
1976 周惠琴等,210 页,图版 116,图 2—5;叶;内蒙古准格尔旗五字湾;中三叠世二马营组上部。

△东北银杏 *Ginkgo manchurica* (Yabe et Ôishi) Meng et Chen,1988
1933 *Baiera manchuriensis* Yabe et Ôishi,218 页,图版 32(3),图 12,13A;图版 33(4),图 1;叶;辽宁沙河子、大台山,吉林陶家屯、火石岭(?);侏罗纪。
1988 孟祥营、陈芬,见陈芬等,65 页,图版 35,图 1—9;图版 36,图 1—6;图版 64,图 3,4;图版 65,图 5;叶及角质层;辽宁阜新、铁法;早白垩世阜新组、小明安碑组。
1994 赵立明等,75 页,图 2—6;叶及角质层;内蒙古赤峰平庄西;早白垩世杏园组。
1995 邓胜徽等,53 页,图版 25,图 2;图版 28,图 1;图版 42,图 1,2;图版 43,图 1—6;叶及角质层;内蒙古霍林河盆地;早白垩世霍林河组。
1997 邓胜徽等,41 页,图版 24,图 12;图版 26,图 2;叶;内蒙古扎赉诺尔;早白垩世伊敏组;内蒙古大雁盆地、免渡河盆地;早白垩世大磨拐河组。
2004a 邓胜徽等,1334 页,图 1(a);叶;辽宁铁法;早白垩世小明安碑组(中文)。
2004b 邓胜徽等,1774 页,图 1(a);叶;辽宁铁法;早白垩世小明安碑组(英文)。

具边银杏 *Ginkgo marginatus* (Nathorst) ex Chow et al. ,1976
[注:此种名最早由周惠琴等(1976)引用]
1878 *Baiera marginata* Nathorst,51 页,图版 8,图 12(?)—14;叶;瑞士;晚三叠世。
1936 *Ginkgoites marginatus* (Nathorst) Florin,107 页。
1976 周惠琴等,210 页。

具边银杏(比较种) *Ginkgo* cf. *marginatus* (Nathorst) ex Chow et al.
1976 周惠琴等,210 页,图版 116,图 2—5;叶;内蒙古准格尔旗五字湾;中三叠世二马营组上部。

△楔拜拉状银杏 *Ginkgo mixta* Tan et Zhu,1982
1982 谭琳、朱家楠,147 页,图版 35,图 3,4;叶;标本 2 块,登记号:GR39,GR64;正模:GR39(图版 35,图 3);副模:GR64(图版 35,图 4);内蒙古固阳小三分子村东;早白垩世固阳组。

△奥勃鲁契夫银杏 *Ginkgo obrutschewi* Seward,1911

1911　Seward,17,46 页,图版 3,图 41;图版 4,图 42,43;图版 5,图 59—61,64;图版 6,图 71;图版 7,图 74,76;叶及角质层;新疆准噶尔佳木河附近;早、中侏罗世。[注:此标本后被 Seward(1919)改归于 *Ginkgoites obrutschewi*（Seward）Seward]

1982　谭琳、朱家楠,147 页,图版 34,图 11;叶;内蒙古固阳小三分子村东;早白垩世固阳组。

1982b　郑少林、张武,319 页,图版 25,图 2—6;叶;黑龙江双鸭山宝山;早白垩世城子河组。

1986　段淑英等,图版 1,图 6;叶;陕西彬县百子沟;中侏罗世延安组。

1987　陈晔等,119 页,图版 34,图 2;叶;四川盐边;晚三叠世红果组。

奥勃鲁契夫银杏(比较种) *Ginkgo* cf. *obrutschewi* Seward

1980　张武等,288 页,图版 144,图 2;图版 145,图 2;叶;吉林浑江闹枝腰沟,辽宁朝阳;早—中侏罗世。

东方银杏 *Ginkgo orientalis*（Yabe et Ôishi）ex Zhang et al.,1980

[注:张武等(1980)在原文中记录此种为 Florin 修订,但 Florin(1936)只是把此种归于 *Ginkgoites*,故种名 *Ginkgo orientalis* 实为张武等(1980)首次引用]

1933　*Baiera orientalis* Yabe et Ôishi,220 页,图版 33(4),图 4;叶;吉林火石岭;侏罗纪。

1936　*Ginkgoites orientalis*,Florin,107 页。

1980　张武等,284 页,图版 182,图 1;叶;吉林营城;早白垩世沙河子组。

1994　高瑞祺等,图版 14,图 2;叶;吉林营城火石岭;早白垩世沙河子组。

东方银杏(比较种) *Ginkgo* cf. *orientalis*（Yabe et Ôishi）ex Zhang et al.

1988　吉林省地质矿产局,图版 9,图 14;叶;吉林;晚侏罗世长安组。

副铁线蕨型银杏 *Ginkgo paradiantoides* Samylina,1967

1967　Samylina,138 页,图版 2,图 2—5;图版 3,图 1—11;图版 4,图 1—10;图版 6,图 7a;图版 8,图 7b;叶及角质层;苏联科雷马河流域;早白垩世。

1988　陈芬等,67 页,图版 39,图 3—8;叶及角质层;辽宁阜新;早白垩世沙海组。

1989　任守勤、陈芬,636 页,图版 2,图 10—15;叶及角质层;内蒙古海拉尔五九煤盆地;早白垩世大磨拐河组。

多裂银杏 *Ginkgo pluripartita*（Schimper）Heer,1881

1869（1869—1874）　*Baiera pluripartita* Schimper,423 页;英国;早白垩世(Wealden)。

1881　Heer,6 页。

1984　王自强,273 页,图版 155,图 4—6;图版 156,图 4;图版 169,图 4—6;图版 170,图 5—7;叶及角质层;河北张家口;早白垩世青石砬组。

1988　陈芬等,67 页,图版 65,图 1;叶;辽宁铁法;早白垩世小明安碑组。

1997　金若时,照片 1;叶;黑龙江呼玛;晚侏罗世—早白垩世九峰组。

极细银杏 *Ginkgo pusilla* Heer,1876

1876b　Heer,61 页,图版 7,图 9;图版 9,图 5c;图版 10,图 7b,7c;图版 13,图 5;116 页,图版 22,图 4f;叶;俄罗斯伊尔库茨克和黑龙江盆地;侏罗纪。

1976　张志诚,194 页,图版 92,图 4;叶;内蒙古锡林脑包;晚侏罗世—早白垩世固阳组。

| 1982b | 郑少林、张武，319 页，图版 12，图 10；叶；黑龙江虎林云山；中侏罗世裴德组。
| 1982 | 谭琳、朱家楠，146 页，图版 34，图 10；叶；内蒙古固阳小三分子村东；早白垩世固阳组。

△柴达木银杏 *Ginkgo qaidamensis* Li，1988

| 1988 | 李佩娟等，92 页，图版 65，图 5；图版 67，图 1；图版 111，图 1—4；叶及角质层；标本 2 块，登记号：PB13576，PB13577；正模：PB13576（图版 65，图 5）；标本保存在中国科学院南京地质古生物研究所；青海大煤沟；中侏罗世饮马沟组 *Eborcia* 层，大煤沟组 *Tyrmia-Sphenobaiera* 层。

施密特银杏 *Ginkgo schmidtiana* Heer，1876

| 1876 | Heer，60 页，图版 13，图 1，2；图版 7，图 5；叶；俄罗斯伊尔库茨克；侏罗纪。
| 1901 | Krasser，151 页，图版 4，图 5；叶；新疆哈密与吐鲁番之间的三道岭西南；侏罗纪。
| 1993a | 吴向午，84 页。

△施密特银杏细小变种 *Ginkgo schmidtiana* Heer var. *parvifolia* Krasser，1906

| 1906 | Krasser，604 页，图版 2，图 4，5；叶；吉林火石岭；侏罗纪。〔注：此标本后被改定为 *Ginkgoites sibiricus*（Heer）Seward（斯行健、李星学等，1963，225 页）〕

△刚毛银杏 *Ginkgo setacea* Wang，1984

| 1984 | 王自强，247 页，图版 155，图 9；图版 169，图 7—9；图版 170，图 8—11；叶及角质层；标本 1 块，登记号：P0471；正模：P0471（图版 169，图 7）；标本保存在中国科学院南京地质古生物研究所；河北张家口黄家铺；早白垩世青石砬组。

西伯利亚银杏 *Ginkgo sibirica* Heer，1876

| 1876 | Heer，61 页，图版 9，图 5，6；图版 11，图 1—8；图版 12，图 3；叶；俄罗斯伊尔库茨克；侏罗纪。
| 1922 | Yabe，23 页，图版 4，图 11；叶；山东潍县坊子二十里铺南；侏罗纪。
| 1928 | Yabe，Ôishi，9 页；山东潍县二十里铺；侏罗纪。
| 1935 | Toyama，Ôishi，70 页，图版 3，图 6；图版 4，图 2；叶；内蒙古扎赉诺尔；中侏罗世。
| 1976 | 张志诚，194 页，图版 98，图 7—10；图版 99，图 2，3；叶；内蒙古锡林脑包；晚侏罗世—早白垩世固阳组。
| 1980 | 张武等，284 页，图版 180，图 6—8；图版 181，图 6；叶；黑龙江黑河、鹤岗、勃利、伊敏、宾县，吉林营城、陶家屯，辽宁阜新；晚侏罗世—早白垩世。
| 1982 | 陈芬、杨关秀，579 页，图版 2，图 7，8；叶；北京西山青龙头；早白垩世坨里群芦尚坟组。
| 1982 | 谭琳、朱家楠，147 页，图版 34，图 3—9；叶；内蒙古固阳小三分子村东；早白垩世固阳组。
| 1982b | 郑少林、张武，319 页，图版 19，图 5a；叶；黑龙江密山园宝山；晚侏罗世云山组。
| 1987 | 陈晔等，120 页，图版 34，图 6，7；叶；四川盐边；晚三叠世红果组。
| 1988 | 陈芬等，67 页，图版 34，图 6—10；叶；辽宁阜新；早白垩世阜新组。
| 1988 | 吉林省地质矿产局，图版 9，图 15；叶；吉林；晚侏罗世长安组。
| 1989 | 梅美棠等，106 页，图版 58，图 1；叶；中国；晚三叠世。
| 1992 | 谢明忠、孙景嵩，图版 1，图 13；叶；河北宣化；早侏罗世下花园组。
| 1993 | 黑龙江省地质矿产局，图版 12，图 1；叶；黑龙江；早白垩世城子河组。
| 1997 | 邓胜徽等，42 页，图版 28，图 10，11；叶；内蒙古扎赉诺尔、大雁盆地、免渡河盆地；早白

早侏罗世伊敏组、大磨拐河组。

西伯利亚银杏（比较种）*Ginkgo* cf. *sibirica* Heer
1988　李佩娟等,93页,图版68,图1;图版71,图5(?);图版113,图1—2a,5,6;叶及角质层;青海大煤沟、绿草山宽沟;中侏罗世大煤沟组 *Tyrmia-Sphenobaiera* 层、石门沟组 *Nilssonia* 层。

△楔叶型银杏 *Ginkgo sphenophylloides* Tan et Zhu,1982
1982　谭琳、朱家楠,146页,图版35,图1,2;叶;标本2块,登记号:GR26,GR656;正模:GR26(图版35,图1);副模:GR656(图版35,图2);内蒙古固阳小三分子村东;早白垩世固阳组。

带状银杏 *Ginkgo taeniata*（Braun）Nathorst,1875
1843　*Baiera taeniata* Braun,见 Muenster,21页,西欧;晚三叠世。
1875　Nathorst,388页。
1987　陈晔等,120页,图版33,图6;图版34,图4,5;叶;四川盐边;晚三叠世红果组。

△大同银杏 *Ginkgo tatongensis* Ding ex Yang,1989
[注:此种名首见于杨贤河(1989),可能是1个裸名]
1986　杨贤河,图版1,图6;叶;山西大同;早侏罗世。

△截形银杏 *Ginkgo truncata*（Li）ex Chen et al.,1988
[注:此种名由陈芬等(1988)最早引用]
1981　*Ginkgoites truncata* Li,厉宝贤,208页,图版1,图2—8;图版3,图1—8;叶及角质层;辽宁阜新;晚侏罗世海州组。
1988　陈芬等,68页,图版37,图4—7;图版38,图2—9;图版65,图2—4;叶及角质层;辽宁阜新、铁法;早白垩世阜新组、小明安碑组。
1997　邓胜徽等,42页,图版28,图1,8;叶;内蒙古扎赉诺尔;早白垩世伊敏组。

怀特比银杏 *Ginkgo whitbiensis* Harris,1951
1951　Harris,927页,插图3A—3K,4C—4G;叶及角质层;英国约克郡;中侏罗世。

怀特比银杏（比较种）*Ginkgo* cf. *whitbiensis* Harris
1988　李佩娟等,94页,图版66,图3;图版113,图3,4;图版114,图1;叶及角质层;青海大煤沟;中侏罗世石门沟组 *Nilssonia* 层。

△下花园银杏 *Ginkgo xiahuayuanensis* Wang,1984
1984　王自强,274页,图版141,图9,10;图版165,图6—10;图版168,图2—4;叶及角质层;标本2块,登记号:P0275,P0276;合模:P0275,P0276;标本保存在中国科学院南京地质古生物研究所;河北下花园;中侏罗世门头沟组。[注:依据《国际植物命名法规》(《维也纳法规》)第37.2条,1958年起,模式标本只能是1块标本]

△义马银杏 *Ginkgo yimaensis* Zhou et Zhang,1989
1988a　*Ginkgo* sp.,周志炎、章伯乐,216页,图1.1,1.2;叶及生殖枝;河南义马;中侏罗世。(中文)
1988b　*Ginkgo* sp.,周志炎、章伯乐,1201页,图1.1,1.2;叶及生殖枝;河南义马;中侏罗世。(英文)

1989 周志炎、章伯乐,114 页,图版 1—8;插图 2—7;叶、角质层、长、短枝及生殖器官;登记号:PB14191,PB14192,PB14194—PB14247;正模:PB14191(图版 5,图 15;插图 5);标本保存在中国科学院南京地质古生物研究所;河南义马;中侏罗世义马组。

1993 周志炎,173 页,图版 4,图 1,3,5;图版 5,图 4;大孢子膜;河南义马;中侏罗世。

1995a 李星学(主编),图版 95,图 1—6;图版 96,图 1,2;叶、角质层及胚珠;河南义马;中侏罗世义马组。(中文)

1995b 李星学(主编),图版 95,图 1—6;图版 96,图 1,2;叶、角质层及胚珠;河南义马;中侏罗世义马组。(英文)

1995 曾勇等,60 页,图版 13,图 4,5;图版 14,图 1,2;图版 15,图 1,2;图版 16,图 4,5;图版 19,图 2,5;图版 28,图 3—8;叶及角质层;河南义马;中侏罗世义马组。

1999 商平等,图版 2,图 2;叶及角质层,长、短枝及生殖器官;新疆哈密三道岭;中侏罗世西山窑组。

2002 周志炎,382 页,图版 1,图 1—9;叶及角质层;河南义马;中侏罗世义马组。

2003 邓胜徽等,图版 71,图 1;图版 75,图 6;叶;新疆哈密三道岭;中侏罗世西山窑组。

银杏(未定多种) Ginkgo spp.

1901 *Ginkgo* sp.[Cf. *G. huttoni* (Sternberg) Heer],Krasser,148 页;叶;新疆东天山库鲁克塔格山南麓;侏罗纪。

1906 *Ginkgo* sp.,Yokoyama,34 页,图版 11,图 4—7;叶;辽宁泉眼沟大台山;侏罗纪。

1952 *Ginkgo* sp.,斯行健,185 页,图版 1,图 4—6;叶;内蒙古呼纳盟戛查;侏罗纪扎赉诺尔群。

1976 *Ginkgo* sp.,周惠琴等,210 页,图版 117,图 7;叶;内蒙古准格尔旗五字湾;中三叠世二马营组上部。

1982 *Ginkgo* sp. cf. *huttonii* (Sternerg) Heer,谭琳、朱家楠,147 页,图版 34,图 12;叶;内蒙古固阳小三分子村东;早白垩世固阳组。

1987 *Ginkgo* sp.,陈晔等,120 页,图版 33,图 6;图版 34,图 4,5;叶;四川盐边;晚三叠世红果组。

1988 *Ginkgo* sp. 1,陈芬等,68 页,图版 39,图 1,2;叶;辽宁阜新;早白垩世阜新组。

1988 *Ginkgo* sp. 2,陈芬等,68 页,图版 41,图 1—4;叶;辽宁阜新;早白垩世阜新组。

1988 *Ginkgo* sp. 1,李佩娟等,102 页,图版 65,图 6;图版 114,图 2—5;叶及角质层;青海绿草山绿草沟;中侏罗世石门沟组 *Nilssonia* 层。

1988 *Ginkgo* sp. 2(sp. nov.),李佩娟等,95 页,图版 66,图 4,4a;图版 114,图 6,7;叶及角质层;青海大煤沟;中侏罗世大煤沟组 *Tyrmia-Sphenobaiera* 层。

1988a *Ginkgo* sp.,周志炎、章伯乐,216 页,图 1.1,1.2;叶及生殖枝;河南义马;中侏罗世。〔注:此标本后改定为 *Ginkgo yimaensis* Zhou et Zhang(周志炎、章伯乐,1989,114 页)〕(中文)

1988b *Ginkgo* sp.,周志炎、章伯乐,1201 页,图 1.1,1.2;叶和生殖枝;河南义马;中侏罗世。〔注:此标本后改定为 *Ginkgo yimaensis* Zhou et Zhang(周志炎、章伯乐,1989,114 页)〕(英文)

1992 *Ginkgo* sp.(Cf. *G. pusilla* Heer),孙革、赵衍华,544 页,图版 244,图 3;叶;吉林辽源渭津;晚侏罗世久大组。

1992 *Ginkgo* sp.,谢明忠、孙景嵩,图版 1,图 14;叶;河北宣化;早侏罗世下花园组。

1993a *Ginkgo* sp.［Cf. *G. huttonii*（Sternberg）Heer］,吴向午,84页。
1995   *Ginkgo* sp.,曾勇等,61页,图版17,图1;图版30,图1,2;叶及角质层;河南义马;中侏罗世义马组。
1995a *Ginkgo* sp.,李星学（主编）,图版104,图5;叶;黑龙江鹤岗;早白垩世石头河子组。（中文）
1995b *Ginkgo* sp.,李星学（主编）,图版104,图5;叶;黑龙江鹤岗;早白垩世石头河子组。（英文）
2003   *Ginkgo* sp.,周志炎、郑少林,821页,图1;胚珠器管及叶;辽宁义县;早白垩世义县组砖城子层。
2005   *Ginkgo* sp.,孙柏年等,图版9,图3;图版10,图1,2;角质层;甘肃窑街;中侏罗世窑街组含煤岩段。

银杏?（未定种）*Ginkgo*? sp.
1963   *Ginkgo*? sp.,斯行健、李星学等,219页,图版71,图7［=Cf. *Ginkgo* sp.,李星学,1955,36页,图版1,图9］;叶;内蒙古大青山石拐村;早、中侏罗世。

银杏（比较属,未定种）Cf. *Ginkgo* sp.
1955   Cf. *Ginkgo* sp.,李星学,36页,图版1,图9;叶;山西大同云岗;中侏罗世云岗组上部。［注:此标本曾被归于 *Ginkgo*? sp.（斯行健、李星学等,1963,219页）］

准银杏属 Genus *Ginkgodium* Yokoyama,1889
1889   Yokoyama,57页。
1978   杨贤河,528页。
1993a 吴向午,84页。

模式种: *Ginkgodium nathorsti* Yokoyama,1889
分类位置:银杏目（Ginkgoales）

那氏准银杏 *Ginkgodium nathorsti* Yokoyama,1889
1889   Yokoyama,57页,图版2,图4;图版3,图7;图版8;图版9,图1—10;叶;日本 Yangedani;侏罗纪。
1978   杨贤河,528页,图版189,图6,7b;叶;四川江油厚坝白庙;早侏罗世白田坝组。
1982a 刘子进,134页,图版71,图4,4a;叶;甘肃武都龙家沟;中侏罗世龙家沟组上部。
1985   杨关秀、黄其胜,196页,图3-103;叶;河北宣化;晚侏罗世玉带山组。
1989   杨贤河,图版1,图5;叶;四川;早侏罗世。
1993a 吴向午,84页。

长叶准?银杏 *Ginkgodium*? *longifolium* Lebedev,1965（non Huang et Zhou,1980）
1965   Lebedev,116页,图版25,图3;插图37;叶;苏联黑龙江流域结雅河地区;晚侏罗世。

准银杏（未定多种）*Ginkgodium* spp.
1996   *Ginkgodium* sp.（Cf. *G. gracilis* Tateiwa）,米家榕等,127页,图版28,图11,13;叶;河北抚宁石门寨;早侏罗世北票组。
1996   *Ginkgodium* sp.,米家榕等,127页,图版28,图6;叶;河北抚宁石门寨;早侏罗世北票组。

1998 *Ginkgodium* sp. 1,张泓等,图版 42,图 5;叶;内蒙古阿拉善右旗长山子;中侏罗世青土井组。

1998 *Ginkgodium* sp. 2,张泓等,图版 42,图 7;叶;新疆奇台北山;早侏罗世八道湾组。

准银杏?(未定种)*Ginkgodium*? sp.

1986 *Ginkgodium*? sp.,叶美娜等,66 页,图版 46,图 7,7a;叶;四川开县温泉;早侏罗世珍珠冲组。

准银杏属 Genus *Ginkgoidium* Yokoyama,1889

[注:此属名由 Harris(1935,6,49 页)引用,可能为 *Ginkgodium* 拼写之误]

△厚叶准银杏 *Ginkgoidium crassifolium* Wu S Q et Zhou,1996(中文和英文发表)

1996 吴舜卿、周汉忠,9,14 页,图版 2,图 4;图版 7,图 1—6;图版 14,图 1—6;叶及角质层;登记号:PB16908,PB16934—PB16939;合模 1:PB16934(图版 7,图 1);叶;合模 2:PB16937(图版 7,图 4);标本保存在中国科学院南京地质古生物研究所;新疆库车;中三叠世"克拉玛依组"。[注:依据《国际植物命名法规》(《维也纳法规》)第 37.2 条,1958 年起,模式标本只能是 1 块标本]

△桨叶型准银杏 *Ginkgoidium eretmophylloidium* Huang et Zhou,1980

1980 黄枝高、周惠琴,105 页,图版 39,图 5;图版 46,图 3—5;图版 48,图 6,7;标本 4 块,登记号:OP3060—OP3062,OP3064;叶及角质层;陕西神木二十里墩;晚三叠世延长组中上部。(注:原文未指定模式标本)

1985 杨关秀、黄其胜,196 页,图 3-102.2;叶;陕西神木;晚三叠世延长组。

△长叶准银杏 *Ginkgoidium longifolium* Huang et Zhou,1980 (non Labedev,1965)

[注:原文未指定模式标本,而且此种名被 *Ginkgodium longifolium* Lebedev(1965)先期占用,为一个晚出同名]

1980 黄枝高、周惠琴,105 页,图版 36,图 3;图版 37,图 6;图版 45,图 2;图版 46,图 1,2,8;图版 47,图 1—8;叶及角质层;标本 7 块,登记号:OP3065—OP3068,OP3106—OP3108;陕西神木二十里墩;晚三叠世延长组中上部。

1985 杨关秀、黄其胜,196 页,图 3-102.1;叶及角质层;陕西神木;晚三叠世延长组。

△截形准银杏 *Ginkgoidium truncatum* Huang et Zhou,1980

1980 黄枝高、周惠琴,106 页,图版 35,图 4;图版 45,图 5;图版 46,图 6,7;图版 48,图 5;叶及角质层;标本 4 块,登记号:OP3069—OP3072;陕西神木二十里墩;晚三叠世延长组中上部。(注:原文未指定模式标本)

1985 杨关秀、黄其胜,196 页,图 3-102.3;叶;陕西神木;晚三叠世延长组。

准银杏?(未定种)*Ginkgoidium*? sp.

1997 *Ginkgoidium*? sp.,吴舜卿等,169 页,图版 5,图 9;叶;香港大澳;早、中侏罗世。

似银杏属 Genus *Ginkgoites* Seward,1919

1919　Seward,12 页。
1963　斯行健、李星学等,220 页。
1993a　吴向午,85 页。

模式种:*Ginkgoites obovatus* (Nathorst) Seward,1919

分类位置:银杏目(Ginkgoales)

椭圆似银杏 *Ginkgoites obovatus* (Nathorst) Seward,1919

1886　*Ginkgo obovata* Nathorst,93 页,图版 29,图 5;叶;瑞典斯堪尼亚;晚三叠世。
1919　Seward,12 页,图 632A;叶;瑞典斯堪尼亚;晚三叠世。
1993a　吴向午,85 页。

不整齐似银杏 *Ginkgoites acosmia* Harris,1935

1935　Harris,8 页,图版 1,图 3—5;图版 2,图 1,2;插图 3E—3H;插图 4;叶及角质层;丹麦东格陵兰;晚三叠世(*Lepidopteris* Zone)。
1978　杨贤河,526 页,图版 177,图 1;叶;四川新龙雄龙;晚三叠世喇嘛垭组。

不整齐似银杏(比较种) *Ginkgoites* cf. *acosmia* Harris

1993　米家榕等,124 页,图版 31,图 3,7;叶;吉林汪清天桥岭嘎呀河西岸;晚三叠世马鹿组。

铁线蕨型似银杏 *Ginkgoites adiantoides* (Unger) Seward,1919

1919　Seward,10,17 页,图 635A;叶;莫尔岛;始新世。
1984b　曹正尧,40 页,图版 5,图 2,3;叶;黑龙江密山;早白垩世东山组。

△阿干镇似银杏 *Ginkgoites aganzhenensis* Yang,Sun et Shen,1988

1988　杨恕、孙柏年、沈光隆,见杨恕等,71,77 页,图版 1,图 1—4;叶及角质层;标本号:LP86004;标本保存在兰州大学地质系;甘肃兰州阿干;早侏罗世大西沟上部。

△宝山似银杏 *Ginkgoites baoshanensis* Cao,1992

1992　曹正尧,233,244 页,图版 2,图 1;图版 5,图 12—14;插图 1;叶及角质层;登记号:PB16101,PB16102;模式标本:PB16102(图版 2,图 1);标本保存在中国科学院南京地质古生物研究所;黑龙江双鸭山宝山矿;早白垩世城子河组 3 段。

△北京似银杏 *Ginkgoites beijingensis* Chen et Dou,1984

[注:此种曾被郑少林、张武(1990,221 页)改定为 *Ginkgo beijingensis* (Chen et Dou) ex Zheng et Zhang]

1984　陈芬、窦亚伟,见陈芬等,57 页,图版 27,图 1;叶;标本 1 块,登记号:BM148;正模:BM148(图版 27,图 1);标本保存在武汉地质学院北京研究生部;北京大安山;早侏罗世下窑坡组。

△北方似银杏 *Ginkgoites borealis* Li,1988

1988　李佩娟等,95 页,图版 69,图 1B;图版 70,图 2—5a;图版 71,图 1,2,3B,4(?);图版 74,

　　　　　图1,2;插图22;叶;标本11块,登记号:PB13583—PB13593;正模:PB13583(图版69,
　　　　　图1B);标本保存在中国科学院南京地质古生物研究所;青海大煤沟;中侏罗世大煤沟
　　　　　组 *Tyrmia-Sphenobaiera* 层。
2003　　邓胜徽等,图版76,图2;叶;新疆哈密三道岭;中侏罗世西山窑组。

△吉林似银杏 *Ginkgoites chilinensis* Lee,1963
1929　　*Baiera* cf. *taeniata* Braun,Ôishi,273页;叶及角质层;吉林火石岭;侏罗纪。
1933　　*Baiera* cf. *phillipsi* Yabe et Ôishi,222页,图版33(4),图2;叶;吉林火石岭;中、晚
　　　　　侏罗世。
1933　　*Baiera* cf. *phillipsi* Yabe et Ôishi,246页,图版37(2),图7,8;图版39(4),图14;角质
　　　　　层;吉林火石岭;中、晚侏罗世。
1963　　李星学,见斯行健、李星学等,220页,图版71,图8;图版73,图5;图版86,图4,5[相当
　　　　　于 Yabe,Ôishi,1933,222页,图版33(4),图2,5];叶及角质层;吉林火石岭;中、晚侏
　　　　　罗世。
1982a　 刘子进,133页,图版71,图5,6;叶;甘肃成县、康县草坝、李山;早白垩世东河群化垭
　　　　　组、周家湾组。

△周氏似银杏 *Ginkgoites chowi* Sze,1956
1956a　 斯行健,47,152页,图版40,图3;图版47,图2;叶;标本保存在中国科学院南京地质古
　　　　　生物研究所;陕西宜君杏树坪;晚三叠世延长层上部。
1963　　斯行健、李星学等,221页,图版86,图2,3;叶;陕西宜君杏树坪;晚三叠世延长群上部。

周氏似银杏(比较种) *Ginkgoites* cf. *chowi* Sze
1984　　陈公信,603页,图版263,图2,3;叶;银杏纲;湖北鄂城程潮;早侏罗世武昌组。
1996　　吴舜卿、周汉忠,9页;图版7,图7;图版15,图4—6;叶及角质层;新疆库车;中三叠世
　　　　　"克拉玛依组"。

△粗脉? 似银杏 *Ginkgoites*? *crassinervis* Yabe et Ôishi,1933
1933　　Yabe,Ôishi,213页,图版32(3),图8A;叶;吉林陶家屯;侏罗纪。[注:张武等(1980)把
　　　　　此标本归于 *Ginkgo*? 属]
1950　　Ôishi,114页,吉林陶家屯;侏罗纪。
1963　　斯行健、李星学等,221页,图版76,图1A;叶;吉林长春附近陶家屯;中、晚侏罗世。

粗脉似银杏 *Ginkgoites crassinervis* Yabe et Ôishi,1933,emend Yang et Sun,1982
1933　　*Ginkgoites*? *crassinervis* Yabe et Ôishi,213页,图版32,图8A;叶;吉林长春陶家屯;
　　　　　中、晚侏罗世。
1963　　*Ginkgoites*? *crassinervis* Yabe et Ôishi,斯行健、李星学等,221页,图版76.图1A;叶;
　　　　　吉林长春陶家屯;中、晚侏罗世。
1982a　 杨学林、孙礼文,593页,图版3,图6;叶;吉林九台;晚侏罗世沙河子组。

△楔叶似银杏 *Ginkgoites cuneifolius* Zhou,1984
1984　　周志炎,41页,图版22,图3;图版23,图5,5a;图版24,图1—3;叶及角质层;标本1块,
　　　　　登记号:PB8919;正模:PB8919;标本保存在中国科学院南京地质古生物研究所;湖南
　　　　　兰山圆竹;早侏罗世观音滩组排家冲段。

指状似银杏 *Ginkgoites digitatus* (Brongniart) Seward,1919
1838(1820—1838)　　*Cyclopteris digitata* Brongniart,219页,图版61,图2,3;叶;英国约克郡

中侏罗世。
1919　Seward,14 页;叶;英国约克郡;中侏罗世。
1935　Toyama,Ôishi,69 页,图版 3,图 4,5;叶;内蒙古呼纳盟扎赉诺尔;中侏罗世。[注:此标本被李星学改定为 *Ginkgo digitata*(Brongniart)Heer(斯行健、李星学等,1963,217 页)]
1941　Stockmans,Mathieu,49 页,图版 6,图 8,9;叶;河北柳江,北京门头沟;侏罗纪。
1950　Ôishi,113 页,图版 36,图 2;叶;内蒙古扎赉诺尔;侏罗纪。

指状似银杏(比较种) *Ginkgoites* cf. *digitata* (Brongniart) Seward
1987　孟繁松,254 页,图版 35,图 8;叶;湖北南漳东巩;晚三叠世九里岗组。

指状似银杏胡顿变种 *Ginkgoites digitatus* (Brongniart) var. *huttoni* Seward,1900
1900　Seward,259 页;叶;英国约克郡;中侏罗世。
1919　Seward,15 页,图 633;叶;英国约克郡;中侏罗世。
1933　Yabe,Ôishi,214 页;辽宁八道壕;侏罗纪。[注:此标本后被李星学改定为 *Ginkgo huttoni* (Sternberg) Heer(斯行健、李星学等,1963)]

△雅致似银杏 *Ginkgoites elegans* Yang,Sun et Shen,1988（non Cao,1992）
1988　杨恕、孙柏年、沈光隆,见杨恕等,71,77 页,图版 2,图 1—6;叶及角质层;标本号:LP86005—LP86007;标本保存在兰州大学地质系;甘肃兰州窑街;中侏罗世窑街组含煤岩段。(注:原文未指定模式标本)

△雅致似银杏 *Ginkgoites elegans* Cao,1992（non Yang,Sun et Shen,1988）
[注:此种名被 *Ginkgoites elegans* Yang,Shu et Shen(1988)先期占用,为一个晚出同名]
1992　曹正尧,233,245 页,图版 1,图 8—14;插图 2;叶及角质层;登记号:PB16102;模式标本:PB16102(图版 1,图 8);标本保存在中国科学院南京地质古生物研究所;黑龙江绥滨 26 孔;早白垩世城子河组 2 段。

费尔干似银杏 *Ginkgoites ferganensis* Brick,1940
1940　Brick,见 Sixtel,47 页,图版 10,图 1—3;图版 20,图 4;插图 13,14;叶;中亚;晚三叠世。
1988　李佩娟等,97 页,图版 64,图 3—5;图版 65,图 1—3;叶;青海大煤沟;早侏罗世火烧山组 *Cladophlebis* 层。
1998　张泓等,图版 42,图 1;叶;青海大煤沟;早侏罗世小煤沟组。

费尔干似银杏(比较种) *Ginkgoites* cf. *ferganensis* Brick
1984　陈公信,603 页,图版 263,图 1;叶;湖北鄂城程潮;早侏罗世武昌组。
1996　米家榕等,124 页,图版 31,图 9,10;图版 32,图 1,4,5;叶;吉林汪清天桥岭嘎呀河西岸;晚三叠世马鹿沟组。

△阜新似银杏 *Ginkgoites fuxinensis* Li,1981
1981　厉宝贤,210,213 页,图版 2,图 1—7;叶及角质层;标本 5 块,登记号:PB4388—PB4392;模式标本:PB4388(图版 2,图 1);标本保存在中国科学院南京地质古生物研究所;辽宁阜新;晚侏罗世海州组。

△大叶似银杏 *Ginkgoites gigantea* He,1987
1987　何德长,见钱丽君等,81 页,图版 25,图 2;图版 28,图 5,7;叶及角质层;标本 1 块,登记号:Sh064;标本保存在煤炭科学研究总院地质勘探分院;陕西神木西沟、考考乌素沟;中侏罗世延安组3段。

海尔似银杏 *Ginkgoites heeri* Doludenko et Rasskazowa,1972

1972　Doludenko 等,16 页,图版 18,图 1—5;图版 19,图 1—4;图版 20,图 1—4;叶及角质层;苏联伊尔库茨克;侏罗纪。

1996　米家榕等,118 页,图版 22,图 2,7—10;叶及角质层;辽宁北票台吉井;早侏罗世北票组下段。

赫氏似银杏 *Ginkgoites hermelinii* (Hartz) Harris,1935

1896　*Ginkgo*(*Baiera*?) *hermelini* Hartz,240 页,图版 19,图 1;叶;丹麦格陵兰;早侏罗世。

1935　Harris,13 页,图版 1,图 8,10;图版 2,图 5,6;插图 8;叶;丹麦东格陵兰;早侏罗世(*Thaumatopteris* Zone)。

1998　张泓等,图版 42,图 8;叶;内蒙古阿拉善右旗长山子;中侏罗世青土井组。

胡顿似银杏 *Ginkgoites huttoni* (Sternberg) Black,1929

1838　*Cycropteris huttoni* Sternberg,66 页;英国;侏罗纪。

1929　Black,431 页,插图 17—19;叶及角质层;英国;侏罗纪。

1992　黄其胜、卢宗盛,图版 3,图 5;叶;陕西神木考考乌素沟;中侏罗世延安组。

胡顿似银杏(比较属种) *Ginkgoites* cf. *G. huttoni* (Sternberg) Black

1986　叶美娜等,67 页,图版 46,图 9,10;叶;重庆开县温泉;晚三叠世须家河组 7 段。

拉拉米似银杏 *Ginkgoites laramiensis* (Ward) ex Tao,1988

[注:此种名最早由陶君容(1988)引用]

1885　*Ginkgo laramiensis* Ward,496 页,图 7;叶;美国;古新世(Laramie Group)。

1988　陶君容,229 页。

拉拉米似银杏(比较种) *Ginkgoites* cf. *laramiensis* (Ward) ex Tao

1988　陶君容,229 页,图版 1,图 3;叶;西藏拉孜;古新世柳区组。

清晰似银杏 *Ginkgoites lepidus* (Heer) Florin,1936

1876b　*Ginkgo lepida* Heer,62 页,图版 7,图 7;图版 12;叶;俄罗斯伊尔库茨克;侏罗纪。

1936　Florin,107 页。

1941　Stockmans,Mathieu,49 页;辽宁朝阳北票;侏罗纪。[注:此标本后被李星学改定为 *Ginkgoites* cf. *lepidus* (斯行健、李星学等,1963,222 页)]

1984　陈芬等,58 页,图版 26,图 2,3;图版 30,图 1;叶;北京大台、大安山、门头沟;早—中侏罗世下窑坡组/上窑坡组。

1985　杨关秀、黄其胜,194 页,图 3-100(右);叶;辽宁凤城、凌源;早侏罗世郭家店组,中侏罗世大堡组;北京西山;早—中侏罗世下窑坡组、龙门组;内蒙古昭乌达盟,吉林蛟河;早白垩世九佛堂组、奶子山组。

1987　段淑英,44 页,图版 17,图 6;叶;北京西山斋堂;中侏罗世窑坡组。

1987　钱丽君等,81 页,图版 24,图 1—3,5—6;叶;陕西神木西沟、考考乌素沟;中侏罗世延安组 1 段。

1989　段淑英,图版 1,图 1;叶;北京西山斋堂;中侏罗世窑坡组。

| 1995 | 曾勇等,61 页,图版 15,图 6—8;图版 27,图 4—7;叶及角质层;河南义马;中侏罗世义马组。
| 2003 | 邓胜徽等,图版 67,图 1;叶;新疆哈密三道岭;中侏罗世西山窑组。

清晰似银杏(比较种) Ginkgoites cf. lepidus (Heer) Florin
| 1933b | *Ginkgo* cf. *lepida* Heer,斯行健,70 页,图版 10,图 1,2;叶;甘肃武威北达板;早、中侏罗世。
| 1963 | 斯行健、李星学等,222 页,图版 73,图 3b(=*Ginkgo lepida* Yokoyama,1906,31 页,图版 9,图 2b),4;叶;辽宁凤城赛马集碾子沟,甘肃武威北达板;早、中侏罗世。

大叶似银杏 Ginkgoites magnifolius Du Toit,1927
| 1927 | Du Toit,370 页,图版 20;图版 21,图 1;图版 30;插图 17;叶;南非;晚三叠世(upper part of Karroo Group)。
| 1950 | Ôishi,114 页,陕西延长;三叠纪。
| 1956a | 斯行健,图版 47,图 1[=*Ginkgo magnifolia*(Du Toit)Pan],潘钟祥,1936,图版 12,图 9);叶;陕西绥德高家庵;晚三叠世延长群。
| 1963 | 斯行健、李星学等,222 页,图版 73,图 1,2(=潘钟祥,1936,29 页,图版 12,图 9;图版 4,图 4);叶;陕西绥德高家庵;晚三叠世延长群。
| 1980 | 黄枝高、周惠琴,97 页,图版 44,图 1;图版 45,图 1;叶;陕西神木高家塔;晚三叠世延长组中部。
| 1982a | 刘子进,133 页,图版 72,图 1,2;叶;陕西神木高家塔,绥德高家庵;晚三叠世延长群中部。
| 1983 | 鞠魁祥等,图版 3,图 2;叶;江苏南京龙潭范家塘;晚三叠世范家塘组。
| 1985 | 杨关秀、黄其胜,194 页,图 3-99;叶;陕西绥德;晚三叠世延长组;辽宁北票;早侏罗世北票组。
| 1987 | 孟繁松,254 页,图版 35,图 1;叶;湖北秭归香溪;早侏罗世香溪组。

大叶似银杏(比较种) Ginkgoites cf. magnifolius Du Toit
| 1974b | 李佩娟等,377 页,图版 201,图 5;叶;四川广元宝轮院;早侏罗世白田坝组。
| 1978 | 杨贤河,526 页,图版 190,图 4;叶;四川广元宝轮院;早侏罗世白田坝组。
| 1988b | 黄其胜、卢宗盛,图版 10,图 4;叶;湖北大冶金山店;早侏罗世武昌组中部。

△东北似银杏 Ginkgoites manchuricus (Yabe et Ôishi) ex Cao,1992
| 1933 | *Baiera manchurica* Yabe et Ôishi,218 页,图版 32,图 12,13A;图版 33,图 1;叶;标本 3 块;辽宁昌图沙河子、大台山,吉林陶家屯、火石岭(?);中、晚侏罗世。
| 1933 | *Baiera manchurica* Yabe et Ôishi,246 页,图版 36,图 9;图版 37,图 6;图版 39,图 13;角质层;辽宁昌图沙河子;中、晚侏罗世。
| 1992 | 曹正尧,234 页,图版 1,图 1—7;图版 2,图 17;叶及角质层;黑龙江东部东荣 105 孔;早白垩世城子河组。
| 1994 | 曹正尧,图 5f;叶;黑龙江双鸭山;早白垩世城子河组 2 段。

具边似银杏 Ginkgoites marginatus (Nathorst) Florin,1936
| 1878 | *Baiera marginata* Nathorst,51 页,图版 8,图 12(?)—14;叶;瑞典;晚三叠世。
| 1936 | Florin,107 页。
| 1987 | 钱丽君等,82 页,图版 23,图 1,6;叶;陕西神木考考乌素沟;中侏罗世延安组 3 段。

1996 米家榕等,118页,图版21,图4;图版23,图1,3,4,6—8;叶及角质层;辽宁北票台吉二井、东升矿一井;早侏罗世北票组;北票兴隆;侏罗世海房沟组。
2003 许坤等,图版6,图4;图版7,图1;叶;辽宁北票东升矿一井;早侏罗世北票组上部。

具边似银杏（比较种）*Ginkgoites* cf. *marginatus* (Nathorst) Florin
1963 斯行健、李星学等,223页,图版74,图6[=*Ginkgo* cf. *hermelini*(斯行健,1949,31页,图版14,图9)];叶;湖北西部白石岗;早侏罗世香溪群。
1977a 冯少南等,238页,图版95,图5—7;叶;湖北远安、当阳;早、中侏罗世香溪群上煤组;河南义马;早、中侏罗世象山群。
1980 黄枝高、周惠琴,97页,图版7,图2;图版8,图2;叶;内蒙古准格尔旗五字湾;中三叠世二马营组上部。
1982 段淑英、陈晔,505页,图版13,图2;叶;四川云阳南溪;早侏罗世珍珠冲组。
1982 王国平等,275页,图版126,图3;叶;安徽怀宁月山;早、中侏罗世象山群。
1984 陈公信,603页,图版263,图6;叶;湖北远安曾家坡、荆门海慧沟、当阳白石岗;早侏罗世桐竹园组。
1986 叶美娜等,67页,图版46,图1;叶;四川达县白腊坪;早侏罗世珍珠冲组。
1987 段淑英,45页,图版16,图3;图版17,图2;图版19,图5;叶;北京西山斋堂;中侏罗世窑坡组。
1989 段淑英,图版2,图5;叶;北京西山斋堂;中侏罗世窑坡组。
1993 米家榕等,125页,图版31,图8;图版32,图2,3,6—8;图版33,图1;叶;吉林汪清天桥岭嘎呀河西岸;晚三叠世马鹿组。

△小叶似银杏 *Ginkgoites microphyllus* Cao,1992
1992 曹正尧,235,245页,图版2,图2—16;叶及角质层;登记号:PB16104—PB16112;模式标本:PB16112(图版2,图10);标本保存在中国科学院南京地质古生物研究所;黑龙江双鸭山七星矿顺发101孔;早白垩世城子河组3段、4段。

△较小似银杏 *Ginkgoites minisculus* Mi,Sun C,Sun Y,Cui et Ai,1996(中文发表)
1996 米家榕、孙春林、孙跃武、崔尚森、艾永亮,见米家榕等,119页,图版23,图2,5,9—11;插图13;叶及角质层;标本号:BU5001,BU5002;正模:BU5002(图版23,图5);标本保存在长春地质学院地史古生物教研室;辽宁北票台吉二井、东升矿一井;早侏罗世北票组。

△多脉似银杏 *Ginkgoites myrioneurus* Yang,2004(英文发表)
2003 杨小菊,740页,图1,2A,2E—2H,3—5;叶及角质层;登记号:PB19846—PB19854,PB20246—PB20252;正模:PB19846;副模:PB20249—PB20251;标本保存在中国科学院南京地质古生物研究所;黑龙江鸡西;早白垩世穆棱组。

△肥胖似银杏 *Ginkgoites obesus* Yang,Shu et Shen,1988
1988 杨恕、孙柏年、沈光隆,见杨恕等,72,77页,图版2,图7—10;叶及角质层;标本号:LP86008;标本保存在兰州大学地质系;甘肃兰州阿干;早侏罗世大西沟上部。

△奥勃鲁契夫似银杏 *Ginkgoites obrutschewi* (Seward) Seward,1919
1911 *Ginkgo obrutschewi* Seward,46页,图版3,图41;图版4,图42,43;图版5,图59—61,64;图版6,图71;图版7,图74,76;叶及角质层;新疆准噶尔佳木河;早、中侏罗世。

1919 Seward,26页,插图642A,642B;叶及角质层;新疆准噶尔佳木河;侏罗纪。
1963 斯行健、李星学等,224页,图版73,图6;图版74,图3,4;图版77,图4,5;图版86,图1;叶及角质层;新疆准噶尔佳木河;早、中侏罗世。
1977a 冯少南等,237页,图版96,图3;叶;河南义马;早—中侏罗世。
1980 黄枝高、周惠琴,98页,图版58,图4;插图2;叶;陕西延安杨家崖;中侏罗世延安组下部。
1984 陈公信,604页,图版260,图6;叶;湖北当阳桐竹园;早侏罗世桐竹园组。
1984 顾道源,151页,图版80,图13—15;叶及角质层;新疆和丰阿克雅;早侏罗世三工河组。
1985 杨关秀、黄其胜,194页,图3-101(左);叶;新疆准噶尔,吉林浑江,辽宁朝阳,北京西山;早—中侏罗世。
1992 李祖望等,图版2,图5;叶;甘肃兰州阿干铁冶沟;中侏罗世阿干镇组。
1995 王鑫,图版3,图1;叶;陕西铜川;中侏罗世延安组。
1996 米家榕等,120页,图版24,图3—5;叶;河北抚宁石门寨,辽宁北票台吉二井、东升矿4井;早侏罗世北票组。
1998 张泓等,图版42,图3,4,6;图版47,图7;叶;内蒙古阿拉善右旗长山子;中侏罗世青土井组;新疆哈密三道岭;西山窑组;青海德令哈旺尕秀;中侏罗世石门组。
2002 张振来等,图版15,图8;叶;湖北秭归泄滩;晚三叠世沙镇溪组。

奥勃鲁契夫似银杏(比较种) Ginkgoites cf. obrutschewi (Seward) Seward
1984 陈芬等,58页,图版26,图4,5;叶;北京大台;早侏罗世下窑坡组。

△东方似银杏 Ginkgoites orientalis (Yabe et Ôishi) Florin,1936
1933 Baiera orientalis Yabe et Ôishi,220页,图版33(4),图4;叶;吉林火石岭;中、晚侏罗世。
1936 Florin,107页。
1963 斯行健、李星学等,224页,图版75,图4[=Baiera orientalis Yabe,Ôishi,1933(4),220页,图版33,图4];叶;吉林火石岭;中、晚侏罗世。
1985 杨关秀、黄其胜,194页,图3-101(右);叶;辽宁阜新,吉林火石岭;早白垩世阜新组、沙河子组。
1985 商平,图版8,图7(下);叶;辽宁阜新;早白垩世海州组孙家湾段。
1991 赵立明、陶君容,图版2,图11;叶;内蒙古赤峰平庄西;晚侏罗世杏园组下部。
1993c 吴向午,叶;陕西商县凤家山-山倾村剖面;早白垩世凤家山组下段。
2000 胡书生、梅美棠,图版1,图4;叶;吉林辽源太信三井;早白垩世长安组下段。

△蝶形似银杏 Ginkgoites papilionaceous Zhou,1981
1981 周惠琴,150页,图版2,图4;插图1;叶;标本1块,登记号:By013;标本保存在中国地质科学院地质研究所;辽宁北票羊草沟;晚三叠世羊草沟组。

△二叠似银杏 Ginkgoites permica Xiao et Zhu,1985
1985 萧素珍、张恩鹏,579页,图版201,图4;叶;登记号:sh322;正模:sh322(图版201,图4);山西宁乡管头;早二叠世下石盒子组。

△平庄似银杏 Ginkgoites pingzhuangensis Zhao et Tao,1991
1991 赵立明、陶君容,965页,图版2,图14—16;叶及角质层;内蒙古赤峰平庄西露天矿;晚侏罗世杏园组。[注:此标本后被改定为 Ginkgo manchurica (Yabe et Ôishi) Meng et Chen,赵立明等,1994]

△昌都似银杏 Ginkgoites qamdoensis Li et Wu,1982
1982 李佩娟、吴向午,54 页,图版 6,图 4;图版 16,图 2;叶;标本 2 块(为正、负两面),采集号:得青 f1-1;登记号:PB8555,PB8556;正模:PB8556(图版 16,图 2);标本保存在中国科学院南京地质古生物研究所;四川乡城三区上热坞;晚三叠世喇嘛垭组。

△四瓣?似银杏 Ginkgoites? quadrilobus Liu et Yao,1996(中文和英文发表)
1996 刘陆军、姚兆奇,655,669 页,图版 3,图 8,9;插图 4A—4C;叶;采集号:AFA-36;登记号:PB17425,PB17426;合模:PB17425,PB17426;标本保存在中国科学院南京地质古生物研究所;新疆哈密库莱;晚二叠世早期塔尔朗组下部。[注:依据《国际植物命名法规》《维也纳法规》)第 37.2 条,1958 年起,模式标本只能是 1 块标本]

△强壮似银杏 Ginkgoites robustus Sun,1993
1992 Ginkgoites robustus Sun(MS),孙革、赵衍华,545 页,图版 242,图 2,3,6,7;图版 243,图 1,2,7,8;叶;吉林汪清天桥岭;晚三叠世马鹿沟组。
1993b 孙革,82 页,图版 32,图 1—5;图版 33,图 1—6;图版 34,图 1—7;图版 35,图 1—3;插图 21;叶;登记号:PB11979—PB11984,PB11986—PB11999,PB12001—PB12003;正模:PB11982(图版 32,图 4);副模 1:PB11980(图版 32,图 2);副模 2:PB11979(图版 32,图 1);副模 3:PB11990(图版 33,图 5);标本保存在中国科学院南京地质古生物研究所;吉林汪清天桥岭南嘎呀河西岸;晚三叠世马鹿沟组。

罗曼诺夫斯基似银杏 Ginkgoites romanowskii Brick (MS) ex Mi et al.,1996
1966 Ginkgo romanowskii Brick(MS),in Genkina,92 页,图版 43,图 5a,5b;叶;苏联伊萨克库耳;侏罗纪。
1996 米家榕等,120 页,图版 24,图 2;叶;河北抚宁石门寨;早侏罗世北票组。

△近圆似银杏 Ginkgoites rotundus Meng,1983
1983 孟繁松,227 页,图版 1,图 8;图版 3,图 2;叶;标本 2 块,登记号:D76010,D76011;合模 1:D76010(图版 1,图 8);合模 2:D76011(图版 3,图 2);标本保存在宜昌地质矿产研究所;湖北南漳东巩;晚三叠世九里岗组。[注:依据《国际植物命名法规》《维也纳法规》)第 37.2 条,1958 年起,模式标本只能是 1 块标本]

西伯利亚似银杏 Ginkgoites sibiricus (Heer) Seward,1919
1876 Ginkgo sibirica Heer,61 页,图版 9,图 5,6;叶;图版 11,图 1—8;图版 12,图 3;叶;俄罗斯伊尔库茨克;侏罗纪。
1919 Seward,24 页,图 653C,641A。
1935 Toyama,Ôishi,69 页,图版 3,图 4,5;叶;内蒙古呼伦盟扎赉诺尔;中侏罗世。
1950 Ôishi,113 页,图版 36,图 4;叶;东北;侏罗纪。
1954 徐仁,62 页,图版 54,图 2[=Ginkgo sibirica Heer (Toyama,Ôishi,1935,图版 3,图 6)];叶;内蒙古呼伦贝尔盟扎赉诺尔;晚侏罗世。
1958 汪龙文等,599 页及图版;中国东部;晚三叠世—早白垩世。
1959 斯行健,9,25 页,图版 6,图 1—3;叶;青海柴达木鱼卡;中侏罗世。
1963 斯行健、李星学等,225 页,图版 75,图 1,2[=Ginkgo sibirica Heer (Toyama,Ôishi,1935,图版 3,图 6;图版 4,图 2,3)];叶;内蒙古呼伦贝尔盟扎赉诺尔、乌兰察布盟固阳、

	早侏罗世—早白垩世。
1963	李星学等,133页,图版106,图7;叶;中国西北地区;侏罗纪。
1979	何元良等,150页,图版73,图5;叶;青海天峻木里;早—中侏罗世木里群江仓组。
1980	黄枝高、周惠琴,98页,图版57;图版58,图6;图版59,图4;叶;陕西铜川焦坪;中侏罗世延安组上部。
1981	陈芬等,图版3,图3;叶;辽宁阜新海州;早白垩世阜新组太平层或中间层。
1982a	刘子进,133页,图版70,图5;图版73,图5,6;甘肃康县草坝、李山;早白垩世东河群化垭组、周家湾组。
1983	曹正尧,39页,图版7,图7,8(?),8a;叶;黑龙江虎林八五〇农场煤矿—井、永红;晚侏罗世云山组上部。
1984	陈芬等,58页,图版25,图2—4;叶;北京西山;早—中侏罗世下窑坡组、上窑坡组。
1984	顾道源,151页,图版75,图4;叶;新疆和什托洛盖煤窑沟;早侏罗世八道湾组。
1984	王自强,275页,图版155,图1;叶;河北平泉;早白垩世九佛堂组。
1985	李杰儒,204页,图版2,图5;叶;辽宁山由岩黄花甸子韩家大沟;早白垩世小岭组。
1985	商平,图版8,图1,2,5,6,7,9;叶;辽宁阜新、新邱;早白垩世海州组。
1985	杨关秀、黄其胜,194页,图3-100(左);叶;中国东北、华北、西北地区;侏罗纪—早白垩世。
1987	孟繁松,254页,图版34,图2;叶;湖北秭归泄滩;早侏罗世香溪组。
1988	黄其胜,图版1,图2;叶;湖北大冶金山店;早侏罗世武昌组下部。
1988b	黄其胜、卢宗盛,图版9,图1;叶;湖北大冶金山店;早侏罗世武昌组中部。
1988	孙革、商平,图版3,图6;叶;内蒙古霍林河煤田;晚侏罗世—早白垩世霍林河组。
1991	米家榕等,299页,图版2,图1—8;叶;河北抚宁黑山窑;早侏罗世北票组下段;河北抚宁夏家峪;早侏罗世北票组上段。
1992	孙革、赵衍华,545页,图版243,图5,6;图版244,图6,7;图版255,图7;图版259,图8;叶;吉林辽源市金岗;早白垩世安民组;吉林蛟河;早白垩世奶子山组。
1993	胡书生、梅美棠,328页,图版2,图6;叶;吉林辽源西安矿;早白垩世长安组下煤段。
1994	曹正尧,图5c;叶;辽宁阜新;早白垩世阜新组。
1995	王鑫,图版3,图3;叶;陕西铜川;中侏罗世延安组。
1996	米家榕等,120页,图版17,图2,4,5,7,10;图版18,图6;图版19,图4—7;图版20,图7;图版22,图5;图版24,图1,6—8,10—12,20;叶;河北抚宁石门寨,辽宁北票台吉、冠山、三宝、东升矿;早侏罗世北票组;辽宁北票海房沟、兴隆沟;中侏罗世海房沟组。
1998	张泓等,图版43,图1;叶;新疆尼勒克吉林台;中侏罗世胡吉尔台组。

西伯利亚似银杏(亲近种) *Ginkgoites* aff. *sibiricus* (Heer) Seward

1984	陈芬等,58页,图版26,图6,7;叶;北京门头沟、千军台;中侏罗世上窑坡组。

西伯利亚似银杏(比较属种) Cf. *Ginkgoites sibiricus* (Heer) Seward

1964	李佩娟,141页,图版19,图7,8;叶;四川广元荣山;晚三叠世须家河组。

西伯利亚似银杏(比较种) *Ginkgoites* cf. *sibiricus* (Heer) Seward

1933	Yabe,Ôishi,214页,图版31(2),图8;图版32(3),图4—7,8B;叶;辽宁魏家铺子、碾子沟、大台山,吉林火石岭、陶家屯;侏罗纪。
1933	Ôishi,241页,图版36(1),图1,2;图版39(4),图2—4;角质层;吉林火石岭、陶家屯;侏

罗纪。

1963 斯行健、李星学等,226页,图版75,图5—9;图版76,图1,2;叶及角质层;吉林火石岭、陶家屯,辽宁田师傅魏家铺子、凤城赛集碾子沟、大台山;早侏罗世—中侏罗世。

1982 段淑英、陈晔,506页,图版13,图1;叶;四川合川炭坝;晚三叠世须家河组。

1982a 刘子进,133页,图版73,图7;叶;甘肃康县李山;早白垩世东河群周家湾组。

1982 王国平等,275页,图版133,图16;叶;山东莱阳北泊子;晚侏罗世莱阳组。

1982b 杨学林、孙礼文,51页,图版21,图4,5;叶;吉林洮安万宝二井;中侏罗世万宝组。

1984a 曹正尧,13页,图版2,图6;叶;黑龙江密山新村;中侏罗世裴德组上部。

1984 厉宝贤、胡斌,142页,图版4,图4—7;叶;山西大同永定庄华严寺;早侏罗世永定庄组。

1988 张汉荣等,图版2,图2;叶;河北蔚县白草坡;中侏罗世郑家窑组。

1992 曹正尧,236页,图版3,图12,13;插图4;叶;黑龙江东部;早白垩世城子河组。

1995a 李星学(主编),图版111,图9;图版142,图2;叶;山东莱阳,黑龙江鸡西;早白垩世莱阳组、城子河组。(中文)

1995b 李星学(主编),图版111,图9;图版142,图2;叶;山东莱阳,黑龙江鸡西;早白垩世莱阳组、城子河组。(英文)

2002 吴向午等,165页,图版7,图7;图版12,图10,11;图版13,图8;叶;甘肃山丹毛湖洞;早侏罗世芨芨沟组上段。

2003 杨小菊,568页,图版3,图4,5,9,11,12;图版7,图1—4;叶;黑龙江鸡西;早白垩世穆棱组。[注:这些标本后又被改定为 *Ginkgoites myrioneurus*(杨小菊,2004)]

△四川似银杏 *Ginkgoites sichuanensis* Yang,1978

1978 杨贤河,527页,图版177,图2;叶;标本1块,标本号:SP0093;正模:SP0093(图版177,图2);标本保存在成都地质矿产研究所;四川新龙瓦日;晚三叠世喇嘛垭组。

△中国叶型似银杏 *Ginkgoites sinophylloides* Yang,1978

1978 杨贤河,527页,图版185,图1;叶;标本1块,标本号:SP0133;正模:SP0133(图版185,图1);标本保存在成都地质矿产研究所;四川渡口龙洞;晚三叠世大荞地组。

1989 杨贤河,图版1,图4;叶;四川;晚三叠世。

△亚铁线蕨型似银杏 *Ginkgoites subadiantoides* Cao,1992

1992 曹正尧,236,246页,图版3,图1—9;图版4,图1—10;图版5,图1—8;图版6,图10;叶及角质层;登记号:PB16114—PB16122;标本保存在中国科学院南京地质古生物研究所;黑龙江东部双鸭山;早白垩世城子河组3段。(注:原文未指定模式标本)

带状似银杏 *Ginkgoites taeniata* (Braun) Harris,1935

1843 *Baiera taeniata* Braun,见 Münster,21页;西欧;晚三叠世。

1935 Harris,19页,图版1,图1,2,9;图版2,3,4;插图9—11;叶及角质层;丹麦东格陵兰;早侏罗世。

1959 斯行健,9,25页,图版6,图4;叶;青海柴达木鱼卡;早、中侏罗世。[注:此标本被李星学改定为 *Ginkgoites* cf. *taeniatus*(斯行健、李星学等,1963,226页)]

1991 米家榕等,299页,图版2,图9—12;叶;河北抚宁夏家峪;早侏罗世北票组上段。

带状似银杏(比较种) *Ginkgoites* cf. *taeniata* (Braun) Harris

1963 斯行健、李星学等,226页,图版76,图8(*Ginkgoites taeniatus* = 斯行健,1959,9,25页,

图版6,图4);叶;青海柴达木鱼卡;早、中侏罗世。
1998　张泓等,图版49,图6;叶;青海湟源大茶石浪;早侏罗世日月山组。

△桃川似银杏 *Ginkgoites taochuanensis* Zhou,1984
1984　周志炎,42页,图版25,图1—5;图版34,图6;插图9;叶及角质层;标本1块,登记号:PB8920;正模:PB8920(插图9);标本保存在中国科学院南京地质古生物研究所;湖南江永桃州;早侏罗世观音滩组搭坝口段。

△大峡口似银杏 *Ginkgoites tasiakouensis* Wu et Li,1980
1980　吴舜卿、厉宝贤,见吴舜卿等,109页,图版26,图1—6;图版27,图1a—3(?),4,5;图版34,图4—6(?),7;图版35,图1,2—6(?);图版38,图1,2(?);叶及角质层;标本11块,登记号:PB6853—PB6858,PB6860—PB6864;合模1:PB6854(图版26,图2);合模2:PB6855(图版26,图3);标本保存在中国科学院南京地质古生物研究所;湖北兴山大峡口、秭归香溪、泄滩;早—中侏罗世香溪组。[注:依据《国际植物命名法规》(《维也纳法规》)第37.2条,1958年起,模式标本只能是1块标本]
1984　陈公信,604页,图版264,图1,2;叶及角质层;湖北兴山大峡口,秭归香溪、泄滩;早侏罗世香溪组。
1988　黄其胜,图版1,图5;叶及角质层;安徽怀宁;早侏罗世武昌组下部。
1995a　李星学(主编),图版86,图2;叶;湖北秭归泄滩;早—中侏罗世香溪组。(中文)
1995b　李星学(主编),图版86,图2;叶;湖北秭归泄滩;早—中侏罗世香溪组。(英文)

△四裂似银杏 *Ginkgoites tetralobus* Ju et Lan,1986
1986　鞠魁祥、蓝善先,86页,图版1,图6—9;叶;标本号:HPx1-101,HPx1-2-3,HPx1-150,HPx1-168;正模:HPx1-168(图版1,图6);标本保存在南京地质矿产研究所;江苏南京吕家山;早三叠世范家塘组。

△截形似银杏 *Ginkgoites truncatus* Li,1981
[注:此种曾被陈芬等(1988,68页)改定为 *Ginkgo truncatus*(Li)]
1981　厉宝贤,208,212页,图版1,图2—8;图版3,图1—8;叶及角质层;标本12块,登记号:PB4379—PB4385,PB4394—PB4398;正模:PB4379(图版2,图2);标本保存在中国科学院南京地质古生物研究所;辽宁阜新;晚侏罗世海州组。

截形似银杏(比较种) *Ginkgoites* cf. *truncatus* Li
1993c　吴向午,81页,图版4,图5,5a;叶;陕西商县凤家山-山倾村剖面;早白垩世凤家山组下段。

△汪清似银杏 *Ginkgoites wangqingensis* Mi,Zhang,Sun C,Luo et Sun Y,1993
1993　米家榕、张川波、孙春林、罗桂昌、孙跃武,见米家榕等,125页,图版33,图2,4—6,8,10;插图32,叶;标本6块,登记号:W419,W420—W422,W433,W434;正模:W420(图版33,图4);副模:W419,W421(图版33,图2,5);标本保存在长春地质学院地史古生物教研室;吉林汪清天桥岭嘎呀河西岸;晚三叠世马鹿组。

△五龙似银杏 *Ginkgoites wulungensis* Li,1981
1981　厉宝贤,209,213页,图版1,图9,10;图版2,图9—11;图版4,图4—9;叶;标本7块,登记号:PB4386,PB4387,PB4401—PB4405;正模:PB4386(图版1,图9);叶及角质层;标

本保存在中国科学院南京地质古生物研究所;辽宁阜新;晚侏罗世海州组。

△新化似银杏 *Ginkgoites xinhuaensis* Feng,1977
1977b 冯少南等,668页,图版249,图5;叶;标本号:P25142;正模:P25142(图版249,图5);标本保存在宜昌地质矿产研究所;湖南新化马鞍山;晚二叠世龙潭组。
1982 程丽珠,519页,图版332,图2(=冯少南等,1977b,668页,图版249,图5);叶;湖南新化马鞍山;晚二叠世龙潭组。

△新龙似银杏 *Ginkgoites xinlongensis* Yang,1978
1978 杨贤河,526页,图版184,图2;叶;标本1块,标本号:SP0125;正模:SP0125(图版148,图2);标本保存在成都地质矿产研究所;四川新龙雄龙;晚三叠世喇嘛垭组。

新龙似银杏(比较种) *Ginkgoites* cf. *xinlongensis* Yang
1992 王士俊,48页,图版20,图2,3,7,9;叶;广东乐昌安口;晚三叠世。

△窑街似银杏 *Ginkgoites yaojiensis* Sun,1998(中文发表)
1998 见张泓等,279页,图版43,图3—7;叶及角质层;标本号:LP1490—LP1504;正模:LP1490(图版43,图3);标本保存在兰州大学地质系;甘肃兰州窑街;中侏罗世窑街组上部。

似银杏(未定多种) *Ginkgoites* spp.
1925 *Ginkgoites* sp.,Teilhard de Chardin,Fritel,538页,插图7a;叶;陕西榆林油坊头(Youfang-teou);早、中侏罗世。
1956a *Ginkgoites* sp.3,斯行健,48,152页,图版47,图3,4;叶;陕西宜君杏树坪;晚三叠世延长层上部。
1963 *Ginkgoites* sp.1,斯行健、李星学等,227页,图版76,图3—7[=*Baiera* sp. a (Yabe,Ôishi,1933,212页,图版32,图17;图版33,图6,10;Ôishi,1933,241页,图版36,图1,2;图版39,图2—4)];叶及角质层;吉林火石岭;中、晚侏罗世。
1963 *Ginkgoites* sp.2,斯行健、李星学等,227页,图版76,图11(=*Ginkgoites* sp.,Teilhard de Chardin Fritel,1925,538页,插图7a);叶;陕西榆林油坊头;早、中侏罗世。
1963 *Ginkgoites* sp.3,斯行健、李星学等,228页,图版76,图9,10;叶及角质层;陕西宜君杏树坪;晚三叠世延长群上部。
1964 *Ginkgoites* sp.,李佩娟,141页,图版19,图9,10;叶;四川广元荣山;晚三叠世须家河组。
1980 *Ginkgoites* sp.1,黄枝高、周惠琴,98页,图版45,图6;叶;陕西铜川柳林沟;中侏罗世延安组上部。
1980 *Ginkgoites* sp.2(sp. nov.?),黄枝高、周惠琴,99页,图版7,图3;叶;内蒙古准格尔旗五字湾;中三叠世二马营组上部。
1980 *Ginkgoites* sp.,吴舜卿等,110页,图版28,图8,9;图版27,图1b;叶;湖北兴山大峡口、秭归香溪;早—中侏罗世香溪组;广东曲江红卫坑;晚三叠世。
1981 *Ginkgoites* sp.,厉宝贤,210页,图版1,图1;图版2,图8;图版4,图1—3;叶及角质层;辽宁阜新;晚侏罗世海州组。
1981 *Ginkgoites* sp.,陈芬等,47页,图版3,图2;叶;辽宁阜新海州;早白垩世阜新组。
1983 *Ginkgoites* sp.,李杰儒,图版3,图10;叶;辽宁锦西后富隆山盘道沟;中侏罗世海房沟组。

1983 *Ginkgoites* spp.,张武等,80 页,图版 4,图 5—9;叶;辽宁本溪林家崴子;中侏罗世林家组。

1984 *Ginkgoites* sp.,陈芬等,59 页,图版 27,图 1—2;叶;北京门头沟、千军台;早侏罗世下窑坡组。

1984 *Ginkgoites* sp.,顾道源,151 页,图版 76,图 4;叶;新疆乌鲁木齐八道湾;早侏罗世三工河组。

1985 *Ginkgoites* sp.,米家榕、孙春林,图版 2,图 7;叶;吉林双阳;晚三叠世。

1986b *Ginkgoites* sp.,陈其奭,11 页,图版 5,图 11;叶;浙江义乌;晚三叠世乌灶组。

1987 *Ginkgoites* sp.,何德长,82 页,图版 16,图 1;叶;湖北蒲圻苦竹桥;晚三叠世鸡公山组。

1988 *Ginkgoites* sp. 1,李佩娟等,98 页,图版 75,图 1;叶;青海大煤沟;中侏罗世大煤沟组 *Tyrmia-Sphenobaiera* 层。

1988 *Ginkgoites* sp. 2,李佩娟等,98 页,图版 71,图 6;图版 76,图 1;叶;青海大煤沟;中侏罗世大煤沟组 *Tyrmia-Sphenobaiera* 层。

1988 *Ginkgoites* sp. 3,李佩娟等,98 页,图版 69,图 2,3;叶;青海大煤沟;中侏罗世大煤沟组 *Tyrmia-Sphenobaiera* 层。

1988 *Ginkgoites* sp. 4,李佩娟等,98 页,图版 71,图 7;叶;青海大煤沟;中侏罗世大煤沟组 *Tyrmia-Sphenobaiera* 层。

1988 *Ginkgoites* sp. 5,李佩娟等,99 页,图版 55,图 1;叶及角质层;青海绿草山绿沟;中侏罗世石门沟组 *Nilssonia* 层。

1990 *Ginkgoites* sp.,吴舜卿、周汉忠,454 页,图版 2,图 2;叶;新疆库车;早三叠世俄霍布拉克组。

1991 *Ginkgoites* sp.,黄其胜、齐悦,图版 1,图 7;叶;浙江兰溪马涧;中侏罗世马涧组。

1992 *Ginkgoites* sp. 1,曹正尧,237 页,图版 3,图 11;叶;黑龙江东部;早白垩世城子河组。

1992 *Ginkgoites* sp. 2,曹正尧,238 页,图版 3,图 14,15;插图 5;叶;黑龙江东部;早白垩世城子河组。

1992 *Ginkgoites* sp. 3,曹正尧,238 页,图版 3,图 10;图版 5,图 9—11;叶;黑龙江东部;早白垩世城子河组。

1992 *Ginkgoites* sp. cf. *G. acosmia* Harris,孙革、赵衍华,544 页,图版 242,图 1,5;叶;吉林汪清天桥岭南嘎呀河西岸;晚三叠世马鹿沟组。

1992 *Ginkgoites* sp. cf. *G. acosmia* Harris,孙革、赵衍华,544 页,图版 244,图 4;叶;吉林九台营城;早白垩世营城组。

1992 *Ginkgoites* sp. 1,王士俊,48 页,图版 20,图 6;叶;广东乐昌安口;晚三叠世。

1992 *Ginkgoites* sp. 2,王士俊,48 页,图版 20,图 4,8;图版 21,图 6;图版 41,图 3—8;叶及角质层;广东乐昌安口、关春;晚三叠世。

1993 *Ginkgoites* sp. 1,米家榕等,126 页,图版 31,图 6;图版 33,图 9;图版 34,图 1,2;叶;吉林汪清天桥岭嘎呀河西岸;晚三叠世马鹿沟组。

1993 *Ginkgoites* sp. 2,米家榕等,125 页,图版 33,图 3;叶;吉林汪清天桥岭嘎呀河西岸;晚三叠世马鹿沟组。

1993 *Ginkgoites* sp. indet.,米家榕等,127 页,图版 33,图 7;叶;吉林双阳八面石煤矿南井;晚三叠世小蜂蜜顶子组。

1993b *Ginkgoites* sp. cf. *G. acosmia* Harris,孙革,82 页,图版 35,图 4,5,7(?);叶;吉林汪清天

桥岭南嘎呀河西岸;晚三叠世马鹿沟组。

1993b *Ginkgoites* sp. 1,孙革,85 页,图版 35,图 6;叶;吉林汪清马鹿沟村东北;晚三叠世马鹿沟组。

1993b *Ginkgoites* sp. 2,孙革,85 页,图版 32,图 6;叶;吉林汪清天桥岭南嘎呀河西岸;晚三叠世马鹿沟组。

1993c *Ginkgoites* sp.,吴向午,81 页,图版 5,图 2,2a;叶;河南南召马市坪黄土岭附近;马市坪组。

1995 *Ginkgoites* sp. 1,曾勇等,62 页,图版 15,图 3;叶;河南义马;中侏罗世义马组。

1995 *Ginkgoites* sp. 2,曾勇等,62 页,图版 15,图 4;叶;河南义马;中侏罗世义马组。

1996 *Ginkgoites* sp.,米家榕等,121 页,图版 24,图 9;叶;辽宁北票海房沟、兴隆沟;中侏罗世海房沟组。

1996 *Ginkgoites* sp.,孙跃武等,图版 1,图 6,6a;叶;河北承德;早侏罗世南大岭组。

1997 *Ginkgoites* sp.,吴秀元等,24 页,图版 10,图 9;叶;新疆库车;晚二叠世比尤勒包谷孜群。

1998 *Ginkgoites* sp. 1,张泓等,图版 42,图 2;叶;青海德令哈旺尕秀;中侏罗世石门组。

1998 *Ginkgoites* sp. 2,张泓等,图版 42,图 9;叶;内蒙古阿拉善右旗长山子;中侏罗世土井组。

1998 *Ginkgoites* sp. 3,张泓等,图版 44,图 4;叶;内蒙古阿拉善右旗长山子;中侏罗世土井组。

1998 *Ginkgoites* sp. 4,张泓等,图版 46,图 3;图版 49,图 1;叶;新疆乌鲁木齐艾维尔沟;早侏罗世八道湾组。

1998 *Ginkgoites* sp. 5,张泓等,图版 46,图 5;叶;甘肃兰州窑街;中侏罗世窑街组。

1998 *Ginkgoites* sp. 6,张泓等,图版 48,图 3;图版 49,图 3;叶;甘肃兰州窑街;中侏罗世窑街组。

1998 *Ginkgoites* sp. 7,张泓等,图版 49,图 4;叶;甘肃靖远刀楞山;早侏罗世刀楞山组。

1999a *Ginkgoites* sp.,吴舜卿,16 页,图版 10,图 6;叶;辽宁北票上园黄半吉沟;晚侏罗世义县组下部尖山沟层。

1999 *Ginkgoites* sp. 2,曹正尧,83 页,图版 15,图 13,14;插图 26;叶;浙江诸暨安华水库;早白垩世寿昌组。

2002 *Ginkgoites* sp.,吴向午等,166 页;叶;甘肃金昌老窑坡;早侏罗世芨芨沟组上段。

2003 *Ginkgoites* sp.,邓胜徽等,图版 76,图 1;叶;河南西部义马;中侏罗世义马组。

2005 *Ginkgoites* sp.,苗雨雁,527 页,图版 2,图 19;叶;新疆准噶尔白杨河地区;中侏罗世西山窑组。

似银杏?（未定多种）*Ginkgoites*? spp.

1963 *Ginkgoites*? sp. 4,斯行健、李星学等,228 页,图版 76,图 12,13;图版 77,图 6;图版 99,图 2A[=*Baiera* sp. b（Yabe,Ôishi,1933,图版 35,图 3A;Ôishi,1933,图版 38,图 5;图版 38,图 15,16）];叶及角质层;吉林火石岭、陶家屯;中、晚侏罗世火石岭组。

1963 *Ginkgoites*? sp. 5,斯行健、李星学等,228 页,图版 79,图 8[=*Baiera* cf. *australis*(周赞衡,1923,82,104 页,图版 2,图 7)];叶;山东莱阳;早白垩世莱阳组。

1963 *Ginkgoites*? sp. 6,斯行健、李星学等,229 页,图版 74,图 5(=?*Ginkgoites* sp.,敖振宽,1956a,27 页,图版 6,图 3;图版 7,图 1);叶;广东小坪;晚三叠世小坪群。

1990　*Ginkgoites*? sp.,吴舜卿、周汉忠,454 页,图版 4,图 5,5a;叶;新疆库车;早三叠世俄霍布拉克组。

1993　*Ginkgoites*? sp. indet.,米家榕等,127 页,图版 34,图 8;叶;吉林双阳大酱缸;晚三叠世大酱缸组。

1999　*Ginkgoites*? sp. 1,曹正尧,82 页,图版 4,图 10;叶;浙江寿昌大桥;早白垩世寿昌组。

?似银杏(未定种)? *Ginkgoites* sp.

1956a　?*Ginkgoites* sp.,敖振宽,27 页,图版 6,图 3;图版 7,图 1;叶;广东小坪石井圩;晚三叠世小坪群。

似银杏枝属　Genus *Ginkgoitocladus* Krassilov,1972

1972　Krassilov,38 页。

2003　杨小菊,569 页。

模式种:*Ginkgoitocladus burejensis* Krassilov,1972

分类位置:银杏纲(Ginkgopsida)

布列英似银杏枝　*Ginkgoitocladus burejensis* Krassilov,1972

1972　Krassilov,38 页,图版 6,图 1—4,8—10;长、短枝;苏联布列亚盆地;早白垩世。

布列英似银杏枝(比较种)　*Ginkgoitocladus* cf. *burejensis* Krassilov

2003　杨小菊,569 页,图版 3,图 6,7,13;长、短枝;黑龙江鸡西;早白垩世穆棱组。[注:这些标本后被改定为 *Ginkgoitocladus* sp.(杨小菊,2004,744 页)]

似银杏枝(未定种)　*Ginkgoitocladus* sp.

2004　*Ginkgoitocladus* sp.,杨小菊,744 页,图 2B—2D,6;长、短枝;黑龙江鸡西;早白垩世穆棱组。

银杏叶属　Genus *Ginkgophyllum* Saporta,1875

1875　Saporta,1018 页。

1977b　冯少南等,670 页。

模式种:*Ginkgophyllum grasseti* Saporta,1875

分类位置:银杏植物?(ginkgophytes?)

格拉塞银杏叶　*Ginkgophyllum grasseti* Saporta,1875

1875　Saporta,1018 页;叶;法国洛代夫;二叠纪。

1879　Saporta,186 页,图 15;叶;法国洛代夫;二叠纪。

△中国银杏叶　*Ginkgophyllum zhongguoense* Feng,1977

[注:此种曾被姚兆奇(1989,174,184 页)改定为 *Ginkgophytopsis zhonguoensis* (Feng) Yao]

1977b　冯少南等,670 页,图版 250,图 3,4;叶;标本号:P25145,P25146;合模:P25145,P25146

（图版250，图3，4）；标本保存在宜昌地质矿产研究所；广东曲江；晚二叠世龙潭组。[注：依据《国际植物命名法规》《维也纳法规》第37.2条，1958年起，模式标本只能是1块标本］

1989 梅美棠等,69页,图版30,图2；广东曲江；晚二叠世。

银杏叶（未定多种）*Ginkgophyllum* spp.
1883a *Ginkgophyllum* sp. ,Schenck,222页,图8；叶；河北开平；中石炭世。

1980 *Ginkgophyllum* sp. ,黄本宏,565页,图版257,图7；叶；黑龙江伊春红山；晚二叠世红山组。

1987 *Ginkgophyllum* sp. ,胡雨帆,178页,图版2,图1；叶；新疆乌鲁木齐；晚二叠世晚期下苍房沟群泉子街组。

银杏叶？（未定种）*Ginkgophyllum*? sp.
1992 *Ginkgophyllum*(?) sp. ,Durante,图版13,图1；叶；甘肃南山；晚二叠世。

银杏木属 Genus *Ginkgophyton* Matthew,1910（non Zalessky,1918）
1910 Matthew,87页。

1970 Andrews,93页。

模式种：*Ginkgophyton leavitti* Matthew,1910

分类位置：银杏植物？（ginkgophytes?）

雷维特银杏木 *Ginkgophyton leavitti* Matthew,1910
1910 Matthew,87页,图版4；叶及连生的种子；加拿大新不伦瑞克（New Brunswick, Canada)；石炭纪(Mississippian）。

1970 Andrews,93页。

银杏木属 Genus *Ginkgophyton* Zalessky,1918（non Matthew,1910）
[注：此属原中译名为银杏叶（斯行健,1989,80页），已有人把另一属*Ginkgophyllum*也译作银杏叶(冯少南等,1977b；梅美棠等,1988），故本书拟改译为银杏木属；*Ginkgophyton* Zalessky,1918 为 *Ginkgophyton* Matthew,1910 的晚出同名］

1918 Zalessky,47页。

1970 Andrews,93页。

1989 斯行健,80,224页。

模式种：*Ginkgophyton* sp. Zalessky,1918

分类位置：银杏植物？（ginkgophytes?）

银杏木（未定种）*Ginkgophyton* sp.
1918 *Ginkgophyton* sp. ,Zalessky,47页；英国；二叠纪。

1970 *Ginkgophyton* sp. ,Andrews,93页。

△旋? 银杏木 *Ginkgophyton? spiratum* Sze, 1989
1989　斯行健,80,224 页,图版 89,图 8,8a;图版 92,图 4—7;图版 93,图 1,2;叶;采集号:D-14-0331,D-14-0332,D-14-0304,D-14-0302,D-14-0169,D-14-090;登记号:PB4364—PB4369;标本保存在中国科学院南京地质古生物研究所;内蒙古准格尔旗;早二叠世晚期石盒子群下部。[注:原文未指定模式标本,而且此种名为 *Sphenobaiera? spirata* Sze ex Gu et Zhi(1974)的晚出异名]

拟银杏属 Genus *Ginkgophytopsis* Hoeg, 1967
1967　Hoeg,376 页。
1977　黄本宏,62 页。
模式种:*Ginkgophytopsis flabellata*(Lindely et Hutton) Hoeg,1967
分类位置:银杏植物?(ginkgophytes?)

扇形拟银杏 *Ginkgophytopsis flabellata* (Lindely et Hutton) Hoeg, 1967
1832　*Noeggerathia flabellatum* Lindely et Hutton,89 页,图版 28,29;叶;英国;晚石炭世。
1870　*Psygmophyllum flabellatum* (Lindely et Hutton) Schimper,193 页;英国;晚石炭世。
1967　Hoeg,376 页;图 269—271。
1989　姚兆奇,174,184 页。

△绰尔河拟银杏 *Ginkgophytopsis chuoerheensis* Huang, 1993
1993　黄本宏,98 页,图版 16,图 13—14a;插图 21c;叶;登记号:SG020434,SG020435;标本保存在沈阳地质矿产研究所;内蒙古扎赉特;晚二叠世林西组。(注:原文未指定模式标本)

△福建拟银杏 *Ginkgophytopsis fukienensis* Zhu, 1990
1990　朱彤,101 页,图版 44,图 4;图版 45,图 1,2;图版 46,图 1;图版 47,图 1,2;叶;采集号:FL1817,FL1818,FL1828,FL1873,FL1875;登记号:FL86149—FL86152,FL86155,FL86214;福建永定富岭;早二叠世晚期。(注:原文未指定模式标本)

福建拟银杏(比较种) *Ginkgophytopsis* cf. *fukienensis* Zhu
1998　刘陆军、李作明,221 页,图版 3,图 7;叶;香港丫洲;晚二叠世丫洲组。

△刺缘拟银杏 *Ginkgophytopsis spinimarginalis* Yao, 1989
1989　姚兆奇,176,187 页,图版 3,图 1—5;图版 4,图 1—6;插图 2;叶及角质层;采集号:FN-1;登记号:PB14606,PB14607;标本保存在中国科学院南京地质古生物研究所;安徽广德牛头山,江苏镇江伏牛山;早二叠世晚期龙潭组。(注:原文未指定模式标本)

△兴安? 拟银杏 *Ginkgophytopsis? xinganensis* Huang, 1977
1977　黄本宏,62 页,图版 24,图 1;图版 38,图 6;插图 23;叶;登记号:PFH0242;标本保存在东北地质科学研究所;黑龙江神树大安河;晚二叠世三角山组。

兴安拟银杏 *Ginkgophytopsis xinganensis* Huang, 1977, emend Huang, 1986
1977　*Ginkgophytopsis? xinganensis* Huang,黄本宏,58 页,图 17,图 4;图版 29,图 4,5;插

　　　　　图18;叶;黑龙江伊春红山;晚二叠世红山组。
1986　黄本宏,107页,图版4,图3—7;叶;内蒙古东乌珠穆沁旗阿尔陶勒盖;晚二叠世。

△中国拟银杏 *Ginkgophytopsis zhongguoensis*（Feng）Yao,1989
1977b　*Ginkgophyllum zhongguoense* Feng,冯少南等,670页,图版250,图3,4;叶;广东曲江;
　　　　晚二叠世龙潭组。
1989　姚兆奇,174,184页。

拟银杏（未定多种）*Ginkgophytopsis* spp.
1980　*Ginkgophytopsis* sp.,Durante,插图5;叶;甘肃南山剖面C层;晚二叠世。
2000　*Ginkgophytopsis* sp.,王自强,图版2,图3;叶;河北保定;晚二叠世早期。

银杏型木属 Genus *Ginkgoxylon* Khudajberdyev,1962
1962　Khudajberdyev,424页。
2000　张武、郑少林,见张武等,221页。
模式种:*Ginkgoxylon asiaemediae* Khudajberdyev,1962
分类位置:银杏目（Ginkgoales）

中亚银杏型木 *Ginkgoxylon asiaemediae* Khudajberdyev,1962
1962　Khudajberdyev,424页,图版1;木材;乌兹别克斯坦克孜勒库姆西南部;晚白垩世。

△中国银杏型木 *Ginkgoxylon chinense* Zhang et Zheng,2000（英文发表）
2000　张武、郑少林,见张武等,221页,图版1,图1—9;图版2,图1—3,5;木材;登记号:
　　　　LFW01;正模:LFW01;标本保存在沈阳地质矿产研究所;辽宁义县白塔子沟;早白垩
　　　　世沙海组。

舌叶属 Genus *Glossophyllum* Kräusel,1943
1943　Kräusel,61页。
1956a　斯行健,48,153页。
1963　斯行健、李星学等,257页。
1993a　吴向午,85页。
模式种:*Glossophyllum florini* Kräusel,1943
分类位置:银杏植物（ginkgophytes）

傅兰林舌叶 *Glossophyllum florini* Kräusel,1943
1943　Kräusel,61页,图版2,图9—11;图版3,图6—10;叶;奥地利伦兹;晚三叠世。
1993a　吴向午,85页。
1995　王鑫,图版3,图5;叶;陕西铜川;中侏罗世延安组。

傅兰林舌叶（比较属种）Cf. *Glossophyllum florini* Kräusel
1982　王国平等,279 页,图版 128,图 6;叶;江西永丰牛田;晚三叠世安源组。
1983　孙革等,454 页,图版 2,图 1—6;插图 5;叶;吉林双阳大酱缸;晚三叠世大酱缸组。
1992　孙革、赵衍华,550 页,图版 256,图 5;叶;吉林双阳大酱缸;晚三叠世大酱缸组。

傅兰林舌叶（比较种）*Glossophyllum* cf. *florini* Kräusel
1986a　陈其奭,451 页,图版 3,图 10—14;叶;浙江衢县茶园里;晚三叠世茶园里组。
1999b　吴舜卿,46 页,图版 39,图 2,4;图版 40,图 1;叶;四川万源庙沟;晚三叠世须家河组。

△**长叶舌叶 *Glossophyllum longifolium* Yang,1978 [non (Salfeld) Lee,1963]**
1978　杨贤河,529 页,图版 184,图 8;叶;标本 1 块,标本号:SP0131;正模:SP0131(图版 184,图 8);标本保存在成都地质矿产研究所;四川渡口宝鼎;晚三叠世大荞地组。[注:此种名被 *Glossophyllum? longifolium* (Salfeid) Lee(1963)先期占用,为一个非法的晚出同名]

△**长叶？舌叶 *Glossophyllum? longifolium* (Salfeld) Lee,1963 (non Yang,1978)**
1909　*Phyllotenia longifolium* Salfeld,27 页,图版 4,图 3—5;叶;德国北部;侏罗纪。
1927　*Pelourdea longifolia* (Salfeld) Seward ex Halle,226 页。
1963　李星学,见斯行健、李星学等,257 页。

陕西舌叶 *Glossophyllum shensiense* Sze ex Hsu et al.,1979
1956a　*Glossophyllum? shensiense* Sze,斯行健,48,153 页,图版 38,图 4,4a;图版 48,图 1—3;图版 49,图 1—6;图版 50,图 1—3;图版 53,图 7b;图版 55,图 5;叶和短枝;陕西宜君、延长、绥德;晚三叠世延长层。
1979　徐仁等,65 页,图版 69,图 4,5;图版 70,图 1—3;叶;云南永仁花山等地;晚三叠世大荞地组中上部;云南永仁太平场;晚三叠世大箐组下部。
1980　张武等,288 页,图版 105,图 1b;图版 110,图 7—11;图版 111,图 1—4,9,10;舌状叶;吉林浑江石人、辽宁凌源老虎沟;晚三叠世北山组、老虎沟组。
1981　周惠琴,图版 1,图 5;图版 3,图 6;叶;辽宁北票羊草沟;晚三叠世羊草沟组。
1982　段淑英、陈晔,507 页,图版 15,图 1—3;叶;四川合川炭坝;晚三叠世须家河组。
1982　张武,190 页,图版 2,图 2—4,5(?);叶;辽宁凌源;晚三叠世老虎沟组。
1983　段淑英等,图版 11,图 1;叶;云南宁蒗;晚三叠世背箩山煤系。
1984　陈公信,606 页,图版 262,图 7—9;叶;湖北荆门分水岭、远安九里岗、当阳县银子岗、南漳东巩;晚三叠世九里岗组。
1984　顾道源,153 页,图版 78,图 6,7;叶;新疆克拉玛依吐孜阿克内;晚三叠世黄山街组。
1984　王自强,280 页,图版 116,图 5—7;图版 117,图 1—6;叶及角质层;山西临县;中—晚三叠世延长群。
1986　陈晔等,图版 8,图 8;图版 9,图 8;叶;四川理塘;晚三叠世拉纳山组。
1987　陈晔等,119 页,图版 32,图 3;图版 33,图 2,3;叶;四川盐边;晚三叠世红果组。
1988　吉林省地质矿产局,图版 7,图 10;叶;吉林;晚三叠世小河口组。
1989　梅美棠等,109 页,图版 58,图 2;叶;中国;晚三叠世。
1990　李洁等,55 页,图版 2,图 4—9;叶;新疆昆仑山野马滩北;晚三叠世卧龙岗组。
1992　孙革、赵衍华,550 页,图版 245,图 6,7,9;叶;吉林浑江石人;晚三叠世小河口组。

1992 王士俊,52页,图版21,图15,21;叶;广东乐昌安口;晚三叠世。

1996 吴舜卿、周汉忠,10页,图版7,图8;图版8,图1,2,4,5,6,7,8(?);图版9,图4;图版10,图3;叶;新疆库车;中三叠世"克拉玛依组"。

陕西舌叶(比较属种) Cf. Glossophyllum shensiense Sze

1982 李佩娟、吴向午,图版13,图3,4;叶;四川乡城三区丹娘沃岗;晚三叠世喇嘛垭组。

△陕西？舌叶 Glossophyllum? shensiense Sze,1956

1901 Cordaitaceen Blätter Noeggerathiopsis hislopi,Krasser,7页,图版2,图1,2;叶;陕西;晚三叠世延长群。

1936 ? Noeggerathiopsis hislopi,潘钟祥,31页,图版13,图1—3;叶;陕西;晚三叠世延长群。

1956a 斯行健,48,153页,图版38,图4,4a;图版48,图1—3;图版49,图1—6;图版50,图3;图版53,图7b;图版55,图5;叶和短枝;标本15块,登记号:PB2455—PB2468;标本保存在中国科学院南京地质古生物研究所;陕西宜君、延长、绥德;晚三叠世延长层。

1956b 斯行健,285,289页,图版1,图1;叶;甘肃固原李庄里;晚三叠世延长层。

1963 李星学等,128页,图版99,图1;叶;中国西北地区;晚三叠世延长层。

1963 斯行健、李星学等,257页,图版88,图7,8;图版89,图11,12;图版90,图10;叶和短枝;陕西宜君、延长、绥德、甘肃华亭、新疆准噶尔;晚三叠世延长群。

1976 周惠琴等,211页,图版113,图4;叶;内蒙古准格尔旗五字湾;中三叠世二马营组上部;陕西铜川柳林沟;晚三叠世延长组上部。

1977 长春地质学院勘探系等,图版4,图1,4;叶;吉林浑江石人;晚三叠世小河口组。

1977a 冯少南等,240页,图版95,图3,4;叶;河南渑池;晚三叠世延长群;湖北远安、南漳;晚三叠世香溪群下煤组。

1978 周统顺,119页,图版27,图6;叶;福建漳平大坑;晚三叠世大坑组。

1979 何元良等,153页,图版76,图5,6;图版78,图1;叶;青海都兰八宝山;晚三叠世八宝山群。

1980 黄枝高、周惠琴,108页,图版9,图3;图版41,图3;图版43,图2;叶;陕西铜川柳林沟;晚三叠世延长组上部;内蒙古准格尔旗五字湾;中三叠世二马营组上部。

1982a 刘子进,135页,图版68,图1;叶;陕西铜川柳林沟;晚三叠世延长群上部。

1982 王国平等,279页,图版126,图5;叶;福建漳平大坑;晚三叠世大坑组。

1983 何元良,189页,图版29,图8,9;叶;青海南祁连东部;晚三叠世默勒群尕勒得寺组。

1983 鞠魁祥等,125页,图版3,图11;叶;南京龙潭范家塘;晚三叠世范家塘组。

1984 米家榕等,图版1,图7;叶;北京西山;晚三叠世杏石口组。

1985 杨关秀、黄其胜,204页,图3-111;叶;陕甘宁盆地;中三叠世铜川组,晚三叠世延长组;新疆、河南、四川、云南;晚三叠世。

1988 陈楚震等,图版6,图6;叶;江苏龙潭范家塘;晚三叠世范家塘组。

1988a 黄其胜、卢宗盛,184页,图版1,图3;叶;河南卢氏双槐树;晚三叠世延长群下部。

1993 米家榕等,138页,图版38,图5—7;图版39,图3a,5,9;图版40,图1—6,11;叶;吉林双阳大酱缸;晚三叠世大酱缸组;吉林双阳八面石煤矿南井;晚三叠世小蜂蜜顶子组上段;吉林浑江石人北山;北山组(小河口组);辽宁北票羊草沟;晚三叠世羊草沟组;河北承德上谷、北京房山大安山;杏石口组。

1993a 吴向午,85页。

1994　萧宗正等,图版13,图4;叶;北京石景山区杏石口;晚三叠世杏石口组。
1995a　李星学(主编),图版71,图3;叶;陕西宜君杏树坪;晚三叠世延长组上部。(中文)
1995b　李星学(主编),图版71,图3;叶;陕西宜君杏树坪;晚三叠世延长组上部。(英文)

蔡耶舌叶 *Glossophyllum zeilleri* (Seward) Sze ex Hsu et al.,1979
1938　*Peloudea zeilleri* Seward,见 Brown C,1938。
1956a　*Glossophyllum? zeilleri* (Seward) Sze,斯行健,51,157页;叶;越南东京,中国云南;晚三叠世。
1979　徐仁等,66页,图版70,图4;舌状叶;云南永仁;晚三叠世大荞地组。

△蔡耶? 舌叶 *Glossophyllum? zeilleri* (Seward) Sze,1956
1938　*Peloudea zeilleri* Seward,见 Brown C,1938。
1956a　斯行健,51,157页;叶;越南东京,中国云南;晚三叠世。
1984　米家榕等,图版1,图10;叶;北京西山;晚三叠世杏石口组。
1985　米家榕、孙春林,图版1,图19;图版2,图1a,2;叶;吉林双阳八面石煤矿南井;晚三叠世小蜂蜜顶子组。
1992　王士俊,52页,图版21,图5;叶;广东乐昌关春、安口;晚三叠世。

舌叶(未定多种) *Glossophyllum* spp.
1981　*Glossophyllum* sp.,周惠琴,图版2,图8;叶;辽宁北票羊草沟;晚三叠世羊草沟组。
1982　*Glossophyllum* sp.,段淑英、陈晔,508页,图版15,图4;叶;四川合川炭坝;晚三叠世须家河组。
1982　*Glossophyllum* sp.,张采繁,536页,图版347,图1,2;叶;湖南辰溪中伙铺大太阳山;晚三叠世。
1992　*Glossophyllum* sp.,孟繁松,705页,图版3,图1,2;叶;湖北南漳胡家咀;晚三叠世九里岗组。
1995　*Glossophyllum* sp.,谢明忠、张树胜,图版1,图9;叶;河北张家口;早侏罗世晚期阳眷组。
1999b　*Glossophyllum* sp.,吴舜卿,45页,图版38,图8,9;图版51,图3,4;图版52,图1—3;叶及角质层;贵州六枝郎岱;晚三叠世火把冲组。

舌叶? (未定多种) *Glossophyllum*? spp.
1976　*Glossophyllum?* sp.,李佩娟等,129页,图版41,图6;叶;云南祥云沐滂铺;晚三叠世祥云组白土田段。
1977　*Glossophyllum?* sp.,长春地质学院勘探系等,图版4,图6;叶;吉林浑江石人;晚三叠世小河口组。
1981　*Glossophyllum?* sp.,刘茂强、米家榕,27页,图版1,图18;叶;吉林临江义和;早侏罗世义和组。
1982b　*Glossophyllum?* sp.,刘子进,图版2,图16;叶;甘肃靖远刀楞山四道沟;早侏罗世。
1983　*Glossophyllum?* sp.,孙革等,455页,图版1,图10;叶;吉林双阳大酱缸;晚三叠世。
1990　*Glossophyllum?* sp.,吴舜卿、周汉忠,454页,图版22,图5;叶;新疆库车;早三叠世俄霍布拉克组。
1992　*Glossophyllum?* sp.,王士俊,52页,图版22,图9;叶;广东乐昌关春;晚三叠世。

?舌叶(未定多种) ?*Glossophyllum* spp.

1984　?*Glossophyllum* sp.,顾道源,153页,图版77,图3;叶;新疆库车卡普沙梁;晚三叠世塔里奇克组。

1987　?*Glossophyllum* sp.,何德长,82页,图版16,图1;叶;湖北蒲圻跑马岭;晚三叠世鸡公山组。

哈兹叶属 Genus *Hartzia* Harris,1935 (non Nikitin,1965)

[注:另有晚出同名 *Hartzia* Nikitin,1965(见本丛书Ⅵ分册;吴向午,1993a)]

1935　Harris,42页。
1970　Andrews,100页。
1982　张武,190页。
1993a　吴向午,89页。

模式种:*Hartzia tenuis*(Harris)Harris,1935

分类位置:茨康目(Czekanowskiales)

细弱哈兹叶 *Hartzia tenuis* (Harris) Harris,1935

1926　*Phoenicopsis tenuis* Harris,106页,图版3,图6,7;图版4,图5,6;图版10,图5;插图26A—26E;叶及角质层;丹麦东格陵兰斯科斯比湾;晚三叠世(*Lepidopteris* Zone)。

1935　Harris,42页,插图20;叶;丹麦东格陵兰斯科斯比湾;晚三叠世(*Lepidopteris* Zone)。

1970　Andrews,100页。

1993a　吴向午,89页。

细弱哈兹叶(比较属种) Cf. *Hartzia tenuis* (Harris) Harris

1982　张武,190页,图版2,图9,10;叶;辽宁凌源;晚三叠世老虎沟组。

1993　米家榕等,133页,图版36,图17;叶;辽宁凌源;晚三叠世老虎沟组。

1993a　吴向午,89页。

?细弱哈兹叶 ?*Hartzia tenuis* (Harris) Harris

1986　叶美娜等,73页,图版47,图10,10a;叶;四川达县雷音铺;晚三叠世须家河组7段。

△宽叶哈兹叶 *Hartzia latifolia* Mi,Zhang,Sun et al.,1993

1993　米家榕、张川波、孙春林等,133页,图版36,图20,22;插图34;叶;登记号:SHb440,SHb441;正模:SHb440(图版36,图20);标本保存在长春地质学院地史古生物教研室;吉林双阳八面石煤矿南井;晚三叠世小蜂蜜顶子组上段。

哈兹叶(未定种) *Hartzia* sp.

1993　*Hartzia* sp.,米家榕等,134页,图版36,图16;插图35;叶;吉林双阳八面石煤矿南井;晚三叠世小蜂蜜顶子组上段。

槲寄生穗属 Genus *Ixostrobus* Raciborski, 1891

1891b   Raciborski, 356(12)页。
1980   吴舜卿等, 114页。
1993a   吴向午, 92页。

模式种: *Ixostrobus siemiradzkii* Raciborski, 1891

分类位置: 茨康目? (Czekanowskiales?)

斯密拉兹基槲寄生穗 *Ixostrobus siemiradzkii* (Raciborski) Raciborski, 1891

1891a   *Taxites siemiradzkii* Raciborski, 315(24)页, 图版5, 图7; 小孢子穗; 波兰; 晚三叠世。
1891b   Raciborski, 356(12)页, 图版2, 图5—8, 20b; 小孢子穗; 波兰; 晚三叠世。
1987   张武、郑少林, 307页, 图版24, 图8; 图版25, 图4; 果穗; 辽宁北票长皋台子山; 中侏罗世蓝旗组。
1988   李佩娟等, 118页, 图版9, 图1B, 1b; 图版77, 图2B, 2aB; 图版78, 图4B, 4aB; 果穗; 青海大煤沟; 早侏罗世火烧山组 *Cladophlebis* 层、甜水沟组 *Hausmannia* 层。
1993a   吴向午, 92页。
2003   袁效奇等, 图版14, 图5; 图版15, 图5, 6; 果穗; 内蒙古达拉特旗高头窑柳沟; 中侏罗世延安组。

△柔弱槲寄生穗 *Ixostrobus delicatus* Sun et Zheng, 2001 (中文和英文发表)

2001   孙革、郑少林, 见孙革等, 86, 192页, 图版13, 图6; 图版49, 图7; 图版51, 图9; 图版53, 图15(?); 图版63, 图12; 图版68, 图5(?), 6, 13; 果穗; 标本5块, 登记号: PB19008, PB19069, PB19071, PB19087, PB19107; 正模: PB19069; 标本保存在中国科学院南京地质古生物研究所; 辽宁西部; 晚侏罗世尖山沟组。

格陵兰槲寄生穗 *Ixostrobus groenlandicus* Harris, 1935

1935   Harris, 147页, 图版27, 图12, 13; 图版28, 图1—4, 7—10, 12; 插图59G; 雄性果穗; 丹麦东格陵兰; 早侏罗世。
1986   叶美娜等, 74页, 图版48, 图2; 果穗; 四川开江七里峡; 早侏罗世珍珠冲组。
1987   张武、郑少林, 307页, 图版24, 图5; 插图35; 果穗; 辽宁锦西盘道沟, 北票常河营子、牛营子; 中侏罗世海房沟组; 辽宁北票长皋台子山; 中侏罗世蓝旗组。
1988   李佩娟等, 118页, 图版75, 图3a, 3aA; 果穗; 青海大煤沟; 早侏罗世甜水沟组 *Neocalamites nathorsti* 层。

△海拉尔槲寄生穗 *Ixostrobus hailarensis* Deng, 1997 (中文和英文发表)

1997   邓胜徽等, 46, 105页, 图版26, 图1B, 3, 4; 图版27, 图4—8; 插图12; 雄果穗、附属物及角质层; 标本保存在石油勘探开发研究院; 内蒙古扎赉诺尔; 早白垩世伊敏组。(注: 原文未指定模式标本)

海尔槲寄生穗 *Ixostrobus heeri* Prynada, 1951

1951   Prynada, 图版16, 图7—13; 球果; 苏联伊尔库茨克盆地; 侏罗纪。
1982a   杨学林、孙礼文, 593页, 图版2, 图8; 果穗; 松辽盆地沙河子; 晚侏罗世沙河子组。

1982b 杨学林、孙礼文,52 页,图版 21,图 13,14;果穗;吉林洮安万宝五井;中侏罗世万宝组。
1985 杨学林、孙礼文,107 页,图版 2,图 2;果穗;吉林洮安万宝五井;中侏罗世万宝组。
1987 张武、郑少林,308 页;果穗;辽宁北票;早侏罗世北票组。
1988 陈芬等,75 页,图版 48,图 1,2;图版 68,图 2;果穗;辽宁阜新海州、新丘;早白垩世阜新组;辽宁铁法大隆;早白垩世小明安碑组上煤段。
1992 曹正尧,241 页,图版 6,图 11;果穗;黑龙江东部东宁 957 孔;早白垩世城子河组 2 段。
1994 曹正尧,图 5g;果穗;黑龙江东部鸡西;早白垩世城子河组 2 段。

清晰槲寄生穗 *Ixostrobus lepida* (Heer) Harris,1974
1880 *Ginkgo lepida* Heer,17 页,图版 4,图 9b,10b,11b,12b;果穗;俄罗斯东西伯利亚;侏罗纪。
1912 *Stenorachis lepida* (Heer) Seward,13 页,图版 1,图 8;果穗;苏联黑龙江流域;侏罗纪。
1974 Harris 等,131 页。
1984 历宝贤、胡斌,143 页,图版 3,图 15;果穗;山西大同永定庄华严寺;早侏罗世永定庄组。
1986 叶美娜等,75 页,图版 48,图 5,5a;叶;四川达县铁山金窝;晚三叠世须家河组 3 段。
1987 张武、郑少林,308 页;果穗;辽宁凌源双庙;中侏罗世海房沟组。
1996 米家榕等,135 页,图版 32,图 13;果穗;河北抚宁石门寨;早侏罗世北票组。
1997 邓胜徽等,46 页,图版 26,图 8;果穗;内蒙古大雁盆地;早白垩世大磨拐河组。

△美丽槲寄生穗 *Ixostrobus magnificus* Wu,1980
1980 吴舜卿等,114 页,图版 33,图 2,3;小孢子穗;标本 2 块,登记号:PB6902,PB6903;正模:PB6903(图版 33,图 3);标本保存在中国科学院南京地质古生物研究所;湖北兴山大峡口;早—中侏罗世香溪组。
1984 陈公信,607 页,图版 261,图 2;果穗;湖北兴山大峡口;早侏罗世香溪组。
1993a 吴向午,92 页。

美丽槲寄生穗(比较种) *Ixostrobus* cf. *magnificus* Wu
1984 王自强,272 页,图版 129,图 13,14;果穗;山西怀仁;早罗世永定庄组。

怀特槲寄生穗 *Ixostrobus whitbiensis* Harris et Miller,1974
1974 Harris,Miller,131 页,图版 8,图 2—11;插图 40;果穗及角质层等;英国约克郡;中侏罗世。

怀特槲寄生穗(比较种) *Ixostrobus* cf. *whitbiensis* Harris et Miller
1987 段淑英,56 页,图版 17,图 18;图版 18,图 2;图版 19,图 3;图版 20,图 7;雄性果穗;北京西山斋堂;中侏罗世门头沟煤系。
1989 段淑英,图版 2,图 6;雄性果穗;北京西山斋堂;中侏罗世门头沟煤系。

槲寄生穗(未定多种) *Ixostrobus* spp.
1984 *Ixostrobus* sp.,周志炎,48 页,图版 28,图 6—8;果穗;湖南祁阳河埠塘;早侏罗世观音滩组中部、下部。
1986 *Ixostrobus* sp.,叶美娜等,75 页,图版 48,图 6,6a,9A,9a;果穗;四川开江七里峡;晚三叠世须家河组 7 段;四川达县铁山金窝;早侏罗世珍珠冲组。
1987 *Ixostrobus* sp.,张武、郑少林,308 页,图版 17,图 4—4c;果穗;辽宁北票长皋台子山;中侏罗世蓝旗组。

1988 *Ixostrobus* sp.,李佩娟等,119页,图版75,图4;果穗;青海大煤沟;中侏罗世石门沟组 *Neocalamites nathorsti* 层。

1996 *Ixostrobus* sp.,米家榕等,135页,图版32,图11,14;果穗;河北北票;早侏罗世北票组。

槲寄生穗?（未定种）*Ixostrobus*? sp.
1988 *Ixostrobus*? sp. 2,李佩娟等,119页,图版76,图5,5a;果穗;青海大煤沟;早侏罗世甜水沟组 *Hausmannia* 层。

卡肯果属 Genus *Karkenia* Archangelsky,1965
1965 Archangelsky,132页。
2002 周志炎等,95页。
模式种:*Karkenia incurva* Archangelsky,1965
分类位置:银杏目(Ginkgoales)

内弯卡肯果 *Karkenia incurva* Archangelsky,1965
1965 Archangelsky,132页,图版1,图10;图版2,图11,14,16,18;图版5,图29—32;插图13—19;具有种子结构的枝叶;阿根廷圣克鲁斯;早白垩世。

△河南卡肯果 *Karkenia henanensis* Zhou,Zhang,Wang et Guignard,2002（英文发表）
2002 周志炎、章伯乐、王永栋、Guignard G,95页,图版1,图1—4;图版2—4;登记号:PB19235—PB19238;正模:PB19235(图版1,图1,4);副模:PB19236—PB19239;标本保存在中国科学院南京地质古生物研究所;河南义马;中侏罗世义马组。

薄果穗属 Genus *Leptostrobus* Heer,1876
1876 Heer,72页。
1941 Stockmans,Mathieu,54页。
1993a 吴向午,95页。
模式种:*Leptostrobus laxiflora* Heer,1876
分类位置:茨康目(Czekanowskiales)

疏花薄果穗 *Leptostrobus laxiflora* Heer,1876
1876 Heer,72页,图版13,图10—13;图版15,图9,9b;果穗;俄罗斯伊尔库茨克盆地;侏罗纪。
1987 段淑英,54页,图版8,图3;插图15;果穗;北京西山斋堂;中侏罗世门头沟煤系。
1993a 吴向午,95页。
2003 苗雨雁,264页,图版1,图1—12;叶;新疆准噶尔白杨河地区;中侏罗世西山窑组。

疏花薄果穗（比较属种）Cf. *Leptostrobus laxiflora* Heer
1941 Stockmans,Mathieu,54页,图版5,图2,2a;果穗;山西大同;侏罗纪。

1993a 吴向午,95页。

疏花薄果穗(比较种) *Leptostrobus* cf. *laxiflora* Heer
1996 米家榕等,134页,图版32,图16;果穗;辽宁北票三宝;中侏罗世海房沟组。

蟹壳薄果穗 *Leptostrobus cancer* Harris,1951
1951 Harris,487页,图版18,图19;图版19,图20,22—26;插图2,3A—3C,3E—3G,4A,4B;果穗;英国约克郡;中侏罗世。
1987 张武、郑少林,306页,图版25,图9,10;插图34;果穗;辽宁北票常河营子、牛营子;中侏罗世海房沟组。

蟹壳薄果穗(比较属种) *Leptostrobus* cf. *L. cancer* Harris
1986 叶美娜等,74页,图版48,图7,7a;果穗;四川开县温泉;晚三叠世须家河组7段。

△较宽薄果穗 *Leptostrobus latior* Mi,Sun C,Sun Y,Cui et Ai,1996(中文发表)
1996 米家榕、孙春林、孙跃武、崔尚森、艾永亮,见米家榕等,133页,图版33,图6—9;插图18;果穗及角质层;登记号:BL-9002;正模:BL-9002(图版33,图6);标本保存在长春地质学院地史古生物教研室;辽宁北票台吉山二井;早侏罗世北票组下段。

长薄果穗 *Leptostrobus longus* Harris,1935
1935 Harris,138页,图版7,图1—5;6—10(?),11—17;图版24,图8(?);插图49,50-I;果穗及角质层;丹麦东格陵兰;早侏罗世(*Thaumatopteris* Zone)。

长薄果穗(比较种) *Leptostrobus* cf. *longus* Harris
1982b 刘子进,图版2,图17,18;果穗;甘肃靖远刀楞山四道沟;早侏罗世。

△龙布拉德薄果穗 *Leptostrobus lundladiae* Duan,1987
1987 段淑英,55页,图版20,图1—5;果穗;登记号:No.:S-PA-86-689,S-PA-86-692,S-PA-86-693;正模:S-PA-86-692(图版20,图4,5);标本保存在瑞典国家自然历史博物馆古植物室;北京西山斋堂;中侏罗世门头沟煤系。
1996 米家榕等,134页,图版32,图16;果穗;河北抚宁石门寨;早侏罗世北票组。

具边薄果穗 *Leptostrobus marginatus* Samylina,1967
1967 Samylina,150页,图版11,图4—7;果穗;苏联伊尔库茨克盆地;晚侏罗世。
2001 郑少林等,图版1,图1—5;果穗;辽宁北票三宝营刘家沟;中—晚侏罗世土城子组3段。

具边薄果穗(比较种) *Leptostrobus* cf. *marginatus* Samylina
1999 曹正尧,84页,图版26,图17(?);图版34,图12,13;插图27;蒴果;浙江诸暨小溪寺、黄家坞;早白垩世寿昌组。

△中华薄果穗 *Leptostrobus sinensis* Sun et Zheng,2001(中文和英文发表)
2001 孙革、郑少林,见孙革等,85,192页,图版14,图5,6;图版49,图5;果穗;登记号:PB19066,PB19067,ZY3019;正模:PB19066(图版14,图5);标本保存在中国科学院南京地质古生物研究所;辽宁西部;晚侏罗世尖山沟组。

△球形薄果穗 *Leptostrobus sphaericus* Wang, 1984
1984 王自强,271页,图版154,图6—8;果穗;登记号:P0342—P0344;正模:P0343(图版154,图7);副模:P0344(图版154,图8,8a);标本保存在中国科学院南京地质古生物研究所;河北围场;晚侏罗世张家口组。

薄果穗(未定多种) *Leptostrobus* spp.
1987 *Leptostrobus* sp. ,钱丽君等,图版22,图3;果穗;陕西神木考考乌素沟;中侏罗世延安组3段。
1988 *Leptostrobus* sp. ,李佩娟等,115页,图版82,图3;图版84,图5;果荚;青海柴达木大煤沟;早侏罗世甜水沟组。
1993c *Leptostrobus* sp. ,吴向午,82页,图版6,图7,7a;果荚;陕西商县凤家山-山倾村剖面;早白垩世凤家山组下段。

拟刺葵属 Genus *Phoenicopsis* Heer, 1876
1876 Heer,51页。
1884 Schenk,176(14)页。
1963 斯行健、李星学等,251页。
1993a 吴向午,113页。
模式种:*Phoenicopsis angustifolia* Heer,1876
分类位置:茨康目(Czekanowskiales)

狭叶拟刺葵 *Phoenicopsis angustifolia* Heer, 1876
1876 Heer,51页,图版1,图1d;图版2,图3b;113页,图版31,图7,8;叶;俄罗斯伊尔库茨克黑龙江上游;侏罗纪。
1901 Krasser,149页,图版2,图5;图版3,图4a;叶;新疆哈密与吐鲁番之间的三道岭西南;侏罗纪。
1903 Potonié,117页;叶;新疆东天山库鲁克塔格山南麓,哈密与吐鲁番之间的三道岭西南;侏罗纪。
1906 Krasser,610页,图版3,图3,4;叶;吉林蛟河;侏罗纪。
1950 Ôishi,116页,图版37,图1;叶;东北;侏罗纪。
1963 斯行健、李星学等,252页,图版87,图4—6;图版88,图2,3;图版89,图5;叶和短枝;新疆东天山库鲁克塔格山南麓哈密与吐鲁番之间的三道岭西南、准噶尔盆地,青海柴达木盆地鱼卡,吉林蛟河,陕西府谷,河北房山大安山;侏罗纪。
1977a 冯少南等,240页,图版96,图1;叶;河南渑池义马;早—中侏罗世。
1979 何元良等,152页,图版74,图5;叶;青海柴达木鱼卡;中侏罗世大煤沟组。
1980 黄枝高、周惠琴,108页,图版59,图7b;图版60,图8;叶;陕西延安枣园、安塞温家沟;中侏罗世延安组下部、中部。
1980 吴舜卿等,113页,图版30,图2;叶;湖北秭归香溪;早—中侏罗世香溪组。
1980 张武等,289页,图版146,图8;图版183,图5,6;叶;辽宁昭乌达王子坟;早白垩世九佛堂组。
1982a 刘子进,134页,图版73,图1,2;叶;内蒙古阿拉善右旗圣气沟;中侏罗世青土井群(?)。

1982　王国平等,278页,图版127,图4;叶;浙江遂昌毛弄;中侏罗世毛弄组。
1982b　杨学林、孙礼文,53页,图版22,图6;图版23,图1,2;叶及短枝;吉林洮安万宝二井、万宝五井、兴安堡、裕民一井、大有屯、黑顶山、新立屯;中侏罗世万宝组。
1983　孙革,453页,图版2,图7;叶;吉林双阳大酱缸;晚三叠世大酱缸组。
1984　历宝贤、胡斌,142页,图版4,图10;叶;山西大同七峰山大石头沟;早侏罗世永定庄组。
1984　陈芬等,63页,图版32,图1—4;图版31,图3—5;叶;北京门头沟、大台、千军台、大安山、斋堂、长沟峪、房山东矿;早侏罗世下窑坡组,中侏罗世上窑坡组。
1984　陈公信,606页,图版263,图7;图版264,图6;叶;湖北秭归香溪、大冶金山店;早侏罗世香溪组、武昌组。
1984　顾道源,153页,图版69,图4;图版77,图9;图版80,图11,12;叶;新疆玛纳斯水沟、和丰阿克雅;早侏罗世三工河组。
1984　王自强,279页,图版155,图8;叶;河北丰宁;早白垩世九佛堂组。
1985　李佩娟,148页,图版19,图2;图版20,图1C,2;图版21,图2,3;叶;新疆温宿西琼台兰冰川3900米河谷(天山托木尔峰)、塔格拉克;早侏罗世。
1985　米家榕、孙春林,图版1,图18;叶;吉林双阳八面石煤矿南井;晚三叠世小蜂蜜顶子组。
1985　杨关秀、黄其胜,203页;中国西北地区,中国东北地区,华北地区;晚三叠世—早白垩世。
1985　杨学林、孙礼文,107页,图版3,图9;叶;吉林洮安红旗新立屯;早侏罗世红旗组。
1986　李星学等,27页,图版33,图1;叶;吉林蛟河盆地杉松;早白垩世奶子山组。
1986　段淑英等,图版1,图4;叶;内蒙古鄂尔多斯南缘;中侏罗世延安组。
1987　段淑英,48页,图版17,图7;图版18,图4,5;叶;北京西山斋堂;中侏罗世门头沟煤系。
1988　陈芬等,73页,图版44,图4—7;图版46,图1—4;图版65,图8,9;叶及角质层;辽宁阜新、铁法;早白垩世阜新组、小明安碑组。
1988　张汉荣等,图版1,图7;叶;河北蔚县白草窑;中侏罗世郑家窑组。
1989　段淑英,图版1,图3;叶;北京西山斋堂;中侏罗世门头沟煤系。
1989　梅美棠等,108页,图版59,图1;叶;中国北方;晚三叠世—早白垩世。
1991　北京地质矿产局,图版12,图7;叶;北京大安山;早侏罗世下窑坡组。
1991　赵立明、陶君容,图版2,图12;叶;内蒙古赤峰平庄西露天矿;晚侏罗世杏园组。
1992　孙革、赵衍华,548页,图版245,图1,2;图版246,图3;图版249,图8;叶;吉林桦甸县四合屯;早侏罗世(?);汪清鹿圈子村北山;晚三叠世马鹿沟组。
1993　米家榕等,135页,图版37,图1—3,5—7,10;叶;黑龙江东宁;晚三叠世罗圈站组;吉林汪清;晚三叠世马鹿沟组;吉林双阳;晚三叠世小蜂蜜顶子组上段。
1993a　吴向午,113页。
1995　邓胜徽,56页,图版16,图4;图版25,图1;叶;内蒙古霍林河盆地;早白垩世霍林河组下含煤段。
1995a　李星学(主编),图版94,图3;叶;北京西山斋堂;中侏罗世窑坡组。(中文)
1995b　李星学(主编),图版94,图3;叶;北京西山斋堂;中侏罗世窑坡组。(英文)
1995　王鑫,图版2,图7,9;叶;陕西铜川;中侏罗世延安组。
1996　常江林、高强,图版1,图14;叶;山西武宁滩泥;中侏罗世大同组。
1996　米家榕等,131页,图版30,图2—7;图版31,图4,6—8;图版32,图12a;叶及角质层;辽宁北票、河北抚宁石门寨;早侏罗世北票组;辽宁北票兴隆沟;中侏罗世海房沟组。
1997　邓胜徽等,45页,图版25,图3,4;图版29,图1,2A,3,4;叶;内蒙古扎赉诺尔、大雁盆地；早白垩世伊敏组；内蒙古拉布达林盆地、大雁盆地、免渡河盆地；早白垩世大磨拐河组。
1998　邓胜徽,图版1,图5；叶；内蒙古平庄-元宝山盆地；早白垩世元宝山组。
2003　修申成等,图版2,图1；叶；河南义马；中侏罗世义马组。
2003　许坤等,图版7,图8；叶；辽宁北票兴隆沟；中侏罗世海房沟组。
2003　袁效奇等,图版17,图4b；叶；内蒙古达拉特旗罕台川；中侏罗世延安组。
2004　孙革、梅盛吴,图版9,图2；叶；甘肃山丹高家沟；中侏罗世早期。
2005　孙柏年等,32页,图版1,图1；图版11,图3,4；叶及角质层；甘肃窑街；中侏罗世窑街组含煤段。

狭叶拟刺葵（亲近种） *Phoenicopsis* aff. *angustifolia* Heer
1933a　斯行健,82页,图版12,图10；叶；陕西府谷河石岩；早侏罗世。
1959　斯行健,12,29页,图版5,图2；叶；青海柴达木鱼卡；早—中侏罗世。
1960　斯行健,30页,图版2,图8,9；叶；甘肃玉门旱峡；早—中侏罗世。
1961　沈光隆,173页,图版1,图8,9；叶；甘肃徽成线湾沟；早侏罗世沔县群。
1963　李星学等,134页,图版107,图5；叶；中国西北地区；侏罗纪。

狭叶拟刺葵（比较属种） Cf. *Phoenicopsis angustifolia* Heer
1993b　孙革,89页,图版37,图3—5；叶；吉林汪清鹿圈子村北山、天桥岭镇南嘎呀河西岸；晚三叠世马鹿沟组。

狭叶拟刺葵（比较种） *Phoenicopsis* cf. *angustifolia* Heer
1982　张采繁,537页,图版351,图6；叶；湖南三都同日垅；早侏罗世唐垅组。
1988　吉林省地质矿产局,图版10,图1；叶；吉林；早白垩世营城子组。

狭叶拟刺葵（集合种） *Phoenicopsis* ex gr. *angustifolia* Heer
1998　张泓等,图版45,图1,2；图版46,图2；图版47,图5；叶；青海大柴旦大煤沟、德令哈尕秀；中侏罗世大煤沟组、石门沟组。

△狭叶拟刺葵中间型 *Phoenicopsis angustifolia* Heer f. *media* (Krasser) Nathorst, 1907
[注：此型后归于 *Phoenicopsis angustifolia* Heer（斯行健、李星学等,1963）]
1901　*Phoenicopsis media* Krasser,147,150页,图版3,图4,4m；叶；新疆东天山库鲁克塔格山南麓,哈密与吐鲁番之间的三道岭西南；侏罗纪。[注：此标本后归于 *Phoenicopsis angustifolia* Heer（斯行健、李星学等,1963）]
1907　Nathorst,6页,图版1,图14—19。
1911　Seward,21,50页,图版3,图32—36A,38A；图版6,图66；叶；新疆准噶尔佳木河两岸、库布克河附近；侏罗纪。
1922　Yabe,27页,图版4,图4,5；叶；北京大安山；中侏罗世。

窄小拟刺葵 *Phoenicopsis angustissima* Prynada, 1951
1951　Prynada,图版2,图2；叶；苏联东贝加尔湖；中侏罗世。
1980　张武等,290页,图版147,图6；叶；辽宁北票；中侏罗世蓝旗组。
2004　王五力等,235页,图版31,图1,2；叶；辽宁义县头道河子金家沟；晚侏罗世义县组砖城子层；辽宁义县头道河子王油匠沟；晚侏罗世义县组大康堡层。

厄尼塞捷拟刺葵 *Phoenicopsis enissejensis* Samylina, 1972

1972 Samylina, 63 页, 图版 2, 图 1, 2; 图版 3, 图 1—4; 图版 4, 图 1—5; 叶及角质层; 苏联西西伯利亚; 中侏罗世。

1995 王鑫, 图版 3, 图 21; 叶; 陕西铜川; 中侏罗世延安组。

△直叶拟刺葵 *Phoenicopsis euthyphylla* Zhou et Zhang, 1998 (英文发表)

1998 周志炎、章伯乐, 166 页, 图版 1, 图 1—6; 图版 3, 图 1—6; 图版 4, 图 1, 2, 5—10; 插图 1, 2; 叶及角质层; 登记号: PB17915, PB17917, PB17919—PB17921, PB17928, PB17932; 正模: PB17915 (图版 1, 图 3); 标本保存在中国科学院南京地质古生物研究所; 河南义马北露天煤矿; 中侏罗世义马组中部。

1998 周志炎, Guignard, 183 页, 图版 2, 图 5—10; 图版 3; 角质层; 河南义马; 中侏罗世义马组中部。

△湖南拟刺葵 *Phoenicopsis hunanensis* Zhang, 1982

1982 张采繁, 537 页, 图版 352, 图 7; 叶; 标本号: HP362-1; 正模: HP362-1 (图版 352, 图 7); 标本保存在湖南省地质博物馆; 湖南醴陵柑子冲; 早侏罗世高家田组。

△宽叶拟刺葵 *Phoenicopsis latifolia* Mi, Zhang, Sun et al., 1993

1993 米家榕、张川波、孙春林等, 见米家榕等, 135 页, 图版 37, 图 4, 9, 12, 13; 插图 36; 叶; 登记号: SHb420, W455—W457; 正模: W455 (图版 37, 图 9); 标本保存在长春地质学院地史古生物教研室; 吉林汪清、双阳; 晚三叠世马鹿沟组, 小蜂蜜顶子组上段。

较宽拟刺葵 *Phoenicopsis latior* Heer, 1876

1876 Heer, 113 页, 图版 21, 图 1—6; 插图 1c; 叶; 黑龙江上游; 中侏罗世。

1906 Yokoyama, 21 页, 图版 4, 图 4; 叶; 江西萍乡安源沙市界; 侏罗纪。[注: 此标本后定为 ?*Phoenicopsis speciosa* Heer (斯行健、李星学等, 1963, 253, 291 页)]

较宽拟刺葵(比较种) *Phoenicopsis* cf. *latior* Heer

1906 Krasser, 610 页, 图版 3, 图 9; 叶; 吉林黑石头; 侏罗纪。[注: 此标本后被定为 ?*Phoenicopsis speciosa* Heer (斯行健、李星学等, 1963, 253, 291 页)]

大拟刺葵 *Phoenicopsis magnum* Samylina, 1967

1967 *Phoenicopsis ?magnum* Samylina, 147 页, 图版 6, 图 7c; 图版 10, 图 1—3; 叶; 苏联科雷马河盆地; 早白垩世。

1988 陈芬等, 73 页, 图版 47, 图 1; 插图 18; 叶及角质层; 辽宁阜新海州; 早白垩世阜新组。

△满洲拟刺葵 *Phoenicopsis manchurensis* Yabe et Ôishi, 1935

[注: 此种名后被 Ôishi (1940, 386 页) 改拼为 *Phoenicopsis manchurica* Yabe et Ôishi]

1933 *Phoenicopsis* n. sp., Yabe, Ôishi, 223 页, 图版 33(4), 图 12, 13; 叶; 辽宁魏家铺子; 侏罗纪; 吉林火石岭; 晚侏罗世—早白垩世。

1935 Yabe, Ôishi, 见 Toyama, Ôishi, 76 页, 图版 5, 图 2; 叶; 内蒙古呼纳盟扎赉诺尔; 中侏罗世。

满洲拟刺葵(比较种) *Phoenicopsis* cf. *manchurensis* Yabe et Ôishi

1939 Matuzawa, 13 页, 图版 5, 图 5; 图版 6, 图 6; 图版 7, 图 1—3; 叶; 辽宁北票煤田; 中侏罗

世。〔注:这些标本后被改定为？*Phoenicopsis manchurica* Yabe et Ôishi(斯行健、李星学等,1963)〕

△满洲拟刺葵 *Phoenicopsis manchurica* Yabe et Ôishi ex Ôishi, 1940

1935　*Phoenicopsis manchurensis* Yabe et Ôishi, 见 Toyama, Ôishi, 76 页, 图版 5, 图 2; 叶; 内蒙古呼纳盟扎赉诺尔; 中侏罗世。
1940　Ôishi, 386 页。
1963　斯行健、李星学等, 253 页, 图版 87, 图 7, 8; 叶; 辽宁田师傅魏家铺子, 吉林火石岭, 内蒙古扎赉诺尔; 侏罗纪。
1979　何元良等, 152 页, 图版 74, 图 6; 叶; 青海大柴旦绿草山; 中侏罗世大煤沟组。
1980　张武等, 290 页, 图版 183, 图 4; 叶; 吉林营城火石岭; 早白垩世营城组。
1989　梅美棠等, 109 页, 图版 60, 图 1; 叶; 中国; 早侏罗世—早白垩世。
1995　王鑫, 图版 2, 图 7, 9; 图版 3, 图 10; 叶; 陕西铜川; 中侏罗世延安组。
2003　邓胜徽等, 图版 69, 图 4; 图版 73, 图 3; 短枝; 河南义马; 中侏罗世义马组。

△中间拟刺葵 *Phoenicopsis media* Krasser, 1901

1901　Krasser, 147, 150 页, 图版 3, 图 4, 4m; 叶; 新疆东天山库鲁克塔格山南麓、哈密与吐鲁番之间的三道岭西南; 侏罗纪。〔注: 此标本曾被改定为 *Phoenicopsis angustifolia* Heer f. *media* (Krasser) Nathorst (Nathorst, 1907) 和 *Phoenicopsis angustifolia* Heer (Seward, 1919; 斯行健、李星学等, 1963)〕
1903　Potonié, 118 页, 新疆东天山库鲁克塔格山南麓、哈密与吐鲁番之间的三道岭西南; 侏罗纪。〔注: 此标本后被改定为 *Phoenicopsis angustifolia* Heer (Seward, 1919)〕

△波托尼拟刺葵 *Phoenicopsis potoniei* Krasser, 1906

1903　*Phoenicopsis*-Rest, Photonié, 118 页, 图 1(右), 2, 3; 叶; 新疆天山东吐拉溪; 侏罗纪。
1906　Krasser, 611 页; 叶; 新疆吐拉溪; 侏罗纪。〔注: 此标本后被改定为 *Phoenicopsis angustifolia* Heer (Seward, 1919) 和 *Phoenicopsis* aff. *speciosa* Heer (斯行健、李星学等, 1963)〕

华丽拟刺葵 *Phoenicopsis speciosa* Heer, 1876

1876　Heer, 112 页, 图版 29, 图 1, 2; 图版 30; 叶; 黑龙江上游; 中侏罗世。
1906　Krasser, 609 页; 叶; 吉林蛟河; 侏罗纪。
1924　Kryshtofovich, 107 页; 叶; 辽宁黑山八道壕; 侏罗纪。
1933　Yabe, Ôishi, 223 页; 叶; 辽宁黑山八道壕, 吉林蛟河、火石岭; 晚侏罗世—早白垩世。
1950　Ôishi, 116 页, 图版 36, 图 9; 叶; 东北; 中—晚侏罗世。
1941　Stockmans, Mathieu, 50 页, 图版 6, 图 2; 叶; 河北柳江; 侏罗纪。
1954　徐仁, 62 页, 图版 54, 图 4; 叶; 河北柳江; 中侏罗世。
1963　斯行健、李星学等, 253 页, 图版 88, 图 6; 叶; 辽宁黑山八道壕, 吉林蛟河、黑石头(?)江西萍乡、安源沙市界(?), 新疆哈密与吐鲁番之间的三道岭西南(?), 河北柳江; 侏罗纪。
1976　张志诚, 196 页, 图版 100, 图 1, 5; 叶; 内蒙古乌拉特前旗十一分子南, 山西大同青瓷窑; 中侏罗世召沟组、大同组。
1977a　冯少南等, 240 页, 图版 96, 图 2; 叶; 河南渑池义马; 早、中侏罗世。
1980　黄枝高、周惠琴, 108 页, 图版 58, 图 8; 图版 60, 图 1—3; 枝叶; 陕西铜川焦坪; 中侏罗世延安组上部。
1980　张武等, 290 页, 图版 148, 图 1; 叶; 辽宁朝阳; 早侏罗世郭家店组。

1981　陈芬等,图版 3,图 7;叶;辽宁阜新海州矿;早白垩世阜新组。
1982b　杨学林、孙礼文,53 页,图版 23,图 3—6;图版 24,图 15;叶和短枝;吉林洮安裕民一井、大有屯、牦牛海;中侏罗世万宝组。
1983　李杰儒,图版 3,图 12;叶;辽宁锦西后富隆山西山;中侏罗世海房沟组。
1985　杨关秀、黄其胜,203 页,图 3-110;叶及短枝;辽宁朝阳,北京西山;早—中侏罗世;吉林蛟河;早白垩世奶子山组。
1987　何德长,79 页,图版 8,图 3;图版 5,图 3,5;叶;浙江遂昌靖居口;中侏罗世毛弄组。
1987　钱丽君等,84 页,图版 24,图 4,7—10;叶及角质层;陕西神木考考乌素沟;中侏罗世延安组 4 段。
1989　辽宁省地质矿产局,图版 9,图 10;叶;辽宁朝阳二十家子拉马沟;中侏罗世蓝旗组。
1989　梅美棠等,108 页,图版 59,图 2;叶;北半球;晚三叠世(?)—早白垩世(?)。
1993　米家榕等,136 页,图版 37,图 11a;图版 38,图 1,3,4;叶;吉林汪清;晚三叠世马鹿沟组;吉林双阳;晚三叠世小蜂蜜顶子组上段。
1996　米家榕等,131 页,图版 30,图 9;图版 31,图 1—3,5;图版 32,图 18;叶;辽宁北票,河北抚宁石门寨;早侏罗世北票组;辽宁北票兴隆沟;中侏罗世海房沟组。
1998　张泓等,图版 46,图 1;叶;新疆尼勒克吉林台;中侏罗世胡吉尔台组。
2003　邓胜徽,图版 73,图 2;短枝;新疆哈密三道岭煤矿;中侏罗世西山窑组。
2004　孙革、梅盛吴,图版 9,图 9;叶;内蒙古阿拉善右旗上井子剖面;中侏罗世青土井群下部。
2005　苗雨雁,526 页,图版 3,图 13;叶;新疆准噶尔盆地白杨河地区;中侏罗世西山窑组。

华丽拟刺葵(亲近种) *Phoenicopsis* aff. *speciosa* Heer
1931　Gothan、斯行健,36 页,图版 1,图 7;叶;新疆西部;侏罗纪。
1931　斯行健,64 页,图版 8,图 6;叶;内蒙古萨拉齐羊圪垯;侏罗纪。
1949　斯行健,33 页;叶;湖北秭归香溪;早侏罗世香溪群。
1963　斯行健、李星学等,254 页,图版 88,图 4,5;叶;新疆莎车叶尔羌河附近莫穆克,内蒙古萨拉齐羊圪垯,北京门头沟,湖北秭归香溪,新疆天山吐拉溪(?),辽宁北票;早—中侏罗世。
1976　张志诚,196 页,图版 101,图 1—4;叶;内蒙古包头石拐沟,山西大同青瓷窑;中侏罗世召沟组、大同组。

?华丽拟刺葵(亲近种) ?*Phoenicopsis* aff. *speciosa* Heer
1931　斯行健,58 页;叶;辽宁北票、兴龙;早侏罗世。

华丽拟刺葵(比较属种) Cf. *Phoenicopsis speciosa* Heer
1931　斯行健,52 页;叶;北京西山门头沟;早侏罗世。

华丽拟刺葵(比较种) *Phoenicopsis* cf. *speciosa* Heer
1985　米家榕、孙春林,图版 1,图 14,23a;叶;吉林双阳八面石煤矿南井;晚三叠世小蜂蜜顶子组。
1995　王鑫,图版 3,图 15,22;叶;陕西铜川;中侏罗世延安组。
2003　袁效奇等,图版 17,图 3;叶;内蒙古达拉特旗高头窑柳沟;中侏罗世延安组。

△塔什克斯拟刺葵 *Phoenicopsis taschkessiensis* Krasser,1901
1901　Krasser,147 页,图版 4,图 2;图版 3,图 4t;叶;新疆哈密与吐鲁番之间的三道岭西南;

侏罗纪。〔注：此标本后被改定为 Phoenicopsis angustifolia Heer (Seward,1919;斯行健、李星学等,1963,252 页)〕
1903　Potonié,118 页;新疆哈密与吐鲁番之间的三道岭西南;侏罗纪。

△山田? 拟刺葵 *Phoenicopsis*? *yamadai* Yokoyama,1906

1906　Yokoyama,17 页,图版 2,图 1;叶;云南宣威水塘铺;晚三叠世。〔注:此标本后经周志炎研究,改定为 *Rhipidopsis yamadai*（Yokoyama）Chow;地层改定为晚二叠世龙潭组（斯行健、李星学等,1963,252 页)〕

拟刺葵（未定多种）*Phoenicopsis* spp.

1884　*Phoenicopsis* sp.,Schenk,176(14)页,图版 14(2),图 5a;叶;四川;侏罗纪。
1906　*Phoenicopsis* sp.,Krasser,611 页;叶;吉林火石岭;侏罗纪。
1933　*Phoenicopsis* n. sp.,Yabe,Ôishi,223 页,图版 33(4),图 12,13;叶;辽宁魏家铺子;侏罗纪;吉林火石岭;晚侏罗世—早白垩世。
1933　*Phoenicopsis* sp.,Yabe,Ôishi,224 页;叶;吉林蛟河、火石岭;晚侏罗世—早白垩世。
1939　*Phoenicopsis* sp.,Matuzawa,图版 6,图 4;叶;辽宁北票;中侏罗世。
1954　*Phoenicopsis* sp.（Cf. *Windwardia crookalli* Florin),徐仁,62 页,图版 54,图 3;叶;北京西山斋堂;中侏罗世。
1980　*Phoenicopsis* sp.,何德长、沈襄鹏,27 页,图版 19,图 2;图版 25,图 1;叶;湖南桂东沙田;早侏罗世造上组。
1980　*Phoenicopsis* sp.,吴舜卿等,114 页,图版 29,图 2;叶;湖北兴山大峡口;早、中侏罗世香溪组。
1992　*Phoenicopsis* sp. cf. *Ph. speciosa* Heer,孙革、赵衍华,548 页,图版 243,图 10;图版 245,图 3;图版 246,图 1,5;叶;吉林汪清天桥岭;晚三叠世马鹿沟组。
1993b　*Phoenicopsis* sp. cf. *Ph. speciosa* Heer,孙革,90 页,图版 36,图 8,9;图版 37,图 6—8;图版 38,图 1—3;叶;吉林汪清天桥岭镇南嘎呀河西岸;晚三叠世马鹿沟组。
1993b　*Phoenicopsis* sp.,孙革,90 页,图版 36,图 7;叶;吉林汪清天桥岭镇南嘎呀河西岸;晚三叠世马鹿沟组。
1993a　*Phoenicopsis* sp.,吴向午,113 页。
1994　*Phoenicopsis* sp.,曹正尧,图 5g;叶;黑龙江双鸭山;早白垩世城子河组。
1994　*Phoenicopsis* sp.,萧宗正等,图版 13,图 7;叶;北京石景山杏石口;晚三叠世杏石口组。
2002　*Phoenicopsis* sp.,吴向午等,170 页,图版 10,图 13;图版 11,图 5;图版 12,图 6—8;叶;甘肃毛湖洞,内蒙古阿拉善右旗道卜头沟;早侏罗世芨芨沟组上段;内蒙古阿拉善右旗炭井沟;中侏罗世宁远堡组下段。
2005　*Phoenicopsis* sp.,孙柏年等,图版 11,图 3,4;角质层;甘肃山丹窑街;中侏罗世窑街组含煤岩段。

拟刺葵?（未定多种）*Phoenicopsis*? spp.

1963　*Phoenicopsis*? sp. 1,斯行健、李星学等,255 页,叶;吉林蛟河、火石岭;中—晚侏罗世。
1963　*Phoenicopsis*? sp. 2,斯行健、李星学等,255 页;叶;辽宁北票;早—中侏罗世。
1990　*Phoenicopsis*? sp.（*P. angustifolia* Heer?),李洁等,55 页,图版 2,图 3;叶;新疆昆仑山野马滩北;晚三叠世卧龙岗组。
1993　*Phoenicopsis*? sp.,米家榕等,136 页,图版 38,图 2;叶;吉林双阳大酱缸;晚三叠世大酱缸组。

拟刺葵(比较属,未定种) Cf. *Phoenicopsis* sp.

1933c Cf. *Phoenicopsis* sp.,斯行健,30页;叶;山西大同等地;早—中侏罗世。

拟刺葵(苦果维尔叶亚属) Subgenus *Phoenicopsis* (*Culgoweria*) (Florin) Samylina,1972

1936　*Culgoweria* Florin,133页。
1972　Samylina,48页。
1987　孙革,677页。
1993a 吴向午,114页。

模式种:*Phoenicopsis* (*Culgoweria*) *mirabilis* (Florin) Samylina,1972

分类位置:茨康目(Czekanowskiales)

奇异拟刺葵(苦戈维尔叶) *Phoenicopsis* (*Culgoweria*) *mirabilis* (Florin) Samylina,1972

1936　*Culgoweria mirabilis* Florin,133页,图版33,图3—12;图版34;图版35,图1,2;叶及角质层;法兰士·约瑟兰地群岛;侏罗纪。
1972　Samylina,48页。
1993a 吴向午,114页。

△霍林河拟刺葵(苦戈维尔叶) *Phoenicopsis* (*Culgoweria*) *huolinheiana* Sun,1987

1987　孙革,678,687页,图版3,图1—9;图版4,图4,5;插图6;叶及角质层;采集号:H16a-50,H1-101;登记号:PB14012,PB14013;正模:PB14012(图版3,图1);副模:PB14013(图版3,图2);标本保存在中国科学院南京地质古生物研究所;内蒙古哲里木盟扎鲁特旗珠斯化镇(霍林河);晚侏罗世—早白垩世霍林河组。
1988　孙革、商平,图版3,图1a,2,3,4;叶及角质层;内蒙古东部霍林河;晚侏罗世—早白垩世霍木林河组。
1993a 吴向午,114页。
1995a 李星学(主编),图版104,图3;短枝及叶;内蒙古霍林河;早白垩世霍林河组。(中文)
1995b 李星学(主编),图版104,图3;短枝及叶;内蒙古霍林河;早白垩世霍林河组。(英文)

△珠斯花拟刺葵(苦戈维尔叶) *Phoenicopsis* (*Culgoweria*) *jus'huaensis* Sun,1987

1987　孙革,677,686页,图版2,图1—7;插图5;叶及角质层;采集号:H11-13;登记号:PB14011;正模:PB14011(图版2,图1);标本保存在中国科学院南京地质古生物研究所;内蒙古哲里木盟扎鲁特旗珠斯化镇霍林河;晚侏罗世—早白垩世霍林河组。
1993a 吴向午,114页。

拟刺葵(拟刺葵亚属) Subgenus *Phoenicopsis* (*Phoenicopsis*) Samylina,1972

1876　Heer,51页。
1972　Samylina,28页。
2002　吴向午等,168页。

模式种:*Phoenicopsis* (*Phoenicopsis*) *angustifolia* (Heer) Samylina,1972

分类位置:茨康目(Czekanowskiales)

狭叶拟刺葵（拟刺葵） *Phoenicopsis*（*Phoenicopsis*）*angustifolia*（Heer）Samylina，1972
1876 *Phoenicopsis angustifolia* Heer，51 页，图版 1，图 1d；图版 2，图 3b；113 页，图版 31，图 7，8；叶；俄罗斯伊尔库茨克；侏罗纪。
1972 Samylina，28 页，图版 42，图 1—5；图版 42，图 1—6；图版 43，图 1—5；图版 44，图 1—7；图版 45，图 1，2；图版 46，图 1—3；叶及角质层；俄罗斯伊尔库茨克；侏罗纪。
2005 苗雨雁，525 页，图版 2，图 6，10，11；图版 3，图 1—6；叶及角质层；新疆准噶尔盆地白杨河地区；中侏罗世西山窑组。

狭叶拟刺葵（拟刺葵）（比较钟） *Phoenicopsis*（*Phoenicopsis*）cf. *angustifolia*（Heer）Samylina
2002 吴向午等，168 页，图版 11，图 1A；图版 15，图 5，6；叶及角质层；内蒙古阿拉善右旗长山；中侏罗世宁远堡组下段。

拟刺葵（拟刺葵?）（未定种） *Phoenicopsis*（*Phoenicopsis*?）sp.
1992 *Phoenicopsis*（*Phoenicosis*?）sp.，曹正尧，241 页，图版 6，图 6—9；叶及角质层；黑龙江东部双鸭山；早白垩世城子河组 3 段。

拟刺葵（斯蒂芬叶亚属）Subgenus *Phoenicopsis*（*Stephenophyllum*）（Florin）ex Li，1988
［注：此亚属名最早由李佩娟等（1988）应用，但未指明为新名和模式种］
1936 *Stephenophyllum* Florin，82 页。
1988 李佩娟等，106 页。
1993a 吴向午，114 页。
模式种：*Phoenicopsis*（*Stephenophyllum*）*solmsi*（Seward）［注：*Stephenophyllum solmsi*（Seward）Florin 是 *Stephenophyllum* 属的模式种（Florin，1936）］
分类位置：茨康目（Czekanowskiales）

索尔姆斯拟刺葵（斯蒂芬叶） *Phoenicopsis*（*Stephenophyllum*）*solmsi*（Seward）
1919 *Desmiophllum solmsi* Seward，71 页，图 662；叶的切面和气孔器；法兰士约瑟夫地；侏罗纪。
1936 *Stephenophyllum solmsi*（Seward）Florin，82 页，图版 11，图 7—10；图版 12—16；插图 3，4；叶和角质层；法兰士·约瑟夫地；侏罗纪。

△**美形拟刺葵（斯蒂芬叶）** *Phoenicopsis*（*Stephenophyllum*）*decorata* Li，1988
1988 李佩娟等，106 页，图版 68，图 5B；图版 79，图 4，4a；图版 120，图 1—6；叶及角质层；采集号：80LFu；登记号：PB13630，PB13631；正模：PB13631（图版 79，图 4，4a）；标本保存在中国科学院南京地质古生物研究所；青海绿草山绿草沟；中侏罗世石门沟组 *Nilssonia* 层。
1993a 吴向午，114 页。

厄尼塞捷拟刺葵（斯蒂芬叶） *Phoenicopsis*（*Stephenophyllum*）*enissejensis*（Samylina）ex Li，1988
［注：此种名最早由李佩娟等（1988）应用，但未指明为新名］
1972 *Phoenicopsis*（*Phoenicopsis*）*enissejensis* Samylina，63 页，图版 2，图 1，2；图版 3，图 1—4；图版 4，图 1—5；叶及角质层；苏联西西伯利亚；中侏罗世。
1988 李佩娟等，106 页，图版 85，图 2，2a；图版 86，图 1；图版 87，图 1；图版 121，图 1—6；叶及

角质层;青海绿草山绿草沟;中侏罗世石门沟组 Nilssonia 层。
1993a 吴向午,114 页。
1995a 李星学(主编),图版 89,图 2;叶;青海大柴旦绿草山;中侏罗世石门沟组。(中文)
1995b 李星学(主编),图版 89,图 2;叶;青海大柴旦绿草山;中侏罗世石门沟组。(英文)

△特别拟刺葵(斯蒂芬叶) Phoenicopsis (Stephenophyllum) mira Li,1988

1988 李佩娟等,107 页,图版 80,图 2—4a;图版 81,图 2;图版 122,图 5,6;图版 123,图 1—4;图版 136,图 5;图版 138,图 4;叶及角质层;采集号:80DP$_1$F$_{89}$,80DJ$_2$Fu;登记号:PB13635—PB13637;正模:PB13635(图版 81,图 5);标本保存在中国科学院南京地质古生物研究所;青海柴达木盆地大煤沟;中侏罗世饮马沟组 Coniopteris murrayana 层、大煤沟组 Tyrmia-Sphenobaiera 层。
1993a 吴向午,114 页。

△塔什克斯拟刺葵(斯蒂芬叶) Phoenicopsis (Stephenophyllum) taschkessiensis (Krasser) ex Li,1988

[注:此种名最早由李佩娟等(1988)应用,但未指明为新名]
1901 Phoenicopsis taschkessiensis Krasser,150 页,图版 4,图 2;图版 3,图 4t;叶;新疆哈密与吐鲁番之间的三道岭西南;侏罗纪。
1988 李佩娟等,3 页。

塔什克斯拟刺葵(斯蒂芬叶)(比较种)Phoenicopsis (Stephenophyllum) cf. taschkessiensis (Krasser) Li

1979 Stephenophyllum cf. solmsi (Seward) Florin,何元良等,153 页,图版 75,图 5—7;插图 10;叶及角质层;青海大柴旦大煤沟;中侏罗世大煤沟组。
1988 李佩娟等,3 页。

拟刺葵(温德瓦狄叶亚属) Subgenus Phoenicopsis (Windwardia) (Florin) Samylina,1972

1936 Windwardia Florin,91 页。
1972 Samylina,48 页。
1987 孙革,675 页。
1993a 吴向午,114 页。

模式种:Phoenicopsis (Windwardia) crookalii (Florin) Samylina,1972
分类位置:茨康目(Czekanowskiales)

克罗卡利拟刺葵(温德瓦狄叶) Phoenicopsis (Windwardia) crookalii (Florin) Samylina,1972

1936 Windwardia crookalii Florin,91 页,图版 17—20;图版 21,图 1—10;叶;法兰士·约瑟兰地群岛;侏罗纪。
1972 Samylina,48 页。
1993a 吴向午,114 页。
1995a 李星学(主编),图版 104,图 4;短枝及叶;黑龙江鹤岗;早白垩世石头河子组。(中文)
1995b 李星学(主编),图版 104,图 4;短枝及叶;黑龙江鹤岗;早白垩世石头河子组。(英文)

△潮水拟刺葵(温德瓦狄叶)*Phoenicopsis* (*Windwardia*) *chaoshuiensis* Wu, Deng et Zhang, 2002(中文和英文发表)

2002 吴向午等,168,178页,图版11,图2—4;图版14,图1—6;图版15,图1—4;图版17,图4—6;叶及角质层;采集号:井-植;登记号:Chz100—CHz102;正模:Chz100(图版11,图2),副模:Chz102(图版11,图3);标本保存在中国科学院南京地质古生物研究所;内蒙古阿拉善右旗井坑洼子;早侏罗世芨芨沟组上段。

△吉林拟刺葵(温德瓦狄叶)*Phoenicopsis* (*Windwardia*) *jilinensis* Sun, 1987

1987 孙革,675,685页,图版1,图1—7;图版4,图1—3;插图4;叶及角质层;采集号:2199-1;2199-2;登记号:PB14010;正模:PB14010(图版1,图2);标本保存在中国科学院南京地质古生物研究所;吉林辉南张家屯;晚侏罗世苏密沟组。

1993a 吴向午,114页。

西勒普拟刺葵(温德瓦狄叶)*Phoenicopsis* (*Windwardia*) *silapensis* Samylina, 1972

1972 Samylina,74页,图版16,图1—5;叶及角质层;苏联东西伯利亚科雷马河地区;早白垩世。

1995 曾勇等,64页,图版18,图5;图版21,图4b,5;图版24,图5—8;图版25,图1;图版27,图1—3;叶及角质层;河南义马;中侏罗世义马组。

拟刺葵(温德瓦狄叶)(未定种) *Phoenicopsis* (*Windwardia*) sp.

1992 *Phoenicopsis* (*Windwardia*) sp.,孙革、赵衍华,549页,图版247,图1—5;图版248,图1—6;图版259,图4;叶及角质层;吉林辉南张家屯;早白垩世苏密沟组。

顶缺银杏属 Genus *Phylladoderma* Zalessky, 1913

(注:此属原归于科达目,也有人将其归入银杏目、松柏纲或种子蕨纲)

1913 Zalessky,24页。

1970 Andrews,161页。

1979 杨关秀、陈芬,131页。

模式种:*Phylladoderma arberi* Zalessky, 1913

分类位置:银杏植物?(ginkgophytes?)或科达目?(Cordaitales?)

舌形顶缺银杏 *Phylladoderma arberi* Zalessky, 1913

1913 Zalessky,24页,图版1,图4;图版2,图7,9;图版3,图5—8,10,11;叶及角质层;俄罗斯塔尔贝;二叠纪。

1970 Andrews,161页。

1996 何锡麟等,75页,图版71—73;图版74,图1,2;图版84;图版85,图5—8;图版86,87;图版89,图1—3;图版93,94;叶及角质层;江西乐平鸣山、丰城八一煤矿、高安八景;晚二叠世乐平组老山下亚段。

舌形顶缺银杏(比较种) *Phylladoderma* cf. *arberi* Zalessky

1979 杨关秀、陈芬,131页,图版42,图5—6a;叶;广东仁化格顶寨;晚二叠世龙潭组。

顶缺银杏？（未定种）*Phylladoderma*? sp.

1992 *Phylladoderma*? sp.,Durante,19页,图版12,图2,3,5,6;插图7;叶;甘肃南山剖面C层;晚二叠世。

顶缺银杏(等孔叶)(未定种) *Phylladoderma* (*Aequistomia*) sp.

1996 *Phylladoderma* (*Aequistomia*) sp.,何锡麟等,76页,图版85,图1—4;图版88;图版89,图4—6;叶及角质层;江西乐平鸣山;晚二叠世乐平组老山下亚段。

△始拟银杏属 Genus *Primoginkgo* Ma et Du,1989

1989 马洁、杜贤铭,1,2页。

模式种:*Primoginkgo dissecta* Ma et Du,1989

分类位置:银杏植物(ginkgophytes?)

△深裂始拟银杏 *Primoginkgo dissecta* Ma et Du,1989

1989 马洁、杜贤铭,1,2页,图版1,图1—3;叶;山西太原东山;早二叠世下石盒子组。(注:原文未指定模式标本)

原始银杏型木属 Genus *Protoginkgoxylon* Khudajberdyev,1971,emend Zheng et Zhang,2000

1971 Khudajberdyev,102页。

2000 郑少林、张武,121页。

模式种:*Protoginkgoxylon dockumenense* (Torey) Khudajberdyev,1971

选模种:*Protoginkgoxylon benxiense* Zheng et Zhang,2000

分类位置:银杏目(Ginkgoales)

土库曼原始银杏型木 *Protoginkgoxylon dockumenense* (Torey) Khudajberdyev,1971

1971 Khudajberdyev,见 Sikstel 等,102页;木材;北美和中亚;三叠纪。

△本溪原始银杏型木 *Protoginkgoxylon benxiense* Zheng et Zhang,2000(英文发表)

2000 郑少林、张武,121页,图版1,图1—6;图版2,图1—5;木材;登记号:GJ6-21;正模:GJ6-21;标本保存在沈阳地质矿产研究所;辽宁本溪田师傅;早二叠世山西组。

△大青山原始银杏型木 *Protoginkgoxylon daqingshanense* Zheng et Zhang,2000(英文发表)

2000 郑少林、张武,121页,图版2,图6;图版3,图1—6;木材化石;登记号:Shang Nei M56-114;正模:Shang Nei M56-114;标本保存在沈阳地质矿产研究所;内蒙古大青山;早二叠世大青山组。

△异叶属 Genus *Pseudorhipidopsis* P'an, 1936—1937

1936—1937　潘钟祥, 265 页。
1953　斯行健, 84 页。
1974　《中国古生代植物》编写小组, 148 页。

模式种: *Pseudorhipidopsis brevicaulis* (Kawasaki et Kon'no) P'an, 1936—1937

分类位置: 银杏植物? (ginkgophytes?)

△短茎异叶 *Pseudorhipidopsis brevicaulis* (Kawasaki et Kon'no) P'an, 1936—1937

1932　*Rhipidopsis brevicaulis* Kawasaki et Kon'no, 41 页, 图版 101, 图 9, 10; 叶; 朝鲜; 早二叠世(Heian System)。
1936—1937　潘钟祥, 265 页, 图版 1; 图版 2; 图版 3, 图 4, 5; 河南禹县神垢; 早二叠世大风口系上部。
1953　斯行健, 84 页, 图版 61, 图 2—6; 叶; 河南禹县神垢; 晚二叠世早期大风口系。
1954　斯行健, 33 页, 图版 27, 图 2—6; 叶; 河南禹县神垢; 晚二叠世早期大风口系。
1958　汪龙文等, 557, 558 页及图; 河南禹县; 晚二叠世大风口系。
1974　《中国古生代植物》编写小组, 148 页, 图版 117, 图 4—9; 插图 5-3; 叶; 河南禹县; 晚二叠世上石盒子组; 江西乐平; 晚二叠世乐平组。
1977b　冯少南等, 669 页, 图版 250, 图 5; 叶; 河南禹县; 晚二叠世上石盒子组。
1985　杨关秀、黄其胜, 109 页, 图 2-223; 叶; 河南禹县; 晚二叠世早期云盖山组; 江西乐平; 晚二叠世早期乐平组。
1987　杨关秀等, 图版 17, 图 3, 4; 叶; 河南大风口; 晚二叠世早期上石盒子组。
1989　梅美棠等, 68 页, 图 3-62; 叶; 河南、江西; 晚二叠世早期。
1991　杨景尧等, 图版 10, 图 6; 图版 11, 图 4; 叶; 河南巩县瑶岭、伊川鲁沟; 晚二叠世早期上石盒子组。
1997　尚冠雄(主编), 图版 17, 图 4, 5; 叶; 河南济源下冶; 中—晚二叠世早期大风口组下部。

△拜拉型异叶 *Pseudorhipidopsis baieroides* (Kawasaki et Kon'no) P'an ex Sze, 1953

1932　*Rhipidopsis baieroides* Kawasaki et Kon'no, 41 页, 图版 101, 图 9, 10; 叶; 朝鲜; 早二叠世(Heian System)。
1936—1937　*Rhipidopsis baieroides* Kawasaki et Kon'no, 潘钟祥, 266 页, 图版 3, 图 1—3a; 图版 4, 5; 叶; 河南禹县神垢; 晚二叠世早期大风口系。[注: 这些标本后被周志炎改定为 *Rhipidopsis p'anii* Chow (周志炎, 见李星学等, 1962)]
1953　斯行健, 84 页, 图版 62, 图 6; 图版 68, 图 2 (=潘钟祥, 1936—1937, 图版 4, 图 1, 1a); 叶; 河南禹县神垢; 晚二叠世早期大风口系。

异叶(未定种) *Pseudorhipidopsis* sp.

1998　*Pseudorhipidopsis* sp., 王仁农等, 图版 14, 图 6; 叶; 安徽颍上谢桥; 晚二叠世早期上石盒子组。

假托勒利叶属 Genus *Pseudotorellia* Florin,1936

1936   Florin,142 页。
1963   斯行健、李星学等,245 页。
1993a   吴向午,125 页。

模式种:*Pseudotorellia nordenskiöldi*(Nathorst)Florin,1936

分类位置:银杏目(Ginkgoales)

诺氏假托勒利叶 *Pseudotorellia nordenskiöldi*(Nathorst)Florin,1936

1897   *Feildenia nordenskiöldi* Nathorst,56 页,图版 3,图 16—27;图版 6,图 33,34;叶;挪威斯匹次卑根;晚侏罗世。
1936   Florin,142 页;叶;挪威斯匹次卑根;晚侏罗世。
1993a   吴向午,125 页。

△常宁假托勒利叶 *Pseudotorellia changningensis* Zhang,1986

1986   张采繁,198 页,图版 5,图 7—7a;图版 6,图 5,6b;插图 9;叶及角质层;标本 1 块,标本号:PP01-63;正模:PP01-63(图版 5,图 7);标本保存在湖南省地质博物馆;湖南常宁柏坊;早侏罗世石康组顶部。

刀形假托勒利叶 *Pseudotorellia ensiformis*(Heer)Doludenko,1961

1876b   *Podozamites ensiformis* Heer,46 页,图版 4,图 8—10;111 页,图版 20,图 6b;图版 28,图 5a;俄罗斯伊尔库茨克盆地、黑龙江流域;侏罗纪。
1961   Vachkrameev,Doludenko,111 页,图版 55,图 1—8;图版 56,图 1—3;黑龙江;晚侏罗世。

刀形假托勒利叶宽型 *Pseudotorellia ensiformis*(Heer)Doludenko f. *latior* Prynada

1980   张武等,288 页,图版 174,图 6;图版 178,图 4;叶;内蒙古赤峰大庙张家营子;早白垩世九佛堂组。

埃菲假托勒利叶 *Pseudotorellia ephela*(Harris)Florin,1936

1935   *Torellia ephela* Harris,46 页,图版 8,图 7,8,12,13;插图 21;叶及角质层;丹麦东格陵兰;早侏罗世(*Thaumatopteris* Zone)。
1936   Florin,142 页;丹麦东格陵兰;早侏罗世 *Thaumatopteris* 层。

埃菲假托勒利叶(比较种)*Pseudotorellia* cf. *ephela*(Harris)Florin

1996   米家榕等,129 页,图版 28,图 5;叶;河北抚宁石门寨;早侏罗世北票组。

△湖南假托勒利叶 *Pseudotorellia hunanensis* Zhou,1984

1984   周志炎,45 页,图版 27,图 1—2d;插图 11;叶及角质层;登记号:PB8924,PB8925;正模:PB8924(图版 27,图 1);标本保存在中国科学院南京地质古生物研究所;湖南永江桃川;早侏罗世观音滩组搭坝口段。
1995a   李星学(主编),图版 85,图 2;叶及角质层;湖南永江桃川;早侏罗世观音滩组搭坝口段。(中文)

1995b 李星学(主编),图版 85,图 2;叶及角质层;湖南永江桃川;早侏罗世观音滩组搭坝口段。(英文)

△长披针形假托勒利叶 *Pseudotorellia longilancifolia* Li,1988
1988 李佩娟等,103 页,图版 78,图 2A;图版 83,图 1B;图版 84,图 1B,2;图版 85,图 1;图版 88,图 2—4;图版 89,图 1;图版 90,图 1;图版 119,图 1—4,5(?),6—8;插图 23;叶及角质层;标本 8 块,登记号:PB13620—PB13627;合模 1:PB13620(图版 78,图 2A);合模 2:PB13621(图版 83,图 1B);合模 3:PB13622(图版 84,图 2);标本保存在中国科学院南京地质古生物研究所;青海大煤沟、绿草山宽沟;中侏罗世大煤沟组 *Tyrmia Sphenobaiera* 层、石门沟组 *Nilssonia* 层。[注:依据《国际植物命名法规》(《维也纳法规》)第 37.2 条,1958 年起,模式标本只能是 1 块标本]
1998 张泓等,图版 51,图 3;叶;陕西延安西杏子河;中侏罗世延安组。

△青海假托勒利叶 *Pseudotorellia qinghaiensis* (Li et He) Li et He,1988
1979 *Baiera*? *qinghaiensis* Li et He,何元良等,151 页,图版 75,图 1,1a,2—4;叶及角质层;青海大柴旦大煤沟;中侏罗世大煤沟组。
1988 李佩娟等,3 页;青海大柴旦大煤沟;中侏罗世大煤沟组。

假托勒利叶(未定多种) *Pseudotorellia* spp.
1963 *Pseudotorellia* sp.,斯行健、李星学等,247 页,图版 88,图 9[= *Torellia* sp.(斯行健,1931,60 页,图版 5,图 7)];叶;辽宁北票;早、中侏罗世。
1980 *Pseudotorellia* sp.(? sp. nov.),黄枝高、周惠琴,107 页,图版 53,图 2;叶;陕西府谷殿儿湾;早侏罗世富县组。
1985 *Pseudotorellia* sp.,米家榕、孙春林,图版 1,图 22;叶;吉林双阳八面石煤矿南井;晚三叠世小蜂蜜顶子组。
1986 *Pseudotorellia* sp.,叶美娜等,71 页,图版 51,图 1B;叶;四川达县斌郎;晚三叠世须家河组 7 段。
1993a *Pseudotorellia* sp.,吴向午,125 页。

假托勒利叶?(未定多种) *Pseudotorellia*? spp.
1975 *Pseudotorellia*? sp.,徐福祥,106 页,图版 5,图 9;叶;甘肃天水后老庙;中侏罗世炭和里组。
1980 *Pseudotorellia*? sp.,张武等,288 页,图版 184,图 2;叶;内蒙古赤峰大庙张家营子;早白垩世九佛堂组。
1984 *Pseudotorellia*? sp.,周志炎,46 页,图版 28,图 1—5;叶;湖南零陵黄阳司王家亭子、祁阳河埠塘;早侏罗世观音滩组中部、下部;广西钟山;早侏罗世西湾组。
1993 *Pseudotorellia*? sp.,米家榕等,132 页,图版 36,图 3—5;叶;黑龙江东宁罗圈站;晚三叠世罗圈站组;吉林双阳八面石煤矿南井;晚三叠世小蜂蜜顶子组上段。

△拟掌叶属 Genus *Psygmophyllopsis* Durante,1992
1992 Durante,25 页。

模式种：*Psygmophyllopsis norinii* Durante,1992

分类位置：银杏植物？（ginkgophytes?）

△诺林拟掌叶 *Psygmophyllopsis norinii* Durante,1992

1992　Durante,24 页,图版 12,图 10,11；图版 13,图 4,5；插图 12a,12b；叶；正模：No. Bex 296（图版 12,图 11；插图 12a）；标本保存在瑞典国家自然历史博物馆古植物室；甘肃南山剖面 C 层；晚二叠世。

掌叶属 Genus *Psygmophyllum* Schimper,1870

1870　Schimper,193 页。

1927　Halle,215 页。

1974　《中国古生代植物》编写小组,149 页。

1993a　吴向午,125 页。

模式种：*Psygmophyllum flabellatum*（Lindely et Hutton）Schimper,1870

分类位置：银杏植物？（ginkgophytes?）

扇形掌叶 *Psygmophyllum flabellatum*（Lindely et Hutton）Schimper,1870

1832　*Noeggerathia flabellatum* Lindely et Hutton,89 页,图版 28,29；叶；英国；晚石炭世。

1870　Schimper,193 页。

1993a　吴向午,125 页。

扇形掌叶（比较种）*Psygmophyllum* cf. *flabellatum*（Lindely et Hutton）Schimper

1968　Kon'no,197 页,图版 23,图 3；叶；中国东北东部边境；晚二叠世。

△尖裂掌叶 *Psygmophyllum angustilobum* Schenck,1883

1883a　Schenck,221 页,图版 43,图 22—24；叶；河北开平；中石炭世。

三裂掌叶 *Psygmophyllum demetrianum*（Zalessky）Burago

1982　Burago,130 页,图版 12,图 2；插图 1r,e-3,2；叶；苏联南滨海区；二叠纪。

三裂掌叶（比较属种）Cf. *Psygmophyllum demetrianum*（Zalessky）Burago

1982　Durante,25 页,图版 7,图 2；叶；甘肃南山剖面 C 层；晚二叠世。

△等裂掌叶 *Psygmophyllum ginkgoides* Hu et Xiao,1987（non Hu,Xiao et Ma,1996）

1987　胡雨帆、萧宗正,561 页,图版 1,图 1,1a；叶；登记号：BP-007；标本保存在中国科学院植物研究所；北京三家店；二叠纪红庙岭组。

△等裂掌叶 *Psygmophyllum ginkgoides* Hu,Xiao et Ma,1996（中文和英文发表）（non Hu et Xiao,1987）

［注：此种名是 *Psygmophyllum ginkgoides* Hu et Xiao(1987)的晚出等同名］

1996　胡雨帆、萧宗正、马洁,见胡雨帆等,图版 2,图 1,2（=胡雨帆、萧宗正,1987,561 页,图版 1,图 1,1a）；叶；北京三家店；晚二叠世。

△小裂掌叶 *Psygmophyllum lobulatum* Xiao,1988
1988　萧素珍,160 页,图版 3,图 1,2;叶;登记号:Sh520;正模:Sh520(图 1,2);标本保存在山西地矿局区调队;山西乡宁管头长镇;晚二叠世上石盒子组。

△多裂掌叶 *Psygmophyllum multipartitum* Halle,1927
1927　Halle,215 页,图版 57,58;叶;山西太原;上石盒子组。
1950　斯行健、李星学,图版 1,图 3;叶;山西左云上山井;晚二叠世上石盒子系。
1953　斯行健,83 页,图版 50,图 13;图版 60,图 2;图版 61,图 1;叶;山西太原;晚二叠世早期上石盒子系。
1954　斯行健,33 页,图版 27,图 1;图版 23,图 1;叶;山西太原;晚二叠世上石盒子组;北京大悲寺;二叠纪双泉统。
1955　斯行健,图版 2,图 4a;叶;山西武乡蟠龙小庙岩村白家沟;晚二叠世上石盒子组。
1974　《中国古生代植物》编写小组,149 页,图版 118,图 1—3;叶;山西太原;晚二叠世早期上石盒子组;北京;晚二叠世早期双泉组。
1975　Boureau,372 页,图 311;叶;山西太原;晚二叠世早期上石盒子组。
1977b　冯少南等,669 页,图版 253,图 1,2;叶;河南禹县;晚二叠世早期上石盒子组、双泉组。
1979　杨关秀、陈芬,133 页,图版 4,图 1;叶;广东阳春龙云岗;晚二叠世龙潭组。
1985　萧素珍、张恩鹏,580 页,图版 201,图 1;叶;山西太原、沁水杏峪、古县松木沟、宁乡长镇;晚二叠世早期上石盒子系;北京西山;晚二叠世早期双泉组。
1985　杨关秀、黄其胜,110 页,图 2-223;叶;山西太原;晚二叠世上石盒子组上部;北京西山;晚二叠世双泉组;广东阳春;晚二叠世龙潭组;河南禹县;晚二叠世早期云盖山组。
1987　梅美棠等,127 页,图版 2,图 1,2;叶及角质层;江西乐平;晚二叠世乐平组老山段。
1989　梅美棠等,68 页,图版 32,图 3—6;叶;山西、北京、河南、广东、江西;晚二叠世。
1989　姚兆奇,171 页,图版 1,图 1—7;图版 2,图 1—11;插 1;叶及角质层;安徽广德牛头山,江苏伏牛山;晚二叠世龙潭组;福建永定牛栏山;晚二叠世翠屏山组。
1991　北京地质矿产局,图版 11,图 5;叶;北京八大处大悲寺;晚二叠世—早三叠世双泉组大悲寺段。
1991　杨景尧等,图版 10,图 5;图版 11,图 2;叶;河南伊川半坡石门、登封磴槽;晚二叠世早期上石盒子组。
1995a　李星学(主编),图版 48,图 4;叶;山西太原;早二叠世下石盒子组。(中文)
1995b　李星学(主编),图版 48,图 4;叶;山西太原;早二叠世下石盒子组。(英文)
1996　何锡麟等,84 页,图版 66,图 2;叶;江西高安英岗岭东村煤矿;晚二叠世乐平组。
1996　胡雨帆等,图版 1,图 1;叶;北京三家店;晚二叠世。
1996　孔宪祯等,194 页,图版 18,图 4;图版 19,图 1;叶;山西沁水杏峪;晚二叠世上石盒子组。
1997　尚冠雄(主编),图版 17,图 2;叶;河南登封磴槽;中—晚二叠世早期大风口组。
1998　王仁农等,图版 16,图 1;叶;河南永城;晚二叠世早期上石盒子组。

△多裂掌叶(比较种) *Psygmophyllum* cf. *multipartitum* Halle
1983　张武等,81 页,图版 2,图 11;叶;辽宁本溪林家崴子;中三叠世林家组。
1998　陈萍,14 页,图版 1,图 1—3,6;叶及角质层;安徽淮南;晚二叠世早期上石盒子组。
1998　王仁农等,图版 14,图 4;叶;安徽颍上、谢桥;晚二叠世早期上石盒子组。

多裂掌叶（比较属种）Cf. *Psygmophyllum multipartitum* Halle
1981　刘洪筹等,图版2,图6;叶;甘肃肃南大青沟;晚二叠世晚期肃南组。

△浅裂掌叶 *Psygmophyllum shallowpartitum* Yang et Zhang,1991
1991　杨景尧等,53页,图版11,图3;叶;河南伊川半坡大郭沟;晚二叠世早期上石盒子组。(注:原文未注明标本保存单位)

西利伯亚掌叶 *Psygmophyllum sibiricum* (Zalessky) Burago,1982
1934　*Iniopteris sibirica* Zalessky,760页,图20,21;叶;苏联西伯利亚;二叠纪。
1982　Burago,134页;苏联西伯利亚;二叠纪。
1996　刘陆军、姚兆奇,651页。

西利伯亚掌叶（比较种）*Psygmophyllum cf. sibiricum* (Zalessky) Burago
1996　刘陆军、姚兆奇,651页,图版3,图4,5;叶;新疆哈密库莱;晚二叠世早期塔尔朗组底部。

△天山掌叶 *Psygmophyllum tianshanensis* Liu et Yao,1996 (中文和英文发表)
1996　刘陆军、姚兆奇,652,668页,图版3,图7;叶;采集号:AFA-36;登记号:PB17424;正模:PB17424(图版3,图7);标本保存在中国科学院南京地质古生物研究所;新疆哈密库莱;晚二叠世早期塔尔朗组底部。

乌苏里掌叶 *Psygmophyllum ussuriensis* Burago,1976
1976　Burago,97页,图版7,图3;叶;苏联南滨海区;二叠纪。

乌苏里掌叶（比较种）*Psygmophyllum cf. ussuriensis* Burago
1989　孙阜生,图版1,图7;叶;新疆吐鲁番;晚二叠世梧桐沟组。

掌叶（未定多种）*Psygmophyllum* spp.
1940　*Psygmophyllum* sp.,斯行健,46页,图版1,图14;插图5,6;广西;早二叠世上植物层。
1992　*Psygmophyllum* sp.,Durante,25页,图版11,图1,5;叶;插图11(=*Iniopteris* sp. vel. *Syniopteris* sp.,Durante,1980,131页,插图4);叶;甘肃南山剖面;晚二叠世。
1998　*Psygmophyllum* sp.,王仁农等,图版14,图3;叶;安徽颍上、谢桥;晚二叠世早期上石盒子组。
2000　*Psygmophyllum* sp.,王自强,图版2,图2;叶;山西保定;晚二叠世早期。

掌叶?（未定多种）*Psygmophyllum*? spp.
1943　*Psygmophyllum*? sp.,斯行健,144页,图版1,图12—15;叶;广东北部;早石炭世。
1956a　*Psygmophyllum*? sp.,斯行健,54,160页,图版47,图5;叶;陕西宜君杏树坪、黄草湾;晚三叠世延长层。[注:此标本后被李星学改定为 *Sphenozamites changi* Sze(斯行健、李星学等,1963,204页)]
1956b　*Psygmophyllum*? sp.,敖振宽,34页,图版1,图5;叶;湖南双峰;早石炭世测水煤系。
1993a　*Psygmophyllum*? sp.,吴向午,125页。
1996　*Psygmophyllum*? sp.,刘陆军、姚兆奇,653页,图版3,图11;叶;新疆哈密库莱;晚二叠世早期塔尔朗组底部。

△辐叶属 Genus *Radiatifolium* Meng,1992

1992　孟繁松,705,707 页。

模式种:*Radiatifolium magnusum* Meng,1992

分类位置:银杏植物?(ginkgophytes?)

△大辐叶 *Radiatifolium magnusum* Meng,1992

1992　孟繁松,705,707 页,图版 1,图 1,2;图版 2,图 1,2;叶;登记号:P86020—P86024;正模:P86020(图版 1,图 1);标本保存在宜昌地质矿产研究所;湖北南漳东巩;晚三叠世九里岗组。

扇叶属 Genus *Rhipidopsis* Schmalhausen,1879

1879　Schmalhausen,50 页。

1927　Halle,215 页。

1936—1937　潘钟祥,266 页。

1953　斯行健,83 页。

1974　《中国古生代植物》编写小组,148 页。

模式种:*Rhipidopsis ginkgoides* Schmalhausen,1879

分类位置:银杏植物?(ginkgophytes?)

银杏状扇叶 *Rhipidopsis ginkgoides* Schmalhausen,1879

1879　Schmalhausen,50 页,图版 8,图 3—12;叶;俄罗斯伯朝拉;二叠纪。

1978　张吉惠,484 页,图版 163,图 7;叶;贵州水城鸡场;晚二叠世龙潭组。

1984　朱家楠等,143 页,图版 3,图 1,2;叶;四川筠连金鸡旁;晚二叠世晚期筠连组中部。

银杏状扇叶(比较种) *Rhipidopsis* cf. *ginkgoides* Schmalhausen

1974　《中国古生代植物》编写小组,148 页,图版 116,图 10;叶;贵州盘县;晚二叠世宣威组。

1978　张吉惠,484 页,图版 163,图 2;叶;贵州盘县;晚二叠世龙潭组。

1984　朱家楠等,143 页,图版 2,图 9;叶;四川筠连金鸡旁;晚二叠世晚期筠连组。

拜拉型扇叶 *Rhipidopsis baieroides* Kawasaki et Kon'no,1932

1932　Kawasaki, Kon'no,41 页,图版 101,图 9,10;叶;朝鲜;早二叠世(Heian System)。

1936—1937　潘钟祥,266 页,图版 3,图 1—3a;图版 4,图 5;叶;河南禹县神垢;晚二叠世早期大风口系。[注:这些标本后被周志炎改定为 *Rhipidopsis p'anii* Chow(李星学等,1962)]

1963　周惠琴,167 页,图版 70,图 2;叶;广东兴宁黄泥坪;二叠纪。

1968　Kon'no,195 页,图版 23,图 1—2b;图版 23,图 2;图版 25,图 3,4;叶;中国东北东部边境;晚二叠世。

△凹顶扇叶 *Rhipidopsis concava* Yang et Chen,1979

1979　杨关秀、陈芬,133 页,图版 43,图 6;图版 44,图 1;登记号:K-0428,K-0429;正模:K-0428(图版 43,图 6);叶;广东仁化格顶寨;晚二叠世龙潭组。

冈瓦那扇叶 *Rhipidopsis gondwanensis* Seward,1919

1881　*Rhipidopsis ginkgoides* Schmalhausen,Feistmantle,257 页,图版 2,图 1;叶;印度;二叠纪。

1919　Seward,92 页。

1980　田宝林、张连武,30 页,图版 19,图 1,2;图版 22,图 6,11;叶;贵州水城汪家寨;晚二叠世龙潭组。

△贵州扇叶 *Rhipidopsis guizhouensis* Tain et Zhang,1980

1980　田宝林、张连武,29 页,图版 14,图 1,2,6;叶;贵州水城汪家寨;晚二叠世龙潭组。(注:原文未指定模式标本)

△红山扇叶 *Rhipidopsis hongshanensis* Huang,1977

1977　黄本宏,59 页,图版 10,图 4;插图 19;叶;登记号:PFH0015;标本保存在沈阳地质科学研究所;黑龙江伊春红山;晚二叠世红山组。

1985　杨关秀、黄其胜,109 页,图 2-221;叶;黑龙江伊春红山;晚二叠世红山组。

1993　黑龙江省地质矿产局,图版 8,图 5;叶;黑龙江;晚二叠世红山组。

1995a 李星学(主编),图版 54,图 3;叶;黑龙江伊春红山;晚二叠世红山组。(中文)

1995b 李星学(主编),图版 54,图 3;叶;黑龙江伊春红山;晚二叠世红山组。(英文)

△今泉扇叶 *Rhipidopsis imaizumii* Kon'no,1968

1968　Kon'no,196 页,图版 24,图 2;图版 25,图 2;叶;正模:IGPC Coll. Cat. No. 90165;中国东北东部边境;晚二叠世。

△瓣扇叶 *Rhipidopsis lobata* Halle,1927

1927　Halle,192 页,图版 54,图 27;叶;山西太原;晚二叠世早期上石盒子系。

1953　斯行健,76 页,图版 43,图 3;叶;山西太原;晚二叠世早期上石盒子系。

1963　李星学等,123 页,图版 86,图 4;叶;中国西北地区;早二叠世晚期—晚二叠世。

1974　《中国古生代植物》编写小组,147 页,图版 116,图 8;叶;山西太原;晚二叠世早期上石盒子组。

1985　萧素珍、张恩鹏,579 页,图版 203,图 4;叶;山西太原、晋城县下村;晚二叠世早期上石盒子系。

1985　杨关秀、黄其胜,109 页,图 2-219;叶;山西太原;二叠世纪上石盒子组顶部;甘肃酒泉;二叠纪窑沟群。

1989　梅美棠等,67 页,插图 3-61;叶;山西太原,甘肃酒泉;晚二叠世早期。

瓣扇叶(比较属种) Cf. *Rhipidopsis lobata* Halle

1998　王仁农等,图版 16,图 6;叶;河南永城;晚二叠世早期上石盒子组。

△多裂扇叶 *Rhipidopsis lobulata* Mo,1980

1980　莫壮观,见赵修祜等,86 页,图版 19,图 11,12;叶;采集号:PZ2-12;登记号:PB7081,PB7082;标本保存在中国科学院南京地质古生物研究所;贵州盘县纸厂;晚二叠世早期

宣威组下段。(注:原文未指定模式标本)

△长叶扇叶 Rhipidopsis longifolia Zhou T et Zhou H,1986
1986　周统顺、周惠琴,61 页,图版 14,图 1,2,5,7;叶;登记号:XJP-D50,XJP-D51,XJP-D52a,XJP-D52c;标本保存在中国地质科学院地质研究所;新疆吉木萨尔大龙口;晚二叠世梧桐沟组。(注:原文未指定模式标本)

△小扇叶 Rhipidopsis minor Feng,1977
1977b　冯少南等,668 页,图版 250,图 2;叶;标本号:P25144;正模:P25144(图版 250,图 2);标本保存在宜昌地质矿产研究所;湖南涟源县观山;晚二叠世龙潭组。
1982　程丽珠,519 页,图版 332,图 3;叶;湖南涟源七星街;晚二叠世龙潭组。

△最小扇叶 Rhipidopsis minutus Zhang,1978
〔注:此种原文中译名为小扇叶,但此中文名已较早地被用于 Rhipidopsis minor Feng(冯少南等,1977b,668 页)〕
1978　张吉惠,484 页,图版 163,图 4;叶;标本号:GP-77;正模:GP-77(图版 163,图 4);标本保存在贵州地层古生物工作队;贵州纳雍公鸡岭;晚二叠世龙潭组。

△多分叉扇叶 Rhipidopsis multifurcata Tian et Zhang,1980
1980　田宝林、张连武,31 页,图版 23,图 2,2a;叶;贵州水城汪家寨;晚二叠世龙潭组。

掌状扇叶 Rhipidopsis palmata Zalessky,1932
1932　Zalessky,125 页,图 11。
1986　黄本宏,107 页,图版 4,图 3,4;叶;内蒙古东乌珠穆沁旗阿尔陶勒盖;晚二叠世。

掌状扇叶(亲近种) Rhipidopsis aff. palmata Zalessky
1992　Durante,27 页,图版 7,图 6;图版 9,图 6;叶;甘肃南山剖面 C 层;晚二叠世。

掌状扇叶(比较种) Rhipidopsis cf. palmata Zalessky
1968　Kon'no,197 页,图版 23,图 3;叶;中国东北东部边境;晚二叠世。
1992　Durante,27 页,图版 4,图 4;图版 13,图 3;叶;甘肃南山剖面 C 层;晚二叠世。

△潘氏扇叶 Rhipidopsis p'anii Chow,1962
1936—1937　Rhipidopsis baieroides Kawasaki et Kon'no,潘钟祥,266 页,图版 3,图 1—3a;图版 4,图 5;叶;河南禹县神垕;晚二叠世早期大风口系。
1962　周志炎,见李星学等,135 页,图版 80,图 1—3;叶;长江流域广西合浦;晚二叠世龙潭组。
1964　李星学等,117 页,图版 71,图 3;叶;华南地区;晚二叠世。
1974　《中国古生代植物》编写小组,147 页,图版 116,图 9;图版 117,图 1—3;叶;河南禹县;晚二叠世早期上石盒子组;江苏南京龙潭,广西合浦、兴宁;晚二叠世龙潭组;贵州盘县;晚二叠世宣威组。
1977b　冯少南等,669 页,图版 251,图 6;叶;广东曲江,广西合浦,湖南涟源观山;晚二叠世龙潭组;河南禹县;晚二叠世早期上石盒子组。
1978　陈晔、段淑英,468 页,图版 154,图 1,2;图版 155,图 1,2;叶;四川彭县小鱼洞、天府煤矿;晚二叠世龙潭组。

| 1978 | 张吉惠,483页,图版163,图3;叶;贵州纳雍公鸡岭;晚二叠世龙潭组。
| 1979 | 杨关秀、陈芬,134页,图版45,图1A,2,3;叶;广东仁化格顶寨;晚二叠世龙潭组。
| 1980 | 田宝林、张连武,29页,图版17,图4;插图22;叶;贵州水城汪家寨;晚二叠世龙潭组。
| 1982 | 程丽珠,519页,图版333,图8;叶;湖南涟源七星街;晚二叠世龙潭组。
| 1982 | 李星学等,37页,图版13,图9,10;叶;西藏昌都妥坝;晚二叠世妥坝组。
| 1982a | 王国平等,371页,图版156,图1;叶;江西进贤钟陵桥;晚二叠世乐平组。
| 1985 | 萧素珍、张恩鹏,580页,图版203,图5;叶;山西沁水杏峪;晚二叠世早期上石盒子组。
| 1985 | 杨关秀、黄其胜,109页,图2-220;叶;河南禹县;晚二叠世早期云盖山组;江苏南京龙潭,广东曲江,广西合浦、兴宁;晚二叠世龙潭组;贵州盘县;晚二叠世宣威组。
| 1986 | 杨光荣等,图版19,图6;叶;四川兴文川堰;晚二叠世龙潭组。
| 1986 | 周统顺、周惠琴,61页,图版14,图6;图版15,图9;叶;新疆吉木萨尔大龙口;晚二叠世梧桐沟组。
| 1987 | 杨关秀等,图版17,图2;叶;河南大风口;晚二叠世早期上石盒子组。
| 1989 | 梅美棠等,68页,图版31,图1;叶;河南、江苏、江西、广东、贵州;晚二叠世。
| 1996 | 何锡麟等,82页,图版65,图4—6;图版66,图1;图版67;叶;江西安福、丰城、信丰、乐平、铅山;晚二叠世乐平组、雾霖山组。

潘氏扇叶(比较种) *Rhipidopsis* cf. *p'anii* Chow
| 1978 | 张吉惠,484页,图版163,图1;叶;贵州纳雍公鸡岭;晚二叠世龙潭组。
| 1980 | 梁建德等,图版2,图1;叶;甘肃永昌大泉;早二叠世山西组。
| 1996 | 何锡麟等,82页,图版70,图1;叶;江西吉水;晚二叠世乐平组王潘里段。

△射扇叶 *Rhipidopsis radiata* Yang et Chen,1979
| 1979 | 杨关秀、陈芬,135页,图版46,图1;叶;登记号:K-0437;正模:K-0437(图版46,图1);广东仁化格顶寨;晚二叠世龙潭组。

△石发扇叶 *Rhipidopsis shifaensis* Huang,1980
| 1980 | 黄本宏,565页,图版258,图6,7;插图44;叶;标本号:PFH00524,PFH00525;标本保存在沈阳地质矿产研究所;黑龙江阿城石发屯;晚二叠世三角山组。(注:原文未指定模式标本)

△水城扇叶 *Rhipidopsis shuichengensis* Tian et Zhang,1980
| 1980 | 田宝林、张连武,30页,图版20,图1—6;图版21,图1—3;插图23;叶;贵州水城汪家寨;晚二叠世龙潭组。(注:原文未指定模式标本)

△汤旺河扇叶 *Rhipidopsis tangwangheensis* Huang,1980
| 1980 | 黄本宏,564页,图版253,图6;图版255,图9;插图43;叶;标本号:PFH00523;标本保存在沈阳地质矿产研究所;黑龙江伊春红山;晚二叠世红山组。

△陶海营扇叶 *Rhipidopsis taohaiyingensis* Huang,1980
| 1983 | 黄本宏,581页,图版1,图1—3;叶;标本号:PFL20211—PFL20213;标本保存在沈阳地质矿产研究所;内蒙古东部;晚二叠世陶海营子组。(注:原文未指定模式标本)

△兴安扇叶 *Rhipidopsis xinganensis* Huang,1977
| 1977 | 黄本宏,58页,图版17,图4;图版29,图4,5;插图18;叶;登记号:PFH0014,PFH0203;

标本保存在东北地质科学研究所；黑龙江伊春红山；晚二叠世红山组。（注：原文未指定模式标本）

△山田扇叶 *Rhipidopsis yamadai* (Yokoyama) Chow MS in Sze, Lee et al., 1963

1906　*Phoenicopsis? yamadai* Yokoyama, 17 页, 图版 2, 图 1；叶；云南宣威水塘铺；晚三叠世。[注：产出层位后改为晚二叠世龙潭组（斯行健、李星学等，1963，252 页）]

1963　周志炎,见斯行健、李星学等, 252 页；叶；云南宣威水塘铺；晚二叠世龙潭组。

扇叶（未定多种）*Rhipidopsis* spp.

1980　*Rhipidopsis* sp.,田宝林、张连武, 31 页, 图版 21, 图 6；叶；贵州水城汪家寨矿；晚二叠世龙潭组。

1986　*Rhipidopsis* sp.1,周统顺、周惠琴, 61 页, 图版 14, 图 3；叶；新疆吉木萨尔大龙口；晚二叠世梧桐沟组。

1986　*Rhipidopsis* sp.2,周统顺、周惠琴, 62 页, 图版 14, 图 4；叶；新疆吉木萨尔大龙口；晚二叠世梧桐沟组。

1986　*Rhipidopsis* sp.,王德旭等, 图版 5, 图 1；叶；甘肃肃南羊露河；二叠纪嘉峪关组。

1986　*Rhipidopsis* sp.,杨光荣等, 图版 19, 图 7；叶；四川兴文川堰；晚二叠世龙潭组。

1987　*Rhipidopsis* sp.,梅美棠等, 图版 1, 图 2；叶；江西安福；晚二叠世乐平组老山段。

1988　*Rhipidopsis* sp.2,周统顺、蔡凯蒂, 图版 2, 图 5；叶；甘肃玉门大山口；晚二叠世肃南组。

1989　*Rhipidopsis* sp.,吴绍祖, 123 页, 图版 21, 图 7；叶；新疆库车比尤勒包谷孜；晚二叠世比尤勒包谷孜群。

1990　*Rhipidopsis* sp.,陆彦邦, 图版 2, 图 7；叶；安徽宿州；晚二叠世上石盒子组。

1992　*Rhipidopsis* sp.1,Durante, 27 页, 图版 9, 图 5；叶；甘肃南山剖面 C 层；晚二叠世。

1992　*Rhipidopsis* sp.,朱家楠、冯少南, 299 页, 图版 2, 图 12；叶；广东连阳；早二叠世晚期谷田组上段。

1995　*Rhipidopsis* sp.,王祥珍等, 202 页, 图版 43, 图 3,4；叶；江苏徐州庞庄；早二叠世下石盒子组。

1997　*Rhipidopsis* sp.(Cf. *Rhipidopsis p'anii* Chow),吴秀元等, 24 页, 图版 7, 图 6,7；叶；新疆库车；晚二叠世比尤勒包谷孜群。

扇叶？（未定种）*Rhipidopsis?* sp.

1983　*Rhipidopsis?* sp.,窦亚伟等, 613 页, 图版 226, 图 5,6；叶；新疆库车；晚二叠世比尤勒包谷孜群；新疆阜康臭水沟；晚二叠世梧桐沟组。

?扇叶（未定种）?*Rhipidopsis* sp.

1998　?*Rhipidopsis* sp.,王仁农等, 图版 16, 图 5；叶；河南平顶山；晚二叠世早期上石盒子组。

铲叶属 Genus *Saportaea* Fontaine et White, 1880

1880　Fontaine, White, 102 页。

1927　Halle, 194 页。

1953 斯行健,76页。

1974 《中国古生代植物》编写小组,147页。

模式种:*Saportaea salisburioides* Fontaine et White,1880

分类位置:银杏植物?(ginkgophytes?)

掌叶型铲叶 *Saportaea salisburioides* Fontaine et White,1880

1880 Fontaine,White,102页,图版38,图1—3;叶;美国西弗吉尼亚卡斯维尔;二叠纪(Pennsylvanian)。

△多脉铲叶 *Saportaea nervosa* Halle,1927

1927 Halle,194页,图版55,图1—4;叶;山西太原;晚二叠世早期上石盒子系。

1953 斯行健,76页,图版46,图4;图版58,图4;叶;山西太原;晚二叠世早期上石盒子系。

1958 汪龙文等,555,556页及图;叶;山西太原;晚二叠世早期上石盒子组。

1974 《中国古生代植物》编写小组,147页,图版116,图6,7;插图120;叶;山西太原、阳泉;晚二叠世早期上石盒子组。

1985 萧素珍、张恩鹏,579页,图版203,图3;叶;山西太原、阳泉、古县松木沟;晚二叠世早期上石盒子组。

1985 杨关秀、黄其胜,108页,图2-218;叶;山西太原、阳泉;晚二叠世早期上石盒子组。

1996 孔宪祯等,193页,图版16,图4b;图版17,图9;叶;山西沁水杏峪;晚二叠世早期上石盒子组。

多脉铲叶(比较种) *Saportaea* cf. *nervosa* Halle

1991 梅美棠、杜美利,155页,图版1,图1a—1e;叶及角质层;安徽淮北煤田;晚二叠世早期上石盒子组。

铲叶(未定种) *Saportaea* sp.

1984 *Saportaea* sp.,朱家楠等,143页,图版3,图3;叶;四川筠连鲁班山;晚二叠世晚期金鸡旁组。

△中国叶属 Genus *Sinophyllum* Sze et Lee,1952

1952 斯行健、李星学,12,32页。

1963 斯行健、李星学等,263页。

1982 Watt,36页。

1993a 吴向午,34,234页。

1993b 吴向午,503,518页。

模式种:*Sinophyllum suni* Sze et Lee,1952

分类位置:银杏植物?(ginkgophytes?)

△孙氏中国叶 *Sinophyllum suni* Sze et Lee,1952

1952 斯行健、李星学,12,32页,图版5,图1;图版6,图1;插图2;叶;标本1块;标本保存在中国科学院南京地质古生物研究所;叶;四川巴县一品场;早侏罗世香溪群。

1963 斯行健、李星学等,263页,图版106,图1;图版107,图1;叶;四川巴县一品场;早侏罗

    世香溪群。
1978　杨贤河,531 页,图版 183,图 1;四川巴县一品场;晚三叠世须家河组。
1982　Watt,36 页。
1993a　吴向午,34,234 页。
1993b　吴向午,503,518 页。

似管状叶属 Genus *Solenites* Lindley et Hutton,1834

1834(1831—1837)　Lindley,Hutton,105 页。
1963　斯行健、李星学等,260 页。
1993a　吴向午,137 页。
模式种:*Solenites murrayana* Lindley et Hutton,1834
分类位置:茨康目(Czekanowskiales)

穆雷似管状叶 *Solenites murrayana* Lindley et Hutton,1834

1834(1831—1837)　Lindley,Hutton,105 页,图版 121,叶;英国;侏罗纪。
1980　张武等,290 页,图版 184,图 4,5;叶;辽宁赤峰大庙张营子;早白垩世九佛堂组;吉林柳河三源铺;早白垩世亨通山组。
1982　王国平等,279 页,图版 134,图 10;叶;浙江临安盘龙桥;晚侏罗世寿昌组。
1989　丁保良等,图版 1,图 6;叶;浙江临安盘龙桥;晚侏罗世—早白垩世寿昌组。
1990　刘明渭,204 页,图版 32,图 2;叶;山东莱阳大明;早白垩世莱阳组。
1992　孙革、赵衍华,550 页,图版 249,图 2;叶;吉林柳河三源铺;早白垩世亨通山组。
1993a　吴向午,137 页。
1999a　吴舜卿,17 页,图版 9,图 3,4;叶;辽宁北票上园;晚侏罗世义县组下部。
2001　孙革等,88,193 页,图版 14,图 3;图版 50,图 1,2;枝叶;辽宁西部;晚侏罗世尖山沟组。
2003　吴舜卿,图 234;叶;辽宁北票上园;晚侏罗世义县组下部。
2004　闫德飞、孙柏年,85 页,图版 1,图 1—7;短枝及角质层;甘肃窑街煤田;中侏罗世窑街组。
2005　孙柏年等,33 页,图版 20,图 3;图版 21,图 1,3,4;图版 24,图 1;短枝及角质层;甘肃窑街;中侏罗世窑街组。

穆雷似管状叶(比较种) *Solenites* cf. *murrayana* Lindley et Hutton

1963　斯行健、李星学等,260 页,图版 87,图 9;图版 88,图 1;叶和短枝;山西大同,辽宁凤城赛马集碾子沟,吉林蛟河、火石岭,新疆,陕西榆林(?);中侏罗世或早—晚侏罗世。
1982b　杨学林、孙礼文,53 页,图版 22,图 5;图版 23,图 7,8;叶和短枝;吉林洮安、万宝、兴安堡、裕民、大有屯、黑顶山;中侏罗世万宝组。
1985　杨学林、孙礼文,107 页,图版 2,图 4;叶;吉林洮安红旗煤矿;早侏罗世红旗组。
1993　李杰儒等,235 页,图版 1,图 1;叶;辽宁丹东瓦房西山沟;早白垩世小岭组。
1993a　吴向午,137 页。
1995　王鑫,图版 1,图 4;图版 3,图 13;叶;陕西铜川;中侏罗世延安组。

△滦平似管状叶 *Solenites luanpingensis* Wang,1984

1984　王自强,272 页,图版 156,图 3;叶;登记号:P0359;正模:P0359(图版 156,图 3);标本保

存在中国科学院南京地质古生物研究所;河北滦平;早白垩世九佛堂组。

△东方似管状叶 *Solenites orientalis* Sun, Zheng et Mei, 2001（中文和英文发表）

2001 孙革、郑少林、梅盛吴,见孙革等,87,193页,图版14,图4;图版50,图3—5,6(?);图版69,图1—5;图版70,图1—7;枝叶及角质层;标本号:PB19072—PB19075;正模:PB19072(图版14,图4);标本保存在中国科学院南京地质古生物研究所;辽宁西部;晚侏罗世尖山沟组。

柳条似管状叶 *Solenites vimineus* (Phillips) Harris, 1951

1829 *Flabellaria*(?) *vimineus* Phillips, 148, 154页,图版9;叶;英国约克郡;中侏罗世。
1951 Harris, 915页,插图1B—1E, 1G, 1I, 1J;插图2(不包括插图1A, 1H, 1F);叶;英国约克郡;中侏罗世。
1995a 李星学(主编),图版112,图12;叶;浙江临安;早白垩世寿昌组。(中文)
1995b 李星学(主编),图版112,图12;叶;浙江临安;早白垩世寿昌组。(英文)

堆囊穗属 Genus *Sorosaccus* Harris, 1935

1935 Harris, 145页。
1988 李佩娟等, 138页。
1993a 吴向午, 137页。

模式种:*Sorosaccus gracilis* Harris, 1935

分类位置:银杏类?(ginkgophytes?)

细纤堆囊穗 *Sorosaccus gracilis* Harris, 1935

1935 Harris, 145页,图版24, 28;雄性花穗;丹麦东格陵兰斯科斯比湾;早侏罗世(*Thaumatopteris* Zone)。
1988 李佩娟等, 138页,图版97,图7—9;图版100,图6;雄性花穗;青海柴达木大煤沟;早侏罗世甜水沟组 *Ephedrites* 层。
1993a 吴向午, 137页。
2005 刘秀群等, 184页,图2—10;雄性花穗;辽宁北票;晚三叠世羊草沟组。

小楔叶属 Genus *Sphenarion* Harris et Miller, 1974

(中文别名:楔形叶属、楔银杏属、楔簇叶属)

1974 Harris, Miller, 110页。
1984 王自强, 278页。
1984 陈芬等, 63页。
1993a 吴向午, 138页。

模式种:*Sphenarion paucipartita* (Nathorst) Harris et Miller, 1974

分类位置:茨康目(Czekanowskiales)

疏裂小楔叶 *Sphenarion paucipartita* (Nathorst) Harris et Miller, 1974

1886 *Baiera paucipartita* Nathorst, 94 页, 图版 20, 图 7—13; 图版 21; 图版 22, 图 1, 2; 叶; 瑞典; 晚三叠世.
1959 *Sphenobaiera paucipartita* (Nathorst) Florin, Lundblad, 31 页, 图版 5, 图 1—9; 图版 6, 图 1—5; 插图 9; 叶及角质层; 瑞典; 晚三叠世.
1974 Harris, Miller, 110 页; 叶; 瑞典; 晚三叠世.
1993a 吴向午, 138 页.
1996 米家榕等, 132 页, 图版 32, 图 3, 4; 叶; 辽宁北票兴隆沟; 中侏罗世海房沟组.
2003 许坤等, 图版 7, 图 4; 叶; 辽宁北票兴隆沟; 中侏罗世海房沟组.

疏裂小楔叶(比较属种) Cf. *Sphenarion paucipartita* (Nathorst) Harris et Miller

1986 叶美娜等, 73 页, 图版 47, 图 2, 4; 图版 48, 图 1; 图版 56, 图 4; 叶; 四川达县斌郎、雷音铺; 早侏罗世珍珠冲组.

△开叉小楔叶 *Sphenarion dicrae* Li, 1988

1988 李佩娟等, 114 页, 图版 78, 图 1, 1a; 图版 122, 图 1—4; 图版 137, 图 1, 2; 叶和角质层; 采集号: 80QFu; 登记号: PB13655; 正模: PB13655(图版 78, 图 1, 1a); 标本保存在中国科学院南京地质古生物研究所; 青海柴达木绿草山东风沟; 中侏罗世石门沟组 *Nilssonia* 层.

宽叶小楔叶 *Sphenarion latifolia* (Turutanova-Ketova) Harris et Miller, 1974

1931 *Czekanowskia latifolia* Turutanova-Ketova, 335 页, 图版 5, 图 6; 叶; 苏联伊塞克; 早侏罗世.
1974 Harris, Miller, 110 页.
1984 陈芬等, 63 页, 图版 30, 图 4; 图版 31, 图 3—5; 叶; 北京大台、千军台、大安山、长沟峪; 早侏罗世下窑坡组; 房山东矿; 中侏罗世上窑坡组.
1987 段淑英, 50 页, 图版 19, 图 1; 插图 13; 叶; 北京西山斋堂; 中侏罗世门头沟煤系.
1987 钱丽君等, 84 页, 图版 25, 图 3, 6; 图版 26, 图 1(?); 图版 28, 图 2, 4; 叶及角质层; 陕西神木考考乌素沟、西沟、永兴沟; 中侏罗世延安组.
1990 郑少林、张武, 221 页, 图版 5, 图 4; 叶; 辽宁本溪田师傅; 中侏罗世大堡组.
1993a 吴向午, 138 页.
1996 米家榕等, 132 页, 图版 32, 图 5, 6, 10; 叶; 河北抚宁石门寨; 早侏罗世北票组.
1998 张泓等, 图版 48, 图 1, 2A; 叶; 宁夏平罗汝箕沟; 中侏罗世汝箕沟组; 新疆和布克赛尔、和什托洛盖; 早侏罗世八道湾组.
2003 邓胜徽等, 图版 72, 图 3; 叶; 新疆哈密三道岭; 中侏罗世西山窑组.

薄叶小楔叶 *Sphenarion leptophylla* (Harris) Harris et Miller, 1974

1935 *Baiera leptophylla* Harris, 30 页, 图版 5, 图 6, 7; 插图 15; 叶及角质层; 丹麦东格陵兰斯科斯比湾; 晚三叠世.
1936 *Sphenoaiera leptophylla* (Harris), Florin, 108 页.
1974 Harris, Miller, 110 页; 丹麦东格陵兰; 晚三叠世.

薄叶小楔叶(比较属种) Cf. *Sphenarion leptophylla* (Harris) Harris et Miller

1986 叶美娜等, 73 页, 图版 48, 图 3; 图版(?), 图 1; 图版 56, 图 3; 叶; 四川达县斌郎; 晚三叠世须家河组 7 段。

薄叶小楔叶（比较属种） Sphenarion cf. S. leptophylla (Harris) Harris et Miller
1993　米家榕等,136 页,图版 37,图 8;叶;吉林双阳;晚三叠世小蜂蜜顶子组上段。

△线形小楔叶 Sphenarion lineare Wang,1984
1984　王自强,278 页,图版 147,图 10—13;图版 171,图 1—9;叶及角质层;登记号:P0381,P0382,P0388,P0389;合模 1:P0381(图版 147,图 10);合模 2:P0389(图版 147,图 13);标本保存在中国科学院南京地质古生物研究所;河北围场、青龙;晚侏罗世张家口组、后城组。〔注:依据《国际植物命名法规》《维也纳法规》第 37.2 条,1958 年起,模式标本只能是 1 块标本〕

1993a　吴向午,138 页。

△均匀小楔叶 Sphenarion parilis Wu S Q,1999（中文发表）
1999a　吴舜卿,17 页,图版 10,图 4,8,11,13;叶;采集号:AEO-21,AEO-146,AEO-148,AEO-225;登记号:PB18282—PB18285;标本保存在中国科学院南京地质古生物研究所;辽宁北票上园;晚侏罗世义县组下部。（注:原文未指定模式标本）

△小叶小楔叶 Sphenarion parvum Meng,1988
1988　孟祥营,见陈芬等,47,159 页,图版 47,图 2—10;叶及角质层;登记号:Fx204,Fx205;标本保存在武汉地质学院北京研究生部;辽宁阜新新丘矿;早白垩世阜新组。（注:原文未指定模式标本）

△天桥岭小楔叶 Sphenarion tianqiaolingense Mi,Zhang,Sun et al.,1993
1993　米家榕、张川波、孙春林等,136 页,图版 39,图 1,2,4,6,8;插图 37;叶;登记号:W458—W462;正模:W462(图版 39,图 8);标本保存在长春地质学院地史古生物教研室;吉林汪清;晚三叠世马鹿沟组。

△徐氏小楔叶 Sphenarion xuii Daun,1987
1987　段淑英,51 页,图版 19,图 6;叶;标本号:S-PA-86-536;正模:S-PA-86-536(图版 19,图 6);标本保存在瑞典国家自然历史博物馆古植物室;北京西山斋堂;中侏罗世门头沟煤系。

小楔叶（未定多种） Sphenarion spp.
1996　Sphenarion sp. 1,米家榕等,132 页,图版 30,图 8;叶;河北抚宁石门寨;早侏罗世北票组。

1996　Sphenarion sp. 2,米家榕等,133 页,图版 32,图 8;叶;河北抚宁石门寨;早侏罗世北票组。

2003　Sphenarion sp.,邓胜徽等,图版 75,图 5B;叶;新疆哈密三道岭;中侏罗世西山窑组。

楔拜拉属 Genus Sphenobaiera Florin,1936
1936　Florin,108 页。
1954　徐仁,62 页。

1963　斯行健、李星学等,263 页。
1993a　吴向午,138 页。
模式种：*Sphenobaiera spectabilis* (Nathorst) Florin,1936
分类位置：银杏目(Ginkgoales)

奇丽楔拜拉 *Sphenobaiera spectabilis* (Nathorst) Florin,1936

1906　*Baiera spectabilis* Nathorst,4 页,图版 1,图 1—8;图版 2,图 1;插图 1—8;叶;法兰士·约瑟夫地;晚三叠世。
1936　Florin,108 页。
1977a　冯少南等,238 页,图版 96,图 4,5;叶;湖南资兴三都;早侏罗世。
1978　杨贤河,529 页,图版 157,图 8;图版 183,图 2;叶;四川达县铁山;晚三叠世须家河组。
1980　黄枝高、周惠琴,103 页,图版 49,图 6;图版 53,图 1,4—8;图版 54,图 1;叶及角质层;陕西府谷闻家畔;早侏罗世富县组。
1982b　刘子进,图版 2,图 19;叶;甘肃靖远刀楞山四道沟;早侏罗世。
1983　黄其胜,32 页,图版 3,图 8;叶;安徽怀宁牧岭水库;早侏罗世象山群下部。
1984　陈公信,605 页,图版 266,图 4,5;叶;湖北鄂城程潮;早侏罗世武昌。
1986　鞠魁祥、蓝善先,图版 2,图 7;叶;江苏南京吕家山;早三叠世范家塘组。
1987　钱丽君等,83 页,图版 23,图 3,5,7,8;叶及角质层;陕西神木西沟大砭窑;中侏罗世延安组 1 段。
1988　黄其胜,图版 1,图 8;叶;安徽怀宁;早侏罗世武昌组下部。
1988　李佩娟等,101 页,图版 67,图 2,3;图版 68,图 2,3;图版 69,图 4;图版 70,图 7;图版 117,图 1—4;图版 118,图 3—6;叶及角质层;青海大煤沟、绿草山宽沟;中侏罗世大煤沟组 *Tyrmia-Sphenobaiera* 层、石门沟组 *Nilssonia* 层。
1993　米家榕等,130 页,图版 35,图 9—11;叶;黑龙江东宁水曲柳沟;晚三叠世罗圈站组。
1993a　吴向午,138 页。
1995a　李星学(主编),图版 92,图 1;叶;青海大柴旦绿草山;中侏罗世石门沟组。(中文)
1995b　李星学(主编),图版 92,图 1;叶;青海大柴旦绿草山;中侏罗世石门沟组。(英文)
1995　吴舜卿,472 页,图版 1,图 5;图版 2,图 1—5;图版 3,图 4;叶及角质层;新疆库车克孜勒努尔沟;早侏罗世塔里奇克组。
1996　黄其胜等,图版 1,图 8;叶;四川开县;早侏罗世珍珠冲组。
2001　黄其胜等,图版 1,图 1;叶;重庆开县温泉;早侏罗世珍珠冲组下部。
2002　孟繁松,312 页,图版 5,图 3;叶;湖北秭归泄滩新镇;早侏罗世香溪组。
2003　邓胜徽等,图版 76,图 5;叶;新疆哈密三道岭;中侏罗世西山窑组。

奇丽楔拜拉(比较种) *Sphenobaiera* cf. *spectabilis* (Nathorst) Florin

1968　《湘赣地区中生代含煤地层手册》,76 页,图版 37,图 1—3;叶;湖南资兴三都;早侏罗世唐垅组。
1982　王国平等,278 页,图版 127,图 9;叶;浙江丽水蔡坑;早侏罗世。
1982　张采繁,536 页,图版 355,图 12;叶;湖南资兴三都;早侏罗世唐垅组。
1987　陈晔等,125 页,图版 36,图 5;图版 37,图 1,2;叶;四川盐边;晚三叠世红果组。
1987　段淑英,48 页,图版 17,图 4,5;图版 18,图 1;叶;北京西山斋堂;中侏罗世窑坡组。
1992　王士俊,52 页,图版 21,图 10,10a;插图 4;叶;广东乐昌关春曲江红卫坑;晚三叠世。
1993　米家榕等,130 页,图版 35,图 5,6;叶;吉林双阳八面石煤矿南井;晚三叠世小蜂蜜顶子组上段。
1995　王鑫,图版2,图3,6;叶;陕西铜川;中侏罗世延安组。
1996　米家榕等,127页,图版27,图4;叶及角质层;河北抚宁石门寨;早侏罗世北票组。
1998　张泓等,图版44,图1;图版47,图1,2;图版49,图2;叶;新疆乌鲁木齐艾维尔沟;早侏罗世八道湾组;甘肃靖远刀楞山;刀楞山组。

阿勃希里克楔拜拉 *Sphenobaiera abschirica* Brick (MS) ex Genkina,1966
1966　Brick,in Genkina,99页,图版47,图5—8;叶;南费尔干纳;侏罗纪。
1993　米家榕等,129页,图版34,图3,12;插图33;叶;吉林双阳八面石煤矿南井;晚三叠世小蜂蜜顶子组上段。

△尖基楔拜拉 *Sphenobaiera acubasis* Chen,1984
1984　陈公信,605页,图版244,图1a;图版252,图5;叶;登记号:EP633,EP767;标本保存在湖北省区测队陈列室;湖北荆门凉风垭;早侏罗世桐竹园组。(注:原文未指定模式标本)

狭叶楔拜拉 *Sphenobaiera angustifolia* (Heer) Florin,1936
1878a　*Baiera angustifolia* Heer,24页,图版7,图2;叶;俄罗斯勒拿河流域;早白垩世。
1936　Florin,108页。
1976　张志诚,195页,图版99,图4;图版101,图5;叶;内蒙古包头石拐沟;中侏罗世召沟组。
1986　张川波,图版1,图1;叶;吉林延吉铜佛寺;早白垩世铜佛寺组。

△北票楔拜拉 *Sphenobaiera beipiaoensis* Mi,Sun C,Sun Y,Cui et Ai,1996 (中文发表)
1996　米家榕等,125页,图版28,图1—4;插图16;叶及角质层;标本1块,标本号:BL-5001;正模:BL-5001(图版28,图1—4);标本保存在长春地质学院地史古生物教研室;辽宁北票台吉二井、冠山二井;早侏罗世北票组下段。

△两叉楔拜拉 *Sphenobaiera bifurcata* Hsu et Chen,1974
1974　徐仁等,275页,图版7,图2—5;插图5;叶;标本2块,登记号:No.2831,No.2841;合模:No.2831,No.2841;标本保存在中国科学院植物研究所古植物室;云南永仁;晚三叠世大荞地组。[注:依据《国际植物命名法规》(《维也纳法规》)第37.2条,1958起,模式标本只能是1块标本;此种后被杨贤河(1978,496页)改定为 *Sphencopteris bifurcata* (Hsu et Chen) Yang,被徐仁等(1979)改定为 *Stenopteris bifurcata* (Hsu et Chen) Hsu et Chen,1979,被陈晔、教月华(1991)改定为 *Rhaphidopteris bifurcata* (Hsu et Chen) Chen et Jiao]

双裂楔拜拉 *Sphenobaiera biloba* Prynada,1938 (non Feng,1977)
1938　Prynada,47页,图版5,图1;叶;苏联科雷马河流域;早白垩世。
1988　陈芬等,69页,图版42,图3—6;图版43,图1,2;叶及角质层;辽宁阜新;早白垩世阜新组。
1995　邓胜徽等,55页,图版24,图4;叶;内蒙古霍林河盆地;早白垩世霍林河组。
1997　邓胜徽等,44页,图版22,图7,8;图版25,图6;图版26,图5,6;叶;内蒙古扎赉诺尔;早白垩世伊敏组。

△二裂楔拜拉 *Sphenobaiera biloba* Feng,1977 (non Prynada,1938)
[注:此种名被 *Sphenobaiera biloba* Prynada(1938)先期占用,为一个晚出同名]

1977b 冯少南等,668 页,图版 250,图 1;叶;标本号:P25141;标本保存在宜昌地质矿产研究所;湖南新化马鞍山;晚二叠世龙潭组。
1982　程丽珠,518 页,图版 332,图 6(=冯少南等,1977b,668 页,图版 250,图 1);叶;湖南新化马鞍山;晚二叠世龙潭组。

波氏楔拜拉 *Sphenobaiera boeggildiana* (Harris) Florin,1936
1935　*Baiera boeggildiana* Harris,28 页,图版 4,图 2,8;叶;丹麦东格陵兰;晚三叠世。
1936　Florin,108 页;叶;丹麦东格陵兰;晚三叠世。
1984　王自强,277 页,图版 131,图 10;图版 167,图 3—5;图版 168,图 9—11;叶及角质层;河北承德;早侏罗世甲山组。

波氏楔拜拉(比较属种) Cf. *Sphenobaiera boeggildiana* (Harris) Florin
1986　叶美娜等,69 页,图版 47,图 3;叶;四川达县雷音铺;早侏罗世珍珠冲组。

△城子河楔拜拉 *Sphenobaiera chenzihensis* Zheng et Zhang,1982
1982b　郑少林、张武,320 页,图版 18,图 1—4;图版 19,图 1,2;图版 20,图 9,10;叶及角质层;标本 1 块,登记号:HCS004;标本保存在沈阳地质矿产研究所;黑龙江鸡西;早白垩世城子河组。

科尔奇楔拜拉 *Sphenobaiera colchica* (Prynada) Delle,1959
1933　*Baiera colchica* Prynada,26 页,图版 3,图 5,6;叶;格鲁吉亚;侏罗纪。
1959　Delle,89 页,图版 2,图 1—9;插图 3;叶;格鲁吉亚;中侏罗世。
1987　张武、郑少林,305 页,图版 29,图 2;叶;辽宁朝阳良图沟、拉马沟;中侏罗世海房沟组。

△粗脉楔拜拉 *Sphenobaiera crassinervis* Sze,1956
1956a　斯行健,52,158 页,图版 9,图 5,5a;叶;标本 1 块,登记号:PB2468;标本保存在中国科学院南京地质古生物研究所;陕西黄龙;晚三叠世延长层。
1963　斯行健、李星学等,241 页,图版 83,图 3,3a;叶;陕西黄龙;晚三叠世延长群。
1981　周惠琴,图版 2,图 6;叶;辽宁北票羊草沟;晚三叠世羊草沟组。
1983　何元良,189 页,图版 29,图 7;叶;青海南祁连山东部;晚三叠世默勒群尕勒得寺组。

粗脉楔拜拉(比较种) *Sphenobaiera* cf. *crassinervis* Sze
1976　周惠琴等,210 页,图版 116,图 6;叶;内蒙古准格尔旗五字湾;中三叠世二马营组。
1980　黄枝高、周惠琴,102 页,图版 4,图 5;叶;内蒙古准格尔旗五字湾;中三叠世二马营组上部。

白垩楔拜拉 *Sphenobaiera cretosa* (Schenk) Florin,1936
1871　*Baiera cretosa* Schenk,5 页,图版 1,图 7;叶;法国;早白垩世。
1936　Florin,108 页。

白垩楔拜拉(比较种) *Sphenobaiera* cf. *cretosa* (Schenk) Florin
1989　郑少林、张武,图版 1,图 16;叶;辽宁新宾苏子河盆地;早白垩世聂尔库组。

△皱叶楔拜拉 *Sphenobaiera crispifolia* Zheng,1980
1980　郑少林,见张武等,287 页,图版 146,图 6,7;叶;标本 2 块,登记号:D473,D474;标本保存在沈阳地质矿产研究所;辽宁北票;早侏罗世北票组。(注:原文未指定模式标本)

△宽基楔拜拉 Sphenobaiera eurybasis Sze,1959
1959　斯行健,12,28页,图版6,图8;插图3;叶;标本保存在中国科学院南京地质古生物研究所;青海柴达木鱼卡;早—中侏罗世。
1963　斯行健、李星学等,241页,图版83,图4,4a;叶;青海柴达木鱼卡;早—中侏罗世。
1979　何元良等,151页,图版74,图3;叶;青海柴达木鱼卡;中侏罗世大煤沟组。

△福建楔拜拉 Sphenobaiera fujiaensis Cao,Liang et Ma,1995
1995　曹正尧、梁诗经、马爱双,见曹正尧等,8,16页,图版3,图6,7;叶;登记号:PB16843,PB16844;标本保存在中国科学院南京地质古生物研究所;福建政和;早白垩世南园组。(注:原文未指定模式标本)

叉状楔拜拉 Sphenobaiera furcata (Heer) Florin,1936
1865　*Sclrophyllina furcata* Heer,54页,图版2,图2;叶;瑞士;晚三叠世。
1877　*Baiera furcata* Heer,84页,图版29,图30,31;图版30,图4c;图版36,图4;叶;瑞士;晚三叠世。
1936　Florin,108页。

?叉状楔拜拉 ?Sphenobaiera furcata (Heer) Florin
1956a　斯行健,53,159页,图版47,图6,6a,6b;叶;山西兴县李家凹;晚三叠世延长层下部。
1963　斯行健、李星学等,242页,图版84,图1;图版85,图6;叶;山西兴县李家凹;晚三叠世延长群下部。
1982　张武,189页,图版2,图1,1a;叶;辽宁凌源;晚三叠世老虎沟组。

△银杏状楔拜拉 Sphenobaiera ginkgooides Li,1988
1988　李佩娟等,100页,图版66,图5;图版68,图4;图版69,图5(?);图版70,图6;图版74,图4;图版115,图1—5;图版116,图5,6;图版117,图5;叶及角质层;标本5块,登记号:PB13558,PB13608—PB13611;正模:PB13558(图版66,图5);标本保存在中国科学院南京地质古生物研究所;青海绿草山绿草沟;中侏罗世石门沟组 *Nilssonia* 层。

△大楔拜拉 Sphenobaiera grandis Meng,1987
1987　孟繁松,255页,图版36,图1;叶;标本1块,登记号:P82220;正模:P82220(图版36,图1);标本保存在宜昌地质矿产研究所;湖北荆门姚河;晚三叠世九里岗组。

△黄氏楔拜拉 Sphenobaiera huangi (Sze) Hsu,1954 (non Sze,1956,nec Krassilov,1972)
1949　*Baiera huangi*,斯行健,32页,图版7,图1—4;叶;湖北秭归;早侏罗世香溪煤系。
1954　徐仁,62页,图版56,图2;叶;湖北秭归;早侏罗世香溪煤系。
1963　斯行健、李星学等,242页,图版84,图2,3;叶;湖北秭归;早侏罗世香溪群。
1977a　冯少南等,239页,图版95,图8;叶;湖北秭归香溪;早—中侏罗世香溪群上煤组。
1978　杨贤河,530页,图版184,图9;叶;四川新龙雄龙;晚三叠世喇嘛垭组。
1980　黄枝高、周惠琴,102页,图版50,图1—7;图版51,图1—8;图版52,图1—6;图版54,图5—7;叶及角质层;陕西府谷殿儿湾;早侏罗世富县组。
1980　吴舜卿等,112页,图版28,图1,2;图版36,图6;图版37,图1—3;图版38,图5;叶及角质层;湖北秭归香溪、沙镇溪;早—中侏罗世香溪组。
1982a　刘子进,134页,图版70,图6;图版73,图3,4;叶;陕西府谷殿儿湾;早—中侏罗世延安组;陕西凤县户家窑;中侏罗世龙家沟组。
1982 王国平等,277 页,图版 127,图 10;叶;江苏南京江宁周村;早—中侏罗世象山群。
1984 陈公信,605 页,图版 266,图 1—3,6—8;叶;湖北鄂城程潮、荆门海慧沟、秭归县香溪;早侏罗世桐竹园组、香溪组。
1984 江苏省地质矿产局,图版 10,图 4;叶;江苏南京江宁周村;早—中侏罗世象山群。
1987 陈晔等,124 页,图版 37,图 5,6;叶;四川盐边;晚三叠世红果组。
1989 梅美棠等,108 页,图版 58,图 3;叶;中国;晚三叠世。
1990 郑少林、张武,221 页,图版 5,图 6;叶;辽宁本溪田师傅;中侏罗世大堡组。
1992 王士俊,51 页,图版 21,图 9;图版 43,图 1—5;叶及角质层;广东乐昌关春;晚三叠世。
1993a 吴向午,138 页。
1995 王鑫,图版 3,图 20;叶;陕西铜川;中侏罗世延安组。
1995 曾勇等,63 页,图版 18,图 4a;图版 29,图 5;叶及角质层;河南义马;中侏罗世义马组。
1996 米家榕等,127 页,图版 27,图 1—3,5—8;叶及角质层;辽宁北票台吉二井、东升矿;早侏罗世北票组。
1998 张泓等,图版 43,图 8;叶;陕西延安;中侏罗世延安组。
2005 王永栋等,709 页,图 1—35;叶及角质层;湖北秭归;早侏罗世香溪组。

黄氏楔拜拉(比较种) *Sphenobaiera* cf. *huangi* (Sze) Hsu
1984 厉宝贤、胡斌,142 页,图版 4,图 8,9;叶;山西大同永定庄华严寺;早侏罗世永定庄组。
1985 米家榕、孙春林,图版 1,图 21;叶;吉林双阳八面石煤矿南井;晚三叠世小蜂蜜顶子组。
1990 宁夏回族自治区地质矿产局,图版 9,图 1;叶;宁夏阿拉善左旗缺台沟;中侏罗世延安组。

△黄氏楔拜拉 *Sphenobaiera huangi* (Sze) Sze,1956 (non Hsu,1954,nec Krassilov,1972)
[注:此种名是 *Sphenobaiera huangi*(Sze)Hsu(1954)的晚出等同名]
1949 *Baiera huangi* Sze,斯行健,32 页,图版 7,图 1—4;叶;湖北秭归;早侏罗世香溪煤系。
1965a 斯行健,53,159 页。
1970 Jongmana,Dijkstra,902 页。

△黄氏楔拜拉 *Sphenobaiera huangi* (Sze) Krassilov,1972 (non Hsu,1954,nec Sze,1956)
[注:此种名是 *Sphenobaiera huangi*(Sze)Hsu(1954)的晚出等同名]
1949 *Baiera huangi* Sze,斯行健,32 页,图版 7,图 1—4;叶;湖北秭归;早侏罗世香溪煤系。
1972 Krassilov,42 页,图版 10,图 1—7;图版 11,图 1;插图 63;叶及角质层;苏联布列亚盆地;晚侏罗世。

伊科法特楔拜拉 *Sphenobaiera ikorfatensis* (Seward) Florin,1936
1926 *Baiera ikorfatensis* Seward,96 页,图版 9,图 81;插图 11c,д;叶;丹麦格陵兰;早白垩世。
1936 Florin,108 页。
1995a 李星学(主编),图版 104,图 1,2;叶;内蒙古霍林河;早白垩世霍林河组。(中文)
1995b 李星学(主编),图版 104,图 1,2;叶;内蒙古霍林河;早白垩世霍林河组。(英文)
2003 孙革等,424 页,图版 1,2;插图 1,2;叶及角质层;内蒙古霍林河;早白垩世霍林河组。

△并列楔拜拉 *Sphenobaiera jugata* Zhou,1989
1989 周志炎,153 页,图版 17,图 1—6;图版 18,图 1—7;插图 35—42;叶及角质层;登记号:

PB13847，PB13848；正模：PB13847（插图 35）；标本保存在中国科学院南京地质古生物研究所；湖南衡阳杉桥；晚三叠世杨柏冲组。

△宽叶楔拜拉 Sphenobaiera lata (Vakhrameev) Dou, 1980

1958 *Sphenobaiera longifolia* (Pomel) Florin forma *lata* Vakhrameev, 115 页, 图版 28, 图 2—5; 叶; 苏联勒拿河流域; 早白垩世。
1980 窦亚伟, 见陈芬等, 429 页, 图版 3, 图 2; 叶; 北京西山大台、大安山; 中—晚侏罗世上窑坡组。
1984 陈芬等, 62 页, 图版 29, 图 1—3; 叶; 北京西山; 早—中侏罗世下窑坡组、上窑坡组。
1985 杨关秀、黄其胜, 202 页, 图 3-160, 16; 叶; 北京西山; 早—中侏罗世门头群。
1987 段淑英, 47 页, 图版 18, 图 6A; 叶; 北京西山斋堂; 中侏罗世窑坡组。
1989 梅美棠等, 108 页, 图版 60, 图 3; 叶; 华北地区; 侏罗纪。
1995 曾勇等, 63 页, 图版 18, 图 2a; 图版 25, 图 2,3; 叶及角质层; 河南义马; 中侏罗世义马组。

细叶楔拜拉 Sphenobaiera leptophylla (Harris) Florin, 1936

〔注：此种后被 Harris, Miller 改定为 *Sphenarion leptophylla*（Harris）Harris et Miller（Harris and others, 1974), 被 Kiritchkova, Samylina 改定为 *Czekanowskia*（*Czekanowskia*）*leptophylla*（Harris）Kirtchkova et Samylina（Samylina, Kiritchkova, 1991）〕

1935 *Baiera letophylla* Harris, 30 页, 图版 5, 图 6,7; 插图 5; 叶; 晚三叠世。
1936 Florin, 108 页。
1980 黄枝高、周惠琴, 103 页, 图版 52, 图 8; 叶及角质层; 陕西府谷殿儿湾; 早侏罗世富县组。

△裂叶楔拜拉 Sphenobaiera lobifolia Yang, 1978

1978 杨贤河, 530 页, 图版 184, 图 7; 叶; 标本 1 块, 标本号：SP0130; 正模：SP0130（图版 184, 图 7）; 标本保存在成都地质矿产研究所; 四川会理鹿厂; 晚三叠世白果湾组。

长叶楔拜拉 Sphenobaiera longifolia (Pomel) Florin, 1936

1847 *Dicropteris longifolia* Pomel, 339 页。
1873—1875 *Jeanpaulia longifolia* (Pomel) Saporta, 464 页, 图版 67, 图 1; 叶; 法国; 晚侏罗世。
1936 Florin, 108 页。
1959 斯行健, 11, 27 页, 图版 6, 图 5; 图版 8, 图 1—6; 叶; 青海柴达木鱼卡; 早、中侏罗世。
1963 李星学等, 134 页, 图版 108, 图 1; 叶; 中国西北地区; 侏罗纪。
1963 斯行健、李星学等, 243 页, 图版 84, 图 6(?); 图版 85, 图 1—4; 叶; 青海柴达木鱼卡; 早、中侏罗世。
1979 何元良等, 152 页, 图版 76, 图 1—4; 叶及角质层; 青海大柴旦鱼卡; 中侏罗世大煤沟组; 青海天峻木里; 早—中侏罗世木里群江仓组。
1980 黄枝高、周惠琴, 103 页, 图版 59, 图 5; 叶; 陕西铜川焦坪; 中侏罗世延安组上部。
1980 张武等, 287 页, 图版 186, 图 1; 叶; 黑龙江鸡西城子河; 早白垩世城子河组; 辽宁凌源沟门子; 早侏罗世郭家店组。
1981 陈芬等, 图版 3, 图 6; 叶; 辽宁阜新海州; 早白垩世阜新组。
1982 张采繁, 536 页, 图版 348, 图 6; 叶; 湖南资兴三都同日坳; 早侏罗世唐垅组。
1983 李杰儒, 图版 4, 图 14; 叶; 辽宁锦西后富隆山盘道沟; 中侏罗世海房沟组。
1985 米家榕、孙春林, 图版 1, 图 5,6; 叶; 吉林双阳八面石煤矿南井; 晚三叠世小蜂蜜顶子组。
1985 杨关秀、黄其胜, 201 页, 图 3-108(左、中); 叶; 青海柴达木盆地, 辽宁北票; 早—中侏罗世; 辽宁阜新、黑龙江鸡西、鹤岗; 早白垩世阜新组、城子河组。

| 1987 | 钱丽君等,83 页,图版 28,图 1,3,6;叶及角质层;陕西神木考考乌素沟;中侏罗世延安组 4 段。
| 1988 | 陈芬等,70 页,图版 43,图 3—6;图版 44,图 1—3;叶及角质层;辽宁阜新;早白垩世阜新组。
| 1992 | 孙革、赵衍华,546 页,图版 249,图 1;叶;吉林安图明月;早白垩世屯营组。
| 1993 | 米家榕等,130 页,图版 35,图 2—4,7,8;叶;吉林双阳八面石煤矿南井;晚三叠世小蜂蜜顶子组上段。
| 1995 | 邓胜徽等,55 页,图版 24,图 2,3;图版 41,图 8;图版 44,图 6;图版 45,图 1—6;图版 46,图 1—4;叶及角质层;内蒙古霍林河盆地;早白垩世霍林河组。
| 1995 | 曾勇等,62 页,图版 18,图 4b;图版 19,图 4;图版 25,图 7,8;图版 21,图 4a;图版 26,图 1,2;叶及角质层;河南义马;中侏罗世义马组。
| 1996 | 常江林、高强,图版 1,图 13;叶;山西武宁黄松沟;中侏罗世大同组。
| 1997 | 邓胜徽等,44 页,图版 25,图 1B;图版 26,图 1A;图版 27,图 1—3;叶;内蒙古扎赉诺尔、伊敏;早白垩世敏组、大磨拐河组。
| 2003 | 修申成等,图版 2,图 5;叶;河南义马;中侏罗世义马组。
| 2005 | 孙柏年等,图版 11,图 1;角质层及叶;甘肃窑街;中侏罗世窑街组含煤岩段。

长叶楔拜拉(比较种) *Sphenobaiera* cf. *longifolia* (Pomel) Florin

| 1982 | 王国平等,277 页,图版 129,图 4;叶;江西万载多江;晚三叠世安源组。
| 1982b | 杨学林、孙礼文,52 页,图版 21,图 8,9;叶;吉林洮安万宝五井、兴安堡;中侏罗世万宝组。
| 1984 | 陈芬等,62 页,图版 28,图 7;叶;北京西山大台;早侏罗世下窑坡组。
| 1984 | 顾道源,152 页,图版 76,图 5,6;叶;新疆吉木萨尔臭水沟、玛纳斯玛纳斯河;早侏罗世八道湾组、三工河组。
| 1985 | 商平,图版 7,图 2;叶;辽宁阜新;早白垩世海州组。

△微脉楔拜拉 *Sphenobaiera micronervis* Wang Z et Wang L, 1986

1986 王自强、王立新,30 页,图版 16,17;叶及角质层;标本号:8302-129—8302-131,8401-225,8301-401;合模 1:8302-130(图版 17,图 4);合模 2:8301-401(图版 16,图 5);标本保存在中国科学院南京地质古生物研究所;山西临县碛口北柳林大风山南和磨沟;早二叠世孙家沟组中段。[注:依据《国际植物命名法规》《维也纳法规》第 37.2 条,1958 年起,模式标本只能是 1 块标本]

△多裂楔拜拉 *Sphenobaiera multipartita* Meng et Chen, 1988

1988 孟祥营、陈芬,见陈芬等,71 页,图版 45,图 1—3;图版 46,图 5;叶及角质层;标本 2 块,标本号:Fx197,Fx198;标本保存在武汉地质学院北京研究生部;辽宁阜新;早白垩世阜新组。(注:原文未指定模式标本)

1997 邓胜徽等,45 页,图版 25,图 1C;图版 28,图 9;叶;内蒙古扎赉诺尔;早白垩世伊敏组。

△南天门楔拜拉 *Sphenobaiera nantianmensis* Wang, 1984

1984 王自强,277 页,图版 155,图 7;图版 169,图 1—3;图版 170,图 1—4;叶及角质层;标本 1 块,登记号:P0469;正模:P0469(图版 155,图 7);标本保存在中国科学院南京地质古生物研究所;河北张家口;早白垩世青石砬组。

瓶尔小草状楔拜拉 *Sphenobaiera ophioglossum* Harris, 1974

1974 Harris 等,48 页,图版 2;插图 16,17;叶及角质层;英国约克郡;中侏罗世。

瓶尔小草状楔拜拉(比较种) *Sphenobaiera* cf. *ophioglossum* Harris
1984　王自强,278 页,图版 133,图 6;图版 142,图 4,5;图版 166,图 1—8;叶及角质层;河北下花园;中侏罗世门头沟组。

少裂楔拜拉 *Sphenobaiera paucipartita* (Nathorst) Florin,1936
[注:此种后被 Harris, Miller 改定为 *Sphenarion paucipartita* (Nathorst) Harris et Miller (Harris and others,1974),被 Kiritchkova, Samylina 改定为 *Czekanowskia* (*Vachrameefvia*) *paucipartita* (Nathorst) Kiritchkova et Samylina (Samylina, Kiritchkova,1991)]
1886　*Baiera paucipartita* Nathorst,95 页,图版 20,图 7—13;图版 21;图版 22,图 1,2;叶;瑞典;晚三叠世。
1936　Florin,108 页。
1980　张武等,287 页,图版 146,图 4,5;叶;辽宁北票;中侏罗世蓝旗组。

栉形楔拜拉 *Sphenobaiera pecten* Harris,1945
1945　Harris,219 页,插图 3,4;叶及角质层;英国约克郡;中侏罗世。
1982b　杨学林、孙礼文,52 页,图版 21,图 10;叶;吉林洮安万宝五井;中侏罗世万宝组。

稍美楔拜拉 *Sphenobaiera pulchella* (Heer) Florin,1936
1876b　*Baiera pulchella* Heer,114 页,图版 20,图 3c;图版 22,图 1a;叶;俄罗斯黑龙江流域;侏罗纪。
1936　Florin,108 页。
1980　张武等,287 页,图版 186,图 4;叶;黑龙江鸡西城子河;早白垩世城子河组。
1985　杨关秀、黄其胜,201 页,图 3-108(右);叶;辽宁凌源;早侏罗世郭家店组;黑龙江鸡西、鹤岗;早白垩世城子河组。

稍美楔拜拉(比较种) *Sphenobaiera* cf. *pulchella* (Heer) Florin
1963　斯行健、李星学等,243 页,图版 84,图 4[=*Baiera pulchella* (Toyama,Ôishi,1935,71 页,图版 4,图 3)];叶;内蒙古呼伦贝尔;晚侏罗世。
1980　黄枝高、周惠琴,103 页,图版 59,图 5;叶;陕西延安王家坪;中侏罗世延安组。
1992　曹正尧,238 页,图版 6,图 1,2;叶及角质层;黑龙江东部;早白垩世城子河组。
1995　曾勇等,63 页,图版 18,图 2b;图版 25,图 4—6;叶及角质层;河南义马;中侏罗世义马组。

美丽楔拜拉宽型 *Sphenobaiera pulchella* (Heer) Florin f. *lata* Genkina,1966
1966　Genkina,98 页,图版 47,图 1—4;叶;苏联伊萨克库耳;早侏罗世。
1992　孙革、赵衍华,546 页,图版 246,图 2;叶;吉林汪清天桥岭;晚三叠世马鹿沟组。
1993b　孙革,87 页,图版 36,图 4,6;叶;吉林汪清马鹿沟村东北;晚三叠世马鹿沟组。

△柴达木楔拜拉 *Sphenobaiera qaidamensis* Zhang,1998(中文发表)
(注:种名原文在描述部分拼为 qadamensis,在图版说明中拼为 qiadamensis)
1998　张泓等,279 页,图版 44,图 5;叶;登记号:WG-ab,MP-93956;标本保存在煤炭科学研究总院西安分院;青海德令哈旺尕秀;中侏罗世石门沟组。

△前甸子楔拜拉 *Sphenobaiera qiandianziense* Zhang et Zheng,1983
1983　张武、郑少林,见张武等,80 页,图版 4,图 19—21;叶;标本 3 块,标本号:LMP2092—

LMP2094；标本保存在沈阳地质矿产研究所；辽宁本溪林家崴子；中三叠世林家组。（注：原文未指定模式标本）

△七星楔拜拉 *Sphenobaiera qixingensis* Zheng et Zhang, 1982
1982b 郑少林、张武, 320 页, 图版 19, 图 3；图版 20, 图 1—8；叶及角质层；标本 1 块, 登记号：HCS028；标本保存在沈阳地质矿产研究所；黑龙江双鸭山七星；早白垩世城子河组。
1992 曹正尧, 239 页, 图版 6, 图 3—5；插图 6；叶及角质层；黑龙江东部；早白垩世城子河组。

△具皱？楔拜拉 *Sphenobaiera? rugata* Zhou, 1984/Mar. (non Wang, 1984/Dec.)
1984 周志炎, 44 页, 图版 26, 图 1—1g；叶及表皮；标本 1 块, 登记号：PB8923；正模：PB8923（图版 26, 图 1）；标本保存在中国科学院南京地质古生物研究所；广西西湾；早侏罗世西湾组大岭段。

△皱纹楔拜拉 *Sphenobaiera rugata* Wang, 1984/Dec. (non Zhou, 1984/Mar.)
［注：此种名被 *Sphenobaiera? rugata* Zhou (1984/Mar.) 先期占用, 为一个晚出同名］
1984 王自强, 278 页, 图版 118, 图 1—5；叶及表皮；标本 1 块, 登记号：P0114；标本保存在中国科学院南京地质古生物研究所；山西临县；中—晚三叠世延长群。

△刚毛楔拜拉 *Sphenobaiera setacea* Zhang, 1982
1982 张武, 189 页, 图版 1, 图 15—17；叶部碎片；标本 3 块；标本保存在沈阳地质矿产研究所；辽宁凌源；晚三叠世老虎沟组。（注：原文未指定模式标本）

△刺楔拜拉 *Sphenobaiera spinosa* (Halle) Florin, 1936
1927 *Baiera spinosa* Halle, 191 页, 图版 52, 图 12—14；图版 53, 图 7—9；叶；山西太原；晚二叠世早期上石盒子系。
1936 Florin, 108 页。
1958 汪龙文等, 556 页及图；叶；山西太原；晚二叠世早期上石盒子组。
1974 《中国古生代植物》编写小组, 146 页, 图版 115, 图 5—8；叶；山西太原；晚二叠世早期上石盒子组。
1985 杨关秀、黄其胜, 107 页, 图 2-217；叶；山西太原；早二叠世晚期上石盒子组下部。
1989 梅美棠等, 66 页；插图 3-60；叶；山西太原；晚二叠世早期。

△旋？楔拜拉 *Sphenobaiera? spirata* Sze ex Gu et Zhi, 1974
1974 《中国古生代植物》编写小组, 146 页, 图版 116, 图 3—5；叶；登记号：PB4364, PB4366；正模：PB4364（图版 116, 图 4, 5）；标本保存在中国科学院南京地质古生物研究所；内蒙古准格尔旗；早二叠世晚期石盒子群下部。［注：这些标本（包括正模 PB4364）被斯行健命名为 *Ginkgophyton? spiratum* Sze（斯行健, 1989, 80, 224 页）］
1976 黄本宏, 379 页, 图版 224, 图 5, 6；叶；内蒙古准格尔旗黑岱沟；早二叠世晚期石盒子群下部。

△斯氏楔拜拉 *Sphenobaiera szeiana* Zheng et Zhang, 1996（英文发表）
1996 郑少林、张武, 386 页, 图版 4, 图 1—6；叶及角质层；登记号：SG-110319；标本保存在沈阳地质矿产研究所；辽宁辽源；早白垩世长安组。

△多脉楔拜拉 *Sphenobaiera tenuistriata* (Halle) Florin, 1936
1927 *Baiera tenuistriata* Halle, 191 页, 图版 52, 图 12—14；图版 53, 图 7—9；叶；山西太原；

晚二叠世早期上石盒子组。

1936　Florin,108 页。

1974　《中国古生代植物》编写小组,146 页,图版 116,图 1,2;叶;山西太原;晚二叠世早期上石盒子组。

1978　陈晔、段淑英,467 页,图版 154,图 3;叶;四川彭县小鱼洞;晚二叠世龙潭组。

1987　杨关秀等,图版 17,图 2;叶;河南陈庄南;晚二叠世早期上石盒子组。

多脉楔拜拉(比较种) *Sphenobaiera* cf. *tenuistriata* (Halle) Florin

1998　王仁农等,图版 16,图 2;叶;河南禹县;晚二叠世早期上石盒子组。

单脉楔拜拉 *Sphenobaiera uninervis* Samylina,1956

1956　Samilina,538 页,图 3,1;叶;苏联阿尔丹河流域;早白垩世。

1988　孙革、商平,图版 3,图 7;叶;内蒙古东部霍林河;晚侏罗世—早白垩世霍林河组。

楔拜拉(未定多种) *Sphenobaiera* spp.

1956c　*Sphenobaiera* sp.[Cf. *Sph. spectabilis*(Nathorst)Florin],斯行健,468,476 页,图版 2,图 1,2;叶;新疆准噶尔盆地;晚三叠世延长群。

1963　*Sphenobaiera* sp.[Cf. *Sph. spectabilis*(Nathorst)Florin],斯行健、李星学等,244 页,图版 83,图 5;叶;新疆准噶尔盆地;晚三叠世延长群。

1963　*Sphenobaiera* sp. 1(? sp. nov.),斯行健、李星学等,244 页,图版 84,图 5;图版 85,图 5 [=*Baiera* sp.(斯行健,1933c,28 页,图版 2,图 10,11)];叶;内蒙古乌兰察布盟石拐子;早、中侏罗世。

1976　*Sphenobaiera* sp. 1,张志诚,195 页,图版 99,图 8;图版 105,图 3;叶;内蒙古包头石拐沟;中侏罗世沼沟组。

1976　*Sphenobaiera* sp. 2,张志诚,195 页,图版 99,图 9;叶;山西左云罗道沟;中侏罗世大同组。

1977　*Sphenobaiera* sp.,长春地质学院勘探系等,图版 4,图 7;叶;吉林浑江石人;晚三叠世小河口组。

1980　*Sphenobaiera* sp.[Cf. *Sph. spectabilis*(Nathorst)Florin],何德长、沈襄鹏,26 页,图版 22,图 1;叶;湖南祁阳黄泥塘;早侏罗世。

1980　*Sphenobaiera* sp. 1(sp. nov.),黄枝高、周惠琴,104 页,图版 8,图 5;叶;陕西吴堡张家塌;中三叠世二马营组上部。

1980　*Sphenobaiera* sp. 2(sp. nov.),黄枝高、周惠琴,104 页,图版 8,图 3,4;叶;陕西吴堡张家塌;中三叠世二马营组上部。

1980　*Sphenobaiera* sp. 3,黄枝高、周惠琴,图版 59,图 7a;叶;陕西延安;中侏罗世延长组中部、上部。

1980　*Sphenobaiera* sp. 4,黄枝高、周惠琴,105 页,图版 59,图 6;叶;陕西安寨温家沟;中侏罗世延安组中部、上部。

1980　*Sphenobaiera* sp. 5,黄枝高、周惠琴,图版 59,图 2;叶;陕西延安;中侏罗世延安组下部。

1982b　*Sphenobaiera* sp.,杨学林、孙礼文,52 页,图版 21,图 11;叶;吉林洮安万宝五井;中侏罗世万宝组。

1982　*Sphenobaiera* sp.,段淑英、陈晔,507 页,图版 16,图 6;叶;四川达县铁山;早侏罗世珍珠冲组。

1982　*Sphenobaiera* sp.,张采繁,536 页,图版 347,图 6;图版 356,图 4;叶;湖南怀化泸阳;晚三叠世。

1982b　*Sphenobaiera* sp.,郑少林、张武,320 页,图版 18,图 6;叶;黑龙江密山裴德;中侏罗世裴德组。

1983　*Sphenobaiera* sp.,张武等,81 页,图版 4,图 14—16;叶;辽宁本溪林家崴子;中侏罗世林家组。

1984　*Sphenobaiera* sp. cf. *Sph. spectabilis* Nathorst,周志炎,43 页,图版 24,图 4;插图 10;叶;湖南衡南洲、祁阳河埠塘;早侏罗世观音滩组排家口段。

1985　*Sphenobaiera* sp.,王自强,图版 1,图 8;叶;山西柳林;晚二叠世孙家沟组。

1986　*Sphenobaiera* sp.[Cf. *Sph. spectabilis* (Nathorst) Florin],叶美娜等,69 页,图版 47,图 1,7—9;叶;四川开县温泉、达县铁山金窝;晚三叠世须家河组 7 段。

1986　*Sphenobaiera* sp.,张川波,图版 2,图 5;叶;吉林延吉大拉子智新;早白垩世大拉子组。

1987　*Sphenobaiera* sp. 1,陈晔等,125 页,图版 37,图 3;叶;四川盐边;晚三叠世红果组。

1987　*Sphenobaiera* sp. 2,陈晔等,125 页,图版 37,图 4;叶;四川盐边;晚三叠世红果组。

1987　*Sphenobaiera* sp.,赵修祜等,102 页,图版 29,图 5,5a;叶;山西左权十里店;早二叠世晚期。

1988a　*Sphenobaiera* sp.[Cf. *Sph. spectabilis* (Nathorst) Florin],黄其胜、卢宗盛,183 页,图版 2,图 1;叶;河南卢氏双槐树乡;晚三叠世延长群下部。

1988　*Sphenobaiera* sp.,李佩娟等,102 页,图版 71,图 8;图版 118,图 1,2,7,8;叶及角质层;青海德令哈柏树山;中侏罗世石门沟组 *Nilssonia* 层。

1988　*Sphenobaiera* sp. cf. *S. longifolia* (Heer) Florin,孙革、商平,图版 2,图 8;叶;内蒙古东部霍林河;晚侏罗世—早白垩世霍林河组。

1988　*Sphenobaiera* sp.,张汉荣等,图版 2,图 4;叶;河北蔚县南石湖;中侏罗世郑家窑组。

1991　*Sphenobaiera* sp.,赵立明、陶君容,图版 1,图 1;叶;内蒙古赤峰平庄;晚侏罗世杏园组。

1993b　*Sphenobaiera* sp.,孙革,87 页,图版 18,图 6;图版 36,图 5;叶;吉林汪清天桥岭镇南嘎呀河西岸;晚三叠世马鹿沟组。

1993　*Sphenobaiera* sp.,米家榕等,131 页,图版 34,图 9,13;叶;吉林双阳八面石煤矿南井;晚三叠世小蜂蜜顶子组上段。

1993　*Sphenobaiera* spp. indet.,米家榕等,131 页,图版 33,图 11;图版 36,图 1,2;叶;吉林双阳大酱缸;晚三叠世大酱缸组;吉林浑江石人北山;晚三叠世北山组(小河口组);辽宁凌源老虎沟;晚三叠世老虎沟组。

1995　*Sphenobaiera* sp.,曹正尧等,8 页,图版 4,图 2B;叶;福建政和;早白垩世南园组。

1995a　*Sphenobaiera* sp.,李星学(主编),图版 62,图 7;叶;海南琼海九曲江;早三叠世岭文组。(中文)

1995b　*Sphenobaiera* sp.,李星学(主编),图版 62,图 7;叶;海南琼海九曲江;早三叠世岭文组。(英文)

1995　*Sphenobaiera* sp.,曾勇等,64 页,图版 9,图 6;叶;河南义马;中侏罗世义马组。

1996　*Sphenobaiera* sp.,何锡麟等,81 页,图版 66,图 3;叶;江西乐平鸣山煤矿;晚二叠世乐平组老山下亚段。

1996　*Sphenobaiera* sp.,米家榕等,127 页,图版 28,图 14;叶;辽宁北票海房沟;中侏罗世海房沟组。

1996　*Sphenobaiera* sp.,孙跃武等,图版 1,图 10;叶;河北承德;早侏罗世南大岭组。

1997　*Sphenobaiera* sp.,吴秀元等,24页,图版8,图2;叶;新疆库车;晚二叠世比尤勒包谷孜群。
1998　*Sphenobaiera* sp.1,张泓等,图版43,图2;叶;陕西延安;中侏罗世延安组。
1998　*Sphenobaiera* sp.2,张泓等,图版44,图2;叶;陕西延安;中侏罗世延安组;甘肃兰州窑街;中侏罗世窑街组。
2000　*Sphenobaiera* sp.,阎同生等,图版1,图10;叶;河北秦皇岛柳江;晚二叠世早期上石盒子组。
2001　*Sphenobaiera* sp.,孙革等,90,194页,图版15,图3;叶;辽宁西部;晚侏罗世尖山沟组。
2001　*Sphenobaiera* sp.,阎同生、杨遵仪,图版7,图1,4;叶;河北秦皇岛柳江;晚二叠世早期上石盒子组。
2003　*Sphenobaiera* sp.,邓胜徽等,图版75,图5A;叶;新疆哈密三道岭;中侏罗世西山窑组。
2003　*Sphenobaiera* sp.,杨小菊,569页,图版3,图6,7,13;叶;黑龙江鸡西盆地;早白垩世穆棱组。

楔拜拉?(未定多种) *Sphenobaiera*? spp.

1963　*Sphenobaiera*? sp.2,斯行健、李星学等,245页,图版87,图1[=*Baiera* sp.(斯行健,1945,52页,图17)];叶;福建永安坂头;晚侏罗世—早白垩世坂头组。
1979　*Sphenobaiera*? sp.,何元良等,152页,图版74,图4;叶;青海刚察阿尔东沟;晚三叠世默勒群下岩组。
1988　*Sphenobaiera*? sp.,陈芬等,71页,图版65,图6;叶;辽宁铁法;早白垩世小明安碑组。
1993　*Sphenobaiera*? sp.,李杰儒等,235页,图版1,图7;叶;辽宁丹东集贤;早白垩世小岭组。
1996　*Sphenobaiera*? sp.1,吴舜卿、周汉忠,10页,图版11,图4;叶;新疆库车;中三叠世"克拉玛依组"。
1996　*Sphenobaiera*? sp.2,吴舜卿、周汉忠,10页,图版8,图9;图版15,图1—3;叶及角质层;新疆库车;中三叠世"克拉玛依组"。

楔拜拉(?拜拉)(未定种) *Sphenobaiera*(?*Baiera*) sp.

1968　*Sphenobaiera*(?*Baiera*) sp.,《湘赣地区中生代含煤地层手册》,76页,图版36,图8;图版37,图4;叶;湖南资兴三都;早侏罗世唐垅组。

△楔叶拜拉花属 Genus *Sphenobaieroanthus* Yang,1986

1986　杨贤河,53页。
1993a　吴向午,36,236页。
1993b　吴向午,503,519页。
模式种:*Sphenobaieroanthus sinensis* Yang,1986
分类位置:银杏纲楔拜拉目楔拜拉科(Sphenobaieracea,Sphenobaierales,Ginkgopsida)

△中国楔叶拜拉花 *Sphenobaieroanthus sinensis* Yang,1986

1986　杨贤河,54页,图版1,图1—2a;插图2;带叶长枝、短枝和雄性花穗;采集号:H2-5;登记号:SP301;标本保存在成都地质矿产研究所;四川大足万古区兴隆冉家湾;晚三叠须家河组。
1989　杨贤河,80 页,图版 1,图 1,2;插图 1;带叶长枝、短枝和雄性花穗;四川大足万古区兴隆冉家湾;晚三叠世须家河组。
1993a　吴向午,36,236 页。
1993b　吴向午,504,519 页。

△楔叶拜拉枝属 Genus *Sphenobaierocladus* Yang,1986
1986　杨贤河,54 页。
1993a　吴向午,36,236 页。
1993c　吴向午,504,519 页。
模式种:*Sphenobaierocladus sinensis* Yang,1986
分类位置:银杏纲楔叶拜拉目楔拜拉科(Sphenobaieracea,Sphenobaierales,Ginkgopsida)

△中国楔叶拜拉枝 *Sphenobaierocladus sinensis* Yang,1986
1986　杨贤河,53 页,图版 1,图 1—2a;插图 2;带叶长枝、短枝和雄性花穗;采集号:H2—H5;登记号:SP301;标本保存在成都地质矿产研究所;四川大足万古区兴隆冉家湾;晚三叠世须家河组。
1989　杨贤河,80 页,图版 1,图 1,2;图 1;带叶长枝、短枝和雄性花穗;四川大足万古区兴隆乡冉家湾;晚三叠世须家河组。
1993a　吴向午,36,236 页。
1993b　吴向午,504,519 页。

小果穗属 Genus *Stachyopitys* Schenk,1867
1867(1865—1867)　Schenk,185 页。
1986　叶美娜等,76 页。
1993a　吴向午,141 页。
模式种:*Stachyopitys preslii* Schenk,1867
分类位置:银杏植物?(ginkgophytes?)

普雷斯利小果穗 *Stachyopitys preslii* Schenk,1867
1867(1865—1867)　Schenk,185 页,图版 44,图 9—12;雄性花穗;德国巴伐利亚;晚三叠世。
1993a　吴向午,141 页。

小果穗(未定种) *Stachyopitys* sp.
1986　*Stachyopitys* sp.,叶美娜等,76 页,图版 49,图 9,9a;雄性花穗;四川开江七里峡;晚三叠世须家河组 3 段。
1993a　*Stachyopites* sp.,吴向午,141 页。

似葡萄果穗属 Genus *Staphidiophora* Harris，1935

1935　Harris，114 页。
1986　叶美娜等，86 页。
1993a　吴向午，142 页。

模式种：*Staphidiophora secunda* Harris，1935

分类位置：银杏植物？（ginkgophytes?）

一侧生似葡萄果穗 *Staphidiophora secunda* Harris，1935

1935　Harris，114 页，图版 8，图 3，4，9—11；含种子的繁殖器官；丹麦东格陵兰；晚三叠世 *Lepidopteris* 带。
1993a　吴向午，142 页。

弱小？似葡萄果穗 *Staphidiophora? exilis* Harris，1935

1935　Harris，116 页，图版 19，图 9；繁殖器官；丹麦东格陵兰；晚三叠世 *Lepidopteris* 带。
1993a　吴向午，142 页。

弱小？似葡萄果穗（比较属种）Cf. *Staphidiophora? exilis* Harris

1986　叶美娜等，86 页，图版 53，图 3，3a；果穗；四川达县雷音铺；中侏罗世新田沟组 3 段。
1993a　吴向午，142 页。

似葡萄果穗（未定多种）*Staphidiophora* spp.

1998　*Staphidiophora* sp.1，张泓等，图版 52，图 8；果穗；陕西神木；中侏罗世延安组下部。
1998　*Staphidiophora* sp.2，张泓等，图版 54，图 3；图版 55，图 6；球果甘肃天祝炭山岭；中侏罗世窑街组。

狭轴穗属 Genus *Stenorhachis* Saporta，1879

（注：此属有多种拼写法，如后人使用的 *Stenorachis* 和 *Stenrorrachis* 等属名。在我国古植物文献中都采用 *Stenorachis* 属名）

1879　Saporta，193 页。
1941　Stockmans，Mathieu，54 页。
1956a　斯行健，58，164 页。
1963　斯行建、李星学等，262 页。
1993a　吴向午，142 页。

模式种：*Stenorhachis ponseleti*（Nathorst）Saporta，1879

分类位置：银杏类？（ginkgophytes?）

庞氏狭轴穗 *Stenorhachis ponseleti*（Nathorst）Saporta，1879

1879　Saporta，193 页，图 22；繁殖器官；瑞士；早侏罗世。

1993a 吴向午,142页。

△北票狭轴穗 *Stenorachis beipiaoensis* Sun et Zheng,2001(中文和英文发表)
2001 孙革、郑少林,见孙革等,90,195页,图版15,图5;图版49,图6,8,9;果穗;标本2块,登记号:PB19085,PB19086;正模:PB19086;标本保存在中国科学院南京地质古生物研究所;辽宁西部;晚侏罗世尖山沟组。

△美丽狭轴穗 *Stenorachis bellus* Mi,Sun C,Sun Y,Cui et Ai,1996(中文发表)
1996 米家榕、孙春林、孙跃武、崔尚森、艾永亮,见米家榕等,136页,图版32,图1,2,7,9,12(?),15;插图19;果穗;标本6块,标本号:HF5077,HF5078,HF5084—HF5086,BU-5116;正模:HF5085(图版32,图2);副模:HF5077(图版32,图7);标本保存在长春地质学院地史古生物教研组;河北抚宁石门寨;早侏罗世北票组。

备中狭轴穗 *Stenorachis bitchuensis* Ôishi,1932
1932 Ôishi,357页,图版50,图9;果穗;日本成羽;晚三叠世。
1993 米家榕等,139页,图版39,图7;图版41,图6;果穗;吉林汪清天桥岭嘎呀河西岸;晚三叠世马鹿沟组。

△美狭轴穗 *Stenorachis callistachyus* Li,1982
1982 李佩娟,96页,图版14,图1,1a;果穗;登记号:PB7977;正模:PB7977(图版14,图1,1a);标本保存在中国科学院南京地质古生物研究所;西藏八宿上林卡阿宗;早白垩世多尼组。

△叉状狭轴穗 *Stenorachis furcata* Mi,Zhang,Sun C,Luo et Sun Y,1993
1993 米家榕、张川波、孙春林等,139页,图版40,图7,8,10;果穗;标本3块,登记号:B405,B406,H405;标本保存在长春地质学院地史古生物教研室;北京西山潭柘寺东山;晚三叠世杏石口组;吉林浑江石人北山;晚三叠世北山组。(注:原文未指定模式标本)

△固阳狭轴穗 *Stenorachis guyangensis* Chang,1976
1976 张志诚,196页,图版101;图版103,图5;球果;标本2块,登记号:N139-1,N139-2;内蒙古固阳大三分子、锡林脑包;晚侏罗世—早白垩世固阳组。(注:原文未指定模式标本)
1982 谭琳、朱家楠,148页,图版35,图12,13;果穗;内蒙古固阳小三分子村东;早白垩世固阳组。
1995 邓胜徽等,56页,图版29,图3;果穗;内蒙古霍林河;早白垩世霍林河组。

圆锥形狭轴穗(槲寄生穗?) *Stenorachis* (*Ixostrobus*?) *konianus* Ôishi et Huzioka,1938
1938 Ôishi,Huzioka,97页,图版11,图7,7a;果穗;日本成羽;晚三叠世。

圆锥形狭轴穗(槲寄生穗?)(比较种) *Stenorachis* (*Ixostrobus*?) cf. *konianus* Ôishi et Huzioka
1964 李佩娟,143页,图版17,图4,4a;果穗;四川广元须家河;晚三叠世须家河组。

?圆锥狭轴穗(槲寄生穗?) ?*Stenorachis* (*Ixostrobus*?) *konianus* Ôishi et Huzioka
1956a 斯行健,58,164页,图版51,图4,5;球果;陕西宜君四郎庙;晚三叠世延长层。
1963 斯行健、李星学等,262页,图版89,图3,4(=斯行健,1956a,58,164页,图版51,图4,5);球果;陕西宜君四郎庙;晚三叠世延长群。

清晰狭轴穗 *Stenorachis lepida* (Heer) Seward, 1912

1880　*Ginkgo lepida* Heer, 17 页, 图版 4, 图 9b, 10b, 11b, 12b; 果穗; 俄罗斯东西伯利亚; 侏罗纪。
1912　Seward, 13 页, 图版 1, 图 8; 果穗; 黑龙江流域; 侏罗纪。
1949　斯行健, 33 页, 图版 15, 图 12, 13; 果穗; 湖北秭归香溪; 早侏罗世香溪煤系。
1963　斯行健、李星学等, 262 页, 图版 84, 图 8; 图版 89, 图 2; 果穗; 山西大同; 中侏罗世大同群; 湖北秭归香溪; 早侏罗世香溪群; 陕西宜君; 晚三叠世延长群。
1976　周惠琴等, 211 页, 图版 115, 图 2; 果穗; 内蒙古准格尔旗五字湾, 陕西铜川柳林沟、何家坊, 神木二十里墩; 中三叠世二马营组上部、铜川组上段。
1977a　冯少南等, 240 页, 图版 96, 图 9; 果穗; 湖北秭归香溪; 早—中侏罗世香溪群上煤组。
1980　黄枝高、周惠琴, 108 页, 图版 4, 图 3; 图版 22, 图 3; 图版 40, 图 6; 图版 45, 图 7; 图版 46, 图 9; 果穗; 陕西铜川柳林沟、何家坊, 神木二十里墩, 内蒙古准格尔旗五字湾; 晚三叠世延长组中部、上部, 中三叠世铜川组上段、二马营组上部。
1980　张武等, 291 页, 图版 140, 图 8—10; 果穗; 辽宁凌源沟门子, 北票; 早侏罗世郭家店组、北票组。
1982　张采繁, 537 页, 图版 351, 图 4, 5; 果穗; 湖南浏阳文家市; 早侏罗世高家田组。
1983　段淑英等, 图版 11, 图 13; 果穗; 云南宁蒗; 晚三叠世背箩山煤系。
1984　陈芬等, 63 页, 图版 32, 图 5, 6; 果穗; 北京西山; 早—中侏罗世下窑坡组、上窑坡组。
1984　顾道源, 154 页, 图版 76, 图 3; 果穗; 新疆克拉玛依吐孜阿克内沟; 早侏罗世三工河组。
1985　商平, 图版 8, 图 8; 果穗; 辽宁阜新; 早白垩世海州组孙家湾段。
1986　徐福祥, 421 页, 图版 2, 图 3; 果穗; 甘肃靖远刀楞山; 早侏罗世。
1987　陈晔等, 126 页, 图版 39, 图 9; 果穗; 四川盐边; 晚三叠世红果组。
1987　钱丽君等, 图版 27, 图 5; 果穗; 陕西神木考考乌素沟; 中侏罗世延安组 3 段。
1992　黄其胜、卢宗盛, 图版 1, 图 7; 果穗; 陕西延安西杏子河; 早侏罗世富县组。
1992　孙革、赵衍华, 551 页, 图版 259, 图 6; 果穗; 吉林桦甸白石砬子; 早侏罗世(?)玉兴屯组。
1995　曾勇等, 68 页, 图版 7, 图 3, 4; 图版 18, 图 3; 果穗; 河南义马; 中侏罗世义马组。
1998　张泓等, 图版 49, 图 7; 果穗; 陕西神木; 中侏罗世延安组。
2005　苗雨雁, 526 页, 图版 2, 图 24, 25; 果穗; 新疆准噶尔白杨河地区; 中侏罗世西山窑组。

清晰狭轴穗(比较种) *Stenorachis* cf. *lepida* (Heer) Seward

1981　周惠琴, 图版 3, 图 10; 果穗; 辽宁北票羊草沟; 晚三叠世羊草沟组。
1988　张汉荣等, 图版 1, 图 8; 果穗; 河北蔚县南石湖; 中侏罗世郑家窑组。

△长柄狭轴穗 *Stenorachis longistitata* Tan et Zhu, 1982

1982　谭琳、朱家楠, 148 页, 图版 35, 图 10, 11; 果穗; 标本 2 块, 登记号: GR118, GR119; 正模: GR119(图版 35, 图 10); 副模: GR118(图版 35, 图 11); 内蒙古固阳小三分子村东; 早白垩世固阳组。

斯堪尼亚狭轴穗 *Stenorachis scanicus* (Nathorst) Nathorst, 1902

1902　Nathorst, 16 页, 图版 1, 图 16, 17; 果穗; 瑞典; 晚三叠世—早侏罗世。
1987　张武、郑少林, 308 页, 图版 18, 图 9—12; 果穗; 辽宁北票喀喇沁左翼杨树沟; 早侏罗世北票组。
1998　张泓等, 图版 52, 图 8; 图版 54, 图 1, 2B; 果穗; 甘肃兰州窑街; 中侏罗世窑街组; 新疆和布克赛克、和什托洛盖；早侏罗世三工河组、八道湾组。

西伯利亚狭轴穗 *Stenorachis sibirica* Heer, 1876

1876b　Heer,61 页,图版 11,图 1,9—12;果穗;俄罗斯东西伯利亚;侏罗纪。
1941　Stockmans,Mathieu,54 页,图版 6,图 13,14;果穗;山西大同;侏罗纪。[注:此标本后被斯行健、李星学等(1963)改定为 *Stenorachis lepida* (Heer) Seward]
1993a　吴向午,142 页。

狭轴穗(未定多种) *Stenorachis* spp.

1976　*Stenorachis* sp.,张志诚,197 页,图版 100,图 4;球果;内蒙古固阳大三分子、锡林脑包;晚侏罗世—早白垩世固阳组。
1980　*Stenorachis* sp.,吴舜卿等,115 页,图版 26,图 7;果穗;湖北秭归香溪;早—中侏罗世香溪组。
1981　*Stenorachis* sp.,陈芬等,图版 4,图 9,10;果穗;辽宁阜新海州;早白垩世阜新组。
1982b　*Stenorachis* sp. (Cf. *Ixostrobus groenlandicus* Harris),吴向午,98 页,图版 15,图 5B,5b;果穗;西藏昌都希雄;晚三叠世巴贡组。
1986　*Stenorachis* sp.,叶美娜等,75 页,图版 48,图 8,8a;果穗;四川开县温泉;晚三叠世须家河组 5 段。
1987　*Stenorachis* sp.,陈晔等,126 页,图版 37,图 8;果穗;四川盐边;晚三叠世红果组。
1987　*Stenorachis* sp.,张志诚,381 页,图版 4,图 5,6;果穗;辽宁阜新;早白垩世阜新组。
1992　*Stenorachis* sp.,孙革、赵衍华,551 页,图版 244,图 5;图版 259,图 5;果穗化石;吉林蛟河;早白垩世乌林组;吉林营城;早白垩世营城组。
1993　*Stenorachis* sp.,胡书生、梅美棠,图版 2,图 10;果穗;吉林辽源西安;早白垩世长安组下煤段。
1998　*Stenorachis* sp.,邓胜徽,图版 2,图 2;果穗;内蒙古平庄-元宝山盆地;早白垩世元宝山组。
1999　*Stenorachis* sp.,孟繁松,图版 1,图 13;果穗;湖北秭归香溪;中侏罗陈家湾组。
1999b　*Stenorachis* sp.,吴舜卿,52 页,图版 44,图 5;果穗;贵州六枝郎岱;晚三叠世火把冲组。
2005　*Stenorachis* sp.,苗雨雁,527 页,图版 2,图 16,17;果穗;新疆准噶尔白杨河地区;中侏罗世西山窑组。

斯蒂芬叶属 Genus *Stephenophyllum* Florin, 1936

1936　Florin,82 页。
1970　*Stephanophyllum*,Andrews,206 页。[注:此属名 *Stephanophyllum* (Andrews,1970, 205 页)可能为 *Stephenophyllum* 的误拼]
1979　何元良等,153 页。
1993a　吴向午,143 页。

模式种:*Stephenophyllum solmis* (Seward) Florin,1936
分类位置:茨康目(Czekanowskiales)

索氏斯蒂芬叶 *Stephenophyllum solmis* (Seward) Florin, 1936

1919　*Desmiophyllum solmsi* Seward,71 页,图 662;叶;法兰士·约瑟兰群岛;侏罗纪。

1936　Florin,82 页,图版 11,图 7—10;图版 12—16;插图 3,4;叶及角质层;法兰士·约瑟兰地群岛;侏罗纪。
1970　*Stephenophyllum solmis* (Seward) Florin, Andrews,206 页。
1993a　吴向午,143 页。

索氏斯蒂芬叶(比较种) *Stephenophyllum* cf. *solmis* (Seward) Florin
1979　何元良等,153 页,图版 75,图 5—7;插图 10;叶及角质层;青海大柴旦大煤沟;中侏罗世大煤沟组。〔注:此标本后改定为 *Phoenicopsis* (*Stephenophyllum*) cf. *taschkessiensis* (Krasser)(李佩娟等,1988)〕
1993a　吴向午,143 页。

△天石枝属 Genus *Tianshia* Zhou et Zhang, 1998 (英文发表)
1998　周志炎、章伯乐,173 页。
模式种:*Tianshia patens* Zhou et Zhang, 1998
分类位置:茨康目(Czekanowskiales)

△伸展天石枝 *Tianshia patens* Zhou et Zhang, 1998 (英文发表)
1998　周志炎、章伯乐,173 页,图版 2,图 1—6;图版 4,图 3,4,11;插图 3;枝、叶和角质层;登记号:PB17912—PB17914;正模:PB17912(图版 2,图 1,4,5);标本保存在中国科学院南京地质古生物研究所;河南义马;中侏罗世义马组中部。

托勒利叶属 Genus *Torellia* Heer, 1870
〔注:此属仅有 *Torellia rigida* Heer 一种,出现于古近纪地层(斯行健、李星学等,1963)〕
1870　Heer,44 页。
1931　斯行健,60 页。
1993a　吴向午,149 页。
模式种:*Torellia rigida* Heer, 1870
分类位置:银杏植物(ginkgophytes)

坚直托勒利叶 *Torellia rigida* Heer, 1870
1870　Heer,44 页,图版 6,图 3—12;图版 16,图 1b;叶;挪威斯匹次卑尔根;中新世。
1993a　吴向午,149 页。

托勒利叶(未定种) *Torellia* sp.
1931　*Torellia* sp.,斯行健,60 页,图版 5,图 7;叶;辽宁北票;早、中侏罗世。〔注:此标本后被李星学改定为 *Pseudotorellia* sp.(斯行健、李星学等,1963,247 页)〕
1993a　*Torellia* sp.,吴向午,149 页。

托列茨果属 Genus *Toretzia* Stanislavsky, 1971

1971　Stanislavsky, 88 页。
1992　曹正尧, 240, 247 页。

模式种: *Toretzia angustifolia* Stanislavsky, 1971

分类位置: 银杏目托列茨果科 (Toretziaceae, Ginkgoales)

狭叶托列茨果 *Toretzia angustifolia* Stanislavsky, 1971

1971　Stanislavsky, 88 页, 图版 24; 图版 26, 图 1; 插图 44A, 44B; 乌克兰顿涅茨; 晚三叠世。

△顺发托列茨果 *Toretzia shunfaensis* Cao, 1992

1992　曹正尧, 240, 247 页, 图版 6, 图 12; 雌性生殖器官; 标本 1 块, 登记号: PB16135; 正模: PB16135 (图版 6, 图 12); 标本保存在中国科学院南京地质古生物研究所; 黑龙江东部顺发 101 孔; 早白垩世城子河组 4 段。

毛状叶属 Genus *Trichopitys* Saporta, 1875

1875　Saporta, 1020 页。
1901　Krasser, 148 页。
1993a　吴向午, 150 页。

模式种: *Trichopitys heteromorpha* Saporta, 1875

分类位置: 银杏植物? (ginkgophytes?)

不等形毛状叶 *Trichopitys heteromorpha* Saporta, 1875

1875　Saporta, 1020 页; 叶; 法国洛代夫; 二叠纪。
1885　Renault, 64 页, 图版 3, 图 2; 叶; 法国洛代夫; 二叠纪。
1993a　吴向午, 150 页。

刚毛毛状叶 *Trichopitys setacea* Heer, 1876

1876　Heer, 64 页, 图版 1, 图 9; 叶; 俄罗斯伊尔库茨克; 侏罗纪。
1901　Krasser, 148 页, 图版 2, 图 6; 叶; 新疆天山库鲁克塔格山北麓; 侏罗纪。[注: 此标本后归于 *Czekanowskia setacea* Heer (斯行健、李星学等, 1963, 249 页)]
1993a　吴向午, 150 页。

乌马果鳞属 Genus *Umaltolepis* Krassilov, 1972

1972　Krassilov, 63 页。
1984　王自强, 281 页。
1993a　吴向午, 152 页。

模式种：*Umaltolepis vachrameevii* Krassilov,1972

分类位置：银杏植物（ginkgophytes）

瓦赫拉梅耶夫乌马果鳞 *Umaltolepis vachrameevii* Krassilov,1972

1972　Krassilov,63 页,图版 21,图 5a;图版 22,图 5—8;图版 23,图 1,2,5—7,10,13;图 10;种子;黑龙江流域;晚侏罗世。

1993a　吴向午,152 页。

△河北乌马果鳞 *Umaltolepis hebeiensis* Wang,1984

1984　王自强,281 页,图版 152,图 12;图版 165,图 1—5;果鳞及角质层;标本 1 块,登记号：P0393;正模：P0393（图版 152,图 12）;标本保存在中国科学院南京地质古生物研究所研究所;河北张家口;早白垩世青石砬组。

1988　陈芬等,72 页,图版 41,图 5—11;图版 42,图 1—3;果鳞及角质层;辽宁阜新;早白垩世阜新组。

1993a　吴向午,152 页。

河北乌马果鳞（比较种）*Umaltolepis* cf. *hebeiensis* Wang

1985　商平,图版 13,图 7,8;果鳞;辽宁阜新;早白垩世阜新组中段上部。

△条叶属 Genus *Vittifoliolum* Zhou,1984

［注：原文将此属与 *Desmiophyllum*,*Cordaites*,*Yuccites*,*Bambusium*,*Phoenicopsis*,*Culgouweria*,*Windwardia*,*Pseudotorellia* 等属比较,认为可能属于银杏纲（周志炎,1984）;李佩娟等（1988）将此属归于银杏纲茨康目（?）］

1984　周志炎,49 页。

1993a　吴向午,44,241 页。

1993b　吴向午,503,520 页。

模式种：*Vittifoliolum segregatum* Zhou,1984

分类位置：银杏纲?（Ginkgopsida?）或茨康目?（Czekanowskiales?）

△游离条叶 *Vittifoliolum segregatum* Zhou,1984

1984　周志炎,49 页,图版 29,图 4—4d;图版 30,图 1—2b;图版 31,图 1—2a,4;插图 12;叶及角质层;登记号：PB8937—PB8941,PB8943;正模：PB8937（图版 30,图 1）;标本保存在中国科学院南京地质古生物研究所;湖南祁阳、零陵、兰山、衡南、江永、永兴等地;早侏罗世观音滩组中部、下部。

1993a　吴向午,44,241 页。

1993b　吴向午,503,520 页。

1995　曾勇等,66 页,图版 30,图 3a;叶;河南义马;中侏罗世义马组。

1995a　李星学（主编）,图版 85,图 5—7;叶及角质层;湖南零陵黄阳司;早侏罗世观音滩组中下（?）部。（中文）

1995b　李星学（主编）,图版 85,图 5—7;叶及角质层;湖南零陵黄阳司;早侏罗世观音滩组中下（?）部。（英文）

游离条叶(比较属种) Cf. *Vittifoliolum segregatum* Zhou
1988 李佩娟等,117 页,图版 83,图 3B;叶;青海柴达木盆地大煤沟;早侏罗世小煤沟组 *Zamites* 层。

游离条叶(比较种) *Vittifoliolum* cf. *segregatum* Zhou
1996 米家榕等,136 页,图版 33,图 1—5;叶及角质层;辽宁北票台吉冠山、三宝、东升;早侏罗世北票组。

△游离条叶脊条型 *Vittifoliolum segregatum* f. *costatum* Zhou,1984
1984 周志炎,50 页,图版 31,图 3—3b;叶及角质层;登记号:PB8942;标本保存在中国科学院南京地质古生物研究所;湖南零陵黄阳司;早侏罗世观音滩组中下(?)部。
1993a 吴向午,44,241 页。
1993b 吴向午,503,520 页。

△多脉条叶 *Vittifoliolum multinerve* Zhou,1984
1984 周志炎,50 页,图版 32,图 1,2;叶及角质层;登记号:PB8944,PB8945;正模:PB8944(图版 32,图 1);标本保存在中国科学院南京地质古生物研究所;湖南零陵黄阳司;早侏罗世观音滩组中下(?)部。
1993a 吴向午,44,241 页。
1993b 吴向午,503,520 页。
1998 黄其胜等,图版 1,图 16;叶;江西上饶清水;早侏罗世林山组。

多脉条叶(比较属种) Cf. *Vittifoliolum multinerve* Zhou
1988 李佩娟等,116 页,图版 75,图 5A,5a;叶;青海柴达木盆地大煤沟;早侏罗世甜水沟组 *Ephedrites* 层。

△少脉条叶 *Vittifoliolum paucinerve* Wu,1988
1988 吴向午,见李佩娟等,109 页,图版 9,图 1C;图版 72,图 1B;图版 73,图 1B,1b;图版 74,图 6;图版 75,图 3B,3aB,5B;图版 76,图 3,4;图版 77,图 2A,2aA;图版 78,图 4A,4aA;图版 82,图 2,2a;图版 84,图 4A,4a;图版 130,图 1—7;图版 137,图 4;图版 138,图 1—3;叶及角质层;采集号:80DP$_1$F$_{28}$,80DP$_1$F$_{58}$;登记号:PB13638—PB13640,PB13658—PB13667,PB13801;正模:PB13661(图版 72,图 1B);标本保存在中国科学院南京地质古生物研究所;青海柴达木盆地大煤沟;早侏罗世甜水沟组 *Ephedrites* 层。

条叶(未定多种) *Vittifoliolum* spp.
1986 *Vittifoliolum* sp.,吴其切等,图版 23,图 1;叶;江苏南部;早侏罗世南象组。
2004 *Vittifoliolum* sp.,孙革、梅盛吴,图版 5,图 9;叶;内蒙古阿拉善右旗上井子剖面;中侏罗世青土井群下部;甘肃山丹高家沟煤矿;中侏罗世早期。

条叶?(未定种) *Vittifoliolum*? sp.
2004 *Vittifoliolum*? sp.,孙革、梅盛吴,图版 5,图 3;图版 11,图 5,5a;图版 9,图 10;叶;内蒙古阿拉善右旗红柳沟、上井子;中侏罗世青土井群下部;甘肃山丹高家沟;中侏罗世早期。

△义马果属 Genus *Yimaia* Zhou et Zhang,1988

1988a 周志炎、章伯乐,217 页。(中文)
1988b 周志炎、章伯乐,1202 页。(英文)
1993a 吴向午,47,244 页。
1993b 吴向午,503,521 页。

模式种:*Yimaia recurva* Zhou et Zhang,1988
分类位置:银杏目(Ginkgoales)

△外弯义马果 *Yimaia recurva* Zhou et Zhang,1988

1988a 周志炎、章伯乐,217 页,图 3;生殖枝;标本 1 块,登记号:PB14193;正模:PB14193(图 3);生殖枝;标本保存在中国科学院南京地质古生物研究所;河南义马;中侏罗世义马组。(中文)
1988b 周志炎、章伯乐,1202 页,图 3;生殖枝;标本 1 块,登记号:PB14193;正模:PB14193(图 3);标本保存在中国科学院南京地质古生物研究所;河南义马;中侏罗世义马组。(英文)
1992 周志炎、章伯乐,159 页,图版 3,图 1—14;图版 5,图 1,3—8;图版 6,图 3—9;图版 8,图 1—4;插图 4A;生殖枝;河南义马;中侏罗世义马组。
1993a 吴向午,47,244 页。
1993b 吴向午,503,521 页。
1993 周志炎,173 页,图版 4,图 4,6;图版 5,图 2,5;大孢子膜;河南义马;中侏罗世义马组。

△赫勒义马果 *Yimaia hallei* (Sze) Zhou et Zhang,1992

1933c *Baiera hallei* Sze,斯行健,18 页,图版 7,图 9;叶;山西静乐;侏罗纪。
1992 周志炎、章伯乐,163 页。
1995a 李星学(主编),图版 96,图 3—5;营养枝叶及生殖枝;河南义马;中侏罗世义马组;山西静乐;中侏罗世大同组。(中文)
1995b 李星学(主编),图版 96,图 3—5;营养枝叶及生殖枝;河南义马;中侏罗世义马组;山西静乐;中侏罗世大同组。(英文)
2002 周志炎,图版 2,图 1—7;营养枝叶及生殖枝;河南义马;中侏罗世义马组。

银杏胚珠化石 *Ginkgo*-ovule

2004a 邓胜徽等,1334 页,图 1(b);银杏胚珠器官;辽宁铁法;早白垩世小明安碑组。(中文)
2004b 邓胜徽等,1374 页,图 1(b);银杏胚珠器官;辽宁铁法;早白垩世小明安碑组。(英文)

银杏种子化石 *Ginkgo*-samen

1931 斯行健,57,83 页,图版 8,图 5;银杏种子(与 *Ginkgo* cf. *hermelini* 保存在一起,原文认为是一种银杏的种子);辽宁朝阳北票;早侏罗世。

2005 孙柏年等,图版 15,图 7;图版 19,图 3;种子和种子的角质层;甘肃窑街;中侏罗世窑街组。

拟刺葵碎片 *Phoenicopsis*-reste
1903 Potonié,118 页,图 1(右),2,3;叶;新疆吐溪(Turatschi);侏罗纪。[注:此标本后被改定为 *Phoenicopsis potoniei* Krasser(Krasser,1905),*Phoenicopsis amgustifolia* Heer(Seward,1919)和 *Phoenicopsis* aff. *speciosa* Heer(Seward,1919);斯行健、李星学等,1963)]

附　　录

附录1　属名索引

[按中文名称的汉语拼音升序排列,属名后为页码(中文记录页码/英文记录页码),"△"号示依据中国标本建立的属名]

B

△白果叶属 *Baiguophyllum* ··· 18/192
拜拉属 *Baiera* ·· 3/171
拜拉属 *Bayera* ··· 19/192
北极拜拉属 *Arctobaiera* ·· 3/171
薄果穗属 *Leptostrobus* ·· 67/251

C

叉叶属 *Dicranophyllum* ··· 27/202
铲叶属 *Saportaea* ·· 91/280
茨康叶属 *Czekanowskia* ·· 19/193
　　茨康叶(瓦氏叶亚属)*Czekanowskia* (*Vachrameevia*) ··· 26/201

D

△大同叶属 *Datongophyllum* ··· 26/201
顶缺银杏属 *Phylladoderma* ·· 79/265
△渡口叶属 *Dukouphyllum* ··· 28/204
堆囊穗属 *Sorosaccus* ·· 94/283

F

△辐叶属 *Radiatifolium* ·· 87/274

H

哈兹叶属 *Hartzia* Harris,1935 (non Nikitin,1965) ·· 64/247
槲寄生穗属 *Ixostrobus* ··· 65/248

J

假托勒利叶属 *Pseudotorellia* ……………………………………………………… 82/268
桨叶属 *Eretmophyllum* ……………………………………………………… 29/204

K

卡肯果属 *Karkenia* ……………………………………………………… 67/251
苦戈维里属 *Culgoweria* ……………………………………………………… 19/192

L

裸籽属 *Allicospermum* ……………………………………………………… 1/169

M

毛状叶属 *Trichopitys* ……………………………………………………… 115/309

N

拟刺葵属 *Phoenicopsis* ……………………………………………………… 69/253
    拟刺葵（苦果维尔叶亚属）*Phoenicopsis* (*Culgoweria*) ……………… 76/262
    拟刺葵（拟刺葵亚属）*Phoenicopsis* (*Phoenicopsis*) ………………… 76/263
    △拟刺葵（斯蒂芬叶亚属）*Phoenicopsis* (*Stephenophyllum*) ……… 77/263
    拟刺葵（温德瓦狄叶亚属）*Phoenicopsis* (*Windwardia*) …………… 78/264
拟银杏属 *Ginkgophytopsis* ……………………………………………………… 59/241
△拟掌叶属 *Psygmophyllopsis* ……………………………………………………… 83/270

S

扇叶属 *Rhipidopsis* ……………………………………………………… 87/274
舌叶属 *Glossophyllum* ……………………………………………………… 60/242
石花属 *Antholites* ……………………………………………………… 1/169
石花属 *Antholithes* ……………………………………………………… 2/170
石花属 *Antholithus* ……………………………………………………… 2/170
△始拟银杏属 *Primoginkgo* ……………………………………………………… 80/266
斯蒂芬叶属 *Stephenophyllum* ……………………………………………………… 113/307
似管状叶属 *Solenites* ……………………………………………………… 93/281
似葡萄果穗属 *Staphidiophora* ……………………………………………………… 110/302
似银杏枝属 *Ginkgoitocladus* ……………………………………………………… 57/239
似银杏属 *Ginkgoites* ……………………………………………………… 43/221

T

△天石枝属 *Tianshia* ··· 114/308
△条叶属 *Vittifoliolum* ·· 116/310
托勒利叶属 *Torellia* ·· 114/308
托列茨果属 *Toretzia* ··· 115/308

W

乌马果鳞属 *Umaltolepis* ··· 115/309

X

狭轴穗属 *Stenorhachis* ·· 110/303
小果穗属 *Stachyopitys* ·· 109/302
小楔叶属 *Sphenarion* ·· 94/283
楔拜拉属 *Sphenobaiera* ··· 96/286
△楔叶拜拉花属 *Sphenobaieroanthus* ·· 108/301
△楔叶拜拉枝属 *Sphenobaierocladus* ·· 109/302

Y

△义马果属 *Yimaia* ··· 118/312
△异叶属 *Pseudorhipidopsis* ··· 81/267
银杏木属 *Ginkgophyton* Matthew,1910（non Zalessky,1918）······························· 58/240
银杏木属 *Ginkgophyton* Zalessky,1918（non Matthew,1910）······························· 58/240
银杏型木属 *Ginkgoxylon* ··· 60/242
银杏叶属 *Ginkgophyllum* ·· 57/239
银杏属 *Ginkgo* ·· 30/206
原始银杏型木属 *Protoginkgoxylon* ·· 80/266

Z

掌叶属 *Psygmophyllum* ··· 84/270
△中国叶属 *Sinophyllum* ··· 92/281
准银杏属 *Ginkgodium* ·· 41/219
准银杏属 *Ginkgoidium* ··· 42/220

附录2 种名索引

[按中文名称的汉语拼音升序排列，属名或种名后为页码(中文记录页码/英文记录页码)，"△"号失依据中国标本建立的属名或种名]

B

白果叶属 *Baiguophyllum*	18/192
△利剑白果叶 *Baiguophyllum lijianum*	18/192
拜拉属 *Baiera*	3/171
阿涅特拜拉 *Baiera ahnertii*	4/172
阿涅特拜拉(比较种) *Baiera* cf. *ahnertii*	4/172
△巴列伊拜拉 *Baiera balejensis*	5/173
△白田坝拜拉 *Baiera baitianbaensis*	5/173
△北方拜拉 *Baiera borealis*	5/174
△不对称拜拉 *Baiera asymmetrica*	5/173
叉状拜拉 *Baiera furcata*	7/176
叉状拜拉(比较种) *Baiera* cf. *furcata*	8/178
叉状拜拉(比较属种) Cf. *Baiera furcata*	8/178
长叶拜拉 *Baiera longifolia*	11/182
长叶拜拉(比较种) *Baiera* cf. *longifolia*	11/182
茨康诺斯基拜拉 *Baiera czekanowskiana*	6/175
△刺拜拉 *Baiera spinosa*	15/187
△东北拜拉 *Baiera manchurica*	12/183
△东方拜拉 *Baiera orientalis*	14/186
△东巩拜拉 *Baiera donggongensis*	6/175
△多裂拜拉 *Baiera multipartita*	14/185
多裂拜拉(比较种) *Baiera* cf. *multipartita*	14/186
多型拜拉 *Baiera polymorpha*	15/187
菲利蒲斯拜拉 *Baiera phillipsi*	15/187
菲利蒲斯拜拉(比较种) *Baiera* cf. *phillipsi*	15/187
△赫勒拜拉 *Baiera hallei*	10/181
赫勒拜拉(比较种) *Baiera* cf. *hallei*	11/181
△厚叶拜拉 *Baiera crassifolia*	6/175
△黄氏拜拉 *Baiera huangi*	11/181
基尔豪马特拜拉 *Baiera guilhaumati*	10/180
基尔豪马特拜拉(比较种) *Baiera* cf. *guilhaumati*	10/181
极小拜拉 *Baiera minuta*	13/184
极小拜拉(比较属种) *Baiera* cf. *B. minuta*	13/184
△假纤细拜拉 *Baiera pseudgracilis*	15/187
两裂拜拉 *Baiera dichotoma*	3/172
林德勒拜拉 *Baiera lindgleyana*	11/182
林德勒拜拉(比较种) *Baiera* cf. *lindleyana*	11/182
林德勒拜拉(比较属种) Cf. *Baiera lindleyana*	11/182

△岭西拜拉 *Baiera lingxiensis* ········· 11/182
卢波夫拜拉 *Baiera luppovi* ········· 12/183
敏斯特拜拉 *Baiera muensteriana* ········· 13/184
敏斯特拜拉(比较种) *Baiera* cf. *muensteriana* ········· 13/185
△木户拜拉 *Baiera kidoi* ········· 11/182
△木里拜拉 *Baiera muliensis* ········· 14/185
南方拜拉 *Baiera australis* ········· 5/173
南方拜拉(比较种) *Baiera* cf. *australis* ········· 5/173
△浅田拜拉 *Baiera asadai* ········· 4/172
浅田拜拉(比较种) *Baiera* cf. *asadai* ········· 4/173
△强劲拜拉 *Baiera valida* ········· 15/188
△青海?拜拉 *Baiera? qinghaiensis* ········· 15/187
稍美丽拜拉 *Baiera pulchella* ········· 15/187
△瘦形拜拉 *Baiera exiliformis* ········· 7/176
△树形?拜拉 *Baiera? dendritica* ········· 6/175
△细脉拜拉 *Baiera tenuistriata* ········· 15/188
狭叶拜拉 *Baiera angustiloba* ········· 4/172
狭叶拜拉(比较种) *Baiera* cf. *angustiloba* ········· 4/172
纤细拜拉 *Baiera gracilis* ········· 8/178
纤细拜拉(比较种) *Baiera* cf. *gracilis* ········· 9/179
△小型拜拉 *Baiera exilis* ········· 7/176
雅致拜拉 *Baiera elegans* ········· 6/175
雅致拜拉(比较种) *Baiera* cf. *elegans* ········· 6/175
优雅拜拉 *Baiera concinna* ········· 5/174
优雅拜拉(比较种) *Baiera* cf. *concinna* ········· 6/174
优雅拜拉(比较属种) Cf. *Baiera concinna* ········· 6/174
△秭归拜拉 *Baiera ziguiensis* Chen G X,1984 (non Meng,1987) ········· 16/188
△秭归拜拉 *Baiera ziguiensis* Meng,1987 (non Chen G X,1984) ········· 16/188
△最小拜拉 *Baiera minima* ········· 12/183
最小拜拉(比较种) *Baiera* cf. *minima* ········· 13/184
拜拉(未定多种) *Baiera* spp. ········· 16/188
?拜拉(未定多种) ?*Baiera* spp. ········· 18/191
拜拉?(未定多种) *Baiera*? spp. ········· 18/191

拜拉属 *Bayera* ········· 19/192
两裂拜拉 *Bayera dichotoma* ········· 19/192

北极拜拉属 *Arctobaiera* ········· 3/171
弗里特北极拜拉 *Arctobaiera flettii* ········· 3/171
△仁保北极拜拉 *Arctobaiera renbaoi* ········· 3/171

薄果穗属 *Leptostrobus* ········· 67/251
长薄果穗 *Leptostrobus longus* ········· 68/252
长薄果穗(比较种) *Leptostrobus* cf. *longus* ········· 68/252
△较宽薄果穗 *Leptostrobus latior* ········· 68/252
具边薄果穗 *Leptostrobus marginatus* ········· 68/252
具边薄果穗(比较种) *Leptostrobus* cf. *marginatus* ········· 68/252
△龙布拉德薄果穗 *Leptostrobus lundladiae* ········· 68/252

△球形薄果穗 *Leptostrobus sphaericus* ··· 69/253
疏花薄果穗 *Leptostrobus laxiflora* ··· 67/251
疏花薄果穗(比较种) *Leptostrobus* cf. *laxiflora* ····························· 68/251
疏花薄果穗(比较属种) Cf. *Leptostrobus laxiflora* ························· 67/251
蟹壳薄果穗 *Leptostrobus cancer* ·· 68/252
蟹壳薄果穗(比较属种) *Leptostrobus* cf. *L. cancer* ························ 68/252
△中华薄果穗 *Leptostrobus sinensis* ·· 68/252
薄果穗(未定多种) *Leptostrobus* spp. ·· 69/253

C

叉叶属 *Dicranophyllum* ··· 27/202
    △叉状叉叶 *Dicranophyllum furcatum* ·· 27/202
    鸡毛状叉叶 *Dicranophyllum gallicum* ······································ 27/202
    △宽叉叶 *Dicranophyllum latum* ··· 27/202
    宽叉叶(比较种) *Dicranophyllum* cf. *latum* ································· 27/203
    宽叉叶(比较属种) Cf. *Dicranophyllum latum* ····························· 27/203
    △?四裂叉叶 ?*Dicranophyllum quadrilobatum* ····························· 28/203
    △狭叶叉叶 *Dicranophyllum angustifolium* ································ 27/202
    △下延?叉叶 *Dicranophyllum*? *decurrens* ···································· 27/202
    小叉叶 *Dicranophyllum paulum* ·· 28/203
    ?叉叶(未定多种) ?*Dicranophyllum* spp. ······································ 28/204
    叉叶(未定多种) *Dicranophyllum* spp. ··· 28/203
    叉叶?(未定多种) *Dicranophyllum*? spp. ······································ 28/203
铲叶属 *Saportaea* ··· 91/280
    △多脉铲叶 *Saportaea nervosa* ·· 92/280
    多脉铲叶(比较种) *Saportaea* cf. *nervosa* ································· 92/281
    掌叶型铲叶 *Saportaea salisburioides* ·· 92/280
    铲叶(未定种) *Saportaea* sp. ·· 92/281
茨康叶属 *Czekanowskia* ··· 19/193
    △矮小茨康叶 *Czekanowskia pumila* ·· 22/196
    △府谷茨康叶 *Czekanowskia fuguensis* ····································· 21/195
    府谷茨康叶(比较种) *Czekanowskia* cf. *fuguensis* ······················ 21/195
    刚毛茨康叶 *Czekanowskia setacea* ··· 20/193
    刚毛茨康叶(比较种) *Czekanowskia* cf. *setacea* ························· 21/194
    刚毛茨康叶(集合种) *Czekanowskia* ex gr. *setacea* ····················· 21/194
    哈兹茨康叶 *Czekanowskia hartzi* ··· 21/195
    ?坚直茨康叶 ?*Czekanowskia rigida* ··· 24/199
    坚直茨康叶 *Czekanowskia rigida* ··· 22/196
    坚直茨康叶(比较种) *Czekanowskia* cf. *rigida* ··························· 24/199
    坚直茨康叶(集合种) *Czekanowskia* ex gr. *rigida* ······················· 24/199
    坚直茨康叶? *Czekanowskia rigida*? ··· 24/199
    宽叶茨康叶 *Czekanowskia latifolia* ·· 22/195
    宽叶茨康叶(比较种) *Czekanowskia* cf. *latifolia* ························ 22/196
    △宽展茨康叶 *Czekanowskia explicita* ······································ 21/195

穆雷茨康叶 *Czekanowskia murrayana* ·········· 22/196
那氏茨康叶 *Czekanowskia nathorsti* ·········· 22/196
那氏茨康叶(比较种) *Czekanowskia* cf. *nathorsti* ·········· 22/196
△奇丽茨康叶 *Czekanowskia speciosa* ·········· 24/199
△柔弱? 茨康叶 *Czekanowskia*? *debilis* ·········· 21/195
△神木茨康叶 *Czekanowskia shenmuensis* ·········· 24/199
△狭窄茨康叶 *Czekanowskia stenophylla* ·········· 25/199
△雅致茨康叶 *Czekanowskia elegans* ·········· 21/195
茨康叶(未定多种) *Czekanowskia* spp. ·········· 25/200
? 茨康叶(未定多种) ? *Czekanowskia* spp. ·········· 26/201
茨康叶?(未定多种) *Czekanowskia*? spp. ·········· 26/201
茨康叶(瓦氏叶亚属) *Czekanowskia* (*Vachrameevia*) ·········· 26/201
澳大利亚茨康叶(瓦氏叶) *Czekanowskia* (*Vachrameevia*) *australis* ·········· 26/201
茨康叶(瓦氏叶)(未定种) *Czekanowskia* (*Vachrameevia*) sp. ·········· 26/201

D

大同叶属 *Datongophyllum* ·········· 26/201
　　△长柄大同叶 *Datongophyllum longipetiolatum* ·········· 26/201
　　大同叶(未定种) *Datongophyllum* sp. ·········· 27/202
顶缺银杏属 *Phylladoderma* ·········· 79/265
　　顶缺银杏(等孔叶)(未定种) *Phylladoderma* (*Aequistomia*) sp. ·········· 80/266
　　舌形顶缺银杏 *Phylladoderma arberi* ·········· 79/266
　　舌形顶缺银杏(比较种) *Phylladoderma* cf. *arberi* ·········· 79/266
　　顶缺银杏?(未定种) *Phylladoderma*? sp. ·········· 80/266
△渡口叶属 *Dukouphyllum* ·········· 28/204
　　△诺格拉齐蕨型渡口叶 *Dukouphyllum noeggerathioides* ·········· 29/204
　　△陕西渡口叶 *Dukouphyllum shensiense* ·········· 29/204
堆囊穗属 *Sorosaccus* ·········· 94/283
　　细纤堆囊穗 *Sorosaccus gracilis* ·········· 94/283

F

△辐叶属 *Radiatifolium* ·········· 87/274
　　△大辐叶 *Radiatifolium magnusum* ·········· 87/274

H

哈兹叶属 *Hartzia* Harris, 1935 (non Nikitin, 1965) ·········· 64/247
　　△宽叶哈兹叶 *Hartzia latifolia* ·········· 64/248
　　? 细弱哈兹叶 ? *Hartzia tenuis* ·········· 64/248
　　细弱哈兹叶 *Hartzia tenuis* ·········· 64/247
　　细弱哈兹叶(比较属种) Cf. *Hartzia tenuis* ·········· 64/247
　　哈兹叶(未定种) *Hartzia* sp. ·········· 64/248
槲寄生穗属 *Ixostrobus* ·········· 65/248

格陵兰槲寄生穗 *Ixostrobus groenlandicus* ·· 65/249
海尔槲寄生穗 *Ixostrobus heeri* ·· 65/249
△海拉尔槲寄生穗 *Ixostrobus hailarensis* ··· 65/249
怀特槲寄生穗 *Ixostrobus whitbiensis* ·· 66/250
怀特槲寄生穗(比较种) *Ixostrobus* cf. *whitbiensis* ··································· 66/250
△美丽槲寄生穗 *Ixostrobus magnificus* ·· 66/250
美丽槲寄生穗(比较种) *Ixostrobus* cf. *magnificus* ······································· 66/250
清晰槲寄生穗 *Ixostrobus lepida* ·· 66/249
△柔弱槲寄生穗 *Ixostrobus delicatus* ·· 65/248
斯密拉兹基槲寄生穗 *Ixostrobus siemiradzkii* ··· 65/248
槲寄生穗(未定多种) *Ixostrobus* spp. ·· 66/250
槲寄生穗?(未定种) *Ixostrobus*? sp. ·· 67/250

J

假托勒利叶属 *Pseudotorellia* ·· 82/268
 埃菲假托勒利叶 *Pseudotorellia ephela* ·· 82/269
 埃菲假托勒利叶(比较种) *Pseudotorellia* cf. *ephela* ·· 82/269
 △长披针形假托勒利叶 *Pseudotorellia longilancifolia* ·· 83/269
 △常宁假托勒利叶 *Pseudotorellia changningensis* ·· 82/268
 刀形假托勒利叶 *Pseudotorellia ensiformis* ··· 82/269
 刀形假托勒利叶较宽型 *Pseudotorellia ensiformis* f. *latior* ································ 82/269
 △湖南假托勒利叶 *Pseudotorellia hunanensis* ·· 82/269
 诺氏假托勒利叶 *Pseudotorellia nordenskiöldi* ·· 82/268
 △青海假托勒利叶 *Pseudotorellia qinghaiensis* ··· 83/269
 假托勒利叶(未定多种) *Pseudotorellia* spp. ··· 83/270
 假托勒利叶?(未定多种) *Pseudotorellia*? spp. ··· 83/270

桨叶属 *Eretmophyllum* ·· 29/204
 △宽桨叶 *Eretmophyllum latifolium* ·· 29/205
 △宽叶桨叶 *Eretmophyllum latum* ··· 29/205
 柔毛桨叶 *Eretmophyllum pubescens* ·· 29/205
 柔毛桨叶(比较种) *Eretmophyllum* cf. *pubescens* ·· 29/205
 △柔弱桨叶 *Eretmophyllum subtile* ·· 30/205
 赛汗桨叶 *Eretmophyllum saighanense* ··· 30/205
 桨叶(未定多种) *Eretmophyllum* spp. ·· 30/205
 桨叶?(未定多种) *Eretmophyllum*? spp. ··· 30/205

K

卡肯果属 *Karkenia* ··· 67/251
 △河南卡肯果 *Karkenia henanensis* ··· 67/251
 内弯卡肯果 *Karkenia incurva* ··· 67/251

苦戈维里属 *Culgoweria* ··· 19/192
 奇异苦戈维里叶 *Culgoweria mirobilis* ·· 19/192

△西湾苦戈维里叶 *Culgoweria xiwanensis* ·················· 19/193

L

裸籽属 *Allicospermum* ·················· 1/169
    光滑裸籽 *Allicospermum xystum* ·················· 1/169
    ？光滑裸籽 ？*Allicospermum xystum* ·················· 1/169
    △卵圆形裸籽 *Allicospermum ovoides* ·················· 1/169
    裸籽（未定种）*Allicospermum* sp. ·················· 1/169

M

毛状叶属 *Trichopitys* ·················· 115/309
    不等形毛状叶 *Trichopitys heteromorpha* ·················· 115/309
    刚毛毛状叶 *Trichopitys setacea* ·················· 115/309

N

拟刺葵属 *Phoenicopsis* ·················· 69/253
    △波托尼拟刺葵 *Phoenicopsis potoniei* ·················· 73/258
    大拟刺葵 *Phoenicopsis magnum* ·················· 72/257
    厄尼塞捷拟刺葵 *Phoenicopsis enissejensis* ·················· 72/256
    △湖南拟刺葵 *Phoenicopsis hunanensis* ·················· 72/257
    华丽拟刺葵 *Phoenicopsis speciosa* ·················· 73/258
    华丽拟刺葵（比较种）*Phoenicopsis* cf. *speciosa* ·················· 74/260
    华丽拟刺葵（比较属种）Cf. *Phoenicopsis speciosa* ·················· 74/260
    ？华丽拟刺葵（亲近种）？*Phoenicopsis* aff. *speciosa* ·················· 74/260
    华丽拟刺葵（亲近种）*Phoenicopsis* aff. *speciosa* ·················· 74/260
    较宽拟刺葵 *Phoenicopsis latior* ·················· 72/257
    较宽拟刺葵（比较种）*Phoenicopsis* cf. *latior* ·················· 72/257
    △宽叶拟刺葵 *Phoenicopsis latifolia* ·················· 72/257
    △满洲拟刺葵 *Phoenicopsis manchurensis* ·················· 72/257
    满洲拟刺葵（比较种）*Phoenicopsis* cf. *manchurensis* ·················· 72/258
    △满洲拟刺葵 *Phoenicopsis manchurica* ·················· 73/258
    △山田？拟刺葵 *Phoenicopsis*? *yamadai* ·················· 75/260
    △塔什克斯拟刺葵 *Phoenicopsis taschkessiensis* ·················· 74/260
    狭叶拟刺葵 *Phoenicopsis angustifolia* ·················· 69/253
    狭叶拟刺葵（比较种）*Phoenicopsis* cf. *angustifolia* Heer ·················· 71/256
    狭叶拟刺葵（比较属种）Cf. *Phoenicopsis angustifolia* ·················· 71/256
    狭叶拟刺葵（集合种）*Phoenicopsis* ex gr. *angustifolia* ·················· 71/256
    狭叶拟刺葵（亲近种）*Phoenicopsis* aff. *angustifolia* ·················· 71/256
    △狭叶拟刺葵中间型 *Phoenicopsis angustifolia* f. *media* ·················· 71/256
    窄小拟刺葵 *Phoenicopsis angustissima* ·················· 71/256
    △直叶拟刺葵 *Phoenicopsis euthyphylla* ·················· 72/257

△中间拟刺葵 *Phoenicopsis media* ……………………………………………… 73/258
拟刺葵(比较属,未定种) Cf. *Phoenicopsis* sp. ……………………………… 76/262
拟刺葵(未定多种) *Phoenicopsis* spp. ………………………………………… 75/261
拟刺葵?(未定多种) *Phoenicopsis*? spp. ……………………………………… 75/261
拟刺葵(苦果维尔叶亚属) *Phoenicopsis* (*Culgoweria*) ……………………… 76/262
△霍木河拟刺葵(苦戈维尔叶) *Phoenicopsis* (*Culgoweria*) *huolinheiana* ………… 76/262
奇异拟刺葵(苦戈维尔叶) *Phoenicopsis* (*Culgoweria*) *mirabilis* …………… 76/262
△珠斯花拟刺葵(苦戈维尔叶) *Phoenicopsis* (*Culgoweria*) *jus'huaensis* …… 76/262
拟刺葵(拟刺葵亚属) *Phoenicopsis* (*Phoenicopsis*) ………………………… 76/263
狭叶拟刺葵(拟刺葵) *Phoenicopsis* (*Phoenicopsis*) *angustifolia* …………… 77/263
狭叶拟刺葵(拟刺葵)(比较种) *Phoenicopsis* (*Phoenicopsis*) cf. *angustifolia* … 77/263
拟刺葵(拟刺葵?)(未定种) *Phoenicopsis* (*Phoenicopsis*?) sp. ……………… 77/263
△拟刺葵(斯蒂芬叶亚属) *Phoenicopsis* (*Stephenophyllum*) ………………… 77/263
厄尼塞捷拟刺葵(斯蒂芬叶) *Phoenicopsis* (*Stephenophyllum*) *enissejensis* … 77/264
△美形拟刺葵(斯蒂芬叶) *Phoenicopsis* (*Stephenophyllum*) *decorata* ……… 77/263
索尔姆斯拟刺葵(斯蒂芬叶) *Phoenicopsis* (*Stephenophyllum*) *solmsi* …… 77/263
△塔什克斯拟刺葵(斯蒂芬叶) *Phoenicopsis* (*Stephenophyllum*) *taschkessiensis* …… 78/264
塔什克斯拟刺葵(斯蒂芬叶)(比较种) *Phoenicopsis* (*Stephenophyllum*) cf. *taschkessiensis* ……… 78/264
△特别拟刺葵(斯蒂芬叶) *Phoenicopsis* (*Stephenophyllum*) *mira* ………… 78/264
拟刺葵(温德瓦狄叶亚属) *Phoenicopsis* (*Windwardia*) …………………… 78/264
△潮水拟刺葵(温德瓦狄叶) *Phoenicopsis* (*Windwardia*) *chaoshuiensis* …… 79/265
△吉林拟刺葵(温德瓦狄叶) *Phoenicopsis* (*Windwardia*) *jilinensis* ………… 79/265
克罗卡利拟刺葵(温德瓦狄叶) *Phoenicopsis* (*Windwardia*) *crookalii* ……… 78/265
△西勒普拟刺葵(温德瓦狄叶) *Phoenicopsis* (*Windwardia*) *silapensis* …… 79/265
拟刺葵(温德瓦狄叶)(未定种) *Phoenicopsis* (*Windwardia*) sp. …………… 79/265
拟银杏属 *Ginkgophytopsis* …………………………………………………………… 59/241
△绰尔河拟银杏 *Ginkgophytopsis chuoerheensis* ……………………………… 59/241
△刺缘拟银杏 *Ginkgophytopsis spinimarginalis* ……………………………… 59/241
△福建拟银杏 *Ginkgophytopsis fukienensis* …………………………………… 59/241
福建拟银杏(比较种) *Ginkgophytopsis* cf. *fukienensis* …………………… 59/241
扇形拟银杏 *Ginkgophytopsis flabellata* ……………………………………… 59/241
△兴安? 拟银杏 *Ginkgophytopsis*? *xinganensis* ……………………………… 60/241
兴安拟银杏 *Ginkgophytopsis xinganensis* …………………………………… 59/242
△中国拟银杏 *Ginkgophytopsis zhonguoensis* ………………………………… 60/242
拟银杏(未定多种) *Ginkgophytopsis* spp. …………………………………… 60/242
△拟掌叶属 *Psygmophyllopsis* ……………………………………………………… 83/270
△诺林拟掌叶 *Psygmophyllopsis norinii* ……………………………………… 84/270

S

扇叶属 *Rhipidopsis* ………………………………………………………………………… 87/274
△凹顶扇叶 *Rhipidopsis concava* ………………………………………………… 88/275
拜拉型扇叶 *Rhipidopsis baieroides* …………………………………………… 87/275
△瓣扇叶 *Rhipidopsis lobata* ……………………………………………………… 88/276
瓣扇叶(比较属种) Cf. *Rhipidopsis lobata* …………………………………… 88/276

△长叶扇叶 *Rhipidopsis longifolia* ·················· 89/276
△多分叉扇叶 *Rhipidopsis multifurcata* ·················· 89/277
△多裂扇叶 *Rhipidopsis lobulata* ·················· 88/276
冈瓦那扇叶 *Rhipidopsis gondwanensis* ·················· 88/275
△贵州扇叶 *Rhipidopsis guizhouensis* ·················· 88/275
△红山扇叶 *Rhipidopsis hongshanensis* ·················· 88/275
△今泉扇叶 *Rhipidopsis imaizumii* ·················· 88/276
△潘氏扇叶 *Rhipidopsis p'anii* ·················· 89/277
潘氏扇叶(比较种) *Rhipidopsis* cf. *p'anii* ·················· 90/278
△山田扇叶 *Rhipidopsis yamadai* ·················· 91/279
△射扇叶 *Rhipidopsis radiata* ·················· 90/278
△石发扇叶 *Rhipidopsis shifaensis* ·················· 90/278
△水城扇叶 *Rhipidopsis shuichengensis* ·················· 90/278
△汤旺河扇叶 *Rhipidopsis tangwangheensis* ·················· 90/279
△陶海营扇叶 *Rhipidopsis taohaiyingensis* ·················· 90/279
△小扇叶 *Rhipidopsis minor* ·················· 89/276
△兴安扇叶 *Rhipidopsis xinganensis* ·················· 90/279
银杏状扇叶 *Rhipidopsis ginkgoides* ·················· 87/274
银杏状扇叶(比较种) *Rhipidopsis* cf. *ginkgoides* ·················· 87/275
掌状扇叶 *Rhipidopsis palmata* ·················· 89/277
掌状扇叶(比较种) *Rhipidopsis* cf. *palmata* ·················· 89/277
掌状扇叶(亲近种) *Rhipidopsis* aff. *palmata* ·················· 89/277
△最小扇叶 *Rhipidopsis minutus* ·················· 89/277
扇叶(未定多种) *Rhipidopsis* spp. ·················· 91/279
?扇叶(未定种) ?*Rhipidopsis* sp. ·················· 91/280
扇叶?(未定种) *Rhipidopsis*? sp. ·················· 91/280
舌叶属 *Glossophyllum* ·················· 60/242
△蔡耶?舌叶 *Glossophyllum*? *zeilleri* ·················· 63/246
蔡耶舌叶 *Glossophyllum zeilleri* ·················· 63/246
△长叶?舌叶 *Glossophyllum longifolium* (Saffeld) Lee, 1963 (non Yang, 1978) ·················· 61/243
△长叶舌叶 *Glossophyllum longifolium* Yang, 1978 [non (Saffeld) Lee, 1963] ·················· 61/243
傅兰林舌叶 *Glossophyllum florini* ·················· 60/243
傅兰林舌叶(比较种) *Glossophyllum* cf. *florini* ·················· 61/243
傅兰林舌叶(比较属种) Cf. *Glossophyllum florini* ·················· 61/243
△陕西?舌叶 *Glossophyllum*? *shensiense* ·················· 62/244
陕西舌叶 *Glossophyllum shensiense* ·················· 61/243
陕西舌叶(比较属种) Cf. *Glossophyllum shensiense* ·················· 62/244
?舌叶(未定多种) ?*Glossophyllum* spp. ·················· 64/247
舌叶(未定多种) *Glossophyllum* spp. ·················· 63/246
舌叶?(未定多种) *Glossophyllum*? spp. ·················· 63/246
石花属 *Antholites* ·················· 1/169
△中国石花 *Antholites chinensis* ·················· 2/170
石花属 *Antholithes* ·················· 2/170
百合石花 *Antholithes liliacea* ·················· 2/170
石花属 *Antholithus* ·················· 2/170

△富隆山石花 *Antholithus fulongshanensis* ⋯⋯⋯⋯⋯⋯⋯⋯⋯⋯⋯⋯⋯⋯⋯⋯⋯⋯ 2/170
△卵形石花 *Antholithus ovatus* ⋯⋯⋯⋯⋯⋯⋯⋯⋯⋯⋯⋯⋯⋯⋯⋯⋯⋯⋯⋯⋯⋯ 2/170
魏氏石花 *Antholithus wettsteinii* ⋯⋯⋯⋯⋯⋯⋯⋯⋯⋯⋯⋯⋯⋯⋯⋯⋯⋯⋯⋯⋯ 2/170
△杨树沟石花 *Antholithus yangshugouensis* ⋯⋯⋯⋯⋯⋯⋯⋯⋯⋯⋯⋯⋯⋯⋯⋯ 3/171
石花(未定多种) *Antholithus* spp. ⋯⋯⋯⋯⋯⋯⋯⋯⋯⋯⋯⋯⋯⋯⋯⋯⋯⋯⋯⋯⋯ 3/171
△始拟银杏属 *Primoginkgo* ⋯⋯⋯⋯⋯⋯⋯⋯⋯⋯⋯⋯⋯⋯⋯⋯⋯⋯⋯⋯⋯⋯⋯⋯⋯⋯ 80/266
△深裂始拟银杏 *Primoginkgo dissecta* ⋯⋯⋯⋯⋯⋯⋯⋯⋯⋯⋯⋯⋯⋯⋯⋯⋯⋯ 80/266
斯蒂芬叶属 *Stephenophyllum* ⋯⋯⋯⋯⋯⋯⋯⋯⋯⋯⋯⋯⋯⋯⋯⋯⋯⋯⋯⋯⋯⋯⋯⋯⋯ 113/307
索氏斯蒂芬叶 *Stephenophyllum solmis* ⋯⋯⋯⋯⋯⋯⋯⋯⋯⋯⋯⋯⋯⋯⋯⋯⋯ 113/307
索氏斯蒂芬叶(比较种) *Stephenophyllum* cf. *solmis* ⋯⋯⋯⋯⋯⋯⋯⋯ 114/307
似管状叶属 *Solenites* ⋯⋯⋯⋯⋯⋯⋯⋯⋯⋯⋯⋯⋯⋯⋯⋯⋯⋯⋯⋯⋯⋯⋯⋯⋯⋯⋯⋯ 93/281
△东方似管状叶 *Solenites orientalis* ⋯⋯⋯⋯⋯⋯⋯⋯⋯⋯⋯⋯⋯⋯⋯⋯⋯ 94/282
柳条似管状叶 *Solenites vimineus* ⋯⋯⋯⋯⋯⋯⋯⋯⋯⋯⋯⋯⋯⋯⋯⋯⋯⋯⋯ 94/283
△滦平似管状叶 *Solenites luanpingensis* ⋯⋯⋯⋯⋯⋯⋯⋯⋯⋯⋯⋯⋯⋯⋯ 93/282
穆雷似管状叶 *Solenites murrayana* ⋯⋯⋯⋯⋯⋯⋯⋯⋯⋯⋯⋯⋯⋯⋯⋯⋯⋯ 93/281
穆雷似管状叶(比较种) *Solenites* cf. *murrayana* ⋯⋯⋯⋯⋯⋯⋯⋯⋯ 93/282
似葡萄果穗属 *Staphidiophora* ⋯⋯⋯⋯⋯⋯⋯⋯⋯⋯⋯⋯⋯⋯⋯⋯⋯⋯⋯⋯⋯⋯⋯⋯ 110/302
弱小? 似葡萄果穗 *Staphidiophora*? *exilis* ⋯⋯⋯⋯⋯⋯⋯⋯⋯⋯⋯⋯ 110/303
弱小? 似葡萄果穗(比较属种) Cf. *Staphidiophora*? *exilis* ⋯⋯⋯ 110/303
一侧生似葡萄果穗 *Staphidiophora secunda* ⋯⋯⋯⋯⋯⋯⋯⋯⋯⋯⋯⋯ 110/303
似葡萄果穗(未定多种) *Staphidiophora* spp. ⋯⋯⋯⋯⋯⋯⋯⋯⋯⋯⋯⋯ 110/303
似银杏枝属 *Ginkgoitocladus* ⋯⋯⋯⋯⋯⋯⋯⋯⋯⋯⋯⋯⋯⋯⋯⋯⋯⋯⋯⋯⋯⋯⋯⋯⋯ 57/239
布列英似银杏枝 *Ginkgoitocladus burejensis* ⋯⋯⋯⋯⋯⋯⋯⋯⋯⋯⋯ 57/239
布列英似银杏枝(比较种) *Ginkgoitocladus* cf. *burejensis* ⋯⋯⋯ 57/239
似银杏枝(未定种) *Ginkgoitocladus* sp. ⋯⋯⋯⋯⋯⋯⋯⋯⋯⋯⋯⋯⋯⋯⋯ 57/239
似银杏属 *Ginkgoites* ⋯⋯⋯⋯⋯⋯⋯⋯⋯⋯⋯⋯⋯⋯⋯⋯⋯⋯⋯⋯⋯⋯⋯⋯⋯⋯⋯⋯⋯ 43/221
△阿干镇似银杏 *Ginkgoites aganzhenensis* ⋯⋯⋯⋯⋯⋯⋯⋯⋯⋯⋯⋯⋯ 43/221
△奥勃鲁契夫似银杏 *Ginkgoites obrutschewi* ⋯⋯⋯⋯⋯⋯⋯⋯⋯⋯⋯ 48/228
奥勃鲁契夫似银杏(比较种) *Ginkgoites* cf. *obrutschewi* ⋯⋯⋯⋯ 49/229
△宝山似银杏 *Ginkgoites baoshanensis* ⋯⋯⋯⋯⋯⋯⋯⋯⋯⋯⋯⋯⋯⋯⋯ 43/222
△北方似银杏 *Ginkgoites borealis* ⋯⋯⋯⋯⋯⋯⋯⋯⋯⋯⋯⋯⋯⋯⋯⋯⋯⋯⋯ 43/222
△北京似银杏 *Ginkgoites beijingensis* ⋯⋯⋯⋯⋯⋯⋯⋯⋯⋯⋯⋯⋯⋯⋯⋯ 43/222
不整齐似银杏 *Ginkgoites acosmia* ⋯⋯⋯⋯⋯⋯⋯⋯⋯⋯⋯⋯⋯⋯⋯⋯⋯⋯⋯ 43/221
不整齐似银杏(比较种) *Ginkgoites* cf. *acosmia* ⋯⋯⋯⋯⋯⋯⋯⋯⋯ 43/221
△昌都似银杏 *Ginkgoites qamdoensis* ⋯⋯⋯⋯⋯⋯⋯⋯⋯⋯⋯⋯⋯⋯⋯⋯ 50/229
△粗脉? 似银杏 *Ginkgoites*? *crassinervis* ⋯⋯⋯⋯⋯⋯⋯⋯⋯⋯⋯⋯ 44/223
粗脉似银杏 *Ginkgoites crassinervis* ⋯⋯⋯⋯⋯⋯⋯⋯⋯⋯⋯⋯⋯⋯⋯⋯ 44/223
△大峡口似银杏 *Ginkgoites tasiakouensis* ⋯⋯⋯⋯⋯⋯⋯⋯⋯⋯⋯⋯⋯ 53/234
△大叶似银杏 *Ginkgoites gigantea* ⋯⋯⋯⋯⋯⋯⋯⋯⋯⋯⋯⋯⋯⋯⋯⋯⋯⋯ 45/224
大叶似银杏 *Ginkgoites magnifolius* ⋯⋯⋯⋯⋯⋯⋯⋯⋯⋯⋯⋯⋯⋯⋯⋯⋯ 47/226
大叶似银杏(比较种) *Ginkgoites* cf. *magnifolius* ⋯⋯⋯⋯⋯⋯⋯⋯ 47/226
带状似银杏 *Ginkgoites taeniata* ⋯⋯⋯⋯⋯⋯⋯⋯⋯⋯⋯⋯⋯⋯⋯⋯⋯⋯⋯⋯ 52/233
带状似银杏(比较种) *Ginkgoites* cf. *taeniata* ⋯⋯⋯⋯⋯⋯⋯⋯⋯⋯ 52/233
△蝶形似银杏 *Ginkgoites papilionaceous* ⋯⋯⋯⋯⋯⋯⋯⋯⋯⋯⋯⋯⋯⋯ 49/229
△东北似银杏 *Ginkgoites manchuricus* ⋯⋯⋯⋯⋯⋯⋯⋯⋯⋯⋯⋯⋯⋯⋯ 47/226

△东方似银杏 *Ginkgoites orientalis*	49/229
△多脉似银杏 *Ginkgoites myrioneurus*	48/228
△二叠似银杏 *Ginkgoites permica*	49/229
△肥胖似银杏 *Ginkgoites obesus*	48/228
费尔干似银杏 *Ginkgoites ferganensis*	45/224
费尔干似银杏(比较属种) *Ginkgoites* cf. *ferganensis*	45/224
△阜新似银杏 *Ginkgoites fuxinensis*	45/224
海尔似银杏 *Ginkgoites heeri*	46/224
赫氏似银杏 *Ginkgoites hermelini*	46/225
胡顿似银杏 *Ginkgoites huttoni*	46/225
胡顿似银杏(比较属种) *Ginkgoites* cf. *G. huttoni*	46/225
△吉林似银杏 *Ginkgoites chilinensis*	44/222
△较小似银杏 *Ginkgoites minisculus*	48/228
△截形似银杏 *Ginkgoites truncatus*	53/234
截形似银杏(比较种) *Ginkgoites* cf. *truncatus*	53/234
△近圆似银杏 *Ginkgoites rotundus*	50/230
具边似银杏 *Ginkgoites marginatus*	47/227
具边似银杏(比较种) *Ginkgoites* cf. *marginatus*	48/227
拉拉米似银杏 *Ginkgoites laramiensis*	46/225
拉拉米似银杏(比较种) *Ginkgoites* cf. *laramiensis*	46/225
罗曼诺夫斯基似银杏 *Ginkgoites romanowskii*	50/230
△平庄似银杏 *Ginkgoites pingzhuangensis*	49/229
△强壮似银杏 *Ginkgoites robustus*	50/230
清晰似银杏 *Ginkgoites lepidus*	46/225
清晰似银杏(比较种) *Ginkgoites* cf. *lepidus*	47/226
△四瓣？似银杏 *Ginkgoites? quadrilobus*	50/230
△四川似银杏 *Ginkgoites sichuanensis*	52/233
△四裂似银杏 *Ginkgoites tetralobus*	53/234
△桃川似银杏 *Ginkgoites taochuanensis*	53/234
铁线蕨型似银杏 *Ginkgoites adiantoides*	43/221
椭圆似银杏 *Ginkgoites obovatus*	43/221
△汪清似银杏 *Ginkgoites wangqingensis*	53/235
△五龙似银杏 *Ginkgoites wulungensis*	53/235
西伯利亚似银杏 *Ginkgoites sibiricus*	50/230
西伯利亚似银杏(比较种) *Ginkgoites* cf. *sibiricus*	51/232
西伯利亚似银杏(比较属种) Cf. *Ginkgoites sibiricus*	51/232
西伯利亚似银杏(亲近种) *Ginkgoites* aff. *sibiricus*	51/232
△小叶似银杏 *Ginkgoites microphyllus*	48/227
△楔叶似银杏 *Ginkgoites cuneifolius*	44/223
△新化似银杏 *Ginkgoites xinhuaensis*	54/235
△新龙似银杏 *Ginkgoites xinlongensis*	54/235
新龙似银杏(比较种) *Ginkgoites* cf. *xinlongensis*	54/235
△雅致似银杏 *Ginkgoites elegans* Cao,1992 (non Yang,Sun et Shen,1988)	45/224
△雅致似银杏 *Ginkgoites elegans* Yang,Sun et Shen,1988 (non Cao,1992)	45/224
△亚铁线蕨型似银杏 *Ginkgoites subadiantoides*	52/233

△窑街似银杏 *Ginkgoites yaojiensis*	54/235
指状似银杏 *Ginkgoites digitatus*	44/223
指状似银杏(比较种) *Ginkgoites* cf. *digitata*	45/223
指状似银杏胡顿变种 *Ginkgoites digitatus* var. *huttoni*	45/223
△中国叶型似银杏 *Ginkgoites sinophylloides*	52/233
△周氏似银杏 *Ginkgoites chowi*	44/222
周氏似银杏(比较种) *Ginkgoites* cf. *chowi*	44/223
似银杏(未定多种) *Ginkgoites* spp.	54/235
?似银杏(未定种) ?*Ginkgoites* sp.	57/238
似银杏?(未定多种) *Ginkgoites*? spp.	56/238

T

△天石枝属 *Tianshia*	114/308
△伸展天石枝 *Tianshia patens*	114/308
△条叶属 *Vittifoliolum*	116/310
△多脉条叶 *Vittifoliolum multinerve*	117/311
多脉条叶(比较属种) Cf. *Vittifoliolum multinerve*	117/311
△少脉条叶 *Vittifoliolum paucinerve*	117/311
△游离条叶 *Vittifoliolum segregatum*	116/310
游离条叶(比较种) *Vittifoliolum* cf. *segregatum*	117/311
游离条叶(比较属种) Cf. *Vittifoliolum segregatum*	117/311
△游离条叶脊条型 *Vittifoliolum segregatum* f. *costatum*	117/311
条叶(未定多种) *Vittifoliolum* spp.	117/311
条叶?(未定种) *Vittifoliolum*? sp.	117/311
托勒利叶属 *Torellia*	114/308
坚直托勒利叶 *Torellia rigida*	114/308
托勒利叶(未定种) *Torellia* sp.	114/308
托列茨果属 *Toretzia*	115/308
△顺发托列茨果 *Toretzia shunfaensis*	115/309
狭叶托列茨果 *Toretzia angustifolia*	115/309

W

乌马果鳞属 *Umaltolepis*	115/309
△河北乌马果鳞 *Umaltolepis hebeiensis*	116/310
河北乌马果鳞(比较种) *Umaltolepis* cf. *hebeiensis*	116/310
瓦赫拉梅耶夫乌马果鳞 *Umaltolepis vachrameevii*	116/309

X

狭轴穗属 *Stenorhachis*	110/303
△北票狭轴穗 *Stenorachis beipiaoensis*	111/303
备中狭轴穗 *Stenorachis bitchuensis*	111/304
△叉状狭轴穗 *Stenorachis furcata*	111/304

△长柄狭轴穗 Stenorachis longistitata	112/306
△固阳狭轴穗 Stenorachis guyangensis	111/304
△美丽狭轴穗 Stenorachis bellus	111/304
△美狭轴穗 Stenorachis callistachyus	111/304
庞氏狭轴穗 Stenorhachis ponseleti	110/303
清晰狭轴穗 Stenorachis lepida	112/305
清晰狭轴穗(比较种) Stenorachis cf. lepida	112/306
斯卡尼亚狭轴穗 Stenorachis scanicus	112/306
西伯利亚狭轴穗 Stenorachis sibirica	113/306
?圆锥狭轴穗(槲寄生穗?) ?Stenorachis (Ixostrobus?) konianus	111/304
圆锥形狭轴穗(槲寄生穗?) Stenorachis (Ixostrobus?) konianus	111/304
圆锥形狭轴穗(槲寄生穗?)(比较种) Stenorachis (Ixostrobus?) cf. konianus	111/304
狭轴穗(未定多种) Stenorachis spp.	113/306
小果穗属 Stachyopitys	109/302
普雷斯利小果穗 Stachyopitys preslii	109/302
小果穗(未定种) Stachyopitys sp.	109/302
小楔叶属 Sphenarion	94/283
薄叶小楔叶 Sphenarion leptophylla	95/284
薄叶小楔叶(比较属种) Sphenarion cf. S. leptophylla	96/285
薄叶小楔叶(比较属种) Cf. Sphenarion leptophylla	95/285
△均匀小楔叶 Sphenarion parilis	96/285
△开叉小楔叶 Sphenarion dicrae	95/284
宽叶小楔叶 Sphenarion latifolia	95/284
疏裂小楔叶 Sphenarion paucipartita	95/283
疏裂小楔叶(比较属种) Cf. Sphenarion paucipartita	95/284
△天桥岭小楔叶 Sphenarion tianqiaolingense	96/285
△线形小楔叶 Sphenarion lineare	96/285
△小叶小楔叶 Sphenarion parvum	96/285
△徐氏小楔叶 Sphenarion xuii	96/285
小楔叶(未定多种) Sphenarion spp.	96/285
楔拜拉属 Sphenobaiera	96/286
阿勃希里克楔拜拉 Sphenobaiera abschirica	98/287
白垩楔拜拉 Sphenobaiera cretosa	99/290
白垩楔拜拉(比较种) Sphenobaiera cf. cretosa	99/290
△北票楔拜拉 Sphenobaiera beipiaoensis	98/288
△并列楔拜拉 Sphenobaiera jugata	101/293
波氏楔拜拉 Sphenobaiera boeggildiana	99/289
波氏楔拜拉(比较属种) Cf. Sphenobaiera boeggildiana	99/289
?叉状楔拜拉 ?Sphenobaiera furcata	100/290
叉状楔拜拉 Sphenobaiera furcata	100/290
△柴达木楔拜拉 Sphenobaiera qaidamensis	104/296
长叶楔拜拉 Sphenobaiera longifolia	103/293
长叶楔拜拉(比较种) Sphenobaiera cf. longifolia	103/295
△城子河楔拜拉 Sphenobaiera chenzihensis	99/289
△刺楔拜拉 Sphenobaiera spinosa	105/297

△粗脉楔拜拉 Sphenobaiera crassinervis	99/289
粗脉楔拜拉（比较种）Sphenobaiera cf. crassinervis	99/289
△大楔拜拉 Sphenobaiera grandis	100/291
单脉楔拜拉 Sphenobaiera uninervis	106/298
△多裂楔拜拉 Sphenobaiera multipartita	103/295
△多脉楔拜拉 Sphenobaiera tenuistriata	105/298
多脉楔拜拉（比较种）Sphenobaiera cf. tenuistriata	106/298
二裂楔拜拉 Sphenobaiera biloba Feng,1977 (non Prynada,1938)	98/288
△福建楔拜拉 Sphenobaiera fujiaensis	100/290
△刚毛楔拜拉 Sphenobaiera setacea	105/297
△黄氏楔拜拉 Sphenobaiera huangi (Sze) Hsu,1954 (non Sze,1956,nec Krassilov,1972)	100/291
△黄氏楔拜拉 Sphenobaiera huangi (Sze) Krassilov,1972 (non Hsu,1954,nec Sze,1956)	101/292
△黄氏楔拜拉 Sphenobaiera huangi (Sze) Sze,1956 (non Hsu,1954,nec Krassilov,1972)	101/292
黄氏楔拜拉（比较种）Sphenobaiera cf. huangi (Sze) Hsu	101/292
△尖基楔拜拉 Sphenobaiera acubasis	98/288
△具皱？楔拜拉 Sphenobaiera? rugata Zhou,1984/Mar. (non Wang,1984/Dec.)	105/297
科尔奇楔拜拉 Sphenobaiera colchica	99/289
△宽基楔拜拉 Sphenobaiera eurybasis	100/290
△宽叶楔拜拉 Sphenobaiera lata	102/293
△两叉楔拜拉 Sphenobaiera bifurcata	98/288
△裂叶楔拜拉 Sphenobaiera lobifolia	102/293
美丽楔拜拉宽异型 Sphenobaiera pulchella f. lata	104/296
△南天门楔拜拉 Sphenobaiera nantianmensis	103/295
瓶尔小草状楔拜拉 Sphenobaiera ophioglossum	103/295
瓶尔小草状楔拜拉（比较种）Sphenobaiera cf. ophioglossum	104/295
△七星楔拜拉 Sphenobaiera qixingensis	105/297
奇丽楔拜拉 Sphenobaiera spectabilis	97/286
奇丽楔拜拉（比较种）Sphenobaiera cf. spectabilis	97/287
△前甸子楔拜拉 Sphenobaiera qiandianziense	104/296
稍美楔拜拉 Sphenobaiera pulchella	104/296
稍美楔拜拉（比较种）Sphenobaiera cf. pulchella	104/296
少裂楔拜拉 Sphenobaiera paucipartita	104/295
双裂楔拜拉 Sphenobaiera biloba Prynada,1938 (non Feng,1977)	98/288
△斯氏楔拜拉 Sphenobaiera szeiana	105/298
△微脉楔拜拉 Sphenobaiera micronervis	103/295
细叶楔拜拉 Sphenobaiera leptophylla	102/293
狭叶楔拜拉 Sphenobaiera angustifolia	98/288
△旋？楔拜拉 Sphenobaiera? spirata	105/297
伊科法特楔拜拉 Sphenobaiera ikorfatensis	101/292
△银杏状楔拜拉 Sphenobaiera ginkgooides	100/290
栉形楔拜拉 Sphenobaiera pecten	104/296
△皱纹楔拜拉 Sphenobaiera rugata Wang,1984/Dec. (non Zhou,1984/Mar.)	105/297
△皱叶楔拜拉 Sphenobaiera crispifolia	99/290
楔拜拉（？拜拉）(未定种) Sphenobaiera (?Baiera) sp.	108/301
楔拜拉（未定多种）Sphenobaiera spp.	106/298

楔拜拉?(未定多种) *Sphenobaiera*? spp. ... 108/301
△楔叶拜拉花属 *Sphenobaieroanthus* ... 108/301
　　△中国楔叶拜拉花 *Sphenobaieroanthus sinensis* ... 108/301
△楔叶拜拉枝属 *Sphenobaierocladus* ... 109/302
　　△中国楔叶拜拉枝 *Sphenobaierocladus sinensis* ... 109/302

Y

△义马果属 *Yimaia* ... 118/312
　　△赫勒义马果 *Yimaia hallei* ... 118/312
　　△外弯义马果 *Yimaia recurva* ... 118/312
△异叶属 *Pseudorhipidopsis* ... 81/267
　　△拜拉型异叶 *Pseudorhipidopsis baieroides* ... 81/268
　　△短茎异叶 *Pseudorhipidopsis brevicaulis* ... 81/267
　　异叶(未定种) *Pseudorhipidopsis* sp. ... 81/268
银杏木属 *Ginkgophyton* Matthew,1910 (non Zalessky,1918) ... 58/240
　　雷维特银杏木 *Ginkgophyton leavitti* ... 58/240
银杏木属 *Ginkgophyton* Zalessky,1918 (non Matthew,1910) ... 58/240
　　△旋? 银杏木 *Ginkgophyton*? *spiratum* ... 59/240
　　银杏木(未定种) *Ginkgophyton* sp. ... 58/240
银杏型木属 *Ginkgoxylon* ... 60/242
　　△中国银杏型木 *Ginkgoxylon chinense* ... 60/242
　　中亚银杏型木 *Ginkgoxylon asiaemediae* ... 60/242
银杏叶属 *Ginkgophyllum* ... 57/239
　　格拉塞银杏叶 *Ginkgophyllum grasseti* ... 57/239
　　△中国银杏叶 *Ginkgophyllum zhongguoense* ... 57/239
　　银杏叶(未定多种) *Ginkgophyllum* spp. ... 58/240
　　银杏叶?(未定种) *Ginkgophyllum*? sp. ... 58/240
银杏属 *Ginkgo* ... 30/206
　　△奥勃鲁契夫银杏 *Ginkgo obrutschewi* ... 37/214
　　奥勃鲁契夫银杏(比较种) *Ginkgo* cf. *obrutschewi* ... 37/214
　　北京银杏 *Ginkgo beijingensis* ... 31/207
　　不整齐银杏 *Ginkgo acosmia* ... 30/206
　　△柴达木银杏 *Ginkgo qaidamensis* ... 38/215
　　长叶银杏 *Ginkgo longifolius* ... 35/212
　　长叶银杏(比较属种) Cf. *Ginkgo longifolius* ... 36/212
　　粗脉? 银杏 *Ginkgo*? *crassinervis* ... 32/208
　　△大同银杏 *Ginkgo tatongensis* ... 39/216
　　△大雁银杏 *Ginkgo dayanensis* ... 32/208
　　大叶银杏 *Ginkgo magnifolia* ... 36/213
　　大叶银杏(比较种) *Ginkgo* cf. *magnifolia* ... 36/213
　　带状银杏 *Ginkgo taeniata* ... 39/216
　　△东北银杏 *Ginkgo manchurica* ... 36/213
　　东方银杏 *Ginkgo orientalis* ... 37/214
　　东方银杏(比较种) *Ginkgo* cf. *orientalis* ... 37/214

多裂银杏 *Ginkgo pluripartita*	37/214
费尔干银杏 *Ginkgo ferganensis*	33/209
费尔干银杏（比较种）*Ginkgo* cf. *ferganensis*	33/210
副铁线蕨型银杏 *Ginkgo paradiantoides*	37/214
△刚毛银杏 *Ginkgo setacea*	38/215
革质银杏 *Ginkgo coriacea*	32/207
海氏银杏（拜拉?）*Ginkgo* (*Baiera*?) *hermelini*	34/210
海氏银杏（比较种）*Ginkgo* cf. *hermelini*	34/210
胡顿银杏 *Ginkgo huttoni*	34/210
胡顿银杏（比较种）*Ginkgo* cf. *huttoni*	35/211
胡顿银杏（比较属种）Cf. *Ginkgo huttoni*	34/211
怀特比银杏 *Ginkgo whitbiensis*	39/217
怀特比银杏（比较种）*Ginkgo* cf. *whitbiensis*	39/217
△吉林银杏 *Ginkgo chilinensis*	31/207
极细银杏 *Ginkgo pusilla*	37/215
截形银杏 *Ginkgo truncata*	39/217
△巨叶银杏 *Ginkgo ingentiphylla*	35/211
具边银杏 *Ginkgo marginatus*	36/213
具边银杏（比较种）*Ginkgo* cf. *marginatus*	36/213
浅裂银杏 *Ginkgo lobata*	35/212
清晰银杏 *Ginkgo lepida*	35/211
清晰银杏（比较种）*Ginkgo* cf. *lepida*	35/212
扇形银杏 *Ginkgo flabellata*	33/210
施密特银杏 *Ginkgo schmidtiana*	38/215
△施密特银杏细小变种 *Ginkgo schmidtiana* var. *parvifolia*	38/215
铁线蕨型银杏 *Ginkgo adiantoides*	30/206
铁线蕨型银杏（比较种）*Ginkgo* cf. *adiantoides*	31/206
△弯曲银杏 *Ginkgo curvata*	32/208
△无珠柄银杏 *Ginkgo apodes*	31/207
西伯利亚银杏 *Ginkgo sibirica*	38/215
西伯利亚银杏（比较种）*Ginkgo* cf. *sibirica*	39/216
△下花园银杏 *Ginkgo xiahuayuanensis*	39/217
△楔拜拉状银杏 *Ginkgo mixta*	36/213
△楔叶型银杏 *Ginkgo sphenophylloides*	39/216
△雅致似银杏 *Ginkgo elegans*	33/209
△义马银杏 *Ginkgo yimaensis*	39/217
指状银杏 *Ginkgo digitata*	32/208
指状银杏（比较种）*Ginkgo* cf. *digitata*	33/209
原始银杏型木属 *Protoginkgoxylon*	80/266
△本溪原始银杏型木 *Protoginkgoxylon benxiense*	80/267
△大青山原始银杏型木 *Protoginkgoxylon daqingshanense*	80/267
土库曼原始银杏型木 *Protoginkgoxylon dockumenense*	80/267
银杏（比较属,未定种）Cf. *Ginkgo* sp.	41/219
银杏（未定多种）*Ginkgo* spp.	40/218
银杏?（未定种）*Ginkgo*? sp.	41/219

Z

掌叶属 *Psygmophyllum* ·· 84/270
　　△等裂掌叶 *Psygmophyllum ginkgoides* Hu et Xiao,1987 (non Hu,Xiao et Ma,1996) ········ 84/271
　　△等裂掌叶 *Psygmophyllum ginkgoides* Hu,Xiao et Ma,1996 (non Hu,Xiao et Xiao,1987) ······ 84/271
　　△多裂掌叶 *Psygmophyllum multipartitum* ·································· 85/271
　　多裂掌叶(比较种) *Psygmophyllum* cf. *multipartitum* ······················ 85/273
　　多裂掌叶(比较属种) Cf. *Psygmophyllum multipartitum* ··················· 86/273
　　△尖裂掌叶 *Psygmophyllum angustilobum* ·································· 84/271
　　△浅裂掌叶 *Psygmophyllum shallowpartitum* ······························· 86/273
　　三裂掌叶 *Psygmophyllum demetrianum* ····································· 84/271
　　三裂掌叶(比较属种) Cf. *Psygmophyllum demetrianum* ···················· 84/271
　　扇形掌叶 *Psygmophyllum flabellatum* ·· 84/271
　　扇形掌叶(比较种) *Psygmophyllum* cf. *flabellatum* ······················· 84/271
　　△天山掌叶 *Psygmophyllum tianshanensis* ································· 86/273
　　乌苏里掌叶 *Psygmophyllum ussuriensis* ····································· 86/273
　　乌苏里掌叶(比较种) *Psygmophyllum* cf. *ussuriensis* ···················· 86/273
　　西利伯亚掌叶 *Psygmophyllum sibiricum* ···································· 86/273
　　西利伯亚掌叶(比较种) *Psygmophyllum* cf. *sibiricum* ··················· 86/273
　　△小裂掌叶 *Psygmophyllum lobulatum* ······································ 85/271
　　掌叶(未定多种) *Psygmophyllum* spp. ·· 86/273
　　掌叶?(未定多种) *Psygmophyllum*? spp. ····································· 86/274
△中国叶属 *Sinophyllum* ··· 92/281
　　△孙氏中国叶 *Sinophyllum suni* ·· 92/281
准银杏属 *Ginkgodium* ··· 41/219
　　长叶? 准银杏 *Ginkgodium*? *longifolium* Lebedev,1965 (non Huang et Zhou,1980) ······ 41/219
　　那氏准银杏 *Ginkgodium nathorsti* ·· 41/219
　　准银杏(未定多种) *Ginkgodium* spp. ··· 41/220
　　准银杏?(未定种) *Ginkgodium*? sp. ··· 42/220
准银杏属 *Ginkgoidium* ··· 42/220
　　△长叶准银杏 *Ginkgoidium longifolium* Huang et Zhou,1980 (non Lebedev,1965) ······ 42/220
　　△厚叶准银杏 *Ginkgoidium crassifolium* ····································· 42/220
　　△桨叶型准银杏 *Ginkgoidium eretmophylloidium* ··························· 42/220
　　△截形准银杏 *Ginkgodium truncatum* ·· 42/221
　　准银杏?(未定种) *Ginkgoidium*? sp. ··· 42/221

附录3 存放模式标本的单位名称

中文名称	English Name
长春地质学院 （吉林大学地球科学学院）	Changchun College of Geology (College of Earth Sciences, Jilin University)
成都地质矿产研究所 （中国地质调查局成都地质调查中心）	Chengdu Institute of Geology and Mineral Resources (Chengdu Institute of Geology and Mineral Resources, China Geological Survey)
东北地质科学研究所	Northeast Institute of Geological Sciences
贵州地层古生物工作队	Working Team of Stratigraphy and Palaeontology of Guizhou Province
湖北省区测队陈列室	Collection Section, Regional Geological Survey of Hubei Province
湖南省地质博物馆	Geological Museum of Hunan Province
兰州大学地质系	Department of Geology, Lanzhou University
煤炭科学研究总院西安分院	Xi'an Branch, China Coal Research Institute
煤炭科学研究总院地质勘探分院 （煤炭科学研究总院西安分院）	Branch of Geology Exploration, China Coal Research Institute (Xi'an Branch, China Coal Research Institute)
南京地质矿产研究所 （中国地质调查局南京地质调查中心）	Nanjing Institute of Geology and Mineral Resources (Nanjing Institute of Geology and Mineral Resources, China Geological Survey)
瑞典国家自然历史博物馆	Swedish Museum of Natural History
沈阳地质矿产研究所 （中国地质调查局沈阳地质调查中心）	Shenyang Institute of Geology and Mineral Resources (Shenyang Institute of Geology and Mineral Resources, China Geological Survey)
石油勘探开发科学研究院 （中国石油化工股份有限公司石油勘探开发研究院）	Research Institute of Petroleum Exploration and Development (Research Institute of Petroleum Exploration and Development, PetroChina)

续表

中文名称	English Name
武汉地质学院北京研究生部 [中国地质大学(北京)]	Beijing Graduate School, Wuhan College of Geology [China University of Geosciences (Beijing)]
宜昌地质矿产研究所 (中国地质调查局武汉地质调查中心)	Yichang Institute of Geology and Mineral Resources (Wuhan Institute of Geology and Mineral Resources, China Geological Survey)
中国地质大学(北京)	China University of Geosciences (Beijing)
中国地质科学院地质研究所	Institute of Geology, Chinese Academy of Geological Sciences
中国科学院植物研究所	Institute of Botany, Chinese Academy of Sciences
中国科学院南京地质古生物研究所	Nanjing Institute of Geology and Palaeontology, Chinese Academy of Sciences
中国科学院植物研究所古植物研究室	Department of Palaeobotany, Institute of Botany, Chinese Academy of Sciences

附录4 丛书属名索引（Ⅰ—Ⅵ分册）

(按中文名称的汉语拼音升序排列，属名后为分册号/中文记录页码/英文记录页码，"△"号示依据中国标本建立的属名)

A

阿措勒叶属 *Arthollia*	Ⅵ/6/123
阿尔贝杉属 *Albertia*	Ⅴ/1/239
爱博拉契蕨属 *Eboracia*	Ⅱ/122/426
爱河羊齿属 *Aipteris*	Ⅲ/2/314
爱斯特拉属 *Estherella*	Ⅲ/62/392
安杜鲁普蕨属 *Amdrupia*	Ⅲ/3/316
桉属 *Eucalyptus*	Ⅵ/25/143

B

八角枫属 *Alangium*	Ⅵ/2/118
巴克兰茎属 *Bucklandia*	Ⅲ/22/341
芭蕉叶属 *Musophyllum*	Ⅵ/37/157
白粉藤属 *Cissus*	Ⅵ/16/134
△白果叶属 *Baiguophyllum*	Ⅳ/18/192
柏木属 *Curessus*	Ⅴ/38/283
柏型木属 *Cupressinoxylon*	Ⅴ/37/282
柏型枝属 *Cupressinocladus*	Ⅴ/32/276
拜拉属 *Baiera*	Ⅳ/3/171
拜拉属 *Bayera*	Ⅳ/19/192
板栗属 *Castanea*	Ⅵ/11/128
瓣轮叶属 *Lobatannularia*	Ⅰ/49/186
蚌壳蕨属 *Dicksonia*	Ⅱ/110/412
棒状茎属 *Rhabdotocaulon*	Ⅲ/175/543
薄果穗属 *Leptostrobus*	Ⅳ/67/251
鲍斯木属 *Boseoxylon*	Ⅲ/22/340
杯囊蕨属 *Kylikipteris*	Ⅱ/146/455
杯叶属 *Phyllotheca*	Ⅰ/69/213
北极拜拉属 *Arctobaiera*	Ⅳ/3/171
北极蕨属 *Arctopteris*	Ⅱ/10/280
△北票果属 *Beipiaoa*	Ⅵ/9/125
贝尔瑙蕨属 *Bernouillia* Heer, 1876 ex Seward, 1901	Ⅱ/19/292
贝尔瑙蕨属 *Bernoullia* Heer, 1876	Ⅱ/20/293
贝西亚果属 *Baisia*	Ⅵ/8/125
本内苏铁果属 *Bennetticarpus*	Ⅲ/20/338
△本内缘蕨属 *Bennetdicotis*	Ⅵ/9/126

△本溪羊齿属 Benxipteris ··· Ⅲ/21/339
篦羽羊齿属 Ctenopteris ·· Ⅲ/39/363
篦羽叶属 Ctenis ··· Ⅲ/26/346
△变态鳞木属 Metalepidodendron ··· Ⅰ/53/191
变态叶属 Aphlebia ··· Ⅲ/19/337
宾尼亚球果属 Beania ··· Ⅲ/19/337
伯恩第属 Bernettia ··· Ⅲ/22/340

C

侧羽叶属 Pterophyllum ·· Ⅲ/139/492
叉叶属 Dicranophyllum ·· Ⅳ/27/202
叉羽叶属 Ptilozamites ··· Ⅲ/171/538
查米果属 Zamiostrobus ·· Ⅲ/235/620
查米亚属 Zamia ··· Ⅲ/233/617
查米羽叶属 Zamiophyllum ·· Ⅲ/233/618
檫木属 Sassafras ·· Ⅵ/57/180
铲叶属 Saportaea ··· Ⅳ/91/280
长门果穗属 Nagatostrobus ··· Ⅴ/80/333
△朝阳序属 Chaoyangia ·· Ⅴ/27/270
△朝阳序属 Chaoyangia ·· Ⅵ/14/131
△城子河叶属 Chengzihella ··· Ⅵ/15/132
翅似查米亚属 Pterozamites ··· Ⅲ/164/528
△垂饰杉属 Stalagma ·· Ⅴ/157/427
茨康叶属 Czekanowskia ·· Ⅳ/19/193
  茨康叶(瓦氏叶亚属) Czekanowskia (Vachrameevia) ······················· Ⅳ/26/201
枞型枝属 Elatocladus ·· Ⅴ/52/300

D

大芦孢穗属 Macrostachya ·· Ⅰ/52/191
△大箐羽叶属 Tachingia ·· Ⅲ/196/570
△大舌羊齿属 Macroglossopteris ·· Ⅲ/76/409
△大同叶属 Datongophyllum ·· Ⅳ/26/201
大网羽叶属 Anthrophyopsis ·· Ⅲ/16/333
大叶带羊齿属 Macrotaeniopteris ·· Ⅲ/77/409
△大羽羊齿属 Gigantopteris ·· Ⅲ/64/394
带似查米亚属 Taeniozamites ··· Ⅲ/208/587
带羊齿属 Taeniopteris ··· Ⅲ/196/571
带叶属 Doratophyllum ··· Ⅲ/57/386
带状叶属 Desmiophyllum ·· Ⅲ/52/380
单子叶属 Monocotylophyllum ··· Ⅵ/36/156
德贝木属 Debeya ·· Ⅵ/20/138
第聂伯果属 Borysthenia ·· Ⅴ/8/247

雕鳞杉属 *Glyptolepis*	V/69/322
蝶蕨属 *Weichselia*	II/210/535
△蝶叶属 *Papilionifolium*	III/127/479
丁菲羊齿属 *Thinnfeldia*	III/211/590
顶缺银杏属 *Phylladoderma*	IV/79/265
△渡口痕木属 *Dukouphyton*	III/62/392
△渡口叶属 *Dukouphyllum*	III/61/392
△渡口叶属 *Dukouphyllum*	IV/28/204
短木属 *Brachyoxylon*	V/8/247
短叶杉属 *Brachyphyllum*	V/9/248
椴叶属 *Tiliaephyllum*	VI/62/185
堆囊穗属 *Sorosaccus*	IV/94/283
盾形叶属 *Aspidiophyllum*	VI/7/124
盾籽属 *Peltaspermum*	III/130/481

E

耳羽叶属 *Otozamites*	III/114/460
二叉羊齿属 *Dicrodium*	III/54/382

F

榧属 *Torreya*	V/169/441
△榧型枝属 *Torreyocladus*	V/170/443
费尔干木属 *Ferganodendron*	I/45/183
费尔干杉属 *Ferganiella*	V/64/315
枫杨属 *Pterocarya*	VI/50/172
△缝鞘杉属 *Suturovagina*	V/162/433
伏脂杉属 *Voltzia*	V/173/446
△辐叶属 *Radiatifolium*	IV/87/274
△副葫芦藓属 *Parafunaria*	I/7/134
△副镰羽叶属 *Paradrepanozamites*	III/129/480
副落羽杉属 *Parataxodium*	V/89/345
△副球果属 *Paraconites*	V/89/344
副苏铁属 *Paracycas*	III/128/479

G

盖涅茨杉属 *Geinitzia*	V/68/321
△甘肃芦木属 *Gansuphyllite*	I/46/183
革叶属 *Scytophyllum*	III/185/556
格伦罗斯杉属 *Glenrosa*	V/68/321
格子蕨属 *Clathropteris*	II/74/362
葛伯特蕨属 *Goeppertella*	II/132/439

根茎蕨属 *Rhizomopteris* ⋯⋯⋯⋯⋯⋯⋯⋯⋯⋯⋯⋯⋯⋯⋯⋯⋯⋯⋯⋯⋯⋯⋯⋯⋯⋯ Ⅱ/174/490
△根状茎属 *Rhizoma* ⋯⋯⋯⋯⋯⋯⋯⋯⋯⋯⋯⋯⋯⋯⋯⋯⋯⋯⋯⋯⋯⋯⋯⋯⋯⋯⋯ Ⅵ/54/176
古柏属 *Palaeocyparis* ⋯⋯⋯⋯⋯⋯⋯⋯⋯⋯⋯⋯⋯⋯⋯⋯⋯⋯⋯⋯⋯⋯⋯⋯⋯⋯⋯ Ⅴ/87/342
古地钱属 *Marchantiolites* ⋯⋯⋯⋯⋯⋯⋯⋯⋯⋯⋯⋯⋯⋯⋯⋯⋯⋯⋯⋯⋯⋯⋯⋯⋯ Ⅰ/4/130
古尔万果属 *Gurvanella* ⋯⋯⋯⋯⋯⋯⋯⋯⋯⋯⋯⋯⋯⋯⋯⋯⋯⋯⋯⋯⋯⋯⋯⋯⋯⋯ Ⅴ/71/324
古尔万果属 *Gurvanella* ⋯⋯⋯⋯⋯⋯⋯⋯⋯⋯⋯⋯⋯⋯⋯⋯⋯⋯⋯⋯⋯⋯⋯⋯⋯⋯ Ⅵ/28/146
△古果属 *Archaefructus* ⋯⋯⋯⋯⋯⋯⋯⋯⋯⋯⋯⋯⋯⋯⋯⋯⋯⋯⋯⋯⋯⋯⋯⋯⋯⋯ Ⅵ/5/121
古维他叶属 *Palaeovittaria* ⋯⋯⋯⋯⋯⋯⋯⋯⋯⋯⋯⋯⋯⋯⋯⋯⋯⋯⋯⋯⋯⋯⋯⋯⋯ Ⅲ/127/478
骨碎补属 *Davallia* ⋯⋯⋯⋯⋯⋯⋯⋯⋯⋯⋯⋯⋯⋯⋯⋯⋯⋯⋯⋯⋯⋯⋯⋯⋯⋯⋯⋯ Ⅱ/110/411
△广西叶属 *Guangxiophyllum* ⋯⋯⋯⋯⋯⋯⋯⋯⋯⋯⋯⋯⋯⋯⋯⋯⋯⋯⋯⋯⋯⋯⋯ Ⅲ/67/398
鬼灯檠属 *Rogersia* ⋯⋯⋯⋯⋯⋯⋯⋯⋯⋯⋯⋯⋯⋯⋯⋯⋯⋯⋯⋯⋯⋯⋯⋯⋯⋯⋯⋯ Ⅵ/55/177
桂叶属 *Laurophyllum* ⋯⋯⋯⋯⋯⋯⋯⋯⋯⋯⋯⋯⋯⋯⋯⋯⋯⋯⋯⋯⋯⋯⋯⋯⋯⋯⋯ Ⅵ/32/151
棍穗属 *Gomphostrobus* ⋯⋯⋯⋯⋯⋯⋯⋯⋯⋯⋯⋯⋯⋯⋯⋯⋯⋯⋯⋯⋯⋯⋯⋯⋯⋯⋯ Ⅴ/71/323

H

哈定蕨属 *Haydenia* ⋯⋯⋯⋯⋯⋯⋯⋯⋯⋯⋯⋯⋯⋯⋯⋯⋯⋯⋯⋯⋯⋯⋯⋯⋯⋯⋯⋯ Ⅱ/140/449
△哈勒角籽属 *Hallea* ⋯⋯⋯⋯⋯⋯⋯⋯⋯⋯⋯⋯⋯⋯⋯⋯⋯⋯⋯⋯⋯⋯⋯⋯⋯⋯⋯ Ⅴ/71/324
哈瑞士羊齿属 *Harrisiothecium* ⋯⋯⋯⋯⋯⋯⋯⋯⋯⋯⋯⋯⋯⋯⋯⋯⋯⋯⋯⋯⋯⋯⋯ Ⅲ/67/398
△哈瑞士叶属 *Tharrisia* ⋯⋯⋯⋯⋯⋯⋯⋯⋯⋯⋯⋯⋯⋯⋯⋯⋯⋯⋯⋯⋯⋯⋯⋯⋯⋯ Ⅲ/210/589
哈兹叶属 *Hartzia* Harris,1935 (non Nikitin,1965) ⋯⋯⋯⋯⋯⋯⋯⋯⋯⋯⋯⋯⋯⋯ Ⅳ/64/247
哈兹叶属 *Hartzia* Nikitin,1965 (non Harris,1935) ⋯⋯⋯⋯⋯⋯⋯⋯⋯⋯⋯⋯⋯⋯ Ⅵ/28/147
禾草叶属 *Graminophyllum* ⋯⋯⋯⋯⋯⋯⋯⋯⋯⋯⋯⋯⋯⋯⋯⋯⋯⋯⋯⋯⋯⋯⋯⋯⋯ Ⅵ/27/146
合囊蕨属 *Marattia* ⋯⋯⋯⋯⋯⋯⋯⋯⋯⋯⋯⋯⋯⋯⋯⋯⋯⋯⋯⋯⋯⋯⋯⋯⋯⋯⋯⋯ Ⅱ/149/459
荷叶蕨属 *Hausmannia* ⋯⋯⋯⋯⋯⋯⋯⋯⋯⋯⋯⋯⋯⋯⋯⋯⋯⋯⋯⋯⋯⋯⋯⋯⋯⋯⋯ Ⅱ/135/443
黑龙江羽叶属 *Heilungia* ⋯⋯⋯⋯⋯⋯⋯⋯⋯⋯⋯⋯⋯⋯⋯⋯⋯⋯⋯⋯⋯⋯⋯⋯⋯⋯ Ⅲ/68/398
黑三棱属 *Sparganium* ⋯⋯⋯⋯⋯⋯⋯⋯⋯⋯⋯⋯⋯⋯⋯⋯⋯⋯⋯⋯⋯⋯⋯⋯⋯⋯⋯ Ⅵ/60/183
恒河羊齿属 *Gangamopteris* ⋯⋯⋯⋯⋯⋯⋯⋯⋯⋯⋯⋯⋯⋯⋯⋯⋯⋯⋯⋯⋯⋯⋯⋯⋯ Ⅲ/63/393
红豆杉属 *Taxus* ⋯⋯⋯⋯⋯⋯⋯⋯⋯⋯⋯⋯⋯⋯⋯⋯⋯⋯⋯⋯⋯⋯⋯⋯⋯⋯⋯⋯⋯ Ⅴ/167/439
红杉属 *Sequoia* ⋯⋯⋯⋯⋯⋯⋯⋯⋯⋯⋯⋯⋯⋯⋯⋯⋯⋯⋯⋯⋯⋯⋯⋯⋯⋯⋯⋯⋯ Ⅴ/151/420
厚边羊齿属 *Lomatopteris* ⋯⋯⋯⋯⋯⋯⋯⋯⋯⋯⋯⋯⋯⋯⋯⋯⋯⋯⋯⋯⋯⋯⋯⋯⋯⋯ Ⅲ/76/408
厚羊齿属 *Pachypteris* ⋯⋯⋯⋯⋯⋯⋯⋯⋯⋯⋯⋯⋯⋯⋯⋯⋯⋯⋯⋯⋯⋯⋯⋯⋯⋯⋯ Ⅲ/124/475
△湖北叶属 *Hubeiophyllum* ⋯⋯⋯⋯⋯⋯⋯⋯⋯⋯⋯⋯⋯⋯⋯⋯⋯⋯⋯⋯⋯⋯⋯⋯⋯ Ⅲ/69/400
△湖南木贼属 *Hunanoequisetum* ⋯⋯⋯⋯⋯⋯⋯⋯⋯⋯⋯⋯⋯⋯⋯⋯⋯⋯⋯⋯⋯⋯ Ⅰ/47/185
槲寄生穗属 *Ixostrobus* ⋯⋯⋯⋯⋯⋯⋯⋯⋯⋯⋯⋯⋯⋯⋯⋯⋯⋯⋯⋯⋯⋯⋯⋯⋯⋯⋯ Ⅳ/65/248
槲叶属 *Dryophyllum* ⋯⋯⋯⋯⋯⋯⋯⋯⋯⋯⋯⋯⋯⋯⋯⋯⋯⋯⋯⋯⋯⋯⋯⋯⋯⋯⋯ Ⅵ/23/142
△花穗杉果属 *Amentostrobus* ⋯⋯⋯⋯⋯⋯⋯⋯⋯⋯⋯⋯⋯⋯⋯⋯⋯⋯⋯⋯⋯⋯⋯⋯ Ⅴ/3/241
△华脉蕨属 *Abropteris* ⋯⋯⋯⋯⋯⋯⋯⋯⋯⋯⋯⋯⋯⋯⋯⋯⋯⋯⋯⋯⋯⋯⋯⋯⋯⋯⋯ Ⅱ/1/269
△华网蕨属 *Areolatophyllum* ⋯⋯⋯⋯⋯⋯⋯⋯⋯⋯⋯⋯⋯⋯⋯⋯⋯⋯⋯⋯⋯⋯⋯⋯ Ⅱ/12/283
桦木属 *Betula* ⋯⋯⋯⋯⋯⋯⋯⋯⋯⋯⋯⋯⋯⋯⋯⋯⋯⋯⋯⋯⋯⋯⋯⋯⋯⋯⋯⋯⋯⋯ Ⅵ/10/127
桦木叶属 *Betuliphyllum* ⋯⋯⋯⋯⋯⋯⋯⋯⋯⋯⋯⋯⋯⋯⋯⋯⋯⋯⋯⋯⋯⋯⋯⋯⋯⋯ Ⅵ/10/127
槐叶萍属 *Salvinia* ⋯⋯⋯⋯⋯⋯⋯⋯⋯⋯⋯⋯⋯⋯⋯⋯⋯⋯⋯⋯⋯⋯⋯⋯⋯⋯⋯⋯ Ⅱ/178/496

J

△鸡西叶属 *Jixia*	Ⅵ/29/148
基尔米亚叶属 *Tyrmia*	Ⅲ/220/602
△吉林羽叶属 *Chilinia*	Ⅲ/23/341
脊囊属 *Annalepis*	Ⅰ/12/140
荚蒾属 *Viburnum*	Ⅵ/66/190
荚蒾叶属 *Viburniphyllum*	Ⅵ/66/189
假篦羽叶属 *Pseudoctenis*	Ⅲ/134/486
△假带羊齿属 *Pseudotaeniopteris*	Ⅲ/138/492
假丹尼蕨属 *Pseudodanaeopsis*	Ⅲ/138/491
△假耳蕨属 *Pseudopolystichum*	Ⅱ/169/484
假拟节柏属 *Pseudofrenelopsis*	Ⅴ/138/404
假苏铁属 *Pseudocycas*	Ⅲ/137/490
假托勒利叶属 *Pseudotorellia*	Ⅳ/82/268
假元叶属 *Pseudoprotophyllum*	Ⅵ/50/171
尖囊蕨属 *Acitheca*	Ⅱ/5/274
坚叶杉属 *Pagiophyllum*	Ⅴ/82/336
△间羽蕨属 *Mixopteris*	Ⅱ/154/466
△间羽叶属 *Mixophylum*	Ⅲ/79/412
△江西叶属 *Jiangxifolium*	Ⅱ/143/452
桨叶属 *Eretmophyllum*	Ⅳ/29/204
△蛟河蕉羽叶属 *Tsiaohoella*	Ⅲ/219/601
△蛟河羽叶属 *Tchiaohoella*	Ⅲ/209/588
蕉带羽叶属 *Nilssoniopteris*	Ⅲ/106/450
蕉羊齿属 *Compsopteris*	Ⅲ/24/343
蕉羽叶属 *Nilssonia*	Ⅲ/83/417
金钱松属 *Pseudolarix*	Ⅴ/141/408
金松型木属 *Sciadopityoxylon*	Ⅴ/150/419
△金藤叶属 *Stephanofolium*	Ⅵ/61/184
金鱼藻属 *Ceratophyllum*	Ⅵ/13/130
茎干蕨属 *Caulopteris*	Ⅱ/22/295
△荆门叶属 *Jingmenophyllum*	Ⅲ/71/403
卷柏属 *Selaginella*	Ⅰ/80/227
决明属 *Cassia*	Ⅵ/11/128
蕨属 *Pteridium*	Ⅱ/170/485

K

卡肯果属 *Karkenia*	Ⅳ/67/251
科达似查米亚属 *Rhiptozamites*	Ⅲ/177/546
克拉松穗属 *Classostrobus*	Ⅴ/28/271
克里木属 *Credneria*	Ⅵ/18/136
克鲁克蕨属 *Klukia*	Ⅱ/144/453

苦戈维里属 Culgoweria ⋯⋯⋯⋯⋯⋯⋯⋯⋯⋯⋯⋯⋯⋯⋯⋯⋯⋯⋯⋯⋯⋯⋯ Ⅳ/19/192
△宽甸叶属 Kuandiania ⋯⋯⋯⋯⋯⋯⋯⋯⋯⋯⋯⋯⋯⋯⋯⋯⋯⋯⋯⋯⋯ Ⅲ/71/403
宽叶属 Euryphyllum ⋯⋯⋯⋯⋯⋯⋯⋯⋯⋯⋯⋯⋯⋯⋯⋯⋯⋯⋯⋯⋯⋯⋯ Ⅲ/63/393
奎氏叶属 Quereuxia ⋯⋯⋯⋯⋯⋯⋯⋯⋯⋯⋯⋯⋯⋯⋯⋯⋯⋯⋯⋯⋯⋯⋯ Ⅵ/52/174
昆栏树属 Trochodendron ⋯⋯⋯⋯⋯⋯⋯⋯⋯⋯⋯⋯⋯⋯⋯⋯⋯⋯⋯⋯⋯ Ⅵ/64/188

L

拉发尔蕨属 Raphaelia ⋯⋯⋯⋯⋯⋯⋯⋯⋯⋯⋯⋯⋯⋯⋯⋯⋯⋯⋯⋯⋯⋯ Ⅱ/171/486
拉谷蕨属 Laccopteris ⋯⋯⋯⋯⋯⋯⋯⋯⋯⋯⋯⋯⋯⋯⋯⋯⋯⋯⋯⋯⋯⋯⋯ Ⅱ/146/456
△拉萨木属 Lhassoxylon ⋯⋯⋯⋯⋯⋯⋯⋯⋯⋯⋯⋯⋯⋯⋯⋯⋯⋯⋯⋯⋯ Ⅴ/72/326
△剌蕨属 Acanthopteris ⋯⋯⋯⋯⋯⋯⋯⋯⋯⋯⋯⋯⋯⋯⋯⋯⋯⋯⋯⋯⋯ Ⅱ/1/269
劳达尔特属 Leuthardtia ⋯⋯⋯⋯⋯⋯⋯⋯⋯⋯⋯⋯⋯⋯⋯⋯⋯⋯⋯⋯⋯ Ⅲ/75/407
勒桑茎属 Lesangeana ⋯⋯⋯⋯⋯⋯⋯⋯⋯⋯⋯⋯⋯⋯⋯⋯⋯⋯⋯⋯⋯⋯ Ⅱ/147/457
肋木属 Pleuromeia ⋯⋯⋯⋯⋯⋯⋯⋯⋯⋯⋯⋯⋯⋯⋯⋯⋯⋯⋯⋯⋯⋯⋯ Ⅰ/71/216
类香蒲属 Typhaera ⋯⋯⋯⋯⋯⋯⋯⋯⋯⋯⋯⋯⋯⋯⋯⋯⋯⋯⋯⋯⋯⋯⋯ Ⅵ/65/188
里白属 Hicropteris ⋯⋯⋯⋯⋯⋯⋯⋯⋯⋯⋯⋯⋯⋯⋯⋯⋯⋯⋯⋯⋯⋯⋯ Ⅱ/141/450
栎属 Quercus ⋯⋯⋯⋯⋯⋯⋯⋯⋯⋯⋯⋯⋯⋯⋯⋯⋯⋯⋯⋯⋯⋯⋯⋯⋯ Ⅵ/51/173
连蕨属 Cynepteris ⋯⋯⋯⋯⋯⋯⋯⋯⋯⋯⋯⋯⋯⋯⋯⋯⋯⋯⋯⋯⋯⋯⋯ Ⅱ/105/405
△连山草属 Lianshanus ⋯⋯⋯⋯⋯⋯⋯⋯⋯⋯⋯⋯⋯⋯⋯⋯⋯⋯⋯⋯⋯ Ⅵ/33/152
连香树属 Cercidiphyllum ⋯⋯⋯⋯⋯⋯⋯⋯⋯⋯⋯⋯⋯⋯⋯⋯⋯⋯⋯⋯ Ⅵ/14/131
莲座蕨属 Angiopteris ⋯⋯⋯⋯⋯⋯⋯⋯⋯⋯⋯⋯⋯⋯⋯⋯⋯⋯⋯⋯⋯⋯ Ⅱ/9/278
镰刀羽叶属 Drepanozamites ⋯⋯⋯⋯⋯⋯⋯⋯⋯⋯⋯⋯⋯⋯⋯⋯⋯⋯⋯ Ⅲ/59/388
镰鳞果属 Drepanolepis ⋯⋯⋯⋯⋯⋯⋯⋯⋯⋯⋯⋯⋯⋯⋯⋯⋯⋯⋯⋯⋯ Ⅴ/47/295
△辽宁缘蕨属 Liaoningdicotis ⋯⋯⋯⋯⋯⋯⋯⋯⋯⋯⋯⋯⋯⋯⋯⋯⋯⋯ Ⅵ/33/153
△辽宁枝属 Liaoningocladus ⋯⋯⋯⋯⋯⋯⋯⋯⋯⋯⋯⋯⋯⋯⋯⋯⋯⋯⋯ Ⅴ/73/326
△辽西草属 Liaoxia ⋯⋯⋯⋯⋯⋯⋯⋯⋯⋯⋯⋯⋯⋯⋯⋯⋯⋯⋯⋯⋯⋯ Ⅴ/74/327
△辽西草属 Liaoxia ⋯⋯⋯⋯⋯⋯⋯⋯⋯⋯⋯⋯⋯⋯⋯⋯⋯⋯⋯⋯⋯⋯ Ⅵ/34/153
列斯里叶属 Lesleya ⋯⋯⋯⋯⋯⋯⋯⋯⋯⋯⋯⋯⋯⋯⋯⋯⋯⋯⋯⋯⋯⋯ Ⅲ/74/407
裂鳞果属 Schizolepis ⋯⋯⋯⋯⋯⋯⋯⋯⋯⋯⋯⋯⋯⋯⋯⋯⋯⋯⋯⋯⋯⋯ Ⅴ/146/414
裂脉叶属 Schizoneura ⋯⋯⋯⋯⋯⋯⋯⋯⋯⋯⋯⋯⋯⋯⋯⋯⋯⋯⋯⋯⋯ Ⅰ/77/224
裂脉叶-具刺孢穗属 Schizoneura-Echinostachys ⋯⋯⋯⋯⋯⋯⋯⋯⋯⋯ Ⅰ/79/226
裂叶蕨属 Lobifolia ⋯⋯⋯⋯⋯⋯⋯⋯⋯⋯⋯⋯⋯⋯⋯⋯⋯⋯⋯⋯⋯⋯ Ⅱ/148/458
林德勒枝属 Lindleycladus ⋯⋯⋯⋯⋯⋯⋯⋯⋯⋯⋯⋯⋯⋯⋯⋯⋯⋯⋯ Ⅴ/74/327
鳞毛蕨属 Dryopteris ⋯⋯⋯⋯⋯⋯⋯⋯⋯⋯⋯⋯⋯⋯⋯⋯⋯⋯⋯⋯⋯⋯ Ⅱ/120/424
鳞杉属 Ullmannia ⋯⋯⋯⋯⋯⋯⋯⋯⋯⋯⋯⋯⋯⋯⋯⋯⋯⋯⋯⋯⋯⋯⋯ Ⅴ/172/445
鳞羊齿属 Lepidopteris ⋯⋯⋯⋯⋯⋯⋯⋯⋯⋯⋯⋯⋯⋯⋯⋯⋯⋯⋯⋯⋯ Ⅲ/72/404
△鳞籽属 Squamocarpus ⋯⋯⋯⋯⋯⋯⋯⋯⋯⋯⋯⋯⋯⋯⋯⋯⋯⋯⋯⋯ Ⅴ/156/426
△灵乡叶属 Lingxiangphyllum ⋯⋯⋯⋯⋯⋯⋯⋯⋯⋯⋯⋯⋯⋯⋯⋯⋯⋯ Ⅲ/75/408
菱属 Trapa ⋯⋯⋯⋯⋯⋯⋯⋯⋯⋯⋯⋯⋯⋯⋯⋯⋯⋯⋯⋯⋯⋯⋯⋯⋯ Ⅵ/63/186
柳杉属 Cryptomeria ⋯⋯⋯⋯⋯⋯⋯⋯⋯⋯⋯⋯⋯⋯⋯⋯⋯⋯⋯⋯⋯⋯ Ⅴ/31/275
柳属 Salix ⋯⋯⋯⋯⋯⋯⋯⋯⋯⋯⋯⋯⋯⋯⋯⋯⋯⋯⋯⋯⋯⋯⋯⋯⋯⋯ Ⅵ/56/179
柳叶属 Saliciphyllum Fontaine,1889（non Conwentz,1886） ⋯⋯⋯⋯⋯⋯ Ⅵ/56/178
柳叶属 Saliciphyllum Conwentz,1886（non Fontaine,1889） ⋯⋯⋯⋯⋯⋯ Ⅵ/56/178

△六叶属 *Hexaphyllum*	Ⅰ/47/184
△龙凤山苔属 *Longfengshania*	Ⅰ/3/130
△龙井叶属 *Longjingia*	Ⅵ/35/155
△龙蕨属 *Dracopteris*	Ⅱ/119/424
芦木属 *Calamites* Schlotheim, 1820 (non Brongniart, 1828, nec Suckow, 1784)	Ⅰ/19/149
芦木属 *Calamites* Brongniart, 1828 (non Schlotheim, 1820, nec Suckow, 1784)	Ⅰ/19/149
芦木属 *Calamites* Suckow, 1784 (non Schlotheim, 1820, nec Brongniart, 1828)	Ⅰ/18/148
卤叶蕨属 *Acrostichopteris*	Ⅱ/5/274
鲁福德蕨属 *Ruffordia*	Ⅱ/176/492
轮松属 *Cyclopitys*	Ⅴ/45/292
轮叶属 *Annularia*	Ⅰ/15/144
罗汉松属 *Podocarpus*	Ⅴ/114/374
罗汉松型木属 *Podocarpoxylon*	Ⅴ/113/374
螺旋蕨属 *Spiropteris*	Ⅱ/189/508
螺旋器属 *Spirangium*	Ⅲ/194/568
裸籽属 *Allicospermum*	Ⅳ/1/169
落登斯基果属 *Nordenskioldia*	Ⅵ/38/158
落羽杉属 *Taxodium*	Ⅴ/166/438
落羽杉型木属 *Taxodioxylon*	Ⅴ/165/437
△吕蕨属 *Luereticopteris*	Ⅱ/148/458

M

马甲子属 *Paliurus*	Ⅵ/40/160
马克林托叶属 *Macclintockia*	Ⅵ/35/155
马斯克松属 *Marskea*	Ⅴ/78/331
毛茛果属 *Ranunculaecarpus*	Ⅵ/52/174
毛茛属 *Ranunculus*	Ⅵ/53/175
△毛茛叶属 *Ranunculophyllum*	Ⅵ/53/175
毛羽叶属 *Ptilophyllum*	Ⅲ/164/528
毛状叶属 *Trichopitys*	Ⅳ/115/309
毛籽属 *Problematospermum*	Ⅴ/132/398
米勒尔茎属 *Millerocaulis*	Ⅱ/154/465
密锥蕨属 *Thyrsopteris*	Ⅱ/198/519
△膜质叶属 *Membranifolia*	Ⅲ/78/410
木贼属 *Equisetites*	Ⅰ/19/149
木贼属 *Equisetum*	Ⅰ/40/176

N

△那琳壳斗属 *Norinia*	Ⅲ/113/459
那氏蕨属 *Nathorstia*	Ⅱ/154/466
△南票叶属 *Nanpiaophyllum*	Ⅲ/79/412
南蛇藤属 *Celastrus*	Ⅵ/13/130

南蛇藤叶属 Celastrophyllum ……………………………………………… Ⅵ/12/129
南洋杉属 Araucaria Juss. ………………………………………………… Ⅴ/4/242
南洋杉型木属 Araucarioxylon ……………………………………………… Ⅴ/4/242
△南漳叶属 Nanzhangophyllum ……………………………………………… Ⅲ/80/413
△拟爱博拉契蕨属 Eboraciopsis ……………………………………………… Ⅱ/124/430
△拟安杜鲁普蕨属 Amdrupiopsis ……………………………………………… Ⅲ/4/317
拟安马特衫属 Ammatopsis …………………………………………………… Ⅴ/3/241
△拟瓣轮叶属 Lobatannulariopsis …………………………………………… Ⅰ/50/188
拟查米蕨属 Zamiopsis ………………………………………………………… Ⅱ/211/537
拟翅籽属 Gemus Samaropsis ………………………………………………… Ⅴ/144/411
拟刺葵属 Phoenicopsis ……………………………………………………… Ⅳ/69/253
　拟刺葵（苦果维尔叶亚属）Phoenicopsis（Culgoweria）……………… Ⅳ/76/262
　拟刺葵（拟刺葵亚属）Phoenicopsis（Phoenicopsis）………………… Ⅳ/76/263
　△拟刺葵（斯蒂芬叶亚属）Phoenicopsis（Stephenophyllum）……… Ⅳ/77/263
　拟刺葵（温德瓦狄叶亚属）Phoenicopsis（Windwardia）…………… Ⅳ/78/264
拟粗榧属 Cephalotaxopsis …………………………………………………… Ⅴ/25/268
△拟带枝属 Taeniocladopisis ………………………………………………… Ⅰ/83/231
拟丹尼蕨属 Danaeopsis ……………………………………………………… Ⅱ/105/406
拟合囊蕨属 Marattiopsis ……………………………………………………… Ⅱ/151/462
拟花藓属 Calymperopsis ……………………………………………………… Ⅰ/1/127
拟节柏属 Frenelopsis ………………………………………………………… Ⅴ/67/319
拟金粉蕨属 Onychiopsis ……………………………………………………… Ⅱ/155/467
△拟蕨属 Pteridiopsis ………………………………………………………… Ⅱ/169/485
拟轮叶属 Annulariopsis ……………………………………………………… Ⅰ/15/144
拟落叶松属 Laricopsis ……………………………………………………… Ⅴ/72/325
拟密叶杉属 Athrotaxopsis …………………………………………………… Ⅴ/7/246
△拟片叶苔属 Riccardiopsis ………………………………………………… Ⅰ/7/134
△拟斯托加枝属 Parastorgaardis ……………………………………………… Ⅴ/89/344
拟松属 Pityites ………………………………………………………………… Ⅴ/95/350
拟无患子属 Sapindopsis ……………………………………………………… Ⅵ/57/179
拟叶枝杉属 Phyllocladopsis ………………………………………………… Ⅴ/90/345
拟银杏属 Ginkgophytopsis …………………………………………………… Ⅳ/59/241
△拟掌叶属 Psygmophyllopsis ………………………………………………… Ⅳ/83/270
拟竹柏属 Nageiopsis …………………………………………………………… Ⅴ/81/334
拟紫萁属 Osmundopsis ……………………………………………………… Ⅱ/160/473

P

帕里西亚杉属 Palissya ……………………………………………………… Ⅴ/88/343
帕里西亚杉属 Palyssia ……………………………………………………… Ⅴ/88/344
帕利宾蕨属 Palibiniopteris ………………………………………………… Ⅱ/161/474
△潘广叶属 Pankuangia ……………………………………………………… Ⅲ/127/478
泡桐属 Paulownia ……………………………………………………………… Ⅵ/40/161
平藓属 Neckera ………………………………………………………………… Ⅰ/7/134

苹婆叶属 *Sterculiphyllum*	Ⅵ/61/184
葡萄叶属 *Vitiphyllum* Nathorst,1886 (non Fontaine,1889)	Ⅵ/67/191
葡萄叶属 *Vitiphyllum* Fontaine,1889 (non Nathorst,1886)	Ⅵ/68/191
蒲逊叶属 *Pursongia*	Ⅲ/173/541
普拉榆属 *Planera*	Ⅵ/42/162

Q

桤属 *Alnus*	Ⅵ/3/119
奇脉羊齿属 *Hyrcanopteris*	Ⅲ/69/401
△奇脉叶属 *Mironeura*	Ⅲ/78/411
△奇羊齿属 *Aetheopteris*	Ⅲ/1/313
奇叶杉属 *Aethophyllum*	Ⅴ/1/239
△奇叶属 *Acthephyllum*	Ⅲ/1/313
△奇异木属 *Allophyton*	Ⅱ/8/277
△奇异羊齿属 *Mirabopteris*	Ⅲ/78/411
奇异蕨属 *Paradoxopteris* Hirmer,1927 (non Mi et Liu,1977)	Ⅱ/161/475
△奇异羊齿属 *Paradoxopteris* Mi et Liu,1977 (non Hirmer,1927)	Ⅲ/128/480
△奇异羽叶属 *Thaumatophyllum*	Ⅲ/210/589
棋盘木属 *Grammaephloios*	Ⅰ/47/184
青钱柳属 *Cycrocarya*	Ⅵ/20/138
△琼海叶属 *Qionghaia*	Ⅲ/174/542
屈囊蕨属 *Gonatosorus*	Ⅱ/134/441

R

△热河似查米亚属 *Rehezamites*	Ⅲ/174/542
△日蕨属 *Rireticopteris*	Ⅱ/175/492
榕属 *Ficus*	Ⅵ/26/145
榕叶属 *Ficophyllum*	Ⅵ/26/144

S

萨尼木属 *Sahnioxylon*	Ⅲ/183/554
萨尼木属 *Sahnioxylon*	Ⅵ/55/177
三角鳞属 *Deltolepis*	Ⅲ/51/379
三盔种鳞属 *Tricranolepis*	Ⅴ/171/444
△三裂穗属 *Tricrananthus*	Ⅴ/171/443
山菅兰属 *Dianella*	Ⅵ/21/139
山西枝属 *Shanxicladus*	Ⅱ/180/498
杉木属 *Cunninhamia*	Ⅴ/32/276
扇羊齿属 *Rhacopteris*	Ⅲ/175/543
扇叶属 *Rhipidopsis*	Ⅳ/87/274
扇状枝属 *Rhipidiocladus*	Ⅴ/141/408

舌鳞叶属 *Glossotheca*	Ⅲ/65/396
舌似查米亚属 *Glossozamites*	Ⅲ/66/397
舌羊齿属 *Glossopteris*	Ⅲ/64/395
舌叶属 *Glossophyllum*	Ⅳ/60/242
蛇葡萄属 *Ampelopsis*	Ⅵ/4/120
△沈括叶属 *Shenkuoia*	Ⅵ/59/181
△沈氏蕨属 *Shenea*	Ⅱ/180/498
石果属 *Carpites*	Ⅵ/10/127
石花属 *Antholites*	Ⅳ/1/169
石花属 *Antholithes*	Ⅳ/2/170
石花属 *Antholithus*	Ⅳ/2/170
石松穗属 *Lycostrobus*	Ⅰ/52/190
石叶属 *Phyllites*	Ⅵ/41/161
石籽属 *Carpolithes* 或 *Carpolithus*	Ⅴ/15/256
史威登堡果属 *Swedenborgia*	Ⅴ/163/434
矢部叶属 *Yabeiella*	Ⅲ/231/616
△始木兰属 *Archimagnolia*	Ⅵ/6/123
△始拟银杏属 *Primoginkgo*	Ⅳ/80/266
△始水松属 *Eoglyptostrobus*	Ⅴ/61/312
△始团扇蕨属 *Eogonocormus* Deng,1995 (non Deng,1997)	Ⅱ/125/430
△始团扇蕨属 *Eogonocormus* Deng,1997 (non Deng,1995)	Ⅱ/125/431
△始羽蕨属 *Eogymnocarpium*	Ⅱ/125/431
柿属 *Diospyros*	Ⅵ/23/141
匙叶属 *Noeggerathiopsis*	Ⅲ/112/458
书带蕨叶属 *Vittaephyllum*	Ⅲ/225/609
梳羽叶属 *Ctenophyllum*	Ⅲ/37/361
鼠李属 *Rhamnus*	Ⅵ/54/176
△束脉蕨属 *Symopteris*	Ⅱ/191/510
双囊蕨属 *Disorus*	Ⅱ/119/423
△双生叶属 *Geminofoliolum*	Ⅰ/46/184
双子叶属 *Dicotylophyllum* Bandulska,1923 (non Saporta,1894)	Ⅵ/23/141
双子叶属 *Dicotylophyllum* Saporta,1894 (non Bandulska,1923)	Ⅵ/21/139
水韭属 *Isoetes*	Ⅰ/48/185
水青树属 *Tetracentron*	Ⅵ/62/185
水杉属 *Metasequoia*	Ⅴ/79/332
水松属 *Glyptostrobus*	Ⅴ/70/323
水松型木属 *Glyptostroboxylon*	Ⅴ/70/322
△似八角属 *Illicites*	Ⅵ/28/147
似白粉藤属 *Cissites*	Ⅵ/15/133
△似百合属 *Lilites*	Ⅵ/34/154
似孢子体属 *Sporogonites*	Ⅰ/8/135
似蝙蝠葛属 *Menispermites*	Ⅵ/36/155
似侧柏属 *Thuites*	Ⅴ/168/440
△似叉苔属 *Metzgerites*	Ⅰ/5/131

似查米亚属 *Zamites*	Ⅲ/235/621
△似齿囊蕨属 *Odotonsorites*	Ⅱ/155/467
似翅籽树属 *Pterospermites*	Ⅵ/50/172
似枞属 *Elatides*	Ⅴ/48/295
似狄翁叶属 *Dioonites*	Ⅲ/57/386
似地钱属 *Marchantites*	Ⅰ/4/131
似豆属 *Leguminosites*	Ⅵ/32/152
△似杜仲属 *Eucommioites*	Ⅵ/25/144
似根属 *Radicites*	Ⅰ/75/222
△似狗尾草属 *Setarites*	Ⅵ/58/181
似管状叶属 *Solenites*	Ⅳ/93/281
似果穗属 *Strobilites*	Ⅴ/160/430
似红豆杉属 *Taxites*	Ⅴ/165/437
似胡桃属 *Juglandites*	Ⅵ/30/149
△似画眉草属 *Eragrosites*	Ⅴ/64/315
△似画眉草属 *Eragrosites*	Ⅵ/24/142
△似金星蕨属 *Thelypterites*	Ⅱ/197/519
△似茎状地衣属 *Foliosites*	Ⅰ/1/127
似卷柏属 *Selaginellites*	Ⅰ/80/227
△似卷囊蕨属 *Speirocarpites*	Ⅱ/181/498
△似克鲁克蕨属 *Klukiopsis*	Ⅱ/145/455
似昆栏树属 *Trochodendroides*	Ⅵ/63/187
△似兰属 *Orchidites*	Ⅵ/39/159
似里白属 *Gleichenites*	Ⅱ/126/432
似蓼属 *Polygonites* Saporta,1865 (non Wu S Q,1999)	Ⅵ/44/165
△似蓼属 *Polygonites* Wu S Q,1999 (non Saporta,1865)	Ⅵ/45/165
似鳞毛蕨属 *Dryopterites*	Ⅱ/120/424
似罗汉松属 *Podocarpites*	Ⅴ/112/372
似麻黄属 *Ephedrites*	Ⅴ/62/313
似密叶杉属 *Athrotaxites*	Ⅴ/6/245
似膜蕨属 *Hymenophyllites*	Ⅱ/141/450
△似木麻黄属 *Casuarinites*	Ⅵ/12/129
似木贼穗属 *Equisetostachys*	Ⅰ/39/175
△似南五味子属 *Kadsurrites*	Ⅵ/31/151
似南洋杉属 *Araucarites*	Ⅴ/5/244
似葡萄果穗属 *Staphidiophora*	Ⅳ/110/302
似桤属 *Alnites* Hisinger,1837 (non Deane,1902)	Ⅵ/2/118
似桤属 *Alnites* Deane,1902 (non Hisinger,1837)	Ⅵ/2/118
△似槭树属 *Acerites*	Ⅵ/1/117
似球果属 *Conites*	Ⅴ/29/272
似莎草属 *Cyperacites*	Ⅵ/20/138
似石松属 *Lycopodites*	Ⅰ/50/188
似鼠李属 *Rhamnites*	Ⅵ/53/175
似水韭属 *Isoetites*	Ⅰ/48/186

似水龙骨属 Polypodites	Ⅱ/168/484
似睡莲属 Nymphaeites	Ⅵ/38/158
似丝兰属 Yuccites Martius, 1822 (non Schimper et Mougeot, 1844)	Ⅴ/179/453
似丝兰属 Yuccites Schimper et Mougeot, 1844 (non Martius, 1822)	Ⅴ/179/453
似松柏属 Coniferites	Ⅴ/28/271
似松属 Pinites	Ⅴ/93/349
似苏铁属 Genus Cycadites Buckland, 1836 (non Sternberg, 1825)	Ⅲ/47/373
似苏铁属 Genus Cycadites Sternberg, 1825 (non Buckland, 1836)	Ⅲ/46/372
似苔属 Hepaticites	Ⅰ/2/128
△似提灯藓属 Mnioites	Ⅰ/5/132
似铁线蕨属 Adiantopteris	Ⅱ/6/276
△似铁线莲叶属 Clematites	Ⅵ/17/134
似托第蕨属 Todites	Ⅱ/198/520
△似乌头属 Aconititis	Ⅵ/1/117
似藓属 Muscites	Ⅰ/6/133
似杨属 Populites Goeppert, 1852 (non Viviani, 1833)	Ⅵ/45/166
似杨属 Populites Viviani, 1833 (non Goeppert, 1852)	Ⅵ/45/166
似叶状体属 Thallites	Ⅰ/8/136
△似阴地蕨属 Botrychites	Ⅱ/22/295
似银杏属 Ginkgoites	Ⅳ/43/221
似银杏枝属 Ginkgoitocladus	Ⅳ/57/239
△似雨蕨属 Gymnogrammitites	Ⅱ/135/443
△似圆柏属 Sabinites	Ⅴ/143/410
△似远志属 Polygatites	Ⅵ/44/165
似榛属 Corylites	Ⅵ/17/135
匙羊齿属 Zamiopteris	Ⅲ/234/620
斯蒂芬叶属 Stephenophyllum	Ⅳ/113/307
斯卡伯格穗属 Scarburgia	Ⅴ/145/413
斯科勒斯比叶属 Scoresbya	Ⅲ/184/554
斯托加叶属 Storgaardia	Ⅴ/158/428
松柏茎属 Coniferocaulon	Ⅴ/29/272
松木属 Pinoxylon	Ⅴ/94/349
松属 Pinus	Ⅴ/94/350
松型果鳞属 Pityolepis	Ⅴ/98/355
松型果鳞属 Pityostrobus	Ⅴ/110/370
松型木属 Pityoxylon	Ⅴ/112/372
松型叶属 Pityophyllum	Ⅴ/101/359
松型枝属 Pityocladus	Ⅴ/95/351
松型子属 Pityospermum	Ⅴ/107/367
楤木属 Aralia	Ⅵ/4/120
楤木叶属 Araliaephyllum	Ⅵ/4/121
苏格兰木属 Scotoxylon	Ⅴ/151/420
苏铁鳞片属 Cycadolepis	Ⅲ/47/374
△苏铁鳞叶属 Cycadolepophyllum	Ⅲ/50/377

苏铁杉属 *Podozamites*		Ⅴ/114/375
△苏铁缘蕨属 *Cycadicotis*		Ⅲ/45/371
△苏铁缘蕨属 *Cycadicotis*		Ⅵ/19/137
苏铁掌苞属 *Cycadospadix*		Ⅲ/50/378
穗蕨属 *Stachypteris*		Ⅱ/190/509
穗杉属 *Stachyotaxus*		Ⅴ/157/426
△穗藓属 *Stachybryolites*		Ⅰ/8/135
桫椤属 *Cyathea*		Ⅱ/105/405

T

台座木属 *Dadoxylon*		Ⅴ/47/294
△太平场蕨属 *Taipingchangella*		Ⅱ/192/512
桃金娘叶属 *Myrtophyllum*		Ⅵ/37/157
特西蕨属 *Tersiella*		Ⅲ/209/588
蹄盖蕨属 *Athyrium*		Ⅱ/17/289
△天石枝属 *Tianshia*		Ⅳ/114/308
△条叶属 *Vittifoliolum*		Ⅳ/116/310
铁角蕨属 *Asplenium*		Ⅱ/13/283
铁杉属 *Tsuga*		Ⅴ/172/444
铁线蕨属 *Adiantum*		Ⅱ/7/277
△铜川叶属 *Tongchuanophyllum*		Ⅲ/218/599
图阿尔蕨属 *Tuarella*		Ⅱ/209/535
△托克逊蕨属 *Toksunopteris*		Ⅱ/209/534
托勒利叶属 *Torellia*		Ⅳ/114/308
托列茨果属 *Toretzia*		Ⅳ/115/308
托马斯枝属 *Thomasiocladus*		Ⅴ/168/440

W

瓦德克勒果属 *Vardekloeftia*		Ⅲ/224/608
△网格蕨属 *Reteophlebis*		Ⅱ/173/489
网叶蕨属 *Dictyophyllum*		Ⅱ/112/414
网羽叶属 *Dictyozamites*		Ⅲ/57/386
威尔斯穗属 *Willsiostrobus*		Ⅴ/175/448
威廉姆逊尼花属 *Williamsonia*		Ⅲ/227/610
韦尔奇花属 *Weltrichia*		Ⅲ/226/609
维特米亚叶属 *Vitimia*		Ⅲ/225/608
尾果穗属 *Ourostrobus*		Ⅴ/81/335
乌拉尔叶属 *Uralophyllum*		Ⅲ/224/607
乌马果鳞属 *Umaltolepis*		Ⅳ/115/309
乌斯卡特藓属 *Uskatia*		Ⅰ/11/139
乌苏里枝属 *Ussuriocladus*		Ⅴ/172/445
五味子属 *Schisandra*		Ⅵ/58/181

X

西沃德杉属 *Sewardiodendron*	Ⅴ/153/422
希默尔杉属 *Hirmerella*	Ⅴ/72/325
△细毛蕨属 *Ciliatopteris*	Ⅱ/25/299
狭羊齿属 *Stenopteris*	Ⅲ/194/568
狭轴穗属 *Stenorhachis*	Ⅳ/110/303
△夏家街蕨属 *Xiajiajienia*	Ⅱ/210/536
香南属 *Nectandra*	Ⅵ/38/158
香蒲属 *Typha*	Ⅵ/65/188
△香溪叶属 *Hsiangchiphyllum*	Ⅲ/68/399
小果穗属 *Stachyopitys*	Ⅳ/109/302
△小蛟河蕨属 *Chiaohoella*	Ⅱ/23/296
小威廉姆逊尼花属 *Williamsoniella*	Ⅲ/228/612
小楔叶属 *Sphenarion*	Ⅳ/94/283
楔拜拉属 *Sphenobaiera*	Ⅳ/96/286
楔鳞杉属 *Sphenolepis*	Ⅴ/154/423
楔羊齿属 *Sphenopteris*	Ⅱ/182/499
△楔叶拜拉花属 *Sphenobaieroanthus*	Ⅳ/108/301
△楔叶拜拉枝属 *Sphenobaierocladus*	Ⅳ/109/302
楔叶属 *Sphenophyllum*	Ⅰ/83/230
楔羽叶属 *Sphenozamites*	Ⅲ/191/565
心籽属 *Cardiocarpus*	Ⅴ/15/255
△新孢穗属 *Neostachya*	Ⅰ/68/213
新查米亚属 *Neozamites*	Ⅲ/80/413
△新疆蕨属 *Xinjiangopteris* Wu S Q et Zhou,1986 (non Wu S Z,1983)	Ⅱ/211/537
△新疆蕨属 *Xinjiangopteris* Wu S Z,1983 (non Wu S Q et Zhou,1986)	Ⅱ/211/536
△新龙叶属 *Xinlongia*	Ⅲ/230/614
△新龙羽叶属 *Xinlongophyllum*	Ⅲ/231/615
新芦木属 *Neocalamites*	Ⅰ/54/193
新芦木穗属 *Neocalamostachys*	Ⅰ/68/212
△新轮叶属 *Neoannularia*	Ⅰ/53/192
星囊蕨属 *Asterotheca*	Ⅱ/14/285
△星学花序属 *Xingxueina*	Ⅵ/68/192
△星学叶属 *Xingxuephyllum*	Ⅵ/69/193
△兴安叶属 *Xinganphyllum*	Ⅲ/230/614
雄球果属 *Androstrobus*	Ⅲ/5/318
雄球穗属 *Masculostrobus*	Ⅴ/78/332
袖套杉属 *Manica*	Ⅴ/75/328
△袖套杉(袖套杉亚属) *Manica* (*Manica*)	Ⅴ/76/330
△袖套杉(长岭杉亚属) *Manica* (*Chanlingia*)	Ⅴ/76/329
悬铃木属 *Platanus*	Ⅵ/42/163
悬铃木叶属 *Platanophyllum*	Ⅵ/42/162

悬羽羊齿属 Crematopteris	Ⅲ/25/345
雪松型木属 Cedroxylon	Ⅴ/25/268

Y

△牙羊齿属 Dentopteris	Ⅲ/52/379
崖柏属 Thuja	Ⅴ/169/441
△雅观木属 Perisemoxylon	Ⅲ/131/483
△雅蕨属 Pavoniopteris	Ⅱ/162/475
雅库蒂蕨属 Jacutopteris	Ⅱ/142/451
雅库蒂羽叶属 Jacutiella	Ⅲ/71/402
△亚洲叶属 Asiatifolium	Ⅵ/7/123
△延吉叶属 Yanjiphyllum	Ⅵ/69/193
眼子菜属 Potamogeton	Ⅵ/47/168
△燕辽杉属 Yanliaoa	Ⅴ/179/453
△羊齿缘蕨属 Filicidicotis	Ⅵ/27/146
羊蹄甲属 Bauhinia	Ⅵ/8/125
杨属 Populus	Ⅵ/46/167
△耶氏蕨属 Jaenschea	Ⅱ/143/452
叶枝杉型木属 Phyllocladoxylon	Ⅴ/90/346
伊仑尼亚属 Erenia	Ⅵ/24/143
△疑麻黄属 Amphiephedra	Ⅴ/3/242
△义马果属 Yimaia	Ⅳ/118/312
义县叶属 Yixianophyllum	Ⅲ/232/617
△异麻黄属 Alloephedra	Ⅴ/2/241
异脉蕨属 Phlebopteris	Ⅱ/164/477
异木属 Xenoxylon	Ⅴ/176/450
异形羊齿属 Anomopteris	Ⅱ/9/279
异叶蕨属 Thaumatopteris	Ⅱ/192/512
△异叶属 Pseudorhipidopsis	Ⅳ/81/267
异羽叶属 Anomozamites	Ⅲ/6/319
银杏木属 Ginkgophyton Matthew,1910 (non Zalessky,1918)	Ⅳ/58/240
银杏木属 Ginkgophyton Zalessky,1918 (non Matthew,1910)	Ⅳ/58/240
银杏属 Ginkgo	Ⅳ/30/206
银杏型木属 Ginkgoxylon	Ⅳ/60/242
银杏叶属 Ginkgophyllum	Ⅳ/57/239
隐脉穗属 Ruehleostachys	Ⅴ/143/410
硬蕨属 Scleropteris Andrews,1942 (non Saporta,1872)	Ⅱ/180/497
硬蕨属 Scleropteris Saporta,1872 (non Andrews,1942)	Ⅱ/179/496
△永仁叶属 Yungjenophyllum	Ⅲ/232/617
鱼网叶属 Sagenopteris	Ⅲ/177/546
榆叶属 Ulmiphyllum	Ⅵ/65/189
元叶属 Protophyllum	Ⅵ/47/168

原始柏型木属 Protocupressinoxylon	Ⅴ/133/399
△原始金松型木属 Protosciadopityoxylon	Ⅴ/137/403
原始罗汉松型木属 Protopodocarpoxylon	Ⅴ/136/402
原始落羽杉型木属 Prototaxodioxylon	Ⅴ/138/404
原始鸟毛蕨属 Protoblechnum	Ⅲ/132/484
△原始水松型木属 Protoglyptostroboxylon	Ⅴ/134/399
原始雪松型木属 Protocedroxylon	Ⅴ/132/398
原始叶枝杉型木属 Protophyllocladoxylon	Ⅴ/134/400
原始银杏型木属 Protoginkgoxylon	Ⅳ/80/266
原始云杉型木属 Protopiceoxylon	Ⅴ/135/401
圆异叶属 Cyclopteris	Ⅲ/51/378
云杉属 Picea	Ⅴ/92/347
云杉型木属 Piceoxylon	Ⅴ/92/348

Z

枣属 Zizyphus	Ⅵ/70/194
△贼木属 Phoroxylon	Ⅲ/131/483
△窄叶属 Angustiphyllum	Ⅲ/6/319
樟树属 Cinnamomum	Ⅵ/15/133
掌叶属 Psygmophyllum	Ⅳ/84/270
掌状蕨属 Chiropteris	Ⅱ/24/298
针叶羊齿属 Rhaphidopteris	Ⅲ/176/544
珍珠梅属 Sorbaria	Ⅵ/60/183
榛属 Corylus	Ⅵ/18/136
榛叶属 Corylopsiphyllum	Ⅵ/18/135
△郑氏叶属 Zhengia	Ⅵ/70/193
枝脉蕨属 Cladophlebis	Ⅱ/26/300
枝羽叶属 Ctenozamites	Ⅲ/40/365
栉羊齿属 Pecopteris	Ⅱ/162/476
△中国篦羽叶属 Sinoctenis	Ⅲ/187/558
△中国似查米亚属 Sinozamites	Ⅲ/190/563
△中国叶属 Sinophyllum	Ⅳ/92/281
△中华古果属 Sinocarpus	Ⅵ/59/182
△中华缘蕨属 Sinodicotis	Ⅵ/60/183
△中间苏铁属 Mediocycas	Ⅲ/77/410
柊叶属 Phrynium	Ⅵ/41/161
皱囊蕨属 Ptychocarpus	Ⅱ/170/486
△侏罗木兰属 Juramagnolia	Ⅵ/31/150
△侏罗缘蕨属 Juradicotis	Ⅵ/30/149
锥叶蕨属 Coniopteris	Ⅱ/81/373
△准爱河羊齿属 Aipteridium	Ⅲ/1/314
准柏属 Cyparissidium	Ⅴ/45/293

准莲座蕨属 *Angiopteridium*	II/8/278
准马通蕨属 *Matonidium*	II/153/465
准脉羊齿属 *Neuropteridium*	III/82/415
准苏铁杉果属 *Cycadocarpidium*	V/38/284
准条蕨属 *Oleandridium*	III/113/459
准楔鳞杉属 *Sphenolepidium*	V/153/422
准银杏属 *Ginkgodium*	IV/41/219
准银杏属 *Ginkgoidium*	IV/42/220
△准枝脉蕨属 *Cladophlebidium*	II/26/300
紫萁座莲属 *Osmundacaulis*	II/159/473
紫萁属 *Osmunda*	II/158/471
紫杉型木属 *Taxoxylon*	V/167/439
棕榈叶属 *Amesoneuron*	VI/3/119
纵裂蕨属 *Rhinipteris*	II/174/490
酢浆草属 *Oxalis*	VI/40/160

Supported by Special Research Program of
Basic Science and Technology of the Ministry
of Science and Technology (2013FY113000)

Record of Megafossil Plants from China (1865–2005)

IV. Record of Megafossil Ginkgophytes from China

Compiled by
WU Xiangwu and WANG Yongdong

University of Science and Technology of China Press

Brief Introduction

This book is the fourth volume of the *Record of Megafossil Plants from China* (1865—2005). There are two parts of both Chinese and English versions, mainly documents complete data on the ginkgophytes from China that have been officially published from 1865 to 2005. All of the records are compiled according to generic and specific taxa. Each record of the generic taxon include: author(s) who established the genus, establishing year, synonym, type species and taxonomic status. The species records are included under each genus, including detailed descriptions of original data, such as author(s) who established the species, publishing year, author(s) or identified person(s), page(s), plate(s), text-figure(s), locality(ies), ages and horizon(s). For those generic names or specific names established based on Chinese specimens, the type specimens and their depository institutions have also been recorded. In this book, totally 63 generic names (among them, 14 generic names are established based on Chinese specimens) have been documented, and totally more than 580 specific names (among them, 240 specific names are established based on Chinese specimens). Each part attaches four appendixes, including: Index of Generic Names, Index of Specific Names, Table of Institutions that House the Type Specimens and Index of Generic Names to Volumes Ⅰ—Ⅵ. At the end of the book, there are references.

This book is a complete collection and an easy reference document that compiled based on extensive survey of both Chinese and abroad literatures and a systematic data collections of palaeobotany. It is suitable for reading for those who are working on research, education and data base related to palaeobotany, life sciences and earth sciences.

GENERAL FOREWORD

As a branch of sciences studying organisms of the geological history, palaeontology relies utterly on the fossil record, so does the palaeobotany as a branch of palaeontology. The compilation and editing of fossil plant data started early in the 19 century. F. Unger published *Synopsis Plantarum Fossilium* and *Genera et Species Plantarium Fossilium* in 1845 and 1850 respectively, not long after the introduction of C. von Linné's binomial nomenclature to the study of fossil plants by K. M. von Sternberg in 1820. Since then, indices or catalogues of fossil plants have been successively compiled by many professional institutions and specialists. Amongst them, the most influential are catalogues of fossil plants in the Geological Department of British Museum written by A. C. Seward and others, *Fossilium Catalogus II : Palantae* compiled by W. J. Jongmans and his successor S. J. Dijkstra, *The Fossil Record* (Volume 1) and *The Fossil Revord* (Volume 2) chief-edited by W. B. Harland and others and afterwards by M. J. Benton, and *Index of Generic Names of Fossil Plants* compiled by H. N. Andrews Jr. and his successors A. D. Watt, A. M. Blazer and others. Based partly on Andrews' index, the digital database "Index Nominum Genericorum (ING)" was set up by the joint efforts of the International Association of Plant Taxonomy and the Smithsonian Institution. There are also numerous catalogues or indices of fossil plants of specific regions, periods or institutions, such as catalogues of Cretaceous and Tertiary plants of North America compiled by F. H. Knowlton, L. F. Ward and R. S. La Motte, Upper Triassic plants of the western United States by S. Ash, Carboniferous, Permian and Jurassic plants by M. Boersma and L. M. Broekmeyer, Indian fossil plants by R. N. Lakhanpal, and fossil record of plants by S. V. Meyen and index of sporophytes and gymnosperm referred to USSR by V. A. Vachrameev. All these have no doubt benefited to the academic exchanges between palaeobotanists from different countries, and contributed considerably to the development of palaeobotany.

Although China is amongst the countries with widely distributed terrestrial deposits and rich fossil resources, scientific researches on fossil plants began much later in our country than in many other countries. For a quite long time, in our country, there were only few researchers, who are engaged in palaeobotanical studies. Since the 1950s, especially the beginning of Reform and Opening to the outside world in the late 1980s, palaeobotany became blooming in our country as other disciplines of science and technology. During the development and construction of the country, both palaeobotanists and publications have been markedly increased. The editing and compilation of the fossil plant record has also been put on the agenda to meet the needs of increasing academic activities, along with participation in the "Plant Fossil Record (PFR)" project sponsored by the International Organization of Palaeobotany. Professor Wu is one of the few pioneers who have paid special attention to data accumulation and compilation of the fossil plant record in China. Back in 1993, He published *Record of Generic Names of Mesozoic Megafossil Plants from China* (1865 — 1990) and *Index of New Generic Names Founded on Mesozoic and Cenozoic Specimens from China* (1865 — 1990). In 2006, he published the generic names after 1990. *Catalogue of the Cenozoic Megafossil Plants of China* was also Published by Liu and others (1996).

It is a time consuming task to compile a comprehensive catalogue containing the fossil records of all plant groups in the geological history. After years of hard work, all efforts finally bore fruits, and are able to publish separately according to classification and geological distribution, as well as the progress of data accumulating and editing. All data will eventually be incorporated into the databases of all China fossil records: "Palaeontological and Stratigraphical Database of China" and "Geobiodiversity Database (GBDB)".

The pubilication of *Record of Megafossil Plants from China* (1865 — 2005) is one of the milestones in the development of palaeobotany, undoubtedly it will provide a good foundation and platform for the further development of this discipline. As an aged researcher in palaeobotany, I look eagerly forward to seeing the publication of the serial fossil catalogues of China.

INTRODUCTION

In China, there is a long history of plant fossil discovery, as it is well documented in ancient literatures. Among them the voluminous work *Mengxi Bitan* (*Dream Pool Essays*) by Shen Kuo (1031 — 1095) in the Beisong (Northern Song) Dynasty is probably the earliest. In its 21st volume, fossil stems [later identified as stems of *Equisctites* or pith-casts of *Neocalamites* by Deng (1976)] from Yongningguan, Yanzhou, Shaanxi (now Yanshuiguan of Yanchuan County, Yan'an City, Shaanxi Province) were named "bamboo shoots" and described in details, which based on an interesting interpretation on palaeogeography and palaeoclimate was offered.

Like the living plants, the binary nomenclature is the essential way for recognizing, naming and studying fossil plants. The binary nomenclature (nomenclatura binominalis) was originally created for naming living plants by Swedish explorer and botanist Carl von Linné in his *Species Plantarum* firstly published in 1753. The nomenclature was firstly adopted for fossil plants by the Czech mineralogist and botanist K. M. von Sternberg in his *Versuch einer Geognostisch : Botanischen Darstellung der Flora der Vorwelt* issued since 1820. The *International Code of Botanical Nomenclature* thus set up the beginning year of modern botanical and palaeobotanical nomenclature as 1753 and 1820 respectively. Our series volumes of Chinese megafossil plants also follows this rule, compile generic and specific names of living plants set up in and after 1753 and of fossil plants set up in and after 1820. As binary nomenclature was firstly used for naming fossil plants found in China by J. S. Newberry [1865 (1867)] at the Smithsonian Institute, USA, his paper *Description of Fossil Plants from the Chinese Coal-bearing Rocks* naturally becomes the starting point of the compiling of Chinese megafossil plant records of the current series.

China has a vast territory covers well developed terrestrial strata, which yield abundant fossil plants. During the past one and over a half centuries, particularly after the two milestones of the founding of PRC in 1949 and the beginning of Reform and Opening to the outside world in late 1970s, to meet the growing demands of the development and construction of the country, various scientific disciplines related to geological prospecting and meaning have been remarkably developed, among which palaeobotanical studies have been also well-developed with lots of fossil materials being accumulated. Preliminary statistics has shown that during 1865 (1867) — 2000, more than 2000 references related to Chinese megafossil plants had been published [Zhou and Wu (chief compilers), 2002]; 525 genera of Mesozoic megafossil plants discovered in China had been reported during 1865 (1867) — 1990 (Wu, 1993a), while 281 genera of Cenozoic megafossil plants found in China had been documented by 1993 (Liu et al., 1996); by the year of 2000, totally about 154 generic names have been established based on Chinese fossil plant material for the Mesozoic and Cenozoic deposits (Wu, 1993b, 2006). The above-mentioned megafossil plant records were published scatteredly in various periodicals or scientific magazines in different languages, such as Chinese, English, German, French, Japanese, Russian, etc., causing much inconvenience for the use and exchange of colleagues of palaeobotany and related fields both at home and abroad.

To resolve this problem, besides bibliographies of palaeobotany [Zhou and Wu (chief compilers), 2002], the compilation of all fossil plant records is an efficient way, which has already obtained enough attention in China since the 1980s (Wu, 1993a, 1993b, 2006). Based on the previous compilation as well as extensive searching for the bibliographies and literatures, now we are planning to publish series volumes of *Record of Megafossil Plants from China* (1865 — 2005) which is tentatively scheduled to comprise volumes of bryophytes, lycophytes, sphenophytes, filicophytes, cycadophytes, ginkgophytes, coniferophytes, angiosperms and others. These volumes are mainly focused on the Mesozoic megafossil plant data that were published from 1865 to 2005.

In each volume, only records of the generic and specific ranks are compiled, with higher ranks in the taxonomical hierarchy, e. g., families, orders, only mentioned in the item of "taxonomy" under each record. For a complete compilation and a well understanding for geological records of the megafossil plants, those genera and species with their type species and type specimens not originally described from China are also included in the volume.

Records of genera are organized alphabetically, followed by the items of author(s) of genus, publishing year of genus, type species (not necessary for genera originally set up for living plants), and taxonomy and others.

Under each genus, the type species (not necessary for genera originally set up for living plants) is firstly listed, and other species are then organized alphabetically. Every taxon with symbols of "aff." "Cf." "cf." "ex gr." or "?" and others in its name is also listed as an individual record but arranged after the species without any symbol. Undetermined species (sp.) are listed at the end of each genus entry. If there are more than one undetermined species (spp.), they will be arranged chronologically. In every record of species (including undetermined species) items of author of species, establishing year of species, and so on, will be included.

Under each record of species, all related reports (on species or specimens) officially published are covered with the exception of those shown solely as names with neither description nor illustration. For every report of the species or specimen, the following items are included: publishing year, author(s) or the person(s) who identify the specimen (species), page(s) of the literature, plate(s), figure(s), preserved organ(s), locality(ies), horizon(s) or stratum(a) and age(s). Different reports of the same specimen (species) is (are) arranged chronologically, and then alphabetically by authors' names, which may further classified into a, b, etc., if the same author(s) published more than one report within one year on the same species.

Records of generic and specific names founded on Chinese specimen(s) is (are) marked by the symbol "△". Information of these records are documented as detailed as possible based on their original publication.

To completely document *Record of Megafossil Plants from China (1865 — 2005)*, we compile all records faithfully according to their original publication without doing any delection or modification, nor offering annotations. However, all related modification and comments published later are included under each record, particularly on those with obvious problems, e.g., invalidly published naked names (nom. nud.).

According to *International Code of Botanical Nomenclature (Vienna Code)* article 36.3, in order to be validly published, a name of a new taxon of fossil plants published on or after January 1st, 1996 must be accompanied by a Latin or English description or diagnosis or by a reference to a previously and effectively published Latin or English description or diagnosis (McNeill and others, 2006; Zhou, 2007; Zhou Zhiyan, Mei Shengwu, 1996; *Brief News of Palaeobotany in China*, No. 38). The current series follows article 36.3 and the original language(s) of description and/or diagnosis is (are) shown in the records for those published on or after January 1st, 1996.

For the convenience of both Chinese speaking and non-Chinese speaking colleagues, every record in this series is compiled as two parts that are of essentially the same contents, in Chinese and English respectively. All cited references are listed only in western language (mainly English) strictly following the format of the English part of Zhou and Wu (chief compilers) (2002). Each part attaches four appendixes: Index of Generic Names, Index of Specific Names, Table of Institutions that House the Type Specimens and Index of Generic Names to Volumes Ⅰ—Ⅵ.

The publication of series volumes of *Record of Megafossil Plants from China (1865 — 2005)* is the necessity for the discipline accumulation and development. It provides further references for understanding the plant fossil biodiversity evolution and radiation of major plant groups through the geological ages. We hope that the publication of these volumes will be helpful for promoting the professional exchange at home and abroad of palaeobotany.

The Ginkgopsida is a famous living fossil, currently known by only one species of *Ginkgo biloba* L. The fossil ginkgophytes have been extensively recorded from the geological history, starting from Permian, and developing from Late Triassic; they are prosperous and world widely distributed during the Jurassic and Early Cretaceous periods. During the End-Cretaceous, the genus and species numbers as well as distribution become distinctly decline; in the Late Palaeogene (Oligocene), they become sharply fall off, with only one species nowadays. The ginkgophytic fossils are very abundant in the Mesozoic deposits of China. These are very important records and evidences for further understanding the origin, evolution, radiation and development of ginkgophytic plants (Zhou and Zhang, 1989, 1992; Zhou, 2002; Zhou and Zheng, 2003; Zhou and Wu, 2006).

The Ginkgopsida usually includes two classes, such as Ginkgoales and Czekanowskiales. However, some authors considered that the Czekanowskiales is a group of gymnosperms with unknown affinity (Harris, 1976; Stewart, 1983; Taylor and Taylor, 1993). In this book, we keep the traditional taxonomic treatment and place the Czekanowskiales as a class of Ginkgopsida. Some Palaeozoic genera, such as *Psygmophyllum* Schimper, *Ginkgophyllum* Saporta, *Dicranophyllum* Grand'Eury are still debated for whether they belong to the ginkgophytes. Some isolated Mesozoic genera (such as *Sorosaccus*) are also doubtful whether belongs to ginkgophytes, here we tentatively include them according to the original authors' opinion.

This book is the fourth volume of *Record of Megafossil Plants from China* (1865—2005). This volume is an attempt to compile complete data on the Mesozoic megafossil ginkgophytes from China that have been officially published from 1865 to 2005. In this book, totally 63 generic names (among them, 14 generic names are established based on Chinese specimens) have been documented, and totally more than 580 specific names (among them, 240 specific names are established based on Chinese specimens). The dispersed pollen grains are not included in this book. We are grateful to receive further comments and suggestions form readers and colleagues.

This work is jointly supported by the Basic Work of Science and Technology (2013FY113000) and the State Key Program of Basic Research (2012CB822003) of the Ministry of Science and Technology, the National

Natural Sciences Foundation of China (No. 41272010), the State Key Laboratory of Palaeobiology and Stratigraphy (No. 103115), the Important Directional Project (ZKZCX2-YW-154) and the Information Construction Project (INF105-SDB-1-42) of Knowledge Innovation Program of the Chinese Academy of Sciences.

We thank Prof. Wang Jun and others many colleagues and experts from the Department of Palaeobotany and Palynology of Nanjing Institute of Geology and Palaeontology (NIGPS), CAS for helpful suggestions and support. Special thanks are due to Acad. Zhou Zhiyan for his kind help and support for this work, and writing the "General Foreword" of this book. We also acknowledge our sincere thanks to Prof. Yang Qun (the director of NIGPAS), Acad. Rong Jiayu, Acad. Shen Shuzhong and Prof. Yuan Xunlai (the head of the State Key Laboratory of Palaeobiology and Stratigraphy) for their support for successful compilation and publication of this book. Ms. Zhang Xiaoping and Ms. Feng Man from the Liboratory of NIGPAS are appreciated for assistances of books and literatures collections. We also thank Dr. Tian Ning and Dr. Jiang Zikun, and graduate students Li Liqin and Zhou Ning and others for their assistances during the preparation of this book.

Editor

SYSTEMATIC RECORDS

Genus *Allicospermum* Harris, 1935

1935   Harris, p. 121.
1986   Ye Meina and others, p. 88.
1993a Wu Xiangwu, p. 51.

Type species: *Allicospermum xystum* Harris, 1935

Taxonomic status: gymnosperm or ginkgophytes

Allicospermum xystum Harris, 1935

1935   Harris, p. 121, pl. 9, figs. 1—10, 13, 18; text-fig. 46; seeds and cuticles; Scoresby Sound of East Greenland, Denmark; Early Jurassic *Thaumatopteris* Zone.
1993a Wu Xingwu, p. 51

?*Allicospermum xystum* Harris, 1935

1986   Ye Meina and others, p. 88, pl. 53, figs. 7, 7a; seed; Binlang of Daxian, Sichuan; Early Jurassic Zhenzhuchong Formation.

△*Allicospermum ovoides* Li, 1988

1988   Li Peijuan and others, p. 142, pl. 100, fig. 21; seed; Col. No.: 80QFu; Reg. No.: PB13763; Repository: Nanjing Institute of Geology and Palaeontology, Chinese Academy of Sciences; Kuangou of Lvcaoshan, Qinghai; Middle Jurassic *Nilssonia* Bed of Shimengou Formation.

Allicospermum sp.

2002   Wu Xiangwu and others, p. 171, pl. 13, figs. 13, 14; seeds; Changshan of Alxa Right Banner, Nei Mongol (Inner Mongolia); Middle Jurassic lower part of Ningyuanpu Formation.

Genus *Antholites*

[Notes: Apparently misprint for *Antholithes* Brongniart, 1822 or *Antholithus* Linné, 1786 in Yokoyama, 1906, p. 19. (Sze H C, Lee H H and others, 1963, p. 362)]

1906   Yokoyama, p. 19.
1963   Sze H C, Lee H H and others, p. 362.

1993a　Wu Xiangwu, p. 55.

△*Antholites chinensis* Yokoyama, 1906

1906　Yokoyama, p. 19, pl. 2, fig. 4; inflorescence of some coniferous or ginkogophytes; Qingganglin of Pengxian, Sichuan; Early Jurassic. [Notes: The specimen was later referred to *Problematicum* (Sze H C, Lee H H and others, 1963, p. 362)]

1993a　Wu Xingwu, p. 55.

Genus *Antholithes* Brongniart, 1822

1822　Brongniart, p. 320.

1963　Sze H C, Lee H H and others, p. 362.

1993a　Wu Xiangwu, p. 55.

Type species: *Antholithes liliacea* Brongniart, 1822

Taxonomic status: plant incertae sedis or ginkgophytes?

Antholithes liliacea Brongniart, 1822

1822　Brongniart, p. 320, pl. 14, fig. 7; a small "bud-like" impression showing no fertile parts and plantae incertae sedis.

1993a　Wu Xingwu, p. 55.

Genus *Antholithus* Linné, 1786, emend Zhang et Zheng, 1987

1963　Sze H C, Lee H H and others, p. 362.

1987　Zhang Wu, Zheng Shaolin, p. 309.

1993a　Wu Xiangwu, p. 55.

Lectotype species: *Antholithus wettsteinii* Krässer, 1943 (Zhang Wu, Zheng Shaolin, 1987, p. 309)

Taxonomic status: plant incertae sedis or ginkgophytes or ginkgophytes?

Antholithus wettsteinii Krässer, 1943

1943　Krässer, p. 76, pl. 10, figs. 11, 12; pl. 11, figs. 6, 7; pl. 13, figs. 1—7; text-fig. 8; male cone; Lunz, Austria; Late Triassic.

1993a　Wu Xingwu, p. 55.

△*Antholithus fulongshanensis* Zhang et Zheng, 1987

1987　Zhang Wu, Zheng Shaolin, p. 310, pl. 17, fig. 6; pl. 30, figs. 1—1b; text-fig. 36; male cone; Reg. No.: SG110145; Repository: Shenyang Institute of Geology and Mineral Resources; Fulongshan of Nanpiao, Liaoning; Middle Jurassic Haifanggou Formation.

1993a　Wu Xingwu, p. 55.

△*Antholithus ovatus* Wu S Q, 1999 (in Chinese)

1999a　Wu Shunqing, p. 24, pl. 20, figs. 2, 2a, 5, 5a, 7, 7a; shoots; Col. No.: AEO-113, AEO-114, AEO-210; Reg. No.: PB18341, PB18342; Holotype: PB18342 (pl. 20, fig. 5); Repository: Nanjing Institute of Geology and Palaeontology, Chinese Academy of Sciences; Huangbanjigou in Shangyuan of Beipiao, Liaoning; Late Jurassic Jianshangou Bed in lower part of Yixian Formation.

△*Antholithus yangshugouensis* Zhang et Zheng, 1987
1987   Zhang Wu, Zheng Shaolin, p. 311, pl. 24, fig. 7; pl. 30, figs. 3, 3a, 3b; text-fig. 37; male cone; Reg. No. : SG110156; Repository: Shenyang Institute of Geology and Mineral Resources; Yangshugou of Harqin Left Wing, Liaoning; Early Jurassic Peipiao Formation.
1993a Wu Xingwu, p. 55.

Antholithus spp.
1999a *Antholithus* spp. , Wu Shunqing, p. 24, pl. 20, figs. 4, 4a, 6, 6a; flower; Huangbanjigou in Shangyuan of Beipiao, Liaoning; Late Jurassic Jianshangou Bed in lower part of Yixian Formation.

Genus *Arctobaiera* Florin, 1936
1936   Florin, p. 119.
1996   Zhou Zhiyan and Zhang Bole, p. 362.
Type species: *Arctobaiera flettii* Florin, 1936
Taxonomic status: Czekanowskiales

Arctobaiera flettii Florin, 1936
1936   Florin, p. 119, pls. 26—31; pl. 32, figs. 1—6; leaves and cuticles; Franz Joseph Land; Jurassic.

△*Arctobaiera renbaoi* Zhou et Zhang, 1996 (in English)
1996   Zhou Zhiyan, Zhang Bole, p. 362, pl. 1, figs. 1—6; pl. 2, figs. 1—8; text-figs. 1, 2; long shoots, dwarf shoots, leaves and cuticles; Reg. No. : PB17449, PB17451—PB17454; Holotype and its counterpart: PB17451, PB17452 (pl. 1, figs 6); Repository: Nanjing Institute of Geology and Palaeontology, Chinese Academy of Sciences; North Opencast Mine of Yima, Henan; Middle Jurassic middle member of Yima Formation.
1998   Zhou Zhiyan, Guignard, p. 180, pl. 1, figs. 1—7; pl. 2, figs. 1—4; cuticles; North Opencast Mine of Yima, Henan; Middle Jurassic, middle member of Yima Formation.

Genus *Baiera* Braun, 1843
1843 (1839—1843)   Braun, in Müester, p. 20.
1963   Sze H C, Lee H H and others, p. 229.
1993a Wu Xiangwu, p. 58.
Type species: *Baiera dichotoma* Braun in Münster, 1843
Taxonomic status: Ginkgoales

Baiera dichotoma Braun in Münster, 1843

1843 (1839—1843)   Braun, in Münster, p. 20, pl. 12, figs. 1—5; leaves; Bavaria, Germany; Late Triassic.

1874   *Bayera dichotoma* Braun, Brongniart, p. 408; leaves; Dingjiagou of Shaanxi; Jurassic. [Notes: The generic name was firstly spelled as *Bayera*, and the specimen was later referred as *Baiera* sp. (Sze H C, Lee H H and others, 1963)]

1993a   Wu Xingwu, p. 58.

Baiera ahnertii Kryshtofovich, 1932

1932   Kryshtofovich, Prynada, p. 371, pl. 1, fig. 4; leaf; South Prymore, USSR; Early Cretaceous.

1984   Chen Fen and others, p. 59, pl. 27, figs. 6—7; leaves; Mentougou, Daanshan and Fangshan, Beijing; Early Jurassic Lower Yaopo Formation.

1985   Yang Guanxiu, Huang Qisheng, p. 198, fig. 3-104 (left); leaf; West Hill, Beijing; Early Jurassic Lower Yaopo Formation.

1995   Zeng Yong, p. 58, pl. 17, fig. 2; pl. 26, figs. 6—8; leaves and cuticles; Yima, Henan; Middle Jurassic Yima Formation.

Baiera cf. *ahnertii* Kryshtofovich

1992   Huang Qisheng, Lu Zongsheng, pl. 1, fig. 6; leaf; Wudinghe, Hengshan of Ordos, Inner Mongolia; Early Jurassic Fuxian Formation.

Baiera angustiloba Heer, 1878

1878a   Heer, p. 24, pl. 7, fig. 2; leaf; Lena River area, Russia; Early Cretaceous.

1883b   Schenk, p. 256, pl. 53, fig. 1; leaf; Datong, Shanxi; Jurassic. [Notes: The specimen was later referred as *Baiera gracilis* (Bean MS) Bunbury (Sze H C, Lee H H and others, 1963, p. 233)]

1906   Krasser, p. 605, pl. 2, fig. 10; leaf; West Hill, Beijing; Jurassic. [Notes: The specimen was later referred as *Baiera gracilis* (Bean MS) Bunbury (Sze H C, Lee H H and others, 1963, p. 233)]

Baiera cf. *angustiloba* Heer

1908   Yabe, 10, pl. 1, fig. 2a; leaf; Taojiatun (Taochiatun), Jilin; Jurassic.

△*Baiera asadai* Yabe et Ôishi, 1928

1928   Yabe, Ôishi, p. 9, pl. 3, fig. 2; leaf; Liujiagou of Weixian, Shandong; Jurassic.

1933   Ôishi, p. 242; cuticle; Fangzi, Shandong; Jurassic.

1950   Ôishi, p. 110, pl. 35, fig. 3; leaf; Fangtze, Shandong (Shantung); Early Jurassic.

1963   Sze H C, Lee H H and others, p. 230, pl. 77, fig. 1; leaf; Weixian, Shandong; Early—Middle Jurassic Fangzi Formation.

1980   Chen Fen and others, p. 429, pl. 3, fig. 5; leaf; Daanshan of West Hill, Beijing; Early—Middle Jurassic Lower Yaopo Formation.

1980   Zhang Wu and others, p. 285, pl. 145, figs. 6, 7; leaves; Goumenzi of Lingyuan, Liaoning; Early Jurassic Guojiadan Formation; Benxi, Liaoning; Middle Jurassic Dabu Formation.

1982   Wang Guoping and others, p. 276, pl. 129, fig. 3; leaf; Weixian, Shandong; Early—Middle Jurassic Fangzi Formation.

1983　Duan Shuying and others, pl. 10, fig. 6; leaf; Ninglang, Yunnan; Late Triassic Beiluoshan Coal Series.

1984　Chen Fen and others, p. 59, pl. 27, fig. 8; leaf; Mentougou and Daanshan of Beijing; Early Jurassic Lower Yaopo Formation.

1985　Yang Guanxiu, Huang Qisheng, p. 198, fig. 3-104 (right); leaf; Weixian, Shandong; West Hill, Beijing; Lingyuan, Liaoning; Early—Middle Jurassic Fangzi Group and Mentougou Group.

1991　Bureau of Geology and Mineral Resources Beijing of Municipality, pl. 13, fig. 9; leaf; Mentougou and Daanshan, Beijing; Early Jurassic Lower Yaopo Formation.

1995　Zeng Yong and others, p. 57, pl. 17, figs. 3,4; pl. 19, fig. 1; pl. 27, fig. 8; pl. 28, figs. 1,2; leaves and cuticles; Yima, Henan; Middle Jurassic Yima Formation.

1996　Mi Jiarong and others, p. 121, pl. 24, fig. 19; leaf; Xinglonggou of Beipiao, Liaoning; Middle Jurassic Haifanggou Formation.

1998　Zhang Hong and others, pl. 45, fig. 3; leaf; Xixingzihe of Yan'an, Shaanxi; Middle Jurassic Yan'an Formation.

Baiera cf. *asadai* Yabe et Ôishi

1929　Yabe, Ôishi, p. 106, pl. 21, fig. 4; leaf; Fangzi, Shandong; Jurassic.

1933　Ôishi, p. 215, pl. 32 (3), figs. 9,10; leaves; Dabu, Liaoning; Jurassic. [Notes: The specimen was later referred as *Baiera gracilis* (Bean MS) Bunbury (Sze H C, Lee H H and others, 1963)]

△*Baiera asymmetrica* Mi, Sun C, Sun Y, Cui et Ai, 1996 (in Chinese)

1996　Mi Jiarong and others, p. 120, pl. 25, figs. 1—3,10—13; text-fig. 14; leaves; 3 specimens, Reg. No: BU5197—BU5199; Holotype: BU5199 (pl. 25, fig. 1); Repository: Department of Geological History and Palaeontology, Changchun College of Geology; leaves and cuticles; Dongsheng Coal Mine of Beipiao, Liaoning; Early Jurassic upper member of Peipiao Formation.

2003　Xu Kun and others, pl. 6, fig. 4; leaf; Dongsheng Coal Mine of Beipiao, Liaoning; Early Jurassic upper member of Peipiao Formation.

Baiera australis M'Coy ex Stirling, 1892

1892　M'Coy, in Stirling, pl. 1, fig. 2; leaf; South Gippsland, Australia, South Gippsland Flora.

Baiera cf. *australis* M'Coy

1923　Chow T H, p. 82, 140, pl. 2, fig. 7; leaf; Laiyang, Shandong; Late Jurassic Laiyang Formation. [Notes: The specimen was later referred as *Ginkgoites*? sp. (Sze H C, Lee H H and others, 1963, p. 228)]

△*Baiera baitianbaensis* Yang, 1978

1978　Yang Xianhe, p. 528, pl. 187, fig. 5; leaf; only 1 specimen, Reg. No: SP0143; Holotype: SP0143 (pl. 187, fig. 5); Repository: Chengdu Institute of Geology and Mineral Resources; Baitianba of Guangyuan, Sichuan; Early Jurassic Baitianba Formation.

1989　Yang Xianhe, pl. 1, fig. 3; leaf; Baitianba of Guangyuan, Sichuan; Early Jurassic.

△*Baiera balejensis* (Prynada) Zheng ex Zhang et al., 1980

1962　*Ginkgo balejensis* Prynada, p. 170, pl. 10, figs. 4,5; text-fig. 35; leaves; Irkutsk Basin; Jurassic.

1980　Zhang Wu and others, p. 285, pl. 145, fig. 9; leaf; Benxi, Liaoning; Middle Jurassic Zhuanshanzi Formation.

△*Baiera borealis* Wu S Q, 1999 (in Chinese)

1999a　Wu Shunqing, p. 16, pl. 8, figs. 3, 4; leaves; Col. No.: AEO-108, AEO-95; Reg. No.: PB18267, PB18268; Syntype 1: PB18267 (pl. 8, fig. 3); Syntype 2: PB18268 (pl. 8, fig. 4); Repository: Nanjing Institute of Geology and Palaeontology, Chinese Academy of Sciences; Shangyuan of Beipiao, Liaoning; Late Jurassic lower part of Yixian Formation. [Notes: According to *International Code of Botanical Nomenclature* (*Vienna Code*) article 37.2, from the year 1958, the holotype type specimen should be unique]

2003a　Wu Shunqing, p. 171, fig. 233; leaf; Shangyuan of Beipiao, Liaoning; Late Jurassic lower part of Yixian Formation.

Baiera concinna (Heer) Kawasaki, 1925

1876b　*Ginkgo concinna* Heer, p. 63, pl. 13, figs. 6—8; pl. 7, fig. 8; leaves; Irkutsk Basin, Russia; Jurassic.

1925　Kawasaki, p. 48, pl. 27, figs. 80, 80a, 80b, 80d; leaves; Peninsula, Korea; Jurassic.

1950　Ôishi, p. 112, Shahezi of Changtu, Liaoning; Late Jurassic.

1980　Zhang Wu and others, p. 285, pl. 145, fig. 8; leaf; Goumenzi of Lingyuan, Liaoning; Early Jurassic Guojiadian Formation.

1983　Duan Shuying and others, pl. 10, fig. 5; leaf; Ninglang, Yunnan; Late Triassic Beiluoshan Coal Series.

1984　Chen Fen and others, p. 60, pl. 27, figs. 3—5; pl. 30, fig. 2; leaves; Mentougou and Daanshan of Beijing; Early Jurassic Lower Yaopo Formation.

1985　Yang Guanxiu, Huang Qisheng, p. 199, fig. 3-105.1; leaf; West Hill, Beijing; Lingyuan, Liaoning; Early—Middle Jurassic Mentougou Group, Guojiadian Formation; Xuanhua, Hebei; Late Jurassic Yudaishan Formation; Changtu, Liaoning; Early Cretaceous Shahezi Formation.

1987　Chen Ye and others, p. 121, pl. 35, figs. 7—9; leaves; Yanbian, Sichuan; Late Triassic Hongguo Formation.

1995　Zeng Yong and others, p. 58, pl. 16, figs. 1, 3; pl. 29, figs. 1, 2; leaves and cuticles; Yima, Henan; Middle Jurassic Yima Formation.

1996　Mi Jiarong and others, p. 123, pl. 24, figs. 11, 13—18, 21, 22; pl. 26, figs. 1, 3; leaves; Shimenzhai of Funing, Hebei; Early Jurassic Peipiao Formation; Xinglonggou of Beipiao, Liaoning; Middle Jurassic Haifanggou Formation.

Cf. *Baiera concinna* (Heer) Kawasaki

1933　Ôishi, p. 242, pl. 36 (1), fig. 8; cuticle; Shahezi, Liaoning; Jurassic.

1933　Yabe, Ôishi, p. 216, pl. 32 (3), fig. 16; leaf; Shahezi, Liaoning; Jurassic.

1963　Sze H C, Lee H H and others, p. 230, pl. 77, figs. 7, 8; leaves; Shahezi, Liaoning; Middle and Late Jurassic.

Baiera cf. *concinna* (Heer) Kawasaki

1981　Liu Maoqiang, Mi Jiarong, p. 26, pl. 3, figs. 4, 6; leaves; Yihuo of Linjiang, Jilin; Early Jurassic Yihuo Formation.

1986　Duan Shuying and others, pl. 1, fig. 5; leaf; Baizigou of Binxian, Shaanxi; Middle Jurassic

Yan'an Formation.

△*Baiera crassifolia* Chen et Duan, 1987

1987　Chen Ye, Duan Shuying, in Chen Ye and others, p. 122, pl. 36, fig. 1; leaf; No. : 7358; Yanbian, Sichuan; Late Triassic Hongguo Formation.

Baiera czekanowskiana Heer, 1876

1876b　Heer, p. 56, pl. 10, figs. 1—5; pl. 7, fig. 1; leaves; Irkutsk Basin, Russia; Jurassic.

1987　Zhang Wu, Zheng Shaolin, p. 305, pl. 29, fig. 12; leaf; Pandaogou in Nanpiao of Jinxi, Liaoning; Middle Jurassic Haifanggou Formation.

△*Baiera? dendritica* Mi, Sun C, Sun Y, Cui et Ai, 1996 (in Chinese)

1996　Mi Jiarong, Sun Chunlin, Sun Yuewu, Ai Yongliang, in Mi Jiarong and others, p. 123, pl. 26, figs. 15, 17; text-fig. 15; leaves; No. : HF5035; Holotype: HF5035 (pl. 26, fig. 15); Repository: Department of Geological History and Palaeontology, Changchun College of Geology; Heishan of Funing, Hebei; Early Jurassic Peipiao Formation.

△*Baiera donggongensis* Meng, 1983

1983　Meng Fansong, p. 227, pl. 4, fig. 2; leaf; Reg. No. : D76023; Holotype: D76023 (pl. 4, fig. 2); Repository: Yichang Institute of Geological and Mineral Resources; Donggong of Nanzhang, Hubei; Late Triassic Jiuligang Formation.

Baiera elegans Ôishi, 1932

1932　Ôishi, p. 353, pl. 49, figs. 6—11; text-fig. 4; leaves; Nariwa, Japan; Late Triassic.

1976　Lee P C and others, p. 128, pl. 41, figs. 1—4; leaves; Yipinglang of Lufeng, Yunnan; Late Triassic Ganhaizi Member of Yipinglang Formation.

1978　Zhou Tongshun, p. 118, pl. 28, figs. 1, 2; leaves; Dakeng of Zhangping, Fujian; Late Triassic Wenbinshan Formation.

1982　Wang Guoping and others, 276, pl. 122, fig. 2; leaf; Dakeng of Zhangping, Fujian; Late Triassic Wenbinshan Formation.

1984　Chen Gongxin, p. 604, pl. 264, figs. 3—5; leaves; Kuzhuqiao of Puqi, Hubei; Late Triassic Jigongshan Formation.

1986　Ye Meina and others, p. 68, pl. 46, figs. 3, 5, 8; leaves; Qilixia of Kaixian and Binlang of Daxian, Sichuan; Late Triassic member 7 of Hsuchiaho Formation.

1992　Sun Ge, Zhao Yanhua, p. 545, pl. 243, fig. 3; leaf; Tianqiaoling of Wangqing, Jilin; Late Triassic Malugou Formation.

1993b　Sun Ge, p. 85, pl. 36, fig. 1; leaf; northeastern Malugou of Wangqing, Jilin; Late Triassic Malugou Formation.

Baiera cf. *elegans* Ôishi

1952　Sze H C, Lee H H, pp. 11, 31, pl. 8, figs. 2, 2a, 3, 5; pl. 9, figs. 4, 4a, 6; leaves; Yipinchang of Baxian, Sichuan; Early Jurassc Hsiangchi Formation.

1962　Lee H H and others, p. 151, pl. 92, fig. 2; leaf; Changjiang River Basin; Late Triassic—Early Jurassic.

1964　Lee P C, p. 139, pl. 19, figs. 1—4; leaves; Rongshan of Guangyuan, Sichuan; Late Triassic Hsuchiaho Formation.

| | 1982a | Wu Xiangwu, p. 57, pl. 9, fig. 2; leaf; Tumen of Anduo, Xizang (Tibet); Late Triassic Tumaingela Formation. |

1982a　Wu Xiangwu, p. 57, pl. 9, fig. 2; leaf; Tumen of Anduo, Xizang (Tibet); Late Triassic Tumaingela Formation.

1987　Chen Ye and others, p. 123, pl. 36, fig. 3; leaf; Yanbian, Sichuan; Late Triassic Hongguo Formation.

1987　He Dechang, p. 85, pl. 17, fig. 3; leaf, Gekou of Anxi, Fujian; Early Jurassic Lishan Formation.

1995a　Li Xingxue (editor-in-chief), pl. 78, fig. 5; leaf; Rongshan of Guangyuan, Sichuan; Late Triassic Hsuchiaho Formation. (in Chinese)

1995b　Li Xingxue (editor-in-chief), pl. 78, fig. 5; leaf; Rongshan of Guangyuan, Sichuan; Late Triassic Hsuchiaho Formation. (in English)

△*Baiera exiliformis* Yang, 1978

1978　Yang Xianhe, p. 528, pl. 177, fig. 3; leaf; No. : SP00094; Holotype: SP00094 (pl. 177, fig. 3); Repository: Chengdu Institute of Geology and Mineral Resources; Xionglong of Xinlong, Sichuan; Late Triassic Lamaya Formation.

△*Baiera exilis* Sze, 1949

[Notes: The type specimen was later referred as *Baiera furcata* (Lindley et Hutton) Braun (Sze H C, Lee H H and others, 1963, p. 231)]

1949　Sze H H, p. 31, pl. 8, figs. 5, 6; leaves; Repository: Nanjing Institute of Geology and Palaeontology, Chinese Academy of Sciences; Xiangxi of Zigui, Hubei; Early Jurassic Hsiangchi Coal Series.

Baiera furcata (Lindley et Hutton) Braun, 1843

1837　*Solenites? furcata* Lindley et Hutton, pl. 209; leaf; Yorkshire, Britain; Middle Jurassic.

1843　Braun, p. 21.

1954　Hsu J, p. 61, pl. 53, fig. 2; leaf; Hengshan, Shaanxi; Early and Middle Jurassic.

1959　Sze H H, p. 9, 26, pl. 6, figs. 6, 7; pl. 7; figs. 1—5; leaves; Qaidam, Qinghai; Early and Middle Jurassic.

1963　Sze H C, Lee H H and others, p. 231, pl. 78, figs. 1—7; leaves; Datong of Shanxi, Hengshan of Shaanxi, Junggar of Xinjiang, Qaidam of Qinghai, Xiangxi of Hubei; Early and Middle Jurassic.

1976　Chang Chichen, p. 194, pl. 99, figs. 6, 7; pl. 117, fig. 4; leaves; Fengzijian and Longwangmiao of Datong, Shanxi; Middle Jurassic Yungang Formation; Wangjiaping of Yan'an, Shaanxi; Middle Jurassic Yan'an Formation.

1979　He Yuanliang and others, p. 151, pl. 74, figs. 1, 2, 2a; leaves; Dameigou of Da Qaidam, Qinghai; Middle Jurassic Dameigou Formation.

1980　Chen Fen and others, p. 429, pl. 3, fig. 4; leaf; Mentougou of West Hill, Beijing; Early Jurassic Lower Yaopo Formation.

1980　Zhang Wu and others, p. 285, pl. 146, figs. 1, 2; pl. 183, fig. 1; leaves; Harqin Left Wing, Liaoning; Early Jurassic; Yimin of Hulun Buir, Inner Mongolia; Early Cretaceous Damoguaihe Formation of Jalainur Group.

1982　Duan Shuying, Chen Ye, p. 506, pl. 13, figs. 7, 8; leaves; Nanxi of Yunyang, Sichuan; Early Jurassic Zhenzhuchong Formation.

1982b	Yang Xuelin, Sun Liwen, p. 51, pl. 21, fig. 1; leaf; Wujing in Wanbao of Taoan, Jilin; Middle Jurassic Wanbao Formation.
1984	Chen Fen and others, p. 60, pl. 28, figs. 1, 2; leaves; Mentougou, Daanshan and Changgougu, Beijing; Early Jurassic Lower Yaopo Formation.
1984	Chen Gongxin, p. 604, pl. 260, figs. 4, 5; leaves; Xiangxi of Zigui, Tongzhuyuan of Dangyang, Hubei; Early Jurassic Hsiangchi Formation and Tongzhuyuan Formation.
1984	Gu Daoyuan, p. 152, pl. 80, fig. 16; leaf; Akeya of Hefeng, Xinjiang; Early Jurassic Sangonghe Formation.
1984	Wang Ziqiang, p. 275, pl. 139, figs. 10, 11; pl. 167, figs. 6—8; pl. 168, figs. 5—8; leaves and cuticles; Xiahuayuan, Hebei; Middle Jurassic Mentougou Formation.
1985	Yang Guanxiu, Huang Qisheng, p. 199, fig. 3-105. 3; leaf; Xinjiang, Qinghai, Shaanxi, Shanxi, Liaoning, West Hill, Beijing; Early and Middle Jurassic.
1987	Chen Ye and others, p. 122, pl. 30, fig. 6; leaf; Yanbian, Sichuan; Late Triassic Hongguo Formation.
1987	He Dechang, p. 78, pl. 8, fig. 5; leaf; Jingjukou of Suichang, Zhejiang; Middle Jurassic Maonong Formation.
1989	Mei Meitang and others, p. 107, pl. 58, fig. 5; leaf; China; Late Triassic—Early Jurassic.
1993	Mi Jiarong and others, p. 127, pl. 34, figs. 5, 7; leaves; Dajianggang of Shuangyang, Jilin; Late Triassic Dajianggang Formation; Yangcaogou of Beipiao, Liaoning; Late Triassic Yangcaogou Formation.
1993c	Wu Xiangwu, p. 81, pl. 2, figs. 3—4a, 5B; pl. 3, figs. 2—4A, 4aA; pl. 6, fig. 7B, 7aB; pl. 7, figs. 3, 4; pl. 8, figs. 1—4; leaves and cuticles; Fengjiashan-Shanqingcun Section of Shangxian, Shaanxi; Early Cretaceous lower member of Fengjiashan Formation.
1995	Deng Shenghui and others, p. 54, pl. 24, fig. 5, 6; pl. 25, fig. 4; pl. 44, figs. 1—5; text-fig. 21; leaves and cuticles; Huolinhe Basin, Inner Mongolia; Early Cretaceous Huolinhe Formation.
1995	Li Chengsen, Cui Jinzhong, p. 91 (including 3 figures); Inner Mongolia; Early Cretaceous.
1995	Wang Xin, pl. 3, fig. 7; leaf; Tongchuan, Shaanxi; Middle Jurassic Yan'an Formation.
1996	Mi Jiarong and others, p. 123, pl. 25, figs. 4—9; pl. 26, figs. 2, 5, 9, 12; leaves; Shimenzhai of Funing, Hebei; Middle Jurassic Peipiao Formation; Xinglonggou of Beipiao, Liaoning; Middle Jurassic Haifanggou Formation.
1997	Deng Shenghui and others, p. 43, pl. 25, fig. 5; pl. 28, figs. 15—17; pl. 29, fig. 7; leaves; Jalai Nur, Inner Mongolia; Early Cretaceous Yimin Formation; Dayan Basin, Inner Mongolia; Early Cretaceous Yimin Formation and Damoguaihe Formation.
1998	Zhang Hong and others, pl. 42, fig. 9; pl. 45, fig. 4; pl. 47, fig. 3; pl. 48, figs. 3, 4; leaves; Yaojie of Lanzhou, Gansu; Rujigou in Pingluo of Ningxia, Dameigou of Qinghai; Middle Jurassic Yaojie Formation, Yan'an Formation and Dameigou Formation.
2003	Deng Shenghui, pl. 74, fig. 5; leaf; Kuqa River Section of Tarim Basin, Xinjiang; Early Jurassic Yengisar Formation.
2003	Yuan Xiaoqi and others, pl. 19, fig. 5; leaf; Kaokaowusugou of Shenmu, Shaanxi; Middle Jurassic Yan'an Formation.

2004　　Sun Ge, Mei Shengwu, pl. 5, fig. 10, 10a; pl. 9, figs. 7, 8; leaves; Gaojiagou of Shandan, Gansu; early Middle Jurassic.

2005　　Sun Bainian and others, pl. 10, fig. 4; cuticle of leaf; Yaojie, Gansu; Middle Jurassic Yaojie Formation.

Cf. *Baiera furcata* (Lindley et Hutton) Harris

1988　　Li Peijuan and others, p. 99, pl. 74, fig. 3; pl. 116, figs. 1—4; leaves and cuticles; Dameigou, Qinghai; Middle Jurassic *Tyrmia-Sphenobaiera* Bed of Dameigou Formation.

Baiera cf. *furcata* (Lindley et Hutton) Braun

1963　　Sze H C, Lee H H and others, p. 232, pl. 80, fig. 6[=*Baiera lindleyana* Seward (Sze H C, 1933c, p. 29, pl. 7, fig. 8)]; leaf; Baducun of Salaqi (Shihuigou), Inner Mongolia; Early—Middle Jurassic.

1977a　Feng Shaonan and others, p. 238, pl. 94, fig. 10; leaf; Yima of Mianchi, Henan; Early and Middle Jurassic; Zigui, Hubei; Early—Middle Jurassic Upper Coal Formation of Hsiangchi Group.

1982　　Wang Guoping and others, p. 276, pl. 126, fig. 7; leaf; Laoyawo of Wanzai, Jiangxi; Late Triassic Anyuan Formation.

1986　　Ye Meina and others, p. 68, pl. 46, fig. 6; leaf; Leiyinpu of Daxian, Sichuan; Late Triassic member 7 of Hsuchiaho Formation.

1996　　Chang Jianglin, Gao Qiang, pl. 1, fig. 11; leaf; Mahuanggou of Wuning, Shanxi; Middle Jurassic Datong Formation.

Baiera gracilis (Bean MS) Bunbury, 1851

1851　　Bunbury, p. 182, pl. 12, fig. 3; leaf; Britain; Middle Jurassic.

1906　　Yokoyama, p. 30, pl. 9, fig. 2a; leaf; Shahezi of Changtu and Saimaji of Fengcheng, Liaoning; Middle and Late Jurassic.

1922　　Yabe, p. 24, pl. 4, figs. 6, 15; leaves; Daanshan, Beijing; Taojiatun, Jilin; Jurassic.

1933c　Sze H H, pp. 16, 34, pl. 7, figs. 1—3, 4(?); leaves; Zhangjiawan in Datong of Shanxi, Fangzi in Weixian of Shandong; Early Jurassic.

1941　　Stockmans, Mathieu, p. 48, pl. 6, figs. 5—7; leaves; Gaoshan of Datong, Shanxi; Jurassic.

1950　　Ôishi, p. 109, pl. 35, fig. 1; leaf; Beijing; Early Jurassic.

1961　　Shen K L, p. 172, pl. 2, figs. 1, 2; leaves; Huicheng, Gansu; Middle Jurassic Mianxian Group.

1963　　Sze H C, Lee H H and others, p. 233, pl. 74, fig. 7; pl. 77, fig. 2; pl. 79, fig. 1; pl. 80, figs. 7, 8(?); leaves; Datong of Shanxi, Fangzi in Weixian of Shandong, Fuxin of Liaoning(?), West Hill of Beijing; Early and Middle—Late Jurassic.

1976　　Chang Chichen, p. 195, pl. 99, fig. 5; leaf; Queershan of Datong, Shanxi; Middle Jurassic Yungang Formation.

1977a　Feng Shaonan and others, p. 238, pl. 95, fig. 2; leaf; Yima of Mianchi, Henan; Early—Middle Jurassic.

1980　　Zhang Wu and others, p. 285, pl. 146, fig. 3; leaf; Goumenzi of Lingyuan, Liaoning; Early Jurassic Guojiadian Formation; Benxi, Liaoning; Middle Jurassic Dabu Formation.

1982　　Chen Fen, Yang Guanxiu, p. 579, pl. 2, fig. 9; leaf; Houshangou of Pingquan, Hebei; Early Cretaceous Jiufotang Formation.

1983　Li Jieru, pl. 3, fig. 9; leaf; Pandaogou of Houfulongshan, Jinxi, Liaoning; Middle Jurassic Haifanggou Formation.

1984　Chen Fen and others, p. 60, pl. 28, figs. 3, 4; leaves; West Hill, Beijing; Early Jurassic Lower Yaopo Formation and Middle Jurassic Upper Yaopo Formation.

1985　Yang Guanxiu, Huang Qisheng, p. 199, fig. 3-105. 2; leaf; Shanxi, Liaoning, Shandong, West Hill of Beijing; Jurassic; Fuxin and Changtu, Liaoning; Huoshiling, Jilin; Early Cretaceous.

1987　Duan Shuying, p. 46, pl. 16, figs. 1, 2; leaves; Zhaitang of West Hill, Beijing; Middle Jurassic Yaopo Formation.

1987　Meng Fansong, p. 254, pl. 35, fig. 9, leaf; Xiaoping of Yuanan, Hubei; Early Jurassic Hsiangchi Formation.

1987　Qian Lijun and others, p. 82, pl. 27, figs. 1—3; leaves and cuticles; Yongxing of Shenmu, Shaanxi; Middle Jurassic member 2 of Yan'an Formation.

1989　Duan Shuying, pl. 1, fig. 4; leaf, Zhaitang of West Hill, Beijing; Middle Jurassic Yaopo Formation.

1993　Mi Jiarong and others, p. 128, pl. 34, fig. 10; leaf; Tianqiaoling of Wangqing, Jilin; Late Triassic Malu Formation.

1995　Wang Xin, pl. 2, fig. 4; leaf; Tongchuan, Shaanxi; Middle Jurassic Yan'an Formation.

1995　Zeng Yong and others, p. 58, pl. 15, fig. 5; pl. 17, fig. 5; pl. 26, figs. 3—5; leaves and cuticles; Yima, Henan; Middle Jurassic Yima Formation.

1996　Mi Jiarong and others, p. 124, pl. 26, figs. 8, 14, 16, 18; leaves; Xinglonggou of Beipiao, Liaoning; Middle Jurassic Haifanggou Formation.

1998　Zhang Hong and others, pl. 54, fig. 5; leaf; Xixingzihe of Yan'an, Shaanxi; Middle Jurassic Yan'an Formation.

1999a　Wu Shunqing, p. 16, pl. 10, fig. 7; leaf; Shangyuan of Beipiao, Liaoning; Late Jurassic Jianshangou Bed in lower part of Yixian Formation.

2003　Yuan Xiaoqi and others, pl. 20, fig. 7; leaf; Kaokaowusugou of Shenmu, Shaanxi; Middle Jurassic Yan'an Formation.

Baiera cf. *gracilis* (Bean MS) Bunbury

1908　Yabe, p. 9, pl. 1, fig. 3c; pl. 2, fig. 5c; leaf; Taojiatun (Taochiatun), Jilin; Jurassic.

1933　Yabe, Ôishi, p. 217, pl. 32 (3), figs. 13B, 14, 15; pl. 33 (4), fig. 5; leaf; Shahezi and Nianzigou of Liaoning, Huoshiling (Hoschilingtza) and Taojiatun of Jilin; Jurassic.

1933　Ôishi, p. 242, pl. 36 (1), figs. 4—7; pl. 39 (4), figs. 5—7; cuticles; Shahezi, Liaoning; Jurassic.

1952　Sze H C, Lee H H, p. 11, 31, pl. 9, fig. 5; leaf; Yipingchang of Baxian, Sichuan; Early Jurassic Hsiangchi Group.

1963　Sze H C, Lee H H and others, p. 234, pl. 73, fig. 3a; pl. 74, fig. 8; pl. 79, fig. 5B; leaves and cuticles; Shahezi of Changtu and Nianzigou near Saimaji of Fengcheng, Liaoning, Huoshiling (Hoschilingtza) and Taojiatun of Jilin, Daanshan of Fangshan, Beijing; Early—Late Jurassic.

1980　Huang Zhigao, Zhou Huiqin, p. 99, pl. 43, figs. 3, 4; pl. 44, fig. 5; leaves; Liulingou of Tongchuan, Shaanxi; Late Triassic upper part of Yenchang Formation.

1982　Wang Guoping and others, p. 277, pl. 129, fig. 5; leaf; Songxi of Qingliu, Fujian; Early

       Jurassic Lishan Formation.
1982a Yang Xuelin, Sun Liwen, p. 593, pl. 3, fig. 1; leaf; Jiutai of the Songliao Basin; Late Jurassic Shahezi Formation.
1982b Yang Xuelin, Sun Liwen, p. 51, pl. 21, figs. 2, 3, 3a, 6; leaves; Wanbaoerjing and Wanbaowujing of Taoan, Jilin; Middle Jurassic Wanbao Formation.
1984   Kang Ming and others, pl. 1, figs. 11, 12; leaves; Yangshuzhuang of Jiyuan, Henan; Middle Jurassic Yangshuzhuang Formation.
1985   Huang Qisheng, pl. 1, fig. 10; leaf; Jinshandian of Daye, Hubei; Early Jurassic Wuchang Formation.
1985   Shang Ping, pl. 8, fig. 8; leaf; Fuxin, Liaoning; Early Cretaceous Sunjiawan Member of Haizhou Formation.
1987   Chen Ye and others, p. 123, pl. 30, fig. 5; leaf; Yanbian, Sichuan; Late Triassic Hongguo Formation.
1987   He Dechang, p. 79, pl. 11, fig. 2; pl. 12, fig. 3; leaves; Jingjukou of Suichang, Zhejiang; Early Jurassic bed 4 of Maonong Formation.
1988   Zhang Hanrong and others, pl. 2, fig. 3; leaf; Nanshihu of Weixian, Hebei; Middle Jurassic Zhengjiayao Formation.
1996   Mi Jiarong and others, p. 124, pl. 26, fig. 7; leaf; Xinglonggou of Beipiao, Liaoning; Middle Jurassic Haifanggou Formation.

Baiera guilhaumati Zeiller, 1903

1902—1903 Zeiller, p. 205, pl. 50, figs. 16—19; leaves; Honggai, Vietnam; Late Triassic.
1931   Sze H C, p. 37, pl. 6, figs. 1—6; leaves; Qixia Mountain of Nanjing, Jiangsu; Early Jurassic Xiangshan Group.
1954   Hsu J, p. 61, pl. 53, fig. 4; leaf; Yipinglang, Yunnan; Late Triassic.
1958   Wang Wenlong and others, p. 588; leaves; Yunnan, Nanjing of Jiangsu; Late Triassic.
1963   Sze H C, Lee H H and others, p. 235, pl. 79, figs. 2—4; leaves; Qixiashan of Nanjing, Jiangsu; Early Jurassic Xiangshan Group.
1964   Wang Yue (editor-in-chief), p. 128, pl. 76, figs. 13, 14; leaves; South China; Late Triassic—Early Jurassic.
1974   Hu Yufan and others, pl. 2, fig. 8; leaf; Yaan, Sichuan; Late Triassic.
1980   Zhang Wu and others, p. 286, pl. 110, fig. 2; leaf; Shiren of Hunjiang, Jilin; Late Triassic Beishan Formation.
1982   Wang Guoping and others, p. 276, pl. 128, fig. 8; leaf; Qixiashan of Nanjing, Jiangsu; Early and Middle Jurassic Xiangshan Group.
1985   Yang Guanxiu, Huang Qisheng, p. 199, fig. 3-105. 4; leaf; Sichuan, Fujian; Late Triassic; Nanjing of Jiangsu and Anhui; Early Jurassic.
1987   Meng Fansong, p. 255, pl. 35, fig. 4; leaf; Zengjiapo in Xiaoping of Yuanan, Hubei; Early Jurassic Hsiangchi Formation.
1988   Huang Qisheng, pl. 2, fig. 7; leaf; Huaining, Anhui; Early Jurassic middle and upper parts of Wuchang Formation.
1991   Huang Qisheng, Qi Yue, pl. 1, fig. 12; leaf; Majian of Lanxi, Zhejiang; Middle Jurassic Majian Formation.

1993　　Mi Jiarong and others, p. 128, pl. 34, fig. 11; leaf; Yangcaogou of Beipiao, Liaoning; Late Triassic Yangcaogou Formation.

1995　　Zeng Yong and others, p. 59, pl. 21, fig. 2; leaf; Yima of Henan; Middle Jurassic Yima Formation.

Baiera cf. *guilhaumati* Zeiller

1931　　Sze H C, p. 57; Sunjiagou of Fuxin, Liaoning; Early Cretaceous (Notes: Originally Early Jurassic).

1952　　Sze H C, Lee H H, pp. 11, 30, pl. 8, fig. 4; leaf; Yipinchang of Baxian, Sichuan; Early Jurassic Hisangchi Group.

1962　　Lee H H and others, p. 152, pl. 92, fig. 2; leaf; Changjiang River Basin; Late Triassic — Ear-ly Jurassic.

1963　　Sze H C, Lee H H and others, p. 235, pl. 77, fig. 3; pl. 80, fig. 1; leaves; Yipinchang of Baxian, Sichuan; Early Jurassic Hisangchi Group.

1987　　Chen Ye and others, p. 123, pl. 35, fig. 10; leaf; Yanbian, Sichuan; Late Triassic Hongguo Formation.

2000　　Cao Zhengyao, p. 336, pl. 3, fig. 15; pl. 4, figs. 1—15; leaves and cuticles; Maoling of Susong, Anhui; Early Jurassic Wuchang Formation; Shifoan of Nanjing, Jiangsu; Early Jurassic Lingyuan Formation.

2002　　Wu Xiangwu and others, p. 163, pl. 13, fig. 9; leaf; Tanjinggou of Alxa Right Banner, Inner Mongolia; Middle Jurassic lower member of Ningyuanpu Formation.

△*Baiera hallei* Sze, 1933

1933c　Sze H C, p. 18, pl. 7, fig. 9; leaf; Jingle of Shanxi; Jurassic.

1963　　Sze H C, Lee H H and others, p. 235, pl. 80, fig. 2; leaf; Jingle, Shanxi; Jurassic.

1981　　Zhou Huiqin, pl. 2, fig. 7; leaf; Yangcaogou of Beipiao, Liaoning; Late Triassic Yangcaogou Formation.

1984　　Wang Ziqiang, p. 275, pl. 140, figs. 5—8; pl. 173, figs. 1—9; leaves and cuticles; Datong, Shanxi; Xiahuayuan, Hebei; Yima, Henan; Middle Jurassic Datong Formation, Mentougou Formation and Yima Formation.

1992　　Zhou Zhiyan, Zhang Bole, p. 152, pl. 1; pl. 2, figs. 1—3; pl. 4; pl. 5, fig. 9; pl. 6, fig. 10; pl. 7; pl. 8, figs. 5, 7, 8; text-figs. 1—3; leaves and cuticles; Yima of Henan; Middle Jurassic Yima Formation.

1995　　Wang Xin, pl. 1, fig. 11; leaf; Tongchuan, Shaanxi; Middle Jurassic Yan'an Formation.

Baiera cf. *hallei* Sze

2003　　Yuan Xiaoqi and others, pl. 20, fig. 8; leaf; Kaokaowusugou of Shenmu, Shaanxi; Middle Jurassic Yan'an Formation.

△*Baiera huangi* Sze, 1949

[Notes: The species was referred as *Sphenobaiera huangi* (Sze) Hsu (Hsu J, 1954; Sze H C, Lee H H and others, 1963, p. 242)]

1949　　Sze H C, p. 32, pl. 7, figs. 1—4; leaves; Repository: Nanjing Institute of Geology and Palaeontology, Chinese Academy of Sciences; Xiangxi of Zigui, Cuijiagou of Dangyang, Hubei; Early Jurassic Hsiangchi Coal Series.

△*Baiera kidoi* Yabe et Ôishi, 1933

1933　Ôishi, p. 243, pl. 37 (2), figs. 1,2; pl. 39 (4), figs. 11,12; cuticles; Huoshiling (Hoschilingtza) and Taojiatun, Jilin; Jurassic.

1933　Yabe, Ôishi, p. 218, pl. 33 (4), fig. 3; leaf; Huoshiling (Hoschilingtza) and Taojiatun, Jilin; Jurassic.

1950　Ôishi, p. 112, Huoshiling (Hoschilingtza), Jilin; Late Jurassic.

1963　Sze HC, Lee HH and others, p. 236, pl. 80, fig. 3,4; pl. 81, figs. 8,9; leaves; Huoshiling (Hoschilingtza) and Taojiatun, Jilin; Middle and Late Jurassic.

1980　Zhang Wu and others, p. 286, pl. 183, fig. 2; leaf; Yingcheng, Jilin; Early Cretaceous Shahezi Formation.

1982　Zhang Caifan, p. 536, pl. 347, fig. 4; leaf; Yuelong of Liuyang, Hunan; Early Jurassic Yuelong Formation.

Baiera lindleyana (Schimper) Seward, 1900

1869 (1869—1874)　*Jeanpaulia lindleyana* Schimper, p. 683; Britain; Jurassic.

1900　Seward, p. 266, pl. 9, figs. 6,7; text-fig. 46; leaf; England; Jurassic.

1911　Seward, p. 19,48, pl. 4, fig. 44; leaf; in Ak-djar Diam River right bank of Junggar, Xinjiang; Jurassic. [Notes: The specimen was later referred as *Baiera furcata* (Lindley et Hutton) Braun (Sze H C, Lee H H and others, 1963)]

1933c　Sze H C, p. 17, pl. 7, fig. 7; leaf; Datong, Shanxi; Early and Middle Jurassic. [Notes: The specimen was later referred as *Baiera furcata* (Lindley et Hutton) Braun (Sze H C, Lee H H and others, 1963)]

1964　Miki, p. 14, pl. 1, fig. c; leaf; Lingyuan, Liaoning; Late Jurassic *Lycoptera* Bed.

Cf. *Baiera lindleyana* (Schimper) Seward

1929b　Yabe, Ôishi, p. 105, pl. 21, fig. 3; leaf; Fangzi, Shandong; Jurassic.

Baiera cf. *lindleyana* Seward

1933c　Sze H C, p. 29, pl. 7, fig. 8; leaf; Badugou of Salaqi, Inner Mongolia; Early and Middle Jurassic.

1936　P'an C H, p. 36, pl. 11, fig. 7; pl. 13, fig. 12; leaf; Shiwan of Hengshan, Shaanxi; Early and Middle Jurassic middle member of Wayaobao Coal Series. [Notes: The specimen was later referred as *Baiera furcata* (Lindley et Hutton) Braun (Sze H C, Lee H H and others, 1963)]

△*Baiera lingxiensis* Zheng et Zhang, 1982

1982b　Zheng Shaolin, Zhang Wu, p. 319, pl. 18, figs. 7—12; leaves and cuticles; only 1 specimen, Reg. No.: HCS003; Repository: Shenyang Institute of Geology and Mineral Resources; Lingxi of Shuangyashan, Heilongjiang; Early Cretaceous Chenghezi Formation.

Baiera longifolia Heer, 1876

1876c　Heer, p. 52, pl. 7, figs. 2,3; pl. 8; pl. 9, figs. 1—11; leaves; Siberia, Russia; Jurassic.

Baiera cf. *longifolia* Heer

1941　Stockmans, Mathieu, p. 48, pl. 6, fig. 3; leaf; Liujiang of Linyu, Hebei; Early and Middle Jurassic. [Notes: The specimen was later referred as *Sphenobaiera longifoli* (Sze H C,

Lee H H and others,1963,p. 243)]

Baiera luppovi Burakova,1963

1963　Burakova,in Baranova and others,p. 206,pl. 10,figs. 1,2;leaves;West Turkmenistan;Jurassic.
1984　Chen Fen and others,p. 61,pl. 28;fig. 5;leaf;Daanshan,Beijing;Early Jurassic Lower Yaopo Formation.

△*Baiera manchurica* Yabe et Ôishi,1933

[Notes:The species was later referred as *Ginkgo manchurica* (Yabe et Ôishi) Meng et Chen (Chen and others,1988),and *Ginkgoites manchuricus* (Yabe et Ôishi) ex Cao (Cao Zhengyao, 1992,p. 234)]

1933　Yabe,Ôishi,p. 218,pl. 32 (3),figs. 12,13A;pl. 33 (4),fig. 1;leaves;Shahezi and Dataishan,Liaoning;Huoshiling (Hoschilingtza)(?) and Taojiatun,Jilin;Jurassic.
1933　Ôishi,p. 244,pl. 36 (1),figs. 9;pl. 37 (2),figs. 6;pl. 39 (4),fig. 13;cuticles;Shahezi of Liaoning;Jurassic.
1950　Ôishi,p. 112,Huoshiling (Hoschilingtza) and Taojiatun (Taochiatun),Jilin;Late Jurassic.
1963　Sze H C,Lee H H and others,p. 236,pl. 79,fig. 5A;pl. 80,figs. 9;pl. 81,figs. 1—3; leaves;Huoshiling (Hoschilingtza) and Taojiatun,Jilin;Middle and Late Jurassic.
1980　Huang Zhigao,Zhou Huiqin,p. 99,pl. 58,fig. 3;leaf;Wenjiagou of Anzhai,Shaanxi;Middle Jurassic Yan'an Formation.
1980　Zhang Wu and others,p. 286,pl. 182,fig. 11;leaf;Shahezi of Changtu,Liaoning;Early Cretaceous Shahezi Formation.
1982a　Liu Zijin,p. 134,pl. 70,fig. 4;leaf;Wenjiagou of Anzhai,Shaanxi;Early—Middle Jurassic Yan'an Formation.
1985　Yang Guanxiu,Huang Qisheng,p. 200,fig. 3-106 (left);leaf;Fuxin and Changtu of Liaoning,Taojiatun of Jilin;Early Cretaceous Fuxin Formation and Shahezi Formation.
1988　Sun Ge,Shang Ping,pl. 1,fig. 10b;pl. 2,fig. 7;leaves;Huolinhe Coal Mine,eastern Inner Mongolia;Late Jurassic—Early Cretaceous Huolinhe Formation.
1992　Sun Ge,Zhao Yanhua,p. 545,pl. 243,fig. 9;pl. 245,fig. 5;pl. 246,fig. 4;pl. 259,figs. 1, 2; leaves; Yingchengzi of Jiutai, Jilin; Early Cretaceous Yingchengzi Formation; Shibeiling,Jilin;Early Cretaceous Shahezi Formation.
1993　Hu Shusheng,Mei Meitang,pl. 2,fig. 9a;leaf;Xi'an of Liaoyuan,Jilin;Xiamei Member of Early Cretaceous Chang'an Formation.
1994　Gao Ruiqi and others,pl. 14,fig. 5;leaf;Shahezi of Changtu,Liaoning;Early Cretaceous Shahezi Formation.
1995　Wang Xin,pl. 3,fig. 8;leaf;Tongchuan,Shaanxi;Middle Jurassic Yan'an Formation.
2001　Sun Ge and others. ,pp. 89,194,pl. 15,fig. 1;pl. 51,fig. 1;leaves;western Liaoning;Late Jurassic Jianshangou Formation.

△*Baiera minima* Yabe et Ôishi,1933

1933　Yabe,Ôishi,p. 219,pl. 32 (3),fig. 11;leaf;Shahezi,Liaoning;Jurassic.
1933　Ôishi,p. 245,pl. 37 (2),figs. 3—5;pl. 39 (4),figs. 8—10;cuticles;Shahezi,Liaoning;Jurassic.
1950　Ôishi,p. 112,Huoshiling (Hoschilingtza),Jilin;Late Jurassic.
1963　Sze H C,Lee H H and others,p. 237,pl. 81,figs. 4—7;leaves and cuticles;Shahezi,

Liaoning; Middle and Late Jurassic.

1980 Zhang Wu and others, p. 286, pl. 182, figs. 9—10, 12; leaves; Shahezi of Changtu, Liaoning; Early Cretaceous Shahezi Formation; Liaoyuan, Jiling; Late Jurassic.

1981 Chen Fen and others, pl. 3, fig. 5; leaf; Haizhou of Fuxin, Liaoning; Early Cretaceous Fuxin Formation and Shahezi Formation.

1985 Shang Ping, pl. 8, fig. 3; leaf; Fuxin, Liaoning; Early Cretaceous middle member of Haizhou Formation.

1985 Yang Guanxiu, Huang Qisheng, p. 200, fig. 3-106 (right); leaf; Fuxin and Changtu, Liaoning; Liaoyuan, Jilin; Early Cretaceous Fuxin Formation and Shaheizi Formation.

1993 Hu Shusheng, Mei Meitang, pl. 2, fig. 9b; leaf; Xi'an of Liaoyuan, Jilin; Early Cretaceous Xiamei Member of Chang'an Formation.

1994 Gao Ruiqi and others, pl. 15, fig. 4; leaf; Shahezi of Changtu, Liaoning; Early Cretaceous Shahezi Formation.

Baiera cf. *minima* Yabe et Ôishi

1984 Wang Ziqiang, p. 276, pl. 155, figs. 2, 3; leaves; Zhangjiakou, Hebei; West Hill, Beijing; Early Cretaceous Qingshila Formation and Tuoli Formation.

1996 Mi Jiarong and others, p. 124, pl. 26, figs. 11, 13; leaves; Guanshan, Beipiao, Liaoning; Early Jurassic Peipiao Formation; Xinglonggou, Beipiao; Middle Jurassic Haifanggou Formation.

Baiera minuta Nathorst, 1886

1886 Nathorst, p. 93, pl. 1, fig. 3; pl. 13, figs. 1, 2; pl. 20, figs. 14—16; leaves; Switzerland; Late Triassic.

1954 Hsu J, p. 61, pl. 54, fig. 1; leaf; Aizishan of Weiyuan, Sichuan; Liling, Hunan; Late Triassic. [Notes: The specimen was later referred as *Baiera* cf. *muensteriana* (Presl) Saporta (Sze H C, Lee H H and others, 1963)]

1978 Zhou Tongshun, p. 118, pl. 28, fig. 3; leaf; Dakeng of Zhangping, Fujian; Late Triassic upper member of Wenbinshan Formation.

1985 Yang Guanxiu, Huang Qisheng, p. 201, fig. 3-107 (right); leaf; Hunan, Jiangxi, Guangdong, Sichuan; Late Triassic.

1989 Zhou Zhiyan, p. 150, pl. 15, figs. 1—5; pl. 16, figs. 1—5; pl. 19, figs. 1, 10; text-figs. 32—34; leaves and cuticles; Shanqiao of Hengyang, Hunan; Late Triassic Yangbai Formation.

1994 Gao Qirui and others, pl. 15, fig. 2; leaf; Shahezi of Changtu, Liaoning; Early Cretaceous Shahezi Formation.

Baiera cf. *B. minuta* Nathorst

1992 Wang Shijun, p. 49, pl. 21, figs. 3, 7; pl. 42, figs. 5—8; leaves and cuticles; Guanchun of Lechang, Guangdong; Late Triassic.

Baiera muensteriana (Presl) Saporta, 1884

1838 (1820—1838) *Sphaeroccites muensteriana* Presl, in Sternberg, p. 105, pl. 28, fig. 3; leaf; Germany; Triassic.

1884 Saporta, p. 272, pl. 155, figs. 10—12; pl. 156, figs. 1—6; pl. 157, figs. 1—3; leaves; France; Jurassic.

1981 Zhou Huiqin, pl. 2, fig. 5; leaf; Yangcaogou of Beipiao, Liaoning; Late Triassic Yangcao-

	gou Formation.
1992	Sun Ge,Zhao Yanhua,p. 546,pl. 243,figs. 4,11;leaves;Tianqiaoling of Wangqing,Jilin; Late Triassic Malugou Formation.
1993b	Sun Ge,p. 86,pl. 34,figs. 8,9;pl. 36,fig. 3;leaves;western bank of Gaya River in between northeastern Malugou of Wangqing and southern Tianqiaoling,Jilin;Late Triassic Malugou Formation.
1996	Sun Yaowu and others, pl. 1, fig. 15; leaf; Shanggu of Chengde, Hebei; Early Jurassic Nandaling Formation.

Baiera cf. *muensteriana* (Presl) Saporta

1949	Sze H C,p. 33;leaf;Wawuji of Badong,Hubei;Early Jurassic Hsiangchi Coal Series.
1952	Sze H C, Lee H H, pp. 11,31, pl. 8, figs. 1, 1a; leaf; Weiyuan, Sichuan; Early Jurassic Aishanzi Shale.
1963	Sze H C, Lee H H and others, p. 238, pl. 82, figs. 1—1b; leaf; Weiyuan, Sichuan; Early Jurassic Aizishan Shale; Wawuji of Badong, Hubei; Early Jurassic Hsiangchi Group; Liling(?) of Hunan;Late Triassic—Early Jurassic Anyuan Group.
1980	Huang Zhigao, Zhou Huiqin, p. 105, pl. 60, fig. 6; leaf; Wenjiagou of Anzhai, Shaanxi; Middle Jurassic middle and upper part of Yan'an Formation.
1982	Wang Guoping and others,p. 277,pl. 129,fig. 12;leaf;Dakeng of Zhangping,Fujian;Late Triassic Wenbinshan Formation.
1984	Wang Ziqiang,p. 276,pl. 31,fig. 13;leaf;Huairen of Shanxi and Chengde of Hebei;Early Jurassic Yongdingzhuang Formation and Jiashan Formation.
1986	Ye Meina and others, p. 69, pl. 46, figs. 2, 4; leaves; Leiyinpu of Daxian, Sichuan; Late Triassic member 7 of Hsuchiaho Formation.
1992	Huang Qisheng,pl. 17,fig. 6;leaf;Qilixia of Xuanhan,Sichuan;Late Triassic member 7 of Hsuchiaho Formation.

△*Baiera muliensis* Li et He,1979

1979	Li Peijuan, He Yuanliang, in He Yuanliang and others, p. 151, pl. 73, figs. 6, 6a; leaf; only 1 specimen, Col. No. :lu8; Reg. No. :PB6400; Holotype: PB6400 (pl. 73, figs. 6, 6a); Repository: Nanjing Institute of Geology and Palaeontology, Chinese Academy of Sciences; Muli of Tianjun, Qinghai; Early—Middle Jurassic Jiangcang Formation of Mali Group.

△*Baiera multipartita* Sze et Lee,1952

1952	Sze H C, Lee H H, pp. 12,13, pl. 9, figs. 1—3; leaves; 3 specimens; Repository: Nanjing Institute of Geology and Palaeontology, Chinese Academy of Sciences; Yipinchang of Baxian, Sichuan; Early Jurassic Hsiangchi Group.
1963	Sze H C, Lee H H and others, p. 238, pl. 82, figs. 2—4;pl. 83, fig. 1; leaves; Yipinchang of Baxian, Sichuan; Early Jurassic Hsiangchi Group.
1968	*Handbook of Mescozic Coal Stratigraphy of Huanan and Jiangxi*,p. 75,pl. 30,figs. 2,3;pl. 31,fig. 3;leaves;Hunan and Jiangxi;Late Triassic—Early Jurassic.
1974a	Lee P C and others, p. 361, pl. 186, fig. 9; leaf; Lianjiechang of Weiyuan, Sichuan; Late Triassic Hsuchiaho Formation.
1977a	Feng Shaonan and others, p. 238, pl. 94, fig. 12; leaf; Qujiang, Guangdong; Late Triassic

| 1978 | Yang Xianhe, p. 529, pl. 184, fig. 6; leaf; Pingxi of Tongjiang, Sichuan; Late Triassic Hsuchiaho Formation.
| 1980 | He Dechang, Shen Xiangpeng, p. 26, pl. 14, fig. 3; leaf; Niugudun of Qujiang, Guangdong; Late Triassic.
| 1982 | Duan Shuying, Chen Ye, p. 506, pl. 13, figs. 3—6; leaves; Tanba of Hechuan and Jiadangwan of Dazhu, Sichuan; Late Triassic Hsuchiaho Formation.
| 1982 | Wang Guoping and others, p. 277, pl. 122, fig. 4; leaf; Xishanping of Hengfeng, Jiangxi; Late Triassic Anyuan Formation.
| 1982 | Zhang Caifan, p. 536, pl. 340, figs. 12, 13; pl. 347, figs. 14—17; leaves; Luyang of Huaihua, Xiaping in Changce of Yizhang, Tongrilong in Sandu of Zixin, Hunan; Late Triassic—Early Jurassic.
| 1983 | Duan Shuying and others, pl. 10, fig. 4; leaf; Ninglang, Yunnan; Late Triassic Beiluoshan Coal Series.
| 1986 | Wu Qiqie and others, pl. 23, fig. 2; leaf; southern Jiangsu; Early Jurassic Nanxiang Formation.
| 1986 | Zhang Caifan, p. 198, pl. 3, figs. 1, 2; text-fig. 8; leaves and cuticles; Baifang of Changning, Hunan; Early Jurassic top part of Shikang Formation.
| 1987 | Chen Ye and others, p. 122, pl. 35, figs. 3, 4; leaves; Yanbian, Sichuan; Late Triassic Hongguo Formation.
| 1989 | Mei Meitang and others, p. 107, pl. 56, fig. 5; leaf; South China; Late Triassic—Early Jurassic.
| 1992 | Wang Shijun, p. 50, pl. 20, fig. 5; pl. 42, figs. 1—4; leaves and cuticles; Guanchun of Lechang, Guangdong; Late Triassic.
| 1996 | Huang Qisheng and others, pl. 1, fig. 7; leaf; Kaixian, Sichuan; Early Jurassic Zhenzhuchong Formation.
| 1999b | Wu Shunqing, p. 44, pl. 38, figs. 1—3A, 4—7, 10—12; pl. 44, figs. 2, 9; pl. 50, figs. 3—4a; leaves and cuticles; Cifengchang of Pengzhen, Jinxi of Wangcang, Wanxin Shiguansi of Wanyuan, Sichuan; Late Triassic Hsuchiaho Formation.
| 2001 | Huang Qisheng and others, pl. 1, fig. 2; leaf; Wenquan of Kaixian, Chongqing; Early Jurassic lower member II in lower part of Zhenzhuchong Formation.

Baiera cf. *multipartita* Sze et Lee

| 1963 | Sze H C, Lee H H and others, p. 239, pl. 77, fig. 10; pl. 82, fig. 5; pl. 83, fig. 2; leaves; Yipinchang of Baxian, Sichuan; Early Jurassic Hsiangchi Group; Hsuchiaho of Guangyuan, Sichuan; Late Triassic Hsuchiaho Formation.
| 1981 | Zhou Huiqin, pl. 2, fig. 2; leaf; Yangcaogou of Beipiao, Liaoning; Late Triassic Yangcaogou Formation.
| 1987 | Chen Ye and others, p. 124, pl. 35, figs. 5, 6; leaves; Yanbian, Sichuan; Late Triassic Hongguo Formation.

△*Baiera orientalis* Yabe et Ôishi, 1933

[Notes: The species was later referred by Florin (1936) as *Ginkgoites orientalis* (Yabe et

Ôishi) Florin; and was referred by Zhang Wu and others (1980) as *Ginkgo orientalis* (Yabe et Ôishi)]

1933　Yabe,Ôishi,p. 220,pl. 33 (4),fig. 4;leaf;Huoshiling,Jilin;Jurassic.

1950　Ôishi,p. 112,Huoshiling (Hoschilingtza),Jilin;Late Jurassic.

Baiera phillipsii Nathorst,1880

1835　*Sphenopteris*? *longifolia* Phillips,p. 119,pl. 7,fig. 4;leaf;Yorkshire,England;Jurassic.

1880　Nathorst,p. 76;Yorkshire,England;Jurassic.

Baiera cf. *phillipsii* Nathorst

1933　Yabe,Ôishi,p. 222,pl. 33 (4),fig. 2;leaf;Huoshiling,Jilin;Jurassic. [Notes: The specimen was later referred as *Ginkgoites chilinensis* Lee (Sze H C,Lee H H and others, 1963,p. 220)]

1934　Ôishi,p. 246,pl. 37 (2),figs. 7,8;pl. 39 (4),fig. 14;cuticle;Huoshiling,Jilin;Jurassic. [Notes: The specimen was later referred as *Ginkgoites chilinensis* (Sze H C,Lee H H and others,1963)]

1950　Ôishi,p. 112,Huoshiling (Hoschilingtza),Jilin;Late Jurassic.

Baiera polymorpha Samylina,1956

1956　Samylina,p. 1525,pl. 1,figs. 1—7;leaves;Aerdan Basin of Siberia,USSR;Early Cretaceous.

1982　Tan Lin,Zhu Jianan,p. 148,pl. 35,figs. 7—9;leaves;eastern Xiaosanfenzicun of Guyang,Inner Mongolia;Early Cretaceous Guyang Formation.

△*Baiera pseudogracilis* Hsu,1954

1954　Hsu J,p. 61,pl. 53,fig. 3;leaf;only 1 specimen;Datong,Shanxi;Middle Jurassic.

1982　Duan Shuying,Chen Ye,p. 507,pl. 14,fig. 1;pl. 16,fig. 3;leaves;Nanxi of Yunyang,Sichuan;Early Jurassic Zhenzhuchong Formation.

Baiera pulchella Heer,1876

[Notes: The species was later referred as *Sphenobaiera pulchella* (Heer) Florin by Florin (1936,p. 108)]

1876　Heer,p. 114,pl. 20,fig. 3c;pl. 22,fig. 1a;pl. 28,fig. 3;leaves;Heilongjiang River Basin; Jurassic.

1935　Toyama,Ôishi,p. 71,pl. 4,fig. 3;leaf;Inner Mongolia;Middle Jurassic. [Notes: The specimen was later referred as *Sphenobaiera* cf. *pulchella* (Heer) Florin (Sze H C and others,1963,p. 243)]

△*Baiera*? *qinghaiensis* Li et He,1979

1979　Li Peijuan,He Yuanliang,in He Yuanliang and others,p. 151,pl. 75,figs. 1,1a,2—4; leaves and cuticles;only 1 specimen,Col. No. : H740102,Reg. No. :PB6399;Holotype; PB6399 (pl. 75,fig. 1);Repository:Nanjing Institute of Geology and Palaeontology,Chinese Academy of Sciences;Dameigou of Da Qaidan,Qinghai;Middle Jurassic Dameigou Formation.

△*Baiera spinosa* Halle,1927

[Notes: The species was later referred as *Sphenobaiera spinosa* (Halle) (Florin,1936,p. 108)]

1927　Halle,p. 191,pl. 52,figs. 12—14;pl. 53,figs. 7—9;leaves;Taiyuan,Shanxi;early Late Permian Upper Shihhotse Series.

1953　Sze H C, p. 76, pl. 55, fig. 6; leaf; Taiyuan, Shanxi; early Late Permian Upper Shihhotse Series.

△*Baiera tenuistriata* Halle, 1927

[Notes: The species was later referred as *Sphenobaiera tenuistriata* (Halle) (Florin, 1936, p. 108)]

1927　Halle, p. 189, pl. 53, figs. 1—5, 6(?); pl. 54, figs. 25, 26; leaves; Taiyuan, Shanxi; early Late Permian Upper Shihhotse Series.

1953　Sze H C, p. 76, pl. 66, fig. 6; leaf; Taiyuan, Shanxi; early Late Permian Upper Shihhotse Series.

△*Baiera valida* Sun et Zheng, 2001 (in Chinese and English)

2001　Sun Ge, Zheng Shaoling, in Sun Ge and others, pp. 89, 194, pl. 15, fig. 2; pl. 51, figs. 2—7; leaves; 5 specimens, Reg. No.: PB19079—PB19082, ZY3020; Holotype: PB19079 (pl. 15, fig. 2); Repository: Nanjing Institute of Geology and Palaeontology, Chinese Academy of Sciences; western Liao-ning; Late Jurassic Jianshangou Formation.

△*Baiera ziguiensis* Chen G X, 1984 (non Meng, 1987)

1984　Chen Gongxin, p. 604, pl. 265, fig. 1; leaf; Reg. No.: EP675; Repository: Collection Section, Regional Geological Surveying Team of Hubei Province; Xietan of Zigui, Hubei; Early Jurassic Hsiangchi Formation.

△*Baiera ziguiensis* Meng, 1987 (non Chen G X, 1984)

1987　Meng Fansong, p. 255, pl. 35, figs. 2, 3; pl. 37, figs. 4, 5; leaves and cuticles; 2 specimens, Reg. No.: P82218, P82219; Syntype 1: P82218; Syntype 2: P82219; Repository: Yichang Institute of Geology and Mineral Resources; Chezhanping of Zigui, Hubei; Early Jurassic Hsiangchi Formation. [Notes: Based on the relevant acticle of *International Code of Botanical Nomenclature (Vienna Code)* article 37.2, from the year 1958, the type species should be only 1 specimen, and this specific name is a heterotype later homonym of *Baiera ziguiensis* G X Chen (1984)]

Baiera spp.

1908　*Baiera* sp. a, Yabe, p. 8, pl. 1, fig. 2b; leaf; Taojiatun, Jilin; Middle and Late Jurassic. [Notes: The specimen was later referred as *Ginkgoites* sp. (Sze H C, Lee H H and others, 1963, p. 228)]

1911　*Baiera* sp., Seward, p. 48, pl. 4, fig. 45; leaf; Kobuk River of Junggar, Xinjiang; Jurassic.

1927　*Baiera* sp., Halle, p. 192, pl. 53, fig. 10; leaf; Taiyuan, Shanxi; Late Permian Upper Shihhotse Series.

1933c　*Baiera* sp., Sze H C, p. 54, pl. 8, fig. 9; leaf; Fuxin, Liaoning; Late Jurassic(?).

1933c　*Baiera* sp. (? n. sp.), Sze H C, p. 28, pl. 2, figs. 10, 11; leaves; Shiguaizi of Wulanchabu, Inner Mongolia; Early and Middle Jurassic.

1933　*Baiera* sp. a, Ôishi, p. 246, pl. 38 (3), figs. 1—4; pl. 39 (4), fig. 17; cuticles; Huoshiling, Jilin; Jurassic. [Notes: The specimen was later referred as *Ginkgoites*? sp. (Sze H C, Lee H H and others, 1963)]

1933　*Baiera* sp. a, Yabe, Ôishi, p. 221, pl. 32 (3), fig. 17; pl. 33 (4), figs. 6, 10; pl. 35, fig. 3A;

leaves; Huoshiling, Jilin; Jurassic. [Notes: The specimen was later referred as *Ginkgoites* (?) sp. (Sze H C, Lee H H and others, 1963)]

1933　*Baiera* sp. b, Ôishi, p. 247, pl. 38 (3), fig. 5; pl. 39 (4), figs. 15, 16; cuticles; Shahezi of Changtu, Liaoning; Jurassic. [Notes: The specimen was later referred as *Ginkgoites*? sp. (Sze H C, Lee H H and others, 1963)]1933　*Baiera* sp. b, Yabe, Ôishi, p. 221, pl. 35 (6), fig. 3A; leaf; Shahezi, Liaoning; Jurassic. [Notes: The specimen was later referred as *Ginkgoites*? sp. (Sze H C, Lee H H and others, 1963)]

1945　*Baiera* sp., Sze H C, p. 52, pl. 17; leaf; Bantou of Yongan, Fujian; Late Jurassic—Early Cretaceous Pantou Formation.

1952　*Baiera* sp., Sze H C, Lee H H, p. 12, 32, pl. 9, fig. 7; leaf; Yipinchang of Baxian, Sichuan; Early Jurassic Hisangchi Group.

1953　*Baiera* sp., Sze H C, p. 76, pl. 66, fig. 6; leaf; Taiyuan, Shanxi; Late Permian Upper Shihhotse Formation.

1963　*Baiera* sp. 1, Sze H C, Lee H H and others, p. 239, pl. 82, figs. 6, 7; leaves; Yipinchang of Baxian, Sichuan; Early Jurassic Hisangchi Group.

1963　*Baiera* sp. 2, Sze H C, Lee H H and others, p. 240, pl. 77, fig. 9; leaf; Kobuk River of Junggar, Xinjiang; Middle Jurassic.

1963　*Baiera* sp. 4, Sze H C, Lee H H and others, p. 240 [=*Bayera dichotoma* (Brongniart, 1874, p. 408)]; Dingjiagou, Shaanxi; Jurassic(?).

1964　*Baiera* sp. 1, Lee P C, p. 139, pl. 19, fig. 5; leaf; Rongshan of Guangyuan, Sichuan; Late Triassic Hsuchiaho Formation.

1964　*Baiera* sp. 2, Lee P C, p. 140, pl. 19, fig. 6; leaf; Rongshan of Guangyuan, Sichuan; Late Triassic Hsuchiaho Formation.

1964　*Baiera* sp. 3, Lee P C, p. 140, pl. 19, fig. 11; leaf; Rongshan of Guangyuan, Sichuan; Late Triassic Hsuchiaho Formation.

1968　*Baiera* sp., *Handbook of Mesozoic Coal Stratigraphy of Hunan and Jiangxi*, p. 75, pl. 36, fig. 4; leaf; Hengpuqian, Jiangxi; Early Jurassic Xishanwu Formation.

1976　*Baiera* sp. [Cf. *B. gracilis* (Bean MS) Bunbury], Chow Huiqin and others, p. 210, pl. 116, figs. 2—5; leaves; Wuziwan of Jungar, Inner Mongolia; Middle Triassic lower part of Ermaying Formation.

1976　*Baiera* sp., Lee P C and others, p. 128, pl. 41, figs. 5, 5a; leaf; Yipinglang of Lufeng, Yunnan; Late Triassic Ganhaizi Member of Yipinglang Formation.

1980　*Baiera* sp. [Cf. *B. gracilis* (Bean MS) Bunbury)], Huang Zhigao, Zhou Huiqin, p. 100, pl. 7, fig. 1; leaf; Wuziwan of Jungar, Inner Mongolia; Middle Triassic upper part of Ermaying Formation.

1980　*Baiera* sp. 1, Huang Zhigao, Zhou Huiqin, p. 100, pl. 58, fig. 6; text-fig. 9; leaves; Yangjiaya of Yan'an, Shaanxi; Middle Jurassic lower part of Yan'an Formation.

1980　*Baiera* sp. 2, Huang Zhigao, Zhou Huiqin, p. 101, pl. 59, fig. 1; text-fig. 10; leaves; Yangjiaya of Yan'an, Shaanxi; Middle Jurassic lower part of Yan'an Formation.

1980　*Baiera* sp. 3（sp. nov.）, Huang Zhigao, Zhou Huiqin, p. 101, pl. 8, fig. 7; leaves; Zhangjiayan of Wubao, Shanxi; Middle Triassic upper part of Ermaying Formation.

1980　*Baiera* sp., Wu Shunqing and others, p. 80, pl. 5, figs. 1—3; leaves; Shazhenxi of Zigui, Hubei; Late Triassic Shazhenxi Formation.

1980　*Baiera* sp., Wu Shunqing and others, p. 111, pl. 27, fig. 6; pl. 37, figs. 5, 6; pl. 38, figs. 3, 4; leaves and cuticles; Xiangxi of Zigui, Hubei; Early—Middle Jurassic Hsiangchi Formation.

1980　*Baiera* spp., Wu Shunqing and others, p. 111, pl. 28, figs. 3—7; pl. 37, figs. 7, 8; pl. 38, fig. 6; leaves and cuticles; Xiangxi of Zigui, Hubei; Early—Middle Jurassic Hsiangchi Formation.

1981　*Baiera* sp., Chen Fen and others, p. 47, pl. 3, fig. 4; leaf; Haizhou of Fuxin, Liaoning; Early Cretaceous Fuxin Formation.

1981　*Baiera* sp., Zhou Huiqin, pl. 2, figs. 1, 3; leaves; Yangcaogou of Beipiao, Liaoning; Late Triassic Yangcaogou Formation.

1982　*Baiera* sp., Tan Lin, Zhu Jianan, p. 148, pl. 36, fig. 1; leaf; Xiaosanfenzi of Guyang, Inner Mongolia; Early Cretaceous Guyang Formation.

1982b　*Baiera* sp., Wu Xiangwu, p. 98, pl. 14, fig. 5; leaf; Bagong of Chagyab, Tibet; Late Triassic Bagong Formation.

1982　*Baiera* sp., Zhang Wu, p. 189, pl. 2, figs. 6, 7; leaves; Lingyuan, Liaoning; Late Triassic Laohugou Formation.

1982　*Baiera* sp., Zhang Caifan, p. 536, pl. 342, fig. 3; leaf; Yuelong of Liuyang, Hunan; Early Jurassic Yuelong Foramtion.

1984　*Baiera* sp. 2, Chen Fen and others, p. 61, pl. 28, fig. 6; leaf; Daanshan, Beijing; Early Jurassic Lower Yaopo Foramtion.

1986　*Baiera* sp., Wu Qiqie and others, pl. 23, pl. 3; leaf; southern Jiangsu; Early Jurassic Nanxiang Formation.

1986　*Baiera* sp., Zhou Tongshun, Zhou Huiqin, p. 69, pl. 20, fig. 11; leaf; Dalongkou of Junggar, Xinjiang; Middle Triassic Karamay Formation.

1986　*Baiera* sp. 1, Chen Ye and others, p. 42, pl. 8, fig. 7; leaf; Litang, Sichuan; Late Triassic Lanashan Formation.

1986　*Baiera* sp. 2, Chen Ye and others, p. 43, pl. 9, fig. 2; leaf; Litang, Sichuan; Late Triassic Lanashan Formation.

1986b　*Baiera* sp., Chen Qishi, p. 11, pl. 3, fig. 9; leaf; Yiwu, Zhejiang; Late Triassic Wuzao Formation.

1987　*Baiera* sp. 1, Chen Ye and others, p. 124, pl. 36, fig. 2; leaf; Yanbian, Sichuan; Late Triassic Hongguo Formation.

1987　*Baiera* sp. 2, Chen Ye and others, p. 124, pl. 36, fig. 4; leaf; Yanbian, Sichuan; Late Triassic Hongguo Formation.

1987　*Baiera* sp., Duan Shuying, p. 46, pl. 18, fig. 3; leaf; Zhaitang of West Hill, Beijing; Middle Jurassic Yaopo Formation.

1988　*Baiera* sp. 2, Huang Qisheng, pl. 1, fig. 4; leaf; Huaining, Anhui; Early Jurassic lower part of Wuchang Formation.

1992　*Baiera* sp. 1, Wang Shijun, p. 50, pl. 21, figs. 8, 11; leaves; Guanchun of Lechang, Guang-

           dong; Late Triassic.
1993   *Baiera* sp., Mi Jiarong and others, p. 128, pl. 35, fig. 1; leaf; Shanggu of Chengde, Hebei; Late Triassic Xingshikou Formation.
1993b   *Baiera* sp., Sun Ge, p. 86, pl. 34, figs. 8, 9; pl. 36, fig. 3; leaves; Lujuanzi of Wangqing, Jilin; Late Triassic Malugou Formation.
1993c   *Baiera* sp., Wu Xiangwu, p. 82, pl. 5, fig. 1; leaf; Fengjiashan-Shanqing Section of Shangxian, Shanxi; Early Cretaceous lower member of Fengjiashan Formation.
1995   *Baiera* sp., Wang Xin, pl. 3, fig. 12; leaf; Tongchuan, Shaanxi; Middle Jurassic Yan'an Formation.
1995   *Baiera* sp., Zeng Yong and others, p. 60, pl. 16, fig. 2; pl. 22, fig. 5; leaves and cuticles; Yima, Henan; Middle Jurassic Yima Formation.
1995   *Baiera* sp. (*B. guilhaumatii* Zeiller), Zeng Yong and others, p. 59, pl. 15, fig. 7; pl. 29, figs. 3, 4; leaves and cuticles; Yima, Henan; Middle Jurassic Yima Formation.
1996   *Baiera* sp., Mi Jiarong and others, p. 125, pl. 26, fig. 10; leaf; Shimenzhai of Funing, Hebei; Early Jurassic Peipiao Formation.
1996   *Baiera* sp. indet., Mi Jiarong and others, p. 124, pl. 26, fig. 6; leaf; Xinglonggou of Beipiao, Liaoning; Middle Jurassic Haifanggou Formation.
1997   *Baiera* sp. 1, Deng Shenghui and others, p. 43, pl. 18, fig. 4; pl. 25, fig. 2; leaves; Dayan Basin and Mianduhe Basin, Inner Mongolia; Early Cretaceous Damoguaihe Formation.
1997   *Baiera* sp. 2, Deng Shenghui and others, p. 43, pl. 29, fig. 8; leaf; Dayan Basin, Inner Mongolia; Early Cretaceous Yimin Formation.
2002   *Baiera* sp., Wu Xiangwu and others, p. 166, pl. 13, figs. 1—3; leaves; Daobotougou of Alxa Right Banner, Inner Mongolia; Early Jurassic upper member of Jijigou Formation.
2004   *Baiera* sp., Sun Ge, Mei Shengwu, pl. 9, figs. 4, 5; leaves; Gaojiagou of Shandan, Gansu; Early Middle Jurassic.

Baiera? spp.

1963   *Baiera*? sp., Sze H C, Lee H H and others, p. 240, pl. 82, fig. 8; leaf; Fuxin, Liaoning; Late Jurassic(?).
1989   *Baiera*? (*Sphenobaiera*?) sp., Sze H C, pp. 71, 214, pl. 81, figs. 1—2a; leaves; Heidaigou of Jungar, Inner Mongolia; Permian.
1992   *Baiera*? sp. 2, Wang Shijun, p. 50, pl. 21, fig. 4; leaf; Guanchun of Lechang, Guangdong; Late Triassic.
1993   *Baiera*? sp., Mi Jiarong and others, p. 129, pl. 34, fig. 14; text-fig. 33; leaves; Bamianshi of Shuangyang, Jilin; Late Triassic upper member of Xiaofengmidingzi Formation.
2004   *Baiera*? sp., Sun Ge, Mei Shengwu, pl. 9, fig. 3; leaf; Shangjingzi Section of Alxa Right Banner, Inner Mongolia; Middle Jurassic lower part of Qingtujing Group.

?*Baiera* spp.

1940   ? *Baiera* sp., Sze H C, p. 45, pl. 1, fig. 13; leaf; Guangxi; Early Permian Upper Plant Bed.
1996   ?*Baiera* sp., Mi Jiarong and others, p. 125, pl. 26, fig. 4; leaf; Shimenzhai of Funing, Hebei; Early Jurassic Peipiao Formation.

△Genus *Baiguophyllum* Duan, 1987

1987   Duan Shuying, p. 52.

1993a   Wu Xiangwu, pp. 8, 215.

1993b   Wu Xiangwu, pp. 503, 510.

Type species: *Baiguophyllum lijianum* Duan, 1987

Taxonomic status: Czekanowskiales

△*Baiguophyllum lijianum* Duan, 1987

1987   Duan Shuying, p. 52, pl. 16, figs. 4, 4a; pl. 17, fig. 1; text-fig. 14; leaves, long shoots and dwarf shoots; No. : S-PA-86-680 (1), S-PA-86-680 (2); Holotype: S-PA-86-680 (2) (pl. 17, fig. 1); Repository: Department of Palaeobotany, Swedish Museum of Natural History; Zhaitang of West Hill, Beijing; Middle Jurassic Mentougou Coal Series.

1993a   Wu Xiangwu, pp. 8, 215.

1993b   Wu Xiangwu, pp. 503, 510.

Genus *Bayera*

[Notes: This generic name *Bayera* was applied by Brongniart (1874, p. 408) for Jurassic specimens of China, it might be misspelling of *Baiera*]

1874   Brongniart, p. 408.

Bayera dichotoma Braun

1874   Brongniart, p. 408; leaf; Jingjiagou, Shaanxi; Jurassic. [Notes: The specimen was later referred as *Baiera* sp. (Sze H C, Lee H H, 1963, p. 240)]

Genus *Culgoweria* Florin, 1936

1936   Florin, p. 133.

1984   Zhou Zhiyan, p. 46.

1993a   Wu Xiangwu, p. 70.

Type species: *Culgoweria mirobilis* Florin, 1936

Taxonomic status: Czekanowskiales

Culgoweria mirobilis Florin, 1936

1936   Florin, p. 133, pl. 33, figs. 3—12; pl. 34; pl. 35, figs. 1, 2; leaves and cuticles; Franz Joseph Land; Jurassic.

1993a   Wu Xiangwu, p. 70.

△*Culgoweria xiwanensis* Zhou, 1984
1984   Zhou Zhiyan, p. 46, pl. 28, figs. 9—9c; pl. 29, figs. 1—3; leaves and cuticles; Reg. No.: PB8931; Holotype: PB8931 (pl. 28, fig. 9); Repository: Nanjing Institute of Geology and Palaeontology, Chinese Academy of Sciences; Xiwan, Guangxi; Early Jurassic Xiwan Formation.
1993a Wu Xiangwu, p. 70.

Genus *Czekanowskia* Heer, 1876
1876   Heer, p. 68.
1883   Schenk, p. 251.
1936   Florin, p. 128.
1963   Sze H C, Lee H H and others, p. 247.
1993a Wu Xiangwu, p. 74.
Type species: *Czekanowskia setacea* Heer, 1876
Taxonomic status: Czekanowskiales

Czekanowskia setacea Heer, 1876
1876   Heer, p. 68, pl. 5, figs. 1—7; pl. 6, figs. 1—6; pl. 10, fig. 11; pl. 12, fig. 5b; pl. 13, fig. 10c; leaves; Irkutsk Basin, Russia; Jurassic.
1954   Hsu J, p. 63, pl. 54, fig. 6; leaves; Beipiao, Liaoning; Middle Jurassic.
1963   Sze H C, Lee H H and others, p. 249, pl. 74, fig. 9; leaves and short shoots; Beipiao, Liaoning; southern Tyrkytag Mountain, Xinjiang; Jurassic.
1977b Feng Shaonan and others, p. 239, pl. 96, figs. 7, 8; leaves; Jinshandian of Daye, Hubei; Early Jurassic.
1978   Zhang Jihui, p. 485, pl. 164, fig. 10; leaves; Xinchang of Dafang, Guizhou; Early Jurassic.
1980   Zhang Wu and others, p. 289, pl. 183, fig. 11; leaves; Beipiao, Liaoning; Early Jurassic Peipiao Formation; Wangzifen of Ju Ud League, Liaoning; Early Cretaceous Jiufotang Formation.
1982b Yang Xuelin, Sun Liwen, p. 53, pl. 22, fig. 3; pl. 24, fig. 13; leaves and short shoots; Wanbao and Yumin of Taoan, Jilin; Middle Jurassic Wanbao Formation.
1984   Chen Fen and others, p. 63, pl. 32, fig. 1; leaves; Datai of West Hill, Beijing; Early Jurassic Lower Yaopo Formation.
1984   Chen Gongxin, p. 606, pl. 263, figs. 4, 5; leaves; Chengchao of Echeng and Jinshandian of Daye, Hubei; Early Jurassic Wuchang Formation.
1984   Gu Daoyuan, p. 152, pl. 76, fig. 3; leaves; Turfan, Xinjiang; Early Jurassic Sangonghe Formation.
1985   Li Peijuan, pl. 21, fig. 1; leaves; Qiongtailan of Wensu, Tuomuer region of Tianshan Mountain, Xinjiang; Early Jurassic.
1985   Yang Guanxiu, Huang Qisheng, p. 202, fig. 3-109 (right); leaves; Beipiao of Liaoning, Xinjiang; Early—Middle Jurassic; western Liaoning, Jixi and Hegang of Heilongjiang; Early Cretaceous Jiufotang Formation, Binggou Formation and Chengzihe Formation.

1986   Ye Meina and others,p. 72,pl. 47,fig. 5;leaves;Shuitian of Kaixian,Sichuan;Early Jurassic Zhenzhuchong Formation.

1991   Bureau of Geology and Mineral Resources of the Municipality,Beijing,pl. 12,fig. 7;leaves;Xiyuan of Daanshan,Beijing;Late Triassic Xingshikou Formation.

1992   Sun Ge,Zhao Yanhua,p. 547,pl. 242,fig. 4;pl. 245,fig. 4;leaves;Tianqiaoling of Wangqing,Jilin;Late Triassic Malugou Formation.

1993   Mi Jiarong and others,p. 132,pl. 36,figs. 6—15,19,21;leaves;Dongning,Heilongjiang; Late Triassic Luoquanzhan Formation;Wangqing and Shuangyang,Jilin;Late Triassic Malugou Formation,upper member of Xiaofengmidingzi Formation,Dajianggang Formation;Beipiao,Liaoning;Late Triassic Yangcaogou Formation;Fangshan,Beijing;Late Triassic Xingshikou Formation.

1993b   Sun Ge,p. 88,pl. 37,figs. 1,2;leaves;Tianqiaoling of Wangqing,Jilin;Late Triassic Malugou Formation.

1993a   Wu Xiangwu,p. 74.

1994   Xiao Zongzheng and others,pl. 13,fig. 5;leaves;Xingshikou of Shijingshan,Beijing;Late Triassic Xingshikou Formatin.

1995a   Li Xingxue (editor-in-chief),pl. 104,fig. 6;a short shoot with leaves;Hegang,Heilongjiang;Early Cretaceous Shitouhezi Formation. (in Chinese)

1995b   Li Xingxue (editor-in-chief),pl. 104,fig. 6;a short shoot with leaves;Hegang,Heilongjiang;Early Cretaceous Shitouhezi Formation. (in English)

1995   Wang Xin,pl. 1,fig. 8;leaf;Tongchuan,Shaanxi;Middle Jurassic Yan'an Formation.

1996   Mi Jiarong and others,p. 130,pl. 28,figs. 12,16;pl. 29,figs. 1—4,8,9;leaves and cuticles;Beipiao,Liaoning;Funing,Hebei;Early Jurassic Peipiao Formation;Haifanggou of Beipiao,Liaoning;Middle Jurassic Haifanggou Formation.

1996   Sun Yuewu and others,pl. 1,fig. 18;leaves;Shanggu of Chengde,Hebei;Early Jurassic Nandaling Formation.

2001   Sun Ge and others,p. 84,191,pl. 14,fig. 1;pl. 49,figs. 3,4;pl. 73,figs. 1—6;leaves and cuticles;western Liaoning;Late Jurassic Jianshangou Formation.

2003   Xu Kun and others,pl. 7,figs. 5,11;leaves;Gajia of Beipiao,Liaoning;Middle Jurassic Haifanggou Formation.

2003   Yuan Xiaoqi and others,pl. 17,fig. 4a;leaves;Hantaichuan of Dalad Banner,Inner Mongolia;Middle Jurassic Yan'an Formation.

2005   Sun Bainian and others,p. 33,pl. 18,fig. 1;leaves;Yaojie,Gansu;Middle Jurassic Yaojie Formation.

Czekanowskia cf. *setacea* Heer

1997   Deng Shenghui,p. 46,pl. 29,figs. 5,6;leaves;Dayan Basin,Inner Mongolia;Early Cretaceous Damoguaihe Formation.

Czekanowskia ex gr. *setacea* Heer

1998   Zhang Hong and others,pl. 44,fig. 3;pl. 47,fig. 4;pl. 49,fig. 5;leaves;Changshanzi, Alxa Right Banner,Inner Mongolia;Middle Jurassic Qingtujing Formation;Yaojie of Lanzhou,Gansu;Middle Jurassic Yaojie Formation;Tanyaogou of Pingluo,Ningxia;Middle Jura-ssic Muhulu Formation.

△*Czekanowskia? debilis* **Wu S Q, 1999** (in Chinese)
1999a Wu Shunqing, p. 17, pl. 10, fig. 2; leaves; Col. No. : AEO-96; Reg. No. : PB18280; Repository: Nanjing Institute of Geology and Palaeontology, Chinese Academy of Sciences; Shangyuan of Beipiao, Liaoning; Late Jurassic lower part of Yixian Formation.

△*Czekanowskia elegans* **Wu, 1988**
1988 Wu Xiangwu, in Li Peijuan and others, p. 109, pl. 72, fig. 1A; pl. 73, fig. 1A; pl. 137, figs. 5, 5a; pl. 139, figs. 1—3; leaves and cuticles; Col. No. : 80DP$_1$F$_{18}$; Reg. No. : PB13638—PB13640; Holotype: PB13638 (pl. 72, fig. 1A); Repository: Nanjing Institute of Geology and Palaeontology, Chinese Academy of Sciences; Dameigou of Qaidam, Qinghai; Early Jurassic *Ephedrites* Bed of Tianshuigou Formation.
1995 Zhou Zhiyan, pl. 93, fig. 3; leaves; Dameigou of Da Qaidam, Qinghai; Early Jurassic Tianshuigou Formation.

△*Czekanowskia explicita* **Mi, Sun C, Sun Y Cui et Ai, 1996** (in Chinese)
1996 Mi Jiarong, Sun Chunlin, Sun Yuewu, Cui Shangsen, Ai Yongliang, in Mi Jiarong and others, p. 129, pl. 29, figs. 7, 10; pl. 30, fig. 1; text-fig. 17; leaves and cuticles; No. : BL-7003, BL-5028; Holotype: BL-7003 (pl. 29, fig. 7); Repository: Department of Geological History and Palaeontology, Changchun College of Geology; Beipiao, Liaoning; Early Jurassic lower member of Peipiao Formation.

△*Czekanowskia fuguensis* **Huang et Zhou, 1980**
1980 Huang Zhigao, Zhou Huiqin, p. 107, pl. 55, fig. 1; leaves; Reg. No: OP3101; Dianerwan of Fugu, Shaanxi; Early Jurassic Fuxian Formation.

Czekanowskia cf. *fuguensis* **Huang et Zhou**
2003 Yuan Xiaoqi and others, pl. 21, fig. 4; leaves; Gaoshiya of Fugu, Shaanxi; Early Jurassic Fuxian Formation.

Czekanowskia hartzi **Harris, 1926**
1926 Harris, p. 104, pl. 4, figs. 1—3; text-fig. 25E—25G; leaves and cuticles; Scoresby Sound of East Greenland, Denmark; Early Jurassic *Thaumatopteri* Zone.
1980 Wu Shunqing and others, p. 113, pl. 29, fig. 1; pl. 36, figs. 1—5; pl. 37, fig. 4; leaves and cuticles; Daxiakou of Xinshan, Hubei; Early—Middle Jurassic Hsiangchi Formation.
1984 Chen Gongxin, p. 606, pl. 267, fig. 6; leaves; Daxiakou of Xinshan, Hubei; Early Jurassic Hsiangchi Formation.
1988 Huang Qisheng, pl. 1, fig. 3; leaves; Huaining, Anhui; Early Jurassic lower part of Wuchang Formation.
1996 Huang Qisheng and others, pl. 1, fig. 6; leaves; Kaixian, Sichuan; Early Jurassic lower member of Zhenzhuchong Formation.
2001 Huang Qisheng, pl. 1, fig. 3; leaves; Wenquan of Kaixian, Chongqing; Early Jurassic member Ⅱ of Zhenzhuchong Formation.

Czekanowskia latifolia **Turutanova-Ketova, 1931**
1931 Turutanova-Ketova, p. 335, pl. 5, fig. 6; leaves; Issy-Kul, USSR; Early Jurassic.

Czekanowskia cf. *latifolia* Turutanova-Ketova

2002   Wu Xiangwu and others, p. 167, pl. 12, fig. 5; pl. 13, figs. 10; leaves and cuticles; Qingtujing of Jinchang, Gansu; Middle Jurassic lower member of Ningyuanpu Formation.

Czekanowskia murrayana (Lindley et Hutton) Seward, 1900

1834 (1831—1837)   *Solenites murrayana* Lindley et Hutton, p. 105, pl. 121; leaves; England; Middle Jurassic.

1900   Seward, p. 279, figs. 48—50; leaves; England; Middle Jurassic.

1906   Krasser, p. 613, pl. 3, fig. 8; leaves; Jiaohe (Thioho), Huoshiling (Hoschilingtza) and Jiaohe (Lalinho), Jilin; Jurassic. [Notes: This specimen was later referred as *Solenites* cf. *murrayana* Lindley et Hutton (Sze H C, Lee H H and others, 1963, p. 260)]

1906   Yokoyama, p. 31, pl. 10, fig. 1; leaves; Nianzigou of Saimaji, Liaoning; Middle Jurassic. [Notes: This specimen was later referred as *Solenites* cf. *murrayana* Lindley et Hutton (Sze H C, Lee H H and others, 1963, p. 260)]

1933   Yabe, Ôishi, p. 222, leaves; Nianzigou (Nientzukou), Liaoning; Middle Jurassic; Jiaohe (Thioho) and Huoshihling, Jilin; Late Jurassic—Early Cretaceous.

Czekanowskia nathorsti Harris, 1935

1935   Harris, p. 40, pl. 4, figs. 3, 7, 9; pl. 5, figs. 1—5; pl. 6, figs. 2—4, 6—8; pl. 8, figs. 1, 2; text-fig. 19; leaves and cuticles; eastern Greenland, Denmark; Early Jurassic *Thaumatopteris* Zone and Late Triassic *Lepidopteris* Zone.

1999b   Wu Shunqing, p. 45, pl. 39, figs. 1, 1a; pl. 50, figs. 5, 5a; pl. 51, figs. 2, 2b; leaves and cuticles; Tieshan of Daxian, Sichuan; Late Triassic Hsuchiaho Formation.

Czekanowskia cf. *nathorsti* Harris

1988   Li Peijuan and others, p. 110, pl. 76, fig. 2; pl. 80, fig. 3A; pl. 84, fig. 3; pl. 127, figs. 5, 6; pl. 128, figs. 1—5; pl. 129, figs. 1—5; leaves and cuticles; Dameigou of Qaidam, Qinghai; Early Jurassic *Zamites* Bed of Xiaomeigou Formation.

△*Czekanowskia pumila* Wu, 1988

1988   Wu Xiangwu, in Li Peijuan and others, p. 110, pl. 75, figs. 2, 2a; pl. 126, figs. 1—4; pl. 127, figs. 4, 6; leaves and cuticles; Col. No. : 80DP$_1$ F$_{20-2}$; Reg. No. : PB13645; Holotype: PB13645 (pl. 75, figs. 2, 2a); Repository: Nanjing Institute of Geology and Palaeontology, Chinese Academy of Sciences; Dameigou of Qaidam, Qinghai; Early Jurassic *Zamites* Bed of Xiaomeigou Formation.

Czekanowskia rigida Heer, 1876

1876   Heer, p. 70, pl. 5, figs. 8—11; pl. 6, fig. 7; pl. 10, fig. 2a; pl. 20, fig. 3d; pl. 21, figs. 6e, 8; foliage leaves; Irkutsk Basin, Russia; Jurassic.

1883b   Schenk, pp. 251, 262, pl. 50, fig. 7; pl. 54, fig. 2a; leaves; Badachu (Patatshu) of Beijing, Zigui (Kei-tshou) of Hubei; Jurassic.

1884   Schenk, p. 176 (14), pl. 15 (3), fig. 13; leaves; Sichuan; Jurassic.

1901   Krasser, p. 148, pl. 2, figs. 7, 8; leaves; southern Tyrkytag of East Tianshan Mountain, Xinjiang; Jurassic.

1911   Seward, pp. 20, 48, pl. 4, fig. 46; leaves-clusters, short shoots and scale-leaves; Koktal

district, Djair Mountains of Junggar, Xinjiang; Jurassic.
1928   Yabe, Ôishi, p. 10, pl. 3, figs. 3—5; pl. 4, fig. 1; leaves; Fangzi, Shandong; Jurassic.
1931   Sze H C, p. 58; leaves; Beipiao, Liaoning ; Early Jurassic.
1933c   Sze H C, p. 54, pl. 5, figs. 7, 8; leaves; Guangfuyingzi and Lingyuan of Chaoyang, Liaoning; Early—Middle Jurassic.
1935   Toyama, Ôishi, p. 77, pl. 5, fig. 3; leaves; Jalai Nur (Chalainor) of Huna League, Inner Mongolia; Early—Middle Jurassic.
1939   Matuzawa, pl. 6, fig. 6; pl. 7, figs. 4, 5; leaves; Beipiao, Liaoing; Middle Jurassic.
1941   Stockmans, Mathieu, p. 50, pl. 6, fig. 12; leaf; Liujiang (Liukiang), Hebei; Mentougou (Mentoukou), Beijing; Jurassic.
1950   Ôishi, p. 115, pl. 36, fig. 8; leaf; northeastern China; Jurassic.
1954   Hsu J, p. 63, pl. 54, fig. 5; leaf; Datong, Shanxi; Middle Jurassic.
1954   Takahashi, p. 95, text-fig. 1; leaf; Lingyuan, Liaoning; Cretaceous Jehol Series.
1959   Sze H C, pp. 13, 29, pl. 5, fig. 3; leaf; Yuqia of Qaidam, Qinghai; Early—Middle Jurassic.
1963   Lee H H and others, p. 134, pl. 106, fig. 8; leaves; Northwest China; Early—Middle Jurassic.
1963   Sze H C, Lee H H and others, p. 248, pl. 83, fig. 6; pl. 85, fig. 7; leaves and short shoots; Badachu of West Hill, Beijing; Fangzi of Weixian, Shandong; Beipiao and Lingyuan, Liaoning; Datong, Shanxi; Yuqia in Qaidam of Qinghai, Jalai Nur (Chalainor) of Inner Mongolia, Junggar of Xinjiang; Jurassic.
1964   Miki, p. 14, pl. 2, fig. D; leaves; Linyuan, Liaoning; Late Jurassic *Lycoptera* Bed.
1976   Chang Chichen, p. 196, pl. 100, fig. 2; leaf; Qingciyao of Datong, Shanxi; Middle Jurassic Datong Formation.
1977a   Feng Shaonan and others, p. 239, pl. 96, fig. 6; leaf; Yima, Henan; Early—Middle Jurassic.
1979   He Yuanliang and others, p. 152, pl. 74, fig. 7; leaf; Yuqia of Da Qaidam, Qinghai; Middle Jurassic Dameigou Formation.
1980   Huang Zhigao, Zhou Huiqin, p. 107, pl. 53, fig. 3; pl. 54, fig. 2; pl. 60, figs. 4, 5; leaves; Jiaoping of Tongchuan and Dianerwan of Fugu, Shaanxi; Middle Jurassic Yan'an Formation and Early Jurassic Fuxian Formation.
1980   Zhang Wu and others, p. 289, pl. 147, figs. 2, 3; pl. 183, fig. 3; pl. 184, fig. 1; leaves; Zhangjiayingzi of Chifeng, Liaoning; Early Cretaceous Jiufotang Formation.
1982   Duan Shuying, Chen Ye, p. 507, pl. 14, figs. 2, 3; leaves; Tieshan of Dazhou (Daxian), Sichuan; Early Turacsic Zhenzhuchong Formation.
1982a   Liu Zijin, p. 134, pl. 74, fig. 1; leaves; Diantou of Huangling, Shaanxi; Early—Middle Jurassic Yan'an Formation.
1982   Wang Guoping and others, p. 278, pl. 126, fig. 9; leaves; Fangzi of Weixian, Shandong; Middle Jurassic Fangzi Formation.
1982b   Yang Xuelin, Sun Liwen, p. 52, pl. 22, figs. 1, 2a, 4; leaves and short shoots; Wanbao, Yumin, Heidingshan, Dayoutun, Jianshan and Xin'anbao of Taoan, Jilin; Middle Jurassic Wanbao Formation.
1982   Zhang Caifan, p. 536, pl. 347, fig. 4; pl. 352, fig. 5; leaves; Yuelong of Liuyang, Hunan; Early Jurassic Yuelong Formation.
1984   Chen Fen and others, p. 62, pl. 31, fig. 1; leaves; West Hill, Beijing; Early Jurassic Lower Yaopo Formation and Middle Jurassic Upper Yaopo Formation.

1984	Gu Daoyuan, p. 152, pl. 76, fig. 2; pl. 80, fig. 17; leaves; Shendigou of Karamay, Xinjiang; Middle Jurassic Xishanyao Formation.
1984	Wang Ziqiang, p. 271, pl. 156, figs. 1, 2; leaves; Weichang and Pingquan, Hebei; Late Jurassic Zhangjiakou Formation.
1985	Li Peijuan, p. 148, pl. 18, figs. 4, 4a; leaves; western Qiongtailan of Wensu, Xinjiang (Tuomuer region, Tianshan Mountain); Early Jurassic.
1985	Mi Jiarong, Sun Chunlin, pl. 1, figs. 6, 15, 27; leaves; Bamianshi of Shuangyang, Jilin; Late Triassic Xiaofengmidingzi Formation.
1985	Shang Ping, pl. 7, fig. 6; leaves; Bajiazishan of Fuxin, Liaoning; Early Cretaceous Haizhou Formation.
1985	Yang Guanxiu, Huang Qisheng, p. 202, fig. 3-109 (left); leaves; North China; Jurassic.
1986	Duan Shuying and others, pl. 2, fig. 11; leaves; southern margin of Ordos Basin, Inner Mongolia; Middle Jurassic Yan'an Formation.
1986	Ju Kuixiang, Lan Shanxian, pl. 2, figs. 9, 10; leaves; Lvjiashan, Nanjing; Late Triassic Fanjiatang Formation.
1987	Duan Shuying, p. 49, pl. 19, figs. 2, 4; leaves; Zhaitang of West Hill, Beijing; Middle Jurassic Mentougou Coal Series.
1988	Li Jieru, pl. 1, fig. 6; leaves; Suzihe Basin, Liaoning; Early Cretaceous.
1989	Mei Meitang and others, p. 109, pl. 60, fig. 2; leaves; northern hemisphere; Early Jurassic—Early Cretaceous.
1990	Bureau of Geology and Mineral Resources of Ningxia Hui Autonomous Region, pl. 9, fig. 9; leaves; Quetaigou of Alxa Left Banner, Inner Mongolia; Middle Jurassic Yan'an Formation.
1991	Bureau of Geology and Mineral Resources of the Municipality of Beijing, pl. 12, fig. 6; leaves; Xingshikou of Badachu, Beijing; Late Triassic Xingshikou Formation.
1992	Huang Qisheng, Lu Zongsheng, pl. 2, fig. 8; leaves; Kaokaowusu of Shenmu, Shaanxi; Middle Jurassic Yan'an Formation.
1992	Sun Ge, Zhao Yanhua, p. 547, pl. 249, figs. 5—7; leaves; Jiaohe Coal Mine, Jilin; Late Jurassic Naizishan Formation; Mingyue of Antu, Jilin; Middle Jurassic Tuntianying Formation.
1993a	Wu Xiangwu, p. 74.
1994	Xiao Zongzheng and others, pl. 13, fig. 6; leaves; Xingshikou of Shijingshan, Beijing; Late Triassic Xingshikou Formation.
1995	Wang Xin, pl. 3, fig. 9; leaves; Tongchuan, Shaanxi; Middle Jurassic Yan'an Formation.
1995	Zeng Yong and others, p. 65, pl. 18, fig. 1; pl. 24, figs. 1—4; leaves and cuticles; Yima, Henan; Middle Jurassic Yima Formation.
1998	Liao Zhuoting, Wu Guogan (editors-in-chief), pl. 13, figs. 1, 2, 7, 8; leaves; Santanghu Coal Mine of Barkol, Xinjiang; Middle Jurassic Xishanyao Formation.
2001	Sun Ge and others, pp. 84, 191, pl. 15, fig. 4; pl. 49, figs. 1, 2; leaves; western Liaoning; Late Jurassic Jianshangou Formation.
2003	Xu Kun and others, pl. 8, fig. 2; leaves; western Liaoning; Early Cretaceous Yixian Formation.

2003   Yuan Xiaoqi and others, pl. 18, fig. 5; leaves; Gaotouyao of Dalad Banner, Inner Mongolia; Middle Jurassic Yan'an Formation.

2004   Sun Ge, Mei Shengwu, pl. 9, fig. 1; leaves; Hongliugou of Alxa Left Banner, Inner Mongolia; Middle Jurassic upper part of Qingtujing Group.

2005   Miao Yuyan, p. 525, pl. 2, figs. 14, 23; leaves; Baiyanghe region of Junggar Basin, Xinjiang; Middle Jurassic Xishanyao Formation.

Czekanowskia cf. *rigida* Heer

1955   Lee H H, p. 36, pl. 2, fig. 4; leaves; Datong, Shanxi; Middle Jurassic Yungang Group. [Notes: This specimene was later referred to *Solenites* cf. *murrayana* Lindley et Hutton (Sze H C, Lee H H and others, 1963, p. 260)]

1984   Li Baoxian, Hu Bin, p. 142, pl. 4, fig. 11; leaves; Yondingzhuang of Datong, Shanxi; Early Jurassic Yondingzhuang Formation.

Czekanowskia ex gr. *rigida* Heer

1998   Zhang Hong and others, pl. 46, fig. 4; leaves; Dameigou of Da Qaidam, Qinghai; Early Jurassic Huoshaoshan Formation.

? *Czekanowskia rigida* Heer

1985   Li Peijuan, pl. 19, fig. 3B; leaves; western Qiongtailan of Wensu, Tuomuer region of Tianshan Mountain, Xinjiang; Early Jurassic.

Czekanowskia rigida Heer?

1908   Yabe, p. 10, pl. 2, fig. 1c; leaves; Taojiatun (Taochiatun), Jilin; Jurassic.

1933   Yabe, Ôishi, p. 222, pl. 32 (3), fig. 8c; pl. 34 (5), fig. 1; leaves; Weijiapuzi (Weichiaputzu), Liaoning; Taojiatun (Taochiatun), Jilin; Jurassic.

△*Czekanowskia shenmuensis* He, 1987

1987   He Dechang, in Qian Lijun and others, p. 83, pl. 27, figs. 4, 7, 8; leaves and cuticles; Reg. No.: Sh061; Repository: Xi'an Research Branch of Geology Exploration, China Coal Research Institute; Kaokaowusugou of Shenmu, Shaanxi; Middle Jurassic member 4 of Yan'an Formation.

△*Czekanowskia speciosa* Li, 1988

1988   Li Peijuan and others, p. 111, pl. 78, fig. 3; pl. 83, fig. 2; pl. 125, figs. 1—8; leaves and cuticles; Col. No.: 80QFu; Reg. No.: PB13646, PB13647; Holotype: PB13647 (pl. 83, fig. 2); Repository: Nanjing Institute of Geology and Palaeontology, Chinese Academy of Sciences Dongfenggou in Lvcaoshan of Qaidam Basin, Qinghai; Middle Jurassic *Nilssonia* Bed of Shimengou Formation.

△*Czekanowskia stenophylla* Li, 1988

1988   Li Peijuan and others, p. 112, pl. 79, figs. 1, 2; pl. 82, figs. 1, 1a; pl. 88, fig. 1; pl. 124, figs. 1—8; leaves and cuticles; Col. No.: 80Dong Fu; Reg. No.: PB13648—PB13651; Holotype: PB13648 (pl. 79, fig. 1); Repository: Nanjing Institute of Geology and Palaeontology, Chinese Academy of Sciences; Dongfenggou in Lvcaoshan of Qaidam Basin, Qinghai; Middle Jurassic *Nilssonia* Bed of Shimengou Formation.

1995a Li Xingxue (editor-in-chief), pl. 93, fig. 4; leaves; Lvcaoshan of Da Qaidam, Qinghai;

Middle Jurassic Shimengou Formation. (in English)

1995b Li Xingxue (editor-in-chief), pl. 93, fig. 4; leaves; Lvcaoshan of Da Qaidam, Qinghai; Middle Jurassic Shimengou Formation. (in Chinese)

Czekanowskia spp.

1911 *Czekanowskia* sp., Seward, pp. 20, 49, pl. 4, figs. 54—57; pl. 5, fig. 58; pl. 6, fig. 69; pl. 7, figs. 75, 77; leaves and cuticles; Junggar Basin, Xinjiang (Temyrtam, Djair Mountains); Jurassic.

1925 *Czekanowskia* sp., Teilhard de Chardin, Fritel, p. 538; leaves; Youfangtou (Youfang-te-ou) of Yulin, Shaanxi; Jurassic. [Notes: This specimen was later referred as *Solenites* cf. *murrayana* Lindley et Hutton (Sze H C, Lee H H and others, 1963, p. 260)]

1963 *Czekanowskia* sp. 1, Sze H C, Lee H H and others, p. 250, pl. 80, fig. 10; pl. 83, fig. 7; pl. 85, fig. 8; pl. 87, figs. 2, 3; leaves and cuticles; Junggar Basin, Xinjiang (Temyrtam, Djair Mountains); Early—Middle Jurassic.

1964 *Czekanowskia* sp., Lee Peichuan, p. 141, pl. 20, fig. 1a; leaves; Xujiahe (Hsuchiaho) of Guangyuan (Kwanyuan), Sichuan; Late Triassic Hsuchiaho Formation.

1983 *Czekanowskia* sp., Li Jieru, pl. 3, fig. 11; leaves; Pandaogou in Houfulongshan district of Jinxi, Liaoning; Middle Jurassic Haifanggou Formation.

1984 *Czekanowskia* sp. 1, Wang Ziqiang, p. 271, pl. 154, fig. 10; leaves; West Hill, Beijing; Early Cretaceous Tuoli Formatin.

1984 *Czekanowskia* sp. 2, Wang Ziqiang, p. 271, pl. 131, fig. 14; leaves; Huairen, Shanxi; Early Jurassic Yongdingzhuang Formation.

1987 *Czekanowskia* sp., Chen Ye and others, p. 126, pl. 37, fig. 7; leaves; Yanbian, Sichuan; Late Triassic Hongguo Formation.

1987 *Czekanowskia* sp., Qian Lijun and others, pl. 22, fig. 1; leaves; Kaokaowusugou of Shenmu, Shaanxi; Middle Jurassic Yan'an Formation.

1988 *Czekanowskia* sp. 1, Li Peijuan and others, p. 113, pl. 79, fig. 3; pl. 123, figs. 5—8; leaves and cuticles; Lvcaoshan of Qaidam Basin, Qinghai; Middle Jurassic Shimengou Formation.

1988 *Czekanowskia* sp. 2, Li Peijuan and others, p. 113, pl. 74, fig. 5; pl. 126, figs. 5—8; pl. 137, figs. 1—3; leaves and cuticles; Qaidam Basin, Qinghai; Early Jurassic Tianshuigou Formation.

1995 *Czekanowskia* sp., Cao Zhengyao and others, p. 8, pl. 3, fig. 8; pl. 4, fig. 3; leaves; Zhenghe, Fujian; Early Cretaceous Nanyuan Formation.

1995 *Czekanowskia* sp. 1, Wu Shunqing, p. 472, pl. 1, fig. 8; leaves; Kezilenur of Kuqa, Xinjiang; Early Jurassic Tariqike Formation.

1995 *Czekanowskia* sp. 2, Wu Shunqing, p. 472, pl. 1, fig. 7; leaves; Kezilenur of Kuqa, Xinjiang; Early Jurassic Tariqike Formation.

1996 *Czekanowskia* sp., Chang Jianglin, Gao Qiang, pl. 1, fig. 12; leaves; Xinbu of Ningwu, Shanxi; Middle Jurassic Datong Formation.

2001 *Czekanowskia* sp., Sun Ge and others, pp. 85, 192, pl. 14, fig. 2; pl. 71, figs. 1—5; pl. 72, figs. 1—6; leaves and cuticles; western Liaoning; Late Jurassic Jianshangou Formation.

?*Czekanowskia* spp.
1949   ?*Czekanowskia* sp. , Sze H C, p. 33; leaves; Xiangxi (Hsiangchi), Baishigang (Paishikang) of Zigui (Tzekwei), Hubei; Early Jurassic Hsiangchi Group.
1980   ?*Czekanowskia* sp. , Wu Shunqing and others, p. 113, pl. 30, fig. 1; leaves; Shazhenxi and Xiangxi of Zigui, Hubei; Early—Middle Jurassic Hsiangchi Formation.

Czekanowskia? spp.
1963   *Czekanowskia*? sp. 2, Sze H C, Lee H H and others, p. 250; leaves; Xiangxi, Guanyinsi and Baishigang of Zigui, Hubei; Early Jurassic Hsiangchi Group.
1986   *Czekanowskia*? sp. , Li Xinxue and others, p. 27, pl. 32, figs. 4—4b; pl. 33, figs. 5, 6; leaves; Shansong of Jiaohe, Jilin; Early Cretaceous Naizishan Formation.
1990   *Czekanowskia*? sp. , Wu Shunqing, Zhou Hanzhong, p. 455, pl. 2, fig. 9; leaves; Kuqa, Xinjiang; Early Triassic Ehuobulake Formation.

Subgenus *Czekanowskia* (*Vachrameevia*) Kiritchkova et Samylina, 1991
1991   Kirtchkova, Samylina, p. 91.
2002   Wu Xiangwu and others, p. 167.
Type species: *Czekanowskia* (*Vachrameevia*) *australis* Kiritchkova et Samylina, 1991
Taxonomic status: Czekanowskiales

Czekanowskia (*Vachrameevia*) *australis* Kiritchkova et Samylina, 1991
1991   Kiritchkova, Samylina, p. 91, pl. 2, fig. 19; pl. 6, fig. 8; pl. 15, figs. 2—4; pl. 62; leaves and cuticles; South Kazakhstan; Early—Middle Jurassic.

Czekanowskia (*Vachrameevia*) sp.
2002   *Czekanowskia* (*Vachrameevia*) sp. , Wu Xiangwu and others, p. 167, pl. 11, fig. 1B; pl. 17, figs. 1—3; leaves and cuticles; Changshan of Alxa Right Banner, Inner Mongolia; Middle Jurassic lower member of Ningyuanpu Formation.

△Genus *Datongophyllum* Wang, 1984
1984   Wang Ziqiang, p. 281.
1993a   Wu Xiangwu, pp. 13, 218.
1993b   Wu Xiangwu, pp. 503, 551.
Type species: *Datongophyllum longipetiolatum* Wang, 1984
Taxonomic status: Ginkgoales incertae sedis

△*Datongophyllum longipetiolatum* Wang, 1984
1984   Wang Ziqiang, p. 218, pl. 130, figs. 5—13; foliage twigs and fertile twigs; 7 specimens, Reg. No. : P0174, P0175 (Syntype), P0176, P0177 (Syntype), P0179, P0180 (Syntype), P0182; Repository: Nanjing Institute of Geology and Palaeontology, Chinese Academy of Sciences; Huairen, Shanxi; Early Jurassic Yongdingzhuang Formation. [Notes: According

to *International Code of Botanical Nomenclature* (*Vienna Code*) article 37.2,from the year 1958,the holotype type specimen should be unique]
1993a Wu Xiangwu,pp. 13,218.
1993b Wu Xiangwu,pp. 503,511.

Datongophyllum sp.
1984 *Datongophyllum* sp. ,Wang Ziqiang,p. 282,pl. 130,fig. 14; twig; Huairen,Shanxi; Early Jurassic Yongdingzhuang Formation.

Genus *Dicranophyllum* Grand'Eury,1877
1887 Grand'Eury,p. 275.
1883a Schenk,p. 222.
1939 Stockmans,Mathieu,p. 97.
1953 Sze H C,p. 77.
1974 *Plaeozoic Plants from China* Writing Group,p. 145.

Type species:*Dicranophyllum gallicum* Grand'Eury,1877

Taxonomic status:Ginkgopsida

Dicranophyllum gallicum Grand'Eury,1877
1877 Grand'Eury,p. 275,pl. 14,figs. 8—10; bearing filiform dichotomy leaves; France; Carboniferous.

△*Dicranophyllum angustifolium* Schenk,1883
1883a Schenk,p. 222,pl. 42,figs. 17,18; twigs with leaves; Kaiping,Hebei; late Middle Carboniferous Tangshan Formation.

△*Dicranophyllum*? *decurrens* Bohlin,1971
1971 Bohlin,p. 105,pl. 21,fig. 7; text-figs. 253E,253F; twigs with leaves; Yu'erhong,Gansu; Late Palaeozoic.

△*Dicranophyllum furcatum* Bohlin,1971
1971 Bohlin, p. 105, pl. 21, fig. 6; pl. 22, figs. 1, 2; text-fig. 256A; twigs with leaves; Yu'erhong,Gansu; Late Palaeozoic.

△*Dicranophyllum latum* Schenk,1883
1883a Schenk,p. 222,pl. 42,figs. 12,13; twigs with leaves; Kaiping,Hebei; late Middle Carboniferous Tangshan Formation.
1939 Stockmans,Mathieu,p. 97,pl. 3,figs. 12,12a; twig with leaf; Kaiping,Hebei; late Middle Carboniferous Zhaogezhuang Bed.
1953 Sze H C,p. 77,pl. 69,figs. 4,5; twigs with leaves; late Middle Carboniferous Tangshan Formation.
1974 *Palaeozoic Plants from China* Writing Group,p. 145,pl. 115,figs. 3,4; twigs with leaves; Kaiping,Hebei; late Middle Carboniferous Tangshan Formation.
1987 Zhang Hong,pl. 20,fig. 2; pl. 21,fig. 3; twig with leaves; Yangjian of Shuoxian,Shanxi;

Late Carboniferous lower member of Penchi (Benxi) Formation.

Cf. *Dicranophyllum latum* Schenk

1996 Zhong Rong and others, pl. 1, figs. 1, 2; leaves; Weizigou Section of Nanpiao, Liaoning; Carboniferous.

Dicranophyllum cf. *latum* Schenk

1971 Bohlin, p. 103, pl. 21, figs. 2—4; twigs with leaves; Yu'erhong, Gansu; Late Palaeozoic.

1993 Huang Benhong, p. 99, pl. 1, figs. 5—7a; twig with leaves; Haduohe of Butha Banner, Inner Mongolia; Carboniferous Baoli Group.

Dicranophyllum paulum Zalessky, 1933

1933 Zalessky, p. 4, figs. 10, 30; Kyznetsk, USSR; Permian.

1998 Liao Zhuoting, Wu Guogan (editors-in-chief), pl. 11, fig. 11; leaf; Zhuluogou of Yiwu, Santanghu Basin, Xinjiang; Late Carboniferous Batamayineishan Formation.

△? *Dicranophyllum quadrilobatum* Bohlin, 1971

1971 Bohlin, p. 104, pl. 21, fig. 5; text-fig. 255; twigs with leaf; Yu'ergang, Gansu; Late Palaeozoic.

Dicranophyllum spp.

1953 *Dicranophyllum* sp., Sze H C, p. 77, pl. 69, fig. 6; twig with leaf; Kaiping, Hebei; late Middle Carboniferous Zhaogezhuang Bed.

1987 *Dicranophyllum* sp., Xi Yunhong, Yan Guoshun, p. 267, pl. 97, fig. 2; Siling of Jiaozuo, Henan; Early Permian Taiyuan Formation.

1987 *Dicranophyllum* sp. 1, Xi Yunhong, Yan Guoshun, p. 267, pl. 90, fig. 7; Siling of Jiaozuo, Henan; Early Permian Taiyuan Formation.

1990 *Dicranophyllum* sp., He Xilin, p. 280, pl. 29, fig. 10; leaf; Heidaigou, Inner Mongolia; Late Carboniferous Penchi (Benxi) Formation.

1993 *Dicranophyllum* sp., Li Xingxue and others, p. 140, pl. 49, figs. 1, 1a; twig with leaf(?); eastern part of North Qilian Mountain; Carboniferous.

1998 *Dicranophyllum* sp. (sp. nov.), Liao Zhuoting, Wu Guogan (editors-in-chief), pl. 11, figs. 6, 7, 12; twigs with leaves(?); Zhuluogou of Yiwu, Santanghu Basin, Xinjiang; Late Carboniferous Batamayineishan Formation.

Dicranophyllum? spp.

1939 *Dicranophyllum*? sp., Stockmans, Mathieu, p. 98, pl. 23, fig. 4; twig with leaf(?); Kaiping, Hebei; late Middle Carboniferous Zhaogezhuang Bed.

1963 *Dicranophyllum*? sp., Lee H H, p. 47, pl. 42, fig. 4; twig with leaf; Yaojiao of Xianggeng, southeastern Shanxi; upper member of Early Permian Shanxi Formation.

1971 *Dicranophyllum*? sp. I, Bohlin, p. 106, pl. 21, fig. 8; text-fig. 254; twig with leaf; Yu'erhong, Gansu; Late Palaeozoic.

1971 *Dicranophyllum*? sp. II, Bohlin, p. 107, pl. 22, figs. 3, 4; text-figs. 256B, 257; twig with leaves; Yuerhong, Gansu; Late Palaeozoic.

1971 *Dicranophyllum*? sp. III, Bohlin, p. 107, fig. 258; twig with leaf; Yu'erhong, Gansu; Late Palaeozoic.

1971   *Dicranophyllum*? sp. Ⅳ,Bohlin,p. 107,fig. 259;twig with leaf;Yu'erhong,Gansu;Late Palaeozoic.

? *Dicranophyllum* spp.
1971   *Dicranophyllum*? sp. Ⅴ,Bohlin,p. 108,pl. 21,fig. 9;text-fig. 260;twig with leaf; Yu'erhong,Gansu;Late Palaeozoic.

1971   *Dicranophyllum*? sp. Ⅵ,Bohlin,p. 108,fig. 261;twig with leaf;Yu'erhong,Gansu;Late Paleozoic.

△Genus *Dukouphyllum* Yang,1978
[Notes:The genus was firstly attributed to cycadophytes, then later it was referred as Sphenobaieraceae,Ginkgoales,Ginkgopsida by Yang Xianhe (1982,p. 483)]

1978   Yang Xianhe,p. 525.

1982   Yang Xianhe,p. 483.

1993a   Wu Xiangwu,pp. 13,218.

1993b   Wu Xiangwu,pp. 502,511.

Type species:*Dukouphyllum noeggerathioides* Yang 1878

Taxonomic status:cycadophytes or Sphenobaieraceae,Ginkgopsida

△*Dukouphyllum noeggerathioides* Yang,1978
1978   Yang Xianhe,p. 525,pl. 186,figs. 1—3;pl. 175,fig. 3;leaves;4 specimens, Reg. No.: SP0134—SP0137;Syntypes:SP0134—SP0137;Repository:Chengdu Institute of Geological and Mineral Resources;Moshahe of Dukou,Sichuan;Late Triassic Daqiaodi Formation. [Notes:Based on the *International Code of Botanical Nomenclature (Vienna Code)* article 37. 2,from the year 1958,the type species should be only 1 speciemen]

1993a   Wu Xiangwu,pp. 13,218.

1993b   Wu Xiangwu,pp. 502,511.

△*Dukouphyllum shensiense* (Sze) Yang,1982
1956a   *Glossophyllum*? *shensiense* Sze H C,p. 48,pl. 38,figs. 4,4a;pl. 48,figs. 1—3;pl. 49, figs. 1—6;pl. 50,figs. 1—3;pl. 53,fig. 7b;pl. 55. fig. 5;leaves;Shaanxi;Late Triassic Yenchang Formation.

1982   Yang Xianhe,p. 483,pl. 3,fig. 9;leaf;Tanba of Hechuan,Sichuan;Late Triassic Hsuchiaho Formation.

Genus *Eretmophyllum* Thomas,1914
1914   Thomas,p. 259.

1986   Ye Meina and others,p. 70.

1993a   Wu Xiangwu,p. 81.

Type species: *Eretmophyllum pubescens* Thomas, 1914
Taxonomic status: Ginkgoales

Eretmophyllum pubescens Thomas, 1914
1914　Thomas, p. 259, pl. 6; leaf; Cayton Bay of Yorkshire, Britain; Jurassic Gristhorpe plant bed.
1993a　Wu Xiangwu, p. 81.

Eretmophyllum cf. *pubescens* Thomas
1996　Mi Jiarong and others, p. 128, pl. 28, fig. 15; leaf; Haifanggou of Beipiao, Liaoning; Middle Jurassic Haifanggou Formation.

△*Eretmophyllum latifolium* Meng, 2002 (in Chinese)
2002　Meng Fansong and others, p. 312, pl. 7, fig. 4; pl. 8, figs. 2—7; leaves and cuticles; Reg. No.: SCG_1XP-2 (1), SCG_1XP-2 (2); Holotype: SCG_1XP-2 (2) (pl. 8, fig. 2); Paratype: SCG_1XP-2 (1) (pl. 7, fig. 4); Repository: Yichang Institute of Geological and Mineral Resources; Chezhanping of Zigui, Hubei; Early Jurassic Hsiangchi Formation.

△*Eretmophyllum latum* Duan, 1991
1991　Duan Shuying, Chen Ye, p. 137, figs. 13, 17, 19—31; leaves and cuticles; No.: No. 8441—No. 8444, No. 8454, No. 8455; Holotype: No. 8441 (fig. 17); eastern Inner Mongolia; Early Cretaceous. (Notes: The repository of the type specimen was not mentioned in the original paper)
1995　Li Chengsen, Cui Jinzhong, p. 92 (with two figures); Inner Mongolia; Early Cretaceous.

Eretmophyllum saighanense (Seward) Seward, 1919
1912　*Podozamites saighanense* Seward, p. 35, pl. 4, fig. 53; leaf; Afghanistan; Jurassic.
1919　Seward, p. 60, fig. 658; leaf; Afghanistan; Jurassic.
1996　Mi Jiarong and others, p. 128, pl. 28, figs. 7—10; leaves; Shimenzhai of Funing, Hebei; Early Jurassic Peipiao Formation.

△*Eretmophyllum subtile* Duan, 1991
1991　Duan Shuying, Chen Ye, p. 136, figs. 1—12, 14—16, 18; leaves and cuticles; No.: No. 8439, No. 8440, No. 8463, No. 8473; Holotype: No. 8439 (fig. 2); eastern Inner Mongolia; Early Cretaceous. (Notes: The repository of the type specimen was not mentioned in the original paper)

Eretmophyllum spp.
1988　*Eretmophyllum* sp., Li Peijuan and others, p. 103, pl. 67, fig. 4; leaf; Dameigou of Qaidam, Qinghai; Middle Jurassic *Tyrmia-Sphenobaiera* Bed of Dameigou Formation.
1996　*Eretmophyllum* sp., Mi Jiarong and others, p. 127, pl. 29, figs. 5, 6; leaves; Shimenzhai of Funing, Hebei; Early Jurassic Peipiao Formation.

Eretmophyllum? spp.
1986　*Eretmophyllum*? sp., Ye Meina and others, p. 70, pl. 47, fig. 6; leaf; Bailaping of Daxian, Sichuan; Late Triassic member 7 of Hsuchiaho Formation.
1993a　*Eretmophyllum*? sp., Wu Xiangwu, p. 81.
1997　*Eretmophyllum*? sp., Wu Shunqing and others, p. 169, pl. 5, fig. 6; leaf; Tai O,

Hongkong; Early and Middle Jurassic.

Genus *Ginkgo* Linné, 1735
1900　　Krasser, p. 148.
1963　　Sze H C, Lee H H and others, p. 220.
1993a　Wu Xiangwu, p. 84.
Type species: (living genus and species)
Taxonomic status: Ginkgoales

Ginkgo acosmia Harris, 1935
1935　　Harris, p. 8, pl. 1, figs. 3—5; pl. 2, figs. 1, 2; text-figs. 3E—3H, 4; leaves and cuticles; East Greenland, Denmark; Late Triassic *Lepidopteris* Zone.
1989　　Mei Meitang and others, p. 106, pl. 58, fig. 4; leaf; South China; Late Triassic.

Ginkgo adiantoides (Unger) Heer, 1878
1850　　*Salisburia adiaantoides* Unger, p. 392; Italy.
1878b　Heer, p. 21, pl. 2, figs. 7—10; leaves; Sakhalin (Kuye Island), Russia; Late Cretaceous.
1942　　Endo, p. 38, pl. 16, figs. 1, 3, 6; leaves; Fushun, Liaoning; Eocene.
1978　　*Cenozoic Fossil Plants of China* Writing Group, p. 7, pl. 5, fig. 4; pl. 6, figs. 4, 8; pl. 7, fig. 4; fan-shaped leaves; Fushun, Liaoning; Eocene.
1980　　Zhang Wu and others, p. 282, pl. 181, figs. 1—3; pl. 195, fig. 1; leaves; Sanjiashan of Heihe and Taoqihe of Binxian, Heilongjiang; Yimin of Hulun Buir, Inner Mongolia; Early Cretaceous Taoqihe Formation and Yimin Formation; Fushun, Liaoning; Eocene Guchengzi Formation of Fushun Group.
1982b　Zheng Shaolin, Zhang Wu, p. 317, pl. 16, fig. 17; pl. 17, figs. 1—8; text-fig. 13; leaves and cuticles; Lingxi of Shuangyashan, Heilongjiang; Early Cretaceous Chengzihe Formation.
1984　　Zhang Zhicheng, p. 118, pl. 1, fig. 11, 13, 14, 16; pl. 5, fig. 4; pl. 7, fig. 8d; leaves; Taipinglinchang of Jiayin, Heilongjiang; Late Cretaceous Taipinglinchang Formation.
1985　　Yang Guanxiu, Huang Qisheng, p. 194, fig. 3-98. 1; leaf; Jixi and Binxian, Heilongjiang; Early Cretaceous Muling Formation, Yimin Formation; Fushun, Liaoning; Eocene Guchengzi Formation of Fushun Group.
1986　　Tao Junrong, Xiong Xianzheng, p. 122, pl. 2, fig. 4; pl. 3, figs. 3—6; leaves; Jiayin, Heilongjiang; Late Cretaceous Wuyun Formation.
1991　　Zhang Chuanbo and others, pl. 1, fig. 9; leaf; Liufangzi, Jilin; Early Cretaceous Dayangcaogou Formation.
2000　　Tao Junrong and others, p. 129, pl. 5, fig. 4; pl. 6, figs. 3—6; leaves; Jiayin, Heilongjiang; Late Cretaceous Wuyun Formation.

Ginkgo cf. *adiantoides* (Unger) Heer
1986　　Zhang Chuanbo, pl. 1, fig. 5; leaf; Tongfosi of Yanji, Jilin; Early Cretaceous Tongfosi Formation.

△*Ginkgo apodes* **Zheng et Zhou, 2004** (in English)
- 2003 *Ginkgo* species, Zhou Zhiyan, Zheng Shaolin, p. 821, fig. 1; ovule and leaf; Yixian, Liaoning; Early Cretaceous Zhuanchengzi Zone of Yixian Formation. (nom. nud.)
- 2003 Wu Shunqing, p. 171, fig. 232; ovule and leaf; Yixian, Liaonning; Late Jurassic lower member of Yixian Formation. (nom. nud.)
- 2004 Zheng Shaolin, Zhou Zhiyan, p. 93, pl. 1, figs. 1—7, 9—10, 12—15; ovule and leaves; Reg. No.: PB19880, PB19882, PB19883-1, PB19883-2, PB19890-1, PB19890-2, PB19884; Holotype: PB19884 (pl. 1, figs. 3, 13); Paratypes: PB19880, PB19882, PB19883-1, PB19883-2, PB19890-1, PB19890-2; Repository: Nanjing Institute of Geology and Palaeontology, Chinese Academy of Sciences; Yixian, Liaoning; Early Cretaceous Zhuanchengzi Zone of Yixian Formation. (nom. nud.)

△*Ginkgo beijingensis* **(Chen et Dou) ex zhang et Zhang, 1990**
[Notes: The name was cited by Zheng Shaolin, Zhang Wu (1990)]
- 1984 *Ginkgoites beijingensis* Chen et Dou, Chen Fen and others, p. 57, pl. 27, fig. 1; leaf; Daanshan, Beijing; Early Jurassic Lower Yaopo Formation and Middle Jurassic Upper Yaopo Formation.
- 1990 Zheng Shaolin, Zhang Wu, p. 221, pl. 5, fig. 6; leaf; Saima of Fengcheng, Liaoning; Early Jurassic Changliangzi Formation.

△*Ginkgo chilinensis* **(Lee) ex Zhang et al., 1980**
[Notes: The name was cited by Zheng Shaolin, Zhang Wu and others (1980)]
- 1963 *Ginkgoites chilinensis* Lee, Sze H C, Lee H H and others, p. 220, pl. 71, fig. 8; pl. 73, fig. 5; pl. 86, figs. 4, 5; leaves and cuticles; Huoshiling, Jilin; Middle and Late Jurassic.
- 1980 Zhang Wu and others, p. 283, pl. 182, figs. 2—6; leaves; Yingcheng, Jilin; Dayan of Hulun Buir, Inner Mongolia; Early Cretaceous Shahezi Formation and Damoguaihe Formation.
- 1982b Zheng Shaolin, Zhang Wu, p. 317, pl. 17, figs. 9—16; leaves and cuticles; Sifangtai of Shuangya, Heilongjiang; Early Cretaceous Chengzihe Formation.
- 2005 Sun Bainian and others, pl. 10, fig. 3; pl. 17, fig. 2; leaves and cuticles; Yaojie, Gansu; Middle Jurassic Yaojie Formation.

Ginkgo coriacea **Florin, 1936**
- 1936 Florin, p. 111, pl. 22, figs. 8—13; pl. 23, 24; pl. 25, figs. 1—5; leaves and cuticles; Franz Joseph Land; Early Cretaceous.
- 1993a Sun Ge, p. 162, pls. 1—6; text-figs. 2, 3; leaves and cuticles; Huolinhe Basin, Inner Mongolia; Early Cretaceous Huolinhe Formation.
- 1995 Li Chengsen, Cui Jinzhong, pp. 88—90 (with 6 figures); Inner Mongolia; Early Cretaceous.
- 1995 Deng Shenghui and others, p. 51, pl. 18, fig. 5; pl. 22, fig. 7; pl. 22, figs. 1, 7; pl. 41, figs. 1—7; pl. 42, figs. 3—6; text-fig. 20; leaves and cuticles; Huolinhe Basin, Inner Mongolia; Early Cretaceous Huolinhe Formation.
- 1995a Li Xingxue (editor-in-chief), pl. 103, figs. 1—8; leaves and cuticles; Huolinhe Basin; Inner Mongolia; Early Cretaceous Huolinhe Formation. (in Chinese)
- 1995b Li Xingxue (editor-in-chief), pl. 103, figs. 1—8; leaves and cuticles; Huolinhe Basin;

Inner Mongolia; Early Cretaceous Huolinhe Formation. (in English)

1997　　Deng Shenghui and others, p. 41, pl. 23, figs. 1—15; pl. 24, figs. 1—9, 14; pl. 25, fig. 1A; pl. 28, figs. 6, 7; leaves; Hailar, Inner Mongolia; Early Cretaceous Damoguaihe Formation and Yimin Formation (Mainly yielded in Damoguaihe Formation).

Ginkgo? crassinervis (Yabe et Ôishi) ex Zhang et al., 1980

[Notes: The specific name was proposed by Zhang Wu and others (1980)]

1933　　*Ginkgoites? crassinervis* Yabe et Ôishi, p. 213, pl. 32, fig. 8a; leaf; Taojiatun near Changchun, Jilin; Middle and Late Jurassic.

1980　　Zhang Wu and others, p. 283, pl. 182, fig. 7 (=Yabe, Ôishi, 1933, p. 213, pl. 32, fig. 8a); leaf; Yingcheng, Jilin; Early Cretaceous Shahezi Formation.

△*Ginkgo curvata* Chen et Meng, 1988

1988　　Chen Fen, Meng Xiangying, in Chen Fen and others, pp. 65, 156, pl. 59, figs. 12, 13; 2 specimens, Reg. No.: Fx284, Fx285; Repository: Beijing Graduate School, Wuhan College of Geology; leaves; Fuxin, Liaoning; Early Cretaceous Fuxin Formation. (Notes: The type specimen was not designated in the original paper)

△*Ginkgo dayanensis* Chang, 1980

1980　　Zhang Wu and others, p. 283, pl. 181, figs. 7, 11; leaves; 2 specimens, Reg. No.: D437, D438; Repository: Shenyang Institute of Geology and Mineral Resources; Dayan of Hulun Buir, Inner Mongolia; Early Cretaceous Damoguaihe Formation of Jalai Nur Group. (Notes: The type specimen was not designated in the original paper)

1995　　Deng Shenghui and others, p. 52, pl. 25, fig. 3; leaf; Huolinhe Basin, Inner Mongolia; Early Cretaceous Huolinhe Formation.

1997　　Deng Shenghui and others, p. 41, pl. 24, figs. 13; pl. 28, figs. 2—4; leaves; Jalai Nur Depression, Yinmin Depression, Dayan Basin and Mianduhe Basin, Inner Mongolia; Early Cretaceous Damoguaihe Formation and Yimin Formation.

Ginkgo digitata (Brongniart) Heer, 1876

1830 (1820—1838)　　*Cyclopteris digitata* Brongniart, p. 219, pl. 61, figs. 2, 3; leaves; Britain; Jurassic.

1876c　　Heer, p. 40, pl. 8, fig. 1a; pl. 10, figs. 1—6; leaves; Spitzpergen, Norway; Early Cretaceous.

1911　　Seward, p. 17, 45, pl. 3, fig. 40; leaf; Djair Mountain, Koktal district of Junggar, Xinjiang; Jurassic.

1924　　Kryshtofovich, p. 106; Badaohao of Heishan, Liaoning; Jurassic.

1935　　Toyama, Ôishi, p. 69, pl. 3, figs. 4, 5; leaves; Jalai Nur of Huna League, Inner Mongolia; Middle Jurassic.

1963　　Sze H C, Lee H H and others, p. 217, pl. 71, figs. 5, 6; leaves; Jalai Nur of Huna League, Inner Mongolia; Middle Jurassic.

1981　　Liu Maoqiang, Mi Jiarong, p. 26, pl. 3, fig. 2; leaf; Yihuo of Linjiang, Jilin; Early Jurassic Yihuo Formation.

1982b　　Zheng Shaolin, Zhang Wu, p. 318, pl. 4, fig. 15; pl. 5, fig. 11; pl. 15, fig. 8; leaves; Sifangtai of Shuangyashan, Hada of Jidong, Heilongjiang; Early Cretaceous Chenghezi Formation

	and Muling Formation.
1984	Chen Fen and others, p. 57, pl. 30, fig. 3; leaf; Daanshan, Beijing; Early Jurassic Lower Yaopo Foramtion.
1984	Wang Ziqiang, p. 273, pl. 140, fig. 9; pl. 172, figs. 1—10; leaves and cuticles; Huairen, Shanxi; Early Jurassic Yongdingzhuang Formation.
1985	Shang Ping, pl. 8, fig. 4; leaf; Fuxin of Liaoning; Early Cretaceous middle member of Haizhou Formation.
1985	Yang Guanxiu, Huang Qisheng, p. 194; fig. 3-98. 3; leaf; Jalai Nur of Huna League, Inner Mongolia; Beipiao, Liaoning; Late Jurassic.
1988	Sun Ge, Shang Ping, pl. 4, fig. 3; leaf; Huolinhe Coal Field, Inner Mongolia; Late Jurassic—Early Cretaceous Huolinhe Formation.
1991	Mi Jiarong and others, p. 298, pl. 1, figs. 1—4; leaves; Heishanyao of Funing, Hebei; Early Jurassic lower member of Peipiao Formation.
1991	Zhang Chuanbo and others, pl. 1, fig. 8; leaf; Liutai, Jilin; Early Cretaceous Dayangcaogou Formation.
1992	Sun Ge, Zhao Yanhua, p. 543, pl. 244, fig. 2; leaf; Jiaohe, Jilin; Early Cretaceous Wulin Formation.
1996	Chang Jianglin, Gao Qiang, pl. 1, fig. 10; leaf; Tannigou of Wuning, Shanxi; Middle Jurassic Datong Formation.
1999	Shang Ping and others, pl. 2, fig. 1; leaf; Sandaoling of Tuha Basin, Xinjiang; Middle Jurassic Xishanyao Formation.
2003	Deng Shenghui, pl. 72, fig. 4; pl. 73, fig. 1; leaves; Sandaoling of Hami, Xinjiang; Middle Jurassic Xishanyao Formation.
2005	Sun Bainian and others, pl. 15, fig. 4; pl. 16, fig. 5; leaves; Yaojie, Gansu; Middle Jurassic Yaojie Formation.

Ginkgo cf. *digitata* (Brongniart) Heer

1980	Huang Zhigao, Zhou Huiqin, p. 96, pl. 30, fig. 6; pl. 40, fig. 6; pl. 42, fig. 2; leaves; Yangjiaping of Shenmu, Shaanxi; Late Triassic lower member of Yenchang Formation.
1982	Wang Guoping and others, p. 275, pl. 127, fig. 5; leaf; Lin'an, Zhejiang; Early and Middle Jurassic.
2002	Wu Xiangwu and others, p. 163, pl. 13, figs. 1—3; leaves; Jijigou of Alxa Right Banner, Inner Mongolia; Middle Jurassic lower member of Ningyuanpu Formation.

Ginkgo elegans Sun, 2005 (nom. nud.)

2005	Sun Bainian and others, pl. 15, fig. 5; leaf; Yaojie, Gansu; Middle Jurassic Yaojie Formation.

Ginkgo ferganensis Brick in Sixtel, 1960

1960	Sixtel, p. 77, pl. 12, figs. 1, 2; leaves; Feiergan, Central Asia; Late Triassic.
1986	Xu Fuxiang, p. 421, pl. 2, fig. 2; leaf; Daolengshan of Jingyuan, Gansu; Early Jurassic.
1992	Sun Ge, Zhao Yanhua, p. 543, pl. 244, figs. 1, 8, 9; leaves; Tengjiajie of Shuangyang, Jilin; Early Jurassic Banshidingzi Formation.
1996	Mi Jiarong and others, p. 117, pl. 20, figs. 1, 2; pl. 21, figs. 1—3, 5—9; pl. 22, figs. 3, 4; leaves and cuticles; Shimenzhai of Funing, Hebei; Taiji of Beipiao, Liaoning; Early Juras-

sic Peipiao Formation; Haifanggou, Liaoning; Middle Jurassic Haifanggou Formation.

2003　Xu Kun and others, pl. 6, fig. 5; leaf; Haifanggou of Beipiao, Liaoning; Middle Jurassic Haifanggou Formation.

Ginkgo cf. *ferganensis* Brick

1985　Li Peijuan, p. 148, pl. 18, fig. 5; leaf; Wensu of Tianshan, Xinjiang; Early Jurassic.

Ginkgo flabellata Heer, 1876

1876b　Heer, p. 60, pl. 13, figs. 3, 4; pl. 7, fig. 10; p. 115, pl. 28, fig. 6; leaf; Irkutsk Basin, Russia; Jurassic.

1906　Yokoyama, p. 27, pl. 7, figs. 6—9; leaves; Laodongcang (northern Jimingshan) of Xuanhua, Hebei; Jurassic. [Notes: The specimen was later referred as *Ginkgoites sibiricus* (Heer) Seward (Sze H C, Lee H H and others, 1963, p. 225)]

Ginkgo (*Baiera*?) *hermelini* Hartz, 1896

1896　Hartz, p. 240, pl. 19, fig. 1; leaf; East Greenland, Denmark; Early Jurassic *Thaumatopteris* Zone.

Ginkgo cf. *hermelini* Hartz

1931　Sze H C, p. 55, pl. 8, figs. 3—5; leaves; Beipiao of Chaoyang, Liaoning; Jurassic. [Notes: The specimen was once attributed to *Ginkgo huttoni* (Sze H C, Lee H H and others, 1963, p. 218)]

1933c　Sze H C, p. 28, pl. 7, figs. 5, 6; leaves; Shiguai of Daqingshan, Inner Mongolia; Early and Middle Jurassic. [Notes: The specimen was once attributed to *Ginkgo huttoni* (Sze H C, Lee H H and others, 1963, p. 218)]

1949　Sze H C, p. 31, pl. 14, figs. 9, 10; leaves; Baishigang, western Hubei; Early Jurassic Hsiangchi Coal Series. [Notes: The specimen was later referred as *Ginkgoites* cf. *Marginatus* (Sze H C, Lee H H and others, 1963, p. 223)]

Ginkgo huttoni (Sternberg) Heer, 1876

1833　*Cyclopteris huttoni* Sternberg, p. 66; England; Middle Jurassic.

1876　Heer, p. 59, pl. 5, fig. 1b; pl. 8, fig. 4; pl. 10, fig. 8; leaves; Irkutsk Basin, Russia; Jurassic.

1901　Krasser, p. 150, pl. 4, figs. 3, 4; leaves; southwestern Sandaoling (Santoling) between Hami and Turfan, Xinjiang; Jurassic.

1963　Sze H C, Lee H H and others, p. 218, pl. 74, figs. 1, 2; leaves; Shiguai of Daqingshan, Inner Mongolia; Early and Middle Jurassic.

1976　Chang Chichen, p. 193, pl. 98, figs. 1—3, 6; leaves; Shiguaigou of Baotou and Baqi of western Ujiamqin Banner and Taosihao of Tumd Left Banner, Inner Mongolia; Early and Middle Jurassic Shiguaigou Group.

1980　Zhang Wu and others, p. 283, pl. 142, fig. 5; pl. 145, figs. 3—5; pl. 181, fig. 8; leaves; Shibeiling of Changchun, Jilin; Early Cretaceous Shahezi Formation; Beipiao, Liaoning; Early Cretaceous Peipiao Formation.

1981　Chen Fen and others, pl. 3, fig. 1; leaf; Haizhou of Fuxin, Liaoning; Early Cretaceous Fuxin Formation.

1982b　Zheng Shaolin, Zhang Wu, p. 318, pl. 15, fig. 4; pl. 25, figs. 10—12; leaves; Baoshan of

	Shuangyashan, Heilongjiang; Early Cretaceous Chengzihe Formation.
1984	Chen Fen and others, p. 57, pl. 26, fig. 1; leaf; Daanshan and Mentougou, Beijing; Early and Middle Jurassic Lower Yaopo Formation, Middle Jurassic Upper Yaopo Formation.
1985	Yang Guanxiu, Huang Qisheng, p. 194, fig. 3-98. 2; leaf; North China, Northeast China (e. g. Inner Mongolia), Fuxin and Beipiao of Liaoning, Jiaohe of Jilin, Jixi and Hegang, Heilongjiang; Late Triassic—Early Cretaceous.
1988	Sun Ge, Shang Ping, pl. 3, fig. 5; leaf; Huolinhe, Inner Mongolia; Late Jurassic—Early Cretaceous Huolinhe Formation.
1991	Mi Jiarong and others, p. 298, pl. 1, figs. 5—12; leaves; Heishanyao of Funing, Hebei; Early Jurassic lower member of Peipiao Formation.
1991	Zhao Liming, Tao Junrong, pl. 2, fig. 13; leaf; western Pingzhuang of Chifeng, Inner Mongolia; Late Jurassic Xingyuan Formation.
1993a	Wu Xiangwu, p. 84.
1994	Gao Ruiqin and others, pl. 14, fig. 6; leaf; Shibeiling of Changchun, Jilin; Early Cretaceous Shahezi Formation.
2005	Sun Bainian and others, p. 31, pl. 2, fig. 2; pl. 17, fig. 3; pl. 18, fig. 2; pl. 19, figs. 1, 2, 4; leaves and cuticles; Yaojie, Gansu; Middle Jurassic Yaojie Formation.

Cf. *Ginkgo huttoni* (Sternberg) Heer

1996	Mi Jiarong and others, p. 117, pl. 20, fig. 6; leaf; Shimenzhai of Funing, Hebei; Haifanggou of Beipiao, Liaoning; Middle Jurassic Haifanggou Formation.
2003	Xiu Shencheng and others, pl. 2, fig. 2; leaf; Yima, Henan; Middle Jurassic Yima Formation.
2003	Xu Kun and others, pl. 6, fig. 7; leaf; Haifanggou of Beipiao, Liaoning; Middle Jurassic Haifanggou Formation.

Ginkgo cf. *huttoni* (Sternberg) Heer

1984	Gu Daoyuan, p. 151, pl. 76, fig. 1; leaf; Jimsar, Xinjiang; Early Jurassic Badaowan Formation.
1987	Chen Ye and others, p. 120, pl. 33, fig. 6; pl. 34, figs. 4, 5; leaves; Yanbian, Sichuan; Late Triassic Hongguo Formation.
1993	Mi Jiarong and others, p. 123, pl. 31, figs. 1, 2; pl. 34, figs. 4, 6; leaves; Tianqiaoling of Wangqing, Jilin; Late Triassic Malu Formation.

△*Ginkgo ingentiphylla* Meng et Chen, 1988

1988	Meng Xiangying, Chen Fen, in Chen Fen and others, pp. 65, 156, pl. 40, figs. 1—3; leaves; only 1 specimen, No. : Fx181; Repository: China University of Geosciences (Beijing); Fuxin, Liaoning; Early Cretaceous Fuxin Formation.

Ginkgo lepida Heer, 1876

1876b	Heer, p. 62, pl. 7, fig. 7; pl. 12; leaves; Irkutsk Basin, Russia; Jurassic.
1906	Krasser, p. 605, pl. 2, figs. 7—9; leaves; Huoshiling, Jilin; Jurassic. [Notes: The specimen was later referred as *Ginkgoites* cf. *lepidus* (Heer) Florin (Sze H C, Lee H H and others, 1963, p. 222)]
1906	Yokoyama, p. 31, pl. 9, fig. 2b; leaf; Saimaji of Fengcheng, Liaoning; Jurassic. [Notes:

The specimen was later referred as *Ginkgoites* cf. *lepidus* (Heer) Florin by Sze H C, Lee H H and others, 1963, p. 222]

1908　　Yabe, p. 8, pl. 1, figs. 2b, 3d; pl. 2, figs. 4, 5d; leaves; Taojiatun (Taochiatun), Jilin; Jurassic.

1976　　Chang Chicheng, p. 194, pl. 98, figs. 4, 5; pl. 99, fig. 1; leaves; Xilin Obo, Inner Mongolia; Late Jurassic—Early Cretaceous Guyang Formation.

1980　　Zhang Wu and others, p. 284, pl. 145, fig. 1; pl. 181, figs. 5, 9; leaves; Wangzifen of Ju Ud League, Inner Mongolia; Early Cretaceous Jiufotang Formation; Naizishan of Jiaohe, Jilin; Early Cretaceous Naizishan Formation.

1982　　Tan Lin, Zhu Jianan, p. 146, pl. 35, figs. 5, 6; leaves; Xiaosanfenzi of Guyang, Inner Monglia; Early Cretaceous Guyang Formation.

1987　　Chen Ye and others, p. 120, pl. 33, figs. 4, 5; pl. 34, fig. 1; leaves; Yanbian, Sichuan; Late Triassic Hongguo Formation.

Ginkgo cf. *lepida* Heer

1933b　Sze H C, p. 70, pl. 10, figs. 1, 2; leaves; northern Daban of Wuwei, Gansu; Early and Middle Jurassic. [Notes: The specimen was later referred as *Ginkgoites* cf. *lepidus* (Heer) Florin (Sze H C, Lee H H and others, 1963, p. 222)]

Ginkgo lobata Feistmantel, 1877

1877　　Feistmantel, pl. 1, fig. 1; leaf; India; Jabalpur Group.

1982b　Zheng Shaolin, Zhang Wu, p. 318, pl. 15, figs. 9—13; leaves and cuticles; Baoshan of Shuangyashan, Heilongjiang; Early Cretaceous Chengzihe Formation.

Ginkgo longifolius (Phillips) Harris, 1974

1829　　*Sphenopteris longifolia* Phillips, p. 148, pl. 7, fig. 17; leaf; Britain; Middle Jurassic.

1946　　*Ginkgoites longifolius* (Phillips) Harris, p. 20, text-figs. 6, 7; leaves; Yorkshire, England; Middle Jurassic.

1974　　Harris, p. 21, text-figs. 6—8; leaves and cuticles; Yorkshire, England; Middle Jurassic.

1982b　Zheng Shaolin, Zhang Wu, p. 318, pl. 18, fig. 5; leaf and cuticle; Xiling of Shuangyashan, Heilongjiang; Early Cretaceous Chengzihe Formation.

1988　　Li Peijuan and others, p. 91, pl. 65, fig. 4; pl. 66, figs. 1, 2; pl. 70, fig. 1; pl. 111, fig. 5; pl. 112, figs. 1—4; pl. 136, fig. 1; leaves and cuticles; Dameigou, Qinghai; Middle Jurassic *Eborcia* Bed of Yinmagou Formation and *Tyrmia-Sphenobaiera* Bed of Dameigou Formation.

2002　　Wu Xiangwu and others, p. 164, pl. 13, figs. 4, 5, 6(?), 7; pl. 14, figs. 1—6; leaves and cuticles; Jijigou of Alxa Right Banner, Inner Mongolia; Middle Jurassic Ningyuanpu Formation; Jingkengziwa of Alxa Right Banner, Inner Mongolia; Early Jurassic upper member of Jijigou Formation.

2003　　Deng Shenghui and others, pl. 75, fig. 1; leaf; Yima, Henan; Middle Jurassic Yima Formation.

Cf. *Ginkgo longifolius* (Phillips) Harris

1996　　Mi Jiarong and others, p. 117, pl. 22, fig. 1; leaves; Shimenzhai of Funing, Hebei; Xinglonggou of Beipiao, Liaoning; Middle Jurassic Haifanggou Formation.

Ginkgo magnifolia (Du Toit) ex Pan, 1936
[Notes: The name was proposed by P'an C H (1936)]
1927   *Ginkgoites magnifolia* Du Toit, p. 370, pl. 20; pl. 21, fig. 1; pl. 30; text-fig. 17; leaves; South Africa; Late Triassic upper member of Karroo Formation.
1936   P'an C H, p. 29, pl. 12, figs. 9, 10; pl. 14, fig. 4; leaves; Gaojiaan of Suide, Shaanxi; Late Triassic lower member of Yenchang Formation. [Notes: The specimen was later referred as *Ginkgoites magnifolius* Du Toit by Sze H C (1956a, pl. 47, fig. 1) and Sze H C, Lee H H and others (1963, p. 222)]

Ginkgo cf. *magnifolia* (Du Toit) ex Pan
1949   Sze H C, p. 30, pl. 10, fig. 3; leaf; Xiangxi (Hsiangchi) of Zigui, Hubei; Early Jurassic Hsiangchi Coal Series.
1976   Chow Huiqin and others, p. 210, pl. 116, figs. 2—5; leaves; Wuziwan of Jungar, Inner Mongolia; Middle Trassic upper part of Ermaying Formation.

△*Ginkgo manchurica* (Yabe et Ôishi) Meng et Chen, 1988
1933   *Baiera manchuriensis* Yabe et Ôishi, p. 218, pl. 32 (3), figs. 12, 13A; pl. 33 (4), fig. 1; leaves; Shahezi and Dataishan of Liaoning, Taojiatun and Huoshiling of Jilin; Jurassic.
1988   Meng Xiangying, Chen Fen, in Chen Fen and others, p. 65, pl. 35, figs. 1—9; pl. 36, figs. 1—6; pl. 64, figs. 3, 4; pl. 65, fig. 5; leaves and cuticles; Fuxin and Tiefa, Liaoning; Early Cretaceous Fuxin Formation and Xiaoming'anbei Formation.
1994   Zhao Liming and others, p. 75, figs. 2—6; leaves and cuticles; Pingzhuangxi of Chifeng, Inner Mongolia; Early Cretaceous Xingyuan Formation.
1995   Deng Shenghui and others, p. 53, pl. 25, fig. 2; pl. 28, fig. 1; pl. 42, figs. 1, 2; pl. 43, figs. 1—6; leaves and cuticles; Huolinhe Basin, Inner Mongolia; Early Cretaceous Huolinhe Formation.
1997   Deng Shenghui and others, p. 41, pl. 24, fig. 12; pl. 26, fig. 2; leaves; Jalai Nur, Inner Mongolia; Early Cretaceous Yimin Formation; Dayan Basin and Mianduhe Basin, Inner Mongolia; Early Cretaceous Damoguaihe Formation.
2004a   Deng Shenghui and others, p. 1334, fig. 1 (a); leaf; Tiefa, Liaoning; Early Cretaceous Xiaoming'anbei Formation. (in Chinese)
2004b   Deng Shenghui and others, p. 1774, fig. 1 (a); leaf; Tiefa, Liaoning; Early Cretaceous Xiaoming'anbei Formation. (in English)

Ginkgo marginatus (Nathorst) ex Chow et al., 1976
[Notes: The species was proposed by Chow Huiqin (1976)]
1878   *Baiera marginata* Nathorst, p. 51, pl. 8, figs. 12(?)—14; leaves; Sweden; Late Triassic.
1936   *Ginkgoites marginatus* (Nathorst) Florin, p. 107.
1976   Chow Huiqin and others, p. 210.

Ginkgo cf. *marginatus* (Nathorst) ex Chow et al.
1976   Chow Huiqin and others, p. 210, pl. 116, figs. 2—5; leaves; Wuziwan of Jungar, Inner Mongolia; Middle Trassic upper part of Ermaying Formation.

△*Ginkgo mixta* Tan et Zhu, 1982
1982   Tan Lin, Zhu Jianan, p. 147, pl. 35, figs. 3, 4; leaves; 2 specimens, Reg. No.: GR39,

GR64; Holotype: GR39 (pl. 35, fig. 3); Paratype: GR64 (pl. 35, fig. 4); Xiaosanfenzi of Guyang, Inner Mongolia; Early Cretaceous Guyang Formation.

△*Ginkgo obrutschewi* Seward, 1911

1911　Seward, pp. 17, 46, pl. 3, fig. 41; pl. 4, figs. 42, 43; pl. 5, figs. 59—61, 64; pl. 6, fig. 71; pl. 7, figs. 74, 76; leaves and cuticles; Diam River of Junggar Basin, Xinjiang; Early and Middle Jurassic. [Notes: The specimen was later referred as *Ginkgoites obrutschewi* (Seward) Seward by Seward (1919)]

1982　Tan Lin, Zhu Jianan, p. 147, pl. 34, fig. 11; leaf; Xiaosanfenzi of Guyang, Inner Mongolia; Early Cretaceous Guyang Formation.

1982b　Zheng Shaolin, Zhang Wu, p. 319, pl. 25, figs. 2—6; leaves; Baoshan of Shuangyashan, Heilongjiang; Early Cretaceous Chengzihe Formation.

1986　Duan Shuying and others. pl. 1, fig. 6; leaf; Baizigou of Binxian, Shaanxi; Middlle Jurassic Yan'an Formation.

1987　Chen Ye and others, p. 119, pl. 34, fig. 2; leaf; Yanbian, Sichuan; Late Triassic Hongguo Formation.

Ginkgo cf. *obrutschewi* Seward

1980　Zhang Wu and others, p. 288, pl. 144, fig. 2; pl. 145, fig. 2; leaves; Naozhi in Hunjiang of Jilin, Chaoyang of Liaoning; Early—Middle Jurassic.

Ginkgo orientalis (Yabe et Ôishi) ex Zhang et al., 1980

[Notes: *Ginkgo orientalis* was firstly cited by Zhang wu and others (1980)]

1933　*Baiera orientalis* Yabe et Ôishi, p. 220, pl. 33 (4), fig. 4; leaf; Huoshiling, Jilin; Jurassic.

1936　*Ginkgoites orientalis*, Florin, p. 107.

1980　Zhang Wu and others, p. 284, pl. 182, fig. 1; leaf; Yingcheng, Jilin; Early Cretaceous Shahezi Formation.

1994　Gao Ruiqi and others, pl. 14, fig. 2; leaf; Huoshiling of Yingcheng, Jilin; Early Cretaceous Shahezi Formation.

Ginkgo cf. *orientalis* (Yabe et Ôishi) ex Zhang et al.

1988　Bureau of Geology and Mineral Resources of Jilin Province, pl. 9, fig. 14; leaf; Jilin; Late Jurassic Chang'an Formation.

Ginkgo paradiantoides Samylina, 1967

1967　Samylina, p. 138, pl. 2, figs. 2—5; pl. 3, figs. 1—11; pl. 4, figs. 1—10; pl. 6, fig. 7a; pl. 8, fig. 7b; leaves and cuticles; Kolyma River Basin, USSR; Early Cretaceous.

1988　Chen Fen and others, p. 67, pl. 39, figs. 3—8; leaves and cuticles; Fuxin, Liaoning; Early Cretaceous Shahai Formation.

1989　Ren Shouqin, Chen Fen, p. 636, pl. 2, figs. 10—15; leaves and cuticles; Wujiumei Basin of Hailar, Inner Mongolia; Early Cretaceous Damoguaihe Formation.

Ginkgo pluripartita (Schimper) Heer, 1881

1869 (1869—1874)　*Baiera pluripartita* Schimper, p. 423; Britain; Early Cretaceous (Wealden).

1881　Heer, p. 6.

1984　Wang Ziqiang, p. 273, pl. 155, figs. 4—6; pl. 156, fig. 4; pl. 169, figs. 4—6; pl. 170, figs. 5—7; leaves and cuticles; Zhangjiakou, Hebei; Early Cretaceous Qingshila Formation.

1988   Chen Fen and others, p. 67, pl. 65, fig. 1; leaf; Tiefa, Liaoning; Early Cretaceous Xiaoming'anbei Formation.

1997   Jin Ruoshi, picture 1; leaf; Huma, Heilongjiang; Late Jurassic—Early Cretaceous Jiufeng Formation.

Ginkgo pusilla Heer, 1876

1876b   Heer, p. 61, pl. 7, fig. 9; pl. 9, fig. 5c; pl. 10, figs. 7b, 7c; pl. 13, fig. 5; p. 116, pl. 22, fig. 4f; leaves; Irkutsk and Heilongjiang River Basin; Jurassic.

1976   Chang Chicheng, p. 194, pl. 92, fig. 4; leaf; Xilin Obo, Inner Mongolia; Late Jurassic—Early Cretaceous Guyang Formation.

1982b   Zheng Shaolin, Zhang Wu, p. 319, pl. 12, fig. 10; leaf; Yunshan of Hulin, Heilongjiang; Middle Jurassic Peide Formation.

1982   Tan Lin, Zhu Jianan, p. 146, pl. 34, fig. 10; leaf; Xiaosanfenzi of Guyang, Inner Mongolia; Early Cretaceous Guyang Formation.

△*Ginkgo qaidamensis* Li, 1988

1988   Li Peijuan and others, p. 92, pl. 65, fig. 5; pl. 67, fig. 1; pl. 111, figs. 1—4; leaves and cuticles; 2 specimens, Reg. No. : PB13576, PB13577; Holotype: PB13576 (pl. 65, fig. 5); Repository: Nanjing Institute of Geology and Palaeontology, Chinese Academy of Sciences; leaves; Dameigou, Qinghai; Middle Jurassic *Eborcia* Bed of Yinmagou Formation and *Tyrmia-Sphenobaiera* Bed of Dameigou Formation.

Ginkgo schmidtiana Heer, 1876

1876   Heer, p. 60, pl. 13, figs. 1, 2; pl. 7, fig. 5; leaves; Irkutsk, Russia; Jurassic.

1901   Krasser, p. 151, pl. 4, fig. 5; leaf; southwestern Sandaoling between Hami and Turfan region, Xinjiang; Jurassic.

1993a   Wu Xiangwu, p. 84.

△*Ginkgo schmidtiana* Heer var. *parvifolia* Krasser, 1906

1906   Krasser, p. 604, pl. 2, figs. 4, 5; leaves; Huoshiling, Jilin; Jurassic. [Notes: The specimens were later referred as *Ginkgoites sibiricus* (Heer) Seward (Sze H C, Lee H H and others, 1963, p. 225)]

△*Ginkgo setacea* Wang, 1984

1984   Wang Ziqiang, p. 247, pl. 155, fig. 9; pl. 169, figs. 7—9; pl. 170, figs. 8—11; leaves and cuticles; only 1 specimen, Reg. No. : P0471; Holotype: P0471 (pl. 169, fig. 7); Repository: Nanjing Institute of Geology and Palaeontology, Chinese Academy of Sciences; Huangjiapu of Zhangjiakou, Hebei; Early Cretaceous Qingshila Formation.

Ginkgo sibirica Heer, 1876

1876   Heer, p. 61, pl. 9, figs. 5, 6; pl. 11, figs. 1—8; pl. 12, fig. 3; leaves; Irkutsk, Russia; Jurassic.

1922   Yabe, p. 23, pl. 4, fig. 11; leaf; Fangzi of Weixian, Shandong; Jurassic.

1928   Yabe, Ôishi, p. 9, Ershilipu of Weixian, Shandong; Jurassic.

1935   Toyama, Ôishi, p. 70, pl. 3, fig. 6; pl. 4, fig. 2; leaves; Jalai Nur (Chalainor) of Hulun

1976　　Chang Chicheng, p. 194, pl. 98, figs. 7—10; pl. 99, figs. 2, 3; leaves; Xilin Obo, Inner Mongolia; Late Jurassic—Early Cretaceous Guyang Formation.

1980　　Zhang Wu and others, p. 284, pl. 180, figs. 6—8; pl. 181, fig. 6; leaves; Heihe, Hegang, Boli, Yimin and Binxian of Heilongjiang, Yingcheng and Taojiatun of Jilin, Fuxin of Liaoning; Late Jurassic—Early Cretaceous.

1982　　Chen Fen, Yang Guanxiu, p. 579, pl. 2, figs. 7, 8; leaves; Qinglongtou of West Hill, Beijing; Late Jurassic Yunshan Formation.

1982　　Tan Lin, Zhu Jianan, p. 147, pl. 34, figs. 3—9; leaves; Xiaosanfenzi of Guyang, Inner Mongolia; Early Cretaceous Guyang Formation.

1982b　Zheng Shaolin, Zhang Wu, p. 319, pl. 19, fig. 5a; leaf; Baoshan of Mishanyuan, Heilongjiang; Late Jurassic Yunshan Formation.

1987　　Chen Ye and others, p. 120, pl. 34, figs. 6, 7; leaves; Yanbian, Sichuan; Late Triassic Hongguo Formation.

1988　　Bureau of Geology and Mineral Resources of Jilin Province, pl. 9, fig. 15; leaf; Jilin; Late Jurassic Chang'an Formation.

1988　　Chen Fen and others, p. 67, pl. 34, figs. 6—10; leaves; Fuxin, Liaoning; Early Cretaceous Fuxin Formation.

1989　　Mei Meitang and others, p. 106, pl. 58, fig. 1; leaf; China; Late Triassic.

1992　　Xie Mingzhong, Sun Jingsong, pl. 1, fig. 13; leaf; Xuanhua, Hebei; Early Jurassic Xiahuayuan Formation.

1993　　Bureau of Geology and Mineral Resources of Heilongjiang Province, pl. 12, fig. 1; leaf; Heilongjiang; Late Jurassic Chang'an Formation.

1997　　Deng Shenghui and others, p. 42, pl. 28, figs. 10, 11; leaves; Jalai Nur, Dayan Basin and Mianduhe Basin, Inner Mongolia; Early Cretaceous Yimin Formation and Damoguai Formation.

Ginkgo cf. *sibirica* Heer

1988　　Li Peijuan and others, p. 93, pl. 68, fig. 1; pl. 71, fig. 5(?); pl. 113, figs. 1—2a, 5, 6; leaves and cuticles; Dameigou and Kuangou of Lvcaoshan, Qinghai; Middle Jurassic *Tyrmia-Sphenobaiera* Bed of Dameigou Formation and *Nilssonia* Bed of Shimengou Formation.

△*Ginkgo sphenophylloides* Tan et Zhu, 1982

1982　　Tan Lin, Zhu Jianan, p. 146, pl. 35, figs. 1, 2; leaves; 2 specimens, Reg. No.: GR26, GR656; Holotype: GR26 (pl. 35, fig. 1); Paratype: GR656 (pl. 35, fig. 2); eastern Xiaosanfenzi of Guyang, Inner Mongolia; Early Cretaceous Guyang Formation.

Ginkgo taeniata (Braun) Nathorst, 1875

1843　　*Baiera taeniata* Braun, in Muenster, p. 21; West Europe; Late Triassic.

1875　　Nathorst, p. 388.

1987　　Chen Ye and others, p. 120, pl. 33, fig. 6; pl. 34, figs. 4, 5; leaves; Yanbian, Sichuan; Late Triassic Hongguo Formation.

△*Ginkgo tatongensis* Ding ex Yang, 1989

[Notes: The species was firstly used by Yang Xianhe (1989)]

1989　Yang Xianhe, pl. 1, fig. 6; leaf; Datong, Shanxi; Early Jurassic.

△*Ginkgo truncata* (Li) ex Cheng et al., 1988
[Notes: The name *Ginkgoites truncata was* firstly cited by Chen Fen and others (1988)]
1981　*Ginkgoites truncata* Li, Li Baoxian, p. 208, pl. 1, figs. 2—8; pl. 3, figs. 1—8; leaves and cuticles; Fuxin, Liaoning; Late Jurassic Haizhou Formation.
1988　Chen Fen and others, p. 68, pl. 37, figs. 4—7; pl. 38, figs. 2—9; pl. 65, figs. 2—4; leaves and cuticles; Fuxin and Tiefa, Liaoning; Early Cretaceous Fuxin Formation and Xiaoming'anbei Formation.
1997　Deng Shenghui and others, p. 42, pl. 28, figs. 1, 8; leaves; Jalai Nur, Inner Mongolia; Early Cretaceous Yimin Formation.

Ginkgo whitbiensis Harris, 1951
1951　Harris, p. 927, text-figs. 3A—3K, 4C—4G; leaves and cuticles; Yorkshire, England; Middle Jurassic.

Ginkgo cf. *whitbiensis* Harris
1988　Li Peijuan and others, p. 94, pl. 66, fig. 3; pl. 113, figs. 3, 4; pl. 114, fig. 1; leaves and cuticles; Dameigou, Qinghai; Middle Jurassic *Nilssonia* Bed of Shimengou Formation.

△*Ginkgo xiahuayuanensis* Wang, 1984
1984　Wang Ziqiang, p. 274, pl. 141, figs. 9, 10; pl. 165, figs. 6—10; pl. 168, figs. 2—4; leaves and cuticles; 2 specimens, Reg. No.: P0275, P0276; Syntypes: P0275, P0276; Repository: Nanjing Institute of Geology and Palaeontology, Chinese Academy of Sciences; Xiahuayuan, Hebei; Middle Jurassic Mentougou Formation. [Notes: According to *International Code of Botanical Nomenclature* (*Vienna Code*) article 37. 2, from the year 1958, the holotype type specimen should be unique]

△*Ginkgo yimaensis* Zhou et Zhang, 1989
1988a　*Ginkgo* sp., Zhou Zhiyan, Zhang Bole, p. 216, figs. 1. 1, 1. 2; leaves and fertile shoots; Yima, Henan; Middle Jurassic Yima Formation. (in Chinese)
1988b　*Ginkgo* sp., Zhou Zhiyan, Zhang Bole, p. 1201, figs. 1. 1, 1. 2; leaves and fertile shoots; Yima, Henan; Middle Jurassic Yima Formation. (in English)
1989　Zhou Zhiyan, Zhang Bole, p. 114, figs. 1—8; text-figs. 2—7; leaves, cuticles and reproductive organs; Reg. No.: PB14191, PB14192, PB14194—PB14247; Holotype: PB14191 (pl. 5, fig. 15; text-fig. 5); Repository: Nanjing Institute of Geology and Palaeontology, Chinese Academy of Sciences; Yima, Henan; Middle Jurassic Yima Formation.
1993　Zhou Zhiyan, p. 173, pl. 4, figs. 1, 3, 5; pl. 5, fig. 4; membranes of megaspores; Yima, Henan; Middle Jurassic.
1995a　Li Xingxue (editor-in-chief), pl. 95, figs. 1—6; pl. 96, figs. 1, 2; leaves, cuticles and ovules; Yima, Henan; Middle Jurassic Yima Formation. (in Chinese)
1995b　Li Xingxue (editor-in-chief), pl. 95, figs. 1—6; pl. 96, figs. 1, 2; leaves, cuticle and ovule; Yima, Henan; Middle Jurassic Yima Formation. (in English)
1995　Zeng Yong and others, p. 60, pl. 13, figs. 4, 5; pl. 14, figs. 1, 2; pl. 15, figs. 1, 2; pl. 16, figs. 4, 5; pl. 19, figs. 2, 5; pl. 28, figs. 3—8; leaves and cuticles; Yima, Henan; Middle

1999   Jurassic Yima Formation.

1999   Shang Ping and others, pl. 2, fig. 2; leaf, cuticles, twigs and reproductive organs; Sandaoling of Tuha Basin, Xijiang; Middle Jurassic Xinshanyao Formation.

2002   Zhou Zhiyan, p. 382, pl. 1, figs. 1—9; leaves; Yima, Henan; Middle Jurassic Yima Formation.

2003   Deng Shenghui, pl. 71, fig. 1; pl. 75, fig. 6; leaves; Sandaoling of Hami, Xinjiang; Middle Jurassic Xishanyao Formation.

Ginkgo spp.

1901   *Ginkgo* sp. [Cf. *G. huttoni* (Sternberg) Heer], Krasser, p. 148; leaves; southern Tyrkytag Mountains, Xinjiang; Jurassic.

1906   *Ginkgo* sp., Yokoyama, p. 34, pl. 11, figs. 4—7; leaves; Dataishan of Quanyangou, Liaoning; Jurassic.

1952   *Ginkgo* sp., Sze H C, p. 185, pl. 1, figs. 4—6; leaves; Huna League (Fu-Na-Meng), Inner Mongolia; Jurassic Chalainor Group.

1976   *Ginkgo* sp., Chow Huiqin and others, p. 210, pl. 117, fig. 7; leaf; Wuziwan of Jungar, Inner Mongolia; Middle Triassic upper part of Ermaying Formation.

1982   *Ginkgo* sp. cf. *huttonii* (Sternberg) Heer, Tan Lin, Zhu Jianan, p. 147, pl. 34, fig. 12; leaf; Xiaosanfenzi of Guyang, Inner Mongolia; Early Cretaceous Guyang Formation.

1987   *Ginkgo* sp., Chen Ye and others, p. 120, pl. 33, fig. 6; pl. 34, figs. 4, 5; leaves; Yanbian Sichuan; Late Triassic Hongguo Formation.

1988   *Ginkgo* sp. 1, Chen Fen and others, p. 68, pl. 39, figs. 1, 2; leaves; Fuxin, Liaoning; Early Cretaceous Fuxin Formation.

1988   *Ginkgo* sp. 2, Chen Fen and others, p. 68, pl. 41, figs. 1—4; leaves; Fuxin, Liaoning; Early Cretaceous Fuxin Formetion.

1988   *Ginkgo* sp. 1, Li Peijuan and others, p. 102, pl. 65, fig. 6; pl. 114, figs. 2—5; leaves and cuticles; Lvcaogou of Lvcaoshan, Qinghai; Middle Jurassic *Nilssonia* Bed of Shimengou Formation.

1988   *Ginikgo* sp. 2 (sp. nov.), Li Peijuan and others, p. 95, pl. 66, figs. 4, 4a; pl. 114, figs. 6, 7; leaves; Dameigou, Qinghai; Middle Jurassic *Tyrmia-Sphenobaiera* Bed of Dameigou Formation.

1988a   *Ginkgo* sp., Zhou Zhiyan, Zhang Bole, p. 216, figs. 1.1, 1.2; twigs and fertile pinnae; Yima, Henan; Middle Jurassic. [Notes: The specimen was later referred as *Ginkgo yimaensis* Zhou et Zhang (Zhou Zhiyan, Zhang Bole, 1989, p. 114)] (in Chinese)

1988b   *Ginkgo* sp., Zhou Zhiyan and Zhang Bole, p. 1201, figs. 1.1, 1.2; twigs and fertile pinnae; Yima, Henan; Middle Jurassic. [Notes: The specimen was later referred as *Ginkgo yimaensis* Zhou et Zhang (Zhou Zhiyan, Zhang Bole, 1989, p. 114)] (in English)

1992   *Ginkgo* sp. (Cf. *G. pusilla* Heer), Sun Ge, Zhao Yanhua, p. 544, pl. 244, fig. 3; leaf; Weijin of Liaoyuan, Jilin; Late Jurassic Jiuda Formation.

1992   *Ginkgo* sp., Xie Zhongming, Sun Jingsong, pl. 1, fig. 14; leaf; Xuanhua, Hebei; Early Jurassic Xiahuayuan Formation.

1993a   *Ginkgo* sp. [Cf. *G. huttonii* (Sternberg) Heer], Wu Xiangwu, p. 84.

1995a   *Ginkgo* sp., Li Xingxue (editor-in-chief), pl. 104, fig. 5; leaf; Hegang, Heilongjiang; Early Cretaceous Shitouhezi Formation. (in Chinese)

1995b *Ginkgo* sp. , Li Xingxue (editor-in-chief), pl. 104, fig. 5; leaf; Hegang, Heilongjiang; Early Cretaceous Shitouhezi Formation. (in English)

1995 *Ginkgo* sp. , Zeng Yong and others, p. 61, pl. 17, fig. 1; pl. 30, figs. 1, 2; leaves and cuticles; Yima, Henan; Middle Jurassic Yima Formation.

2003 *Ginkgo* sp. , Zhou Zhiyan, Zheng Shaolin, p. 821, fig. 1; ovule and leaf; Yixian, Liaoning; Early Cretaceous Zhuanchengzi Bed of Yixian Formation.

2005 *Ginkgo* sp. , Sun Bainian and others, pl. 9, fig. 3; pl. 10, figs. 1, 2; cuticles; Yaojie, Gansu; Middle Jurassic Yaojie Formation.

Ginkgo? sp.

1963 *Ginkgo*? sp. , Sze H C, Lee H H and others, p. 219, pl. 71, fig. 7 [= Cf. *Ginkgo* sp. (Lee, 1955, p. 36, pl. 1, fig. 9)]; leaf; Shiguai of Daqingshan, Inner Mongolia; Early and Middle Jurassic.

Cf. *Ginkgo* sp.

1955 Cf. *Ginkgo* sp. , Lee H H, p. 36, pl. 1, fig. 9; leaf; Yungang of Datong, Shanxi; Middle Jurassic upper part of Yungang Formation. [Notes: The specimen was referred as *Ginkgo*? sp. (Sze H C, Lee H H and others, 1963, p. 219)]

Genus *Ginkgodium* Yokoyama, 1889

1889 Yokoyama, p. 57.
1978 Yang Xianhe, p. 528.
1993a Wu Xiangwu, p. 84.

Type species: *Ginkgodium nathorsti* Yokoyama, 1889

Taxonomic status: Ginkgoales

Ginkgodium nathorsti Yokoyama, 1889

1889 Yokoyama, p. 57, pl. 2, fig. 4; pl. 3, fig. 7; pl. 8; pl. 9, figs. 1—10; leaves; Shimamura of Yangedani, Japan; Jurassic.

1978 Yang Xianhe, p. 528, pl. 189, figs. 6, 7b; leaves; Houbabaimiao of Jiangyou, Sichuan; Early Jurassic Baitianba Formation.

1982a Liu Zijin, p. 134, pl. 71, figs. 4, 4a; leaf; Longjiagou of Wudu, Gansu; Middle Jurassic upper part of Longjiagou Formation.

1985 Yang Guanxiu, Huang Qisheng, p. 196, fig. 3-103; leaf; Xuanhua, Hebei; Late Jurassic Yudaishan Formation.

1989 Yang Xianhe, pl. 1, fig. 5; leaf; Sichuan; Early Jurassic.

1993a Wu Xiangwu, p. 84.

Ginkgodium? *longifolium* Lebedev, 1965 (non Huang et Zhou, 1980)

1965 Lebedev, p. 116, pl. 25, fig. 3; text-fig. 37; leaf; Zeya River area of Heilongjiang River Basin; Late Jurassic.

Ginkgodium spp.

1996   *Ginkgodium* sp. (Cf. *G. gracilis* Tateiwa), Mi Jiarong and others, p. 127, pl. 28, figs. 11,13; leaves; Shimenzhai of Funing, Hebei; Early Jurassic Peipiao Formation.

1996   *Ginkgodium* sp., Mi Jiarong and others, p. 127, pl. 28, fig. 6; leaf; Shimenzhai of Funing, Hebei; Early Jurassic Peipiao Formation.

1998   *Ginkgodium* sp. 1, Zhang Hong and others, pl. 42, fig. 5; leaf; Changshanzi of Alxa Right Banner, Inner Mongolia; Middle Jurassic Qingtujing Formation.

1998   *Ginkgodium* sp. 2, Zhang Hong and others, pl. 42, fig. 7; leaf; Beishan of Qitai, Xinjiang; Early Jurassic Badaowan Formation.

Ginkgodium? sp.

1986   *Ginkgodium*? sp., Ye Meina and others, p. 66, pl. 46, figs. 7,7a; leaf; Wenquan of Kaixian, Sichuan; Early Jurassic Zhenzhuchong Formation.

Genus *Ginkgoidium* Yokoyama, 1889

[Notes: The generic name was applied by Harris (1935, pp. 6,49), it might be the mis-spelling of *Ginkgodium*]

△*Ginkgoidium crassifolium* Wu S Q et Zhou, 1996 (in Chinese and English)

1996   Wu Shunqing, Zhou Hanzhong, pp. 9,14, pl. 2, fig. 4; pl. 7, figs. 1—6; pl. 14, figs. 1—6; leaves and cuticles; Reg. No. : PB16908, PB16934—PB16939; Syntype 1: PB16934 (pl. 7, fig. 1); Syntype 2: PB16937 (pl. 7, fig. 4); Repository: Nanjing Institute of Geology and Palaeontology, Chinese Academy of Sciences; Kuqa, Xinjiang; Middle Triassic "Karamay Formation". [Notes: According to *International Code of Botanical Nomenclature* (*Vienna Code*) article 37.2, from the year 1958, the holotype specimen should be unique]

△*Ginkgoidium eretmophylloidium* Huang et Zhou, 1980

1980   Huang Zhigao, Zhou Huiqin, p. 105, pl. 39, fig. 5; pl. 46, figs. 3—5; pl. 48, figs. 6,7; leaves and cuticles; 4 specimens, Reg. No. : OP3060—OP3062, OP3064; Ershilidun of Shenmu, Shaanxi; Late Triassic upper and middle part of Yenchang Formation. (Notes: The type specimen was not designated in the original paper)

1985   Yang Guanxiu, Huang Qisheng, p. 196, fig. 3-102.2; leaf and cuticle; Shenmu, Shaanxi; Late Triassic Yenchang Formation.

△*Ginkgoidium longifolium* Huang et Zhou, 1980 (non Lebedev, 1965)

[Notes: The type specimen was not designated in the original paper, and this specific name is a heterotype later homonym of *Ginkgodium longifolium* Lebedev (1965)]

1980   Huang Zhigao, Zhou Huiqin, p. 105, pl. 36, fig. 3; pl. 37, fig. 6; pl. 45, fig. 2; pl. 46, figs. 1,2,8; pl. 47, figs. 1—8; leaves and cuticles; 7 specimens, Reg. No. : OP3065, OP3068, OP3106—OP3107, OP3108; Ershilidun of Shenmu, Shaanxi; Late Triassic upper and middle parts of Yenchang Formation.

1985   Yang Guanxiu, Huang Qisheng, p. 196, fig. 3-102.1; leaf; Shenmu, Shaanxi; Late Triassic Yenchang Formation.

△*Ginkgoidium truncatum* Huang et Zhou, 1980

1980   Huang Zhigao, Zhou Huiqin, p. 106, pl. 35, fig. 4; pl. 45, fig. 5; pl. 46, figs. 6, 7; pl. 48, fig. 5; leaves and cuticles; 4 specimens, Reg. No. : OP3069—OP3072; Ershilidun of Shenmu, Shaanxi; Late Triassic upper and middle part of Yenchang Formation. (Notes: The type specimen was not designated in the original paper)

1985   Yang Guanxiu, Huang Qisheng, p. 196, fig. 3-102. 3; leaf; Shenmu, Shaanxi; Late Triassic Yenchang Formation.

Ginkgoidium? sp.

1997   *Ginkgoidium*? sp. , Wu Shunqing and others, p. 169, pl. 5, fig. 9; leaf; Tai O, Hongkong; Early and Middle Jurassic.

Genus *Ginkgoites* Seward, 1919

1919   Seward, p. 12.

1963   Sze H C, Lee H H and others, p. 220.

1993a Wu Xiangwu, p. 85.

Type species: *Ginkgoites obovatus* (Nathorst) Seward, 1919

Taxonomic status: Ginkgoales

Ginkgoites obovatus (Nathorst) Seward, 1919

1886   *Ginkgo obovata* Nathorst, p. 93, pl. 29, fig. 5; leaf; Scania, Sweden; Late Triassic.

1919   Seward, p. 12, fig. 632A; leaf; Scania, Sweden; Late Triassic.

1993a Wu Xiangwu, p. 85.

Ginkgoites acosmia Harris, 1935

1935   Harris, p. 8, pl. 1, figs. 3—5; pl. 2, figs. 1, 2; text-fig. 3E—3H, 4; leaves and cuticles; East Greenland, Denmark; Late Triassic *Lepidopteris* Bed.

1978   Yang Xianhe, p. 526, pl. 177, fig. 1; leaf; Xionglong of Xinlong, Sichuan; Late Triassic Lamaya Formation.

Ginkgoites cf. *acosmia* Harris

1993   Mi Jiarong and others, p. 124, pl. 31, figs. 3, 7; leaves; Tianqiaoling of Wangqing, Jilin; Late Triassic Malu Formation.

Ginkgoites adiantoides (Unger) Seward, 1919

1919   Seward, pp. 10, 17, fig. 635A; leaf; Mull Island; Eocene.

1984b Cao Zhengyao, p. 40, pl. 5, figs. 2, 3; leaves; Mishan, Heilongjiang; Early Cretaceous Dongshan Formation.

△*Ginkgoites aganzhenensis* Yang, Sun et Shen, 1988

1988   Yang Shu, Sun Bonian, Shen Guanglong, in Yang Shu and others, pp. 71, 77, pl. 1, figs. 1—4; leaves and cuticles; Reg. No. : LP86004; Repository: Department of Geology,

Lanzhou University; Agan of Lanzhou, Gansu; Early Jurassic upper part of Daxigou Formation.

△*Ginkgoites baoshanensis* Cao, 1992

1992 Cao Zhengyao, pp. 233, 244, pl. 2, fig. 1; pl. 5, figs. 12—14; text-fig. 1; leaves and cuticles; Reg. No.: PB16101, PB16102; Holotype: PB16102 (pl. 2, fig. 1); Repository: Nanjing Institute of Geology and Palaeontology, Chinese Academy of Sciences; Baoshan Mine of Shuangyashan, Heilongjiang; Early Cretaceous member 3 of Chenghezi Formation.

△*Ginkgoites beijingensis* Chen et Dou, 1984

[Notes: The species was later referred as *Ginkgo beijingensis* (Chen et Dou) ex Zheng et Zhang, Zheng Shaolin and Zhang Wu (1990, p. 221)]

1984 Chen Fen, Dou Yawei, in Chen Fen and others, p. 57, pl. 27, fig. 1; leaf; only 1 specimen, Reg. No.: BM148; Holotype: BM148 (pl. 27, fig. 1); Repository: Beijing Graduate School, Wuhan College of Geology; Daanshan, Beijing; Early Jurassic Lower Yaopo Formation.

△*Ginkgoites borealis* Li, 1988

1988 Li Peijuan and others, p. 95, pl. 69, fig. 1B; pl. 70, figs. 2—5a; pl. 71, figs. 1, 2, 3B, 4(?); pl. 74, figs. 1, 2; text-fig. 22; leaves; 11 specimens, Reg. No.: PB13583—PB13593; Holotype: PB13583 (pl. 69, fig. 1B); Repository: Nanjing Institute of Geology and Palaeontology, Chinese Academy of Sciences; Dameigou, Qinghai; Middle Jurassic *Tyrmia-Sphenobaiera* Bed of Dameigou Formation.

2003 Deng Shenghui, pl. 76, fig. 2; leaf; Sandaoling of Hami, Xinjiang; Middle Jurassic Xishanyao Formation.

△*Ginkgoites chilinensis* Lee, 1963

1929 *Baiera* cf. *taeniata* Braun, Ôishi, p. 273; leaves and cuticles; Huoshiling, Jilin; Jurassic.

1933 *Baiera* cf. *phillipsi* Yabe et Ôishi, p. 222, pl. 33 (4), fig. 2; leaf; Huoshiling, Jilin; Middle and Late Jurassic.

1933 *Baiera* cf. *phillipsi* Yabe et Ôishi, p. 246, pl. 37 (2), figs. 7, 8; pl. 39 (4), fig. 14; cuticles; Huoshiling, Jilin; Middle and Late Jurassic.

1963 Lee H H in Sze H C, Lee H H and others, p. 220, pl. 71, fig. 8; pl. 73, fig. 5; pl. 86, fig. 4, 5 [=Yabe, Ôishi, 1933, p. 222, pl. 33 (4), figs. 2, 5]; leaves and cuticles; Huoshiling, Jilin; Middle and Late Jurassic.

1982a Liu Zijin, p. 133, pl. 71, figs. 5, 6; leaves; Caoba and Lishan of Kangxian, Chengxian, Gansu; Early Cretaceous Huaya Formation and Zhoujiawan Formation of Donghe Group.

△*Ginkgoites chowi* Sze, 1956

1956a Sze H C, pp. 47, 152, pl. 40, fig. 3; pl. 47, fig. 2; leaves; Repository: Nanjing Institute of Geology and Palaeontology, Chinese Academy of Sciences; Xingshuping of Yijun, Shaanxi; Late Triassic upper part of Yenchang Formation.

1963 Sze H C, Lee H H and others, p. 221, pl. 86, figs. 2, 3; leaves; Late Triassic upper part of Yenchang Formation.

Ginkgoites cf. *chowi* Sze

1984 Chen Gongxin, p. 603, figs. 2, 3; leaves; Chengchao of Echeng, Hubei; Early Jurassic Wuchang Formation.

1996 Wu Shunqing, Zhou Hanzhong, p. 9, pl. 7, fig. 7; pl. 15, figs. 4—6; leaves and cuticles; Kuqa, Xinjiang; Middle Triassic "Karamay Formation".

△*Ginkgoites*? *crassinervis* Yabe et Ôishi, 1933

1933 Yabe, Ôishi, p. 213, pl. 32 (3), fig. 8A; leaf; Taojiatun, Jilin; Jurassic. [Notes: The specimen was later attributed to *Ginkgo*? by Zhang Wu and others (1980)]

1950 Ôishi, p. 114, Taojiatun (Taochiatun), Jilin; Jurassic.

1963 Sze H C, Lee H H and others, p. 221, pl. 76, figs. 1A; leaf; Taojiatun of Changchun, Jilin; Middle and Late Jurassic.

Ginkgoites crassinervis Yabe et Ôishi, 1933 emend Yang et Sun, 1982

1933 *Ginkgoites*? *crassinervis* Yabe et Ôishi, p. 213, pl. 32 (3), fig. 8A; leaf; Taojiatun of Changchun, Jilin; Jurassic.

1963 *Ginkgoites*? *crassinervis* Yabe et Ôishi, , Sze H C, Lee H H and others. p. 221, pl. 76, fig. 1A; leaf; Taojiatun of Changchun, Jilin; Middle and Late Jurassic.

1982a Yang Xuelin, Sun Liwen, p. 593, pl. 3, fig. 6; leaf; Jiutai, Jilin; Late Jurassic Shahezi Formation.

△*Ginkgoites cuneifolius* Zhou, 1984

1984 Zhou Zhiyan, p. 41, pl. 22, fig. 3; pl. 23, figs. 5, 5a; pl. 24, figs. 1—3; leaves and cuticles; only 1 specimen, Reg. No. : PB8919; Holotype: PB8919; Repository: Nanjing Institute of Geology and Palaeontology, Chinese Academy of Sciences; Yuanzhu of Lanshan, Hunan; Early Jurassic Paijiachong Member of Guanyintan Formation.

Ginkgoites digitatus (Brongniart) Seward, 1919

1838 (1820—1838) *Cyclopteris digitata* Brongniart, p. 219, pl. 61, figs. 2, 3; leaves; Yorkshire, England; Middle Jurassic.

1919 Seward, p. 14; leaves; Yorkshire, England; Middle Jurassic.

1935 Toyama, Ôishi, p. 69, pl. 3, figs. 4, 5; leaves; Jalair Nur (Chalainor) of Hulun Buir, Inner Mongolia; Middle Jurassic. [Notes: The specimens were referred as *Ginkgo digitata* (Brongniart) Heer (Sze H C, Lee H H and others, 1963, p. 217)]

1941 Stockmans, Mathieu, p. 49, pl. 6; figs. 8, 9; leaves; Liujiang (Liukiang) of Hebei; Mentougou (Mentoukou), Beijing; Jurassic.

1950 Ôishi, p. 113, pl. 36, fig. 2; leaf; Jalai Nur, Inner Mongolia; Jurassic.

Ginkgoites cf. *digitata* (Brongniart) Seward

1987 Meng Fansong, p. 254, pl. 35, fig. 8; leaf; Donggong of Nanzhang, Hubei; Late Triassic Jiuligang Formation.

Ginkgoites digitatus (Brongniart) var. *huttoni* Seward, 1900

1900 Seward, p. 259; leaf; Yorkshire, England; Middle Jurassic.

1919 Seward, p. 15, fig. 633; leaf; Yorkshire, England; Middle Jurassic.

1933 Yabe, Ôishi, p. 214; Bedaohao, Liaoning; Jurassic. [Notes: The species was referred as *Ginkgo huttoni* (Sternberg) Heer (Sze H C, Lee H H and others, 1963)]

△*Ginkgoites elegans* Yang, Sun et Shen, 1988 (non Cao, 1992)

1988　Yang Shu, Sun Bainian, Shen Guanglong, in Yang Shu and others, pp. 71, 77, pl. 2, figs. 1—6; leaves and cuticles; No. : LP86005—LP86007; Repository: Geological Department of Lanzhou University; Yaojie of Lanzhou, Gansu; Middle Jurassic Coal-bearing Member Yaojie of Formation. (Notes: The type specimen was not designated in the original paper)

△*Ginkgoites elegans* Cao, 1992 (non Yang, Sun et Shen, 1988)

(Notes: This specific name is a heterotype later homonym of *Ginkgoites elegans* Yang, Shu et Shen, 1988)

1992　Cao Zhengyao, pp. 233, 245, pl. 1, figs. 8—14; text-fig. 2; leaves and cuticles; Reg. No. : PB16102; Holotype: PB16102 (pl. 1, fig. 8); Repository: Nanjing Institute of Geology and Palaeontology, Chinese Academy of Sciences; Well 26 of Suibin, Heilongjiang; Early Cretaceous member 2 of Chengzihe Formation.

Ginkgoites ferganensis Brick, 1940

1940　Brick, in Sixtel, p. 47, pl. 10, figs. 1—3; pl. 20, fig. 4; text-figs. 13, 14; leaves; Central Asia; Late Triassic.

1988　Li Peijuan and others, p. 97, pl. 64, figs. 3—5; pl. 65, figs. 1—3; leaves; Dameigou, Qinghai; Early Jurassic *Cladophlebis* Bed of Huoshaoshan Formation.

1998　Zhang Hong and others, pl. 42, fig. 1; leaf; Dameigou, Qinghai; Early Jurassic Xiaomeigou Formation.

Ginkgoites cf. *ferganensis* Brick

1984　Chen Gongxian, p. 603, pl. 263, fig. 1; leaf; Chengchao of Echeng, Hubei; Early Jurassic Wuchang Formation.

1996　Mi Jiarong and others, p. 124, pl. 31, figs. 9, 10; pl. 32, figs. 1, 4, 5; leaves; Tianqiaoling of Wangqing, Jilin; Late Triassic Malugou Formation.

△*Ginkgoites fuxinensis* Li, 1981

1981　Li Baoxian, pp. 210, 213, pl. 2, figs. 1—7; leaves and cuticles; 5 specimens, Reg. No. : PB4388—PB4392; Holotype: PB4388 (pl. 2, fig. 1); Repository: Nanjing Institute of Geology and Palaeontology, Chinese Academy of Sciences; Fuxin, Liaoning; Late Jurassic Haizhou Formation.

△*Ginkgoites gigantea* He, 1987

1987　He Dechan, in Qian Lijun and others, p. 81, pl. 25, fig. 2; pl. 28, figs. 5, 7; leaves and cuticles; only 1 specimen, Reg. No. : Sh064; Repository: Geological Exploration Branch, Xi'an Coal Research College; Xigou and Kaokaowusugou of Shenmu, Shaanxi; Middle Jurassic member 3 of Yan'an Formation.

Ginkgoites heeri Doludenko et Rasskazowa, 1972

1972　Doludenko and others, p. 16, pl. 18, figs. 1—5; pl. 19, figs. 1—4; pl. 20, figs. 1—4; leaves and cuticles; Irkutsk, USSR; Jurassic.

1996　Mi Jiarong and others, p. 118, pl. 22, figs. 2, 7—10; leaves and cuticles; Taijijing of Beipiao, Liaoning; Early Jurassic lower member of Peipiao Formation.

Ginkgoites hermelini (Hartz) Harris, 1935

1896　*Ginkgo* (*Baiera*?) *hermelini* Hartz, p. 240, pl. 19, fig. 1; leaf; Storggard River of Greenland, Denmark; Early Jurassic.

1935　Harris, p. 13, pl. 1, figs. 8, 10; pl. 2, figs. 5, 6; text-fig. 8; leaves; East Greenland, Denmark; Early Jurassic *Thaumatopteris* Zone.

1998　Zhang Hong and others, pl. 42, fig. 8; leaf; Changshanzi of Alxa Right Banner, Inner Monglia; Middle Jurassic Qingtujing Formation.

Ginkgoites huttoni (Sternberg) Black, 1929

1838　*Cycropteris huttoni* Sternberg, p. 66; Britain; Jurassic.

1929　Black, p. 431; text-figs. 17—19; leaves and culicles; Britain; Jurassic.

1992　Huang Qisheng, Lu Zongsheng, pl. 3, fig. 5; leaf; Kaokaowusugou of Shenmu, Shaanxi; Middle Jurassic Yan'an Formation.

Ginkgoites cf. *G. huttoni* (Sternberg) Black

1986　Ye Meina and others, p. 67, pl. 46, figs. 9, 10; leaves; Wenquan of Kaixian, Chongqing; Late Triassic member 7 of Hsujiaho Formation.

Ginkgoites laramiensis (Ward) ex Tao, 1988

[Notes: The name was proposed by Tao Junrong (1988)]

1885　*Ginkgo laramiensis* Ward, p. 496, fig. 7; leaf; American; Paleocene Laramie Group.

1988　Tao Junrong, p. 229.

Ginkgoites cf. *laramiensis* (Ward) ex Tao

1988　Tao Junrong, p. 229, pl. 1, fig. 3; leaf; Lhatse, Tibet; Paleocene Liuqu Formation.

Ginkgoites lepidus (Heer) Florin, 1936

1876b　*Ginkgo lepida* Heer, p. 62, pl. 7, fig. 7; pl. 12; leaf; Irkutsk, Russia; Jurassic.

1936　Florin, p. 107.

1941　Stockmans, Mathieu, p. 49; Beipiao of Chaoyang, Liaoning; Jurassic. [Notes: The specimen was later referred as *Ginkgoites* cf. *lepidus* (Sze H C, Lee H H and others, 1963, p. 222)]

1984　Chen Fen and others, p. 58, pl. 26, figs. 2, 3; pl. 30, fig. 1; leaves; Datai, Daanshan and Mentougou, Beijing; Early—Middle Jurassic Lower Yaopo Formation and Upper Yaopo Formation.

1985　Yang Guanxiu, Huang Qisheng, p. 194, fig. 3-100 (right); leaf; Fengcheng and Lingyuan, Liaoning; Early Jurassic Guojiadian Formation and Middle Jurassic Dabu Formation; West Hill, Beijing; Early—Middle Jurassic Lower Yaopo Formation and Longmen Formation; Ju Ud League of Inner Mongolia, Jiaohe of Jilin; Early Cretaceous Jiufotang Formation and Naizishan Formation.

1987　Duan Shuying, p. 44, pl. 17, fig. 6; leaf; Zhaitang of West Hill, Beijing; Middle Jurassic Yaopo Formation.

1987　Qian Lijun and others, p. 81, pl. 24, figs. 1—3, 5—6; leaves; Xigou and Kaokaowusugou of Shenmu, Shaanxi; Middle Jurassic member 1 of Yan'an Formation.

1989　Duan Shuying, pl. 1, fig. 1; leaf; Zhaitang of West Hill, Beijing; Middle Jurassic Yaopo

Formation.

1995　Zeng Yong and others, p. 61, pl. 15, figs. 6—8; pl. 27, figs. 4—7; leaves and cuticles; Yima, Henan; Middle Jurassic Yima Formation.

2003　Deng Shenghui, pl. 67, fig. 1; leaf; Sandaoling of Hami, Xinjiang; Middle Jurassic Xishanyao Formation.

Ginkgoites cf. *lepidus* (Heer) Florin

1933b　Ginkgo of lepida Heer, Sze H C, p. 70, pl. 10, figs. 1, 2; leaves; northern Daban of Weiwu, Gansu; Early and Middle Jurassic.

1963　Sze H C, Lee H H and others, p. 222, pl. 73, fig. 3b (=*Ginkgo lepida* Yokoyama, 1906, p. 31, pl. 9, fig. 2b), 4; leaves; Nianzigou in Saimaji of Fengcheng, Liaoning; northern Daban of Weiwu, Gansu; Early and Middle Jurassic.

Ginkgoites magnifolius Du Toit, 1927

1927　Du Toit, p. 370, pl. 20; pl. 21, fig. 1; pl. 30; text-fig. 17; leaves; South Africa; Late Triassic upper part of Karroo Group.

1950　Ôishi, p. 114, Yanchang, Shaanxi; Triassic.

1956a　Sze H C, pl. 47, fig. 1[=*Ginkgo magnifolia* (Du Toit)(P'an C H, 1936, pl. 12, fig. 9)]; leaf; Gaojiaan of Suide, Shaanxi; Late Triassic Yenchang Formation.

1963　Sze H C, Lee H H and others, p. 222, pl. 73, figs. 1, 2 (=*Ginkgo magnifolia* (Du Toit) P'an C H, 1936, p. 29, pl. 12, fig. 9; pl. 4, fig. 4); leaves; Gaojiaan of Suide, Shaanxi; Late Triassic Yenchang Group.

1980　Huang Zhigao, Zhou Huiqin, p. 97, pl. 44, fig. 1; pl. 45, fig. 1; leaves; Gaojiata of Shenmu, Shaanxi; Late Triassic middle part of Yenchang Group.

1982a　Liu Zijin, p. 133, pl. 72, figs. 1, 2; leaves; Gaojiata of Shenmu and Gaojiaan of Suide, Shaanxi; Late Triassic middle part of Yenchang Group.

1983　Ju Kuixiang and others, pl. 3, fig. 2; leaf; Fanjiatang of Longtan, Nanjing, Jiangsu; Late Triasssic Fanjiatang Formation.

1985　Yang Guanxiu, Huang Qisheng, p. 194, fig. 3-99; leaf; Suide of Shaanxi; Late Triassic Yenchang Formation; Beipiao, Liaoning; Early Jurassic Peipiao Formation.

1987　Meng Fansong, p. 254, pl. 35, fig. 1; leaf; Xiangxi of Zigui, Hubei; Early Jurassic Hisangchi Formation.

Ginkgoites cf. *magnifolius* Du Toit

1974b　Lee P C and others, p. 377, pl. 201, fig. 5; leaf; Baolunyuan of Guangyuan, Sichuan; Early Jurassic Baitianba Formation.

1978　Yang Xianhe, p. 526, pl. 190, fig. 4; leaf; Baolunyuan of Guangyuan, Sichuan; Early Jurassic Baitianba Formation.

1988b　Huang Qisheng, Lu Zongsheng, pl. 10, fig. 4; leaf; Jinshandian of Daye, Hubei; Early Jurassic middle part of Wuchang Formation.

△*Ginkgoites manchuricus* (Yabe et Ôishi) ex Cao, 1992

1933　*Baiera manchurica* Yabe et Ôishi, p. 218, pl. 32, figs. 12, 13A; pl. 33, fig. 1; leaves; 3 specimens; Shahezi in Changtu and Dataishan in Tizling of Liaoning, Taojiatun and Huoshiling(?) of Jilin; Middle and Late Jurassic.

1933　*Baiera manchurica* Yabe et Ôishi, p. 246, pl. 36, fig. 9; pl. 37, fig. 6; pl. 39, fig. 13; cuti-

cle; Shahezi of Changtu, Liaoning; Middle and Late Jurassic.
1992　Cao Zhengyao, p. 234, pl. 1, figs. 1—7; pl. 2, fig. 17; leaves and cuticles; bore 105 of Dongrong, Heilongjiang; Early Cretaceous Chengzihe Formation.
1994　Cao Zhengyao, fig. 5f; leaf; Shuangyashan, Heilongjiang; Early Cretaceous member 2 of Chengzihe Formation.

Ginkgoites marginatus (Nathorst) Florin, 1936
1878　*Baiera marginata* Nathorst, p. 51, pl. 8, figs. 12(?) —14; leaves; Sweden; Late Triassic.
1936　Florin, p. 107.
1987　Qian Lijun and others, p. 82, pl. 23, figs. 1, 6; leaves; Kaokaowusugou of Shenmu, Shaanxi; Middle Jurassic member 3 of Yan'an Formation.
1996　Mi Jiarong and others, p. 118, pl. 21, fig. 4; pl. 23, figs. 1, 3, 4, 6—8; leaves and cuticles; Taiji of Beipiao, Dongsheng, Liaoning; Early Jurassic Peipiao Formation; Xionglong of Beipiao, Liaoning; Middle Jurassic Haifanggou Formation.
2003　Xu Kun and others, pl. 6, fig. 4; pl. 7, fig. 1; leaves; Dongsheng of Beipiao, Liaoning; Early Jurassic upper part of Peipiao Formation.

Ginkgoites cf. *marginatus* (Nathorst) Florin
1963　Sze H C, Lee H H and others, p. 233, pl. 74, fig. 6[=*Ginkgo* cf. *hermelini* (Sze H C, 1949, p. 31, pl. 14, fig. 9)]; leaf; Baishigang, western Hubei; Early Jurassic Hsiangchi Group.
1977a Feng Shaonan and others, p. 238, pl. 95, figs. 5—7; leaves; Yuanan and Dangyang, Hubei; Early and Middle Jurassic Upper Coal Formation of Hsiangchi Group; Yima, Henan; Early and Middle Jurassic Xiangshan Group.
1980　Huang Zhigao, Zhou Huiqin, p. 97, pl. 7, fig. 2; pl. 8, fig. 2; leaves; Wuziwan of Jungar Banner, Inner Mongolia; Middle Triassic upper part of Ermaying Formation.
1982　Duan Shuying, Chen Ye, p. 505, pl. 13, fig. 2; leaf; Nanxi of Yunyang, Sichuan; Early Jurassic Zhenzhuchong Formation.
1982　Wang Guoping and others, p. 275, pl. 126, fig. 3; leaf; Yueshan of Huaining, Anhui; Early and Middle Jurassic Xiangshan Group.
1984　Chen Gongxin, p. 603, pl. 263, fig. 6; leaf; Zengjiapo of Yuanan, Haihuigou of Jingmen and Baishigang of Dangyang, Hubei; Early Jurassic Tongzhuyuan Formation.
1986　Ye Meina and others, p. 67, pl. 46, fig. 1; leaf; Bailaping of Daxian, Sichuan; Early Jurassic Zhenzhuchong Formation.
1987　Duan Shuying, p. 45, pl. 16, fig. 3; pl. 17, fig. 2; pl. 19, fig. 5; leaves; Zhaitang of West Hill, Beijing; Middle Jurassic Yaopo Formation.
1989　Duan Shuying, pl. 2, fig. 5; leaf; Zhaitang of Xishan, Beijing; Middle Jurassic Yaopo Formation.
1993　Mi Jiarong and others, p. 125, pl. 31, fig. 8; pl. 32, figs. 2, 3, 6—8; pl. 33, fig. 1; leaves; Tianqiaoling of Wangqing, Jilin; Late Triassic Malu Formation.

△*Ginkgoites microphyllus* Cao, 1992
1992　Cao Zhengyao, pp. 235, 245, pl. 2, figs. 2—16; leaves and cuticles; Reg. No. : PB16104— PB16112; Holotype: PB16112 (pl. 2, fig. 10); Repository: Nanjing Institute of Geology

and Palaeontology, Chinese Academy of Sciences; Qixing of Shuangyashan, eastern Heilongjiang; Early Cretaceous members 3 and member 4 of Chengzihe Formation.

△*Ginkgoites minisculus* Mi, Sun C, Sun Y, Cui et Ai, 1996 (in Chinese)

1996　　Mi Jiarong, Sun Chunlin, Su Yuewu, Cui Shangsen, Ai Yongliang, in Mi Jiarong and others, p. 119, pl. 23, figs. 2, 5, 9—11; text-fig. 2; leaves and cuticles; Reg. No.: BU5001, BU5002; Holotype: BU5002 (pl. 23, fig. 5); Repository: Department of Geological History and Palaeontology, Changchun College of Geology; Taiji and Dongsheng of Beipiao, Liaoning; Early Jurassic Peipiao Formation.

△*Ginkgoites myrioneurus* Yang, 2004 (in English)

2003　　Yang Xiaoju, p. 740, figs. 1, 2A, 2E—2H, 3—5; leaves and cuticles; Reg. No.: PB19846—PB19854, PB20246—PB20252; Holotype: PB19846; Paratype: PB20249—PB20251; Repository: Nanjing Institute of Geology and Palaeontology, Chinese Academy of Sciences; Jixi, Heilongjiang; Early Cretaceous Muling Formation.

△*Ginkgoites obesus* Yang, Shu et Shen, 1988

1988　　Yang Shu, Sun Bainian, Shen Guanglong, in Yang Shu and others, pp. 72, 77, pl. 2, figs. 7—10; leaves and cuticles; Reg. No.: LP86008; Repository: Geological Department, Lanzhou University; Agan of Lanzhou, Gansu; Early Jurassic upper part of Daxigou Formation.

△*Ginkgoites obrutschewi* (Seward) Seward, 1919

1911　　*Ginkgo obrutschewi* Seward, p. 46, pl. 3, fig. 41; pl. 4, figs. 42, 43; pl. 5, figs. 59—61, 64; pl. 6, fig. 71; pl. 7, figs. 74, 76; leaves and cuticles; Diam River of Junggar, Xinjiang; Early and Middle Jurassic.

1919　　Seward, p. 26, text-figs. 642A, 642B; leaf and cuticle; Diam River of Junggar, Xinjiang; Early and Middle Jurassic.

1963　　Sze H C, Lee H H and others, p. 224, pl. 73, fig. 6; pl. 74, figs. 3, 4; pl. 77, figs. 4, 5; pl. 86, fig. 1; leaves and cuticles; Diam River of Junggar, Xinjiang; Early and Middle Jurassic.

1977a　Feng Shaonan and others, p. 237, pl. 96, fig. 3; leaf; Yima, Henan; Early—Middle Jurassic.

1980　　Huang Zhigao, Zhou Huiqin, p. 98, pl. 58, fig. 4; text-fig. 2; leaf; Yangjiaya of Yan'an; Middle Jurassic lower part of Yan'an Formation.

1984　　Chen Gongxin, p. 604, pl. 260, fig. 6; leaf; Tongzhuyuan of Dangyang, Hubei; Early Jurassic Tongzhuyuan Formation.

1984　　Gu Daoyuan, p. 151, pl. 80, figs. 13—15; leaves and cuticles; Akya of Hefeng, Xinjiang; Early Jurassic Sangonghe Formation.

1985　　Yang Guanxiu, Huang Qisheng, p. 194, fig. 3-101 (left); leaf; Junggar of Xinjiang, Hunjiang of Jilin and Chaoyang of Liaoning; West Hill, Beijing; Early—Middle Jurassic.

1992　　Li Zuwang and others, pl. 2, fig. 5; leaf; Agan of Lanzhou, Gansu; Jurassic Agan Formation.

1995　　Wang Xin, pl. 3, fig. 1; leaf; Agan of Lanzhou, Gansu; Middle Jurassic Agan Formation.

1996　　Mi Jiarong and others, p. 120, pl. 24, figs. 3—5; leaves; Shimenzhai in Funing of Hebei, Taiji and Dongsheng in Beipiao of Liaoning; Early Jurassic Peipiao Formation.

1998　　Zhang Hong and others, pl. 42, figs. 3, 4, 6; pl. 47, fig. 7; leaves; Changshanzi of Alxa

Right Banner, Inner Mongolia; Midde Jurassic Qingtujing Formation; Saodaoling of Hami, Xinjiang; Midde Jurassic Xishanyao Formation; Wanggaxiu of Delinha, Qinghai; Midde Jurassic Shimen Formation.

2002　Zhang Zhenlai and others, pl. 15, fig. 8; leaf; Xietan of Zigui, Hubei; Late Triassic Shazhenxi Formation.

Ginkgoites cf. *obrutschewi* (Seward) Seward

1984　Chen Fen and others, p. 58, pl. 26, figs. 4, 5; leaves; Datai, Beijing; Early Jurassic Lower Yaopo Formation.

△*Ginkgoites orientalis* (Yabe et Ôishi) Florin, 1936

1933　*Baiera orientalis* Yabe et Ôishi, p. 220, pl. 33 (4), fig. 4; leaf; Huoshiling (Hoschilingtze), Jilin; Middle and Late Jurassic.

1936　Florin, p. 107.

1963　Sze H C, Lee H H and others, p. 224, pl. 75, fig. 4 [= *Baiera orientalis* Yabe, Ôishi, 1933, p. 220, pl. 33 (4), fig. 4]; leaf; Huoshiling (Hoschilingtze], Jilin; Middle and Late Jurassic.

1985　Shang Ping, pl. 8, fig. 7 (lower); leaf; Fuxin, Liaoning; Early Cretaceous Sunjiawan Member of Haizhou Formation.

1985　Yang Guanxiu, Huang Qisheng, p. 194, fig. 3-101 (right); leaf; Fuxin of Liaoning and Huoshiling of Jilin; Early Cretaceous Fuxin Formation and Shahezi Formation.

1991　Zhao Liming, Tao Junrong, pl. 2, fig. 11; leaf; Pingzhuangxi Coal Mine of Chifeng, Inner Mongolia; Late Jurassic lower part of Xingyuan Formation.

1993c　Wu Xiangwu; leaf; Fengjiashan-Shanqing Section of Shangxian, Shaanxi; Early Cretaceous lower part of Fengjiashan Formation.

2000　Hu Shusheng, Mei Meitang, pl. 1, fig. 4; leaf; Taixin of Liaoyuan, Jilin; Early Cretaceous lower member of Chang'an Formation.

△*Ginkgoites papilionaceous* Zhou, 1981

1981　Zhou Huiqin, p. 150, pl. 2, fig. 4; text-fig. 1; leaves; only 1 specimen, Reg. No.: By013; Repository: Institute of Geology Chinese Academy of Geological Sciences; Yangcaogou of Beipiao, Liaoning; Late Triassic Yangcaogou Formation.

△*Ginkgoites permica* Xiao et Zhu, 1985

1985　Xiao Suzhen, Zhang Enpeng, p. 579, pl. 201, fig. 4; leaf; Reg. No.: sh322; Holotype: sh322 (pl. 201, fig. 4); Guantou of Ningxiang, Shanxi; Early Permian Lower Shihhotse Formation.

△*Ginkgoites pingzhuangensis* Zhao et Tao, 1991

1991　Zhao Liming, Tao Junrong, p. 965, pl. 2, figs. 14—16; leaves and cuticles; Pingzhuangxi Coal Mine of Chifeng, Inner Mongolia; Late Jurassic Xingyuan Formation. [Notes: The specimen was later referred as *Ginkgo manchurica* (Yabe et Ôishi) Meng et Chen (Zhao Liming and others, 1994)]

△*Ginkgoites qamdoensis* Li et Wu, 1982

1982　Li Peijuan, Wu Xiangwu, p. 54, pl. 6, fig. 4; pl. 16, fig. 2; leaves; 2 specimens, Col. No.:

Deqing f1-1; Reg. No. : PB8555, PB8556; Holotype: PB8556 (pl. 16, fig. 2); Repository: Nanjing Institute of Geology and Palaeontology, Chinese Academy of Sciences; Shangrewu of Xiangcheng, Sichuan; Late Triassic Lamaya Formation.

△*Ginkgoites*? *quadrilobus* **Liu et Yao, 1996** (in Chinese and English)

1996　Liu Lujun, Yao Zhaoqi, pp. 655, 669, pl. 3, figs. 8, 9; text-figs. 4A—4C; leaves; Col. No. : AFA-36; Reg. No. : PB17425, PB17426; Syntype: PB17425, PB17426; Repository: Nanjing Institute of Geology and Palaeontology, Chinese Academy of Sciences; Kurai of Hami, Xinjiang; Permian lower part of Tarlang Formation. [Notes: Based on the relevant acticle of *International Code of Botanical Nomenclature (Vienna Code)* article 37. 2, from the year 1958, the type species should be only 1 speciemen]

△*Ginkgoites robustus* **Sun, 1993**

1992　*Ginkgoites robustus* Sun (MS), Sun Ge, Zhao Yanhua, p. 545, pl. 242, figs. 2, 3, 6, 7; pl. 243, figs. 1, 2, 7, 8; leaves; Tianqiaoling of Wangqing, Jilin; Late Triassic Malugou Formation.

1993b　Sun Ge, p. 82, pl. 32, figs. 1—5; pl. 33, figs. 1—6; pl. 34, figs. 1—7; pl. 35, figs. 1—3; text-fig. 21; leaves; Reg. No. : PB11979—PB11984, PB11986—PB11999, PB12001—PB12003; Holotype: PB11982 (pl. 32, fig. 4); Paratype 1: PB11980 (pl. 32, fig. 2); Paratype 2: PB11979 (pl. 32, fig. 1); Paratype 3: PB11990 (pl. 33, fig. 5); Repository: Nanjing Institute of Geology and Palaeontology, Chinese Academy of Sciences; Tianqiaoling of Wangqing, Jilin; Late Triassic Malugou Formation.

Ginkgoites romanowskii **Brick (MS) ex Mi et al. , 1996**

1966　*Ginkgo romanowskii* Brick (MS), in Genkina, p. 92, pl. 43, figs. 5a, 5b; leaf; Issyk Kul, USSR; Jurassic.

1996　Mi Jiarong and others, p. 120, pl. 24, fig. 2; leaf; Shimenzhai of Funing, Hebei; Early Jurassic Peipiao Formation.

△*Ginkgoites rotundus* **Meng, 1983**

1983　Meng Fansong, p. 227, pl. 1, fig. 8; pl. 3, fig. 2; leaves; 2 specimens, Reg. No. : D76010, D76011; Syntype 1: D76010 (pl. 1, fig. 8); Syntype 2: D76011 (pl. 3, fig. 2); Repository: Yichang Institute of Geology and Mineral Resources; Donggong of Nanzhang, Hubei; Late Triassic Jiuligang Formation. [Notes: Based on the relevant acticle of *International Code of Botanical Nomenclature (Vienna Code)* article 37. 2, from the year 1958, the type species should be only 1 speciemen]

Ginkgoites sibiricus **(Heer) Seward, 1919**

1876　*Ginkgo sibirica* Heer, p. 61, pl. 9, figs. 5, 6; pl. 11, figs. 1—8; pl. 12, fig. 3; leaves; Irkutsk, Russia; Jurassic.

1919　Seward, p. 24, figs. 653C, 641A.

1935　Toyama, Ôishi, p. 69, pl. 3, figs. 4, 5; leaves; Jalai Nur of Hulun Buir, Inner Mongolia; Middle Jurassic.

1950　Ôishi, p. 113, pl. 36, fig. 4; leaf; northeastern China; Jurassic.

1954　Hsu J, p. 62, pl. 54, fig. 2 (=*Ginkgo sibirica* Heer, Toyama, Ôishi, 1935, pl. 3, fig. 6); leaf; Jalai Nur of Hulun Buir, Inner Mongolia; Late Jurassic.

1958   Wang Longwen and others, pl. 599 and text-fig. ; East China; Late Triassic—Early Cretaceous.

1959   Sze H C, pp. 9, 25, pl. 6, figs. 1—3; leaves; Yuqia of Qaidam, Qinghai; Middle Jurassic.

1963   Lee H H and others, p. 133, pl. 106, fig. 7; leaf; Northwest China; Jurassic.

1963   Sze H C, Lee H H and others, p. 225, pl. 75, figs. 1, 2 [= *Ginkgo sibirica* Heer (Toyama, Ôishi, 1935, pl. 3, fig. 6; pl. 4, fig. 2, 3)]; leaves; Jalai Nur of Hulun Buir, Guyang of Ulanqab, Inner Mongolia; Late Jurassic—Early Cretaceous.

1979   He Yuanliang and others, p. 150, pl. 73, fig. 5; leaf; Muli of Tianjun, Qinghai; Early—Middle Jurassic Jiangcang Formation of Muli Group.

1980   Huang Zhigao, Zhou Huiqin, p. 98, pl. 57; pl. 58, fig. 6; pl. 59, fig. 4; leaves; Jiaoping of Tongchuan, Shaanxi; Middle Jurassic upper member of Yan'an Formation.

1981   Chen Fen and others, pl. 3, fig. 3; leaf; Haizhou of Fuxin, Liaoning; Early Cretaceous Taiping Bed or Middle Bed of Fuxin Formation.

1982a   Liu Zijin, p. 133, pl. 70, fig. 5; pl. 73, figs. 5, 6; leaves; Caoba and Lishan of Kangxian, Gansu; Early Cretaceous Huaya Formation and Zhoujiawan Formation of Donghe Group.

1983   Cao Zhengyao, p. 39, pl. 7, figs. 7, 8, 8a(?); leaves; Well 1 of Hulin 850 Farmland Coal Mine and Yonghong of Hulin, Heilongjiang; Late Jurassic upper part of Yunshan Formation.

1984   Chen Fen and others, p. 58, pl. 25, figs. 2—4; leaves; West Hill, Beijing; Early Jurassic Lower Yaopo Formation and Middle Jurassic Upper Yaopo Formation.

1984   Gu Daoyuan, p. 151, pl. 75, fig. 4; leaf; Meiyaogou of Heshituoluogai, Xinjiang; Early Jurassic Badaowan Formation.

1984   Wang Ziqiang, p. 275, pl. 155, fig. 1; leaf; Pingquan, Hebei; Early Cretaceous Jiufotang Formation.

1985   Li Jieru, p. 204, pl. 2, fig. 5; leaf; Huanghuadianzi of Xiuyan, Liaoning; Early Cretaceous Xiaoling Formation.

1985   Shang Ping, pl. 8, figs. 1, 2, 5, 6, 7, 9; leaves; Fuxin and Xinqiu, Liaoning; Early Cretaceous Haizhou Formation.

1985   Yang Guanxiu, Huang Qisheng, p. 194, fig. 3-100 (left); leaf; Northeast, North and Northwest China; Jurassic—Early Cretaceous.

1987   Meng Fansong, p. 254, pl. 34, fig. 2; leaf; Xietan of Zigui, Hubei; Early Jurassic Hsiangchi Formation.

1988   Huang Qisheng, pl. 1, fig. 2; leaf; Jinshandian of Daye, Hubei; Early Jurassic lower part of Wuchang Formation.

1988b   Huang Qisheng, Lu Zongsheng, pl. 9, fig. 1; leaf; Jinshandian of Daye, Hubei; Early Jurassic middle part of Wuchang Formation.

1988   Sun Ge, Shang Ping, pl. 3, fig. 6; leaf; Huolinhe Coal Field, eastern Inner Mongolia; Late Jurassic Huolinhe Formation.

1991   Mi Jiarong and others, p. 299, pl. 2, figs. 1—8; leaves; Heishanyao of Funing, Hebei; Early Jurassic lower member of Peipiao Formation; Xiajiayu of Funing, Hebei; Early Jurassic upper member of Peipiao Formation.

1992　Sun Ge, Zhao Yanhua, p. 545, pl. 243, figs. 5, 6; pl. 244, figs. 6, 7; pl. 255, fig. 7; pl. 259, fig. 8; leaves; Jingang of Liaoyuan, Jilin; Early Cretaceous Anmin Formation; Jiaohe, Jilin; Early Cretaceous Naizishan Formation.

1993　Hu Shusheng, Mei Meitang, p. 328, pl. 2, fig. 6; leaf; Xi'an Coal Mine of Liaoyuan, Jilin; Early Cretaceous Xiamei Member of Chang'an Formation.

1994　Cao Zhengyao, fig. 5c; leaf; Fuxin, Liaoning; Early Cretaceous Fuxin Formation.

1995　Wang Xin, pl. 3, fig. 3; leaf; Tongchuan, Shaanxi; Middle Jurassic Yan'an Formation.

1996　Mi Jiarong and others, p. 120, pl. 17, figs. 2, 4, 5, 7, 10; pl. 18, fig. 6; pl. 19, figs. 4—7; pl. 20, fig. 7; pl. 22, fig. 5; pl. 24, figs. 1, 6—8, 10—12, 20; leaves; Shimenzhai of Funing, Hebei; Taiji, Guanshan, Sanbao, Dongsheng Coal Mine of Beipiao, Liaoning; Early Jurassic Peipiao Formation; Haifanggou and Xinglonggou of Beipiao, Liaoning; Middle Jurassic Haifanggou Formation.

1998　Zhang Hong and others, pl. 43, fig. 1; leaf; Jilintai of Nilka (Nileke), Xinjiang; Middle Jurassic Huji'ertai Formation.

Ginkgoites aff. *sibiricus* (Heer) Seward

1984　Chen Fen and others, p. 58, pl. 26, figs. 6, 7; leaves; Mentougou and Qianjuntai, Beijing; Middle Jurassic Upper Yaopo Formation.

Cf. *Ginkgoites sibiricus* (Heer) Seward

1964　Lee P C, p. 141, pl. 19, figs. 7, 8; leaves; Rongshan of Guangyuan, Sichuan; Late Triassic Hsuchiaho Formation.

Ginkgoites cf. *sibiricus* (Heer) Seward

1933　Ôishi, p. 241, pl. 36 (1), figs. 1, 2; pl. 39 (4), figs. 2—4; cuticles; Huoshiling (Hoschilingtze) and Taojiatun, Jilin; Jurassic.

1933　Yabe, Ôishi, p. 214, pl. 31 (2), fig. 8; pl. 32 (3), figs. 4—7, 8B; leaves; Weijiapuzi, Nianzigou and Dataishan, Liaoning; Huoshiling (Hoschilingtze), Taojiatun, Jilin; Jurassic.

1963　Sze H C, Lee H H and others, p. 226, pl. 75, figs. 5—9; pl. 76, figs. 1, 2; leaves and cuticles; Huoshiling (Hoschilingtze) and Taojiatun, Jilin; Tianshifu (Weijiapuzi), Fengcheng (Nianzigou) and Dataishan, Liaoning; Early—Middle Jurassic.

1982　Duan Shuying, Chen Ye, p. 506, pl. 13, fig. 1; leaf; Tanba of Hechuan, Sichuan; Late Triassic Hsuchiaho Formation.

1982a　Liu Zijin, p. 133, pl. 73, fig. 7; leaf; Lishan of Kangxian, Gansu; Early Cretaceous Zhoujiawan Formation of Donghe Group.

1982　Wang Guoping and others, p. 275, pl. 133, fig. 16; leaf; Beipozi of Laiyang, Shandong; Late Jurassic Laiyang Formation.

1982b　Yang Xuelin, Sun Liwen, p. 51, pl. 21, figs. 4, 5; leaves; Wanbao of Taoan, Jilin; Middle Jurassic Wanbao Formation.

1984a　Cao Zhengyao, p. 13, pl. 2, fig. 6; leaf; Xincun of Mishan, Heilongjiang; Middle Jurassic upper member of Peide Formation.

1984　Li Baoxian, Hu Bin, p. 142, pl. 4, figs. 4—7; leaves; Yongdingzhuang of Datong, Shanxi; Early Jurassic Yongdingzhuang Formation.

1988　Zhang Hanrong and others, pl. 2, fig. 2; leaf; Baicaopo of Weixian, Hebei; Early Jurassic

Zhengjiaya Formation.

1992　Cao Zhengyao, p. 236, pl. 3, figs. 12, 13; text-fig. 4; leaves; eastern Heilongjiang; Early Cretaceous Chengzihe Formation.

1995a　Li Xingxue (editor-in-chief), pl. 111, fig. 9; pl. 142, fig. 2; leaf; Laiyang of Shandong; Early Cretaceou Laiyang Formation; Jixi, Heilongjiang; Early Cretaceous Chengzihe Formation. (in Chinses)

1995b　Li Xingxue (editor-in-chief), pl. 111, fig. 9; pl. 142, fig. 2; leaf; Laiyang of Shandong; Early Cretaceou Laiyang Formation; Jixi, Heilongjiang; Early Cretaceous Chengzihe Formation. (in English)

2002　Wu Xiangwu and others, p. 165, pl. 7, fig. 7; pl. 12, figs. 10, 11; pl. 13, fig. 8; leaves; Maohudong of Shandan, Gansu; Early Jurassic upper member of Jijigou Formation.

2003　Yang Xiaoju, p. 568, pl. 3, figs. 4, 5, 9, 11, 12; pl. 7, figs. 1—4; leaves; Jixi, eastern Heilongjiang; Early Cretaceous Muling Formation. [Notes: The specimen was later referred as *Ginkgoites myrioneurus* (Yang Xiaoju, 2004)]

△*Ginkgoites sichuanensis* Yang, 1978

1978　Yang Xianhe, p. 527, pl. 177, fig. 2; leaf; only 1 specimen, Reg. No. : SP0093; Holotype: SP0093 (pl. 177, fig. 2); Repository: Chengdu Institute of Geology and Mineral Resource; Wari of Xinlong, Sichuan; Late Triassic Lamaya Formation.

△*Ginkgoites sinophylloides* Yang, 1978

1978　Yang Xianhe, p. 527, pl. 185, fig. 1; leaf; only 1 specimen, Reg. No. : SP0133; Holotype: SP0133 (pl. 185, fig. 1); Repository: Chengdu Institute of Geology and Mineral Resources; Longdong of Dukou, Sichuan; Late Triassic Daqiaodi Formation.

1989　Yang Xianhe, pl. 1, fig. 4; leaf; Sichuan; Late Triassic.

△*Ginkgoites subadiantoides* Cao, 1992

1992　Cao Zhengyao, pp. 236, 246, pl. 3, figs. 1—9; pl. 4, figs. 1—10; pl. 5, figs. 1—8; pl. 6, fig. 10; leaves and cuticles; Reg. No. : PB16114—PB16122; Repository: Nanjing Institute of Geology and Palaeontology, Chinese Academy of Sciences; Baoshan of Shuangyashan, eastern Heilongjiang; Early Cretaceous member 3 of Chengzihe Formation. (Notes: The holotype was not designated in the original paper)

Ginkgoites taeniata (Braun) Harris, 1935

1843　*Baiera taeniata* Braun, in Münster, p. 21; West Europe; Late Triassic.

1935　Harris, p. 19, pl. 1, figs. 1, 2, 9; pls. 2, 3, 4; text-figs. 9—11; leaves and cuticles; East Greenland, Denmark; Early Jurassic.

1959　Sze H C, pp. 9, 25, pl. 6, fig. 4; leaf; Yuqia of Qaidam, Qinghai; Early and Middle Jurassic. [Notes: The specimen was referred as *Ginkgoites* cf. *taeniatus* (Lee H H, in Sze H C, Lee H H and others, 1963, p. 226)]

1991　Mi Jiarong and others, p. 299, pl. 2, figs. 9—12; leaves; Xiajiayu of Funing, Hebei; Early Jurassic upper member of Peipiao Formation.

Ginkgoites cf. *taeniata* (Braun) Harris

1963　Sze H C, Lee H H and others, p. 226, pl. 76, fig. 8 (=*Ginkgoites taeniatus* Sze H C,

1959, pp. 9, 25, pl. 6, fig. 4); leaf; Yuqia of Qaidam, Qinghai; Early and Middle Jurassic.

1998　Zhang Hong and others, pl. 49, fig. 6; leaf; Dachashilang of Huangyuan, Qinghai; Early Jurassic Riyueshan Formation.

△*Ginkgoites taochuanensis* Zhou, 1984

1984　Zhou Zhiyan, p. 42, pl. 25, figs. 1—5; pl. 34, fig. 6; text-fig. 9; leaves and cuticles; Reg. No. : PB8920; Holotype: PB8920 (text-fig. 9); Repository: Nanjing Institute of Geology and Palaeontology, Chinese Academy of Sciences; Taochuan of Jiangyong, Hunan; Early Jurassic Dabakou Member of Guanyintan Formation.

△*Ginkgoites tasiakouensis* Wu et Li, 1980

1980　Wu Shunqing, Li Boxian, in Wu Shunqing and others, p. 109, pl. 26, figs. 1—6; pl. 27, figs. 1a—3(?), 4, 5; pl. 34, figs. 4—6(?), 7; pl. 35, figs. 1, 2—6(?); pl. 38, figs. 1, 2(?); leaves and cuticles; 11 specimens, Reg. No. : PB6853—PB6858, PB6860—PB6864; Syntype 1: PB6854 (pl. 26, fig. 2); Syntype 2: PB6855 (pl. 26, fig. 3); Repository: Nanjing Institute of Geology and Palaeontology, Chinese Academy of Sciences; Daxiakou of Xingshan, Xiangxi and Xietan of Zigui, Hubei; Early—Middle Jurassic Hsiangchi Formation. [Notes: Based on the relevant acticle of *International Code of Botanical Nomenclature* (*Vienna Code*) article 37. 2, from the year 1958, the type species should be only 1 specimen]

1984　Chen Gongxin, p. 604, pl. 264, figs. 1, 2; leaves and cuticles; Daxiakou of Xingshan, Xiangxi and Xietan of Zigui, Hubei; Early—Middle Jurassic Hsiangchi Formation.

1988　Huang Qisheng, pl. 1, fig. 5; leaf and cuticle; Huaining, Anhui; Early Jurassic lower member of Wuchang Formation.

1995a　Li Xingxue (editor-in-chief), pl. 86, fig. 2; leaf; Xietan of Zigui, Hubei; Early—Middle Jurassic Hsiangchi Formation. (in Chinese)

1995b　Li Xingxue (editor-in-chief), pl. 86, fig. 2; leaf; Xietan of Zigui, Hubei; Early—Middle Jurassic Hsiangchi Formation. (in English)

△*Ginkgoites tetralobus* Ju et Lan, 1986

1986　Ju Kuixiang, Lan Shanxian, p. 86, pl. 1, figs. 6—9; leaves; Reg. No. : HPx1-168, HPx1-101, HPx1-2-3, HPx1-150; Holotype: HPx1-168 (pl. 1, fig. 6); Repository: Nanjing Institute of Geology and Palaeontology, Chinese Academy of Sciences; Liujiashan of Nanjing, Jiangsu; Early Triassic Fanjiatang Formation.

△*Ginkgoites truncatus* Li, 1981

[Notes: The species was refeered as *Ginkgo truncatus* (Li)(Chen Fen and others, 1988, p. 68)]

1981　Li Baoxian, pp. 208, 212, pl. 1, figs. 2—8; pl. 3, figs. 1—8; leaves and cuticles; 12 specimens, Reg. No. : PB4379—PB4385, PB4394—PB4398; Holotype: PB4379 (pl. 2, fig. 2); Repository: Nanjing Institute of Geology and Palaeontology, Chinese Academy of Sciences; Fuxin, Liaoning; Late Jurassic Haizhou Formation.

Ginkgoites cf. *truncatus* Li

1993c　Wu Xiangwu, p. 81, pl. 4, figs. 5, 5a; leaf; Fengjiashan-Shanqing Section of Shangxian, Shaanxi; Early Cretaceous lower member of Fengjiashan Formation.

△*Ginkgoites wangqingensis* Mi, Zhang, Sun C, Luo et Sun Y, 1993
1993 Mi Jiagrong, Zhang chuanbo, Sun Chanlin, Luo Guichang, Sun Yuewu, in Mi Jiagrong and others, p. 125, pl. 33, figs. 2, 4—6, 8, 10; text-fig. 32; leaves; 6 specimens, Reg. No.: W419—W422, W433, W434; Holotype: W420 (pl. 33, fig. 4); Paratype: W419, W421 (pl. 33, figs. 2, 5); Repository: Department of Geological History and Palaeontology, Changchun College of Geology; Tianqiaoling of Wangqing, Jilin; Late Triassic Malu Formation.

△*Ginkgoites wulungensis* Li, 1981
1981 Li Baoxian, pp. 209, 213, pl. 1, figs. 9, 10; pl. 2, figs. 9—11; pl. 4, figs. 4—9; leaves and cuticles; 7 specimens, Reg. No.: PB4386, PB4387, PB4401—PB4405; Holotype: PB4386 (pl. 1, fig. 9); Repository: Nanjing Institute of Geology and Palaeontology, Chinese Academy of Sciences; Fuxin, Liaoning; Late Jurassic Haizhou Formation.

△*Ginkgoites xinhuaensis* Feng, 1977
1977b Feng Shaonan and others, p. 668, pl. 249, fig. 5, leaf; Reg. No.: P25142; Holotype: P25142 (pl. 249, fig. 5); Repository: Yichang Institute of Geology and Mineral Resources; Maanshan of Xinhua, Hunan; Late Permian Longtan Formation.
1982 Cheng Lizhu, p. 519, pl. 332, fig. 2 [=Feng Shaonan and others (1977b, p. 668, pl. 249, fig. 5)]; leaf; Maanshan of Xinhua, Hunan; Late Permian Longtan (Lungtan) Formation.

△*Ginkgoites xinlongensis* Yang, 1978
1978 Yang Xianhe, p. 526, pl. 184, fig. 2; leaf; only 1 speciemen, Reg. No.: SP0125; Holotype: SP0125 (pl. 148, fig. 2); Repository: Chengdu Institute of Geology and Mineral Resources; Xionglong of Xinlong, Sichuan; Late Triassic Lamaya Formation.

Ginkgoites cf. *xinlongensis* Yang
1992 Wang Shijun, p. 48, pl. 20, figs. 2, 3, 7, 9; leaves; Ankou of Lechang, Guangdong; Late Triassic.

△*Ginkgoites yaojiensis* Sun, 1998 (in Chinese)
1998 Zhang Hong and others, p. 279, pl. 43, figs. 3—7; leaves and cuticles; Reg. No.: LP1490—LP1504; Holotype: LP1490 (pl. 43, fig. 3); Repository: Geological Department, Lanzhou University; Yaojie, Gansu; Middle Jurassic upper part of Yaojie Formation.

Ginkgoites spp.
1925 *Ginkgoites* sp., Teilhard de Chardin, Fritel, p. 538; text-fig. 7a; leaf; Youfangtou (Youfang-teou) of Yulin, Shaanxi; Early and Middle Jurassic.
1956a *Ginkgoites* sp. 3, Sze H C, pp. 48, 152, pl. 47, figs. 3, 4; leaves; Xingshuping of Yijun, Shaanxi; Late Triassic upper part of Yenchang Formation.
1963 *Ginkgoites* sp. 1, Sze H C, Lee H H and others, p. 227, pl. 76, figs. 3—7 [=*Baiera* sp. a (Yabe, Ôishi, 1933, p. 212, pl. 32, fig. 17; pl. 33, figs. 6, 10; Ôishi, 1933, p. 241, pl. 36, figs. 1, 2; pl. 39, figs. 2—4)]; leaves and cuticles; Huoshiling, Jilin; Middle and Late Jurassic.
1963 *Ginkgoites* sp. 2, Sze H C, Lee H H and others, p. 227, pl. 76, fig. 11 (=*Ginkgoites* sp. Teilhard de Chardin, Fritel, 1925, p. 538, text-fig. 7a); leaf; Youfangtou (You-fang-teou)

1963   *Ginkgoites* sp. 3, Sze H C, Lee H H and others, p. 228, pl. 76, figs. 9, 10; leaves and cuticles; Late Triassic upper part of Yenchang Group.

1964   *Ginkgoites* sp., Lee P C, p. 141, pl. 19, figs. 9, 10; leaves; Rongshan of Guangyuan, Sichuan; Late Triassic Hsuchiaho Formation.

1980   *Ginkgoites* sp. 1, Huang Zhigao, Zhou Huiqin, p. 98, pl. 45, fig. 6; leaf; Liulingou of Tongchuan, Shaanxi; Middle Jurassic upper part of Yan'an Formation.

1980   *Ginkgoites* sp. 2 (sp. nov. ?), Huang Zhigao, Zhou Huiqin, p. 99, pl. 7, fig. 3; leaf; Wuziwan of Jungar Banner, Inner Mongolia; Middle Triassic upper part of Ermaying Formation.

1980   *Ginkgoites* sp., Wu Shunqing and others, p. 110, pl. 28, figs. 8, 9; pl. 27, fig. 1b; leaves; Daxiakou of Xingshan, Xiangxi of Zigui, Hubei; Early—Middle Jurassic Hsiangchi Formation.

1981   *Ginkgoites* sp., Chen Fen and others, p. 47, pl. 3, fig. 2; leaf; Haizhou Coal Mine of Fuxin, Liaoning; Early Cretaceous Fuxin Formation.

1981   *Ginkgoites* sp., Li Baoxian, p. 210, pl. 1, fig. 1; pl. 2, fig. 8; pl. 4, figs. 1—3; leaves and cuticles; Fuxin, Liaoning; Late Jurassic Haizhou Formation.

1983   *Ginkgoites* sp., Li Jieru, pl. 3, fig. 10; leaf; Pandaogou of Houfulongshan, Jinxi, Liaoning; Middle Jurassic Haifanggou Formation.

1983   *Ginkgoites* spp., Zhang Wu and others, p. 80, pl. 4, figs. 5—9; leaves; Lingjiawaizi of Benxi, Liaoning; Middle Jurassic Lingjia Formation.

1984   *Ginkgoites* spp., Chen Fen and others, p. 59, pl. 27, figs. 1, 2; leaves; Mentougou and Qianjuntai, Beijing; Early Jurassic Lower Yaopo Formation.

1984   *Ginkgoites* sp., Gu Daoyuan, p. 151, pl. 76, fig. 4; leaf; Badaowan of Urumqi, Xinjiang; Early Jurassic Sangonghe Formation.

1985   *Ginkgoites* sp., Mi Jiarong, Sun Chunlin, pl. 2, fig. 7; leaf; Shuangyang, Jilin; Late Triassic.

1986b   *Ginkgoites* sp., Chen Qishi, p. 11, pl. 5, fig. 11; leaf; Yiwu, Zhejiang; Late Triassic Wuzao Formation.

1987   *Ginkgoites* sp., He Dechang, p. 82, pl. 16, fig. 1; leaf; Kuzhuqiao of Puqi, Hubei; Late Triassic Jigongshan Formation.

1988   *Ginkgoites* sp. 1, Li Peijuan and others, p. 98, pl. 75, fig. 1; leaf; Dameigou, Qinghai; Middle Jurassic *Tyrmia-Sphenobaiera* Bed of Dameigou Formation.

1988   *Ginkgoites* sp. 2, Li Peijuan and others, p. 98, pl. 71, fig. 6; pl. 76, fig. 1; leaves; Dameigou, Qinghai; Middle Jurassic *Tyrmia-Sphenobaiera* Bed of Dameigou Formation.

1988   *Ginkgoites* sp. 3, Li Peijuan and others, p. 98, pl. 69, figs. 2, 3; leaves; Dameigou, Qinghai; Middle Jurassic *Tyrmia-Sphenobaiera* Bed of Dameigou Formation.

1988   *Ginkgoites* sp. 4, Li Peijuan and others, p. 98, pl. 71, fig. 7; leaf; Dameigou, Qinghai; Middle Jurassic *Tyrmia-Sphenobaiera* Bed of Dameigou Formation.

1988   *Ginkgoites* sp. 5, Li Peijuan and others, p. 99, pl. 55, fig. 1; leaf; Lvcaogou of Lvcaoshan, Qinghai; Middle Jurassic *Nilssonia* Bed of Shimengou Formation.

1990   *Ginkgoites* sp., Wu Shunqing, Zhou Hanzhong, p. 454, pl. 2, fig. 2; leaf; Kuqa, Xinjiang; Early Triassic Ehuobulake Formation.

1991   *Ginkgoites* sp., Huang Qisheng, Qi Yue, pl. 1, fig. 7; leaf; Majian of Lanxi, Zhejiang; Middle Jurassic Majian Formation.
1992   *Ginkgoites* sp. 1, Cao Zhengyao, p. 237, pl. 3, fig. 11; leaf; eastern Heilongjiang; Early Cretaceous Chengzihe Formation.
1992   *Ginkgoites* sp. 2, Cao Zhengyao, p. 238, pl. 3, figs. 14,15; text-fig. 5; leaves; eastern Heilongjiang; Early Cretaceous Chengzihe Formation.
1992   *Ginkgoites* sp. 3, Cao Zhengyao, p. 238, pl. 3, fig. 10; pl. 5, figs. 9—11; leaves; eastern Heilongjiang; Early Cretaceous Chengzihe Formation.
1992   *Ginkgoites* sp. cf. *G. acosmia* Harris, Sun Ge, Zhao Yanhua, p. 544, pl. 242, figs. 1, 5; leaves; Tianqiaoling of Wangqing, Jilin; Late Triassic Malugou Formation.
1992   *Ginkgoites* sp. cf. *G. acosmia* Harris, Sun Ge, Zhao Yanhua, p. 544, pl. 244, fig. 4; leaf; Yingcheng Coal Mine of Jiutai, Jilin; Early Cretaceous Yingcheng Formation.
1992   *Ginkgoites* sp. 1, Wang Shijun, p. 48, pl. 20, figs. 6; leaf; Ankou of Lechang, Guangdong; Late Triassic.
1992   *Ginkgoites* sp. 2, Wang Shijun, p. 48, pl. 20, figs. 4,8; pl. 21, fig. 6; pl. 41, figs. 3—8; leaves and cuticles; Ankou of Lechang and Guanchun, Guangdong; Late Triassic.
1993   *Ginkgoites* sp. 1, Mi Jiarong and others, p. 126, pl. 31, fig. 6; pl. 33, fig. 9; pl. 34, figs. 1, 2; leaves; Tianqiaoling of Wangqing, Jilin; Late Triassic Malugou Formation.
1993   *Ginkgoites* sp. 2, Mi Jiarong and others, p. 125, pl. 33, fig. 3; leaf; Tianqiaoling of Wangqing, Jilin; Late Triassic Malugou Formation.
1993   *Ginkgoites* sp. indet., Mi Jiarong and others, p. 127, pl. 33, fig. 7; leaf; Bamianshi Coal Mine of Shuangyang, Jilin; Late Triassic upper part of Xiaofengmidingzi Formation.
1993b   *Ginkgoites* sp. cf. *G. acosmia* Harris, Sun Ge, p. 82, pl. 35, figs. 4,5,7(?); leaves; Tianqiaoling of Wangqing, Jilin; Late Triassic Malugou Formation.
1993b   *Ginkgoites* sp. 1, Sun Ge, p. 85, pl. 35, fig. 6; leaf; Malugou of Wangqing, Jilin; Late Triassic Malugou Formation.
1993b   *Ginkgoites* sp. 2, Sun Ge, p. 85, pl. 32, fig. 6; leaf; Tianqiaoling of Wangqing, Jilin; Late Triassic Malugou Formation.
1993c   *Ginkgoites* sp., Wu Xiangwu, p. 81, pl. 5, figs. 2, 2a; leaf; Huangtuling in Mashiping of Nanzhao, Henan; Mashiping Formation.
1995   *Ginkgoites* sp. 1, Zeng Yong and others, p. 62, pl. 15, fig. 3; leaf; Yima, Henan; Middle Jurassic Yima Formation.
1995   *Ginkgoites* sp. 2, Zeng Yong and others, p. 62, pl. 15, fig. 4; leaf; Yima, Henan; Middle Jurassic Yima Formation.
1996   *Ginkgoites* sp., Mi Jiarong and others, p. 121, pl. 24, fig. 9; leaf; Haifanggou and Xinglonggou of Beipiao, Liaoning; Middle Jurassic Haifanggou Formation.
1996   *Ginkgoites* sp., Sun Yuewu and others, pl. 1, figs. 6, 6a; leaf; Chengde, Hebei; Early Jurassic Nandaling Formation.
1997   *Ginkgoites* sp., Wu Xiuyuan and others, p. 24, pl. 10, fig. 9; leaf; Kuqa, Xinjiang; Late Permian Biyoulebaoguzi Group.
1998   *Ginkgoites* sp. 1, Zhang Hong and others, pl. 42, fig. 2; leaf; Wanggaxiu of Delinha, Qinghai; Middle Jurassic Shimen Formation.

1998　*Ginkgoites* sp. 2, Zhang Hong and others, pl. 42, fig. 9; leaf; Changshazi of Alxa Right Banner, Inner Mongolia; Middle Jurassic Tuqing Formation.

1998　*Ginkgoites* sp. 3, Zhang Hong and others, pl. 44, fig. 4; leaf; Changshazi of Alxa Right Banner, Inner Mongolia; Middle Jurassic Tuqing Formation.

1998　*Ginkgoites* sp. 4, Zhang Hong and others, pl. 46, fig. 3; pl. 49, fig. 1; leaves; Aiweiergou of Urumqi, Xinjiang; Early Jurassic Badaowan Formation.

1998　*Ginkgoites* sp. 5, Zhang Hong and others, pl. 46, fig. 5; leaf; Yaojie of Lanzhou, Gansu; Middle Jurassic Yaojie Formation.

1998　*Ginkgoites* sp. 6, Zhang Hong and others, pl. 48, fig. 3; pl. 49, fig. 3; leaves; Yaojie of Lanzhou, Gansu; Middle Jurassic Yaojie Formation.

1998　*Ginkgoites* sp. 7, Zhang Hong and others, pl. 49, fig. 4; leaf; Daolengshan of Jingyuan, Gansu; Early Jurassic Daolengshan Formation.

1999　*Ginkgoites* sp. 2, Cao Zhengyao, p. 83, pl. 15, figs. 13, 14; text-fig. 26; leaves; Anhua Reservoir of Zhuji, Zhejiang; Early Cretaceous Shouchang Formation.

1999a　*Ginkgoites* sp., Wu Shunqing, p. 16, pl. 10, fig. 6; leaf; Huangbanjigou of Shangyuan, Beipiao, Liaoning; Late Jurassic Jianshangou Bed in lower part of Yixian Formation.

2002　*Ginkgoites* sp., Wu Xiangwu and others, p. 166, leaf; Laoyaopo of Jinchang, Gansu; Early Jurassic upper member of Jijigou Formation.

2003　Ginkgoites sp., Deng Shenghui, pl. 76, fig. 1; leaf; Yima, Henan; Middle Jurassic Yima Formation.

2005　*Ginkgoites* sp., Miao Yuyan, p. 527, pl. 2, fig. 19; leaf; Baiyanghe region of Junggar, Xinjiang; Middle Jurassic Xishanyao Formation.

Ginkgoites? spp.

1963　*Ginkgoites*? sp. 4, Sze H C, Lee H H and others, p. 228, pl. 76, figs. 12, 13; pl. 77, fig. 6; pl. 99, fig. 2A[=*Baiera* sp. b (Yabe, Ôishi, 1933, pl. 35, fig. 3A; Ôishi, 1933, pl. 38, fig. 5; pl. 38, figs. 15, 16)]; leaves and cuticles; Huoshiling (Hoschilingtze) and Taojiatun, Jilin; Middle and Late Jurassic Huoshiling (Hoschilingtze) Formation.

1963　*Ginkgoites*? sp. 5, Sze H C, Lee H H and others, p. 228, pl. 79, fig. 8[=*Baiera* cf. *australis* (Zhou Zanheng, 1923, pp. 82, 104, pl. 2, fig. 7)]; leaf; Laiyang, Shandong; Early Cretaceous Laiyang Formation.

1963　*Ginkgoites*? sp. 6, Sze H C, Lee H H and others, p. 229, pl. 74, fig. 5[=?*Ginkgoites* sp. (Ao Zhengkuan, 1956a, p. 27, pl. 6, fig. 3; pl. 7, fig. 1)]; leaf; Xiaoping of Guangdong; Late Triassic Siaoping Group.

1990　*Ginkgoites*? sp., Wu Shunqing, Zhou Hanzhong, p. 454, pl. 4, figs. 5, 5a; leaf; Kuqa, Xinjiang; Early Triassic Ehuobulake Formation.

1993　*Ginkgoites*? sp. indet., Mi Jiarong and others, p. 127, pl. 34, fig. 8; leaf; Dajianggang of Shuangyang, Jilin; Early Triassic Dajianggang Formation.

1999　*Ginkgoites*? sp. 1, Cao Zhengyao, p. 82, pl. 4, fig. 10; leaf; Shouchang, Zhejiang; Early Cretaceous Shouchang Formation.

?*Ginkgoites* sp.

1956a　?*Ginkgoites* sp., Ao Zhenkuan, p. 27, pl. 6, fig. 3; pl. 7, fig. 1; leaves; Shijingyu of Xiaoping, Guangdong; Late Triassic Siaoping Croup.

Genus *Ginkgoitocladus* Krassilov, 1972

1972　Krassilov, p. 38.
2003　Yang Xiaoju, p. 569.
Type species: *Ginkgoitocladus burejensis* Krassilov, 1972
Taxonomic status: Ginkgopsida

Ginkgoitocladus burejensis Krassilov, 1972

1972　Krassilov, p. 38, pl. 16, figs. 1—4, 8—10; long shoot and short shoot; Breya Basin, USSR; Early Cretaceous.

Ginkgoitocladus cf. *burejensis* Krassilov

2003　Yang Xiaoju, p. 569, pl. 3, figs. 6, 7, 13; long shoot and short shoot; Jixi, Heilongjiang; Early Cretaceous Muling Formation. [Notes: The specimens were later referred as *Ginkgoitocladus* sp. (Yang Xiaoju, 2004, p. 744)]

Ginkgoitocladus sp.

2004　*Ginkgoitocladus* sp., Yang Xiaoju, p. 744, figs. 2B—2D, 6; long shoot and short shoot; Jixi, eastern Heilongjiang; Early Cretaceous Muling Formation.

Genus *Ginkgophyllum* Saporta, 1875

1875　Saporta, p. 1018.
1977b　Feng Shaonan and others, p. 670.
Type species: *Ginkgophyllum grasseti* Saporta, 1875
Taxonomic status: ginkgophytes?

Ginkgophyllum grasseti Saporta, 1875

1875　Saporta, p. 1018; leaf; Lodève, France; Permian.
1879　Saporta, p. 186, fig. 15, leaf; Lodève, France; Permian.

△*Ginkgophyllum zhongguoense* Feng, 1977

[Notes: The species was later referred as *Ginkgophytopsis zhonguoensis* (Feng) Yao (Yao Zhaoqi, 1989, pp. 174, 184)]

1977b　Feng Shaonan and others, p. 670, pl. 250, figs. 3, 4; leaves; Reg. No. : P25145, P25146; Syntype: P25145, P25146 (pl. 250, figs. 3, 4); Repository: Yichang Institute of Geology and Mineral Resources; Qujiang, Guangdong; Late Permian Longtan Formation. [Notes: Based on the relevant acticle of *International Code of Botanical Nomenclature (Vienna Code)* article 37. 2, from the year 1958, the type species should be only 1 specimen]
1989　Mei Meitang and others, p. 69, pl. 30, fig. 2; leaf; Qujiang, Guangdong; Late Permian.

Ginkgophyllum spp.

1883a *Ginkgophyllum* sp. ,Schenck,p. 222,fig. 8;leaf;Kaiping,Hebei;Middle Carboniferous.
1980 *Ginkgophyllum* sp. ,Huang Benhong,p. 565,pl. 257,fig. 7;leaf;Hongshan of Yichun, Heilongjiang;Late Permian Hongshan Formation.
1987 *Ginkgophyllum* sp. ,Hu Yufan,p. 178,pl. 2,fig. 1;leaf;Urumqi,Xinjiang;Late Permian Quanzijie Formation of Lower Cangfanggou Group.

Ginkgophyllum? sp.

1992 *Ginkgophyllum* (?) sp. ,Durante,pl. 13,fig. 1;leaf;Nanshan,Gansu;Late Permian.

Genus *Ginkgophyton* Matthew,1910 (non Zalessky,1918)

1910 Matthew,p. 87
1970 Andrews,p. 93
Type species:*Ginkgophyton leavitti* Matthew,1910
Taxonomic status:ginkgophytes?

Ginkgophyton leavitti Matthew,1910

1910 Matthew,p. 87,pl. 4;leaves and associated seeds;Duck Cove, Lancaster, New Brunswick,Canada;Carboniferous (Mississippian).
1970 Andrews,p. 93.

Genus *Ginkgophyton* Zalessky,1918 (non Matthew,1910)

(Notes:This generic name *Ginkgophyton* Zalessky,1918 is a homonym junius of Ginkgophyton Matthew,1910]
1918 Zalessky,p. 47.
1970 Andrews,p. 93.
1989 Sze H C,pp. 80,224.
Type species:*Ginkgophyton* sp. ,Zalessky,1918
Taxonomic status:ginkgophytes?

Ginkgophyton sp.

1918 *Ginkgophyton* sp. ,Zalessky,p. 47,Britain;Permian.
1970 *Ginkgophyton* sp. ,Andrews,p. 93.

△*Ginkgophyton*? *spiratum* Sze,1989

1989 Sze H C,pp. 80,224,pl. 89,figs. 8,8a;pl. 92,figs. 4—7;pl. 93,figs. 1,2;leaves;Col. No.:D-14-0331, D-14-0332, D-14-0304, D-14-0302, D-14-0169, D-14-090;Reg. No.: PB4364—PB4369;Repository:Nanjing Institute of Geology and Palaeontology,Chinese Academy of Sciences;Jungar,Inner Mongolia;late Early Permian lower part of Shihhotse Group. [Notes:The type specimen was not designated in the original paper,and this specific name is a later synonym of *Sphenobaiera? spirata* Sze et Gu et Zhi (1974)]

Genus *Ginkgophytopsis* Hoeg, 1967

1967   Hoeg, p. 376.
1977   Huang Benhong, p. 62.

Type species: *Ginkgophytopsis flabellata* (Lindely et Hutton) Hoeg, 1967
Taxonomic status: ginkgophytes?

Ginkgophytopsis flabellata (Lindely et Hutton) Hoeg, 1967

1832   *Noeggerathia flabellatum* Lindely et Hutton, p. 89, pls. 28, 29; fan-shaped leaves; England; Late Carboniferous.
1870   *Psygmophyllum flabellatum* (Lindely et Hutton) Schimper, p. 193; Britain; Late Carboniferous.
1967   Hoeg, p. 376, figs. 269—271.
1989   Yao Zhaoqi, pp. 174, 184.

△*Ginkgophytopsis chuoerheensis* Huang, 1993

1993   Huang Benhong, p. 98, pl. 16, figs. 13—14a; text-fig. 21c; leaves; Reg. No. : SG020434, SG020435; Repository: Shenyang Institute of Geology and Mineral Resources; Jalaid Banner, Inner Mongolia; late Early Permian Linxi Formation. (Notes: The holotype was not designated in the original paper)

△*Ginkgophytopsis fukienensis* Zhu, 1990

1990   Zhu Tong, p. 101, pl. 44, fig. 4; pl. 45, figs. 1, 2; pl. 46, fig. 1; pl. 47, figs. 1, 2; leaves; Col. No. : FL1817, FL1818, FL1828, FL1873, FL1875; Reg. No. : FL86149—FL86152, FL86155, FL86214; Fuling of Yongding, Fujian; late Early Permian. (Notes: The holotype was not designated in the original paper)

Ginkgophytopsis cf. *fukienensis* Zhu

1998   Liu Lujun, Li Zuoming, p. 221, pl. 3, fig. 7; leaf; Yazhou, Hongkong; Late Permian Yazhou Formation.

△*Ginkgophytopsis spinimarginalis* Yao, 1989

1989   Yao Zhaoqi, pp. 176, 187, pl. 3, figs. 1—5; pl. 4, figs. 1—6; text-fig. 2; leaves and cuticles; Col. No. : FN-1; Reg. No. : PB14606, PB14607; Repository: Nanjing Institute of Geology and Palaeontology, Chinese Academy of Sciences; Niutoushan of Guangde, Anhui; Funiushan of Zhenjiang, Jiangsu; Early Permian Longtan Formation. (Notes: The holotype was not designated in the original paper)

△*Ginkgophytopsis? xinganensis* Huang, 1977

1977   Huang Benhong, p. 62, pl. 24, fig. 1; pl. 38, fig. 6; text-fig. 23; leaves; Reg. No. : PFH0242; Repository: Northeast Institute of Geological Sciences; Daanhe of Shenshu, Heilongjiang; Late Permian Sanjiaoshan Formation.

Ginkgophytopsis xinganensis Huang,1977,emend Huang,1986

1977 *Ginkgophytopsis? xinganensis* Huang,Huang Benhong,p. 58,pl. 17,fig. 4;pl. 29,figs. 4,5;text-fig. 18;leaves;Hongshan of Yichun,Heilongjiang;Late Permian Hongshan Formation.

1986 Huang Benhong,p. 107,pl. 4,figs. 3—7;leaves;Ujimqin Banner,Inner Mongolia;Late Permian.

△*Ginkgophytopsis zhongguoensis* (Feng) Yao,1989

1977b *Ginkgophyllum zhongguoense* Feng,Feng Shaonan and others,p. 670,pl. 250,figs. 3,4; leaves;Qujiang,Guangdong;Late Permian Longtan Formation.

1989 Yao Zhaoqi,pp. 174,184.

Ginkgophytopsis spp.

1980 *Ginkgophytopsis* sp. ,Durante,text-fig. 5;leaf;bed C of Nanshan Section,Gansu;Late Permian.

2000 *Ginkgophytopsis* sp. ,Wang Ziqiang,pl. 2,fig. 3;leaf;Baoding,Shanxi;early Late Permian.

Genus *Ginkgoxylon* Khudajberdyev,1962

1962 Khudajberdyev,p. 424.

2000 Zhang Wu,Zheng Shaolin,in Zhang Wu and others,p. 221.

Type species:*Ginkgoxylon asiaemediae* Khudajberdyev,1962

Taxonomic status:Ginkgoales

Ginkgoxylon asiaemediae Khudajberdyev,1962

1962 Khudajberdyev,p. 424,pl. 1;woods;Southwest Kyzylkum,Uzbekistan;Late Cretaceous.

1970 Andrews,p. 93.

△*Ginkgoxylon chinense* Zhang et Zheng,2000 (in English)

2000 Zhang Wu,Zheng Shaolin,in Zhang Wu and others,p. 221,pl. 1,figs. 1—9;pl. 2,figs. 1—3,5;woods;Reg. No. :LFW01;Holotype:LFW01;Repository:Shenyang Institute of Geology and Mineral Resources;Tazigou of Yixian,Liaoning;Early Cretaceous Shahai Formation.

Genus *Glossophyllum* Kräusel,1943

1943 Kräusel,p. 61.

1956a Sez H C,pp. 48,153.

1963 Sez H C,Lee H H and others,p. 257.

1993a Wu Xiangwu,p. 85.

Type species:*Glossophyllum florini* Kräusel,1943

Taxonomic status:ginkgophytes

Glossophyllum florini **Kräusel, 1943**

1943   Kräusel, p. 61, pl. 2, figs. 9—11; pl. 3, figs. 6—10; leaves; Lunz, Austria; Late Triassic (Keuper).

1993a Wu Xiangwu, p. 85.

1995   Wang Xin, pl. 3, fig. 5; leaf; Tongchuan, Shaanxi; Middle Jurassic Yan'an Formation.

Cf. *Glossophyllum florini* **Kräusel**

1982   Wang Guoping and others, p. 279, pl. 128, fig. 6; leaf; Niutian of Yongfeng, Jiangxi; Late Triassic Anyuan Formation.

1983   Sun Ge and others, p. 454, pl. 2, figs. 1—6; text-fig. 5; leaves; Dajianggang of Shuangyang, Jilin; Late Triassic Dajianggang Formation.

1992   Sun Ge, Zhao Yanhua, p. 550, pl. 256, fig. 5; leaf; Dajianggang of Shuangyang, Jilin; Late Triassic Dajianggang Formation.

Glossophyllum cf. *florini* **Kräusel**

1986a Chen Qishi, p. 451, pl. 3, figs. 10—14; leaves; Chayuanli of Quxian, Zhejiang; Late Triassic Chayuanli Formation.

1999b Wu Shunqing, p. 46, pl. 39, figs. 2, 4; pl. 40, fig. 1; leaves; Miaogou of Wanyuan, Sichuan; Late Triassic Hsuchiaho Formation.

△*Glossophyllum longifolium* **Yang, 1978 [non (Salfeld) Lee, 1963]**

1978   Yang Xianhe, p. 529, pl. 184, fig. 8; leaf; only 1 specimen, Reg. No.: SP0131; Holotype: SP0131 (pl. 184, fig. 8); Repository: Chengdu Institute of Geology and Mineral Resources; Baoding of Dukou, Sichuan; Late Triassic Daqiaodi Formation. [Notes: This specific name is a heterotype later homonym of *Glossophyllum? longifolium* (Salfeld) Lee (1963)]

△*Glossophyllum? longifolium* **(Salfeld) Lee, 1963 (nonYang, 1978)**

1909   *Phyllotenia longifolium* Salfeld, p. 27, pl. 4, figs. 3—5; leaves; North Germany; Jurassic.

1927   *Phyllotenia longifolia* (Salfeld) Seward ex Halle, p. 226

1963   Lee H H, in Sxe H C, Lee H H and others, p. 257.

Glossophyllum shensiense **Sze ex Hsu et al., 1979**

1956a *Glossophyllum? shensiense* Sze, Sze H C, pp. 48, 153, pl. 38, figs. 4, 4a; pl. 48, figs. 1—3; pl. 49, figs. 1—6; pl. 50, figs. 1—3; pl. 53, fig. 7b; pl. 55, fig. 5; leaves and twigs; Yijun, Yangchang and Suide, Shaanxi; Late Triassic Yenchang Formation.

1979   Hsu J and others, p. 65, pl. 69, figs. 4, 5; pl. 70, figs. 1—3; Huashan of Yongren, Yunnan; Late Triassic middle and upper parts of Daqiaodi Formation; Taipingchang of Yongren, Yunnan; Late Triassic lower part of Daqing Formation.

1980   Zhang Wu and others, p. 288, pl. 105, fig. 1b; pl. 110, fig. 7—11; pl. 111, figs. 1—4, 9, 10; leaves; Shiren in Hunjiang of Jilin, Laohugou in Lingyuan of Liaoning; Late Triassic Beishan Formation and Laohugou Formation.

1981   Zhou Huiqin, pl. 1, fig. 5; pl. 3, fig. 6; leaves; Yangcaogou of Beipiao, Liaoning; Late Triassic Yangcaogou Formation.

1982   Duan Shuying, Chen Ye, p. 507, pl. 15, figs. 1—3; leaves; Tanba of Hechuan, Sichuan;

Late Triassic Hsuchiaho Formation.

1982   Zhang Wu, p. 190, pl. 2, figs. 2—4, 5 (?); leaf debris; Lingyuan, Liaoning; Late Triassic Laohugou Formation.

1983   Duan Shuying and others, pl. 11, fig. 1; leaf; Ninglang, Yunnan; Late Triassic Beiluoshan Coal Series.

1984   Chen Gongxin, p. 606, pl. 262, figs. 7—9; leaves; Fenshuiling of Jingmen, Jiuligang of Yuanan, Yinzigang of Dangyang, Donggong of Nanzhang, Hubei; Late Triassic Jiuligang Formation.

1984   Gu Daoyuan, p. 153, pl. 78, figs. 6, 7; leaves; Tuziakenei of Karamay, Xinjiang; Late Triassic Huangshanjie Formation.

1984   Wang Ziqiang, p. 280, pl. 116, figs. 5—7; pl. 117, figs. 1—6; leaves and cuticles; Linxian, Shanxi; Middle—Late Triassic Yenchang Formation.

1986   Chen Ye and others, pl. 8, fig. 8; pl. 9, fig. 8; leaves; Litang, Sichuan; Late Triassic Lanashan Formation.

1987   Chen Ye and others, p. 119, pl. 32, fig. 3; pl. 33, figs. 2, 3; leaves; Yanbian, Sichuan; Late Triassic Hongguo Formation.

1988   Bureau of Geology and Mineral Resources of Jilin, pl. 7, fig. 10; leaf; Jilin; Late Triassic Xiaohekou Formation.

1989   Mei Meitang and others, p. 109, pl. 58, fig. 2; leaf; China; Late Triassic.

1990   Li Jie and others, p. 55, pl. 2, figs. 4—9; leaves; nothern Yematan of Kunlun Mountains, Xinjiang; Late Triassic Wolonggang Formation.

1992   Sun Ge, Zhao Yanhua, p. 550, pl. 245, figs. 6, 7, 9; leaves; Shiren of Hunjiang, Jilin; Late Triassic Xiaohekou Formation.

1992   Wang Shijun, p. 52, pl. 21, figs. 15, 21; leaves; Ankou of Lechang, Guangdong; Late Triassic.

1996   Wu Shunqing, Zhou Hanzhong, p. 10, pl. 7, fig. 8; pl. 8, figs. 1, 2, 4, 5, 6 (?), 7, 8 (?); pl. 9, fig. 4; pl. 10, fig. 3; leaves; Kuqa, Xinjiang; Middle Triassic "Karamay Formation".

Cf. *Glossophyllum shensiense* Sze

1982   Li Peijuan, Wu Xiangwu, pl. 13, figs. 3, 4; leaves; Xiangcheng, Sichuan; Late Triassic Lamaya Formation.

△*Glossophyllum*? *shensiense* Sze, 1956

1901   Cordaitaceen Blätter *Noeggerathiopsis hislopi*, Krasser, p. 7, pl. 2, figs. 1, 2; leaves; Shaanxi; Late Triassic Yenchang Formation.

1936   ? *Noeggerathiopsis hislopi*, Pan Zhongxiang, p. 31, pl. 13, figs. 1—3; leaves; Shaanxi; Late Triassic Yenchang Formation.

1956a   Sze H C, pp. 48, 153, pl. 38, figs. 4, 4a; pl. 48, figs. 1—3; pl. 49, figs. 1—6; pl. 50, fig. 3; pl. 53, fig. 7b; pl. 55, fig. 5; leaves and twigs; 15 specimens, Reg. No. : PB2455—PB2468; Repository: Nanjing Institute of Geology and Palaeontonlogy, Chinese Academy of Sciences; Yinjun, Yanchang and Suide, Shaanxi; Late Triassic Yenchang Formation.

1956b   Sze H C, pp. 285, 289, pl. 1, fig. 1; leaf; Lizhuangli of Guyuan, Gansu; Late Triassic Yenchang Formation.

1963　Lee H H and others, p. 128, pl. 99, fig. 1; leaf; Northwest China; Late Triassic Yenchang Group.

1963　Sze H C, Lee H H and others, p. 257, pl. 88, figs. 7, 8; pl. 89, figs. 11, 12; pl. 90, fig. 10; leaves and twigs; Yinjun, Yanchang and Suide of Shaanxi, Huating of Gansu, Junggar of Xinjiang; Late Triassic Yenchang Group.

1976　Chow Huiqin and others, p. 211, pl. 113, fig. 4; leaf; Wuziwan of Jungar Banner, Inner Mongolia; Middle Triassic upper member of Ermaying Formation; Liulingou of Tongchuan, Shaanxi; Late Triassic upper member of Yenchang Group.

1977　Exploration Department of Changchun College of Geology and others, pl. 4, figs. 1, 4; leaves; Shiren of Hunjiang, Jilin; Late Triassic Xiaohekou Formation.

1977a　Feng Shaonan and others, p. 240, pl. 95, figs. 3, 4; leaves; Mianchi, Henan; Late Triassic Yenchang Formation; Yuanan and Nanzhang, Hubei; Late Triassic Xiamei Formation of Hsiangchi Group.

1978　Zhou Tongshun, p. 119, pl. 27, fig. 6; leaf; Dakeng of Zhangping, Fujian; Late Triassic Dakeng Formation.

1979　He Yuanliang and others, p. 153, pl. 76, figs. 5, 6; pl. 78, fig. 1; leaves; Babaoshan of Dulan, Qinghai; Late Triassic Babaoshan Group.

1980　Huang Zhigao, Zhou Huiqin, p. 108, pl. 9, fig. 3; pl. 41, fig. 3; pl. 43, fig. 2; leaves; Liulingou of Tongchuan, Shaanxi; Late Triassic Yenchang Formation; Wuziwan of Jungar, Inner Mongolia; Middle Triassic Ermaying Formation.

1982a　Liu Zijin, p. 135, pl. 68, fig. 1; leaf; Liulingou of Tongchuan, Shaanxi; Late Triassic upper member of Yenchang Formation.

1982　Wang Guoping and others, p. 279, pl. 126, fig. 5; leaf; Dakeng of Zhanping, Fujian; Late Triassic Dakeng Formation.

1983　He Yuanliang, p. 189, pl. 29, figs. 8, 9; leaves; eastern Qilian, Qinghai; Late Triassic Galedesi Formation of Mole Group.

1983　Ju Kuixiang and others, p. 125, pl. 3, fig. 11; leaf; Fanjiatang of Nanjing, Jiangsu; Late Triassic Fanjiatang Formation.

1984　Mi Jiarong and others, pl. 1, fig. 7; leaf; West Hill, Beijing; Late Triassic Xingshikou Formation.

1985　Yang Guanxiu, Huang Qisheng, p. 204, fig. 3-111; leaf; Shaanxi, Gansu and Ningxia; Middle Triassic Tungchuan Formation, Late Triassic Yenchang Formation; Xinjiang, Henan, Sichuan, Yunnan; Late Triassic.

1988　Chen Chuzheng and others, pl. 6, fig. 6; leaf; Fanjiatang of Nanjing, Jiangsu; Late Triassic Fanjiatang Formation.

1988a　Huang Qisheng, Lu Zongsheng, p. 184, pl. 1, fig. 3; leaf; Shuanghuaishu of Lushi, Henan; Late Triassic lower member of Yenchang Formation.

1993　Mi Jiarong and others, p. 138, pl. 38, figs. 5—7; pl. 39, figs. 3a, 5, 9; pl. 40, figs. 1—6, 11; leaves; Dajianggang of Shuangyang, Jilin; Late Triassic Dajianggang Formation; South Well of Bamianshi Coal Mine of Shuangyang, Jilin; Late Triassic upper member of Xiaofengmidingzi Formation; Beishan of Shiren, Hunjiang, Jilin; Late Triassic Beishan Formation (Xiaohekou Formation); Yangcaogou of Beipiao, Liaoning; Yangcaogou

Formation; Shanggu of Chengde, Hebei, Daanshan of Fangshan, Beijing; Late Triassic Xingshikou Formation.

1993a　Wu Xiangwu, p. 85.

1994　Xiao Zhongzheng and others, pl. 13, fig. 4; leaf; Xingshikou of Shijingshan, Beijing; Late Triassic Xingshikou Formation.

1995a　Li Xingxue (editor-in-chief), pl. 71, fig. 3; leaf; Xingshuping of Yijun, Shaanxi; Late Triassic upper part of Yenchang Formation. (in Chinese)

1995b　Li Xingxue (editor-in-chief), pl. 71, fig. 3; leaf; Xingshuping of Yijun, Shaanxi; Late Triassic upper part of Yenchang Formation. (in English)

Glossophyllum zeilleri (Seward) Sze ex Hsu et al., 1979

1938　*Peloudea zeilleri* Seward, in Brown, 1938.

1956a　*Glossophyllum*? *zeilleri* (Seward) Sze, Sze H C, pp. 51, 157; leaves; Tonkin (Tongking) of Vietnam, Yunnan of China; Late Triassic.

1979　Hsu J, p. 66, pl. 70, fig. 4; linguiform lobe; Yongren, Yunnan; Late Triassic Daqiaodi Formation.

△*Glossophyllum*? *zeilleri* (Seward) Sze, 1956

1938　*Peloudea zeilleri* Seward, in Brown C, 1938.

1956a　Sze H H, p. 51, 157; leaves; Tonkin (Tongking) of Vietnam, Yunnan of China; Late Triassic.

1984　Mi Jiarong and others, pl. 1, fig. 10; leaf; West Hill, Beijing; Late Triassic Xingshikou Formation.

1985　Mi Jiarong, Sun Chunlin, pl. 1, fig. 19; pl. 2, figs. 1a, 2; leaves; South Well in Bamianshi Coal Mine of Shuangyang, Jilin; Late Triassic Xiaofengmidingzi Formation.

1992　Wang Shijun, p. 52, pl. 21, fig. 5; leaf; Guanchun and Ankou of Lechang Guangdong; Late Triassic.

Glossophyllum spp.

1981　*Glossophyllum* sp., Zhou Huiqin, pl. 2, fig. 8; leaf; Yangcaogou of Beipiao, Liaoning; Late Triassic Yangcaogou Formation.

1982　*Glossophyllum* sp., Duan Shuying, Chen Ye, p. 508, pl. 15, fig. 4; leaf; Tanba of Hechuan, Sichuan; Late Triassic Hsuchiaho Formation.

1982　*Glossophyllum* sp., Zhang Caifan, p. 536, pl. 347, figs. 1, 2; leaves; Dataiyangshan of Chenxi, Hunan; Late Triassic.

1992　*Glossophyllum* sp., Meng Fansong, p. 705, pl. 3, figs. 1, 2; leaves; Hujiaju of Nanzhang, Hubei; Late Triassic Jiuligang Formation.

1995　*Glossophyllum* sp., Xie Mingzhong, Zhang Shusheng, pl. 1, fig. 9; leaf; Zhangjiakou, Hebei; late Early Jurassic Yangquan Formation.

1999b　*Glossophyllum* sp., Wu Shunqing, p. 45, pl. 38, figs. 8, 9; pl. 51, figs. 3, 4; pl. 52, figs. 1—3; leaves and cuticles; Langdai of Liuzhi, Guizhou; Late Triassic Huobachong Formation.

Glossophyllum? spp.

1976　*Glossophyllum*? sp., Li Peijuan and others, p. 129, pl. 41, fig. 6; leaf; Mupangpu of Xiangyun, Yunnan; Late Triassic Baitutian Member of Xiangyun Formation.

1977   *Glossophyllum*? sp. , Exploration Department of Changchun College of Geology and others, pl. 4, fig. 6; leaf; Shiren of Hunjiang, Jilin; Late Triassic Xiaohekou Formation.
1981   *Glossophyllum*? sp. , Liu Maoqiang, Mi Jiarong, p. 27, pl. 1, fig. 18; leaf; Yihuo of Linjiang, Jilin; Early Jurassic Yihuo Formation.
1982b   *Glossophyllum*? sp. , Liu Zijin, pl. 2, fig. 16; leaf; Daolengshan of Jingyuan, Gansu; Early Jurassic.
1983   *Glossophyllum*? sp. , Sun Ge and others, p. 455, pl. 1, fig. 10; leaf; Dajianggang of Shuangyang, Jilin; Late Triassic.
1990   *Glossophyllum*? sp. , Wu Shunqing, Zhou Hanzhong, p. 454, pl. 22, fig. 5; leaf; Kuqa, Xinjiang; Early Triassic Ehuobulake Formation.
1992   *Glossophyllum*? sp. , Wang Shijun, p. 52, pl. 22, fig. 9; leaf; Guanchun of Lechang, Guangdong; Late Triassic.

? *Glossophyllum* spp.
1984   ? *Glossophyllum* sp. , Gu Daoyuan, p. 153, pl. 77, fig. 3; leaf; Kapushaliang of Kuqa, Xinjiang; Early Jurassic Tariqike Formation.
1987   ? *Glossophyllum* sp. , He Dechang, p. 82, pl. 16, fig. 1; leaf; Paomaling of Puqi, Hubei; Late Triassic Jigongshan Formation.

Genus *Hartzia* Harris, 1935 (non Nikitin, 1965)
[Notes: The *Hartzia* Nikitin, 1965 is a homonym junius of Hartzia Harris, 1935 (the volume Ⅵ; Wu Xiangwu, 1993a)]
1935   Harris, p. 42.
1970   Andrews, p. 100.
1982   Zhang Wu, p. 190.
1993a   Wu Xiangwu, p. 89.
Type species: *Hartzia tenuis* (Harris) Harris, 1935
Taxonomic status: Czekanowskiales

Hartzia tenuis (Harris) Harris, 1935
1926   *Phoenicopsis tenuis* Harris, p. 106, pl. 3, figs. 6, 7; pl. 4, figs. 5, 6; pl. 10, fig. 5; text-figs. 26A—26E; leaves and cuticles; Scoresby Sound of East Greenland, Denmark; Late Triassic *Lepidopteris* Zone (Rhaetic).
1935   Harris, p. 42, text-fig. 20; leaf; Scoresby Sound of East Greenland, Denmark; Late Triassic *Lepidopteris* Zone (Rhaetic).
1970   Andrews, p. 100.
1993a   Wu Xiangwu, p. 89.

Cf. *Hartzia tenuis* (Harris) Harris
1982   Zhang Wu, p. 190, pl. 2, figs. 9, 10; leaves; Lingyuan, Liaoning; Late Triassic Laohugou Formation.
1993   Mi Jiarong and others, p. 133, pl. 36, fig. 17; leaf; Lingyuan, Liaoning; Late Triassic Laohugou Formation.

1993a Wu Xiangwu, p. 89.

?*Hartzia tenuis* (Harris) Harris
1986   Ye Meina and others, p. 73, pl. 47, figs. 10, 10a; leaf; Daxian, Sichuan; Later Triassic member 7 of Hsuchiaho Formation.

△*Hartzia latifolia* Mi, Zhang, Sun et al., 1993
1993   Mi Jiarong Zhang Chunbo, Sun Chunlin and others, p. 133, pl. 36, fig. 20, 22; text-fig. 34; leaves; Reg. No.: SHb440, SHb441; Holotype: SHb440 (pl. 36, fig. 20); Repository: Department of Geological History and Palaeontology, Changchun College of Geology; Shuangyang, Jilin; Late Triassic upper member of Xiaofengmidingzi Formation.

Hartzia sp.
1993   *Hartzia* sp., Mi Jiarong and others, p. 134, pl. 36, figs. 16; text-fig. 35; leaf; Bamianshi Coal Mine of Shuangyang, Jilin; Late Triassic upper member of Xiaofengmidingzi Formation.

Genus *Ixostrobus* Raciborski, 1891
1891b Raciborski, p. 356 (12).
1980   Wu Shunqing and others, p. 114.
1993a Wu Xiangwu, p. 92.

Type species: *Ixostrobus siemiradzkii* Raciborski, 1891

Taxonomic status: Czekanowskiales?

Ixostrobus siemiradzkii (Raciborski) Raciborski, 1891
1891a   *Taxites siemiradzkii* Raciborski, p. 315 (24), pl. 5, fig. 7; microsporangium; Poland; Late Triassic.
1891b   Raciborski, p. 356 (12), pl. 2, figs. 5—8, 20b; microsporangium; Poland; Late Triassic.
1987   Zhang Wu, Zheng Shaolin, p. 307, pl. 24, fig. 8; pl. 25, fig. 4; fruit capsules; Taizishan in Changgao of Beipiao, Liaoning; Middle Jurassic Lanqi Formation.
1988   Li Peijuan and others, p. 118, pl. 9, figs. 1B, 1b; pl. 77, fig. 2B, 2aB; pl. 78, fig. 4B, 4aB; fruit capsules; Dameigou, Qinghai; Early Jurassic *Cladophlebis* Bed of Huoshaoshan Formation and *Hausmannia* Bed of Tianshuigou Formation.
1993a   Wu Xiangwu, p. 92.
2003   Yuan Xiaoqi and others, pl. 14, fig. 5; pl. 15, figs. 5, 6; fruit capsules; Gaotou of Dalad Banner, Inner Mongolia; Middle Jurassic Yan'an Formation.

△*Ixostrobus delicatus* Sun et Zheng, 2001 (in Chinese and English)
2001   Sun Ge, Zheng Shaolin, in Sun Ge and others, pp. 86, 192, pl. 13, fig. 6; pl. 49, fig. 7; pl. 51, fig. 9; pl. 53, fig. 15(?); pl. 63, fig. 12; pl. 68, figs. 5, 6, 13(?); fruit capsules; 5 specimens, Reg. No.: PB19008, PB19069, PB19071, PB19087, PB19107; Holotype: PB19069; Repository: Nanjing Institute of Palaeontology and Geology, Chinese Academy of Sciences; western Liaoning; Late Jurassic Jianshangou Formation.

Ixostrobus groenlandicus Harris, 1935

1935　Harris, p. 147, pl. 27, figs. 12, 13; pl. 28, figs. 1—4, 7—10, 12; text-fig. 59G; male cones; East Greenland, Denmark; Early Jurassic.

1986　Ye Meina and others, p. 74, pl. 48, fig. 2; strobilus; Qilixia of Kaijiang, Sichuan; Early Jurassic Zhenzhuchong Formation.

1987　Zhang Wu, Zheng Shaolin, p. 307, pl. 24, fig. 5; text-fig. 35; strobilus; Pandaogou in Jinxi of Liaoning, Niuyingzi and Changheyingzi in Beipiao of Liaoning; Middle Jurassic Haifanggou Formation; Taizishan in Changgao of Beipiao, Liaoning; Middle Jurassic Lanqi Formation.

1988　Li Peijuan and others, p. 118, pl. 75, figs. 3a, 3aA; strobilus; Dameigou, Qinghai; Middle Jurassic *Neocalamites nathorsti* Bed of Tianshuigou Formation.

△*Ixostrobus hailarensis* Deng, 1997 (in Chinese and English)

1997　Deng Shenghui and others, pp. 46, 105, pl. 26, figs. 1B, 3, 4; pl. 27, figs. 4—8; text-fig. 12; male cones, appendages and cuticles; Repository: Scientific Research Institute of Petroleum Exploration and Development; Jalai Nur, Inner Mongolia; Early Cretaceous Yimin Formation. (Notes: The type specimen was not designated in the original paper)

Ixostrobus heeri Prynada, 1951

1951　Prynada, pl. 16, figs. 7—13; strobili; Irkutsk Basin, USSR; Jurassic.

1982a　Yang Xuelin, Sun Liwen, p. 593, pl. 2, fig. 8; male cone; Shahezi, Songliao Basin; Late Jurassic Shahezi Formation.

1982b　Yang Xuelin, Sun Liwen, p. 52, pl. 21, figs. 13, 14; male cones; Wanbao of Taoan, Jilin; Middle Jurassic Wanbao Formation.

1985　Yang Xuelin, Sun Liwen, p. 107, pl. 2, fig. 2; male cone; Wanbao of Taoan, Jilin; Middle Jurassic Wanbao Formation.

1987　Zhang Wu, Zheng Shaolin, p. 308; male cone; Beipiao, Liaoning; Early Jurassic Peipiao Formation.

1988　Chen Fen and others, p. 75, pl. 48, figs. 1, 2; pl. 68, fig. 2; male cone; Haizhou and Xinqiu of Fuxin, Liaoning; Early Cretaceous Fuxin Formation; Dalong of Tiefa, Liaoning; Early Cretaceous upper member of Xiaoming'anbei Formation.

1992　Cao Zhengyao, p. 241, pl. 6, fig. 11; male cone; Dongning, Heilongjiang; Early Cretaceous member 2 of Chengzihe Formation.

1994　Cao Zhengyao, fig. 5g; male cone; Jixi, Heilongjiang; Early Cretaceous member 2 of Chengzihe Formation.

Ixostrobus lepida (Heer) Harris, 1974

1880　*Ginkgo lepida* Heer, p. 17, pl. 4, figs. 9b, 10b, 11b, 12b; strobili; East Siberia, Russia; Jurassic.

1912　*Stenorachis lepida* (Heer) Seward, p. 13, pl. 1, fig. 8; strobilus; Heilongjiang River Basin; Jurassic.

1974　Harris and others, p. 131.

1984　Li Baoxian, Hu Bin, p. 143, pl. 3, fig. 15; male cones; Yongdingzhuang of Datong, Shanxi; Early Jurassic Yongdingzhuang Formation.

1986　Ye Meina and others, p. 75, pl. 48, figs. 5, 5a; male cones; Tieshan of Daxian, Sichuan; Late Triassic member 3 of Hsuchiaho Formation.
1987　Zhang Wu, Zheng Shaolin, p. 308; male cones; Shuangmiao of Lingyuan, Liaoning; Middle Jurassic Haifanggou Formation.
1996　Mi Jiarong and others, p. 135, pl. 32, figs. 13; male cones; Shimenzhai Funing, Hebei; Early Jurassic Peipiao Formation.
1997　Deng Shenghui and others, p. 46, pl. 26, fig. 8; male cones; Dayan Basin, Inner Mongolia; Early Cretaceous Damoguaihe Formation.

△*Ixostrobus magnificus* Wu, 1980
1980　Wu Shunqing and others, p. 114, pl. 33, figs. 2, 3; microsporangium; 2 specimens, Reg. No.: PB6902, PB6903; Holotype: PB6903 (pl. 33, fig. 3); Repository: Nanjing Institute of Palaeontology and Geology, Chinese Academy of Sciences; Daxiakou of Xingshan, Hubei; Early and Middle Jurassic Hsiangchi Formation.
1984　Chen Gongxin, p. 607, pl. 261, fig. 2; male cones; Daxiakou of Xingshan, Hubei; Early Jurassic Hsiangchi Formation.
1993a Wu Xiangwu, p. 92.

Ixostrobus cf. *magnificus* Wu
1984　Wang Ziqiang, p. 272, pl. 129, figs. 13, 14; male cones; Huairen, Shanxi; Early Jurassic Yongdingzhuang Formation.

Ixostrobus whitbiensis Harris et Miller, 1974
1974　Harris, Miller, p. 131, pl. 8, figs. 2—11; text-fig. 40; male cones and cuticles; Yorkshire, England; Middle Jurassic.

Ixostrobus cf. *whitbiensis* Harris et Miller
1987　Duan Shuying, p. 56, pl. 17, fig. 18; pl. 18, fig. 2; pl. 19, fig. 3; pl. 20, fig. 7; male cones; Zhaitang of West Hill, Beijing; Middle Jurassic Mentougou Coal Series.
1989　Duan Shuying, pl. 2, fig. 6; male cones; Zhaitang of West Hill, Beijing; Middle Jurassic Mentougou Coal Series.

Ixostrobus spp.
1984　*Ixostrobus* sp., Zhou Zhiyang, p. 48, pl. 28, figs. 6—8; male cones; Hebutang of Qiyang, Hunan; Early Jurassic middle and lower part of Guanyintan Formation.
1986　*Ixostrobus* sp., Ye Meina and others, p. 75, pl. 48, figs. 6, 6a, 9A, 9a; male cones; Qilixia of Kaijiang, Sichuan; Late Triassic member 7 of Hsuchiaho Formation; Tieshan of Daxian, Sichuan; Early Jurassic Zhenzhuchong Formation.
1987　*Ixostrobus* sp., Zhang Wu, Zheng Shaolin, p. 308, pl. 17, figs. 4—4c; male cones; Taizishan of Beipiao, Liaoning; Middle Jurassic Lanqi Formation.
1988　*Ixostrobus* sp., Li Peijuan and others, p. 119, pl. 75, fig. 4; male cones; Dameigou, Qinghai; Middle Jurassic *Neocalamites nathorsti* Bed of Shimengou Formation.
1996　*Ixostrobus* sp., Mi Jiarong and others, p. 135, pl. 32, figs. 11, 14; male cones; Beipiao, Liaoning; Early Jurassic Peipiao Formation.

Ixostrobus? sp.
1988　*Ixostrobus*? sp. 2, Li Peijuan and others, p. 119, pl. 76, figs. 5, 5a; male cones; Dameigou,

Qinghai; Early Jurassic *Hausmannia* Bed of Tianshuigou Formation.

Genus *Karkenia* Archangelsky, 1965
1965　Archangelsky, p. 132.
2002　Zhou Zhiyan and others, p. 95.
Type species: *Karkenia incurva* Archangelsky, 1965
Taxonomic status: Ginkgoales

Karkenia incurva Archangelsky, 1965
1965　Archangelsky, p. 132, pl. 1, fig. 10; pl. 2, figs. 11, 14, 16, 18; pl. 5, figs. 29—32; text-figs. 13—19; branches with the structure of seeds; Santa Cruz, Argentina; Early Cretaceous.

△*Karkenia henanensis* Zhou, Zhang, Wang et Guignard, 2002 (in English)
2002　Zhou Zhiyan Zhang Bole, Wang Yangdong, Guignard G, p. 95, pl. 1, figs. 1—4; pls. 2—4; Reg. No.: PB19235—PB19238; Holotype: PB19235 (pl. 1, figs. 1, 4); Paratype: PB19236—PB19239; Repository: Nanjing Institute of Geology and Palaeontology, Chinese Academy of Sciences; Yima Opencast Coal Mine, Henan; Middle Jurassic Yima Formation.

Genus *Leptostrobus* Heer, 1876
1876　Heer, p. 72.
1941　Stockmans, Mathieu, p. 54.
1993a　Wu Xiangwu, p. 95.
Type species: *Leptostrobus laxiflora* Heer, 1876
Taxonomic status: Czekanowskiales

Leptostrobus laxiflora Heer, 1876
1876　Heer, p. 72, pl. 13, figs. 10—13; pl. 15, fig. 9, 9b; strobili; Irkutsk Basin, Russia; Jurassic.
1987　Duan Shuying, p. 54, pl. 8, fig. 3; text-fig. 15; male cones; Zhaitang of West Hill, Beijing; Middle Jurassic of Mentougou Coal Series.
1993a　Wu Xiangwu, p. 95.
2003　Miao Yuyan, p. 264, pl. 1, figs. 1—12; leaves; Baiyang River area of Junggar, Xinjiang; Middle Jurassic of Xishanyao Formation.

Cf. *Leptostrobus laxiflora* Heer
1941　Stockmans, Mathieu, p. 54, pl. 5, figs. 2, 2a; male cones; Datong, Shanxi; Jurassic.
1993a　Wu Xiangwu, p. 95.

Leptostrobus cf. *laxiflora* Heer
1996　Mi Jiarong and others, p. 134, pl. 32, fig. 16; male cones; Sanbao of Beipiao, Liaoning; Middle Jurassic Haifanggou Formation.

Leptostrobus cancer Harris, 1951
1951   Harris, p. 487, pl. 18, fig. 19; pl. 19, figs. 20, 22—26; text-figs. 2, 3A—3C, 3E—3G, 4A, 4B; male cones; Yorkshire, England; Middle Jurassic.
1987   Zhang Wu, Zheng Shaolin, p. 306, pl. 25, fig. 9, 10; text-fig. 34; male cones; Changheyingzi and Niuyingzi of Beipiao, Liaoning; Middle Jurassic Haifanggou Formation.

Leptostrobus cf. L. cancer Harris
1986   Ye Meina and others, p. 74, pl. 48, fig. 7, 7a; male cones; Wenquan of Kaixian, Sichuan; Late Triassic member 7 of Hsuchiaho Formation.

△Leptostrobus latior Mi, Sun C, Sun Y, Cui et Ai, 1996 (in Chinese)
1996   Mi Jiarong, Sun Chunlin, Sun Yuewu, Cui Shangen, Ai Yangliang, in Mi Jiarong and others, p. 133, pl. 33, figs. 6—9; text-fig. 18; strobili and cuticles; Reg. No: BL-9002; Holotype: BL-9002 (pl. 33, fig. 6); Repository: Department of Palaeontology and Geological History, Changchun College of Geology; Beipiao, Liaoning; Early Jurassic lower member of Peipiao Formation.

Leptostrobus longus Harris, 1935
1935   Harris, p. 138, pl. 7, fig. 1—5; 6—10(?), 11—17; pl. 24, fig 8(?); text-fig. 49, 50-I; cones and cuticles; East Greenland, Denmark; Early Jurassic *Thaumatopteris* Zone.

Leptostrobus cf. longus Harris
1982b   Liu Zijin, pl. 2, figs. 17, 18; cones; Jingyuan, Gansu; Early Jurassic.

△Leptostrobus lundladiae Duan, 1987
1987   Duan Shuying, p. 55, pl. 20, figs. 1—5; cones; Reg. No: S-PA-86-689, S-PA-86-692, S-PA-86-693; Holotype: S-PA-86-692 (pl. 20, figs. 4, 5); Repository: Palaeobotany Department of Natural and Historical Museum of Sweden; Zhaitang of West Hill, Beijing; Middle Jurassic Mentougou Coal Series.
1996   Mi Jianrong and others, p. 134, pl. 32, fig. 16; cone; Shimenzhai of Funing, Hebei; Early Jurassic Peipiao Formation.

Leptostrobus marginatus Samylina, 1967
1967   Samylina, p. 150, pl. 11, figs. 4—7; cones; Irkutsk Basin, USSR; Late Jurassic.
2001   Zheng Shaolin and others, pl. 1, figs. 1—5; cones; Liujiagou of Beipiao, Liaoning; Middle—Late Jurassic member 3 of Tuchengzi Formation.

Leptostrobus cf. marginatus Samylina
1999   Cao Zhengyao, p. 84, pl. 26, fig. 17(?); pl. 34, figs. 12, 13; text-fig. 27; capsular fruits; Zhuji, Zhejiang; Early Cretaceous Shouchang Formation.

△Leptostrobus sinensis Sun et Zheng, 2001 (in Chinese and English)
2001   Sun Ge, Zheng Shaolin, in Sun Ge and others, pp. 85, 192, pl. 14, figs. 5, 6; pl. 49, figs. 5; cones; Reg. No: PB19066, PB19067, ZY3019; Holotype: PB19066 (pl. 14, fig. 5); Repository: Nanjing Institute of Geology and Palaeontology, Chinese Academy of Sciences; western Liaoning; Late Jura-ssic Jianshangou Formation.

△*Leptostrobus sphaericus* **Wang, 1984**
1984 Wang Ziqiang, p. 271, pl. 154, figs. 6—8; cones; Reg. No. : P0342—P0344; Holotype: P0343 (pl. 154, fig. 7); Paratype: P0344 (pl. 154, figs. 8, 8a); Repository: Nanjing Institute of Geology and Palaeontology, Chinese Academy of Sciences; Weichang, Hebei; Late Jurassic Zhangjiakou Formation.

Leptostrobus **spp.**
1987 *Leptostrobus* sp. , Qian Lijun and others, pl. 22, fig. 3; cone; Kaokaowusugou of Shenmu, Shaanxi; Middle Jurassic member 3 of Yan'an Formation.
1988 *Leptostrobus* sp. , Li Peijuan and others, p. 115, pl. 82, fig. 3; pl. 84, fig. 5; capsules; Dameigou of Qaidam, Qinghai; Early Jurassic Tianshuigou Formation.
1993c *Leptostrobus* sp. , Wu Xiangwu, p. 82, pl. 6, figs. 7, 7a; capsule; Shangxian, Shaanxi; Early Cretaceous lower member of Fengjiashan Formation.

Genus *Phoenicopsis* Heer, 1876
1876 Heer, p. 51.
1884 Schenk, p. 176 (14).
1963 Sze H C, Lee H H and others, p. 251.
1993a Wu Xiangwu, p. 113.
Type species: *Phoenicopsis angustifolia* Heer, 1876
Taxonomic status: Czekanowskiales

Phoenicopsis angustifolia Heer, 1876
1876 Heer, p. 51, pl. 1, fig. 1d; pl. 2, fig. 3b; p. 113, pl. 31, figs. 7, 8; leaves; Irkutsk of upper reaches of Heilongjiang River Basin; Jurassic.
1901 Krasser, p. 149, pl. 2, fig. 5; pl. 3, fig. 4a; leaves; Sandaoling (Santoling) between Hami and Turfan, Xinjiang; Jurassic.
1903 Potonié, p. 117; leaves; Sandaoling (Santoling) between Hami and Turfan, Xinjiang; Jurassic.
1906 Krasser, p. 610, pl. 3, figs. 3, 4; leaves; Jiaohe (Chiaoho), Jilin; Jurassic.
1950 Ôishi, p. 116, pl. 37, fig. 1; leaf; northeastern China; Jurassic.
1963 Sze H C, Lee H H and others, p. 252, pl. 87, figs. 4—6; pl. 88, figs. 2, 3; pl. 89, fig. 5; leaves and short shoots in Sandaoling (Santoling) southern Tyrkytag Mountians between Hami and Turfan, and Junggar of Xinjiang, Yuqia in Qaidam of Qinghai, Jiaohe (Chiaoho) of Jilin, Fugu of Shaanxi; Jurassic.
1977a Feng Shaonan and others, p. 240, pl. 96, fig. 1; leaves; Yima of Mianchi, Henan; Early— Middle Jurassic.
1979 He Yuanliang and others, p. 152, pl. 74, fig. 5; leaves; Yuqia of Qaidam, Qinghai; Middle Jurassic Dameigou Formation.
1980 Wu Shunqing and others, p. 113, pl. 30, fig. 2; leaves; Xiangxi of Zigui, Hubei; Early— Middle Jurassic Hsiangchi Formation.
1980 Zhang Wu and others, p. 289, pl. 146, fig. 8; pl. 183, figs. 5, 6; leaves; Wangziwen of Ju Ud League, Liaoning; Early Cretaceous Jiufotang Formation.

1980   Huang Zhigao, Zhou Huiqin, p. 108, pl. 59, fig. 7b; pl. 60, fig. 8; leaves; Zaoyuan of Yan'an and Wenjiagou of Anzhai, Shaanxi; Middle Jurassic lower and upper parts of Yan'an Formation.

1982a Liu Zijin, p. 134, pl. 73, figs. 1, 2; leaves; Shengqigou of Alxa Right Banner, Inner Mongolia; Middle Jurassic Qingtujing Group(?).

1982   Wang Guoping and others, p. 278, pl. 127, fig. 4; leaves; Maolong of Suichang, Zhejiang; Middle Jurassic Maolong Formation.

1982b Yang Xuelin, Sun Liwen, p. 53, pl. 22, fig. 6; pl. 23, figs. 1, 2; leaves and short shoots; Wanbao, Xing'anbao, Yumin, Dayoutun, Heidingshan and Xinlitun of Taoan, Jilin; Middle Jurassic Wanbao Formation.

1983   Sun Ge, p. 453, pl. 2, fig. 7; leaves; Dajianggang of Shuangyang, Jilin; Late Triassic Dajianggang Formation.

1984   Chen Fen and others, p. 63, pl. 32, figs. 1—4; pl. 31, figs. 3—5; leaves; West Hill, Beijing; Early Jurassic Lower Yaopo Formation and Middle Jurassic Upper Yaopo Formation.

1984   Chen Gongxin, p. 606, pl. 263, fig. 7; pl. 264, fig. 6; leaves; Xiangxi of Zigui, Jinshandian of Daye, Hubei; Early Jurassic Hsiangchi Formation and Wuchang Formation.

1984   Gu Daoyuan, p. 153, pl. 69, fig. 4; pl. 77, fig. 9; pl. 80, figs. 11, 12; leaves; Shuigou of Manas and Akya of Hefeng, Xinjiang; Early Jurassic Sangonghe Formation.

1984   Li Baoxian, Hu Bin, p. 142, pl. 4, fig. 10; leaves; Qifengshan of Datong, Shanxi; Early Jurassic Yondingzhuang Formation.

1984   Wang Ziqiang, p. 279, pl. 155, fig. 8; leaves; Fengning, Hebei; Early Cretaceous Jiufotang Formation.

1985   Li Peijuan, p. 148, pl. 19, fig. 2; pl. 20, figs. 1C, 2; pl. 21, figs. 2, 3; leaves; West Qiongtailan and Tagelake of Wensu, Xinjiang; Early Jurassic.

1985   Mi Jiarong, Sun Chunlin, pl. 1, fig. 18; leaves; Bamianshi of Shuangyang, Jilin; Late Triassic Xiaofengmidingzi Formation.

1985   Yang Guanxiu, Huang Qisheng, p. 203; Northwest China, Northeast China, North China; Late Triassic—Early Cretaceous.

1985   Yang Xuelin, Sun Liwen, p. 107, pl. 3, fig. 9; leaves; Hongqi of Taoan, Jilin; Early Jurassic Hongqi Formation.

1986   Duan Shuying and others, pl. 1, fig. 4; leaves; southern margin of Ordos Basin; Middle Jurassic Yan'an Formation.

1986   Li Xingxue and others, p. 27, pl. 33, fig. 1; leaves; Shansong of Jiaohe Basin, Jilin; Early Cretaceous Naizishan Formation.

1987   Duan Shuying, p. 48, pl. 17, fig. 7; pl. 18, figs. 4, 5; leaves; Zhaitang of West Hill, Beijing; Middle Jurassic Mentougou Coal Series.

1988   Chen Fen and others, p. 73, pl. 44, figs. 4—7; pl. 46, figs. 1—4; pl. 65, figs. 8, 9; leaves and cuticles; Fuxin and Tiefa, Liaoning; Early Cretaceous Fuxin Formation and Xiaoming'anbei Formation.

1988   Zhang Hanrong and others, pl. 1, fig. 7; leaves; Baicaoyao of Yuxian, Hebei; Early Jurassic Zhengjiayao Formation.

1989	Duan Shuying, pl. 1, fig. 3; leaves; Zhaitang of West Hill, Beijing; Middle Jurassic Mentougou Coal Series.
1989	Mei Meitang and others, p. 108, pl. 59, fig. 1; leaves; North China; Late Triassic—Early Cretaceous.
1991	Bureau of Geology and Mineral Resources of Municipality of Beijing, pl. 12, fig. 7; leaf; Daanshan, Beijing; Early Jurassic Lower Yaopo Formation.
1991	Zhao Liming, Tao Junrong, pl. 2, fig. 12; leaves; Pingzhuang of Chifeng, Inner Mongolia; Late Jurassic Xingyuan Formation.
1992	Sun Ge, Zhao Yanhua, p. 548, pl. 245, figs. 1,2; pl. 246, fig. 3; pl. 249, fig. 8; leaves; Huadian, Jilin; Early Jurassic(?); Wangqing, Jilin; Late Triassic Malugou Formation.
1993	Mi Jiarong and others, p. 135, pl. 37, figs. 1—3, 5—7, 10; leaves; Dongning, Heilongjiang; Late Triassic Luoquanzhan Formation; Wangqing of Shuangyang, Jilin; Late Triassic Malugou Formation and upper member of Xiaofengmidingzi Formation.
1993a	Wu Xiangwu, p. 113.
1995	Deng Shenghui, p. 56, pl. 16, fig. 4; pl. 25, fig. 1; leaves; Huolinhe Basin, Inner Mongolia; Early Cretaceous Lower Coal-bearing Member of Huolinhe Formation.
1995a	Li Xingxue (editor-in-chief), pl. 94, fig. 3; leaves; Zhaitang of West Hill, Beijing; Middle Jurassic Yaopo Formation. (in Chinese)
1995b	Li Xingxue (editor-in-chief), pl. 94, fig. 3; leaves; Zhaitang of West Hill, Beijing; Middle Jurassic Yaopo Formation. (in English)
1995	Wang Xin, pl. 2, figs. 7, 9; leaves; Tongchuan, Shaanxi; Middle Jurassic Yan'an Formation.
1996	Chang Jianglin, Gao Qiang, pl. 1, fig. 14; leaves; Tannigou of Ningwu, Shanxi; Middle Jurassic Datong Formation.
1996	Mi Jiarong and others, p. 131, pl. 30, figs. 2—7; pl. 31, figs. 4, 6—8; pl. 32, fig. 12a; leaves and cuticles; Beipiao of Liaoning, Funing of Hebei; Early Jurassic Peipiao Formation; Xinglonggou of Beipiao, Liaoning; Middle Jurassic Haifanggou Formation.
1997	Deng Shenghui, p. 45, pl. 25, figs. 3, 4; pl. 29, figs. 1, 2A, 3, 4; leaves; Jalai Nur and Dayan Basin, Inner Mongolia; Early Cretaceous Yimin Formation; Labudaling, Dayan and Mianduhe basins, Inner Mongolia; Early Cretaceous Damoguaihe Formation.
1998	Deng Shenghui, pl. 1, fig. 5; leaves; Pingzhuang-Yuanbaoshan Basin, Inner Mongolia; Early Cretaceous Yuanbaoshan Formation.
2003	Xiu Shencheng and others, pl. 2, fig. 1; leaves; Yima, Henan; Middle Jurassic Yima Formation.
2003	Xu Kun and others, pl. 7, fig. 8; leaves; Xinglonggou of Beipiao, Liaoning; Middle Jurassic Haifanggou Formation.
2003	Yuan Xiaoqi and others, pl. 17, fig. 4b; leaves; Hantaichuan of Dalad Banner, Inner Mongolia; Middle Jurassic Yan'an Formation.
2004	Sun Ge, Mei Shengwu, pl. 9, fig. 2; leaves; Gaojiagou of Shandan, Gansu; early Middle Jurassic.
2005	Sun Bainian and others, p. 32, pl. 1, fig. 1; pl. 11, figs. 3, 4; leaves and cuticles; Yaojie, Gansu; Middle Jurassic Yaojie Formation.

Phoenicopsis aff. angustifolia Heer

1933a　Sze H C, p. 82, pl. 12, fig. 10; leaves; Heshiyan of Fugu, Shaanxi; Early Jurassic.
1959　Sze H C, pp. 12, 29, pl. 5, fig. 2; leaves; Yuqia of Qaidam, Qinghai; Early—Middle Jurassic.
1960　Sze H C, p. 30, pl 2, figs. 8, 9; leaves; Hanxia of Yumen, Gansu; Early—Middle Jurassic.
1961　Shen Kuanglung, p. 173, pl. 1, figs. 8, 9; leaves; Huicheng, Gansu; Early Jurassic Mienhsien Group.
1963　Lee H H and others, p. 134, pl. 107, fig. 5; leaves; Northwest China; Jurassic.

Cf. Phoenicopsis angustifolia Heer

1993b　Sun Ge, p. 89, pl. 37, figs. 3—5; leaves; Tianqiaoling of Wangqing, Jilin; Late Triassic Malugou Formation.

Phoenicopsis cf. angustifolia Heer

1982　Zhang Caifan, p. 537, pl. 351, fig. 6; leaves; Tongrilong of Sandu, Hunan; Early Jurassic Tanglong Formation.
1988　Bureau of Geology and Mineral Resources of Jilin, pl. 10, fig. 1; leaves; Jilin; Early Cretaceous Yingchengzi Formation.

Phoenicopsis ex gr. angustifolia Heer

1998　Zhang Hong and others, pl. 45, figs. 1, 2; pl. 46, fig. 2; pl. 47, fig. 5; leaves; Dameigou of Da Qaidam and Wanggaxiu of Delingha, Qinghai; Middle Jurassic Dameigou Formation, Shimengou Formation.

△Phoenicopsis angustifolia Heer f. media (Krasser) Nathorst, 1907

[Notes: This forma was later referred to Phoenicopsis angustifolia Heer (Sze H C, Lee H H and others, 1963)]

1901　Phoenicopsis media Krasser, pp. 147, 150, pl. 3, figs. 4, 4m; leaves; southern Tyrkytag Mountain and Sandaoling (Santoling) between Hami and Turfan, Xinjiang; Jurassic. [Notes: This specimen was later referred to Phoenicopsis angustifolia Heer (Sze H C, Lee H H and others, 1963)]
1907　Nathorst, p. 6, pl. 1, figs. 14—19.
1911　Seward, p. 21, 50, pl. 3, figs. 32—36A, 38A; pl. 6, fig. 66; leaves; Junggar (River Diam, Kobuk River, South Semistai), Xinjiang; Jurassic.
1922　Yabe, p. 27, pl. 4, figs. 4, 5; leaves; Daanshan, Beijing; Middle Jurassic.

Phoenicopsis angustissima Prynada, 1951

1951　Prynada, pl. 2, fig. 2; leaves; East Transbaikalia, USSR; Middle Jurassic.
1980　Zhang Wu and others, p. 290, pl. 147, fig. 6; leaves; Beipiao, Liaoning; Middle Jurassic Lanqi Formation.
2004　Wang Wuli and others, p. 235, pl. 31, figs. 1, 2; leaves; Yixian, Liaoning; Late Jurassic Zhuanchengzi Bed and Dakangpu Bed of Yixian Formation.

Phoenicopsis enissejensis Samylina, 1972

1972　Samylina, p. 63, pl. 2, figs. 1, 2; pl. 3, figs. 1—4; pl. 4, figs. 1—5; leaves and cuticles; West Siberia, USSR; Middle Jurassic.
1995　Wang Xin, pl. 3, fig. 21; leaves; Tongchuan of Shaanxi; Middle Jurassic Yan'an Formation.

△*Phoenicopsis euthyphylla* Zhou et Zhang, 1998 (in English)
1998   Zhou Zhiyan, Zhang Bole, p. 166, pl. 1, figs. 1—6; pl. 3, figs. 1—6; pl. 4, figs. 1, 2, 5—10; text-figs. 1, 2; leaves and cuticles; Reg. No.: PB17915, PB17917, PB17919—PB17921, PB17928, PB17932; Holotype: PB17915 (pl. 1, fig. 3); Repository: Nanjing Institute of Geology and Palaeontology, Chinese Academy of Sciences; North Opencast Mine of Yima, Henan; Middle Jurassic middle part of Yima Formation.
1998   Zhou Zhiyan, Guignard, p. 183, pl. 2, figs. 5—10; pl. 3; cuticles; North Opencast Mine of Yima, Henan; Middle Jurassic middle part of Yima Formation.

△*Phoenicopsis hunanensis* Zhang, 1982
1982   Zhang Caifan, p. 537, pl. 352, fig. 7; leaves; Reg. No.: HP362-1; Holotype: HP362-1 (pl. 352, fig. 7); Repository: Geological Museum of Hunan Province; Ganzichong of Liling, Hunan; Early Jurassic Gaojiatian Formation.

△*Phoenicopsis latifolia* Mi, Zhang, Sun et al., 1993
1993   Mi Jiarong, Zhang Chuanbo, Sun Chuanlin and others, in Mi Jiarong and others. p. 135, pl. 37, figs. 4, 9, 12, 13; text-fig. 36; leaves; Reg. No.: SHb420, W455—W457; Holotype: W455 (pl. 37, fig. 9); Repository: Department of Geological History and Palaeontology, Changchun College of Geology; Wangqing and Shuangyang, Jilin; Late Triassic Malugou Formation and upper member of Xiaofengmidingzi Formation.

Phoenicopsis latior Heer, 1876
1876   Heer, p. 113, pl. 21, figs. 1—6; text-fig. 1c; leaves; upper reaches of Heilongjiang Basin; Middle Jurassic.
1906   Yokoyama, p. 21, pl. 4, fig. 4; leaves; Shashijie of Anyuan, Pingxiang, Jiangxi; Jurassic. [Notes: This specimen was later referred to ?*Phoenicopsis speciosa* Heer (Sze H C, Lee H H and others, 1963)]

Phoenicopsis cf. *latior* Heer
1906   Krasser, p. 610, pl. 3, fig. 9; leaves; Heishitou (Heischito), Jilin; Jurassic. [Notes: This specimen was later referred to ?*Phoenicopsis speciosa* Heer (Sze H C, Lee H H and others, 1963, pp. 253, 291)]

Phoenicopsis magnum Samylina, 1967
1967   *Phoenicopsis* ?*magnum* Samylina, p. 147, pl. 6, fig. 7c; pl. 10, figs. 1—3; leaves; Kolyma Basin, USSR; Early Cretaceous.
1988   Chen Fen and others, p. 73, pl. 47, fig. 1; text-fig. 18; leaves and cuticles; Fuxin, Liaoning; Early Cretaceous Fuxin Formation.

△*Phoenicopsis manchurensis* Yabe et Ôishi, 1935
[Notes: The specific name was later spelled as *Phoenicopsis manchurica* Yabe et Ôishi (Ôishi, 1940, p. 386)]
1933   *Phoenicopsis* n. sp., Yabe, Ôishi, p. 223, pl. 33 (4), figs. 12, 13; leaves; Weijiapuzi (Weichiaputzu), Liaoning; Jurassic; Huoshihling, Jilin; Late Jurassic—Early Cretaceous.
1935   Yabe, Ôishi, in Toyama, Ôishi, p. 76, pl. 5, fig. 2; leaves; Jalai Nur (Chalainor), Inner

Mongolia; Early—Middle Jurassic.

Phoenicopsis cf. *manchurensis* Yabe et Ôishi

1939　Matuzawa, p. 13, pl. 5, fig. 5; pl. 6, fig. 6; pl. 7, figs. 1—3; leaves; Beipiao, Liaoning; Middle Jurassic. [Notes: The specimens were referred as ? *Phoenicopsis manchurica* Yabe et Ôishi (Sze H C, Lee H H and others, 1963)]

△*Phoenicopsis manchurica* Yabe et Ôishi ex Ôishi, 1940

1935　*Phoenicopsis manchurensis* Yabe et Ôishi, in Toyama, Ôishi, p. 76, pl. 5, fig. 2; leaves; Jalai Nur (Chalainor), Inner Mongolia; Early—Middle Jurassic.

1940　Ôishi, p. 386.

1963　Sze H C, Lee H H and others, p. 253, pl. 87, figs. 7, 8; leaves and short shoots; Weijiapuzi, Liaoning; Huoshiling, Jilin; Jalai Nur of Hulun Buir, Inner Mongolia; Jurassic.

1979　He Yuanliang and others, p. 152, pl. 74, fig. 6; leaves; Lvcaoshan of Qaidam, Qinghai; Middle Jurassic Dameigou Formation.

1980　Zhang Wu and others, p. 290, pl. 183, fig. 4; leaves; Huoshiling of Yingcheng, Jilin; Early Cretaceous Yingcheng Formation.

1989　Mei Meitang and others, p. 109, pl. 60, fig. 1; leaves; China; Early Jurassic—Early Cretaceous.

1995　Wang Xin, pl. 2, figs. 7, 9; pl. 3, fig. 10; leaves; Tongchuan, Shaanxi; Middle Jurassic Yan'an Formation.

2003　Deng Shenghui, pl. 69, fig. 4; pl. 73, fig. 3; short shoots with leaves; Yima, Henan; Middle Jurassic Yima Formation.

△*Phoenicopsis media* Krasser, 1901

1901　Krasser, pp. 147, 150, pl. 3, figs. 4, 4m; leaves; the southern Tyrkytag Mountains and Sandaoling (Santoling) between Hami and Turfan, Xinjiang; Jurassic. [Notes: The specimen was referred as *Phoenicopsis angustifolia* Heer f. *media* (Krasser) Nathorst (Nathorst, 1907) and *Phoenicopsis angustifolia* Heer (Seward, 1919; Sze H C, Lee H H and others, 1963)]

1903　Potonié, p. 118, southern Tykytag Mountains and Sandaoling (Santoling) between Hami and Turfan, Xinjiang; Jurassic. [Notes: This specimene was later referred to *Phoenicopsis angustifolia* (Heer, Seward, 1919)]

△*Phoenicopsis potoniei* Krasser, 1906

1903　*Phoenicopsis*-Rest, Photonié, p. 118, figs. 1 (right), 2, 3; leaves; Turaschi (about 30 km south from Taschkess), Xinjiang; Jurassic.

1906　Krasser, p. 611; leaves; Turaschi, Xinjiang; Jurassic. [Notes: This specimen was later referred to *Phoenicopsis angustifolia* Heer (Seward, 1919) and *Phoenicopsis* aff. *speciosa* Heer (Sze H C, Lee H H and others, 1963)]

Phoenicopsis speciosa Heer, 1876

1876　Heer, p. 112, pl. 29, figs. 1, 2; pl. 30; leaves; Heilongjiang River Basin; Middle Jurassic.

1906　Krasser, p. 609; leaves; Jiaohe (Chiaoho), Jilin; Jurassic.

1924　Kryshtofovich, p. 107; leaves; Badaohao (Pataoho), Heishan (Hei Shan Hsien), Liaoning; Jurassic.

1933　　Yabe, Ôishi, p. 223; leaves; Badaohao (Pataoho), Liaoning; Jiaohe (Chiaoho) and Huoshihling, Jilin; Late Jurassic—Early Cretaceous.

1941　　Stockmans, Mathieu, p. 50, pl. 6, fig. 2; leaves; Liujiang (Liukiang), Hebei; Jurassic.

1950　　Ôishi, p. 116, pl. 36, fig. 9; leaf; northeastern China; Middle—Late Jurassic.

1954　　Hsu J, p. 62, pl. 54, fig. 4; leaves; Liujiang, Hebei; Middle Jurassic.

1963　　Sze H C, Lee H H and others, p. 253, pl. 88, fig. 6; leaves; Badaohao of Liaoning, Jiaohe and Heishitou(?) of Jilin; Shashijie(?) of Anyuan, Pingxiang of Jiangxi, Sandaoling between Hami and Turfan in Junggar of Xinjiang, Liujiang of Hebei; Jurassic.

1976　　Chang Chichen, p. 196, pl. 100, figs. 1, 5; leaves; Urad Front Banner of Inner Mongolia, Qingciyao in Datong of Shanxi; Middle Jurassic Shaogou Formation and Datong Formation.

1977a　Feng Shaonan and others, p. 240, pl. 96, fig. 2; leaves; Yima of Mianchi, Henan; Early—Middle Jurassic.

1980　　Huang Zhigao, Zhou Huiqin, p. 108, pl. 58, fig. 8; pl. 60, figs. 1—3; leaves; Jiaoping of Tongchuan, Shaanxi; Middle Jurassic upper part of Yan'an Formation.

1980　　Zhang Wu and others, p. 290, pl. 148, fig. 1; leaves; Chaoyang, Liaoning; Early Jurassic Guojiadian Formation.

1981　　Chen Fen and others, pl. 3, fig. 7; leaves; Fuxin, Liaoning; Early Cretaceous Fuxin Formation.

1982b　Yang Xuelin, Sun Liwen, p. 53, pl. 23, figs. 3—6; pl. 24, fig. 15; leaves and short shoots; Yumin, Dayoutun and Mangniuhai of Taoan, Jilin; Middle Jurassic Wanbao Formation.

1983　　Li Jieru, pl. 3, fig. 12; leaves; West Hill, Houfulongshan of Jinxi, Liaoning; Middle Jurassic Haifanggou Formation.

1985　　Yang Guanxiu, Huang Qisheng, p. 203, fig. 3-110; leaves; Chaoyang of Liaoning, West Hill of Beijing; Early—Middle Jurassic; Jiaohe, Jilin; Early Cretaceous Naizishan Formation.

1987　　He Dechang, p. 79, pl. 8, fig. 3; pl. 5, figs. 3, 5; leaves; Jingjukou of Suichang, Zhejiang; Middle Jurassic Maolong Formation.

1987　　Qian Lijun and others, p. 84, pl. 24, figs. 4, 7—10; leaves and cuticles; Kaokaowusugou of Shenmu, Shaanxi; Middle Jurassic Yan'an Formation.

1989　　Bureau of Geology and Mineral Resources of Liaoning, pl. 9, fig. 10; leaves; Chaoyang, Liaoning; Middle Jurassic Lanqi Formation.

1989　　Mei Meitang and others, p. 108, pl. 59, fig. 2; leaves; northern hemisphere; Late Triassic (?) —Early Cretaceous(?).

1993　　Mi Jiarong and others, p. 136, pl. 37, fig. 11a; pl. 38, figs. 1, 3, 4; leaves; Wangqing, Jilin; Late Triassic Malugou Formation; Shuangyang, Jilin; Late Triassic upper member of Xiaofengmidingzi Formation.

1996　　Mi Jiarong and others, p. 131, pl. 30, fig. 9; pl. 31, figs. 1—3, 5; pl. 32, fig. 18; leaves; Beipiao of Liaoning, Funing of Hebei; Early Jurassic Peipiao Formation; Xinglonggou of Beipiao, Liaoning; Middle Jurassic Haifanggou Formation.

1998　　Zhang Hong and others, pl. 46, fig. 1; leaves; Jilintai of Nileke, Xinjiang; Middle Jurassic Huji'ertai Formation.

2003　Deng Shenghui, pl. 73, fig. 2; short shoots with leaves; Sandaoling of Hami, Xinjiang; Middle Jurassic Xishanyao Formation.
2004　Sun Ge, Mei Shengwu, pl. 9, fig. 9; leaves; Shangjingzi of Alxa Left Banner, Inner Mongolia; Middle Jurassic lower part of Qingtujing Group.
2005　Miao Yuyan, p. 526, pl. 3, fig. 13; leaves; Baiyang River area of Junggar, Xinjiang; Middle Jurassic Xishanyao Formation.

Phoenicopsis aff. *speciosa* Heer

1931　Gothan, Sze H C, p. 36, pl. 1, fig. 7; leaves; western Xinjiang; Jurassic.
1931　Sze H C, p. 64, pl. 8, fig. 6; leaves; Yangetan (Yan-kan-tan) of Salaqi (Sailiki), Inner Mongolia; Jurassic.
1949　Sze H C, p. 33; leaves; Xiangxi (Hsiangchi) of Zigui (Tzekwei), Hubei; Early Jurassic Hsiangchi Formation.
1963　Sze H C, Lee H H and others, p. 254, pl. 88, figs. 4, 5; leaves; western Xinjiang, Yangetan in Salaqi of Inner Mongolia, Mentougou of Beijing, Xiangxi in Zigui of Hubei; Turaschi(?) (about 30 km south from Taschkess) of Xinjiang, Beipiao of Liaoning; Early—Middle Jurassic.
1976　Chang Chichen, p. 196, pl. 101, figs. 1—4; leaves; Shiguaigou in Baotou of Inner Mongolia, Qingciyao in Datong of Shanxi; Middle Jurassic Shaogou Formation and Datong Formation.

?*Phoenicopsis* aff. *speciosa* Heer

1931　Sze H C, p. 58; leaves; Beipiao and Xinlong, Liaoning; Early Jurassic.

Cf. *Phoenicopsis speciosa* Heer

1931　Sze H C, p. 52; leaves; Mentougou of West Hill, Beijing; Early Jurassic.

Phoenicopsis cf. *speciosa* Heer

1985　Mi Jiarong, Sun Chunlin, pl. 1, figs. 14, 23a; leaves; Bamianshi of Shuangyang, Jilin; Late Triassic Xiaofengmidingzi Formation.
1995　Wang Xin, pl. 3, figs. 15, 22; leaves; Tongchuan, Shaanxi; Middle Jurassic Yan'an Formation.
2003　Yuan Xiaoqi and others, pl. 17, fig. 3; leaves; Gaotouyao of Dalad Banner, Inner Mongolia; Middle Jurassic Yan'an Formation.

△*Phoenicopsis taschkessiensis* Krasser, 1901

1901　Krasser, p. 147, pl. 4, fig. 2; pl. 3, fig. 4t; leaves; Sandaoling (Santoling) between Hami and Turfan, Xinjiang; Jurassic. [Notes: The specimen was referred as *Phoenicopsis angustifolia* Heer (Seward, 1919; Sze H C, Lee H H and others, 1963, p. 252)]
1903　Potonié, p. 118; Sandaoling (Santoling) between Hami and Turfan, Xinjiang; Jurassic.

△*Phoenicopsis*? *yamadai* Yokoyama, 1906

1906　Yokoyama, p. 17, pl. 2, fig. 1; leaves; Shuitangpu of Xuanwei, Yunnan; Late Triassic. [Notes: The specimen was substituted and transferred by Chow Tseyen to *Rhipidopsis yamadai* (Yokoyama) Chow; the stratum was changed to the late Permian Longtan Formation (Sze H C, Lee H H and others, 1963, p. 252)]

Phoenicopsis spp.

1884 *Phoenicopsis* sp., Schenk, p. 176 (14), pl. 14 (2), fig. 5a; leaves; Sichuan; Jurassic.

1906 *Phoenicopsis* sp., Krasser, p. 611; leaves; Huoshiling (Hoschilingtze), Jilin; Jurassic.

1933 *Phoenicopsis* n. sp., Yabe, Ôshi, p. 223, pl. 33 (4), figs. 12, 13; leaves; Weijiapuzi (Weichiaputzu), Liaoning; Jurassic; Huoshihling, Jilin; Late Jurassic—Early Cretaceous.

1933 *Phoenicopsis* sp., Yabe, Ôishi, p. 224; leaves; Jiaohe (Chiaoho) and Huoshihling, Jilin; Late Jurassic—Early Cretaceous.

1939 *Phoenicopsis* sp., Matuzawa, pl. 6, fig. 4; leaves; Beipiao, Liaoning; Middle Jurassic.

1954 *Phoenicopsis* sp. (Cf. *Windwardia crookalli* Florin), Hsu J, p. 62, pl. 54, fig. 3; leaves; Zhaitang of West Hill, Beijing; Middle Jurassic.

1980 *Phoenicopsis* sp., He Dechang, Shen Xiangpeng, p. 27, pl. 19, fig. 2; pl. 25, fig. 1; leaves; Shatian of eastern Guidong, Hunan; Early Jurassic Zaoshang Formation.

1980 *Phoenicopsis* sp., Wu Shunqing and others, p. 114, pl. 29, fig. 2; leaves; Daxiakou of Xingshan, Hubei; Early and Middle Jurassic Hsiangchi Formation.

1992 *Phoenicopsis* sp. cf. *Ph. speciosa* Heer, Sun Ge, Zhao Yanhua, p. 548, pl. 243, fig. 10; pl. 245, fig. 3; pl. 246, figs. 1, 5; leaves; Tianqiaoling of Wangqing, Jilin; Late Triassic Malugou Formation.

1993b *Phoenicopsis* sp. cf. *Ph. speciosa* Heer, Sun Ge, p. 90, pl. 36, figs. 8, 9; pl. 37, figs. 6—8; pl. 38, figs. 1—3; leaves; Tianqiaoling of Wangqing, Jilin; Late Triassic Malugou Formation.

1993b *Phoenicopsis* sp., Sun Ge, p. 90, pl. 36, fig. 7; leaves; Tianqiaoling of Wangqing, Jilin; Late Triassic Malugou Formation.

1993a *Phoenicopsis* sp., Wu Xiangwu, p. 113.

1994 *Phoenicopsis* sp., Cao Zhengyao, fig. 5g; leaves; Shuangyashan, Heilongjiang; Early Cretaceous Chengzihe Formation.

1994 *Phoenicopsis* sp., Xiao Zongzheng and others, pl. 13, fig. 7; leaves; Xingshikou of Shijingshan, Beijing; Late Triassic Xingshikou Formation.

2002 *Phoenicopsis* sp., Wu Xiangwu and others, p. 170, pl. 10, fig. 13; pl. 11, fig. 5; pl. 12, figs. 6—8; leaves; Maohudong in Shandan of Gansu, Daobuotugou in Alxa Right Banner of Inner Mongolia; Early Jurassic upper member of Jijigou Formation, Tanjinggou in Alxa Right Banner of Inner Mongolia; Middle Jurassic lower member of Ningyuanpu Formation.

2005 *Phoenicopsis* sp., Sun Bainian and others, pl. 11, figs. 3, 4; cuticles; Yaojie, Gansu; Middle Jurassic Yaojie Formation.

Phoenicopsis? spp.

1963 *Phoenicopsis*? sp. 1, Sze H C, Lee H H and others, p. 255; leaves; Jiaohe and Huoshiling, Jilin; Middle—Late Jurassic.

1963 *Phoenicopsis*? sp. 2, Sze H C, Lee H H and others, p. 255, leaves; Beipiao, Liaoning; Early—Middle Jurassic.

1990 *Phoenicopsis*? sp. (*P. angustifolia* Heer?), Li Jie and others, p. 55, pl. 2, fig. 3; leaves; Kulun Mountains, Xinjiang; Late Triassic Wolonggang Formation.

1993   *Phoenicopsis*? sp., Mi Jiarong and others, p. 136, pl. 38, fig. 2; leaves; Shuangyang, Jilin; Late Triassic Dajianggang Formation.

Cf. *Phoenicopsis* sp.

1933c   Cf. *Phoenicopsis* sp., Sze H C, p. 30; leaves; Datong and other regions, Shanxi; Early—Middle Jurassic.

Subgenus *Phoenicopsis* (*Culgoweria*) (Florin) Samylina, 1972

1936   *Culgoweria* Florin, p. 133.

1972   Samylina, p. 48.

1987   Sun Ge, p. 677.

1993a   Wu Xiangwu, p. 114.

Type species: *Phoenicopsis* (*Culgoweria*) *mirabilis* (Florin) Samylina, 1972

Taxonomic status: Czekanowskiales

Phoenicopsis (*Culgoweria*) *mirabilis* (Florin) Samylina, 1972

1936   *Culgoweria mirabilis* Florin, p. 133, pl. 33, figs. 3—12; pl. 34; pl. 35, figs. 1, 2; leaves and cuticles; Franz Joseph Land; Jurassic.

1972   Samylina, p. 48.

1993a   Wu Xiangwu, p. 114.

△*Phoenicopsis* (*Culgoweria*) *huolinheiana* Sun, 1987

1987   Sun Ge, pp. 678, 687, pl. 3, figs. 1—9; pl. 4, figs. 4, 5; text-fig. 6; leaves and cuticles; Col. No.: H16a-50, H1-101; Reg. No.: PB14012, PB14013; Holotype: PB14012 (pl. 3, fig. 1); Paratype: PB14013 (pl. 3, fig. 2); Repository: Nanjing Institute of Geology and Palaeontology, Chinese Academy of Sciences; Huolinhe (Jushua) of Jarud Banner, Inner Mongolia; Late Jurassic—Early Cretaceous Huolinhe Formation.

1988   Sun Ge, Shang Ping, pl. 3, figs. 1a, 2, 3, 4; leaves and cuticles; Huolinhe, Inner Mongolia; Late Jurassic—Early Cretaceous Huolinhe Formation.

1993a   Wu Xiangwu, p. 114.

1995a   Li Xingxue (editor-in-chief), pl. 104, fig. 3; short shoot with leaves; Huolinhe, Inner Mongolia; Early Cretaceous Huolinhe Formation. (in Chinese)

1995b   Li Xingxue (editor-in-chief), pl. 104, fig. 3; short shoot with leaves; Huolinhe, Inner Mongolia; Early Cretaceous Huolinhe Formation. (in English)

△*Phoenicopsis* (*Culgoweria*) *jus'huaensis* Sun, 1987

1987   Sun Ge, pp. 677, 686, pl. 2, figs. 1—7; text-fig. 5; leaves and cuticles; Col. No.: H11-13; Reg. No.: PB14011; Holotype: PB14011 (pl. 2, fig. 1); Repository: Nanjing Institute of Geology and Palaeontology, Chinese Academy of Sciences; Huolinhe (Jushua) of Jarud, Inner Mongolia; Late Jurassic—Early Cretaceous Huolinhe Formation.

1993a   Wu Xiangwu, p. 114.

Subgenus *Phoenicopsis* (*Phoenicopsis*) Samylina, 1972

1876   Heer, p. 51.
1972   Samylina, p. 28.
2002   Wu Xiangwu and others, p. 168.

Type species: *Phoenicopsis* (*Phoenicopsis*) *angustifolia* (Heer), Samylina, 1972

Taxonomic status: Czekanowskiales

Phoenicopsis (*Phoenicopsis*) *angustifolia* (Heer) Samylina, 1972

1876   *Phoenicopsis angustifolia* Heer, p. 51, pl. 1, fig. 1d; pl. 2, fig. 3b; p. 113, pl. 31, figs. 7, 8; leaves; Irkutsk, Russia; Jurassic.
1972   Samylina, p. 28, pl. 42, figs. 1—5; pl. 42, figs. 1—6; pl. 43, figs. 1—5; pl. 44, figs. 1—7; pl. 45, figs. 1, 2; pl. 46, figs. 1—3; leaves and cuticles; Irkutsk, USSR; Jurassic.
2005   Miao Yuyan, p. 525, pl. 2, figs. 6, 10, 11; pl. 3, figs. 1—6; leaves and cuticles; Baiyang River of Junggar, Xinjiang; Middle Jurassic Xishanyao Formation.

Phoenicopsis (*Phoenicopsis*) cf. *angustifolia* (Heer) Samylina

2002   Wu Xiangwu and others, p. 168, pl. 11, fig. 1A; pl. 15, figs. 5, 6; leaves and cuticles; Changshan of Alxa Right Banner, Inner Mongolia; Middle Jurassic lower member of Ningyuanpu Formation.

Phoenicopsis (*Phoenicopsis*?) sp.

1992   *Phoenicopsis* (*Phoenicosis*?) sp., Cao Zhengyao, p. 241, pl. 6, figs. 6—9; leaves and cuticles; Shuangyashan, Heilongjiang; Early Cretaceous member 3 of Chengzihe Formation.

△Subgenus *Phoenicopsis* (*Stephenophyllum*) (Florin) ex Li, 1988

[Notes: This subgeneric name was proposed by Li Peijuan and others (1988) but not mentioned clearly as a nomen novum and type species]

1936   *Stephenophyllum*, Florin, p. 82.
1988   Li Peijuan and others, p. 106.
1993a   Wu Xiangwu, p. 114.

Type species: *Phoenicopsis* (*Stephenophyllum*) *solmsi* (Seward) [Notes: *Stephenophyllum solmsi* (Seward) Florin, is the type species of *Stephenophyllum* (Florin, 1936)]

Taxonomic status: Czekanowskiales

Phoenicopsis (*Stephenophyllum*) *solmsi* (Seward)

1919   *Desmiophllum solmsi* Seward, p. 71, fig. 662; transverse sections of leaves and stomata; Franz Josef Land; Jurassic.
1936   *Stephenophyllum solmsi* (Seward) Florin, p. 82, pl. 11, figs. 7—10, pl. 12—16; text-figs. 3, 4; leaves and cuticles; Franz Josef Land; Jurassic.

△*Phoenicopsis* (*Stephenophyllum*) *decorata* Li, 1988

1988   Li Peijuan and others, p. 106, pl. 68, fig. 5B; pl. 79, figs. 4, 4a; pl. 120, figs. 1—6; leaves and cuticles; Col. No. : 80LFu; Reg. No. : PB13630, PB13631; Holotype: PB13631 (pl. 79, figs. 4, 4a); Repository: Nanjing Institute of Geology and Palaeontology, Chinese Academy of Sciences; Lvcaogou of Lvcaoshan, Qinghai; Middle Jurassic *Nilssonia* Bed of Shimengou Formation.

1993a   Wu Xiangwu, p. 114.

Phoenicopsis (*Stephenophyllum*) *enissejensis* (Samylina) ex Li, 1988
[Notes: This species name was proposed by Li Peijuan and others (1988), but not mentioned clearly as a nomen novum]

1972   *Phoenicopsis* (*Phoenicopsis*) *enissejensis* Samylina, p. 63, pl. 2, figs. 1, 2; pl. 3, figs. 1—4; pl. 4, figs. 1—5; leaves and cuticles; West Siberia, USSR; Middle Jurassic.

1988   Li Peijuan and others, p. 106, pl. 85, figs. 2, 2a; pl. 86, fig. 1; pl. 87, fig. 1; pl. 121, figs. 1—6; leaves and cuticles; Lvcaogou in Lvcaoshan of Qaidam, Qinghai; Middle Jurassic *Nilssonia* Bed of Shimengou Formation.

1993a   Wu Xiangwu, p. 114.

1995a   Li Xingxue (editor-in-chief), pl. 89, fig. 2; leaf; Lvcaoshan of Da Qaidam, Qinghai; Middle Jurassic Shimengou Formation. (in Chinese)

1995b   Li Xingxue (editor-in-chief), pl. 89, fig. 2; leaf; Lvcaoshan of Da Qaidam, Qinghai; Middle Jurassic Shimengou Formation. (in English)

△ *Phoenicopsis* (*Stephenophyllum*) *mira* Li, 1988

1988   Li Peijuan and others, p. 107, pl. 80, figs. 2—4a; pl. 81, fig. 2; pl. 122, figs. 5, 6; pl. 123, figs. 1—4; pl. 136, fig. 5; pl. 138, fig. 4; leaves and cuticles; Col. No. : 80DP$_1$F$_{89}$, 80DJ$_{2d}$Fu; Reg. No. : PB13635—PB13637; Holotype: PB13635 (pl. 81, fig. 5); Repository: Nanjing Institute of Geology and Palaeontology, Chinese Academy of Sciences; Dameigou of Qaidam, Qinghai; Middle Jurassic *Coniopteris murrayana* Bed of Yinmagou Formation and *Tyrmia-Sphenobaiera* Bed of Dameigou Formation.

1993a   Wu Xiangwu, p. 114.

△*Phoenicopsis* (*Stephenophyllum*) *taschkessiensis* (Krasser) ex Li, 1988
[Notes: The specific name was proposed by Li Peijuan and others (1988) but not mentioned clearly as a nomen novum]

1901   *Phoenicopsis taschkessiensis* Krasser, p. 150, pl. 4, fig. 2; pl. 3, fig. 4t; leaves; Sandaoling (Santoling) between Hami and Turfan, Xinjiang; Jurassic.

1988   Li Peijuan and others, p. 3.

Phoenicopsis (*Stephenophyllum*) cf. *taschkessiensis* (Krasser) Li

1979   *Stephenophyllum* cf. *solmsi* (Seward) Florin, He Yuanliang and others, p. 153, pl. 75, figs. 5—7; text-fig. 10; leaves and cuticles; Dameigou of Da Qaidam, Qinghai; Middle Jurassic Dameigou Formation.

1988   Li Peijuan and others, p. 3.

Subgenus *Phoenicopsis* (*Windwardia*) (Florin) Samylina, 1972

1936   *Windwardia* Florin, p. 91.

1972   Samylina, p. 48.
1987   Sun Ge, p. 675.
1993a   Wu Xiangwu, p. 114.

Type species: *Phoenicopsis* (*Windwardia*) *crookalii* (Florin) Samylina, 1972

Taxonomic status: Czekanowskiales

Phoenicopsis (*Windwardia*) *crookalii* (Florin) Samylina, 1972

1936   *Windwardia crookalii* Florin, p. 91, pls. 17—20; pl. 21, figs. 1—10; leaves and cuticles; Franz Joseph Land; Jurassic.
1972   Samylina, p. 48.
1993a   Wu Xiangwu, p. 114.
1995a   Li Xingxue (editor-in-chief), pl. 104, fig. 4; short shoot with leaf; Hegang, Heilongjiang; Early Cretaceous Shitouhezi Formation. (in English)
1995b   Li Xingxue (editor-in-chief), pl. 104, fig. 4; short shoot with leaf; Hegang, Heilongjiang; Early Cretaceous Shitouhezi Formation. (in Chinese)

△*Phoenicopsis* (*Windwardia*) *chaoshuiensis* Wu, Deng et Zhang, 2002 (in Chinese and English)

2002   Wu Xiangwu and others, pp. 168, 178, pl. 11, figs. 2—4; pl. 14, figs. 1—6; pl. 15, figs. 1—4; pl. 17, figs. 4—6; leaves and cuticles; Col. No.: 井-植; Reg. No.: Chz100—Chz102; Holotype: Chz100 (pl. 11, fig. 2); Paratype: Chz102 (pl. 11, fig. 3); Repository: Nanjing Institute of Geology and Palaeontology, Chinese Academy of Sciences; Jingkengwazi of Alxa Right Banner, Inner Mongolia; Early Jurassic upper member of Jijigou Formation.

△*Phoenicopsis* (*Windwardia*) *jilinensis* Sun, 1987

1987   Sun Ge, pp. 675, 685, pl. 1, figs. 1—7; pl. 4, figs. 1—3; text-fig. 4; leaves and cuticles; Col. No.: 2199-1, 2199-2; Reg. No.: PB14010; Holotype: PB14010 (pl. 1, fig. 2); Repository: Nanjing Institute of Geology and Palaeontology, Chinese Academy of Sciences; Zhangjiatun of Huinan, Jilin; Late Jurassic Sumigou Formation.
1993a   Wu Xiangwu, p. 114.

Phoenicopsis (*Windwardia*) *silapensis* Samylina, 1972

1972   Samylina, p. 74, pl. 16, figs. 1—5; leaves and cuticles; Kolyma River area of eastern Siberia, USSR; Early Cretaceous.
1995   Zeng Yong and others, p. 64, pl. 18, fig. 5; pl. 21, figs. 4b, 5; pl. 24, figs. 5—8; pl. 25, fig. 1; pl. 27, figs. 1—3; leaves and cuticles; Yima, Henan; Middle Jurassic Yima Formation.

Phoenicopsis (*Windwardia*) sp.

1992   *Phoenicopsis* (*Windwardia*) sp., Sun Ge, Zhao Yanhua, p. 549, pl. 247, figs. 1—5; pl. 248, figs. 1—6; pl. 259, fig. 4; leaves and cuticles; Zhangjiatun of Huinan, Jilin; Early Cretaceous Sumigou Formation.

Genus *Phylladoderma* Zalessky, 1913

(Notes: This genus used to be classified as Ginkgoales, Coniferospida or Ptericlospermae)

1913　Zalessky, p. 24.

1970　Andrews, p. 161.

1979　Yang Guanxiu, Chen Fen, p. 131.

Type species: *Phylladoderma arberi* Zalessky, 1913

Taxonomic status: ginkgophytes? or Cordaitales?

Phylladoderma arberi Zalessky, 1913

1913　Zalessky, p. 24, pl. 1, fig. 4; pl. 2, figs. 7, 9; pl. 3, figs. 5—8, 10, 11; leaves and cuticles; Talbei, Russia; Permian.

1970　Andrews, p. 161.

1996　He Xilin and others, p. 75, pls. 71—73; pl. 74, figs. 1, 2; pl. 84; pl. 85, figs. 5—8; pls. 86, 87; pl. 89, figs. 1—3; pls. 93, 94; leaves and cuticles; Mingshan of Leping, Fengcheng and Gaoan, Jiangxi; Late Permian Laoshan Member of Leping Formation.

Phylladoderma cf. *arberi* Zalessky

1979　Yang Guanxiu, Chen Fen, p. 131, pl. 42, figs. 5—6a; leaves; Renhua, Guangdong; Late Permian Longtan Formation.

Phylladoderma? sp.

1992　*Phylladoderma*? sp., Durante, p. 19, pl. 12, figs. 2, 3, 5, 6; text-fig. 7; leaves; bed C of Nanshan Section, Gansu; Late Permian.

Phylladoderma (*Aequistomia*) sp.

1996　*Phylladoderma* (*Aequistomia*) sp., He Xilin and others, p. 76, pl. 85, figs. 1—4; pl. 88; pl. 89, figs. 4—6; leaves and cuticles; Mingshan of Leping, Jiangxi; Late Permian Laoshan Sublayer of Leping Formation.

△Genus *Primoginkgo* Ma et Du, 1989

1989　Ma Jie, Du Xianming, pp. 1, 2.

Type species: *Primoginkgo dissecta* Ma et Du, 1989

Taxonomic status: ginkgophytes?

△*Primoginkgo dissecta* Ma et Du, 1989

1989　Ma Jie, Du Xianming, pp. 1, 2, pl. 1, figs. 1—3; leaves; Dongshan of Taiyuan, Shanxi; Early Permian Lower Shihhotse Formation. (Notes: The holotype was not designated in the original paper)

Genus *Protoginkgoxylon* Khudajberdyev, 1971, emend Zheng et Zhang, 2000

1971　Khudajberdyev, p. 102.

2000　　Zheng Shaolin, Zhang Wu, p. 121.

Type species: *Protoginkgoxylon dockumenense* (Torey) Khudajberdyev, 1971

Selected typical species: *Protoginkgoxylon benxiense* Zheng et Zhang, 2000

Taxonomic status: Ginkgoales

Protoginkgoxylon dockumenense (Torey) Khudajberdyev, 1971

1971　　Khudayberjyev, in Sikstel and others, p. 102; wood; North America, Central Asia; Triassic.

△*Protoginkgoxylon benxiense* Zheng et Zhang, 2000 (in English)

2000　　Zheng Shaolin, Zhang Wu, p. 121, pl. 1, figs. 1—6; pl. 2, figs. 1—5; woods; Reg. No.: GJ6-21; Holotype: GJ6-21; Repository: Shenyang Institute of Geology and Mineral Resources; Tianshifu of Benxi, Liaoning; Early Permian Shansi Formation.

△*Protoginkgoxylon daqingshanense* Zheng et Zhang, 2000 (in English)

2000　　Zheng Shaolin, Zhang Wu, p. 121, pl. 2, fig. 6; pl. 3, figs. 1—6; woods; Reg. No.: Shang Nei M56-114; Holotype: No. Shang Nei M56-114; Repository: Shenyang Institute of Geology and Mineral Resources; Daqingshan, Inner Mongolia; Early Permian Daqingshan Formation.

△Genus *Pseudorhipidopsis* P'an, 1936—1937

1936—1937　　Pan C H, p. 265.

1953　　Sze H C, p. 84.

1974　　*Palaeozoic Plants from China* Writing Group, p. 148.

Type species: *Pseudorhipidopsis brevicaulis* (Kawasaki et Kon'no) P'an, 1936—1937

Taxonomic status: ginkgophytes?

△*Pseudorhipidopsis brevicaulis* (Kawasaki et Kon'no) P'an, 1936—1937

1932　　*Rhipidopsis brevicaulis* Kawasaki et Kon'no, p. 41, pl. 101, figs. 9, 10; leaves; Korea; Early Permian Heian System.

1936—1937　　Pan C H, p. 265, pl. 1; pl. 2; pl. 3, figs. 4, 5; Yuxian, Henan; Early Permian upper part of Dafengkou Series.

1953　　Sze H C, p. 84, pl. 61, figs. 2—6; leaves; Yuxian, Henan; early Late Permian Dafengkou Series.

1954　　Sze H C, p. 33, pl. 27, figs. 2—6; leaves; Yuxian, Henan; Late Permian Early Dafengkou Series.

1958　　Wang Longwen and others, pp. 557, 558 with figure; Yuxian, Henan; Late Permian Dafengkou Series.

1974　　*Palaeozoic Plants from China* Writing Group, p. 148, pl. 117, figs. 4—9; text-fig. 5-3; leaves; Yuxian, Henan; Late Permian Upper Shihhotse Formation; Leping, Jiangxi; Late Permian Leping Formation.

1977b　　Feng Shaonan and others, p. 669, pl. 250, fig. 5; leaf; Yuxian, Henan; Late Permian Up-

	per Shihhotse Formation.
1985	Yang Guanxiu, Huang Qisheng, p. 109, fig. 2-223; leaf; Yuxian, Henan; Late Permian Early Yungaishan Formation; Leping, Jiangxi; early Late Permian Leping Formation.
1987	Yang Guanxiu and others, pl. 17, figs. 3, 4; leaves; Dafengkou, Henan; early Late Permian Upper Shihhotse Formation.
1989	Mei Meitang and others, p. 68, fig. 3-62; leaf; Henan and Jiangxi; early Late Permian.
1991	Yang Jingyao and others, pl. 10, fig. 6; pl. 11, fig. 4; leaves; Yichuan of Gongxian, Henan; early Late Permian Upper Shihhotse Formation.
1997	Shang Guanxiong (editor-in-chief), pl. 17, figs. 4, 5; leaves; Jiyuan, Henan; Middle—Late Permian lower part of Dafengkou Formation.

△*Pseudorhipidopsis baieroides* (Kawasaki et Kon'no) P'an ex Sze, 1953

1932	*Rhipidopsis baieroides* Kawasaki et Kon'no, p. 41, pl. 101, figs. 9, 10; leaves; Korea; Early Permian Heian System.
1936—1937	*Rhipidopsis baieroides* Kawasaki et Kon'no, P'an C H, p. 266, pl. 3, figs. 1—3a; pls. 4, 5; leaves; Yuxian, Henan; early Late Permian Dafengkou Series. [Notes: These specimens were referred as *Rhipidopsis p'anii* Chow (Zhou Zhiyan, in Lee H H and others, 1962)]
1953	Sze H C, p. 84, pl. 62, fig. 6; pl. 68, fig. 2 (=P'an C H, 1936—1937, pl. 4, figs. 1, 1a); leaves; Yuxian, Henan; Late Permian Dafengkou Series.

Pseudorhipidopsis sp.

1998	*Pseudorhipidopsis* sp., Wang Rennong and others, pl. 14, fig. 6; leaf; Xieqiao of Yingshang, Anhui; Late Permian Upper Shihhotse Formation.

Genus *Pseudotorellia* Florin, 1936

1936	Florin, p. 142.
1963	Sze H C, Lee H H and others, p. 245.
1993a	Wu Xiangwu, p. 125.

Type species: *Pseudotorellia nordenskiöldi* (Nathorst) Florin, 1936

Taxonomic status: Ginkgoales

Pseudotorellia nordenskiöldi (Nathorst) Florin, 1936

1897	*Feildenia nordenskiöldi* Nathorst, p. 56, pl. 3, figs. 16—27; pl. 6, figs. 33, 34; leaves; Advent Bay of Spitsbergen, Norway; Late Jurassic.
1936	Florin, p. 142; leaf; Advent Bay of Spitsbergen, Norway; Late Jurassic.
1993a	Wu Xiangwu, p. 125.

△*Pseudotorellia changningensis* Zhang, 1986

| 1986 | Zhang Caifan, p. 198, pl. 5, figs. 7—7a; pl. 6, figs. 5, 6b; text-fig. 9; leaves and cuticles; one specimen, No: 01-63; Holotype: PP01-63 (pl. 5, fig. 7); Repository: Geological Museum of Hunan Province; Baifang of Changning, Hunan; Early Jurassic upper member |

of Shikang Formation.

Pseudotorellia ensiformis (Heer) Doludenko, 1961
1876b *Podozamites ensiformis* Heer, p. 46, pl. 4, figs. 8—10; p. 111, pl. 20, fig. 6b; pl. 28, fig. 5a; Irkutsk Basin and Heilongjiang River Basin; Jurassic.
1961 Vachkrameev, Doludenko, p. 111, pl. 55, figs. 1—8; pl. 56, figs. 1—3; Heilongjiang River Basin; Late Jurassic.

Pseudotorellia ensiformis (Heer) Doludenko f. *latior* Prynada
1980 Zhang Wu and others, p. 288, pl. 174, fig. 6; pl. 178, fig. 4; leaves; Zhangjiayingzi in Chifeng of Inner Mongolia of China, Denmark; Early Cretaceous Jiufotang Formation.

Pseudotorellia ephela (Harris) Florin, 1936
1935 *Torellia ephela* Harris, p. 46, pl. 8, figs. 7, 8, 12, 13; text-fig. 21; leaves and cuticles; East Greenland, Denmark; Early Jurassic *Thaumatopteris* Bed.
1936 Florin, p. 142; East Greenland, Denmark; Early Jurassic *Thaumatopteris* Bed.

Pseudotorellia cf. *ephela* (Harris) Florin
1996 Mi Jiarong and others, p. 129, pl. 28, fig. 5; leaf; Shimenzhai of Funing, Hebei; Early Jurassic Peipiao Formation.

△*Pseudotorellia hunanensis* Zhou, 1984
1984 Zhou Zhiyan, p. 45, pl. 27, fig. 1—2d; text-fig. 11; leaves and cuticles; Reg. No. : PB8924, PB8925; Holotype: PB8924 (pl. 27, fig. 1); Repository: Nanjing Institute of Geology and Palaeontology, Chinese Academy of Sciences; Taochuan of Yongjiang, Hunan; Early Jurassic Dabakou Member of Guanyintan Formation.
1995a Li Xingxue (editor-in-chief), pl. 85, fig. 2; leaf and cuticle; Taochuan of Yongjiang, Hunan; Early Jurassic Guanyintan Formation. (in Chinese)
1995b Li Xingxue (editor-in-chief), pl. 85, fig. 2; leaf and cuticle; Taochuan of Yongjiang, Hunan; Early Jurassic Guanyintan Formation. (in English)

△*Pseudotorellia longilancifolia* Li, 1988
1988 Li Peijuan and others, p. 103, pl. 78, fig. 2A; pl. 83, fig. 1B; pl. 84, figs. 1B, 2; pl. 85, fig. 1; pl. 88, figs. 2—4; pl. 89, fig. 1; pl. 90, fig. 1; pl. 119, figs. 1—4, 5(?), 6—8; text-fig. 23; leaves and cuticles; 8 specimens, Reg. No. : PB13620—PB13627; Syntype 1: PB13620 (pl. 78, fig. 2A); Syntype 2: PB13621 (pl. 83, fig. 1B); Syntype 3: PB13622 (pl. 84, fig. 2); Repository: Nanjing Institute of Geology and Palaeontology, Chinese Academy of Sciences; Dameigou and Lvcaoshan; Middle Jurassic *Tyrmia-Sphenobaiera* Bed of Dameigou Formation and *Nilssonia* Bed of Shimengou Formation. [Notes: Based on the relevant acticle of *International Code of Botanical Nomenclature* (*Vienna Code*) article 37. 2, from the year 1958, the type species should be only 1 specimen]
1998 Zhang Hong and others, pl. 51, fig. 3; leaf; Xixingzihe of Yan'an, Shaanxi; Middle Jurassic Yan'an Formation.

△*Pseudotorellia qinghaiensis* (Li et He) Li et He, 1988
1979 *Baiera*? *qinghaiensis* Li et He, in He Yuanliang and others, p. 151, pl. 75, figs. 1, 1a, 2—4; leaves and cuticles; Dameigou of Da Qaidam, Qinghai; Middle Jurassic Dameigou

Formation.

1988　Li Peijuan and others, p. 3; Dameigou, Da Qaidam (Dachadan), Qinghai; Middle Jurassic Dameigou Formation.

Pseudotorellia spp.

1963　*Pseudotorellia* sp., Sze H C, Lee H H and others, p. 247, pl. 88, fig. 9 [= *Torellia* sp. (Sze H C, 1931, p. 60, pl. 5, fig. 7)]; leaf; Beipiao, Liaoning; Early and Middle Jurassic.

1980　*Pseudotorellia* sp. (? sp. nov.), Huang Zhigao, Zhou Huiqin, p. 107, pl. 53, fig. 2; leaf; Dianerwan of Fugu, Shaanxi; Early Jurassic Fuxian Formation.

1985　*Pseudotorellia* sp., Mi Jiarong, Sun Chunlin, pl. 1, fig. 22; leaf; Bamianshi of Shuangyang, Jilin; Late Triassic Xiaofengmidingzi Formation.

1986　*Pseudotorellia* sp., Ye Meina and others, p. 71, pl. 51, fig. 1B; leaf; Binlang of Daxian, Sichuan; Late Triassic member 7 of Hsuchiaho Formation.

1993a　*Pseudotorellia* sp., Wu Xiangwu, p. 125.

Pseudotorellia? spp.

1975　*Pseudotorellia*? sp., Xu Fuxiang, p. 106, pl. 5, fig. 9; leaf; Houlaomiao of Tianshui, Gansu; Middle Jurassic Tanheli Formation.

1980　*Pseudotorellia*? sp., Zhang Wu and others, p. 288, pl. 184, fig. 2; leaf; Damiao of Chifeng, Inner Mongolia; Early Cretaceous Jiufotang Formation.

1984　*Pseudotorellia*? sp., Zhou Zhiyan, p. 46, pl. 28, figs. 1—5; leaves; Wangjiatingzi in Huangyang of Lingling, Hubutang of Qiyang, Hunan; Early Jurassic middle and lower parts of Guanyintan Formation; Zhongshan, Guangxi; Early Jurassic Xiwan Formation.

1993　*Pseudotorellia*? sp., Mi Jiarong and others, p. 132, pl. 36, figs. 3—5; leaves; Luoquanzhan of Dongning, Heilongjiang; Late Triassic Luoquanzhan Formation; South Well in Bamianshi of Shuangyang, Jilin; Late Triassic lower part of Xiaofengmidingzi Formation.

△Genus *Psygmophyllopsis* Durante, 1992

1992　Durante, p. 25.

Type species: *Psygmophyllopsis norinii* Durante, 1992

Taxonomic status: ginkgophytes?

△*Psygmophyllopsis norinii* Durante, 1992

1992　Durante, p. 24, pl. 12, figs. 10, 11; pl. 13, figs. 4, 5; text-figs. 12a, 12b; leaves; Holotype: No. Bex 296 (pl. 12, fig. 11; text-fig. 12a); Repository: Department of Palaeobotany, Swedish Museum of Natural History; bed C of Nanshan Section, Gansu; Late Permian.

Genus *Psygmophyllum* Schimper, 1870

1870　Schimper, p. 193.

1927　Halle, p. 215.
1974　*Palaeozoic Plants from China* Writing Group, p. 149.
1993a　Wu Xiangwu, p. 125.
Type species: *Psygmophyllum flabellatum* (Lindely et Hutton) Schimper, 1870
Taxonomic status: ginkgophytes?

Psygmophyllum flabellatum (Lindely et Hutton) Schimper, 1870

1832　*Noeggerathia flabellatum* Lindely et Hutton, p. 89, pls. 28, 29; leaves; England; Late Carboniferous.
1870　Schimper, p. 193.
1993a　Wu Xiangwu, p. 125.

Psygmophyllum cf. *flabellatum* (Lindely et Hutton) Schimper

1968　Kon'no, p. 197, pl. 23, fig. 3; leaf; Northeast China; Late Permian.

△*Psygmophyllum angustilobum* Schenck, 1883

1883a　Schenck, p. 221, pl. 43, figs. 22—24; leaves; Kaiping, Hebei; Middle Carboniferous.

Psygmophyllum demetrianum (Zalessky) Burago, 1982

1982　Burago, p. 130, pl. 12, fig. 2; text-figs. 1r, e-3, 2; leaves; southern Primoski Krai, USSR; Permian.

Cf. *Psygmophyllum demetrianum* (Zalessky) Burago

1982　Durante, p. 25, pl. 7, fig. 2; leaf; bed C of Nanshan Section, Gansu; Late Permian.

△*Psygmophyllum ginkgoides* Hu et Xiao, 1987 (non Hu, Xiao et Ma, 1996)

1987　Hu Yufan, Xiao Zongzheng, p. 561, pl. 1, figs. 1, 1a; leaf; No.: BP-007; Repository: Institute of Botany, Chinese Academy of Sciences; Sanjiadian, Beijing; Permian Hongmiaoling Formation.

△*Psygmophyllum ginkgoides* Hu, Xiao et Ma, 1996 (in Chinese and English) (non Hu et Xiao, 1987)

[Notes: This specific name is a later isonym of *Psygmophyllum ginkgoides* Hu et Xiao (1987)]

1996　Hu Yufan, Xiao Zhongcheng, Ma Jie, in Hu Yufan and others, pl. 2, figs. 1, 2 (＝Hu Yufan, Xiao Zongzheng, 1987, p. 561, pl. 1, figs. 1, 1a); leaves; Sanjiadian, Beijing; Late Permian.

△*Psygmophyllum lobulatum* Xiao, 1988

1988　Xiao Suzhen, p. 160, pl. 3, figs. 1, 2; leaves; Reg. No.: Sh520; Holotype: Sh520 (figs. 1, 2); Repository: Regional Geology Survey Team, Bureau of Geology and Mineral Resources of Shanxi; Guantouchang of Xiangning, Shanxi; Late Permian Upper Shihhotse Formation.

△*Psygmophyllum multipartitum* Halle, 1927

1927　Halle, p. 215, pl. 57, 58; leaves; Taiyuan, Shanxi; early Late Permian Upper Shihhotse Series.
1950　Sze H C, Lee H H. pl. 1, fig. 3; leaf; Shangshanjing of Zuoyun, Shanxi; Late Permian Upper Shihhotse Series.
1953　Sze H C, p. 83, pl. 50, fig. 13; pl. 60, fig. 2; pl. 61, fig. 1; leaves; Taiyuan, Shanxi; early Late Permian Upper Shihhotse Series.

1954   Sze H C, p. 33, pl. 27, fig. 1; pl. 23, fig. 1; leaves; Taiyuan, Shanxi; Late Permian Upper Shihhotse Formation; Dabeisi, Beijing; Permian Shuangquan Formation.

1955   Sze H C, pl. 2, fig. 4a; leaf; Xiaomiaoyan in Panlong of Wuxiang, Shanxi; Late Permian Upper Shihhotse Formation.

1974   *Palaeozoic Plants from China* Writing Group, p. 149, pl. 118, figs. 1—3; leaves; Taiyuan, Shanxi; Late Permian Upper Shihhotse Formation; Beijing; Late Permian Shuangquan Formation.

1975   Boureau, p. 372, fig. 311; leaf; Taiyuan, Shanxi; Late Permian Upper Shihhotse Formation.

1977b   Feng Shaonan and others, p. 669, pl. 253, figs. 1, 2; leaves; Yuxian, Henan; Late Permian Upper Shihhotse Formation and Shuangquan Formation.

1979   Yang Guanxiu, Chen Fen, p. 133, pl. 4, fig. 1; leaf; Longyungang of Yangchun, Guangdong; Late Permian Longtan Formation.

1985   Xiao Suzhen, Zhang Enpeng, p. 580, pl. 201, fig. 1; leaf; Taiyuan, Xingyu of Qingshui, Songmugou of Guxian, Changzhen of Ningxiang, Shanxi; Late Permian Upper Shihhotse Series; West Hill, Beijing; Late Permian Schuangquan Formation.

1985   Yang Guanxiu, Huang Qisheng, p. 110, fig. 2-223; leaf; Taiyuan, Shanxi; Late Permian Upper Shihhotse Formation; West Hill, Beijing; Late Permian Shuangquan Formation; Yangchun, Guangdong; Late Permian Longtan Formation; Yuxian, Henan; Late Permian Yungaishan Formation.

1987   Mei Meitang and others, p. 127, pl. 2, figs. 1, 2; leaves and cuticles; Leping, Jiangxi; Late Permian Laoshan Member of Leping Formation.

1989   Mei Meitang and others, p. 68, pl. 32, figs. 3—6; leaves; Shanxi, Beijing, Henan, Guangdong, Jiangxi; Late Permian.

1989   Yao Zhaoqi, p. 171, pl. 1, figs. 1—7; pl. 2, figs. 1—11; text-fig. 1; leaves and cuticles; Niutoushan in Guangde of Anhui, Funiushan of Jiangsu; Late Permian Longtan Formation; Niulanshan of Yongding, Fujian; Late Permian Cuipingshan Formation.

1991   Bureau of Geology and Mineral Resources of Beijing, pl. 11, fig. 5; leaf; Dabeisi of Badachu, Beijing; Late Permian—Early Triassic Dabeisi Member of Shuangquan Formation.

1991   Yang Jingyao and others, pl. 10, fig. 5; pl. 11, fig. 2; leaves; Shimen of Banpo, Yichuan, Dengcao of Dengfeng, Henan; Late Permian Upper Shihhotse Formation.

1995a   Li Xingxue (editor-in-chief), pl. 48, fig. 4; leaf; Taiyuan, Shanxi; Early Permian Lower Shihhotse Formation. (in Chinese)

1995b   Li Xingxue (editor-in-chief), pl. 48, fig. 4; leaf; Taiyuan, Shanxi; Early Permian Lower Shihhotse Formation. (in English)

1996   He Xilin and others, p. 84, pl. 66, fig. 2; leaf; Dongcun in Yinggangling of Gaoan, Jiangxi; Late Permian Leping Formation.

1996   Hu Yufan and others, pl. 1, fig. 1; leaf; Sanjiadian, Beijing; Late Permian.

1996   Kong Xianzhen and others, p. 194, pl. 18, fig. 4; pl. 19, fig. 1; leaves; Xingyu of Qingshui, Shanxi; Late Permian Upper Shihhotse Formation.

1997   Shang Guanxiong (editor-in-chief), pl. 17, fig. 2; leaf; Dengcao of Dengfeng, Henan; Middle—early Late Permian Dafengkou Formation.

1998   Wang Rennong and others, pl. 16, fig. 1; leaf; Yongcheng, Henan; Late Permian Upper

Shihhotse Formation.

Psygmophyllum cf. *multipartitum* Halle

1983　Zhang Wu and others, p. 81, pl. 2, fig. 11; leaf; Linjiawaizi of Beixi, Liaoning; Middle Triassic Linjia Formation.

1998　Chen Ping, p. 14, pl. 1, figs. 1—3, 6; leaves and cuticles; Huainan, Anhui; Late Permian Upper Shihhotse Formation.

1998　Wang Rennong and others, pl. 14, fig. 4; leaf; Yingshang and Xieqiao, Anhui; Late Permian Upper Shihhotse Formation.

Cf. *Psygmophyllum multipartitum* Halle

1981　Liu Hongchou and others, pl. 2, fig. 6; leaf; Daqinggou of Sunan, Gansu; Late Permian Sunan Formation.

△*Psygmophyllum shallowpartitum* Yang et Zhang, 1991

1991　Yang Jingyao and others, p. 53, pl. 11, fig. 3; leaf; Banpo of Yichuan, Henan; Late Permian Upper Shihhotse Formation. (Notes: The specimen repository was not mentioned in the original paper)

Psygmophyllum sibiricum (Zalessky) Burago, 1982

1934　*Iniopteris sibirica* Zalessky, p. 760, figs. 20, 21; leaves; Siberia, USSR; Permian.

1982　Burago, p. 134; Siberia, USSR; Permian.

1996　Liu Lujun, Yao Zhaoqi, p. 651.

Psygmophyllum cf. *sibiricum* (Zalessky) Burago

1996　Liu Lujun, Yao Zhaoqi, p. 651, pl. 3, figs. 4, 5; leaves; Kulai of Hami, Xinjiang; early Late Permian base part of Tarlang Formation.

△*Psygmophyllum tianshanensis* Liu et Yao, 1996 (in Chinese and English)

1996　Liu Lujun, Yao Zhaoqi, pp. 652, 668, pl. 3, fig. 7; leaf; No.: AFA-36; Reg. No.: PB17424; Holotype: PB17424 (pl. 3, fig. 7); Repository: Nanjing Institute of Geology and Palaeontology, Chinese Academy of Sciences; Kulai of Hami, Xinjiang; early Late Permian base part of Tarlang Formation.

Psygmophyllum ussuriensis Burago, 1976

1976　Burago, p. 97, pl. 7, fig. 3; leaf; South Primoski Krai, USSR; Permian.

Psygmophyllum cf. *ussuriensis* Burago

1989　Sun Fusheng, pl. 1, fig. 7; leaf; Turfan, Xinjiang; Late Permian Wutonggou Formation.

Psygmophyllum spp.

1940　*Psygmophyllum* sp., Sze H C, p. 46, pl. 1, fig. 14; text-figs. 5, 6; leaf; Guangxi; Early Permian Upper Plant Bed.

1992　*Psygmophyllum* sp., Durante, p. 25, pl. 11, figs. 1, 5; leaves; text-fig. 11[= *Iniopteris* sp. vel. *Syniopteris* sp. (Durante, 1980, p. 131, text-fig. 4)]; Nanshan Section, Gansu; Late Permian.

1998　*Psygmophyllum* sp., Wang Rennong and others, pl. 14, fig. 3; leaf; Yingshang and Xieqiao, Anhui; Late Permian Upper Shihhotse Formation.

2000　*Psygmophyllum* sp., Wang Ziqiang, pl. 2, fig. 2; leaf; Baoding, Shanxi; early Late Permian.

Psygmophyllum? spp.

1943　*Psygmophyllum*? sp., Sze H C, p. 144, pl. 1, figs. 12—15; leaves; northern Guangdong; Early Carboniferous.

1956a　*Psygmophyllum*? sp., Sze H C, pp. 54, 160, pl. 47, fig. 5; leaf; Xingshuping and Huangcaowan, Shaanxi; Late Triassic Yenchang Formation. [Notes: The specimen was later referred as *Sphenozamites changi* Sze (Lee H H, in Sze H C, Lee H H and others, 1963, p. 204)]

1956b　*Psygmophyllum*? sp., Ngo C K, p. 34, pl. 1, fig. 5; leaf; Shuangfeng, Hunan; Early Carboniferous Ceshui Coal Series.

1993a　*Psygmophyllum*? sp., Wu Xiangwu, p. 125.

1996　*Psygmophyllum*? sp., Liu Lujun, Yao Zhaoqi, p. 653, pl. 3, fig. 11; leaf; Kulai of Hami, Xinjiang; early Late Permian base part of Tarlang Formation.

△Genus *Radiatifolium* Meng, 1992

1992　Meng Fansong, pp. 705, 707.

Type species: *Radiatifolium magnusum* Meng, 1992

Taxonomic status: ginkgophytes?

△*Radiatifolium magnusum* Meng, 1992

1992　Meng Fansong, pp. 705, 707, pl. 1, figs. 1, 2; pl. 2, figs. 1, 2; leaves; Reg. No.: P86020—P86024; Holotype: P86020 (pl. 1, fig. 1); Repository: Yichang Institute of Geology and Mineral Resources; Donggong of Nanzhang, Hubei; Late Triassic Jiuligang Formation.

Genus *Rhipidopsis* Schmalhausen, 1879

1879　Schmallhausen, p. 50.

1927　Halle, p. 215.

1936—1937　Pan C H, p. 266.

1953　Sze H C, p. 83

1974　*Palaeozoic Plants from China* Writing Group, p. 148.

Type species: *Rhipidopsis ginkgoides* Schmalhausen, 1879

Taxonomic status: ginkgophytes?

Rhipidopsis ginkgoides Schmalhausen, 1879

1879　Schmalhausen, p. 50, pl. 8, figs. 3—12; leaves; Petschoralands, Russia; Permian.

1978　Zhang Jihui, p. 484, pl. 163, fig. 7; leaf; Jichang of Shuicheng, Guizhou; Late Permian Longtan Formation.

1984　Zhu Jianan and others, p. 143, pl. 3, figs. 1, 2; leaves; Jinji of Junlian, Sichuan; late Late

Permian middle part of Junlian Formation.

Rhipidopsis cf. *ginkgoides* Schmalhausen
1974   *Palaeozoic Plants from China* Writing Group, p. 148, pl. 116, fig. 10; leaf; Panxian of Guizhou; Late Permian Xuanwei Formation.
1978   Zhang Jihui, p. 484, pl. 163, fig. 2; leaf; Panxian, Guizhou; Late Permian Longtan Formation.
1984   Zhu Jianan and others, p. 143, pl. 2, fig. 9; leaf; Jinji of Junlian, Sichuan; late Late Permian middle part of Junlian Formation.

Rhipidopsis baieroides Kawasaki et Kon'no, 1932
1932   Kawasaki, Kon'no, p. 41, pl. 101, figs. 9, 10; leaves; Korea; Early Permian Heian System.
1936—1937   Pan C H, p. 266, pl. 3, figs. 1—3a; pl. 4, fig. 5; leaves; Yuxian, Henan; early Late Permian Dafengkou Series. [Notes: The specimen was later referred as *Rhipidopsis p'anii* Chow (Zhou Zhiyan, in Lee H H and others, 1962)]
1963   Zhou Huiqin, p. 167, pl. 70, fig. 2; leaf; Huangniping of Xingning, Guangdong; Permian.
1968   Kon'no, p. 195, pl. 23, figs. 1—2b; pl. 23, fig. 2; pl. 25, figs. 3, 4; leaves; Northeast China; Late Permian.

△*Rhipidopsis concava* Yang et Chen, 1979
1979   Yang Guanxiu, Chen Fen, p. 133, pl. 43, fig. 6; pl. 44, fig. 1; leaves; Reg. No.: K-0428, K-0429; Holotype: K-0428 (pl. 43, fig. 6); Gedingzhai of Renhua, Guangdong; Late Permian Longtan Formation.

Rhipidopsis gondwanensis Seward, 1919
1881   *Rhipidopsis ginkgoides* Schmalhausen, Feistmantle, p. 257, pl. 2, fig. 1; leaf; India; Permian.
1919   Seward, p. 92.
1980   Tian Baolin, Zhang Lianwu, p. 30, pl. 19, figs. 1, 2; pl. 22, figs. 6, 11; leaves; Wangjiazhai of Shuicheng, Guizhou; Late Permian Longtan Formation.

△*Rhipidopsis guizhouensis* Tain et Zhang, 1980
1980   Tian Baolin, Zhang Lianwu, p. 29, pl. 14, figs. 1, 2, 6; leaves; Wangjiazhai of Shuicheng, Guizhou; Late Permian Longtan Formation. (Notes: The type specimen was not designated in the original paper)

△*Rhipidopsis hongshanensis* Huang, 1977
1977   Huang Benhong, p. 59, pl. 10, fig. 4; text-fig. 19; leaves; Reg. No.: PFH0015; Repository: Shenyang Institute of Geology and Mineral Resources; Hongshan of Yichun, Heilongjiang; Late Permian Hongshan Formation.
1985   Yang Guanxiu, Huang Qisheng, p. 109, fig. 2-221; leaf; Hongshan of Yichun, Heilongjiang; Late Permian Hongshan Formation.
1993   Departmen of Geology and Mineral Resources of Heilongjiang, pl. 8, fig. 5; leaf; Heilongjiang; Late Permian Hongshan Formation.
1995a   Li Xingxue (editor-in-chief), pl. 54, fig. 3; leaf; Hongshan of Yichun, Heilongjiang; Late Permian Yichun Formation. (in Chinese)
1995b   Li Xingxue (editor-in-chief), pl. 54, fig. 3; leaf; Hongshan of Yichun, Heilongjiang; Late

Permian Yichun Formation. (in English)

△*Rhipidopsis imaizumii* Kon'no, 1968

1968　Kon'no, p. 196. , pl. 24, fig. 2; pl. 25, fig. 2; leaves; Holotype: IGPC Coll. Cat. No. 90165; Northeast China; Late Permian.

△*Rhipidopsis lobata* Halle, 1927

1927　Halle, p. 192, pl. 54, fig. 27; leaf; Taiyuan, Shanxi; early Late Permian Upper Shihhotse Series.

1953　Sze H C, p. 76, pl. 43, fig. 3; leaf; Taiyuan, Shanxi; early Late Permian Upper Shihhotse Series.

1963　Lee H H and others, p. 123, pl. 86, fig. 4; leaf; Northwest China; late Early—Late Permian.

1974　*Palaeozoic Plants from China* Writing Group, p. 147, pl. 116, fig. 8; leaf; Taiyuan, Shanxi; early Late Permian Upper Shihhotse Formation.

1985　Xiao Suzhen, Zhang Enpeng, p. 579, pl. 203, fig. 4; leaf; Taiyuan, Xiacun of Jincheng, Shanxi; Upper Shihhotse Formation.

1985　Yang Guanxiu, Huang Qisheng, p. 109, fig. 2-219; leaf; Taiyuan, Shanxi; Permian upper part of Upper Shihhotse Formation; Jiuquan, Gansu; Permian Yaogou Group.

1989　Mei Meitang and others, p. 67, text-fig. 3-61; leaf; Taiyuan of Shanxi of Jiuquan, Gansu; early Late Permian.

Cf. *Rhipidopsis lobata* Halle

1998　Wang Rennong and others, pl. 16, fig. 6; leaf; Yongcheng, Henan; early Late Permian Upper Shihhotse Formation.

△*Rhipidopsis lobulata* Mo, 1980

1980　Mo Zhuangguan, in Zhao Xiuhu and others, p. 86, pl. 19, figs. 11, 12; leaves; Col. No. : PZ2-12; Reg. No. : PB7081, PB7082; Repository: Nanjing Institute of Geology and Palaeontology, Chinese Academy of Sciences; Panxian, Guizhou; early Late Permian lower member of Xuanwei Formation. (Notes: The type specimen was not designated in the original paper)

△*Rhipidopsis longifolia* Zhou T et Zhou H, 1986

1986　Zhou Tongshun, Zhou Huiqin, p. 61, pl. 14, figs. 1, 2, 5, 7; leaves; Reg. No. : XJP-D50, XJP-D51, XJP-D52a, XJP-D52c; Repository: Institute of Geology, Chinese Academy of Geological Sciences; Dalongkou of Jimsar, Xinjiang; Late Permian Wutonggou Formation. (Notes: The type specimen was not designated in the original paper)

△*Rhipidopsis minor* Feng, 1977

1977b　Feng Shaonan and others, p. 668, pl. 250, fig. 2; leaf; Reg. No. : P25144; Holotype: P25144 (pl. 250, fig. 2); Repository: Yichang Institute of Geology and Mineral Resources; Guanshan of Lianyuan, Hunan; Late Permian Longtan Formation.

1982　Cheng Lizhu, p. 519, pl. 332, fig. 3; leaf; Qixingjie of Lianyuan, Hunan; Late Permian Longtan Formation.

△*Rhipidopsis minutus* Zhang, 1978
1978   Zhang Jihui, p. 484, pl. 163, fig. 4; leaf; No. : GP-77; Holotype: GP-77 (pl. 163, fig. 4); Repository: Guizhou Working Team of Stratigraphy and Palaeontology; Gongjiling of Nayong, Guizhou; Late Permian Longtan Formation.

△*Rhipidopsis multifurcata* Tian et Zhang, 1980
1980   Tian Baolin, Zhang Lianwu, p. 31, pl. 23, figs. 2, 2a; leaf; Wangjiazhai of Shuicheng, Guizhou; Late Permian Longtan Formation.

Rhipidopsis palmata Zalessky
1932   Zalessky, p. 125, fig. 11.
1986   Huang Benhong, p. 107, pl. 4, figs. 3, 4; leaves; Artaolegou, eastern Ujimqin Banner, Inner Mongolia; Late Permian.

Rhipidopsis aff. *palmata* Zalessky
1992   Durante, p. 27, pl. 7, fig. 6; pl. 9, fig. 6; leaves; bed C of Nanshan Section, Gansu; Late Permian.

Rhipidopsis cf. *palmata* Zalessky
1968   Kon'no, p. 197, pl. 23, fig. 3; leaf; east border of Northeast China; Late Permian.
1992   Durante, p. 27, pl. 4, fig. 4; pl. 13, fig. 3; leaves; bed C of Nanshan Section, Gansu; Late Permian.

△*Rhipidopsis p'anii* Chow, 1962
1936—1937   *Rhipidopsis baieroides* Kawasaki et Kon'no, P'an C H, p. 266, pl. 3, figs. 1—3a; pl. 4, fig. 5; leaves; Yuxian, Henan; early Late Permian Dafengkou Series.
1962   Zhou Zhiyan, in Lee H H and others, p. 135, pl. 80, figs. 1—3; leaves; Hepu in Guangxi of Changjiang River Basin; Late Permian Longtan Formation.
1964   Lee H H and others, p. 117, pl. 71, fig. 3; leaf; South China; Late Permian.
1974   *Palaeozoic Plants from China* Writing Group, p. 147, pl. 116, fig. 9; pl. 117, figs. 1—3; leaves; Yuxian, Henan; Late Permian Upper Shihhotse Formation; Longtan of Nanjing, Jiangsu; Hepu and Xingning, Guangxi; Late Permian Longtan Formation; Panxian, Guizhou; Late Permian Xuanwei Formation.
1977b   Feng Shaonan and others, p. 669, pl. 251, fig. 6; leaves; Qujiang of Guangdong, Hepu of Guangxi, Guanshan in Lianyuan of Hunan; Late Permian Longtan Formation; Yuxian, Henan; Late Permian Upper Shihhotse Formation.
1978   Chen Ye, Duan Shuying, p. 468, pl. 154, figs. 1, 2; pl. 155, figs. 1, 2; leaves; Xiaoyudong of Pengxian, Sichuan; Tianfu Coal Mine, Sichuan; Late Permian Longtan Formation.
1978   Zhang Jihui, p. 483, pl. 163, fig. 3; leaf; Gongjiling of Nayong, Guizhou; Late Permian Longtan Formation.
1979   Yang Guanxiu, Chen Fen, p. 134, pl. 45, figs. 1A, 2, 3; leaves; Gedingzhai of Renhua, Guangdong; Late Permian Longtan Formation.
1980   Tian Baolin, Zhang Lianwu, p. 29, pl. 17, fig. 4; text-fig. 22; leaf; Wangjiazhai of Shuicheng, Guizhou; Late Permian Longtan Formation.
1982   Cheng Lizhu, p. 519, pl. 333, fig. 8; leaf; Qixingjie of Lianyuan, Hunan; Late Permian

1982　Lee H H and others, p. 37, pl. 13, figs. 9, 10; leaves; Tuoba of Changdu, Tibet; Late Permian Tuoba Formation.

1982a　Wang Guoping and others, p. 371, pl. 156, fig. 1; leaf; Zhonglingqiao of Jinxian, Jiangxi; Late Permian Leping Formation.

1985　Xiao Suzhen, Zhang Enpeng, p. 580, pl. 203, fig. 5; leaf; Xingyu of Qinshui, Shanxi; Late Permian Upper Shihhotse Formation.

1985　Yang Guanxiu, Huang Qisheng, p. 109, fig. 2-220; leaf; Yuxian, Henan; Late Permian Yungaishan Formation; Longtan in Nanjing of Jiangsu, Qujiang of Guangdong; Hepu and Xingning of Guangxi; Late Permian Longtan Formation; Panxian, Guizhou; Late Permian Xuanwei Formation.

1986　Yang Guangrong and others, pl. 19, fig. 6; leaf; Chuanyan of Xingwen, Sichuan; Late Permian Longtan Formation.

1986　Zhou Tongshun, Zhou Huiqin, p. 61, pl. 14, fig. 6; pl. 15, fig. 9; leaves; Dalongkou of Jimsar, Xinjiang; Late Permian Wutonggou Formation.

1987　Yang Guanxiu and others, pl. 17, fig. 2; leaf; Dafengkou, Henan; Late Permian Upper Shihhotse Formation.

1989　Mei Meitang and others, p. 68, pl. 31, fig. 1; leaf; Henan, Jiangsu, Jiangxi, Guangdong, Guizhou; Late Permian.

1996　He Xilin and others, p. 82, pl. 65, figs. 4—6; pl. 66, fig. 1; pl. 67; leaves; Anfu, Fengcheng, Xinfeng, Leping and Qianshan, Jiangxi; Late Permian Leping Formation and Wulinshan Formation.

Rhipidopsis cf. *p'anii* Chow

1978　Zhang Jihui, p. 484, pl. 163, fig. 1; leaf; Gongjiling of Nayong, Guizhou; Late Permian Longtan Formation.

1980　Liang Jiande and others, pl. 2, fig. 1; leaf; Daquan of Yongchang, Gansu; Early Permian Shanxi Formation.

1996　He Xilin and others, p. 82, pl. 70, fig. 1; leaf; Jishui, Jiangxi; Late Permian Wangpanli Member of Leping Formation.

△*Rhipidopsis radiata* Yang et Chen, 1979

1979　Yang Guanxiu, Chen Fen, p. 135, pl. 46, fig. 1; leaf; Reg. No.: K-0437; Holotype: K-0437 (pl. 46, fig. 1); Gedingzhai of Renhua, Guangdong; Late Permian Longtan Formation.

△*Rhipidopsis shifaensis* Huang, 1980

1980　Huang Benhong, p. 565, pl. 258, figs. 6, 7; text-fig. 44; leaves; Reg. No.: PFH00524, PFH00525; Repository: Shenyang Institute of Geology and Mineral Resources; Shifatun of Acheng, Heilongjiang; Late Permian Sanjiaoshan Formation. (Notes: The type specimen was not designated in the original paper)

△*Rhipidopsis shuichengensis* Tian et Zhang, 1980

1980　Tian Baolin, Zhang Lianwu, p. 30, pl. 20, figs. 1—6; pl. 21, figs. 1—3; text-fig. 23; leaves; Wangjiazhai of Shuicheng, Guizhou; Late Permian Longtan Formation. (Notes: The type specimen was not designated in the original paper)

△*Rhipidopsis tangwangheensis* **Huang,1980**
1980　Huang Benhong,p. 564,pl. 253,fig. 6;pl. 255,fig. 9;text-fig. 43;leaves;Reg. No.: PFH00523;Repository:Shenyang Institute of Geology and Mineral Resources;Hongshan of Yichun,Heilongjiang;Late Permian Hongshan Formation.

△*Rhipidopsis taohaiyingensis* **Huang,1980**
1983　Huang Benhong,p. 581,pl. 1,figs. 1—3;leaves;Reg. No.: PFL20211—PFL20213;Repository:Shenyang Institute of Geology and Mineral Resources;eastern Inner Mongolia; Late Permian Taohaiyingzi Formation. (Notes:The type specimen was not designated in the original paper)

△*Rhipidopsis xinganensis* **Huang,1977**
1977　Huang Benhong,p. 58,pl. 17,fig. 4;pl. 29,figs. 4,5;text-fig. 18;leaves;Reg. No.: PFH0014,PFH0203;Repository:Northeast Institute of Geological Sciences;Hongshan of Yichun,Heilongjiang;Late Permian Hongshan Formation. (Notes:The type specimen was not designated in the original paper)

△*Rhipidopsis yamadai* **(Yokoyama) Chow MS in Sze,Lee et al. ,1963**
1906　*Phoenicopsis*? *yamadai* Yokoyama,p. 71,pl. 2,fig. 1;leaf;Shuitangpu of Xuanwei,Yunnan;Late Triassic. [Notes:The occurrence horizon was later changed as Late Permian Longtan Formation (Sze H C,Lee H H and others,1963,p. 252)]
1963　Zhou Zhiyan,in Sze H C,Lee H H and others,p. 252;leaf;Shuitangpu of Xuanwei,Yunnan;Late Permian Longtan Formation.

Rhipidopsis spp.
1980　*Rhipidopsis* sp. ,Tian Baolin,Zhang Lianwu,p. 31,pl. 21,fig. 6;leaf;Wangjiazhai of Shuicheng,Guizhou;Late Permian Longtan Formation.
1986　*Rhipidopsis* sp. 1,Zhou Tongshun,Zhou Huiqin,p. 61,pl. 14,fig. 3;leaf;Dalongkou of Jimsar,Xinjiang;Late Permian Wutonggou Formation.
1986　*Rhipidopsis* sp. 2,Zhou Tongshun,Zhou Huiqin,p. 62,pl. 14,fig. 4;leaf;Dalongkou of Jimsar,Xinjiang;Late Permian Wutonggou Formation.
1986　*Rhipidopsis* sp. ,Wang Dexu and others,pl. 5,fig. 1;leaf;southern Yangluhe,Gansu; Permian Jiayuguan Formation.
1986　*Rhipidopsis* sp. ,Yang Guangrong and others,pl. 19,fig. 7;leaf;Chuanyan of Wenxing, Sichuan;Late Permian Longtan Formation.
1987　*Rhipidopsis* sp. ,Mei Meitang and others,pl. 1,fig. 2;leaf;Anfu,Jiangxi;Late Permian Laoshan Member of Leping Formation.
1988　*Rhipidopsis* sp. 2,Zhou Tongshun,Cai Kaidi,pl. 2,fig. 5;leaf;Dashankou of Yumen, Gansu;Late Permian Sunan Formation.
1989　*Rhipidopsis* sp. ,Wu Shaozu,p. 123,pl. 21,fig. 7;leaf;Kuqa,Xinjiang;Late Permian Biyoulebaoguzi Group.
1990　*Rhipidopsis* sp. ,Lu Yanbang,pl. 2,fig. 7;leaf;Suzhou,Anhui;Late Permian Upper Shihhotse Formation.
1992　*Rhipidopsis* sp. 1,Durante,p. 27,pl. 9,fig. 5;leaf;bed C of Nanshan Section,Gansu;

Late Permian.

1992 *Rhipidopsis* sp., Zhu Jianan, Feng Shaonan, p. 299, pl. 2, fig. 12; leaf; Lianyang, Guangdong; Early Permian upper member of Gutian Formation.

1995 *Rhipidopsis* sp., Wang Xiangzhen and others, p. 202, pl. 43, figs. 3, 4; leaves; Pangzhuang of Xuzhou, Jiangsu; Early Permian Lower Shihhotse Formation.

1997 *Rhipidopsis* sp. (Cf. *Rhipidopsis p'anii* Chow), Wu Xiuyuan and others, p. 24, pl. 7, figs. 6, 7; leaves; Kuqa, Xinjiang; Late Permian Biyoulebaoguzi Group.

Rhipidopsis? sp.

1983 *Rhipidopsis*? sp., Dou Yawei and others, p. 613, pl. 226, figs. 5, 6; leaves; Kuqa, Xinjiang; Late Permian Biyoulebaoguzi Group; Choushuigou of Fukang, Xinjiang; Late Permian Wutonggou Formation.

?*Rhipidopsis* sp.

1998 ?*Rhipidopsis* sp., Wang Rennong and others, pl. 16, fig. 5; leaf; Pingdingshan, Henan; Late Permian Upper Shihhotse Formation.

Genus *Saportaea* Fontaine et White, 1880

1880 Fontaine, White, p. 102.
1927 Halle, p. 194.
1953 Sze H C, p. 76.
1974 *Palaeozoic Plants from China* Writing Group, p. 147.

Type species: *Saportaea salisburioides* Fontaine et White, 1880
Taxonomic status: ginkgophytes?

Saportaea salisburioides Fontaine et White, 1880

1880 Fontaine, White, p. 102, pl. 38, figs. 1—3; leaves; Cassville of West Virginia, USA; Permian Pennsylvanian.

△*Saportaea nervosa* Halle, 1927

1927 Halle, p. 194, pl. 55, figs. 1—4; leaves; Taiyuan, Shanxi; Late Permian Upper Shihhotse Series.

1953 Sze H C, p. 76, pl. 46, fig. 4; pl. 58, fig. 4; leaves; Taiyuan, Shanxi; Late Permian Upper Shihhotse Series.

1958 Wang Longwen and others, pp. 555, 556 with figure; leaves; Taiyuan, Shanxi; Late Permian Upper Shihhotse Series.

1974 *Palaeozoic Plants from China* Writing Group, p. 147, pl. 116, figs. 6, 7; text-fig. 120; leaves; Taiyuan and Yangquan, Shanxi; Late Permian Upper Shihhotse Formation.

1985 Yang Guanxiu, Huang Qisheng, p. 108, fig. 2-218; leaf; Taiyuan and Yangquan, Shanxi; Late Permian Upper Shihhotse Formation.

1985 Xiao Suzhen, Zhang Enpeng, p. 579, pl. 203, fig. 3; leaf; Taiyuan, Yangquan, Songmugou of Guxian, Shanxi; Late Permian Upper Shihhotse Formation.

1996 Kong Xianzhen and others, p. 193, pl. 16, fig. 4b; pl. 17, fig. 9; leaves; Xingyu of Qingshui, Shanxi; Late Permian Upper Shihhotse Formation.

Saportaea cf. *nervosa* **Halle**
1991 Mei Meitang, Du Meili, p. 155, pl. 1, figs. 1a—1e; leaves and cuticles; Huaibei, Anhui; Late Permian Upper Shihhotse Formation.

Saportaea **sp.**
1984 *Saportaea* sp., Zhu Jianan and others, p. 143, pl. 3, fig. 3; leaf; Lubanshan of Junlian, Sichuan; Late Permian Jinjipang Formation.

△**Genus *Sinophyllum* Sze et Lee, 1952**
1952 Sze H C, Lee H H and others, pp. 12, 32.
1963 Sze H C, Lee H H and others, p. 263.
1982 Watt, p. 36.
1993a Wu Xiangwu, pp. 34, 234.
1993b Wu Xiangwu, pp. 503, 518.
Type species: *Sinophyllum suni* Sze et Lee, 1952
Taxonomic status: ginkgophytes?

△*Sinophyllum suni* **Sze et Lee, 1952**
1952 Sze H C, Lee H H, pp. 12, 32, pl. 5, fig. 1; pl. 6, fig. 1; text-fig. 2; leaves; 1 specimen; Repository: Nanjing Institute of Geology and Palaeontology, Chinese Academy of Sciences; Yipinchang of Baxian, Sichuan; Early Jurassic Hsiangchi Group.
1963 Sze H C, Lee H H and others, p. 263, pl. 106, fig. 1; pl. 107, fig. 1; leaves; Yipinchang of Baxian, Sichuan; Early Jurassic Hsiangchi Group.
1978 Yang Xianhe, p. 531, pl. 183, fig. 1; leaf; Yipinchang of Baxian, Sichuan; Late Triassic Hsuchiaho Formation.
1982 Watt, p. 36.
1993a Wu Xiangwu, pp. 34, 234.
1993b Wu Xiangwu, pp. 503, 518.

Genus *Solenites* Lindley et Hutton, 1834
1834 (1831—1837) Lindley, Hutton, p. 105.
1963 Sze H C, Lee H H and others, p. 260.
1993a Wu Xiangwu, p. 137.
Type species: *Solenites murrayana* Lindley et Hutton, 1834
Taxonomic status: Czekanowskiales

Solenites murrayana **Lindley et Hutton, 1834**
1834 (1831—1837) Lindley, Hutton, p. 105, pl. 121; leaves; England; Jurassic.
1980 Zhang Wu and others, p. 290, pl. 184, figs. 4, 5; leaves; Zhangyingzi of Damiao, Chifeng,

1982　　Wang Guoping and others, p. 279, pl. 134, fig. 10; leaf; Panlongqiao of Lin'an, Zhejiang; Late Jurassic Shouchang Formation.

1989　　Ding Baoliang and others, pl. 1, fig. 6; leaf; Panlongqiao of Lin'an, Zhejiang; Late Jurassic—Early Cretaceous Shouchang Formation.

1990　　Liu Mingwei, p. 204, pl. 32, fig. 2; leaf; Daming of Laiyang, Shandong; Early Cretaceous Laiyang Formation.

1992　　Sun Ge, Zhao Yanhua, p. 550, pl. 249, fig. 2; leaf; Sanyuanpu of Liuhe, Jilin; Early Cretaceous Hengtongshan Formation.

1993a　Wu Xiangwu, p. 137.

1999a　Wu Shunqing, p. 17, pl. 9, figs. 3, 4; leaves; Shangyuan of Beipiao, Liaoning; Late Jurassic lower part of Yixian Formation.

2001　　Sun Ge and others, pp. 88, 193, pl. 14, fig. 3; pl. 50, figs. 1, 2; twigs and leaves; western Liaoning; Late Jurassic Jianshangou Formation.

2003　　Wu Shunqing, fig. 234; leaf; Shangyuan of Beipiao, Liaoning; Late Jurassic lower part of Yixian Formation.

2004　　Yan Defei, Sun Bainian, p. 85, pl. 1, figs. 1—7; twigs with leaves and cuticles; Yaojie of Gansu; Middle Jurassic Yaojie Formation.

2005　　Sun Bainian and others, p. 33, pl. 20, fig. 3; pl. 21, figs. 1, 3, 4; pl. 24, fig. 1; short shoots with leaves and cuticles; Yaojie, Gansu; Middle Jurassic Yaojie Formation.

Solenites cf. *murrayana* Lindley et Hutton

1963　　Sze H C, Lee H H and others, p. 260, pl. 87, fig. 9; pl. 88, fig. 1; leaves and short shoots; Datong of Shanxi and Nianzigou in Maji of Fengcheng of Liaoning, Huoshiling in Jiaohe of Jilin, Xinjiang, Yulin of Shaanxi; Middle Jurassic(?) or Early—Late Jurassic.

1982b　Yang Xuelin, Sun Liwen, p. 53, pl. 22, fig. 5; pl. 23, figs. 7, 8; leaves and short shoots; Taoan, Wanbao, Xing'anbao, Yumin, Dayoutun and Heidingshan, Jilin; Middle Jurassic Wanbao Formation.

1985　　Yang Xuelin, Sun Liwen, p. 107, pl. 2, fig. 4; leaf; Hongqi Coal Mine of Taoan, Jilin; Early Jurassic Hongqi Formation.

1993　　Li Jieru and others, p. 235, pl. 1, fig. 1; leaf; Xishangou in Wafang of Dandong, Liaoning; Early Cretaceous Xiaoling Formation.

1993a　Wu Xiangwu, p. 137.

1995　　Wang Xin, pl. 1, fig. 4; pl. 3, fig. 13; leaves; Tongchuan, Shaanxi; Middle Jurassic Yan'an Formation.

△*Solenites luanpingensis* Wang, 1984

1984　　Wang Ziqiang, p. 272, pl. 156, fig. 3; leaf; Reg. No.: P0359; Holotype: P0359 (pl. 156, fig. 3); Nanjing Institute of Geology and Palaeontology, Chinese Academy of Sciences; Luanping, Hebei; Early Cretaceous Jiufotang Formation.

△*Solenites orientalis* Sun, Zheng et Mei, 2001 (in Chinese and English)

2001　　Sun Ge, Zheng Shaoling, Mei Shengwu, in Sun Ge and others, pp. 87, 193, pl. 14, fig. 4;

pl. 50, figs. 3—5, 6(?); pl. 69, figs. 1—5; pl. 70, figs. 1—7; leaves and cuticles; Reg. No.: PB19072—PB19075; Holotype: PB19072 (pl. 14, fig. 4); Repository: Nanjing Institute of Geology and Palaeontology, Chinese Academy of Sciences; western Liaoning; Late Jurassic Jianshangou Formation.

Solenites vimineus (Phillips) Harris, 1951

1829   *Flabellaria* (?) *vimineus* Phillips, p. 148, 154, pl. 9; leaves; Yorkshire, Britain; Middle Jurassic.

1951   Harris, p. 915; text-figs. 1B—1E, 1G, 1I, 1J; text-fig. 2 (Not include text-figs. 1A, 1H, 1F); leaf; Yorkshire, Britain; Middle Jurassic.

1995a   Li Xingxue (editor-in-chief), pl. 112, fig. 12; leaf; Lin'an, Zhejiang; Early Cretaceous Shouchang Formation. (in CHinese)

1995b   Li Xingxue (editor-in-chief), pl. 112, fig. 12; leaf; Lin'an, Zhejiang; Early Cretaceous Shouchang Formation. (in English)

Genus *Sorosaccus* Harris, 1935

1935   Harris, p. 145.

1988   Li Peijuan and others, p. 138.

1993a   Wu Xiangwu, p. 137.

Type species: *Sorosaccus gracilis* Harris, 1935

Taxonomic status: ginkgophytes?

Sorosaccus gracilis Harris, 1935

1935   Harris, p. 145, pls. 24, 28; male cones; Scoresby Sound of East Greenland, Denmark; Early Jurassic *Thaumatopteris* Zone.

1988   Li Peijuan and others, p. 138, pl. 97, figs. 7—9; pl. 100, fig. 6; male cones; Dameigou of Qaidam, Qinghai; Early Jurassic *Ephedrites* Bed of Tianshuigou Formation.

1993a   Wu Xiangwu, p. 137.

2005   Liu Xiuqun and others, p. 184, figs. 2—10; male cones; Beipiao, Liaoning; Late Triassic Yangcaogou Formation.

Genus *Sphenarion* Harris et Miller, 1974

1974   Harris, Miller, p. 110.

1984   Wang Ziqiang, p. 278.

1984   Chen Fen and others, p. 63.

1993a   Wu Xiangwu, p. 138.

Type species: *Sphenarion paucipartita* (Nathorst) Harris et Miller, 1974

Taxonomic status: Czekanowskiales

Sphenarion paucipartita (Nathorst) Harris et Miller, 1974

1886   *Baiera paucipartita* Nathorst, p. 94, pl. 20, figs. 7—13; pl. 21; pl. 22, figs. 1, 2; leaves;

　　　　　　　Sweden;Late Triassic.
1959　　*Sphenobaiera paucipartita* (Nathorst) Florin,Lundblad,p. 31,pl. 5,figs. 1—9;pl. 6, figs. 1—5;text-fig. 9;leaves and cuticles;Sweden;Late Triassic.
1974　　Harris,Miller,p. 110;leaf;Sweden;Late Triassic.
1993a　 Wu Xiangwu,p. 138.
1996　　Mi Jiarong and others,p. 132,pl. 32,figs. 3,4;leaves;Xinglonggou of Beipiao,Liaoning; Middle Jurassic Haifanggou Formation.
2003　　Xu Kun and others,pl. 7,fig. 4;leaf;Xinglonggou of Beipiao,Liaoning;Middle Jurassic Haifanggou Formation.

Cf. *Sphenarion paucipartita* (Nathorst) Harris et Miller
1986　　Ye Meina and others,p. 73,pl. 47,figs. 2,4;pl. 48,fig. 1;pl. 56,fig. 4;leaves;Binlang of Daxian and Leiyinpu,Sichuan;Early Jurassic Zhenzhuchong Formation.

△*Sphenarion dicrae* Li,1988
1988　　Li Peijuan and others,p. 114,pl. 78,figs. 1,1a;pl. 122,figs. 1—4;pl. 137,figs. 1,2;leaves and cuticles;Coll. No. :80QFu;Reg. No. :PB13655;Holotype:PB13655 (pl. 78,figs. 1,1a); Repository:Nanjing Institute of Geology and Palaetology,Chinese Academy of Sciences;Dongfenggou in Lvcaoshan of Qaidam,Qinghai;Middle Jurassic *Nilssonia* Bed of Shimengou Formation.

Sphenarion latifolia (Turutanova-Ketova) Harris et Miller,1974
1931　　*Czekanowskia latifolia* Turutanova-Ketova,p. 335,pl. 5,fig. 6;leaf;Issyk Kul,USSR; Early Jurassic.
1974　　Harris,Miller,p. 110.
1984　　Chen Fen and others,p. 63,pl. 30,fig. 4;pl. 31,figs. 3—5;leaves;Datai,Qianjuntai, Daanshan and Changgouyu,Beijing;Early Jurassic Lower Yaopo Formation;Fangshan, Beijing;Middle Jurassic Upper Yaopo Formation.
1987　　Duan Shuying,p. 50,pl. 19,fig. 1;text-fig. 13;leaves;Zhaitang of West Hill,Beijing; Middle Jurassic Mentougou Coal Series.
1987　　Qian Lijun and others,p. 84,pl. 25,figs. 3,6;pl. 26,fig. 1(?);pl. 28,figs. 2,4;leaves and cuticles;Kaokaowusugou,Xigou and Yongxinggou of Shenmu,Shaanxi;Middle Jurassic Yan'an Formation.
1990　　Zheng Shaolin,Zhang Wu,p. 221,pl. 5,fig. 4;leaf;Tianshifu of Benxi,Liaoning;Middle Jurassic Dabu Formation.
1993a　 Wu Xiangwu,p. 138.
1996　　Mi Jiarong and others,p. 132,pl. 32,figs. 5,6,10;leaves;Simenzhai of Funing,Hebei; Early Jurassic Peipiao Formation.
1998　　Zhang Hong and others,pl. 48,figs. 1,2A;leaf;Rujigou of Pingluo,Ningxia;Middle Jurassic Rujigou Formation;Hoxtolgay,Xinjiang;Early Jurassic Badaowan Formation.
2003　　Deng Shenghui,pl. 72,fig. 3;leaf;Sanmdaoling of Hami,Xingjiang;Middle Turassic Xishanyao Formation.

Sphenarion leptophylla (Harris) Harris et Miller,1974
1935　　*Baiera leptophylla* Harris,p. 30,pl. 5,figs. 6,7;text-fig. 15;leaves and cuticles;East

Greenland, Denmark; Late Triassic.

1936　*Sphenoaiera leptophylla* (Harris), Florin, p. 108.

1974　Harris, Miller, p. 110; East Greenland, Denmark; Late Triassic.

Cf. *Sphenarion leptophylla* (Harris) Harris et Miller

1986　Ye Meina and others, p. 73, pl. 48, fig. 3; pl. (?), fig. 1; pl. 56, fig. 3; leaves; Binlang of Daxian, Sichuan; Late Triassic member 7 of Hsuchiaho Formation.

Sphenarion cf. *S. leptophylla* (Harris) Harris et Miller

1993　Mi Jiarong and others, p. 136, pl. 37, fig. 8; leaf; Shuangyang, Jilin; Late Triassic upper member of Xiaofengmidingzi Formation.

△*Sphenarion lineare* Wang, 1984

1984　Wang Ziqiang, p. 278, pl. 147, figs. 10—13; pl. 171, figs. 1—9; leaves and cuticles; Reg. No. : P0381, P0382, P0388, P0389; Syntype 1: P0381 (pl. 147, fig. 10); Syntype 2: P0389 (pl. 147, fig. 13); Repository: Nanjjing Institute of Geology and Palaetology, Chinese Academy of Sciences; Weichang and Qinglong, Hebei; Late Jurassic Zhangjiakou Formation and Houcheng Formation. [Notes: According to *International Code of Botanical Nomenclature (Vienna Code)* article 37.2, from the year 1958, the holotype type specimen should be unique]

1993a　Wu Xiangwu, p. 138.

△*Sphenarion parilis* Wu S Q, 1999 (in Chinese)

1999a　Wu Shunqing, p. 17, pl. 10, figs. 4, 8, 11, 13; leaves; Coll. No. : AEO-21, AEO-225, AEO-21, AEO-146; Reg. No. : PB18282—PB18285; Repository: Nanjing Institute of Geology and Palaeontology, Chinese Academy of Sciences; Shangyuan of Beipiao, Liaoning; Late Jurassic lower part of Yixian Formation. (Notes: The holotype was not designated in the original paper)

△*Sphenarion parvum* Meng, 1988

1988　Meng Xiangying, in Chen Fen and others, p. 47, 159, pl. 47, figs. 2—10; leaves and cuticles; Reg. No. : Fx204, Fx205; Repository: Beijing Graduate School, Wuhan College of Geology; Xinqiu of Fuxin, Liaoning; Early Cretaceous Fuxin Formation. (Notes: The type specimen was not not designated in the original paper)

△*Sphenarion tianqiaolingense* Mi, Zhang, Sun et al. , 1993

1993　Mi Jiarong, Zhang Chuanbo, Sun Chunlin and others, p. 136, pl. 39, figs. 1, 2, 4, 6, 8; text-fig. 37; leaves; Reg. No. : W458—W462; Holotype: W462 (pl. 39, fig. 8); Repository: Teaching and Research Section of Geological History and Palaeontology, Changchun College of Geology; Wangqing, Jilin; Late Triassic Malugou Formation.

△*Sphenarion xuii* Daun, 1987

1987　Duan Shuying, p. 51, pl. 19, fig. 6; leaf; Reg. No. : S-PA-86-536; Holotype: S-PA-86-536 (pl. 19, fig. 6); Repository: Department of Paleobotany, Swedish Museum of Natural History; Zhaitang of West Hill, Beijing; Middle Jurassic Mentougou Coal Series.

Sphenarion spp.

1996　*Sphenarion* sp. 1, Mi Jiarong and others, p. 132, pl. 30, fig. 8; leaf; Shimenzhai of Funing,

Hebei;Early Jurassic Peipiao Formation.

1996   *Sphenarion* sp. 2,Mi Jiarong and others,p. 133,pl. 32,fig. 8;leaf;Shimenzhai of Funing, Hebei;Early Jurassic Peipiao Formation.

2003   *Sphenarion* sp. ,Deng Shenghui,pl. 75,fig. 5B;leaf;Sandaoling of Hami,Xinjiang;Middle Jurassic Xishanyao Formation.

Genus *Sphenobaiera* Florin,1936

1936   Florin,p. 108.

1954   Hsu J,p. 62.

1963   Sze H C,Lee H H and others,p. 263.

1993a   Wu Xiangwu,p. 138.

Type species:*Sphenobaiera spectabilis* (Nathorst) Florin,1936

Taxonomic status:Ginkgoales

Sphenobaiera spectabilis (Nathorst) Florin,1936

1906   *Baiera spectabilis* Nathorst,p. 4,pl. 1,figs. 1—8;pl. 2,fig. 1;text-figs. 1—8;leaves; Franz Joseph Land;Late Triassic.

1936   Florin,p. 108.

1977a   Feng Shaonan and others,p. 238,pl. 96,figs. 4,5;leaves;Sandu of Zixing,Hunan;Early Jurassic.

1978   Yang Xianhe,p. 529,pl. 157,fig. 8;pl. 183,fig. 2;leaves;Tieshan of Daxian,Sichuan; Late Triassic Hsuchiaho Formation.

1980   Huang Zhigao,Zhou Huiqin,p. 103,pl. 49,fig. 6;pl. 53,figs. 1,4—8;pl. 54,fig. 1;leaves and cuticles;Wenjiapan of Fugu,Shaanxi;Early Jurassic Fuxian Formation.

1982b   Liu Zijin,pl. 2,fig. 19;leaf;Sidaogou in Daolengshan of Jingyuan,Gansu;Early Jurassic.

1983   Huang Qisheng,p. 32,pl. 3,fig. 8;leaf;Muling Reservoir of Huanning,Anhui;Early Jurassic lower part of Xiangshan Group.

1984   Chen Gongxin,p. 605,pl. 266,figs. 4,5;leaves;Chengchao of Echeng,Hubei;Early Jurassic Wuchang Formation.

1986   Ju Kuixiang,Lan Shanxian,pl. 2,fig. 7;leaf;Lvjiashan of Nanjing,Jiangsu;Early Triassic Fanjiatang Formation.

1987   Qian Lijun and others,p. 83,pl. 23,figs. 3,5,7,8;leaves and cuticles;Dabianyao in Xigou of Shenmu,Shaanxi;Middle Jurassic member 1 of Yan'an Formation.

1988   Huang Qisheng,pl. 1,fig. 8;leaf;Huaining,Anhui;Early Jurassic lower part of Wuchang Formation.

1988   Li Peijuan and others,p. 101,pl. 67,figs. 2,3;pl. 68,figs. 2,3;pl. 69,fig. 4;pl. 70,fig. 7;pl. 117,figs. 1—4;pl. 118,figs. 3—6;leaves and cuticles;Dameigou and Kuangou of Lvcaoshan, Qinghai;Middle Jurassic *Tyrmia-Sphenobaiera* Bed of Dameigou Formation,*Nilssonia* Bed of Shimengou Formation.

1993   Mi Jiarong and others,p. 130,pl. 35,figs. 9—11;leaves;Shuiquliugou of Dongning,Heilongjiang; Late Triassic Luoquanzhan Formation.

1993a　Wu Xiangwu, p. 138.

1995a　Li Xingxue (editor-in-chief), pl. 92, fig. 1; leaf; Lvcaoshan of Da Qaidam, Qinghai; Middle Jurassic Shimengou Formation. (in Chinese)

1995b　Li Xingxue (editor-in-chief), pl. 92, fig. 1; leaf; Lvcaoshan of Da Qaidam, Qinghai; Middle Jurassic Shimengou Formation. (in English)

1995　Wu Shunqing, p. 472, pl. 1, fig. 5; pl. 2, figs. 1—5; pl. 3, fig. 4; leaves and cuticles; Kezleinuer Valley of Kuqa, Xinjiang; Early Jurassic Taliqike Formation.

1996　Huang Qisheng and others, pl. 1, fig. 8; leaf; Kaixian, Sichuan; Early Jurassic Zhenzhuchong Formation.

2001　Huang Qisheng and others, pl. 1, fig. 1; leaf; Wenquan of Kaixian, Chongqing; Early Jurassic lower part of Zhenzhuchong Formation.

2002　Meng Fansong and others, p. 312, pl. 5, fig. 3; leaf; Xietan of Zigui, Hubei; Early Jurassic Hsiangchi Formation.

2003　Deng Shenghui, pl. 76, fig. 5; leaf; Sandaoling of Hami, Xingjiang; Middle Jurassic Xishanyao Formation.

Sphenobaiera cf. *spectabilis* (Nathorst) Florin

1968　*Mesozoic Coal-bearing Stratigraphy Handbook of Hunan and Jiangxi Regions*, p. 76, pl. 37, figs. 1—3; leaves; Sandu of Zixing, Hunan; Early Jurassic Tanglong Formation.

1982　Wang Guoping and others, p. 278, pl. 127, fig. 9; leaf; Caikeng of Lishui, Zhejiang; Early Jurassic.

1982　Zhang Caifan, p. 536, pl. 355, fig. 12; leaf; Sandu of Zixing, Hunan; Early Jurassic Tanglong Formation.

1987　Chen Ye and others, p. 125, pl. 36, fig. 5; pl. 37, figs. 1, 2; leaves; Yanbian, Sichuan; Late Triassic Hongguo Formation.

1987　Duan Shuying, p. 48, pl. 17, figs. 4, 5; pl. 18, fig. 1; leaves; Zhaitang of West Hill, Beijing; Middle Jurassic Yaopo Formation.

1992　Wang Shijun, p. 52, pl. 21, figs. 10, 10a; text-fig. 4; leaves; Qujiang in Guanchun of Lechang, Guangdong; Late Triassic.

1993　Mi Jiarong and others, p. 130, pl. 35, figs. 5, 6; leaves; South Well of Bamianshi Coal Mine of Shuangyang, Jilin; Late Triassic upper member of Xiaofengmidingzi Formation.

1995　Wang Xin, pl. 2, figs. 3, 6; leaves; Tongchuan of Shaanxi; Middle Jurassic Yan'an Formation.

1996　Mi Jiarong and others, p. 127, pl. 27, fig. 4; leaf and cuticle; Shimenzhai of Funing, Hebei; Early Jurassic Peipiao Formation.

1998　Zhang Hong and others, pl. 44, fig. 1; pl. 47, figs. 1, 2; pl. 49, fig. 2; leaves; Aiweiergou of Urumqi, Xinjiang; Early Jurassic Badaowan Formation; Daolengshan of Jingyuan, Gansu; Early Jurassic Daolengshan Formation.

Sphenobaiera abschirica Brick (MS) ex Genkina, 1966

1966　Brick, in Genkina, p. 99, pl. 47, figs. 5—8; leaves; South Fergana; Jurassic.

1993　Mi Jiarong and others, p. 129, pl. 34, figs. 3, 12; text-fig. 33; leaves; South Well of Bamianshi Coal Mine of Shuangyang, Jilin; Late Triassic upper member of Xiaofengmidingzi Formation.

△*Sphenobaiera acubasis* Chen, 1984

1984 Chen Gongxin, p. 605, pl. 244, fig. 1a; pl. 252, fig. 5; leaves; Reg. No. : EP767, EP633; Repository: Collection Section, Regional Geological Surveying Team of Hubei Province; Liangfengya of Jingmen, Hubei; Early Jurassic Tongzhuyuan Formation. (Notes: The type specimen was not designated in the original paper)

Sphenobaiera angustifolia (Heer) Florin, 1936

1878a *Baiera angustifolia* Heer, p. 24, pl. 7, fig. 2; leaf; Lena River Basin, Russia; Early Cretaceous.

1936 Florin, p. 108.

1976 Zhang Zhicheng, p. 195, pl. 99, fig. 4; pl. 101, fig. 5; leaves; Shiguaigou of Baotou, Inner Mongolia; Middle Jurassic Zhaogou Formation.

1986 Zhang Chuanbo, pl. 1, fig. 1; leaf; Tongfosi of Yanji, Jilin; Early Cretaceous Tongfosi Formation.

△*Sphenobaiera beipiaoensis* Mi, Sun C, Sun Y, Cui et Ai, 1996 (in Chinese)

1996 Mi Jiarong and others, p. 125, pl. 28, figs. 1—4; text-figs. 16; leaves and cuticles; No. : BL-5001; Holotype: BL-5001 (pl. 28, figs. 1—4); Repository: Teaching and Research Section of Geological History and Palaeontology, Changchun College of Geology; Taiji No. 2 Well and Guanshan No. 2; Well of Beipiao, Liaoning; Early Jurassic lower member of Peipiao Formation.

△*Sphenobaiera bifurcata* Hsu et Chen, 1974

1974 Hsu J and others, p. 275, pl. 7, figs. 2—5; text-fig. 5; leaves; 2 specimens, Reg. No. : No. 2831, No. 2841; Syntyes: No. 2831, No. 2841; Repository: Beijing Institute of Botany; leaves; Yongren, Yunnan; Late Triassic Daqiaodi Formation. [Notes: According to *International Code of Botanical Nomenclature* (*Vienna Code*) article 37. 2, from the year 1958, the holotype type specimen should be unique; and the specimens were referred as *Sphenopteris bifurcata* (Hsu at Chen) Yang (Yang Xianhe, 1978), or as *Stenopteris bifurcata* (Hsu et Chen) Hsu et Chen (Hsu J and others, 1979), and as *Rhaphidopteris bifurcata* (Hsu et Chen) Chen et Jiao (Chen Ye, Jiao Yuehua, 1991)]

Sphenobaiera biloba Prynada, 1938 (non Feng, 1977)

1938 Prynada, p. 47, pl. 5, fig. 1; leaf; Kolyma River Basin, USSR; Early Cretaceous.

1988 Chen Fen and others, p. 69, pl. 42, figs. 3—6; pl. 43, figs. 1, 2; leaves and cuticles; Fuxin, Liaoning; Early Cretaceous Fuxin Formation.

1995 Deng Shenghui and others, p. 55, pl. 24, fig. 4; leaf; Huolinhe Basin, Inner Mongolia; Early Cretaceous Huolinhe Formation.

1997 Deng Shenghui and others, p. 44, pl. 22, figs. 7, 8; pl. 25, fig. 6; pl. 26, figs. 5, 6; leaves; Jalai Nur, Inner Mongolia; Early Cretaceous Yimin Formation.

△*Sphenobaiera biloba* Feng, 1977 (non Prynada, 1938)

[Notes: This specific name is a heterotype later homonym of *Sphenobaiera bilova* Prynada

(1938)]
1977b　Feng Shaonan and others, p. 668, pl. 250, fig. 1; leaf; Reg. No. : P25141; Repository: Yichang Institute of Geology and Mineral Resources; Maanshan of Xinhua, Hunan; Late Permian Longtan Formation.
1982　Cheng Lizhu, p. 518, pl. 332, fig. 6 (=Feng Shaonan and others, 1977b, p. 668, pl. 250, fig. 1); leaf; Maanshan of Xinhua, Hunan; Late Permian Longtan Formation.

Sphenobaiera boeggildiana (Harris) Florin, 1936
1935　*Baiera boeggildiana* Harris, p. 28, pl. 4, figs. 2, 8; leaves; East Greenland, Denmark; Late Triassic.
1936　Florin, p. 108; leaf; East Greenland, Denmark; Late Triassic.
1984　Wang Ziqiang, p. 277, pl. 131, fig. 10; pl. 167, figs. 3—5; pl. 168, figs. 9—11; leaves and cuticles; Chengde, Hebei; Early Jurassic Jiashan Formation.

Cf. *Sphenobaiera boeggildiana* (Harris) Florin
1986　Ye Meina and others, p. 69, pl. 47, fig. 3; leaf; Leiyinpu of Daxian, Sichuan; Early Jurassic Zhenzhuchong Formation.

△*Sphenobaiera chenzihensis* Zheng et Zhang, 1982
1982b　Zheng Shaolin, Zhang Wu, p. 320, pl. 18, figs. 1—4; pl. 19, figs. 1, 2; pl. 20, figs. 9, 10; leaves and cuticles; 1 specimen, Reg. No. : HCS004; Repository: Shenyang Institute of Geology and Mineral Resources; Jixi, Heilongjiang; Early Cretaceous Chengzihe Formation.

Sphenobaiera colchica (Prynada) Delle, 1959
1933　*Baiera colchica* Prynada, p. 26, pl. 3, figs. 5, 6; leaves; Georgia; Jurassic.
1959　Delle, p. 89, pl. 2, figs. 1—9; text-fig. 3; leaves; Georgia; Middle Jurassic.
1987　Zhang Wu, Zheng Shaolin, p. 305, pl. 29, fig. 2; leaf; Liangtugou and Lamagou of Chaoyang, Liaoning; Middle Jurassic Haifanggou Formation.

△*Sphenobaiera crassinervis* Sze, 1956
1956a　Sze H C, pp. 52, 158, pl. 9, figs. 5, 5a; leaf; 1 specimen, Reg. No. : PB2468; Repository: Nanjing Insititute of Geology and Palaeontology, Chinese Academy of Sciences; Huanglong, Shaanxi; Late Triassic Yenchang Formation.
1963　Sze H C, Lee H H and others, p. 241, pl. 83, figs. 3, 3a; leaf; Huanglong, Shaanxi; Late Triassic Yenchang Formation.
1981　Zhou Huiqin, pl. 2, fig. 6; leaf; Yangcaogou of Beipiao, Liaoning; Late Triassic Yangcaogou Formation.
1983　He Yuanliang, p. 189, pl. 29, fig. 7; leaf; East Qilian Mountains, Qinghai; Late Triassic Galedesi Formation of Mole Group.

Sphenobaiera cf. *crassinervis* Sze
1976　Zhou Huiqin and others, p. 210, pl. 116, fig. 6; leaf; Wuziwan of Jungar Banner, Inner Mongolia; Middle Triassic Ermaying Formation.
1980　Huang Zhigao, Zhou Huiqin, p. 102, pl. 4, fig. 5; leaf; Wuziwan of Jungar Banner, Inner Mongolia; Middle Triassic Ermaying Formation.

Sphenobaiera cretosa (Schenk) Florin, 1936

1871   *Baiera cretosa* Schenk, p. 5, pl. 1, fig. 7; leaf; France; Early Cretaceous.

1936   Florin, p. 108.

Sphenobaiera cf. *cretosa* (Schenk) Florin

1989   Zheng Shaolin, Zhang Wu, pl. 1, fig. 16; leaf; Suzihe Basin of Xinbin, Liaoning; Early Cretaceous Nieerku Formation.

△*Sphenobaiera crispifolia* Zheng, 1980

1980   Zheng Shaolin, in Zhang Wu and others, p. 287, pl. 146, figs. 6, 7; leaves; 2 specimens, Reg. No.: D473, D474; Repository: Shenyang Institute of Geology and Mineral Resources; Beipiao, Liaoning; Early Jurassic Peipiao Formation. (Notes: The type specimen was not designated in the original paper)

△*Sphenobaiera eurybasis* Sze, 1959

1959   Sze H C, pp. 12, 28, pl. 6, fig. 8; text-fig. 3; leaf; Repository: Nanjing Institute of Geology and Palaeontology, Chinese Academy of Sciences; Yuqia of Qaidam, Qinghai; Early and Middle Jurassic.

1963   Sze H C, Lee H H and others, p. 241, pl. 83, figs. 4, 4a; leaf; Yuqia of Qaidam, Qinghai; Early and Middle Jurassic.

1979   He Yuanliang and others, p. 151, pl. 74, fig. 3; leaf; Yuqia of Da Qaidam, Qaidam; Middle Jurassic Dameigou Formation.

△*Sphenobaiera fujiaensis* Cao, Liang et Ma, 1995

1995   Cao Zhengyao, Liang Shijing, Ma Aishuang, in Cao Zhengyao and others, pp. 8, 16, pl. 3, figs. 6, 7; leaves; Reg. No.: PB16843, PB16844; Repository: Nanjing Institute of Geology and Palaeontology, Chinese Academy of Sciences; Zhenghe, Fujian; Early Cretaceous Nanyuan Formation. (Notes: The type specimen was not designated in the original paper)

Sphenobaiera furcata (Heer) Florin, 1936

1865   *Sclrophyllina furcata* Heer, p. 54, pl. 2, fig. 2; leaf; Switzerland; Late Triassic.

1877   *Baiera furcata* Heer, p. 84, pl. 29, figs. 30, 31; pl. 30, fig. 4c; pl. 36, fig. 4; leaves; Switzerland; Late Triassic.

1936   Florin, p. 108.

?*Sphenobaiera furcata* (Heer) Florin

1956a   Sze H C, pp. 53, 159, pl. 47, figs. 6, 6a, 6b; leaf; Lijiaao of Xingxian, Shanxi; Late Triassic lower part of Yenchang Formation.

1963   Sze H C, Lee H H and others, p. 242, pl. 84, fig. 1; pl. 85, fig. 6; leaves; Lijiaao of Xingxian, Shanxi; Late Triassic lower part of Yenchang Group.

1982   Zhang Wu, p. 189, pl. 2, figs. 1, 1a; leaf; Lingyuan, Liaoning; Late Triassic Laohugou Formation.

△*Sphenobaiera ginkgooides* Li, 1988

1988   Li Peijuan and others, p. 100, pl. 66, fig. 5; pl. 68, fig. 4; pl. 69, fig. 5(?); pl. 70, fig. 6; pl.

74, fig. 4; pl. 115, figs. 1—5; pl. 116, figs. 5, 6; pl. 117, fig. 5; leaves and cuticles; five specimens, Reg. No. : PB13558, PB13608—PB13611; Holotype: PB13558 (pl. 66, fig. 5); Repository: Nanjing Institute of Geology and Palaeontology, Chinese Academy of Sciences; Lugou of Lvcaoshan, Qinghai; Middle Jurassic *Nilssonia* Bed of Shimengou Formation.

△*Sphenobaiera grandis* Meng, 1987

1987   Meng Fansong, p. 255, pl. 36, fig. 1; leaf; 1 specimen, Reg. No. : P82220; Holotype: P82220 (pl. 36, fig. 1); Repository: Yichang Institute of Geology and Mineral Resources; Yaohe of Jingmen, Hubei; Late Triassic Jiuligang Formation.

△*Sphenobaiera huangi* (Sze) Hsu, 1954 (non Sze, 1956, nec Krassilov, 1972)

1949   *Baiera huangi* Sze, p. 32, pl. 7, figs. 1—4; leaves; Zigui, Hubei; Early Jurassic Hsiangchi Coal Series.

1954   Hsu J, p. 62, pl. 56, fig. 2; leaf; Zigui, Hubei; Early Jurassic Hsiangchi Coal Series.

1963   Sze H C, Lee H H and others, p. 242, pl. 84, figs. 2, 3; leaves; Zigui, Hubei; Early Jurassic Hsiangchi Group.

1977a   Feng Shaonan and others, p. 239, pl. 95, fig. 8; leaf; Xiangxi of Zigui, Hubei; Early—Middle Jurassic Upper Coal Formation of Hsiangchi Group.

1978   Yang Xianhe, p. 530, pl. 184, fig. 9; leaf; Xionglong of Xinlong, Sichuan; Late Triassic Lamaya Formation.

1980   Huang Zhigao, Zhou Huiqin, p. 102, pl. 50, figs. 1—7; pl. 51, figs. 1—8; pl. 52, figs. 1—6; pl. 54, figs. 5—7; leaves and cuticles; Dianerwan, Shaanxi; Early Jurassic Fuxian Formation and Zhenzhuchong Formation.

1980   Wu Shunqing and others, p. 112, pl. 28, figs. 1, 2; pl. 36, fig. 6; pl. 37, figs. 1—3; pl. 38, fig. 5; leaves and cuticles; Xiangxi of Zigui, Shazhenxi, Hubei; Early—Middle Jurassic Hsiangchi Formation.

1982a   Liu Zijin, p. 134, pl. 70, fig. 6; pl. 73, figs. 3, 4; leaves; Dianerwan of Fugu, Shaanxi; Early—Middle Jurassic Yan'an Formation; Hujiayao, Fengxian, Shaanxi; Middle Jurassic Longjiagou Formation.

1982   Wang Guoping and others, p. 277, pl. 127, fig. 10; leaves; Zhoucun in Jiangning of Nanjing, Jiangsu; Early—Middle Jurassic Xiangshan Group.

1984   Bureau of Geology and Mineral Resources of Jiangsu Province, pl. 10, fig. 4; leaf; Zhoucun in Jiangning of Nanjing, Jiangsu; Early—Middle Jurassic Xiangshan Group.

1984   Chen Gongxin, p. 605, pl. 266, figs. 1—3, 6—8; leaves; Chengchao of Echen, Haihuigou of Jingmen, Xiangxi of Zigui, Hubei; Early Jurassic Wuchang Formation and Tongzhuyuan Formation.

1987   Chen Ye and others, p. 124, pl. 37, figs. 5, 6; leaves; Yanbian, Sichuan; Late Triassic Hongguo Formation.

1989   Mei Meitang and others, p. 108, pl. 58, fig. 3; leaf; China; Late Triassic.

1990   Zheng Shaolin, Zhang Wu, p. 221, pl. 5, fig. 6; leaf; Tianshifu of Benxi, Liaoning; Middle Jurassic Dabu Formation.

1992   Wang Shijun, p. 51, pl. 21, fig. 9; pl. 43, figs. 1—5; leaves and cuticles; Guanchun of

          Lechang, Guangdong; Late Triassic.
1993a   Wu Xiangwu, p. 138.
1995   Wang Xin, pl. 3, fig. 20; leaf; Tongchuan, Shaanxi; Middle Jurassic Yan'an Formation.
1995   Zeng Yong and others, p. 63, pl. 18, fig. 4a; pl. 29, fig. 5; leaves and cuticles; Yima, Henan; Middle Jurassic Yima Formation.
1996   Mi Jiarong and others, p. 127, pl. 27, figs. 1—3, 5—8; leaves and cuticles; Taiji No. 2 Well and Dongsheng Coal Mine of Beipiao, Liaoning; Early Jurassic Peipiao Formation.
1998   Zhang Hong and others, pl. 43, fig. 8; leaf; Yan'an, Shaanxi; Middle Jurassic Yan'an Formation.
2005   Wang Yongdong and others, p. 709, figs. 1—35; leaves and cuticles; Zigui, Hubei; Early Jurassic Hsiangchi Formation.

Sphenobaiera cf. *huangi* (Sze) Hsu

1984   Li Baoxian, Hu Bin, p. 142, pl. 4, figs. 8, 9; leaves; Huayansi in Yongdingzhuang of Datong, Shanxi; Early Jurassic Yongdingzhuang Formation.
1985   Mi Jiarong, Sun Chunlin, pl. 1, fig. 21; leaf; South Well of Bamianshi Coal Mine of Shuangyang, Jilin; Late Triassic Xiaofengmidingzi Formation.
1990   Bureau of Geology and Mineral Resources of Ningxia Hui Autonomous Region, pl. 9, fig. 1; leaf; Quetaigou of Alxa Left Banner, Ningxia; Middle Jurassic Yan'an Formation.

△*Sphenobaiera huangi* (Sze) Sze, 1956 (non Hsu, 1954, nec Krassilov, 1972)

[Notes: This specific name is a later isonym of *Sphenobaiera huangi* (Sze) Hsu (1954)]
1949   *Baiera huangi* Sze, p. 32, pl. 7, figs. 1—4; leaves; Zigui, Hubei; Early Jurassic Hsiangchi Coal Series.
1956a   Sze H C, pp. 53, 159.
1970   Jongmana, Dijkstra, p. 902.

△*Sphenobaiera huangi* (Sze) Krassilov, 1972 (non Hsu, 1954, nec Sze, 1956)

[Notes: This specific name is a later isonym of *Sphenobaiera huangi* (Sze) Hsu (1954)]
1949   *Baiera huangi* Sze, p. 32, pl. 7, figs. 1—4; leaves; Zigui, Hubei; Early Jurassic Hsiangchi Coal Series.
1972   Krassilov, p. 42, pl. 10, figs. 1—7; pl. 11, fig. 1; text-fig. 63; leaves and cuticles; Burea Basin, USSR; Late Jurassic.

Sphenobaiera ikorfatensis (Seward) Florin, 1936

1926   *Baiera ikorfatensis* Seward, p. 96, pl. 9, fig. 81; text-figs. 11c, д; leaves; Greenland, Denmark; Early Cretaceous.
1936   Florin, p. 108.
1995a   Li Xingxue (editor-in-chief), pl. 104, figs. 1, 2; leaves; Huolinhe, Inner Mongolia; Early Cretaceous Huolinhe Formation. (in Chinese)
1995b   Li Xingxue (editor-in-chief), pl. 104, figs. 1, 2; leaves; Huolinhe, Inner Mongolia; Early Cretaceous Huolinhe Formation. (in English)
2003   Sun Ge and others, p. 424, pl. 1, 2; text-figs. 1, 2; leaves and cuticles; Huolinhe, Inner Mongolia; Early Cretaceous Huolinhe Formation.

△*Sphenobaiera jugata* Zhou,1989
1989   Zhou Zhiyan,p. 153,pl. 17,figs. 1—6;pl. 18,figs. 1—7;text-figs. 35—42;leaves and cuticles;Reg. No. :PB13847,PB13848;Holotype:PB13847 (text-fig. 35);Nanjing Institute of Geology and Palaeontology, Chinese Academy of Sciences; Shanqiao of Hengyang, Hunan;Late Triassic Yangbaichong Formation.

△*Sphenobaiera lata* (Vakhrameev) Dou,1980
1958   *Sphenobaiera longifolia* (Pomel) Florin forma *lata* Vakhrameev,p. 115,pl. 28,figs. 2—5;leaves;Lena River Basin,USSR;Early Cretaceous.
1980   Dou Yawei,in Chen Fen and others,p. 429,pl. 3,fig. 2;leaf;Datai and Daanshan of West Hill,Beijing;Middle—Late Jurassic Upper Yaopo Formation.
1984   Chen Fen and others,p. 62,pl. 29,figs. 1—3;leaves;West Hill,Beijing;Early—Middle Jurassic Lower Yaopo Formation and Upper Yaopo Formation.
1985   Yang Guanxiu, Huang Qisheng,p. 202,figs. 3-160,16;leaves;West Hill,Beijing;Early—Middle Jurassic Mentougou Group.
1987   Duan Shuying,p. 47,pl. 18,fig. 6A;leaf;Zhaitang of West Hill,Beijing;Middle Jurassic Yaopo Formation.
1989   Mei Meitang and others,p. 108,pl. 60,fig. 3;leaf;North China;Jurassic.
1995   Zeng Yong and others,p. 63,pl. 18,fig. 2a;pl. 25,figs. 2,3;leaves and cuticles;Yima, Henan;Middle Jurassic Yima Formation.

Sphenobaiera leptophylla (Harris) Florin,1936
[Notes: The species was referred to *Sphenarion leptophylla* (Harris) Harris et Miller (Harris and others,1974), and to *Czekanowskia* (*Czekanowskia*) *leptophylla* (Harris) Kiritchkova et Samylina (Samylina,Kiritchkova,1991)]
1935   *Baiera letophylla* Harris,p. 30,pl. 5,figs. 6,7;text-fig. 5;leaves;East Greenland,Denmark;Late Triassic *Lepidopteris* Zone.
1936   Florin,p. 108.
1980   Huang Zhigao, Zhou Huiqin,p. 103,pl. 52,fig. 8;leaf and cuticle;Dianerwan of Fugu, Shaanxi;Early Jurassic Fuxian Formation.

△*Sphenobaiera lobifolia* Yang,1978
1978   Yang Xianhe,p. 530, pl. 184, fig. 7;leaf;1 specimen,Reg. No. :SP0130; Holotype: SP0130 (pl. 184, fig. 7); Reposotory: Chengdu Institute of Geology and Mineral Resources;Luchang of Huili,Sichuan;Late Triassic Baiguowan Formation.

Sphenobaiera longifolia (Pomel) Florin,1936
1847   *Dicropteris longifolia* Pomel,p. 339.
1873—1875   *Jeanpaulia longifolia* (Pomel) Saporta,p. 464,pl. 67,fig. 1;leaf;France;Late Jurassic.
1936   Florin,p. 108.
1959   Sze H C,pp. 11,27,pl. 6,fig. 5;pl. 8,figs. 1—6;leaves;Yuqia of Qaidam,Qinghai;Early and Middle Jurassic.
1963   Lee H H and others,p. 134,pl. 108,fig. 1;leaf;Northwest China;Jurassic.

1963   Sze H C,Lee H H and others,p. 243,pl. 84,fig. 6(?);pl. 85,figs. 1—4;leaves;Yuqia of Qaidam,Qinghai;Early and Middle Jurassic.

1979   He Yuanliang and others,p. 152,pl. 76,figs. 1—4;leaves and cuticles;Yuqia of Qaidam, Qinghai;Middle Jurassic Dameigou Formation;Muli of Tianjun,Qinghai;Early—Middle Jurassic Jiangcang Formation of Muli Group.

1980   Huang Zhigao,Zhou Huiqin,p. 103,pl. 59,fig. 5;leaf;Jiaoping of Tongchuan,Shaanxi; Middle Jurassic upper part of Yan'an Formation.

1980   Zhang Wu and others,p. 287,pl. 186,fig. 1;leaf;Chengzihe of Jixi,Heilongjiang;Early Cretaceous Chengzihe Formation;Goumenzi of Lingyuan,Liaoning;Early Jurassic Guojiadian Formation.

1981   Chen Fen and others,pl. 3,fig. 6;leaf;Haizhou of Fuxin,Liaoning;Early Cretaceous Fuxin Formation.

1982   Zhang Caifan,p. 536,pl. 348,fig. 6;leaf;Tongrilong in Sandu of Zixing,Hunan;Early Jurassic Tanglong Formation.

1983   Li Jieru,pl. 4,fig. 14;leaf;Pandaogou of Fulongshan,Jinxi,Liaoning;Middle Jurassic Haifanggou Formation.

1985   Mi Jiarong,Sun Chunlin,pl. 1,figs. 5,6;leaves;South Well of Bamianshi of Shuangyang,Jilin;Late Triassic Xiaofengmidingzi Formation.

1985   Yang Guanxiu,Huang Qisheng,p. 201,fig. 3-108 (left and central);leaf;Qaidam of Qinghai, Beipiao of Liaoning; Early—Middle Jurassic; Fuxin of Liaoning, Jixi and Hegang of Heilongjiang;Early Cretaceous Fuxin Formation and Chengzihe Formation.

1987   Qian Lijun and others,p. 83,pl. 28,figs. 1,3,6;leaves and cuticles;Kaokaowusugou of Shenmu,Shaanxi;Middle Jurassic member 4 of Yan'an Formation.

1988   Chen Fen and others,p. 70,pl. 43,figs. 3—6;pl. 44,figs. 1—3;leaves and cuticles;Fuxin,Liaoning; Early Cretaceous Fuxin Formation; Suzihe Basin, Liaoning; Early Cretaceous.

1992   Sun Ge,Zhao Yanhua,p. 546,pl. 249,fig. 1;leaf;Mingyue of Antu,Jilin;Early Cretaceous Tunying Formation.

1993   Mi Jiarong and others,p. 130,pl. 35,figs. 2—4,7,8;leaves;South Well of Bamianshi, Shuangyang,Jilin;Late Triassic upper member of Xiaofengmidingzi Formation.

1995   Deng Shenghui and others,p. 55,pl. 24,figs. 2,3;pl. 41,fig. 8;pl. 44,fig. 6;pl. 45,figs. 1—6;pl. 46,figs. 1—4;leaves and cuticles;Huolinhe,Inner Mongolia;Early Cretaceous Huolinhe Formation.

1995   Zeng Yong and others,p. 62,pl. 18,fig. 4b;pl. 19,fig. 4;pl. 21,fig. 4a;pl. 25,figs. 7,8; pl. 26,figs. 1,2;leaves and cuticles;Yima,Henan;Middle Jurassic Yima Formation.

1996   Chang Jianglin,Gao Qiang,pl. 1,fig. 13;leaf;Huangsonggou of Wuning,Shanxi;Middle Jurassic Datong Formation.

1997   Deng Shenghui and others,p. 44,pl. 25,fig. 1B;pl. 26,fig. 1A;pl. 27,figs. 1—3;leaves;Jalai Nur,Inner Mongolia;Early Cretaceous Yimin Formation and Damoguaihe Formation.

2003   Xiu Shencheng and others,pl. 2,fig. 5;leaf;Yima,Henan;Middle Jurassic Yima Formation.

2005   Sun Bainian and others, pl. 11, fig. 1; leaf and cuticle; Yaojie, Gansu; Middle Jurassic Yaojie Formation.

Sphenobaiera cf. *longifolia* (Pomel) Florin

1982　Wang Guoping and others, p. 277, pl. 129, fig. 4; leaf; Duojiang of Wanzai, Jiangxi; Late Triassic Anyuan Formation.

1982b　Yang Xuelin, Sun Liwen, p. 52, pl. 21, figs. 8, 9; leaves; Wanbao of Taoan and Xing'anbao, Jilin; Middle Jurassic Wanbao Formation.

1984　Chen Fen and others, p. 62, pl. 28, fig. 7; leaf; West Hill, Beijing; Early Jurassic Lower Yaopo Formation.

1984　Gu Daoyuan, p. 152, pl. 76, figs. 5, 6; leaves; Choushuigou of Jimsar and Manas River of Manas, Xinjiang; Early Jurassic Badaowan Formation and Sangonghe Formation.

1985　Shang Ping, pl. 7, fig. 2; leaf; Fuxin, Liaoning; Early Cretaceous Haizhou Formation.

△*Sphenobaiera micronervis* Wang Z et Wang L, 1986

1986　Wang Ziqiang, Wang Lixin, p. 30, pls. 16, 17; leaves and cuticles; Reg. No. : 8302-129, 8401-225, 8301-401, 8302-130, 8302-131; Syntype 1: 8302-130 (pl. 17, fig. 4); Syntype 2: 8301-401 (pl. 16, fig. 5); Repository: Nanjing Institute of Geology and Palaeontology, Chinese Academy of Sciences; Zikou of Lixian, Shanxi; Early Permian middle member of Sunjiagou Formation. [Notes: According to *International Code of Botanical Nomenclature* (*Vienna Code*) article 37. 2, from the year 1958, the holotype specimen should be unique]

△*Sphenobaiera multipartita* Meng et Chen, 1988

1988　Meng Xiang, Chen Feng, in Chen Fen and others, p. 71, pl. 45, figs. 1—3; pl. 46, fig. 5; 2 specimens, Reg. No. : Fx197, Fx198; Repository: Beijing Graduate School, Wuhan College of Geology; leaves and cuticles; Fuxin, Liaoning; Early Cretaceous Fuxin Formation. (Notes: The holotype was not designated in the original paper)

1997　Deng Shenghui and others, p. 45, pl. 25, fig. 1C; pl. 28, fig. 9; leaves; Jalai Nur, Inner Mongolia; Early Cretaceous Yimin Formation.

△*Sphenobaiera nantianmensis* Wang, 1984

1984　Wang Ziqiang, p. 277, pl. 155, fig. 7; pl. 169, figs. 1—3; pl. 170, figs. 1—4; leaves and cuticles; 1 specimen, Reg. No. : P0469; Holotype: P0469 (pl. 155, fig. 7); Repository: Nanjing Institute of Geology and Palaeontology, Chinese Academy of Sciences; Zhangjiakou, Hebei; Early Cretaceous Qingshili Formation.

Sphenobaiera ophioglossum Harris, 1974

1974　Harris and others, p. 48, pl. 2; text-figs. 16, 17; leaves and cuticles; Yorkshire, England; Middle Jurassic.

Sphenobaiera cf. *ophioglossum* Harris

1984　Wang Ziqiang, p. 278, pl. 133, fig. 6; pl. 142, figs. 4, 5; pl. 166, figs. 1—8; leaves and cuticles; Xiahuayuan, Hebei; Middle Jurassic Mentougou Formation.

Sphenobaiera paucipartita (Nathorst) Florin, 1936

[Ntoes: The species was transformed to *Sphenarion pauciparita* (Nathorst) Harris et Miller (Harris and others, 1974), and to *Czekanowskia* (*Vachrameefvia*) *paucipartita* (Nathorst) Kiritchkova et Samylina (Samylina, Kiritchkova, 1991)]

1886 *Baiera paucipartita* Nathorst, p. 95, pl. 20, figs. 7—13; pl. 21; pl. 22, figs. 1, 2; leaves; Sweden; Late Triassic.
1936 Florin, p. 108.
1980 Zhang Wu and others, p. 287, pl. 146, figs. 4, 5; leaves; Beipiao, Liaoning; Middle Jurassic Lanqi Formation.

Sphenobaiera pecten Harris, 1945
1945 Harris, p. 219, text-figs. 3, 4; leaves and cuticles; Yorkshire, England; Middle Jurassic.
1982b Yang Xuelin, Sun Liwen, p. 52, pl. 21, fig. 10; leaf; Wanbao No. 5 Well of Taoan, Jilin; Middle Jurassic Wanbao Formation.

Sphenobaiera pulchella (Heer) Florin, 1936
1876b *Baiera pulchella* Heer, p. 114, pl. 20, fig. 3c; pl. 22, fig. 1a; leaves; Heilongjiang River Basin; Jurassic.
1936 Florin, p. 108.
1980 Zhang Wu and others, p. 287, pl. 186, fig. 4; leaf; Chengzihe of Jixi, Heilongjiang; Early Cretaceous Chengzihe Formation.
1985 Yang Guanxiu, Huang Qisheng, p. 201, fig. 3-108 (right); leaf; Lingyuan, Liaoning; Early Jurassic Guojiadian Formation; Jixi and Hegang, Heilongjiang; Early Cretaceous Chengzihe Formation.

Sphenobaiera cf. *pulchella* (Heer) Florin
1963 Sze H C, Lee H H and others, p. 243, pl. 84, fig. 4 [=*Baiera pulchella* (Toyama, Ôishi, 1935, p. 71, pl. 4, fig. 3)]; leaf; Hulun Buir, Inner Mongolia; Late Jurassic.
1980 Huang Zhigao, Zhou Huiqin, p. 103, pl. 59, fig. 5; leaf; Wangjiaping of Yan'an, Shaanxi; Middle Jurassic Yan'an Formation.
1992 Cao Zhengyao, p. 238, pl. 6, figs. 1, 2; leaves and cuticles; eastern Heilongjiang; Early Cretaceous Chengzihe Formation.
1995 Zeng Yong and others, p. 63, pl. 18, fig. 2b; pl. 25, figs. 4—6; leaves and cuticles; Yima, Henan; Middle Jurassic Yima Formation.

Sphenobaiera pulchella (Heer) Florin f. *lata* Genkina, 1966
1966 Genkina, p. 98, pl. 47, figs. 1—4; leaves; Issyk Kul, USSR; Early Jurassic.
1992 Sun Ge, Zhao Yanhua, p. 546, pl. 246, fig. 2; leaf; Malugou of Wangqing, Jilin; Late Triassic Malugou Formation.
1993b Sun Ge, p. 87, pl. 36, figs. 4, 6; leaves; Malugou of Wangqing, Jilin; Late Triassic Malugou Formation.

△*Sphenobaiera qaidamensis* Zhang, 1998 (in Chinese)
(Notes: The specific name was spelled as "*qadamensis*" in the original paper, but it was spelled as "*qiadamensis*" in the plate)
1998 Zhang Hong and others, p. 279, pl. 44, fig. 5; leaf; Reg. No.: WG-ab; MP-93956; Repository: Xi'an Branch of Geology Exploration, China Coal Research Institute; Wanggaxiu of Delingha, Qinghai; Middle Jurassic Shimengou Formation.

△*Sphenobaiera qiandianziense* Zhang et Zheng, 1983
1983 Zhang Wu, Zheng Shaolin, in Zhang Wu and others, p. 80, pl. 4, figs. 19—21; leaves; 3

specimens; Reg. No.: LMP2092-LMP2094; Repository: Shenyang Institute of Geology and Mineral Resources; Linjiawaizi of Benxi, Liaoning; Middle Triassic Linjia Formation. (Notes: The holotype was not assigned in the original paper)

△*Sphenobaiera qixingensis* Zheng et Zhang, 1982

1982b Zheng Shaolin, Zhang Wu, p. 320, pl. 19, fig. 3; pl. 20, figs. 1—8; leaves and cuticles; 1 specimen, Reg. No.: HCS028; Repository: Shenyang Institute of Geology and Mineral Resources; Qixing of Shuangyashan, Heilongjiang; Early Cretaceous Chengzihe Formation.

1992   Cao Zhengyao, p. 239, pl. 6, figs. 3—5; text-fig. 6; leaves and cuticles; eastern Heilongjiang; Early Cretaceous Chengzihe Formation.

△*Sphenobaiera*? *rugata* Zhou, 1984/Mar. (non Wang, 1984/Dec.)

1984   Zhou Zhiyan, p. 44, pl. 26, figs. 1—1g; leaf and cuticle; 1 specimen, Reg. No.: PB8923; Holotype: PB8923 (pl. 26, fig. 1); Repository: Nanjing Institute of Geology and Palaeontology, Chinese Academy of Sciences; Xiwan, Guangxi; Early Jurassic Daling Member of Xiwan Formation.

△*Sphenobaiera rugata* Wang, 1984/Dec. (non Zhou, 1984/Mar.)

1984   Wang Ziqiang, p. 278, pl. 118, figs. 1—5; leaves and cuticles; 1 specimen, Reg. No.: P0114; Repository: Nanjing Institute of Geology and Palaeontology, Chinese Academy of Sciences; Linxian, Shanxi; Middle—Late Triassic Yenchang Group. [Notes: This specific name is a heterotype later homonym of *Sphenobaiera*? *rugata* Zhou (1984/Mar.)]

△*Sphenobaiera setacea* Zhang, 1982

1982   Zhang Wu, p. 189, pl. 1, figs. 15—17; leaves; 3 specimens; Repository: Shenyang Institute of Geology and Mineral Resources; Lingyuan, Liaoning; Late Triassic Laohugou Formation. (Notes: The holotype was not designated in the original paper)

△*Sphenobaiera spinosa* (Halle) Florin, 1936

1927   *Baiera spinosa* Halle, p. 191, pl. 52, figs. 12—14; pl. 53, figs. 7—9; leaves; Taiyuan, Shanxi; Late Permian Upper Shihhotse Series.

1936   Florin, p. 108.

1958   Wang Longwen and others, p. 556 with figure; leaf; Taiyuan, Shanxi; Late Permian Upper Shihhotse Series.

1974   *Palaeozoic Plants from China* Writing Group, p. 146, pl. 115, figs. 5—8; leaves; Taiyuan, Shanxi; Late Permian Upper Shihhotse Formation.

1985   Yang Guanxiu, Huang Qisheng, p. 107, fig. 2-217; leaf; Taiyuan, Shanxi; Late Permian lower part of Upper Shihhotse Formation.

1989   Mei Meitang and others, p. 66; text-fig. 3-60; leaf; Taiyuan, Shanxi; early Late Permian.

△*Sphenobaiera*? *spirata* Sze ex Gu et Zhi, 1974

1974   *Palaeozoic Plants from China* Writing Group, p. 146, pl. 116, figs. 3—5; leaves; Reg. No.: PB4364, PB4366; Holotype: PB4364 (pl. 116, figs. 4, 5); Repository: Nanjing Institute of Geology and Palaeontology, Chinese Academy of Sciences; Jungar, Inner Mongolia; Early Permian lower part of Shihhotse Group. [Notes: The specimens (including holotype PB4364) were also named by Si Xingjian (1989, pp. 80, 224) as *Ginkgophyton*?

spiratum Sze]

1976　Huang Benhong, p. 379, pl. 224, figs. 5, 6; leaves; Heidaigou of Jungar, Inner Mongolia; Early Permian lower part of Shihhotse Group.

△*Sphenobaiera szeiana* Zheng et Zhang, 1996 (in English)
1996　Zheng Shaolin, Zhang Wu, p. 386, pl. 4, figs. 1—6; leaves and cuticles; Reg. No.: SG-110319; Repository: Shenyang Institute of Geology and Mineral Resources; Liaoyuan, Liaoning; Early Cretaceous Chang'an Formation.

△*Sphenobaiera tenuistriata* (Halle) Florin, 1936
1927　*Baiera tenuistriata* Halle, p. 191, pl. 52, figs. 12—14; pl. 53, figs. 7—9; leaves; Taiyuan, Shanxi; Late Permian Upper Shihhotse Series.

1936　Florin, p. 108.

1974　*Palaeozoic Plants from China* Writing Group, p. 146, pl. 116, figs. 1, 2; leaves; Taiyuan, Shanxi; Late Permian Upper Shihhotse Formation.

1978　Chen Ye, Duan Shuying, p. 467, pl. 154, fig. 3; leaf; Xiaoyudong of Pengxian, Sichuan; Late Permian Longtan Formation.

1987　Yang Guanxiu and others, pl. 17, fig. 2; leaf; Chenzhuang, Henan; Late Permian Upper Shihhotse Formation.

Sphenobaiera cf. *tenuistriata* (Halle) Florin
1998　Wang Rennong and others, pl. 16, fig. 2; leaf; Yuxian, Henan; Late Permian Upper Shihhotse Formation.

Sphenobaiera univervis Samylina, 1956
1956　Samilina, p. 538, fig. 3, 1; leaf; Aldan River Basin, USSR; Early Cretaceous.

1988　Sun Ge, Shang Ping, pl. 3, fig. 7; leaf; Huolinhe, Inner Mongolia; Late Jurassic—Early Cretaceous Huolinhe Formation.

Sphenobaiera spp.
1956c　*Sphenobaiera* sp. [Cf. *Sph. spectabilis* (Nathorst) Florin], Sze H C, pp. 468, 476, pl. 2, figs. 1, 2; leaves; Junggar, Xinjiang; Late Triassic Yenchang Formation.

1963　*Sphenobaiera* sp. [Cf. *Sph. spectabilis* (Nathorst) Florin], Sze H C, Lee H H and others, p. 244, pl. 83, fig. 5; leaf; Junggar Basin, Xinjiang; Late Triassic Yenchang Group.

1963　*Sphenobaiera* sp. 1(? sp. nov.), Sze H C, Lee H H and others, p. 244, pl. 84, fig. 5; pl. 85, fig. 5 (=*Baiera* sp., Sze H C, 1933c, p. 28, pl. 2, figs. 10, 11); leaves; Shiguaizi of Ulanqab League, Inner Mongolia; Early and Middle Jurassic.

1976　*Sphenobaiera* sp. 1, Zhang Zhicheng, p. 195, pl. 99, fig. 8; pl. 105, fig. 3; leaves; Shiguaigou of Baotou, Inner Mongulia; Middle Jurassic Zhaogou Formation.

1976　*Sphenobaiera* sp. 2, Zhang Zhicheng, p. 195, pl. 99, fig. 9; leaf; Luodaogou of Zuoyun, Shanxi; Middle Jurassic Datong Formation.

1977　*Sphenobaiera* sp., Department of Exploration Geology, Changchun College of Geology and others, pl. 4, fig. 7; leaf; Shiren of Hunjiang, Jilin; Late Triassic Xiaohekou Formation.

1980　*Sphenobaiera* sp. [Cf. *Sph. spectabilis* (Nathorst) Florin], He Dechang, Shen Xiangpeng, p. 26, pl. 22, fig. 1; leaf; Huangnitang of Qiyang, Hunan; Early Jurassic.

1980　*Sphenobaiera* sp. 1（sp. nov.），Huang Zhigao, Zhou Huiqin, p. 104, pl. 8, fig. 5; leaves; Zhangjiayan of Wubao, Shaanxi; Middle Triassic upper part of Ermaying Formation.

1980　*Sphenobaiera* sp. 2（sp. nov.），Huang Zhigao, Zhou Huiqin, p. 104, pl. 8, figs. 3, 4; leaves; Zhangjiayan of Wubao, Shaanxi; Middle Triassic upper part of Ermaying Formation.

1980　*Sphenobaiera* sp. 3, Huang Zhigao, Zhou Huiqin, pl. 59, fig. 7a; leaf; Yan'an, Shaanxi; Middle Jurassic middle and upper parts of Yan'an Formation.

1980　*Sphenobaiera* sp. 4, Huang Zhigao, Zhou Huiqin, p. 105, pl. 59, fig. 6; leaf; Wenjiagou of Anzhai, Shaanxi; Middle Jurassic middle and upper parts of Yan'an Formation.

1980　*Sphenobaiera* sp. 5, Huang Zhigao, Zhou Huiqin, pl. 59, fig. 2; leaf; Yan'an, Shaanxi; Middle Jurassic lower part of Yan'an Formation.

1982　*Sphenobaiera* sp. , Duan Shuying, Chen Ye, p. 507, pl. 16, fig. 6; leaf; Tieshan of Daxian, Sichuan; Early Jurassic Zhenzhuchong Formation.

1982b　*Sphenobaiera* sp. , Yang Xuelin, Sun Liwen, p. 52, pl. 21, fig. 11; leaf; Wanbao of Taoan, Jilin; Middle Jurassic Wanbao Formation.

1982　*Sphenobaiera* sp. , Zhang Caifan, p. 536, pl. 347, fig. 6; pl. 356, fig. 4; leaves; Luyang of Huaihua, Hunan; Late Triassic.

1982b　*Sphenobaiera* sp. , Zheng Shaolin, Zhang Wu, p. 320, pl. 18, fig. 6; leaf; Peide of Mishan, Heilongjiang; Middle Jurassic Peide Formation.

1983　*Sphenobaiera* spp. , Zhang Wu and others, p. 81, pl. 4, figs. 14—16; leaves; Linjiawaizi of Benxi, Liaoning; Middle Jurassic Linjia Formation.

1984　*Sphenobaiera* sp. cf. *Sph. spectabilis* (Nathorst), Zhou Zhiyan, p. 43, pl. 24, fig. 4; text-fig. 10; leaf; Zhoushi of Hengnan and Hebutang of Qiyang, Hunan; Early Jurassic Paijiakou Member of Guanyintan Formation.

1985　*Sphenobaiera* sp. , Wang Ziqiang, pl. 1, fig. 8; leaf; Jundu of Liulin, Shanxi; Late Permian Sunjiagou Formation.

1986　*Sphenobaiera* sp. [Cf. *Sph. spectabilis* (Nathorst) Florin], Ye Meina and others, p. 69, pl. 47, figs. 1, 7—9; leaves; Wenquan in Kaixian and Jinwo in Tieshan of Daxian, Sichuan; Late Triassic member 7 of Hsuchiaho Formation.

1986　*Sphenobaiera* sp. , Zhang Chuanbo, pl. 2, fig. 5; leaf; Dalazi of Yanji, Jilin; Early Cretaceous Dalazi Formation.

1987　*Sphenobaiera* sp. 1, Chen Ye and others, p. 125, pl. 37, fig. 3; leaf; Yanbian, Sichuan; Late Triassic Hongguo Formation.

1987　*Sphenobaiera* sp. 2, Chen Ye and others, p. 125, pl. 37, fig. 4; leaf; Yanbian, Sichuan; Late Triassic Hongguo Formation.

1987　*Sphenobaiera* sp. , Zhao Xiuhu and others, p. 102, pl. 29, figs. 5, 5a; leaf; Shilidian of Zuoquan, Shanxi; Early Permian.

1988a　*Sphenobaiera* sp. [Cf. *Sph. spectabilis* (Nathorst) Florin], Huang Qisheng, Lu Zongsheng, p. 183, pl. 2, fig. 1; leaf; Shuanghuaishu of Lushi, Henan; Late Triassic lower part of Yenchang Group.

1988　*Sphenobaiera* sp. , Li Peijuan and others, p. 102, pl. 71, fig. 8; pl. 118, figs. 1, 2, 7, 8; leaves and cuticles; Baishushan of Delingha, Qinghai; Middle Jurassic *Nilssonia* Bed of Shimengou Formation.

1988　*Sphenobaiera* sp. cf. *S. longifolia* (Heer) Florin, Sun Ge, Shang Ping, pl. 2, fig. 8; leaf; Huolinhe, Inner Mongolia; Late Jurassic—Early Cretaceous Huolinhe Formation.

1988　*Sphenobaiera* sp., Zhang Hanrong and others, pl. 2, fig. 4; leaf; Nanshihu of Weixian, Hebei; Middle Jurassic Zhengjiayao Formation.

1991　*Sphenobaiera* sp., Zhao Liming, Tao Junrong, pl. 1, fig. 1; leaf; Pingzhuang of Chifeng, Inner Mongolia; Late Jurassic Xingyuan Formation.

1993b　*Sphenobaiera* sp., Sun Ge, p. 87, pl. 18, fig. 6; pl. 36, fig. 5; leaves; Tianqiaoling, Jilin; Late Triassic Malugou Formation.

1993　*Sphenobaiera* sp., Mi Jiarong and others, p. 131, pl. 34, figs. 9, 13; leaves; South Well of Bamianshi Coal Mine of Shuangyang, Jilin; Late Triassic upper part of Xiaofengmidingzi Formation.

1993　*Sphenobaiera* spp. indet., Mi Jiarong and others, p. 131, pl. 33, fig. 11; pl. 36, figs. 1, 2; leaves; Dajianggang of Shuangyang, Jilin; Late Triassic Dajianggang Formation; Beishan of Shiren, Hunjiang, Jilin; Late Triassic Beishan Formation (Xiaohekou Formation); Laohugou of Lingyuan, Liaoning; Late Triassic Laohugou Formation.

1995　*Sphenobaiera* sp., Cao Zhengyao and others, p. 8, pl. 4, fig. 2B; leaf; Zhenghe of Fujian; Early Cretaceous Nanyuan Formation.

1995a　*Sphenobaiera* sp., Li Xingxue (editor-in-chief), pl. 62, fig. 7; leaf; Jiuqujiang of Qinghai, Hainan; Early Triassic Lingwen Formation. (in Chinese)

1995b　*Sphenobaiera* sp., Li Xingxue (editor-in-chief), pl. 62, fig. 7; leaf; Jiuqujiang of Qinghai, Hainan; Early Triassic Lingwen Formation. (in English)

1995　*Sphenobaiera* sp., Zeng Yong and others, p. 64, pl. 9, fig. 6; leaf; Yima, Henan; Middle Jurassic Yima Formation.

1996　*Sphenobaiera* sp., He Xilin and others, p. 81, pl. 66, fig. 3; leaf; Mingshan of Leping, Jiangxi; Late Permian Laoshan Lower Submember of Leping Formation.

1996　*Sphenobaiera* sp., Mi Jiarong and others, p. 127, pl. 28, fig. 14; leaf; Haifanggou of Beipiao, Liaoning; Middle Jurassic Haifanggou Formation.

1996　*Sphenobaiera* sp., Sun Yaowu and others, pl. 1, fig. 10; leaf; Chengde, Hebei; Early Jurassic Nandaling Formation.

1997　*Sphenobaiera* sp., Wu Xiuyuan and others, p. 24, pl. 8, fig. 2; leaf; Kuqa, Xinjiang; Late Permian Biyoulebaoguzi Group.

1998　*Sphenobaiera* sp. 1, Zhang Hong and others, pl. 43, fig. 2; leaf; Yan'an, Shaanxi; Middle Jurassic Yan'an Formation.

1998　*Sphenobaiera* sp. 2, Zhang Hong and others, pl. 44, fig. 2; leaf; Yan'an, Shaanxi; Middle Jurassic Yan'an Formation; Yaojie of Lanzhou, Gansu; Middle Jurassic Yaojie Formation.

2000　*Sphenobaiera* sp., Yan Tongsheng and others, pl. 1, fig. 10; leaf; Liujiang of Qinhuangdao, Hebei; Late Permian Upper Shihhotse Formation.

2001　*Sphenobaiera* sp., Sun Ge and others, pp. 90, 194, pl. 15, fig. 3; leaf; western Liaoning; Late Jurassic Jianshangou Formation.

2001　*Sphenobaiera* sp., Yan Tongsheng, Yang Zunyi, pl. 7, figs. 1, 4; leaves; Liujiang of Qinhuangdao, Hebei; Late Permian Upper Shihhotse Formation.

2003　*Sphenobaiera* sp. , Deng Shenghui, pl. 75, fig. 5A; leaf; Sandaoling of Hami, Xinjiang; Middle Jurassic Xishanyao Formation.

2003　*Sphenobaiera* sp. , Yang Xiaoju, p. 569, pl. 3, figs. 6,7,13; leaves; Jixi, Heilongjiang; Early Cretaceous Muling Formation.

Sphenobaiera? spp.

1963　*Sphenobaiera*? sp. 2, Sze H C, Lee H H and others, p. 245, pl. 87, fig. 1 [= *Baiera* sp. (Sze H C, 1945, p. 52, fig. 17)]; leaf; Bantou of Yongan, Fujian; Late Jurassic—Early Cretaceous Pantou Formation.

1979　*Sphenobaiera*? sp. , He Yuanliang and others, p. 152, pl. 74, fig. 4; leaf; Aerdonggou of Gangcha, Qinghai; Late Triassic Lower Rock Formation of Mole Group.

1988　*Sphenobaiera*? sp. , Chen Fen and others, p. 71, pl. 65, fig. 6; leaf; Tiefa, Liaoning; Early Cretaceous Xiaoming'anbei Formation.

1993　*Sphenobaiera*? sp. , Li Jieru and others, p. 235, pl. 1, fig. 7; leaf; Jixian of Dandong, Liaoning; Early Cretaceous Xiaoling Formation.

1996　*Sphenobaiera*? sp. 1, Wu Shunqing, Zhou Hanzhong, p. 10, pl. 11, fig. 4; leaf; Kuqa, Xinjiang; MiddleTriassic "Karamay Formation".

1996　*Sphenobaiera*? sp. 2, Wu Shunqing, Zhou Hanzhong, p. 10, pl. 8, fig. 9; pl. 15, figs. 1—3; leaves and cuticles; Kuqa, Xinjiang; Middle Triassic Karamay Formation.

Sphenobaiera (?*Baiera*) sp.

1968　*Sphenobaiera* (? *Baiera*) sp. , *Mesozoic Coal-bearing Stratigraphy Handbook of Hunan and Jiangxi Regions*, p. 76, pl. 36, fig. 8; pl. 37, fig. 4; leaves; Sandu of Zixing, Hunan; Early Jurassic Tanglong Formation.

△Genus *Sphenobaieroanthus* Yang, 1986

1986　Yang Xianhe, p. 54.

1993a　Wu Xiangwu, pp. 36, 236.

1993b　Wu Xiangwu, pp. 503, 519.

Type species: *Sphenobaieroanthus sinensis* Yang, 1986

Taxonomic status: Sphenobaieraceae, Sphenobaierales, Ginkgopsida

△*Sphenobaieroanthus sinensis* Yang, 1986

1986　Yang Xianhe, p. 54, pl. 1, figs. 1—2a; text-fig. 2; long shoots with leaves, short shoots and male flowers; Col. No. : H2—H5; Reg. No. : SP301; Reposiory: Chengdu Institute of Geology and Mineral Resources; Ranjiawan in Xinglong of Dazu, Sichuan; Late Triassic Hsuchiaho Formation.

1989　Yang Xianhe, p. 80, pl. 1, figs. 1,2; text-fig. 1; long shoots with leaves, short shoots and male flowers; Ranjiawan in Xinglong of Dazu, Sichuan; Late Triassic Hsuchiaho Formation.

1993a　Wu Xiangwu, pp. 36, 236.

1993b　Wu Xiangwu, pp. 504, 519.

△Genus *Sphenobaierocladus* Yang, 1986

1986   Yang Xianhe, p. 54.
1993a Wu Xiangwu, pp. 36, 236.
1993b Wu Xiangwu, pp. 504, 519.

Type species: *Sphenobaierocladus sinensis* Yang, 1986

Taxonomic status: Sphenobaieracea, Sphenobaierales, Ginkgopsida

△*Sphenobaierocladus sinensis* Yang, 1986

1986   Yang Xianhe, p. 53, pl. 1, figs. 1—2a; text-fig. 2; long shoots with leaves, short shoots and male flowers; Col. No. : H2—H5; Reg. No. : SP301; Reposiory: Chengdu Institute of Geology and Mineral Resources; Ranjiawan in Xinglong of Dazu, Chongqing; Late Triassic Hsuchiaho Formation.
1989   Yang Xianhe, p. 80, pl. 1, figs. 1, 2; text-fig. 1; long shoots with leaves, short shoots and male flowers; Ranjiawan in Xinglong of Dazu, Sichuan; Late Triassic Hsuchiaho Formation.
1993a Wu Xiangwu, pp. 36, 236.
1993b Wu Xiangwu, pp. 504, 519.

Genus *Stachyopitys* Schenk, 1867

1867 (1865—1867)   Schenk, p. 185.
1986   Ye Meina and others, p. 76.
1993a Wu Xiangwu, p. 141.

Type species: *Stachyopitys preslii* Schenk, 1867

Taxonomic status: ginkgophytes?

Stachyopitys preslii Schenk, 1867

1867 (1865—1867)   Schenk, p. 185, pl. 44, figs. 9—12; male cones; Bavaria, Germany; Late Triassic.
1993a Wu Xiangwu, p. 141.

Stachyopitys sp.

1986   *Stachyopitys* sp. , Ye Meina and others, p. 76, pl. 49, figs. 9, 9a; male cone; Qilixia of Kaijiang, Sichuan; Late Triassic member 3 of Hsuchiaho Formation.
1993a *Stachyopite*, sp. , Wu Xiangwu, p. 141.

Genus *Staphidiophora* Harris, 1935

1935   Harris, p. 114.

1986   Ye Meina and others, p. 86.
1993a   Wu Xiangwu, p. 142.
Type species: *Staphidiophora secunda* Harris, 1935
Taxonomic status: ginkgophytes?

Staphidiophora secunda Harris, 1935
1935   Harris, p. 114, pl. 8, figs. 3, 4, 9—11; reproductive organs with seeds; East Greenland, Denmark; Late Triassic *Lepidopteris* Zone.
1993a   Wu Xiangwu, p. 142.

Staphidiophora? *exilis* Harris, 1935
1935   Harris, p. 116, pl. 19, fig. 9; reproductive organ; East Greenland, Denmark; Late Triassic *Lepidopteris* Zone.
1993a   Wu Xiangwu, p. 142.

Cf. *Staphidiophora*? *exilis* Harris
1986   Ye Meina and others, p. 86, pl. 53, figs. 3, 3a; cone; Leiyinpu of Daxian, Sichuan; Middle Jurassic member 3 of Xintiangou Formation.
1993a   Wu Xiangwu, p. 142.

Staphidiophora spp.
1998   *Staphidiophora* sp. 1, Zhang Hong and others, pl. 52, fig. 8; cone; Shenmu, Shaanxi; Middle Jurassic lower part of Yan'an Formation.
1998   *Staphidiophora* sp. 2, Zhang Hong and others, pl. 54, fig. 3; pl. 55, fig. 6; cones; Tanshanling of Tianzhu, Gansu; Middle Jurassic Yaojie Formation.

Genus *Stenorhachis* Saporta, 1879
(Notes: There is much spelling for this genus, such as *Stenorachis* and *Stenorrachis*, Chinese palaeobotanist usually use *Stenorachis*)
1879   Saporta, p. 193.
1941   Stockmans, Mathieu, p. 54.
1956a   Sze H C, pp. 58, p. 164.
1963   Sze H C, Lee H H and others, p. 262.
1993a   Wu Xiangwu, p. 142.
Type species: *Stenorhachis ponseleti* (Nathorst) Saporta, 1879
Taxonomic status: ginkgophytes?

Stenorhachis ponseleti (Nathorst) Saporta, 1879
1879   Saporta, p. 193, fig. 22; gymnosperm reproductive organs; Switzerland; Early Jurassic.
1993a   Wu Xiangwu, p. 142.

△*Stenorachis beipiaoensis* Sun et Zheng, 2001 (in Chinese and English)
2001   Sun Ge, Zheng Shaolin, in Sun Ge and others, pp. 90, 195, pl. 15, fig. 5; pl. 49, figs. 6, 8, 9; cones; 2 specimens, Reg. No.: PB19085, PB19086; Holotype: PB19086; Repository:

Nanjing Institute of Geology and Palaeontology, Chinese Academy of Sciences; western Liaoning; Late Jurassic Jianshangou Formation.

△*Stenorachis bellus* Mi, Sun C, Sun Y, Cui et Ai, 1996 (in Chinese)

1996　Mi Jiarong, Sun Chunlin, Sun Yuewu, Cui Shangsen, Ai Yangliang, in Mi Jiarong and others, p. 136, pl. 32, figs. 1, 2, 7, 9, 12(?), 15; text-fig. 19; cones; 6 specimens, Reg. No.: BU-5116, HF5077, HF5078, HF5084—HF5086; Holotype: HF5085 (pl. 32, fig. 2); Paratype: HF5077 (pl. 32, fig. 7); Repository: Department of Geological Exploration of Changchun College of Geology; Shimenzhai of Funing, Hebei; Early Jurassic Peipiao Formation.

Stenorachis bitchuensis Ôishi, 1932

1932　Ôishi, p. 357, pl. 50, fig. 9; cone; Nariwa, Japan; Late Triassic.

1993　Mi Jiarong and others, p. 139, pl. 39, fig. 7; pl. 41, fig. 6; cones; Tianqiaoling of Wangqing, Jilin; Late Triassic Malugou Formation.

△*Stenorachis callistachyus* Li, 1982

1982　Li Peijuan, p. 96, pl. 14, figs. 1, 1a; cone; Reg. No.: PB7977; Holotype: PB7977 (pl. 14, figs. 1, 1a); Repository: Nanjing Institute of Geology and Palaeontology, Chinese Academy of Sciences; Baxoi, Tibet; Early Cretaceous Duoni Formation.

△*Stenorachis furcata* Mi, Zhang, Sun C, Luo et Sun Y, 1993

1993　Mi Jiarong, Zhang Chuanbo, Sun Chunlin and others, p. 139, pl. 40, figs. 7, 8, 10; cones; 3 specimens, Reg. No.: B405, B406, H405; Repository: Department of Geological History and Palaeontology, Changchun College of Geology; West Hill, Beijing; Late Triassic Xingshikou Formation; Beishan of Hunjiang, Jilin; Late Triassic Beishan Formation. (Notes: The holotype was not designated in the original paper)

△*Stenorachis guyangensis* Chang, 1976

1976　Chang Chichen, p. 196, pl. 101; pl. 103, fig. 5; cones; 2 specimens, Reg. No.: N139-1, N139-2; Dasanfenzi of Guyang and Xilin Obo, Inner Mongolia; Late Jurassic—Early Cretaceous Guyang Formation. (Notes: The holotype was not designated in the original paper)

1982　Tanlin, Zhu Jianan, p. 148, pl. 35, figs. 12, 13; cones; eastern Xiaosanfenzi of Guyang, Inner Mongolia; Early Cretaceous Guyang Formation.

1995　Deng Shenghui and others, p. 56, pl. 29, fig. 3; cone; Huolinhe, Inner Mongolia; Early Cretaceous Huolinhe Formation.

Stenorachis (*Ixostrobus*?) *konianus* Ôishi et Huzioka, 1938

1938　Ôishi, Huzioka, p. 97, pl. 11, figs. 7, 7a; cone; Nariwa, Japan; Late Triassic.

Stenorachis (*Ixostrobus*?) cf. *konianus* Ôishi et Huzioka

1964　Lee Peichuan, p. 143, pl. 17, figs. 4, 4a; cone; Xujiahe of Guangyuan, Sichuan; Late Triassic Hsuchiaho Formation.

? *Stenorachis* (*Ixostrobus*?) *konianus* Ôishi et Huzioka

1956a　Sze H C, pp. 58, 164, pl. 51, figs. 4, 5; cones; Silangmiao of Yijun, Shaanxi; Late Triassic Yenchang Formation.

| 1963 | Sze H C, Lee H H and others, p. 262, pl. 89, figs. 3, 4 (＝Sze H C, 1956a, pp. 58, 164, pl. 51, figs. 4, 5); cones; Silangmiao of Yijun, Shaanxi; Late Triassic Yenchang Group. |

Stenorachis lepida (Heer) Seward, 1912

1880	*Ginkgo lepida* Heer, p. 17, pl. 4, figs. 9b, 10b, 11b, 12b; cones; eastern Siberia, Russia; Jurassic.
1912	Seward, p. 13, pl. 1, fig. 8; cone; Heilongjiang River Basin; Jurassic.
1949	Sze H C, p. 33, pl. 15, figs. 12, 13; cones; Xiangxi of Zigui, Hubei; Early Jurassic Hsiangchi Coal Series.
1963	Sze H C, Lee H H and others, p. 262, pl. 84, fig. 8; pl. 89, fig. 2; cones; Datong of Shanxi; Middle Jurassic Datong Formation; Xiangxi of Zigui, Hubei; Early Jurassic Hsiangchi Group; Yijun of Shaanxi; Late Triassic Yenchang Group.
1976	Chow Huiqin and others, p. 211, pl. 115, fig. 2; cone; Wuziwan in Jungar of Inner Mongolia, Liulingou and Hejiafang in Tongchuan, and Ershilidun in Shenmu of Shaanxi; Middle Triassic upper part of Ermaying Formation and upper member of Tungchuan Formation.
1977a	Feng Shaonan and others, p. 240, pl. 96, fig. 9; cone; Xiangxi of Zigui, Hubei; Early—Middle Jurassic Upper Coal Formation of Hsiangchi Group.
1980	Huang Zhigao, Zhou Huiqin, p. 108, pl. 4, fig. 3; pl. 22, fig. 3; pl. 40, fig. 6; pl. 45, fig. 7; pl. 46, fig. 9; cones; Liujiagou, Hejiafang in Tongchuan and Ershilidun in Shemu of Shaanxi, Wuziwan in Jungar of Inner Mongolia; Late Triassic middle and upper parts of Yenchang Formation, Middle Triassic upper member of Tungchuan Formation and upper part of Ermaying Formation.
1980	Zhang Wu and others, p. 291, pl. 140, figs. 8—10; cones; Menzi in Lingyuangou of Beipiao, Liaoning; Early Jurassic Guojiadian Formation and Peipiao Formation.
1982	Zhang Caifan, p. 537, pl. 351, figs. 4, 5; cones; Wenjiashi of Liuyang, Hunan; Early Jurassic Gaojiatian Formation.
1983	Duan Shuying and others, pl. 11, fig. 13; cone; Ninglang, Yunnan; Late Triassic Beiluoshan Coal Series.
1984	Chen Fen and others, p. 63, pl. 32, figs. 5, 6; cones; West Hill, Beijing; Early—Middle Jurassic Lower Yaopo Formation and Upper Yaopo Formation.
1984	Gu Daoyuan, p. 154, pl. 76, fig. 3; cone; Karamay, Xinjiang; Early Jurassic Sangonghe Formation.
1985	Shang Ping, pl. 8, fig. 8; cone; Fuxin, Liaoning; Early Cretaceous Sunjiawan Member of Haizhou Formation.
1986	Xu Fuxiang, p. 421, pl. 2, fig. 3; cone; Daolengshan of Jingyuan, Gansu; Early Jurassic.
1987	Chen Ye and others, p. 126, pl. 39, fig. 9; cone; Yanbian, Sichuan; Late Triassic Hongguo Formation.
1987	Qianlijun and others, pl. 27, fig. 5; cone; Kaokaowusugou of Shenmu, Shaanxi; Middle Jurassic member 3 of Yan'an Formation.
1992	Huang Qisheng, Lu Zongsheng, pl. 1, fig. 7; cone; western Xingzihe of Yan'an, Shaanxi; Early Jurassic Fuxian Formation.
1992	Sun Ge, Zhao Yanhua, p. 551, pl. 259, fig. 6; cone; Baishilazi of Huadian, Jilin; Early

1995　Zeng Yong and others, p. 68, pl. 7, figs. 3, 4; pl. 18, fig. 3; cones; Yima, Henan; Middle Jurassic Yima Formation.

Jurassic(?) Yuxingtun Formation.

1998　Zhang Hong and others, pl. 49, fig. 7; cone; Shenmu, Shaanxi; Middle Jurassic Yan'an Formation.

2005　Miao Yuyan, p. 526, pl. 2, figs. 24, 25; cones; Baiyanghe of Junggar Basin, Xinjiang; Middle Jurassic Xishanyao Formation.

Stenorachis cf. *lepida* (Heer) Seward

1981　Zhou Huiqin, pl. 3, fig. 10; cone; Yangcaogou of Beipiao, Liaoning; Late Triassic Yangcaogou Formation.

1988　Zhang Hanrong and others, pl. 1, fig. 8; cone; Nanshihu of Weixian, Hebei; Middle Jurassic Zhengjiayao Formation.

△*Stenorachis longistitata* Tan et Zhu, 1982

1982　Tan Lin, Zhu Jianan, p. 148, pl. 35, fig. 10, 11; cones; 2 specimens, Reg. No.: GR118, GR119; Holotype: GR119 (pl. 35, fig. 10); Paratype: GR118 (pl. 35, fig. 10); Xiaosanfenzi of Guyang, Inner Mongolia; Early Cretaceous Guyang Formation.

Stenorachis scanicus (Nathorst) Nathorst, 1902

1902　Nathorst, p. 16, pl. 1, figs. 16, 17; cones; Sweden; Late Triassic—Early Jurassic.

1987　Zhang Wu, Zheng Shaolin, p. 308, pl. 18, figs. 9—12; cones; Yangshugou in Harqin Left Wing of Beipiao, Liaoning; Early Jurassic Peipiao Formation.

1998　Zhang Hong and others, pl. 52, fig. 8; pl. 54, figs. 1, 2B; cones; Yaojie of Lanzhou, Gansu; Middle Jurassic Yaojie Formation; Hobuksar and Hoxtolgay, Xinjiang; Early Jurassic Sangonghe Formation and Badaowan Formation.

Stenorachis sibirica Heer, 1876

1876b　Heer, p. 61, pl. 11, figs. 1, 9—12; cones; eastern Siberia, Russia; Jurassic.

1941　Stockmans Mathieu, p. 54, pl. 6, figs. 13, 14; cones; Datong, Shanxi; Jurassic. [Notes: These specimens were referred as *Stenorachis lepida* (Heer) Seward (Sze H C, Lee H H and others, 1963, p. 262)]

1993a　Wu Xiangwu, p. 142.

Stenorachis spp.

1976　*Stenorachis* sp., Zhang Zhicheng, p. 197, pl. 100, fig. 4; cone; Guyang and Xilin Obo, Inner Mongolia; Late Jurassic—Early Cretaceous Guyang Formation.

1980　*Stenorachis* sp., Wu Shunqing and others, p. 115, pl. 26, fig. 7; cone; Xiangxi of Zigui, Hubei; Early—Middle Jurassic Hsiangchi Formation.

1981　*Stenorachis* sp., Chen Fen and others, pl. 4, figs. 9, 10; cones; Haizhou of Fuxin, Liaoning; Early Cretaceous Fuxin Formation.

1982b　*Stenorachis* sp. (Cf. *Ixostrobus groenlandicus* Harris), Wu Xiangwu, p. 98, pl. 15, fig. 5B, 5b; cones; Changdu of Xixiong, Tibet; Late Triassic Bagong Formation.

1986　*Stenorachis* sp., Ye Meina and others, p. 75, pl. 48, figs. 8, 8a; cone; Wenquan of Kaixian, Sichuan; Late Triassic member 5 of Hsuchiaho Formation.

1987   *Stenorachis* sp. ,Chen Ye and others,p. 126,pl. 37,fig. 8;cone; Yanbian, Sichuan; Late Triassic Hongguo Formation.

1987   *Stenorachis* sp. , Zhang Zhicheng, p. 381, pl. 4, figs. 5, 6; cones; Fuxin, Liaoning; Early Cretaceous Fuxin Formation.

1992   *Stenorachis* sp. , Sun Ge, Zhao Yanhua, p. 551, pl. 244, fig. 5; pl. 259, fig. 5; cones; Jiaohe, Jilin; Early Cretaceous Wulin Formation; Yingcheng, Jilin; Early Cretaceous Yingcheng Formation.

1993   *Stenorachis* sp. , Hu Shusheng, Mei Meitang, pl. 2, fig. 10; cone; Xi'an of Liaoyuan, Jilin; Early Cretaceous Lower Coal Member of Chang'an Formation.

1998   *Stenorachis* sp. , Deng Shenghui, pl. 2, fig. 2; cone; Pingzhuang-Yuanbaoshan Basin, Inner Mongolia; Early Cretaceous Yuanbaoshan Formation.

1999   *Stenorachis* sp. , Meng Fansong, pl. 1, fig. 13; cone; Xiangxi of Zigui, Hubei; Middle Jurassic Chenjiawan Formation.

1999b   *Stenorachis* sp. ,Wu Shunqing, p. 52, pl. 44, fig. 5; cone; Langdai of Liuzhi, Guizhou; Late Triassic Huobachong Formation.

2005   *Stenorachis* sp. , Miao Yuyan, p. 527, pl. 2, figs. 16, 17; cones; Baiyanghe of Junggar, Xinjiang; Middle Jurassic Xishanyao Formation.

Genus *Stephenophyllum* Florin, 1936

1936   Florin, p. 82.

1970   *Stephanophyllum*, Andrews, p. 206 [Notes: This generic name *Stephanophyllum* was applied by Andrews (1970, p. 205), it might be a misspelling of *Stephenophyllum*]

1979   He Yuanliang and others, p. 153.

1993a   Wu Xiangwu, p. 143.

Type species: *Stephenophyllum solmis* (Seward) Florin, 1936

Taxonomic status: Czekanowskiales

Stephenophyllum solmis (Seward) Florin, 1936

1919   *Desmiophyllum solmsi* Seward, p. 71, fig. 662; leaf; Franz Joseph Land; Jurassic.

1936   Florin, p. 82, pl. 11, figs. 7—10; pls. 12—16; text-figs. 3, 4; leaves and cuticles; Franz Joseph Land; Jurassic.

1970   *Stephanophyllum solmis* (Seward) Florin, Andrews, p. 206.

1993a   Wu Xiangwu, p. 143.

Stephenophyllum cf. *solmis* (Seward) Florin

1979   He Yuanliang and others, p. 153, pl. 75, figs. 5—7; text-fig. 10; leaves and cuticles; Dameigou of Da Qaidam, Qinghai; Middle Jurassic Dameigou Formation. [Notes: The specimens were later referred to *Phoenicopsis* (*Stephenophyllum*) cf. *taschkessiensis* (Krasser)(Li Peijuan and others, 1988)]

1993a   Wu Xiangwu, p. 143.

△**Genus *Tianshia* Zhou et Zhang, 1998** (in English)

1998　Zhou Zhiyan, Zhang Bole, p. 173.

Type species: *Tianshia patens* Zhou et Zhang, 1998

Taxonomic status: Czekanowskiales

△***Tianshia patens* Zhou et Zhang, 1998** (in English)

1998　Zhou Zhiyan, Zhang Bole, p. 173, pl. 2, figs. 1—6; pl. 4, figs. 3, 4, 11; text-fig. 3; shoots, leaves and cuticles; Reg. No. : PB17912—PB17914; Holotype: PB17912 (pl. 2, figs. 1, 4, 5); Repository: Nanjing Institute of Geology and Palaeontology, Chinese Academy of Sciences; Yima, Henan; Middle Jurassic middle part of Yima Formation.

Genus *Torellia* Heer, 1870

[Notes: The genus include only 1 species of *Torellia rigida* Heer, occurs in the Tertiary (Sze H C, Lee H H and others, 1963)]

1870　Heer, p. 44.

1931　Sze H C, p. 60.

1993a　Wu Xiangwu, p. 149.

Type species: *Torellia rigida* Heer, 1870

Taxonomic status: ginkgophytes

Torellia rigida Heer, 1870

1870　Heer, p. 44, pl. 6, figs. 3—12; pl. 16, fig. 1b; leaves; Spitsbergen, Norway; Miocene.

1993a　Wu Xiangwu, p. 149.

Torellia sp.

1931　*Torellia* sp., Sze H C, p. 60, pl. 5, fig. 7; leaf; Beipiao, Liaoning; Early and Middle Jurassic. [Notes: The specimen was later referred as *Pseudotorellia* sp. (Sze H C, Lee H H, 1963, p. 247)]

1993a　*Torellia* sp., Wu Xiangwu, p. 149.

Genus *Toretzia* Stanislavsky, 1971

1971　Stanislavsky, p. 88.

1992　Cao Zhengyao, pp. 240, 247.

Type species: *Toretzia angustifolia* Stanislavsky, 1971

Taxonomic status: Toretziaceae, Ginkgoales

Toretzia angustifolia **Stanislavsky, 1971**

1971   Stanislavsky, p. 88, pl. 24; pl. 26, fig. 1; text-fig. 44A, 44B; branch bearing shoots with megastrobili; Donets, Ukraine; Late Triassic.

△*Toretzia shunfaensis* **Cao, 1992**

1992   Cao Zhengyao, pp. 240, 247, pl. 6, fig. 12; female reproductive organ; 1 specimen, Reg. No.: PB16135; Holotype: PB16135 (pl. 6, fig. 12); Repository: Nanjing Institute of Geology and Palaeontology, Chinese Academy of Sciences; Shunfa, eastern Heilongjiang; Early Cretaceous member 4 of Chengzihe Formation.

Genus *Trichopitys* Saporta, 1875

1875   Saporta, p. 1020.
1901   Krasser, p. 148.
1993a Wu Xiangwu, p. 150.

Type species: *Trichopitys heteromorpha* Saporta, 1875

Taxonomic status: ginkgophytes?

Trichopitys heteromorpha **Saporta, 1875**

1875   Saporta, p. 1020; leaf; Lodève, France; Permian.
1885   Renault, p. 64, pl. 3, fig. 2; leaf; Lodève, France; Permian.
1993a Wu Xiangwu, p. 150.

Trichopitys setacea **Heer, 1876**

1876   Heer, p. 64, pl. 1, fig. 9; leaf; Irkutsk, Russia; Jurassic.
1901   Krasser, p. 148, pl. 2, fig. 6; leaf; northern Slope of Kuruktag Mountains, Tianshan Mountains, Xinjiang; Jurassic. [Notes: The specimen was later referred as *Czekanowskia setacea* Heer (Sze H C, Lee H H and others, 1963, p. 249)]
1993a Wu Xiangwu, p. 150.

Genus *Umaltolepis* Krassilov, 1972

1972   Krassilov, p. 63.
1984   Wang Ziqiang, p. 281.
1993a Wu Xiangwu, p. 152.

Type species: *Umaltolepis vachrameevii* Krassilov, 1972

Taxonomic status: ginkgophytes

Umaltolepis vachrameevii **Krassilov, 1972**

1972   Krassilov, p. 63, pl. 21, fig. 5a; pl. 22, figs. 5—8; pl. 23, figs. 1, 2, 5—7, 10, 13; seeds; right bank of Bureya River, Heilongjiang Basin; Late Jurassic.
1993a Wu Xiangwu, p. 152.

△*Umaltolepis hebeiensis* Wang, 1984

1984 Wang Ziqiang, p. 281, pl. 152, fig. 12; pl. 165, figs. 1—5; fruit scales and cuticles; 1 specimen, Reg. No. : P0393; Holotype: P0393 (pl. 152, fig. 12); Repository: Nanjing Institute of Geology and Palaeontology, Chinese Academy of Sciences; Zhangjiakou, Hebei; Early Cretaceous Qingshila Formation.

1988 Chen Fen and others, p. 72, pl. 41, figs. 5—11; pl. 42, figs. 1—3; fruit scales and cuticles; Fuxin, Liaoning; Early Cretaceous Fuxin Formation.

1993a Wu Xiangwu, p. 152.

Umaltolepis cf. *hebeiensis* Wang

1985 Shang Ping, pl. 13, figs. 7, 8; fruit scales; Fuxin, Liaoning; Early Cretceous upper part of middle member of Fuxin Formation.

△Genus *Vittifoliolum* Zhou, 1984

[Notes: The author compared this genus with other genera, such as *Desmiophyllum*, *Cordaites*, *Yuccites*, *Bambusium*, *Phoenicopsis*, *Culgouweria*, *Windwardia*, *Pseudotorellia*, and considered that it belongs to Ginkgopsida (Zhou Zhiyan, 1984); Li Peijuan (1988) attributed it to Ginkgopsida(?) or Czekanowskiales(?)]

1984 Zhou Zhiyan, p. 49.

1993a Wu Xiangwu, pp. 44, 241.

1993b Wu Xiangwu, pp. 503, 520.

Type species: *Vittifoliolum segregatum* Zhou, 1984

Taxonomic status: Ginkgopsida? or Czekanowskiales?

△*Vittifoliolum segregatum* Zhou, 1984

1984 Zhou Zhiyan, p. 49, pl. 29, figs. 4—4d; pl. 30, figs. 1—2b; pl. 31, figs. 1—2a, 4; text-fig. 12; leaves and cuticles; Reg. No. : PB8937—PB8941, PB8943; Holotype: PB8937 (pl. 30, fig. 1); Repository: Nanjing Institute of Geology and Palaeontology, Chinese Academy of Sciences; Qiyang, Lingling, Lanshan, Hengnan, Jiangyong and Yongxing, Hunan; Early Jurassic middle and lower parts of Guanyintan Formation.

1993a Wu Xiangwu, pp. 44, 241.

1993b Wu Xiangwu, pp. 503, 520.

1995 Zeng Yong and others, p. 66, pl. 30, fig. 3a; leaf; Yima, Henan; Middle Jurassic Yima Formation.

1995a Li Xingxue (editor-in-chief), pl. 85, figs. 5—7; leaves and cuticles; Huangyangsi of Lingling, Hunan; Early Jurassic middle part and lower part(?) of Guanyintan Formation. (in Chinese)

1995b Li Xingxue (editor-in-chief), pl. 85, figs. 5—7; leaves and cuticles; Huangyangsi of Lingling, Hunan; Early Jurassic middle part and lower part(?) of Guanyintan Formation. (in English)

Cf. *Vittifoliolum segregatum* Zhou

1988   Li Peijuan and others, p. 117, pl. 83, fig. 3B; leaf; Dameigou of Qaidam, Qinghai; Early Jurassic *Zamites* Bed of Xiaomeigou Formation.

***Vittifoliolum* cf. *segregatum* Zhou**

1996   Mi Jiarong and others, p. 136, pl. 33, figs. 1—5; leaves and cuticles; Guanshan, Sanbao and Dongsheng in Taiji of Beipiao, Liaoning; Early Jurassic Peipiao Formation.

△***Vittifoliolum segregatum* f. *costatum* Zhou, 1984**

1984   Zhou Zhiyan, p. 50, pl. 31, figs. 3—3b; leaves and cuticles; Reg. No. : PB8942; Repository: Nanjing Institute of Geology and Palaeontology, Chinese Academy of Sciences; Huangyangsi of Lingling, Hunan; Early Jurassic middle part and lower part(?) of Guanyintan Formation.

1993a   Wu Xiangwu, pp. 44, 241.

1993b   Wu Xiangwu, pp. 503, 520.

△***Vittifoliolum multinerve* Zhou, 1984**

1984   Zhou Zhiyan, p. 50, pl. 32, figs. 1, 2; leaves and cuticles; Reg. No. : PB8944, PB8945; Holotype: PB8944 (pl. 32, fig. 1); Repository: Nanjing Institute of Geology and Palaeontology, Chinese Academy of Sciences; Huangyangsi of Lingling, Hunan; Early Jurassic middle and lower part(?) of Guanyintan Formation.

1993a   Wu Xiangwu, pp. 44, 241.

1993b   Wu Xiangwu, pp. 503, 520.

1998   Huang Qisheng and others, pl. 1, fig. 16; leaf; Qinghui of Shangrao, Jiangxi; Early Jurassic Linshan Formation.

Cf. *Vittifoliolum multinerve* Zhou

1988   Li Peijuan and others, p. 116, pl. 75, figs. 5A, 5a; leaves; Dameigou of Qaidam, Qinghai; Early Jurassic *Ephedrites* Bed of Tianshuigou Formation.

△***Vittifoliolum paucinerve* Wu, 1988**

1988   Wu Xiangwu, in Li Peijuan and others, p. 109, pl. 9, fig. 1C; pl. 72, fig. 1B; pl. 73, figs. 1B, 1b; pl. 74, fig. 6; pl. 75, figs. 3B, 3aB, 5B; pl. 76, figs. 3, 4; pl. 77, figs. 2A, 2aA; pl. 78, figs. 4A, 4aA; pl. 82, figs. 2, 2a; pl. 84, figs. 4A, 4a; pl. 130, figs. 1—7; pl. 137, fig. 4; pl. 138, figs. 1—3; leaves and cuticles; Coll. No. : $80DP_1F_{28}$, $80DP_1F_{58}$; Reg. No. : PB13638—PB13640, PB13658—PB13667, PB13801; Holotype: PB13661 (pl. 72, fig. 1B); Repository: Nanjing Institute of Geology and Palaeontology, Chinese Academy of Sciences; Dameigou of Qaidam, Qinghai; Early Jurassic *Ephedrites* Bed of Tianshuigou Formation.

***Vittifoliolum* spp.**

1986   *Vittifoliolum* sp. , Wu Qiqie and others, pl. 23, fig. 1; leaf; southern Jiangsu; Early Jurassic Nanxiang Formation.

2004   *Vittifoliolum* sp. , Sun Ge, Mei Shengwu, pl. 5, fig. 9; leaf; Shangjingzi of Alxa Right Banner, Inner Mongolia; Middle Jurassic lower part of Qingtujing Group; Gaojiagou Coal Mine of Shandan, Gansu; early Middle Jurassic.

***Vittifoliolum*? sp.**

2004   *Vittifoliolum*? sp. , Sun Ge, Mei Shengwu, pl. 5, fig. 3; pl. 11, figs. 5, 5a; pl. 9, fig. 10; leaves;

Hongliugou and Shangjingzi of Alxa Right Banner, Inner Mongolia; Middle Jurassic lower part of Qingtujing Group; Gaojiagou of Shandan, Gansu; early Middle Jurassic.

△Genus *Yimaia* Zhou et Zhang, 1988

1988a　Zhou Zhiyan, Zhang Bole, p. 217. (in Chinese)
1988b　Zhou Zhiyan, Zhang Bole, p1202. (in English)
1993a　Wu Xiangwu, pp. 47, 244.
1993b　Wu Xiangwu, pp. 503, 521.
Type species: *Yimaia recurva* Zhou et Zhang, 1988
Taxonomic status: Ginkgoales

△*Yimaia recurva* Zhou et Zhang, 1988

1988a　Zhou Zhiyan, Zhang Bole, p. 217, fig. 3; fertile twig; 1 specimen, Reg. No.: PB14193; Holotype: PB14193 (fig. 3); Repository: Nanjing Institute of Geology and Palaeontology, Chinese Academy of Sciences; Yima, Henan; Middle Jurassic Yima Formation. (in Chinese)
1988b　Zhou Zhiyan, Zhang Bole, p. 1202, fig. 3; fertile twig; 1 specimen, Reg. No.: PB14193; Holotype: PB14193 (fig. 3); Repository: Nanjing Institute of Geology and Palaeontology, Chinese Academy of Sciences; Yima, Henan; Middle Jurassic Yima Formation. (in English)
1992　　Zhou Zhiyan, Zhang Bole, p. 159, pl. 3, figs. 1—14; pl. 5, figs. 1, 3—8; pl. 6, figs. 3—9; pl. 8, figs. 1—4; text-fig. 4A; Yima, Henan; Middle Jurassic Yima Formation.
1993a　Wu Xiangwu, pp. 47, 247.
1993b　Wu Xiangwu, pp. 504, 521.
1993　　Zhou Zhiyan, p. 173, pl. 4, figs. 4, 6; pl. 5, figs. 2, 5; megasporogenesis membrance; Yima, Henan; Middle Jurassic Yima Formation.

△*Yimaia hallei* (Sze) Zhou et Zhang, 1992

1933c　*Baiera hallei* Sze, p. 18, pl. 7, fig. 9; leaf; Jingle, Shanxi; Jurassic.
1992　　Zhou Zhiyan, Zhang Bole, p. 163.
1995a　Li Xingxue (editor-in-chief), pl. 96, figs. 3—5; sterile and fertile twigs and leaves; Yima, Henan; Middle Jurassic Yima Formation; Jingle, Shanxi; Middle Jurassic Datong Formation. (in Chinese)
1995b　Li Xingxue (editor-in-chief), pl. 96, figs. 3—5; sterile and fertile twigs and leaves; Yima, Henan; Middle Jurassic Yima Formation; Jingle, Shanxi; Middle Jurassic Datong Formation. (in English)
2002　　Zhou Zhiyan, pl. 2, figs. 1—7; sterile and fertile twigs and leaves; Yima, Henan; Middle Jurassic Yima Formation.

Ginkgo-ovule

2004a　Deng Shenghui and others, p. 1334, fig. 1 (b); ovule; Tiefa, Liaoning; Early Cretaceous

Xiaoming'anbei Formation. (in Chinese)

2004b　Deng Shenghui and others, p. 1774, fig. 1(b); ovule; Tiefa, Liaoning; Early Cretaceous Xiaoming'anbei Formation. (in English)

Ginkgo-samen

1931　Sze H C, pp. 57, 83, pl. 8, fig. 5; seeds (preserved together with *Ginkgo* cf. *hermelini*, this specimen was referred to a kind of *Ginkgo* seeds in the original paper); Beipiao of Chaogyang, Liaoning; Early Jurassic.

2005　Sun Bainian and others, pl. 15, fig. 7; pl. 19, fig. 3; seed and cuticle of seed; Yaojie, Gansu; Middle Jurassic Yaojie Formation.

Phoenicopsis-reste

1903　Potonié, p. 118, figs. 1 (right), 2, 3; leaves; Turaschi (about 30 km south from Taschkess), Xinjiang; Jurassic. [Notes: The specimen was referred as *Phoenicopsis potoniei* Krasser (Krasser, 1905), *Phoenicopsis angustifolia* Heer (Seward, 1919) and *Phoenicopsis* aff. *speciosa* Heer (Sze H C, Lee H H and others, 1963)]

APPENDIXES

Appendix 1 Index of Generic Names

[Arranged alphabetically, generic names and the page numbers (in English part / in Chinese part), "△" indicates the generic name established based on Chinese material]

A

Allicospermum 裸籽属 ··· 169/1
Antholites 石花属 ··· 169/1
Antholithes 石花属 ··· 170/2
Antholithus 石花属 ··· 170/2
Arctobaiera 北极拜拉属 ·· 171/3

B

Baiera 拜拉属 ·· 171/3
△*Baiguophyllum* 白果叶属 ·· 192/18
Bayera 拜拉属 ··· 192/19

C

Culgoweria 苦戈维里属 ·· 192/19
Czekanowskia 茨康叶属 ··· 193/19
　　Czekanowskia (*Vachrameevia*) 茨康叶(瓦氏叶亚属) ·· 201/26

D

△*Datongophyllum* 大同叶属 ·· 201/26
Dicranophyllum 叉叶属 ··· 202/27
△*Dukouphyllum* 渡口叶属 ·· 204/28

E

Eretmophyllum 桨叶属 ·· 204/29

G

Ginkgo 银杏属 ··· 206/30

Ginkgodium 准银杏属 ·· 219/41
Ginkgoidium 准银杏属 ·· 220/42
Ginkgoites 似银杏属 ·· 221/43
Ginkgoitocladus 似银杏枝属 ·· 239/57
Ginkgophyllum 银杏叶属 ··· 239/57
Ginkgophyton Matthew,1910 (non Zalessky,1918) 银杏木属 ······················· 240/58
Ginkgophyton Zalessky,1918 (non Matthew,1910) 银杏木属 ······················· 240/58
Ginkgophytopsis 拟银杏属 ·· 241/59
Ginkgoxylon 银杏型木属 ·· 242/60
Glossophyllum 舌叶属 ··· 242/60

H

Hartzia Harris,1935 (non Nikitin,1965) 哈兹叶属 ·· 247/64
Ixostrobus 槲寄生穗属 ··· 248/65

K

Karkenia 卡肯果属 ·· 251/67

L

Leptostrobus 薄果穗属 ··· 251/67

P

Phoenicopsis 拟刺葵属 ··· 253/69
    Phoenicopsis (*Culgoweria*) 拟刺葵(苦果维尔叶亚属) ·································· 262/76
    Phoenicopsis (*Phoenicopsis*) 拟刺葵(拟刺葵亚属) ····································· 263/76
    △*Phoenicopsis* (*Stephenophyllum*) 拟刺葵(斯蒂芬叶亚属) ························· 263/77
    Phoenicopsis (*Windwardia*) 拟刺葵(温德瓦狄叶亚属) ································ 264/78
Phylladoderma 顶缺银杏属 ··· 265/79
△*Primoginkgo* 始拟银杏属 ·· 266/80
Protoginkgoxylon 原始银杏型木属 ··· 266/80
△*Pseudorhipidopsis* 异叶属 ··· 267/81
Pseudotorellia 假托勒利属 ·· 268/82
△*Psygmophyllopsis* 拟掌叶属 ··· 270/83
Psygmophyllum 掌叶属 ·· 270/84

R

△*Radiatifolium* 辐叶属 ··· 274/87
Rhipidopsis 扇叶属 ·· 274/87

S

Saportaea 铲叶属 ………………………………………………………… 280/91
△*Sinophyllum* 中国叶属 ………………………………………………… 281/92
Solenites 似管状叶属 …………………………………………………… 281/93
Sorosaccus 堆囊穗属 …………………………………………………… 283/94
Sphenarion 小楔叶属 …………………………………………………… 283/94
Sphenobaiera 楔拜拉属 ………………………………………………… 286/96
△*Sphenobaieroanthus* 楔叶拜拉花属 ………………………………… 301/108
△*Sphenobaierocladus* 楔叶拜拉枝属 ………………………………… 302/109
Stachyopitys 小果穗属 ………………………………………………… 302/109
Staphidiophora 似葡萄果穗属 ………………………………………… 302/110
Stenorhachis 狭轴穗属 ………………………………………………… 303/110
Stephenophyllum 斯蒂芬叶属 ………………………………………… 307/113

T

△*Tianshia* 天石枝属 …………………………………………………… 308/114
Torellia 托勒利叶属 …………………………………………………… 308/114
Toretzia 托列茨果属 …………………………………………………… 308/115
Trichopitys 毛状叶属 …………………………………………………… 309/115

U

Umaltolepis 乌马果鳞属 ………………………………………………… 309/115

V

△*Vittifoliolum* 条叶属 ………………………………………………… 310/116

Y

△*Yimaia* 义马果属 ……………………………………………………… 312/118

Appendix 2　Index of Specific Names

[Arranged alphabetically, generic names or specific names and the page numbers (in English part / in Chinese part), "△" indicates the generic or specific name established based on Chinese material]

A

Allicospermum 裸籽属 ·········· 169/1
　△*Allicospermum ovoides* 卵圆形裸籽 ·········· 169/1
　Allicospermum xystum 光滑裸籽 ·········· 169/1
　Allicospermum? xystum 光滑？裸籽 ·········· 169/1
　Allicospermum sp. 裸籽(未定种) ·········· 169/1
Antholites 石花属 ·········· 169/1
　△*Antholites chinensis* 中国石花 ·········· 170/2
Antholithes 石花属 ·········· 170/2
　Antholithes liliacea 百合石花 ·········· 170/2
Antholithus 石花属 ·········· 170/2
　△*Antholithus fulongshanensis* 富隆山石花 ·········· 170/2
　△*Antholithus ovatus* 卵形石花 ·········· 170/2
　Antholithus wettsteinii 魏氏石花 ·········· 170/2
　△*Antholithus yangshugouensis* 杨树沟石花 ·········· 171/3
　Antholithus spp. 石花(未定多种) ·········· 171/3
Arctobaiera 北极拜拉属 ·········· 171/3
　Arctobaiera flettii 弗里特北极拜拉 ·········· 171/3
　△*Arctobaiera renbaoi* 仁保北极拜拉 ·········· 171/3

B

Baiera 拜拉属 ·········· 171/3
　Baiera ahnertii 阿涅特拜拉 ·········· 172/4
　Baiera cf. *ahnertii* 阿涅特拜拉(比较种) ·········· 172/4
　Baiera angustiloba 狭叶拜拉 ·········· 172/4
　Baiera cf. *angustiloba* 狭叶拜拉(比较种) ·········· 172/4
　△*Baiera asadai* 浅田拜拉 ·········· 172/4
　Baiera cf. *asadai* 浅田拜拉(比较种) ·········· 173/4
　△*Baiera asymmetrica* 不对称拜拉 ·········· 173/5
　Baiera australis 南方拜拉 ·········· 173/5
　Baiera cf. *australis* 南方拜拉(比较种) ·········· 173/5
　△*Baiera baitianbaensis* 白田坝拜拉 ·········· 173/5
　△*Baiera balejensis* 巴列伊拜拉 ·········· 173/5
　△*Baiera borealis* 北方拜拉 ·········· 174/5
　Baiera concinna 优雅拜拉 ·········· 174/5
　Cf. *Baiera concinna* 优雅拜拉(比较属种) ·········· 174/6

Baiera cf. *concinna* 优雅拜拉（比较种）	174/6
△*Baiera crassifolia* 厚叶拜拉	175/6
Baiera czekanowskiana 茨康诺斯基拜拉	175/6
△*Baiera? dendritica* 树形？拜拉	175/6
Baiera dichotoma 两裂拜拉	172/3
△*Baiera donggongensis* 东巩拜拉	175/6
Baiera elegans 雅致拜拉	175/6
Baiera cf. *elegans* 雅致拜拉（比较种）	175/6
△*Baiera exiliformis* 瘦形拜拉	176/7
△*Baiera exilis* 小型拜拉	176/7
Baiera furcata 叉状拜拉	176/7
Cf. *Baiera furcata* 叉状拜拉（比较属种）	178/8
Baiera cf. *furcata* 叉状拜拉（比较种）	178/8
Baiera gracilis 纤细拜拉	178/8
Baiera cf. *gracilis* 纤细拜拉（比较种）	179/9
Baiera guilhaumati 基尔豪马特拜拉	180/10
Baiera cf. *guilhaumati* 基尔豪马特拜拉（比较种）	181/10
△*Baiera hallei* 赫勒拜拉	181/10
Baiera cf. *hallei* 赫勒拜拉（比较种）	181/11
△*Baiera huangi* 黄氏拜拉	181/11
△*Baiera kidoi* 木户拜拉	182/11
Baiera lindleyana 林德勒拜拉	182/11
Cf. *Baiera lindleyana* 林德勒拜拉（比较属种）	182/11
Baiera cf. *lindleyana* 林德勒拜拉（比较种）	182/11
△*Baiera lingxiensis* 岭西拜拉	182/11
Baiera longifolia 长叶拜拉	182/11
Baiera cf. *longifolia* 长叶拜拉（比较种）	182/11
Baiera luppovi 卢波夫拜拉	183/12
△*Baiera manchurica* 东北拜拉	183/12
△*Baiera minima* 最小拜拉	183/12
Baiera cf. *minima* 最小拜拉（比较种）	184/13
Baiera minuta 极小拜拉	184/13
Baiera cf. *B. minuta* 极小拜拉（比较属种）	184/13
Baiera muensteriana 敏斯特拜拉	184/13
Baiera cf. *muensteriana* 敏斯特拜拉（比较种）	185/13
△*Baiera muliensis* 木里拜拉	185/14
△*Baiera multipartita* 多裂拜拉	185/14
Baiera cf. *multipartita* 多裂拜拉（比较种）	186/14
△*Baiera orientalis* 东方拜拉	186/14
Baiera phillipsi 菲利蒲斯拜拉	187/15
Baiera cf. *phillipsi* 菲利蒲斯拜拉（比较种）	187/15
Baiera polymorpha 多型拜拉	187/15
△*Baiera pseudgracilis* 假纤细拜拉	187/15
Baiera pulchella 稍美丽拜拉	187/15
△*Baiera? qinghaiensis* 青海？拜拉	187/15

△*Baiera spinosa* 刺拜拉	187/15
△*Baiera tenuistriata* 细脉拜拉	188/15
△*Baiera valida* 强劲拜拉	188/15
△*Baiera ziguiensis* Chen G X,1984 (non Meng,1987) 秭归拜拉	188/16
△*Baiera ziguiensis* Meng,1987 (non Chen G X,1984) 秭归拜拉	188/16
Baiera spp. 拜拉(未定多种)	188/16
Baiera? spp. 拜拉？（未定多种）	191/18
Baiera spp.?拜拉(未定多种)？	191/18
△*Baiguophyllum* 白果叶属	192/18
△*Baiguophyllum lijianum* 利剑白果叶	192/18
Bayera 拜拉属	192/19
Bayera dichotoma 两裂拜拉	192/19

C

Culgoweria 苦戈维里属	192/19
Culgoweria mirobilis 奇异苦戈维里叶	192/19
△*Culgoweria xiwanensis* 西湾苦戈维里叶	193/19
Czekanowskia 茨康叶属	193/19
△*Czekanowskia? debilis* 柔弱？茨康叶	195/21
△*Czekanowskia elegans* 雅致茨康叶	195/21
△*Czekanowskia explicita* 宽展茨康叶	195/21
△*Czekanowskia fuguensis* 府谷茨康叶	195/21
Czekanowskia cf. *fuguensis* 府谷茨康叶(比较种)	195/21
Czekanowskia hartzi 哈兹茨康叶	195/21
Czekanowskia latifolia 宽叶茨康叶	195/22
Czekanowskia cf. *latifolia* 宽叶茨康叶(比较种)	196/22
Czekanowskia murrayana 穆雷茨康叶	196/22
Czekanowskia nathorsti 那氏茨康叶	196/22
Czekanowskia cf. *nathorsti* 那氏茨康叶(比较种)	196/22
△*Czekanowskia pumila* 矮小茨康叶	196/22
Czekanowskia rigida 坚直茨康叶	196/22
Czekanowskia cf. *rigida* 坚直茨康叶(比较种)	199/24
Czekanowskia ex gr. *rigida* 坚直茨康叶(集合种)	199/24
? *Czekanowskia rigida* ？坚直茨康叶	199/24
Czekanowskia rigida? 坚直茨康叶？	199/24
△*Czekanowskia shenmuensis* 神木茨康叶	199/24
△*Czekanowskia speciosa* 奇丽茨康叶	199/24
Czekanowskia setacea 刚毛茨康叶	193/20
Czekanowskia cf. *setacea* 刚毛茨康叶(比较种)	194/21
Czekanowskia ex gr. *setacea* 刚毛茨康叶(集合种)	194/21
△*Czekanowskia stenophylla* 狭窄茨康叶	199/25
Czekanowskia spp. 茨康叶(未定多种)	200/25
?*Czekanowskia* spp. ?茨康叶(未定多种)	201/26
Czekanowskia? spp. 茨康叶?(未定多种)	201/26
Czekanowskia (*Vachrameevia*) 茨康叶(瓦氏叶亚属)	201/26

Czekanowskia (*Vachrameevia*) *australis* 澳大利亚茨康叶(瓦氏叶) ·········· 201/26
Czekanowskia (*Vachrameevia*) sp. 茨康叶(瓦氏叶)(未定种) ·········· 201/26

D

△*Datongophyllum* 大同叶属 ·········· 201/26
    △*Datongophyllum longipetiolatum* 长柄大同叶 ·········· 201/26
    Datongophyllum sp. 大同叶(未定种) ·········· 202/27
Dicranophyllum 叉叶属 ·········· 202/27
    △*Dicranophyllum angustifolium* 狭叶叉叶 ·········· 202/27
    △ *Dicranophyllum*? *decurrens* 下延叉叶? ·········· 202/27
    △*Dicranophyllum furcatum* 叉状叉叶 ·········· 202/27
    Dicranophyllum gallicum 鸡毛状叉叶 ·········· 202/27
    △*Dicranophyllum latum* 宽叉叶 ·········· 202/27
    Cf. *Dicranophyllum latum* 宽叉叶(比较属种) ·········· 203/27
    Dicranophyllum cf. *latum* 宽叉叶(比较种) ·········· 203/27
    Dicranophyllum paulum 小叉叶 ·········· 203/28
    △? *Dicranophyllum quadrilobatum* ?四裂叉叶 ·········· 203/28
    Dicranophyllum spp. 叉叶(未定多种) ·········· 203/28
    Dicranophyllum? spp. 叉叶?(未定多种) ·········· 203/28
    ? *Dicranophyllum* spp. ?叉叶(未定多种) ·········· 204/28
△*Dukouphyllum* 渡口叶属 ·········· 204/28
    △*Dukouphyllum noeggerathioides* 诺格拉齐蕨型渡口叶 ·········· 204/29
    △*Dukouphyllum shensiense* 陕西渡口叶 ·········· 204/29

E

Eretmophyllum 桨叶属 ·········· 204/29
    △*Eretmophyllum latifolium* 宽桨叶 ·········· 205/29
    △*Eretmophyllum latum* 宽叶桨叶 ·········· 205/29
    Eretmophyllum pubescens 柔毛桨叶 ·········· 205/29
    Eretmophyllum cf. *pubescens* 柔毛桨叶(比较种) ·········· 205/29
    Eretmophyllum saighanense 赛汗桨叶 ·········· 205/30
    △*Eretmophyllum subtile* 柔弱桨叶 ·········· 205/30
    Eretmophyllum spp. 桨叶(未定多种) ·········· 205/30
    Eretmophyllum? spp. 桨叶?(未定多种) ·········· 205/30

G

Ginkgo 银杏属 ·········· 206/30
    Ginkgo acosmia 不整齐银杏 ·········· 206/30
    Ginkgo adiantoides 铁线蕨型银杏 ·········· 206/30
    Ginkgo cf. *adiantoides* 铁线蕨型银杏(比较种) ·········· 206/31
    △*Ginkgo apodes* 无珠柄银杏 ·········· 207/31
    Ginkgo beijingensis 北京银杏 ·········· 207/31

△*Ginkgo chilinensis* 吉林银杏	207/31
Ginkgo coriacea 革质银杏	207/32
Ginkgo? crassinervis 粗脉？银杏	208/32
△*Ginkgo curvata* 弯曲银杏	208/32
△*Ginkgo dayanensis* 大雁银杏	208/32
Ginkgo digitata 指状银杏	208/32
Ginkgo cf. *digitata* 指状银杏(比较种)	209/33
△*Ginkgo elegans* 雅致似银杏	209/33
Ginkgo ferganensis 费尔干银杏	209/33
Ginkgo cf. *ferganensis* 费尔干银杏(比较种)	210/33
Ginkgo flabellata 扇形银杏	210/33
Ginkgo (*Baiera*?) *hermelini* 海氏银杏(拜拉？)	210/34
Ginkgo cf. *hermelini* 海氏银杏(比较种)	210/34
Ginkgo huttoni 胡顿银杏	210/34
Cf. *Ginkgo huttoni* 胡顿银杏(比较属种)	211/34
Ginkgo cf. *huttoni* 胡顿银杏(比较种)	211/35
△*Ginkgo ingentiphylla* 巨叶银杏	211/35
Ginkgo lepida 清晰银杏	211/35
Ginkgo cf. *lepida* 清晰银杏(比较种)	212/35
Ginkgo lobata 浅裂银杏	212/35
Ginkgo longifolius 长叶银杏	212/35
Cf. *Ginkgo longifolius* 长叶银杏(比较属种)	212/36
Ginkgo magnifolia 大叶银杏	213/36
Ginkgo cf. *magnifolia* 大叶银杏(比较种)	213/36
△*Ginkgo manchurica* 东北银杏	213/36
Ginkgo marginatus 具边银杏	213/36
Ginkgo cf. *marginatus* 具边银杏(比较种)	213/36
△*Ginkgo mixta* 楔拜拉状银杏	213/36
△*Ginkgo obrutschewi* 奥勃鲁契夫银杏	214/37
Ginkgo cf. *obrutschewi* 奥勃鲁契夫银杏(比较种)	214/37
Ginkgo orientalis 东方银杏	214/37
Ginkgo cf. *orientalis* 东方银杏(比较种)	214/37
Ginkgo paradiantoides 副铁线蕨型银杏	214/37
Ginkgo pluripartita 多裂银杏	214/37
Ginkgo pusilla 极细银杏	215/37
△*Ginkgo qaidamensis* 柴达木银杏	215/38
Ginkgo schmidtiana 施密特银杏	215/38
△*Ginkgo schmidtiana* var. *parvifolia* 施密特银杏细小变种	215/38
△*Ginkgo setacea* 刚毛银杏	215/38
Ginkgo sibirica 西伯利亚银杏	215/38
Ginkgo cf. *sibirica* 西伯利亚银杏(比较种)	216/39
△*Ginkgo sphenophylloides* 楔叶型银杏	216/39
Ginkgo taeniata 带状银杏	216/39
△*Ginkgo tatongensis* 大同银杏	216/39
Ginkgo truncata 截形银杏	217/39

Ginkgo whitbiensis 怀特比银杏 ·········· 217/39
Ginkgo cf. *whitbiensis* 怀特比银杏(比较种) ·········· 217/39
△*Ginkgo xiahuayuanensis* 下花园银杏 ·········· 217/39
△*Ginkgo yimaensis* 义马银杏 ·········· 217/39
Ginkgo spp. 银杏(未定多种) ·········· 218/40
Cf. *Ginkgo* sp. 银杏(比较属,未定种) ·········· 219/41
Ginkgo? sp. 银杏?(未定种) ·········· 219/41

Ginkgodium 准银杏属 ·········· 219/41
    Ginkgodium? *longifolium* Lebedev,1965 (non Huang et Zhou,1980) 长叶?准银杏 ·········· 219/41
    Ginkgodium nathorsti 那氏准银杏 ·········· 219/41
    Ginkgodium spp. 准银杏(未定多种) ·········· 220/41
    Ginkgodium? sp. 准银杏?(未定种) ·········· 220/42

Ginkgoidium 准银杏属 ·········· 220/42
    △*Ginkgoidium crassifolium* 厚叶准银杏 ·········· 220/42
    △*Ginkgoidium eretmophylloidium* 桨叶型准银杏 ·········· 220/42
    △*Ginkgoidium longifolium* Huang et Zhou,1980 (non Lebedev,1965) 长叶准银杏 ·········· 220/42
    Ginkgoidium? sp. 准银杏?(未定种) ·········· 221/42
    △*Ginkgodium truncatum* 截形准银杏 ·········· 221/42

Ginkgoites 似银杏属 ·········· 221/43
    Ginkgoites acosmia 不整齐似银杏 ·········· 221/43
    Ginkgoites cf. *acosmia* 不整齐似银杏(比较种) ·········· 221/43
    Ginkgoites adiantoides 铁线蕨型似银杏 ·········· 221/43
    △*Ginkgoites aganzhenensis* 阿干镇似银杏 ·········· 221/43
    △*Ginkgoites baoshanensis* 宝山似银杏 ·········· 222/43
    △*Ginkgoites beijingensis* 北京似银杏 ·········· 222/43
    △*Ginkgoites borealis* 北方似银杏 ·········· 222/43
    △*Ginkgoites chilinensis* 吉林似银杏 ·········· 222/44
    △*Ginkgoites chowi* 周氏似银杏 ·········· 222/44
    Ginkgoites cf. *chowi* 周氏似银杏(比较种) ·········· 223/44
    △*Ginkgoites*? *crassinervis* 粗脉?似银杏 ·········· 223/44
    Ginkgoites crassinervis 粗脉似银杏 ·········· 223/44
    △*Ginkgoites cuneifolius* 楔叶似银杏 ·········· 223/44
    Ginkgoites digitatus 指状似银杏 ·········· 223/44
    Ginkgoites cf. *digitata* 指状似银杏(比较种) ·········· 223/45
    Ginkgoites digitatus var. *huttoni* 指状似银杏胡顿变种 ·········· 223/45
    △*Ginkgoites elegans* Yang,Sun et Shen,1988 (non Cao,1992) 雅致似银杏 ·········· 224/45
    △*Ginkgoites elegans* Cao,1992 (non Yang,Sun et Shen,1988) 雅致似银杏 ·········· 224/45
    Ginkgoites ferganensis 费尔干似银杏 ·········· 224/45
    Ginkgoites cf. *ferganensis* 费尔干似银杏(比较种) ·········· 224/45
    △*Ginkgoites fuxinensis* 阜新似银杏 ·········· 224/45
    △*Ginkgoites gigantea* 大叶似银杏 ·········· 224/45
    Ginkgoites heeri 海尔似银杏 ·········· 224/46
    Ginkgoites hermelini 赫氏似银杏 ·········· 225/46
    Ginkgoites huttoni 胡顿似银杏 ·········· 225/46
    Ginkgoites cf. *G. huttoni* 胡顿似银杏(比较属种) ·········· 225/46

Ginkgoites laramiensis 拉拉米似银杏	225/46
Ginkgoites cf. *laramiensis* 拉拉米似银杏（比较种）	225/46
Ginkgoites lepidus 清晰似银杏	225/46
Ginkgoites cf. *lepidus* 清晰似银杏（比较种）	226/47
Ginkgoites magnifolius 大叶似银杏	226/47
Ginkgoites cf. *magnifolius* 大叶似银杏（比较种）	226/47
△*Ginkgoites manchuricus* 东北似银杏	226/47
Ginkgoites marginatus 具边似银杏	227/47
Ginkgoites cf. *marginatus* 具边似银杏（比较种）	227/48
△*Ginkgoites microphyllus* 小叶似银杏	227/48
△*Ginkgoites minisculus* 较小似银杏	228/48
△*Ginkgoites myrioneurus* 多脉似银杏	228/48
△*Ginkgoites obesus* 肥胖似银杏	228/48
Ginkgoites obovatus 椭圆似银杏	221/43
△*Ginkgoites obrutschewi* 奥勃鲁契夫似银杏	228/48
Ginkgoites cf. *obrutschewi* 奥勃鲁契夫似银杏（比较种）	229/49
△*Ginkgoites orientalis* 东方似银杏	229/49
△*Ginkgoites papilionaceous* 蝶形似银杏	229/49
△*Ginkgoites permica* 二叠似银杏	229/49
△*Ginkgoites pingzhuangensis* 平庄似银杏	229/49
△*Ginkgoites qamdoensis* 昌都似银杏	229/50
△*Ginkgoites*? *quadrilobus* 四瓣？似银杏	230/50
△*Ginkgoites robustus* 强壮似银杏	230/50
Ginkgoites romanowskii 罗曼诺夫斯基似银杏	230/50
△*Ginkgoites rotundus* 近圆似银杏	230/50
Ginkgoites sibiricus 西伯利亚似银杏	230/50
Ginkgoites aff. *sibiricus* 西伯利亚似银杏（亲近种）	232/51
Cf. *Ginkgoites sibiricus* 西伯利亚似银杏（比较属种）	232/51
Ginkgoites cf. *sibiricus* 西伯利亚似银杏（比较种）	232/51
△*Ginkgoites sichuanensis* 四川似银杏	233/52
△*Ginkgoites sinophylloides* 中国叶型似银杏	233/52
△*Ginkgoites subadiantoides* 亚铁线蕨型似银杏	233/52
Ginkgoites taeniata 带状似银杏	233/52
Ginkgoites cf. *taeniata* 带状似银杏（比较种）	233/52
△*Ginkgoites taochuanensis* 桃川似银杏	234/53
△*Ginkgoites tasiakouensis* 大峡口似银杏	234/53
△*Ginkgoites tetralobus* 四裂似银杏	234/53
△*Ginkgoites truncatus* 截形似银杏	234/53
Ginkgoites cf. *truncatus* 截形似银杏（比较种）	234/53
△*Ginkgoites wangqingensis* 汪清似银杏	235/53
△*Ginkgoites wulungensis* 五龙似银杏	235/53
△*Ginkgoites xinhuaensis* 新化似银杏	235/54
△*Ginkgoites xinlongensis* 新龙似银杏	235/54
Ginkgoites cf. *xinlongensis* 新龙似银杏（比较种）	235/54
△*Ginkgoites yaojiensis* 窑街似银杏	235/54

Ginkgoites spp. 似银杏（未定多种） ····· 235/54
Ginkgoites? spp. 似银杏?（未定多种） ····· 238/56
Ginkgoites sp.? 似银杏（未定种）? ····· 238/57
Ginkgoitocladus 似银杏枝属 ····· 239/57
 Ginkgoitocladus burejensis 布列英似银杏枝 ····· 239/57
 Ginkgoitocladus cf. *burejensis* 布列英似银杏枝（比较种） ····· 239/57
 Ginkgoitocladus sp. 似银杏枝（未定种） ····· 239/57
Ginkgophyllum 银杏叶属 ····· 239/57
 Ginkgophyllum grasseti 格拉塞银杏叶 ····· 239/57
 △*Ginkgophyllum zhongguoense* 中国银杏叶 ····· 239/57
 Ginkgophyllum spp. 银杏叶（未定多种） ····· 240/58
 Ginkgophyllum? sp. 银杏叶?（未定种） ····· 240/58
Ginkgophyton Matthew,1910 (non Zalessky,1918) 银杏木属 ····· 240/58
 Ginkgophyton leavitti 雷维特银杏木 ····· 240/58
Ginkgophyton Zalessky,1918 (non Matthew,1910) 银杏木属 ····· 240/58
 △*Ginkgophyton*? *spiratum* 旋? 银杏木 ····· 240/59
 Ginkgophyton sp. 银杏木（未定种） ····· 240/58
Ginkgophytopsis 拟银杏属 ····· 241/59
 △*Ginkgophytopsis chuoerheensis* 绰尔河拟银杏 ····· 241/59
 Ginkgophytopsis flabellata 扇形拟银杏 ····· 241/59
 △*Ginkgophytopsis fukienensis* 福建拟银杏 ····· 241/59
 Ginkgophytopsis cf. *fukienensis* 福建拟银杏（比较种） ····· 241/59
 △*Ginkgophytopsis spinimarginalis* 刺缘拟银杏 ····· 241/59
 △*Ginkgophytopsis*? *xinganensis* 兴安? 拟银杏 ····· 241/59
 Ginkgophytopsis xinganensis 兴安拟银杏 ····· 242/59
 △*Ginkgophytopsis zhonguoensis* 中国拟银杏 ····· 242/60
 Ginkgophytopsis spp. 拟银杏（未定多种） ····· 242/60
Ginkgoxylon 银杏型木属 ····· 242/60
 Ginkgoxylon asiaemediae 中亚银杏型木 ····· 242/60
 △*Ginkgoxylon chinense* 中国银杏型木 ····· 242/60
Glossophyllum 舌叶属 ····· 242/60
 Glossophyllum florini 傅兰林舌叶 ····· 243/60
 Cf. *Glossophyllum florini* 傅兰林舌叶（比较属种） ····· 243/61
 Glossophyllum cf. *florini* 傅兰林舌叶（比较种） ····· 243/61
 △*Glossophyllum longifolium* Yang,1978 [non (Salfeld) Lee,1963] 长叶舌叶 ····· 243/61
 △*Glossophyllum*? *longifolium* (Salfeld) Lee,1963 (non Yang,1978) 长叶? 舌叶 ····· 243/61
 Glossophyllum shensiense 陕西舌叶 ····· 243/61
 Cf. *Glossophyllum shensiense* 陕西舌叶（比较属种） ····· 244/62
 △*Glossophyllum*? *shensiense* 陕西? 舌叶 ····· 244/62
 Glossophyllum zeilleri 蔡耶舌叶 ····· 246/63
 △*Glossophyllum*? *zeilleri* 蔡耶? 舌叶 ····· 246/63
 Glossophyllum spp. 舌叶（未定多种） ····· 246/63
 Glossophyllum? spp. 舌叶?（未定多种） ····· 246/63
 ? *Glossophyllum* spp. ? 舌叶（未定多种） ····· 247/64

H

Hartzia Harris, 1935 (non Nikitin, 1965) 哈兹叶属 ················· 247/64
　△*Hartzia latifolia* 宽叶哈兹叶 ····················· 248/64
　Hartzia tenuis 细弱哈兹叶 ························ 247/64
　Cf. *Hartzia tenuis* 细弱哈兹叶(比较属种) ················ 247/64
　?*Hartzia tenuis* ?细弱哈兹叶 ······················ 248/64
　Hartzia sp. 哈兹叶(未定种) ······················· 248/64

I

Ixostrobus 槲寄生穗属 ····························· 248/65
　△*Ixostrobus delicatus* 柔弱槲寄生穗 ··················· 248/65
　Ixostrobus groenlandicus 格陵兰槲寄生穗 ················· 249/65
　△*Ixostrobus hailarensis* 海拉尔槲寄生穗 ················· 249/65
　Ixostrobus heeri 海尔槲寄生穗 ······················ 249/65
　Ixostrobus lepida 清晰槲寄生穗 ····················· 249/66
　△*Ixostrobus magnificus* 美丽槲寄生穗 ·················· 250/66
　Ixostrobus cf. *magnificus* 美丽槲寄生穗(比较种) ············· 250/66
　Ixostrobus siemiradzkii 斯密拉兹基槲寄生穗 ················ 248/65
　Ixostrobus whitbiensis 怀特槲寄生穗 ··················· 250/66
　Ixostrobus cf. *whitbiensis* 怀特槲寄生穗(比较种) ············· 250/66
　Ixostrobus spp. 槲寄生穗(未定多种) ··················· 250/66
　Ixostrobus? sp. 槲寄生穗?(未定种) ··················· 250/67

K

Karkenia 卡肯果属 ····························· 251/67
　△*Karkenia henanensis* 河南卡肯果 ···················· 251/67
　Karkenia incurva 内弯卡肯果 ······················ 251/67

L

Leptostrobus 薄果穗属 ···························· 251/67
　Leptostrobus cancer 蟹壳薄果穗 ····················· 252/68
　Leptostrobus cf. *L. cancer* 蟹壳薄果穗(比较属种) ············· 252/68
　△*Leptostrobus latior* 较宽薄果穗 ···················· 252/68
　Leptostrobus laxiflora 疏花薄果穗 ···················· 251/67
　Cf. *Leptostrobus laxiflora* 疏花薄果穗(比较属种) ············· 251/67
　Leptostrobus cf. *laxiflora* 疏花薄果穗(比较种) ·············· 251/68
　Leptostrobus longus 长薄果穗 ······················ 252/68
　Leptostrobus cf. *longus* 长薄果穗(比较种) ················ 252/68
　△*Leptostrobus lundladiae* 龙布拉德薄果穗 ················ 252/68

Leptostrobus marginatus 具边薄果穗	252/68
Leptostrobus cf. *marginatus* 具边薄果穗(比较种)	252/68
△*Leptostrobus sinensis* 中华薄果穗	252/68
△*Leptostrobus sphaericus* 球形薄果穗	253/69
Leptostrobus spp. 薄果穗(未定多种)	253/69

P

Phoenicopsis 拟刺葵属	253/69
Phoenicopsis angustifolia 狭叶拟刺葵	253/69
Phoenicopsis aff. *angustifolia* 狭叶拟刺葵(亲近种)	256/71
Cf. *Phoenicopsis angustifolia* 狭叶拟刺葵(比较属种)	256/71
Phoenicopsis cf. *angustifolia* Heer 狭叶拟刺葵(比较种)	256/71
Phoenicopsis ex gr. *angustifolia* 狭叶拟刺葵(集合种)	256/71
△*Phoenicopsis angustifolia* f. *media* 狭叶拟刺葵中间型	256/71
Phoenicopsis angustissima 窄小拟刺葵	256/71
Phoenicopsis enissejensis 厄尼塞捷拟刺葵	256/72
△*Phoenicopsis euthyphylla* 直叶拟刺葵	257/72
△*Phoenicopsis hunanensis* 湖南拟刺葵	257/72
△*Phoenicopsis latifolia* 宽叶拟刺葵	257/72
Phoenicopsis latior 较宽拟刺葵	257/72
Phoenicopsis cf. *latior* 较宽拟刺葵(比较种)	257/72
Phoenicopsis magnum 大拟刺葵	257/72
△*Phoenicopsis manchurensis* 满洲拟刺葵	257/72
Phoenicopsis cf. *manchurensis* 满洲拟刺葵(比较种)	258/72
△*Phoenicopsis manchurica* 满洲拟刺葵	258/73
△*Phoenicopsis media* 中间拟刺葵	258/73
△*Phoenicopsis potoniei* 波托尼拟刺葵	258/73
Phoenicopsis speciosa 华丽拟刺葵	258/73
Phoenicopsis aff. *speciosa* 华丽拟刺葵(亲近种)	260/74
?*Phoenicopsis* aff. *speciosa* ?华丽拟刺葵(亲近种)	260/74
Cf. *Phoenicopsis speciosa* 华丽拟刺葵(比较属种)	260/74
Phoenicopsis cf. *speciosa* 华丽拟刺葵(比较种)	260/74
△*Phoenicopsis taschkessiensis* 塔什克斯拟刺葵	260/74
△*Phoenicopsis*? *yamadai* 山田? 拟刺葵	260/75
Phoenicopsis spp. 拟刺葵(未定多种)	261/75
Cf. *Phoenicopsis* sp. 拟刺葵(比较属,未定种)	262/76
Phoenicopsis? spp. 拟刺葵?(未定多种)	261/75
Phoenicopsis (*Culgoweria*) 拟刺葵(苦果维尔叶亚属)	262/76
△*Phoenicopsis* (*Culgoweria*) *huolinheiana* 霍木河拟刺葵(苦戈维尔叶)	262/76
△*Phoenicopsis* (*Culgoweria*) *jus'huaensis* 珠斯花拟刺葵(苦戈维尔叶)	262/76
Phoenicopsis (*Culgoweria*) *mirabilis* 奇异拟刺葵(苦戈维尔叶)	262/76
Phoenicopsis (*Phoenicopsis*) 拟刺葵(拟刺葵亚属)	263/76
Phoenicopsis (*Phoenicopsis*) *angustifolia* 狭叶拟刺葵(拟刺葵)	263/77
Phoenicopsis (*Phoenicopsis*) cf. *angustifolia* 狭叶拟刺葵(拟刺葵)(比较种)	263/77

Phoenicopsis (*Phoenicopsis*?) sp. 拟刺葵(拟刺葵?)(未定种) ············ 263/77
△*Phoenicopsis* (*Stephenophyllum*) 拟刺葵(斯蒂芬叶亚属) ············ 263/77
　　△*Phoenicopsis* (*Stephenophyllum*) *decorata* 美形拟刺葵(斯蒂芬叶) ············ 263/77
　　△*Phoenicopsis* (*Stephenophyllum*) *enissejensis* 厄尼塞捷拟刺葵(斯蒂芬叶) ············ 264/77
　　△*Phoenicopsis* (*Stephenophyllum*) *mira* 特别拟刺葵(斯蒂芬叶) ············ 264/78
　　Phoenicopsis (*Stephenophyllum*) *solmsi* 索尔姆斯拟刺葵(斯蒂芬叶) ············ 263/77
　　△*Phoenicopsis* (*Stephenophyllum*) *taschkessiensis* 塔什克斯拟刺葵(斯蒂芬叶) ············ 264/78
　　Phoenicopsis (*Stephenophyllum*) cf. *taschkessiensis* 塔什克斯拟刺葵(斯蒂芬叶)(比较种) ······ 264/78
Phoenicopsis (*Windwardia*) 拟刺葵(温德瓦狄叶亚属) ············ 264/78
　　△*Phoenicopsis* (*Windwardia*) *chaoshuiensis* 潮水拟刺葵(温德瓦狄叶) ············ 265/79
　　Phoenicopsis (*Windwardia*) *crookalii* 克罗卡利拟刺葵(温德瓦狄叶) ············ 265/78
　　△*Phoenicopsis* (*Windwardia*) *jilinensis* 吉林拟刺葵(温德瓦狄叶) ············ 265/79
　　Phoenicopsis (*Windwardia*) *silapensis* 西勒普拟刺葵(温德瓦狄叶) ············ 265/79
　　Phoenicopsis (*Windwardia*) sp. 拟刺葵(温德瓦狄叶)(未定种) ············ 265/79
Phylladoderma 顶缺银杏属 ············ 265/79
　　Phylladoderma arberi 舌形顶缺银杏 ············ 266/79
　　Phylladoderma cf. *arberi* 舌形顶缺银杏(比较种) ············ 266/79
　　Phylladoderma? sp. 顶缺银杏?(未定种) ············ 266/80
　　Phylladoderma (*Aequistomia*) sp. 顶缺银杏(等孔叶)(未定种) ············ 266/80
△*Primoginkgo* 始拟银杏属 ············ 266/80
　　△*Primoginkgo dissecta* 深裂始拟银杏 ············ 266/80
Protoginkgoxylon 原始银杏型木属 ············ 266/80
　　△*Protoginkgoxylon benxiense* 本溪原始银杏型木 ············ 267/80
　　△*Protoginkgoxylon daqingshanense* 大青山原始银杏型木 ············ 267/80
　　Protoginkgoxylon dockumenense 土库曼原始银杏型木 ············ 267/80
△*Pseudorhipidopsis* 异叶属 ············ 267/81
　　△*Pseudorhipidopsis baieroides* 拜拉型异叶 ············ 268/81
　　△*Pseudorhipidopsis brevicaulis* 短茎异叶 ············ 267/81
　　Pseudorhipidopsis sp. 异叶(未定种) ············ 268/81
Pseudotorellia 假托勒利叶属 ············ 268/82
　　△*Pseudotorellia changningensis* 常宁假托勒利叶 ············ 268/82
　　Pseudotorellia ensiformis 刀形假托勒利叶 ············ 269/82
　　Pseudotorellia ensiformis f. *latior* 刀形假托勒利叶较宽型 ············ 269/82
　　Pseudotorellia ephela 埃菲假托勒利叶 ············ 269/82
　　Pseudotorellia cf. *ephela* 埃菲假托勒利叶(比较种) ············ 269/82
　　△*Pseudotorellia hunanensis* 湖南假托勒利叶 ············ 269/82
　　△*Pseudotorellia longilancifolia* 长披针形假托勒利叶 ············ 269/83
　　Pseudotorellia nordenskiöldi 诺氏假托勒利叶 ············ 268/82
　　△*Pseudotorellia qinghaiensis* 青海假托勒利叶 ············ 269/83
　　Pseudotorellia spp. 假托勒利叶(未定多种) ············ 270/83
　　Pseudotorellia? spp. 假托勒利叶?(未定多种) ············ 270/83
△*Psygmophyllopsis* 拟掌叶属 ············ 270/83
　　△*Psygmophyllopsis norinii* 诺林拟掌叶 ············ 270/84
Psygmophyllum 掌叶属 ············ 270/84
　　△*Psygmophyllum angustilobum* 尖裂掌叶 ············ 271/84

Appendixes　327

Psygmophyllum demetrianum 三裂掌叶	271/84
Cf. *Psygmophyllum demetrianum* 三裂掌叶（比较属种）	271/84
Psygmophyllum flabellatum 扇形掌叶	271/84
Psygmophyllum cf. *flabellatum* 扇形掌叶（比较种）	271/84
△*Psygmophyllum ginkgoides* Hu et Xiao,1987 (non Hu,Xiao et Ma,1996) 等裂掌叶	271/84
△*Psygmophyllum ginkgoides* Hu,Xiao et Ma,1996 (non Hu,Xiao et Xiao,1987) 等裂掌叶	271/84
△*Psygmophyllum lobulatum* 小裂掌叶	271/85
△*Psygmophyllum multipartitum* 多裂掌叶	271/85
Cf. *Psygmophyllum multipartitum* 多裂掌叶（比较属种）	273/86
Psygmophyllum cf. *multipartitum* 多裂掌叶（比较种）	273/85
△*Psygmophyllum shallowpartitum* 浅裂掌叶	273/86
Psygmophyllum sibiricum 西利伯亚掌叶	273/86
Psygmophyllum cf. *sibiricum* 西利伯亚掌叶（比较种）	273/86
△*Psygmophyllum tianshanensis* 天山掌叶	273/86
Psygmophyllum ussuriensis 乌苏里掌叶	273/86
Psygmophyllum cf. *ussuriensis* 乌苏里掌叶（比较种）	273/86
Psygmophyllum spp. 掌叶（未定多种）	273/86
Psygmophyllum? spp. 掌叶?（未定多种）	274/86

R

△*Radiatifolium* 辐叶属	274/87
△大辐叶 *Radiatifolium magnusum*	274/87
Rhipidopsis 扇叶属	274/87
Rhipidopsis baieroides 拜拉型扇叶	275/87
△*Rhipidopsis concava* 凹顶扇叶	275/88
Rhipidopsis ginkgoides 银杏状扇叶	274/87
Rhipidopsis cf. *ginkgoides* 银杏状扇叶（比较种）	275/87
Rhipidopsis gondwanensis 冈瓦那扇叶	275/88
△*Rhipidopsis guizhouensis* 贵州扇叶	275/88
△*Rhipidopsis hongshanensis* 红山扇叶	275/88
△*Rhipidopsis imaizumii* 今泉扇叶	276/88
△*Rhipidopsis lobata* 瓣扇叶	276/88
Cf. *Rhipidopsis lobata* 瓣扇叶（比较属种）	276/88
△*Rhipidopsis lobulata* 多裂扇叶	276/88
△*Rhipidopsis longifolia* 长叶扇叶	276/89
△*Rhipidopsis minor* 小扇叶	276/89
△*Rhipidopsis minutus* 最小扇叶	277/89
△*Rhipidopsis multifurcata* 多分叉扇叶	277/89
Rhipidopsis palmata 掌状扇叶	277/89
Rhipidopsis aff. *palmata* 掌状扇叶（亲近种）	277/89
Rhipidopsis cf. *palmata* 掌状扇叶（比较种）	277/89
△*Rhipidopsis p'anii* 潘氏扇叶	277/89
Rhipidopsis cf. *p'anii* 潘氏扇叶（比较种）	278/90
△*Rhipidopsis radiata* 射扇叶	278/90

△*Rhipidopsis shifaensis* 石发扇叶 ……………………………………………… 278/90
　　△*Rhipidopsis shuichengensis* 水城扇叶 …………………………………… 278/90
　　△*Rhipidopsis tangwangheensis* 汤旺河扇叶 ……………………………… 279/90
　　△*Rhipidopsis taohaiyingensis* 陶海营扇叶 ……………………………… 279/90
　　△*Rhipidopsis xinganensis* 兴安扇叶 ………………………………………… 279/90
　　△*Rhipidopsis yamadai* 山田扇叶 …………………………………………… 279/91
　　Rhipidopsis spp. 扇叶(未定多种) ………………………………………… 279/91
　　Rhipidopsis? sp. 扇叶?(未定种) …………………………………………… 280/91
　　?*Rhipidopsis* sp. ?扇叶(未定种) …………………………………………… 280/91

S

Saportaea 铲叶属 ………………………………………………………………… 280/91
　　△*Saportaea nervosa* 多脉铲叶 ……………………………………………… 280/92
　　Saportaea cf. *nervosa* 多脉铲叶(比较种) ……………………………… 281/92
　　Saportaea salisburioides 掌叶型铲叶 ……………………………………… 280/92
　　Saportaea sp. 铲叶(未定种) ………………………………………………… 281/92
△*Sinophyllum* 中国叶属 ………………………………………………………… 281/92
　　△*Sinophyllum suni* 孙氏中国叶 …………………………………………… 281/92
Solenites 似管状叶属 …………………………………………………………… 281/93
　　△*Solenites luanpingensis* 滦平似管状叶 ………………………………… 282/93
　　Solenites murrayana 穆雷似管状叶 ……………………………………… 281/93
　　Solenites cf. *murrayana* 穆雷似管状叶(比较种) ……………………… 282/93
　　△*Solenites orientalis* 东方似管状叶 ……………………………………… 282/94
　　Solenites vimineus 柳条似管状叶 ………………………………………… 283/94
Sorosaccus 堆囊穗属 …………………………………………………………… 283/94
　　Sorosaccus gracilis 细纤堆囊穗 …………………………………………… 283/94
Sphenarion 小楔叶属 …………………………………………………………… 283/94
　　△*Sphenarion dicrae* 开叉小楔叶 …………………………………………… 284/95
　　Sphenarion latifolia 宽叶小楔叶 …………………………………………… 284/95
　　Sphenarion leptophylla 薄叶小楔叶 ……………………………………… 284/95
　　Cf. *Sphenarion leptophylla* 薄叶小楔叶(比较属种) …………………… 285/95
　　Sphenarion cf. *S. leptophylla* 薄叶小楔叶(比较属种) ……………… 285/96
　　△*Sphenarion lineare* 线形小楔叶 ………………………………………… 285/96
　　△*Sphenarion parilis* 均匀小楔叶 ………………………………………… 285/96
　　△*Sphenarion parvum* 小叶小楔叶 ………………………………………… 285/96
　　Sphenarion paucipartita 疏裂小楔叶 …………………………………… 283/95
　　Cf. *Sphenarion paucipartita* 疏裂小楔叶(比较属种) ………………… 284/95
　　△*Sphenarion tianqiaolingense* 天桥岭小楔叶 ………………………… 285/96
　　△*Sphenarion xuii* 徐氏小楔叶 ……………………………………………… 285/96
　　Sphenarion spp. 小楔叶(未定多种) ……………………………………… 285/96
Sphenobaiera 楔拜拉属 ………………………………………………………… 286/96
　　Sphenobaiera abschirica 阿勃希里克楔拜拉 …………………………… 287/98
　　△*Sphenobaiera acubasis* 尖基楔拜拉 …………………………………… 288/98
　　Sphenobaiera angustifolia 狭叶楔拜拉 ………………………………… 288/98

△*Sphenobaiera beipiaoensis* 北票楔拜拉 ⋯⋯⋯⋯⋯⋯⋯⋯⋯⋯⋯⋯⋯⋯⋯⋯⋯⋯⋯⋯⋯⋯⋯⋯⋯⋯ 288/98
△*Sphenobaiera bifurcata* 两叉楔拜拉 ⋯⋯⋯⋯⋯⋯⋯⋯⋯⋯⋯⋯⋯⋯⋯⋯⋯⋯⋯⋯⋯⋯⋯⋯⋯⋯⋯⋯ 288/98
△*Sphenobaiera biloba* Feng,1977 (non Prynada,1938) 二裂楔拜拉 ⋯⋯⋯⋯⋯⋯⋯⋯⋯⋯⋯⋯ 288/98
Sphenobaiera biloba Prynada,1938 (non Feng,1977) 双裂楔拜拉 ⋯⋯⋯⋯⋯⋯⋯⋯⋯⋯⋯⋯⋯ 288/98
Sphenobaiera boeggildiana 波氏楔拜拉 ⋯⋯⋯⋯⋯⋯⋯⋯⋯⋯⋯⋯⋯⋯⋯⋯⋯⋯⋯⋯⋯⋯⋯⋯⋯ 289/99
Cf. *Sphenobaiera boeggildiana* 波氏楔拜拉(比较属种)⋯⋯⋯⋯⋯⋯⋯⋯⋯⋯⋯⋯⋯⋯⋯⋯⋯ 289/99
△*Sphenobaiera chenzihensis* 城子河楔拜拉 ⋯⋯⋯⋯⋯⋯⋯⋯⋯⋯⋯⋯⋯⋯⋯⋯⋯⋯⋯⋯⋯⋯⋯ 289/99
Sphenobaiera colchica 科尔奇楔拜拉 ⋯⋯⋯⋯⋯⋯⋯⋯⋯⋯⋯⋯⋯⋯⋯⋯⋯⋯⋯⋯⋯⋯⋯⋯⋯⋯⋯ 289/99
△*Sphenobaiera crassinervis* 粗脉楔拜拉 ⋯⋯⋯⋯⋯⋯⋯⋯⋯⋯⋯⋯⋯⋯⋯⋯⋯⋯⋯⋯⋯⋯⋯⋯⋯ 289/99
Sphenobaiera cf. *crassinervis* 粗脉楔拜拉(比较种)⋯⋯⋯⋯⋯⋯⋯⋯⋯⋯⋯⋯⋯⋯⋯⋯⋯⋯ 289/99
Sphenobaiera cretosa 白垩楔拜拉 ⋯⋯⋯⋯⋯⋯⋯⋯⋯⋯⋯⋯⋯⋯⋯⋯⋯⋯⋯⋯⋯⋯⋯⋯⋯⋯⋯⋯ 290/99
Sphenobaiera cf. *cretosa* 白垩楔拜拉(比较种)⋯⋯⋯⋯⋯⋯⋯⋯⋯⋯⋯⋯⋯⋯⋯⋯⋯⋯⋯⋯⋯ 290/99
△*Sphenobaiera crispifolia* 皱叶楔拜拉 ⋯⋯⋯⋯⋯⋯⋯⋯⋯⋯⋯⋯⋯⋯⋯⋯⋯⋯⋯⋯⋯⋯⋯⋯⋯⋯ 290/99
△*Sphenobaiera eurybasis* 宽基楔拜拉 ⋯⋯⋯⋯⋯⋯⋯⋯⋯⋯⋯⋯⋯⋯⋯⋯⋯⋯⋯⋯⋯⋯⋯⋯⋯⋯ 290/100
△*Sphenobaiera fujiaensis* 福建楔拜拉 ⋯⋯⋯⋯⋯⋯⋯⋯⋯⋯⋯⋯⋯⋯⋯⋯⋯⋯⋯⋯⋯⋯⋯⋯⋯⋯ 290/100
Sphenobaiera furcata 叉状楔拜拉 ⋯⋯⋯⋯⋯⋯⋯⋯⋯⋯⋯⋯⋯⋯⋯⋯⋯⋯⋯⋯⋯⋯⋯⋯⋯⋯⋯⋯ 290/100
? *Sphenobaiera furcata* ?叉状楔拜拉⋯⋯⋯⋯⋯⋯⋯⋯⋯⋯⋯⋯⋯⋯⋯⋯⋯⋯⋯⋯⋯⋯⋯⋯⋯⋯ 290/100
△*Sphenobaiera ginkgooides* 银杏状楔拜拉 ⋯⋯⋯⋯⋯⋯⋯⋯⋯⋯⋯⋯⋯⋯⋯⋯⋯⋯⋯⋯⋯⋯⋯ 290/100
△*Sphenobaiera grandis* 大楔拜拉 ⋯⋯⋯⋯⋯⋯⋯⋯⋯⋯⋯⋯⋯⋯⋯⋯⋯⋯⋯⋯⋯⋯⋯⋯⋯⋯⋯⋯ 291/100
△*Sphenobaiera huangi* (Sze) Hsu,1954 (non Sze,1956,nec Krassilov,1972) 黄氏楔拜拉 ⋯ 291/100
△*Sphenobaiera huangi* (Sze) Krassilov,1972 (non Hsu,1954,nec Sze,1956) 黄氏楔拜拉⋯⋯ 292/101
△*Sphenobaiera huangi* (Sze) Sze,1956 (non Hsu,1954,nec Krassilov,1972) 黄氏楔拜拉 ⋯ 292/101
Sphenobaiera cf. *huangi* (Sze) Hsu 黄氏楔拜拉(比较种)⋯⋯⋯⋯⋯⋯⋯⋯⋯⋯⋯⋯⋯⋯⋯ 292/101
Sphenobaiera ikorfatensis 伊科法特楔拜拉 ⋯⋯⋯⋯⋯⋯⋯⋯⋯⋯⋯⋯⋯⋯⋯⋯⋯⋯⋯⋯⋯⋯ 292/101
△*Sphenobaiera jugata* 并列楔拜拉 ⋯⋯⋯⋯⋯⋯⋯⋯⋯⋯⋯⋯⋯⋯⋯⋯⋯⋯⋯⋯⋯⋯⋯⋯⋯⋯⋯ 293/101
△*Sphenobaiera lata* 宽叶楔拜拉⋯⋯⋯⋯⋯⋯⋯⋯⋯⋯⋯⋯⋯⋯⋯⋯⋯⋯⋯⋯⋯⋯⋯⋯⋯⋯⋯⋯ 293/102
Sphenobaiera leptophylla 细叶楔拜拉 ⋯⋯⋯⋯⋯⋯⋯⋯⋯⋯⋯⋯⋯⋯⋯⋯⋯⋯⋯⋯⋯⋯⋯⋯⋯⋯ 293/102
△*Sphenobaiera lobifolia* 裂叶楔拜拉 ⋯⋯⋯⋯⋯⋯⋯⋯⋯⋯⋯⋯⋯⋯⋯⋯⋯⋯⋯⋯⋯⋯⋯⋯⋯⋯ 293/102
Sphenobaiera longifolia 长叶楔拜拉 ⋯⋯⋯⋯⋯⋯⋯⋯⋯⋯⋯⋯⋯⋯⋯⋯⋯⋯⋯⋯⋯⋯⋯⋯⋯⋯ 293/102
Sphenobaiera cf. *longifolia* 长叶楔拜拉(比较种)⋯⋯⋯⋯⋯⋯⋯⋯⋯⋯⋯⋯⋯⋯⋯⋯⋯⋯⋯ 295/103
△*Sphenobaiera micronervis* 微脉楔拜拉 ⋯⋯⋯⋯⋯⋯⋯⋯⋯⋯⋯⋯⋯⋯⋯⋯⋯⋯⋯⋯⋯⋯⋯⋯ 295/103
△*Sphenobaiera multipartita* 多裂楔拜拉 ⋯⋯⋯⋯⋯⋯⋯⋯⋯⋯⋯⋯⋯⋯⋯⋯⋯⋯⋯⋯⋯⋯⋯⋯ 295/103
△*Sphenobaiera nantianmensis* 南天门楔拜拉 ⋯⋯⋯⋯⋯⋯⋯⋯⋯⋯⋯⋯⋯⋯⋯⋯⋯⋯⋯⋯⋯⋯ 295/103
Sphenobaiera ophioglossum 瓶尔小草状楔拜拉⋯⋯⋯⋯⋯⋯⋯⋯⋯⋯⋯⋯⋯⋯⋯⋯⋯⋯⋯⋯ 295/103
Sphenobaiera cf. *ophioglossum* 瓶尔小草状楔拜拉(比较种)⋯⋯⋯⋯⋯⋯⋯⋯⋯⋯⋯⋯⋯ 295/104
Sphenobaiera paucipartita 少裂楔拜拉 ⋯⋯⋯⋯⋯⋯⋯⋯⋯⋯⋯⋯⋯⋯⋯⋯⋯⋯⋯⋯⋯⋯⋯⋯⋯ 295/104
Sphenobaiera pecten 栉形楔拜拉 ⋯⋯⋯⋯⋯⋯⋯⋯⋯⋯⋯⋯⋯⋯⋯⋯⋯⋯⋯⋯⋯⋯⋯⋯⋯⋯⋯⋯ 296/104
Sphenobaiera pulchella 稍美楔拜拉 ⋯⋯⋯⋯⋯⋯⋯⋯⋯⋯⋯⋯⋯⋯⋯⋯⋯⋯⋯⋯⋯⋯⋯⋯⋯⋯⋯ 296/104
Sphenobaiera cf. *pulchella* 稍美楔拜拉(比较种)⋯⋯⋯⋯⋯⋯⋯⋯⋯⋯⋯⋯⋯⋯⋯⋯⋯⋯⋯ 296/104
Sphenobaiera pulchella f. *lata* 美丽楔拜拉宽异型 ⋯⋯⋯⋯⋯⋯⋯⋯⋯⋯⋯⋯⋯⋯⋯⋯⋯⋯⋯ 296/104
△*Sphenobaiera qaidamensis* 柴达木楔拜拉 ⋯⋯⋯⋯⋯⋯⋯⋯⋯⋯⋯⋯⋯⋯⋯⋯⋯⋯⋯⋯⋯⋯⋯ 296/104
△*Sphenobaiera qiandianziense* 前甸子楔拜拉 ⋯⋯⋯⋯⋯⋯⋯⋯⋯⋯⋯⋯⋯⋯⋯⋯⋯⋯⋯⋯⋯⋯ 296/104
△*Sphenobaiera qixingensis* 七星楔拜拉 ⋯⋯⋯⋯⋯⋯⋯⋯⋯⋯⋯⋯⋯⋯⋯⋯⋯⋯⋯⋯⋯⋯⋯⋯⋯ 297/105
△*Sphenobaiera*? *rugata* Zhou,1984/Mar. (non Wang,1984/Dec.) 具皱? 楔拜拉 ⋯⋯⋯⋯ 297/105
△*Sphenobaiera rugata* Wang,1984/Dec. (non Zhou,1984/Mar.) 皱纹楔拜拉 ⋯⋯⋯⋯⋯⋯ 297/105

△*Sphenobaiera setacea* 刚毛楔拜拉		297/105
Sphenobaiera spectabilis 奇丽楔拜拉		286/97
Sphenobaiera cf. *spectabilis* 奇丽楔拜拉(比较种)		287/97
△*Sphenobaiera spinosa* 刺楔拜拉		297/105
△*Sphenobaiera? spirata* 旋?楔拜拉		297/105
△*Sphenobaiera szeiana* 斯氏楔拜拉		298/105
△*Sphenobaiera tenuistriata* 多脉楔拜拉		298/105
Sphenobaiera cf. *tenuistriata* 多脉楔拜拉(比较种)		298/106
Sphenobaiera uninervis 单脉楔拜拉		298/106
Sphenobaiera spp. 楔拜拉(未定多种)		298/106
Sphenobaiera? spp. 楔拜拉?(未定多种)		301/108
Sphenobaiera (?*Baiera*) sp. 楔拜拉(?拜拉)(未定种)		301/108
△*Sphenobaieroanthus* 楔叶拜拉花属		301/108
△*Sphenobaieroanthus sinensis* 中国楔叶拜拉花		301/108
△*Sphenobaierocladus* 楔叶拜拉枝属		302/109
△*Sphenobaierocladus sinensis* 中国楔叶拜拉枝		302/109
Stachyopitys 小果穗属		302/109
Stachyopitys preslii 普雷斯利小果穗		302/109
Stachyopitys sp. 小果穗(未定种)		302/109
Staphidiophora 似葡萄果穗属		302/110
Staphidiophora? exilis 弱小?似葡萄果穗		303/110
Cf. *Staphidiophora? exilis* 弱小?似葡萄果穗(比较属种)		303/110
Staphidiophora secunda 一侧生似葡萄果穗		303/110
Staphidiophora spp. 似葡萄果穗(未定多种)		303/110
Stenorhachis 狭轴穗属		303/110
△*Stenorachis beipiaoensis* 北票狭轴穗		303/111
△*Stenorachis bellus* 美丽狭轴穗		304/111
Stenorachis bitchuensis 备中狭轴穗		304/111
△*Stenorachis callistachyus* 美狭轴穗		304/111
△*Stenorachis furcata* 叉状狭轴穗		304/111
△*Stenorachis guyangensis* 固阳狭轴穗		304/111
Stenorachis lepida 清晰狭轴穗		305/112
Stenorachis cf. *lepida* 清晰狭轴穗(比较种)		306/112
△*Stenorachis longistitata* 长柄狭轴穗		306/112
Stenorhachis ponseleti 庞氏狭轴穗		303/110
Stenorachis scanicus 斯卡尼亚狭轴穗		306/112
Stenorachis sibirica 西伯利亚狭轴穗		306/113
Stenorachis spp. 狭轴穗(未定多种)		306/113
Stenorachis (*Ixostrobus?*) *konianus* 圆锥形狭轴穗(槲寄生穗?)		304/111
Stenorachis (*Ixostrobus?*) cf. *konianus* 圆锥形狭轴穗(槲寄生穗?)(比较种)		304/111
?*Stenorachis* (*Ixostrobus?*) *konianus* ?圆锥狭轴穗(槲寄生穗?)		304/111
Stephenophyllum 斯蒂芬叶属		307/113
Stephenophyllum solmis 索氏斯蒂芬叶		307/113
Stephenophyllum cf. *solmis* 索氏斯蒂芬叶(比较种)		307/114

T

△*Tianshia* 天石枝属 ········· 308/114
　△*Tianshia patens* 伸展天石枝 ········· 308/114
Torellia 托勒利叶属 ········· 308/114
　Torellia rigida 坚直托勒利叶 ········· 308/114
　Torellia sp. 托勒利叶(未定种) ········· 308/114
Toretzia 托列茨果属 ········· 308/115
　Toretzia angustifolia 狭叶托列茨果 ········· 309/115
　△*Toretzia shunfaensis* 顺发托列茨果 ········· 309/115
Trichopitys 毛状叶属 ········· 309/115
　Trichopitys heteromorpha 不等形毛状叶 ········· 309/115
　Trichopitys setacea 刚毛毛状叶 ········· 309/115

U

Umaltolepis 乌马果鳞属 ········· 309/115
　△*Umaltolepis hebeiensis* 河北乌马果鳞 ········· 310/116
　Umaltolepis cf. *hebeiensis* 河北乌马果鳞(比较种) ········· 310/116
　Umaltolepis vachrameevii 瓦赫拉梅耶夫乌马果鳞 ········· 309/116

V

△*Vittifoliolum* 条叶属 ········· 310/116
　△*Vittifoliolum multinerve* 多脉条叶 ········· 311/117
　Cf. *Vittifoliolum multinerve* 多脉条叶(比较属种) ········· 311/117
　△*Vittifoliolum paucinerve* 少脉条叶 ········· 311/117
　△*Vittifoliolum segregatum* 游离条叶 ········· 310/116
　Cf. *Vittifoliolum segregatum* 游离条叶(比较属种) ········· 311/117
　Vittifoliolum cf. *segregatum* 游离条叶(比较种) ········· 311/117
　△*Vittifoliolum segregatum* f. *costatum* 游离条叶脊条型 ········· 311/117
　Vittifoliolum spp. 条叶(未定多种) ········· 311/117
　Vittifoliolum? sp. 条叶?(未定种) ········· 311/117

Y

△*Yimaia* 义马果属 ········· 312/118
　△*Yimaia recurva* 外弯义马果 ········· 312/118
　△*Yimaia hallei* 赫勒义马果 ········· 312/118

Appendix 3 Table of Institutions that House the Type Specimens

中文名称	English Name
Changchun College of Geology (College of Earth Sciences, Jilin University)	长春地质学院（吉林大学地球科学学院）
Chengdu Institute of Geology and Mineral Resources (Chengdu Institute of Geology and Mineral Resources, China Geological Survey)	成都地质矿产研究所（中国地质调查局成都地质调查中心）
Northeast Institute of Geological Sciences	东北地质科学研究所
Working Team of Stratigraphy and Palaeontology of Guizhou Province	贵州地层古生物工作队
Collection Section, Regional Geological Survey of Hubei Province	湖北省区测队陈列室
Geological Museum of Hunan Province	湖南省地质博物馆
Department of Geology, Lanzhou University	兰州大学地质系
Xi'an Branch, China Coal Research Institute	煤炭科学研究总院西安分院
Branch of Geology Exploration, China Coal Research Institute (Xi'an Branch, China Coal Research Institute)	煤炭科学研究总院地质勘探分院（煤炭科学研究总院西安分院）
Nanjing Institute of Geology and Mineral Resources (Nanjing Institute of Geology and Mineral Resources, China Geological Survey)	南京地质矿产研究所（中国地质调查局南京地质调查中心）
Swedish Museum of Natural History	瑞典国家自然历史博物馆
Shenyang Institute of Geology and Mineral Resources (Shenyang Institute of Geology and Mineral Resources, China Geological Survey)	沈阳地质矿产研究所（中国地质调查局沈阳地质调查中心）
Research Institute of Petroleum Exploration and Development (Research Institute of Petroleum Exploration and Development, PetroChina)	石油勘探开发科学研究院（中国石油化工股份有限公司石油勘探开发研究院）

continued table

中文名称	English Name
Beijing Graduate School, Wuhan College of Geology [China University of Geosciences(Beijing)]	武汉地质学院北京研究生部 [中国地质大学(北京)]
Yichang Institute of Geology and Mineral Resources (Wuhan Institute of Geology and Mineral Resources, China Geological Survey)	宜昌地质矿产研究所（中国地质调查局武汉地质调查中心）
China University of Geosciences (Beijing)	中国地质大学(北京)
Institute of Geology, Chinese Academy of Geological Sciences	中国地质科学院地质研究所
Institute of Botany, Chinese Academy of Sciences	中国科学院植物研究所
Nanjing Institute of Geology and Palaeontology, Chinese Academy of Sciences	中国科学院南京地质古生物研究所
Department of Palaeobotany, Institute of Botany, Chinese Academy of Sciences	中国科学院植物研究所古植物研究室

Appendix 4 Index of Generic Names to Volumes I—VI

(Arranged alphabetically, generic name and the Volume number / the pape number in English part / the pape number in Chinese part, "△" indicates the generic name established based on Chinese material)

A

△*Abropteris* 华脉蕨属	II /269/1
△*Acanthopteris* 刺蕨属	II /269/1
△*Acerites* 似槭树属	VI /117/1
Acitheca 尖囊蕨属	II /274/5
△*Aconititis* 似乌头属	VI /117/1
Acrostichopteris 卤叶蕨属	II /274/5
△*Acthephyllum* 奇叶属	III /313/1
Adiantopteris 似铁线蕨属	II /276/6
Adiantum 铁线蕨属	II /277/7
△*Aetheopteris* 奇羊齿属	III /313/1
Aethophyllum 奇叶杉属	V /239/1
△*Aipteridium* 准爱河羊齿属	III /314/1
Aipteris 爱河羊齿属	III /314/2
Alangium 八角枫属	VI /118/2
Albertia 阿尔贝杉属	V /239/1
Allicospermum 裸籽属	IV /169/1
△*Alloephedra* 异麻黄属	V /241/2
△*Allophyton* 奇异木属	II /277/8
Alnites Hisinger,1837 (non Deane,1902) 似桤属	VI /118/2
Alnites Deane,1902 (non Hisinger,1837) 似桤属	VI /118/2
Alnus 桤属	VI /119/3
Amdrupia 安杜鲁普蕨属	III /316/3
△*Amdrupiopsis* 拟安杜鲁普蕨属	III /317/4
△*Amentostrobus* 花穗杉果属	V /241/3
Amesoneuron 棕榈叶属	VI /119/3
Ammatopsis 拟安马特衫属	V /241/3
Ampelopsis 蛇葡萄属	VI /120/4
△*Amphiephedra* 疑麻黄属	V /242/3
Androstrobus 雄球果属	III /318/5
Angiopteridium 准莲座蕨属	II /278/8
Angiopteris 莲座蕨属	II /278/9
△*Angustiphyllum* 窄叶属	III /319/6
Annalepis 脊囊属	I /140/12
Annularia 轮叶属	I /144/15
Annulariopsis 拟轮叶属	I /144/15

Anomopteris 异形羊齿属	Ⅱ/279/9
Anomozamites 异羽叶属	Ⅲ/319/6
Antholites 石花属	Ⅳ/169/1
Antholithes 石花属	Ⅳ/170/2
Antholithus 石花属	Ⅳ/170/2
Anthrophyopsis 大网羽叶属	Ⅲ/333/16
Aphlebia 变态叶属	Ⅲ/337/19
Aralia 楤木属	Ⅵ/120/4
Araliaephyllum 楤木叶属	Ⅵ/121/4
Araucaria 南洋杉属	Ⅴ/242/4
Araucarioxylon 南洋杉型木属	Ⅴ/242/4
Araucarites 似南洋杉属	Ⅴ/244/5
△*Archaefructus* 古果属	Ⅵ/121/5
△*Archimagnolia* 始木兰属	Ⅵ/123/6
Arctobaiera 北极拜拉属	Ⅳ/171/3
Arctopteris 北极蕨属	Ⅱ/280/10
△*Areolatophyllum* 华网蕨属	Ⅱ/283/12
Arthollia 阿措勒叶属	Ⅵ/123/6
△*Asiatifolium* 亚洲叶属	Ⅵ/123/7
Aspidiophyllum 盾形叶属	Ⅵ/124/7
Asplenium 铁角蕨属	Ⅱ/283/13
Asterotheca 星囊蕨属	Ⅱ/285/14
Athrotaxites 似密叶杉属	Ⅴ/245/6
Athrotaxopsis 拟密叶杉属	Ⅴ/246/7
Athyrium 蹄盖蕨属	Ⅱ/289/17

B

Baiera 拜拉属	Ⅳ/171/3
△*Baiguophyllum* 白果叶属	Ⅳ/192/18
Baisia 贝西亚果属	Ⅵ/125/8
Bauhinia 羊蹄甲属	Ⅵ/125/8
Bayera 拜拉属	Ⅳ/192/19
Beania 宾尼亚球果属	Ⅲ/337/19
△*Beipiaoa* 北票果属	Ⅵ/125/9
△*Bennetdicotis* 本内缘蕨属	Ⅵ/126/9
Bennetticarpus 本内苏铁果属	Ⅲ/338/20
△*Benxipteris* 本溪羊齿属	Ⅲ/339/21
Bernettia 伯恩第属	Ⅲ/340/22
Bernouillia Heer,1876 ex Seward,1901 贝尔瑙蕨属	Ⅱ/293/19
Bernoullia Heer,1876 贝尔瑙蕨属	Ⅱ/292/20
Betula 桦木属	Ⅵ/127/10
Betuliphyllum 桦木叶属	Ⅵ/127/10
Borysthenia 第聂伯果属	Ⅴ/247/8

Boseoxylon 鲍斯木属	Ⅲ/340/22
△*Botrychites* 似阴地蕨属	Ⅱ/295/22
Brachyoxylon 短木属	Ⅴ/247/8
Brachyphyllum 短叶杉属	Ⅴ/248/9
Bucklandia 巴克兰茎属	Ⅲ/341/22

C

Calamites Schlotheim, 1820 (non Brongniart, 1828, nec Suckow, 1784) 芦木属	Ⅰ/149/19
Calamites Brongniart, 1828 (non Schlotheim, 1820, nec Suckow, 1784) 芦木属	Ⅰ/149/19
Calamites Suckow, 1784 (non Schlotheim, 1820, nec Brongniart, 1828) 芦木属	Ⅰ/148/18
Calymperopsis 拟花藓属	Ⅰ/127/1
Cardiocarpus 心籽属	Ⅴ/255/14
Carpites 石果属	Ⅵ/127/10
Carpolithes 或 *Carpolithus* 石籽属	Ⅴ/256/15
Cassia 决明属	Ⅵ/128/11
Castanea 板栗属	Ⅵ/128/11
△*Casuarinites* 似木麻黄属	Ⅵ/129/12
Caulopteris 茎干蕨属	Ⅱ/295/22
Cedroxylon 雪松型木属	Ⅴ/268/25
Celastrophyllum 南蛇藤叶属	Ⅵ/129/12
Celastrus 南蛇藤属	Ⅵ/130/13
Cephalotaxopsis 拟粗榧属	Ⅴ/268/25
Ceratophyllum 金鱼藻属	Ⅵ/130/13
Cercidiphyllum 连香树属	Ⅵ/131/14
△*Chaoyangia* 朝阳序属	Ⅴ/270/27
△*Chaoyangia* 朝阳序属	Ⅵ/131/14
△*Chengzihella* 城子河叶属	Ⅵ/132/15
△*Chiaohoella* 小蛟河蕨属	Ⅱ/296/23
△*Chilinia* 吉林羽叶属	Ⅲ/341/23
Chiropteris 掌状蕨属	Ⅱ/298/24
△*Ciliatopteris* 细毛蕨属	Ⅱ/299/25
Cinnamomum 樟树属	Ⅵ/133/15
Cissites 似白粉藤属	Ⅵ/133/15
Cissus 白粉藤属	Ⅵ/134/16
△*Cladophlebidium* 准枝脉蕨属	Ⅱ/300/26
Cladophlebis 枝脉蕨属	Ⅱ/300/26
Classostrobus 克拉松穗属	Ⅴ/271/27
Clathropteris 格子蕨属	Ⅱ/362/74
△*Clematites* 似铁线莲叶属	Ⅵ/134/17
Compsopteris 蕉羊齿属	Ⅲ/343/24
Coniferites 似松柏属	Ⅴ/271/28
Coniferocaulon 松柏茎属	Ⅴ/272/29
Coniopteris 锥叶蕨属	Ⅱ/373/81

Appendixes 337

Conites 似球果属	Ⅴ/272/29
Corylites 似榛属	Ⅵ/135/17
Corylopsiphyllum 榛叶属	Ⅵ/135/18
Corylus 榛属	Ⅵ/136/18
Credneria 克里木属	Ⅵ/136/18
Crematopteris 悬羽羊齿属	Ⅲ/345/25
Cryptomeria 柳杉属	Ⅴ/275/31
Ctenis 篦羽叶属	Ⅲ/346/26
Ctenophyllum 梳羽叶属	Ⅲ/361/37
Ctenopteris 篦羽羊齿属	Ⅲ/363/39
Ctenozamites 枝羽叶属	Ⅲ/365/40
Culgoweria 苦戈维里属	Ⅳ/192/19
Cunninhamia 杉木属	Ⅴ/276/32
Cupressinocladus 柏型枝属	Ⅴ/276/32
Cupressinoxylon 柏型木属	Ⅴ/282/37
Curessus 柏木属	Ⅴ/283/38
Cyathea 桫椤属	Ⅱ/405/105
△*Cycadicotis* 苏铁缘蕨属	Ⅲ/371/45
△*Cycadicotis* 苏铁缘蕨属	Ⅵ/137/19
Cycadocarpidium 准苏铁杉果属	Ⅴ/284/38
Cycadolepis 苏铁鳞片属	Ⅲ/374/47
△*Cycadolepophyllum* 苏铁鳞叶属	Ⅲ/377/50
Cycadospadix 苏铁掌苞属	Ⅲ/378/50
Cyclopitys 轮松属	Ⅴ/292/45
Cyclopteris 圆异叶属	Ⅲ/378/51
Cycrocarya 青钱柳属	Ⅵ/138/20
Cynepteris 连蕨属	Ⅱ/405/105
Cyparissidium 准柏属	Ⅴ/293/45
Cyperacites 似莎草属	Ⅵ/138/20
Czekanowskia 茨康叶属	Ⅳ/193/19
Czekanowskia (*Vachrameevia*) 茨康叶(瓦氏叶亚属)	Ⅳ/201/26

D

Dadoxylon 台座木属	Ⅴ/294/47
Danaeopsis 拟丹尼蕨属	Ⅱ/406/105
△*Datongophyllum* 大同叶属	Ⅳ/201/26
Davallia 骨碎补属	Ⅱ/411/110
Debeya 德贝木属	Ⅵ/138/20
Deltolepis 三角鳞属	Ⅲ/379/51
△*Dentopteris* 牙羊齿属	Ⅲ/379/52
Desmiophyllum 带状叶属	Ⅲ/380/52
Dianella 山菅兰属	Ⅵ/139/21
Dicksonia 蚌壳蕨属	Ⅱ/412/110

Dicotylophyllum Bandulska,1923 (non Saporta,1894) 双子叶属	Ⅵ/141/23
Dicotylophyllum Saporta,1894 (non Bandulska,1923) 双子叶属	Ⅵ/139/21
Dicranophyllum 叉叶属	Ⅳ/202/27
Dicrodium 二叉羊齿属	Ⅲ/382/54
Dictyophyllum 网叶蕨属	Ⅱ/414/112
Dictyozamites 网羽叶属	Ⅲ/386/57
Dioonites 似狄翁叶属	Ⅲ/386/57
Diospyros 柿属	Ⅵ/141/23
Disorus 双囊蕨属	Ⅱ/423/119
Doratophyllum 带叶属	Ⅲ/386/57
△*Dracopteris* 龙蕨属	Ⅱ/424/119
Drepanolepis 镰鳞果属	Ⅴ/295/47
Drepanozamites 镰刀羽叶属	Ⅲ/388/59
Dryophyllum 槲叶属	Ⅵ/142/23
Dryopteris 鳞毛蕨属	Ⅱ/424/120
Dryopterites 似鳞毛蕨属	Ⅱ/424/120
△*Dukouphyllum* 渡口叶属	Ⅲ/392/61
△*Dukouphyllum* 渡口叶属	Ⅳ/204/28
△*Dukouphyton* 渡口痕木属	Ⅲ/392/62

E

Eboracia 爱博拉契蕨属	Ⅱ/426/122
△*Eboraciopsis* 拟爱博拉契蕨属	Ⅱ/430/124
Elatides 似枞属	Ⅴ/295/48
Elatocladus 枞型枝属	Ⅴ/300/52
△*Eoglyptostrobus* 始水松属	Ⅴ/312/61
△*Eogonocormus* Deng,1995 (non Deng,1997) 始团扇蕨属	Ⅱ/430/125
△*Eogonocormus* Deng,1997 (non Deng,1995) 始团扇蕨属	Ⅱ/431/125
△*Eogymnocarpium* 始羽蕨属	Ⅱ/431/125
Ephedrites 似麻黄属	Ⅴ/313/62
Equisetites 木贼属	Ⅰ/149/19
Equisetostachys 似木贼穗属	Ⅰ/175/39
Equisetum 木贼属	Ⅰ/176/40
△*Eragrosites* 似画眉草属	Ⅴ/315/63
△*Eragrosites* 似画眉草属	Ⅵ/142/24
Erenia 伊仑尼亚属	Ⅵ/143/24
Eretmophyllum 桨叶属	Ⅳ/204/29
Estherella 爱斯特拉属	Ⅲ/392/62
Eucalyptus 桉属	Ⅵ/143/25
△*Eucommioites* 似杜仲属	Ⅵ/144/25
Euryphyllum 宽叶属	Ⅲ/393/63

F

Ferganiella 费尔干杉属 ········· Ⅴ/315/64
Ferganodendron 费尔干木属 ········· Ⅰ/183/45
Ficophyllum 榕叶属 ········· Ⅵ/144/26
Ficus 榕属 ········· Ⅵ/145/26
△*Filicidicotis* 羊齿缘蕨属 ········· Ⅵ/146/27
△*Foliosites* 似茎状地衣属 ········· Ⅰ/127/1
Frenelopsis 拟节柏属 ········· Ⅴ/319/67

G

Gangamopteris 恒河羊齿属 ········· Ⅲ/393/63
△*Gansuphyllite* 甘肃芦木属 ········· Ⅰ/183/46
Geinitzia 盖涅茨杉属 ········· Ⅴ/321/68
△*Geminofoliolum* 双生叶属 ········· Ⅰ/184/46
Genus *Cycadites* Buckland,1836 (non Sternberg,1825) 似苏铁属 ········· Ⅲ/373/47
Genus *Cycadites* Sternberg,1825 (non Buckland,1836) 似苏铁属 ········· Ⅲ/372/46
△*Gigantopteris* 大羽羊齿属 ········· Ⅲ/394/64
Ginkgodium 准银杏属 ········· Ⅳ/219/41
Ginkgoidium 准银杏属 ········· Ⅳ/220/42
Ginkgoites 似银杏属 ········· Ⅳ/221/43
Ginkgoitocladus 似银杏枝属 ········· Ⅳ/239/57
Ginkgophyllum 银杏叶属 ········· Ⅳ/239/57
Ginkgophyton Matthew,1910 (non Zalessky,1918) 银杏木属 ········· Ⅳ/240/58
Ginkgophyton Zalessky,1918 (non Matthew,1910) 银杏木属 ········· Ⅳ/240/58
Ginkgophytopsis 拟银杏属 ········· Ⅳ/241/59
Ginkgoxylon 银杏型木属 ········· Ⅳ/242/60
Ginkgo 银杏属 ········· Ⅳ/206/30
Gleichenites 似里白属 ········· Ⅱ/432/126
Glenrosa 格伦罗斯杉属 ········· Ⅴ/321/68
Glossophyllum 舌叶属 ········· Ⅳ/242/60
Glossopteris 舌羊齿属 ········· Ⅲ/395/64
Glossotheca 舌鳞叶属 ········· Ⅲ/396/65
Glossozamites 舌似查米亚属 ········· Ⅲ/397/66
Glyptolepis 雕鳞杉属 ········· Ⅴ/322/69
Glyptostroboxylon 水松型木属 ········· Ⅴ/322/70
Glyptostrobus 水松属 ········· Ⅴ/323/70
Goeppertella 葛伯特蕨属 ········· Ⅱ/439/132
Gomphostrobus 棍穗属 ········· Ⅴ/323/71
Gonatosorus 屈囊蕨属 ········· Ⅱ/441/134
Graminophyllum 禾草叶属 ········· Ⅵ/146/27
Grammaephloios 棋盘木属 ········· Ⅰ/184/47
△*Guangxiophyllum* 广西叶属 ········· Ⅲ/398/67

Gurvanella 古尔万果属	Ⅴ/324/70
Gurvanella 古尔万果属	Ⅵ/146/28
△*Gymnogrammitites* 似雨蕨属	Ⅱ/443/135

H

△*Hallea* 哈勒角籽属	Ⅴ/324/71
Harrisiothecium 哈瑞士羊齿属	Ⅲ/398/67
Hartzia Harris,1935 (non Nikitin,1965) 哈兹叶属	Ⅳ/247/64
Hartzia Nikitin,1965 (non Harris,1935) 哈兹籽属	Ⅵ/147/28
Hausmannia 荷叶蕨属	Ⅱ/443/135
Haydenia 哈定蕨属	Ⅱ/449/140
Heilungia 黑龙江羽叶属	Ⅲ/398/68
Hepaticites 似苔属	Ⅰ/128/2
△*Hexaphyllum* 六叶属	Ⅰ/184/47
Hicropteris 里白属	Ⅱ/450/141
Hirmerella 希默尔杉属	Ⅴ/325/72
△*Hsiangchiphyllum* 香溪叶属	Ⅲ/399/68
△*Hubeiophyllum* 湖北叶属	Ⅲ/400/69
△*Hunanoequisetum* 湖南木贼属	Ⅰ/185/47
Hymenophyllites 似膜蕨属	Ⅱ/450/141
Hyrcanopteris 奇脉羊齿属	Ⅲ/401/69

I

△*Illicites* 似八角属	Ⅵ/147/28
Isoetes 水韭属	Ⅰ/185/48
Isoetites 似水韭属	Ⅰ/186/48
Ixostrobus 槲寄生穗属	Ⅳ/248/65

J

Jacutiella 雅库蒂羽叶属	Ⅲ/402/71
Jacutopteris 雅库蒂蕨属	Ⅱ/451/142
△*Jaenschea* 耶氏蕨属	Ⅱ/452/143
△*Jiangxifolium* 江西叶属	Ⅱ/452/143
△*Jingmenophyllum* 荆门叶属	Ⅲ/403/71
△*Jixia* 鸡西叶属	Ⅵ/148/29
Juglandites 似胡桃属	Ⅵ/149/30
△*Juradicotis* 侏罗缘蕨属	Ⅵ/149/30
△*Juramagnolia* 侏罗木兰属	Ⅵ/150/31

K

△*Kadsurrites* 似南五味子属 ··· Ⅵ/151/31
Karkenia 卡肯果属 ·· Ⅳ/251/67
Klukia 克鲁克蕨属 ·· Ⅱ/453/144
△*Klukiopsis* 似克鲁克蕨属 ··· Ⅱ/455/145
△*Kuandiania* 宽甸叶属 ··· Ⅲ/403/71
Kylikipteris 杯囊蕨属 ··· Ⅱ/455/146

L

Laccopteris 拉谷蕨属 ··· Ⅱ/456/146
Laricopsis 拟落叶松属 ·· Ⅴ/325/72
Laurophyllum 桂叶属 ··· Ⅵ/151/32
Leguminosites 似豆属 ·· Ⅵ/152/32
Lepidopteris 鳞羊齿属 ·· Ⅲ/404/72
Leptostrobus 薄果穗属 ··· Ⅳ/251/67
Lesangeana 勒桑茎属 ·· Ⅱ/457/147
Lesleya 列斯里叶属 ··· Ⅲ/407/74
Leuthardtia 劳达尔特属 ··· Ⅲ/407/75
△*Lhassoxylon* 拉萨木属 ·· Ⅴ/326/72
△*Lianshanus* 连山草属 ··· Ⅵ/152/33
△*Liaoningdicotis* 辽宁缘蕨属 ·· Ⅵ/153/33
△*Liaoningocladus* 辽宁枝属 ··· Ⅴ/326/73
△*Liaoxia* 辽西草属 ·· Ⅴ/326/74
△*Liaoxia* 辽西草属 ·· Ⅵ/153/34
△*Lilites* 似百合属 ·· Ⅵ/154/34
Lindleycladus 林德勒枝属 ·· Ⅴ/327/74
△*Lingxiangphyllum* 灵乡叶属 ·· Ⅲ/408/75
Lobatannularia 瓣轮叶属 ··· Ⅰ/186/49
△*Lobatannulariopsis* 拟瓣轮叶属 ·· Ⅰ/188/50
Lobifolia 裂叶蕨属 ··· Ⅱ/458/148
Lomatopteris 厚边羊齿属 ··· Ⅲ/408/76
△*Longfengshania* 龙凤山苔属 ··· Ⅰ/130/3
△*Longjingia* 龙井叶属 ·· Ⅵ/155/35
△*Luereticopteris* 吕蕨属 ··· Ⅱ/458/148
Lycopodites 似石松属 ·· Ⅰ/188/50
Lycostrobus 石松穗属 ·· Ⅰ/190/52

M

Macclintockia 马克林托叶属 ··· Ⅵ/155/35
△*Macroglossopteris* 大舌羊齿属 ·· Ⅲ/409/76
Macrostachya 大芦孢穗属 ·· Ⅰ/191/52

Macrotaeniopteris 大叶带羊齿属	Ⅲ/409/77
Manica 袖套杉属	Ⅴ/328/75
△*Manica* (*Chanlingia*) 袖套杉(长岭杉亚属)	Ⅴ/329/76
△*Manica* (*Manica*) 袖套杉(袖套杉亚属)	Ⅴ/330/76
Marattia 合囊蕨属	Ⅱ/459/149
Marattiopsis 拟合囊蕨属	Ⅱ/462/151
Marchantiolites 古地钱属	Ⅰ/130/4
Marchantites 似地钱属	Ⅰ/131/4
Marskea 马斯克松属	Ⅴ/331/78
Masculostrobus 雄球穗属	Ⅴ/332/78
Matonidium 准马通蕨属	Ⅱ/465/153
△*Mediocycas* 中间苏铁属	Ⅲ/410/77
△*Membranifolia* 膜质叶属	Ⅲ/410/78
Menispermites 似蝙蝠葛属	Ⅵ/155/36
△*Metalepidodendron* 变态鳞木属	Ⅰ/191/53
Metasequoia 水杉属	Ⅴ/332/79
△*Metzgerites* 似叉苔属	Ⅰ/131/5
Millerocaulis 米勒尔茎属	Ⅱ/465/154
△*Mirabopteris* 奇异羊齿属	Ⅲ/411/78
△*Mironeura* 奇脉叶属	Ⅲ/411/78
△*Mixophylum* 间羽叶属	Ⅲ/412/79
△*Mixopteris* 间羽蕨属	Ⅱ/466/154
△*Mnioites* 似提灯藓属	Ⅰ/132/5
Monocotylophyllum 单子叶属	Ⅵ/156/36
Muscites 似藓属	Ⅰ/133/6
Musophyllum 芭蕉叶属	Ⅵ/157/37
Myrtophyllum 桃金娘叶属	Ⅵ/157/37

N

Nagatostrobus 长门果穗属	Ⅴ/333/80
Nageiopsis 拟竹柏属	Ⅴ/334/81
△*Nanpiaophyllum* 南票叶属	Ⅲ/412/79
△*Nanzhangophyllum* 南漳叶属	Ⅲ/413/80
Nathorstia 那氏蕨属	Ⅱ/466/154
Neckera 平藓属	Ⅰ/134/7
Nectandra 香南属	Ⅵ/158/38
△*Neoannularia* 新轮叶属	Ⅰ/192/53
Neocalamites 新芦木属	Ⅰ/193/54
Neocalamostachys 新芦木穗属	Ⅰ/212/68
△*Neostachya* 新孢穗属	Ⅰ/213/68
Neozamites 新查米亚属	Ⅲ/413/80
Neuropteridium 准脉羊齿属	Ⅲ/415/82
Nilssonia 蕉羽叶属	Ⅲ/417/83

Nilssoniopteris 蕉带羽叶属 ⋯⋯ III/450/106
Noeggerathiopsis 匙叶属 ⋯⋯ III/458/112
Nordenskioldia 落登斯基果属 ⋯⋯ VI/158/38
△*Norinia* 那琳壳斗属 ⋯⋯ III/459/113
Nymphaeites 似睡莲属 ⋯⋯ VI/158/38

O

△*Odotonsorites* 似齿囊蕨属 ⋯⋯ II/467/155
Oleandridium 准条蕨属 ⋯⋯ III/459/113
Onychiopsis 拟金粉蕨属 ⋯⋯ II/467/155
△*Orchidites* 似兰属 ⋯⋯ VI/159/39
Osmundacaulis 紫萁座莲属 ⋯⋯ II/473/159
Osmunda 紫萁属 ⋯⋯ II/471/158
Osmundopsis 拟紫萁属 ⋯⋯ II/473/160
Otozamites 耳羽叶属 ⋯⋯ III/460/114
Ourostrobus 尾果穗属 ⋯⋯ V/335/81
Oxalis 酢浆草属 ⋯⋯ VI/160/40

P

Pachypteris 厚羊齿属 ⋯⋯ III/475/124
Pagiophyllum 坚叶杉属 ⋯⋯ V/336/82
Palaeocyparis 古柏属 ⋯⋯ V/342/87
Palaeovittaria 古维他叶属 ⋯⋯ III/478/127
Palibiniopteris 帕利宾蕨属 ⋯⋯ II/474/161
Palissya 帕里西亚杉属 ⋯⋯ V/343/88
Paliurus 马甲子属 ⋯⋯ VI/160/40
Palyssia 帕里西亚杉属 ⋯⋯ V/344/88
△*Pankuangia* 潘广叶属 ⋯⋯ III/478/127
△*Papilionifolium* 蝶叶属 ⋯⋯ III/479/127
△*Paraconites* 副球果属 ⋯⋯ V/344/89
Paracycas 副苏铁属 ⋯⋯ III/479/128
Paradoxopteris Hirmer,1927 (non Mi et Liu,1977) 奇异蕨属 ⋯⋯ II/475/161
△*Paradoxopteris* Mi et Liu,1977 (non Hirmer,1927) 奇异羊齿属 ⋯⋯ III/480/128
△*Paradrepanozamites* 副镰羽叶属 ⋯⋯ III/480/129
△*Parafunaria* 副葫芦藓属 ⋯⋯ I/134/7
△*Parastorgaardis* 拟斯托加枝属 ⋯⋯ V/344/89
Parataxodium 副落羽杉属 ⋯⋯ V/345/89
Paulownia 泡桐属 ⋯⋯ VI/161/40
△*Pavoniopteris* 雅蕨属 ⋯⋯ II/475/162
Pecopteris 栉羊齿属 ⋯⋯ II/476/162
Peltaspermum 盾籽属 ⋯⋯ III/481/130
△*Perisemoxylon* 雅观木属 ⋯⋯ III/483/131

Phlebopteris 异脉蕨属	Ⅱ/477/164
Phoenicopsis 拟刺葵属	Ⅳ/253/69
△*Phoenicopsis* (*Stephenophyllum*) 拟刺葵(斯蒂芬叶亚属)	Ⅳ/263/77
Phoenicopsis (*Windwardia*) 拟刺葵(温德瓦狄叶亚属)	Ⅳ/264/78
Phoenicopsis (*Culgoweria*) 拟刺葵(苦果维尔叶亚属)	Ⅳ/262/76
Phoenicopsis (*Phoenicopsis*) 拟刺葵(拟刺葵亚属)	Ⅳ/263/76
△*Phoroxylon* 贼木属	Ⅲ/483/131
Phrynium 柊叶属	Ⅵ/161/41
Phylladoderma 顶缺银杏属	Ⅳ/265/79
Phyllites 石叶属	Ⅵ/161/41
Phyllocladopsis 拟叶枝杉属	Ⅴ/345/90
Phyllocladoxylon 叶枝杉型木属	Ⅴ/346/90
Phyllotheca 杯叶属	Ⅰ/213/69
Picea 云杉属	Ⅴ/347/92
Piceoxylon 云杉型木属	Ⅴ/348/92
Pinites 似松属	Ⅴ/349/93
Pinoxylon 松木属	Ⅴ/349/94
Pinus 松属	Ⅴ/350/94
Pityites 拟松属	Ⅴ/350/95
Pityocladus 松型枝属	Ⅴ/351/95
Pityolepis 松型果鳞属	Ⅴ/355/98
Pityophyllum 松型叶属	Ⅴ/359/101
Pityospermum 松型子属	Ⅴ/367/107
Pityostrobus 松型果属	Ⅴ/370/110
Pityoxylon 松型木属	Ⅴ/372/112
Planera 普拉榆属	Ⅵ/162/42
Platanophyllum 悬铃木叶属	Ⅵ/162/42
Platanus 悬铃木属	Ⅵ/163/42
Pleuromeia 肋木属	Ⅰ/216/71
Podocarpites 似罗汉松属	Ⅴ/372/112
Podocarpoxylon 罗汉松型木属	Ⅴ/374/113
Podocarpus 罗汉松属	Ⅴ/374/114
Podozamites 苏铁杉属	Ⅴ/375/114
△*Polygatites* 似远志属	Ⅵ/165/44
Polygonites Saporta, 1865 (non Wu S Q, 1999) 似蓼属	Ⅵ/165/44
△*Polygonites* Wu S Q, 1999 (non Saporta, 1865) 似蓼属	Ⅵ/165/45
Polypodites 似水龙骨属	Ⅱ/484/168
Populites Goeppert, 1852 (non Viviani, 1833) 似杨属	Ⅵ/166/45
Populites Viviani, 1833 (non Goeppert, 1852) 似杨属	Ⅵ/166/45
Populus 杨属	Ⅵ/167/46
Potamogeton 眼子菜属	Ⅵ/168/47
△*Primoginkgo* 始拟银杏属	Ⅳ/266/80
Problematospermum 毛籽属	Ⅴ/398/132
Protoblechnum 原始乌毛蕨属	Ⅲ/484/132

Protocedroxylon 原始雪松型木属	Ⅴ/398/132
Protocupressinoxylon 原始柏型木属	Ⅴ/399/133
Protoginkgoxylon 原始银杏型木属	Ⅳ/266/80
△*Protoglyptostroboxylon* 原始水松型木属	Ⅴ/399/134
Protophyllocladoxylon 原始叶枝杉型木属	Ⅴ/400/134
Protophyllum 元叶属	Ⅵ/168/47
Protopiceoxylon 原始云杉型木属	Ⅴ/401/135
Protopodocarpoxylon 原始罗汉松型木属	Ⅴ/402/136
△*Protosciadopityoxylon* 原始金松型木属	Ⅴ/403/137
Prototaxodioxylon 原始落羽杉型木属	Ⅴ/404/138
Pseudoctenis 假篦羽叶属	Ⅲ/486/134
Pseudocycas 假苏铁属	Ⅲ/490/137
Pseudodanaeopsis 假丹尼蕨属	Ⅲ/491/138
Pseudofrenelopsis 假拟节柏属	Ⅴ/404/138
Pseudolarix 金钱松属	Ⅴ/408/141
△*Pseudopolystichum* 假耳蕨属	Ⅱ/484/169
Pseudoprotophyllum 假元叶属	Ⅵ/171/50
△*Pseudorhipidopsis* 异叶属	Ⅳ/267/81
△*Pseudotaeniopteris* 假带羊齿属	Ⅲ/492/138
Pseudotorellia 假托勒利叶属	Ⅳ/268/82
△*Psygmophyllopsis* 拟掌叶属	Ⅳ/270/83
Psygmophyllum 掌叶属	Ⅳ/270/84
△*Pteridiopsis* 拟蕨属	Ⅱ/485/169
Pteridium 蕨属	Ⅱ/485/170
Pterocarya 枫杨属	Ⅵ/172/50
Pterophyllum 侧羽叶属	Ⅲ/492/139
Pterospermites 似翅籽树属	Ⅵ/172/50
Pterozamites 翅似查米亚属	Ⅲ/528/164
Ptilophyllum 毛羽叶属	Ⅲ/528/164
Ptilozamites 叉羽叶属	Ⅲ/538/171
Ptychocarpus 皱囊蕨属	Ⅱ/486/170
Pursongia 蒲逊叶属	Ⅲ/541/173

Q

△*Qionghaia* 琼海叶属	Ⅲ/542/174
Quercus 栎属	Ⅵ/173/51
Quereuxia 奎氏叶属	Ⅵ/174/52

R

△*Radiatifolium* 辐叶属	Ⅳ/274/87
Radicites 似根属	Ⅰ/222/75
Ranunculaecarpus 毛茛果属	Ⅵ/174/52

△*Ranunculophyllum* 毛茛叶属	Ⅵ/175/53
Ranunculus 毛茛属	Ⅵ/175/53
Raphaelia 拉发尔蕨属	Ⅱ/486/171
△*Rehezamites* 热河似查米亚属	Ⅲ/542/174
△*Reteophlebis* 网格蕨属	Ⅱ/489/173
Rhabdotocaulon 棒状茎属	Ⅲ/543/175
Rhacopteris 扇羊齿属	Ⅲ/543/175
Rhamnites 似鼠李属	Ⅵ/175/53
Rhamnus 鼠李属	Ⅵ/176/54
Rhaphidopteris 针叶羊齿属	Ⅲ/544/176
Rhinipteris 纵裂蕨属	Ⅱ/490/174
Rhipidiocladus 扇状枝属	Ⅴ/408/141
Rhipidopsis 扇叶属	Ⅳ/274/87
Rhiptozamites 科达似查米亚属	Ⅲ/546/177
△*Rhizoma* 根状茎属	Ⅵ/176/54
Rhizomopteris 根茎蕨属	Ⅱ/490/174
△*Riccardiopsis* 拟片叶苔属	Ⅰ/134/7
△*Rireticopteris* 日蕨属	Ⅱ/492/175
Rogersia 鬼灯檠属	Ⅵ/177/55
Ruehleostachys 隐脉穗属	Ⅴ/410/143
Ruffordia 鲁福德蕨属	Ⅱ/492/176

S

△*Sabinites* 似圆柏属	Ⅴ/410/143
Sagenopteris 鱼网叶属	Ⅲ/546/177
Sahnioxylon 萨尼木属	Ⅲ/554/183
Sahnioxylon 萨尼木属	Ⅵ/177/55
Saliciphyllum Fontaine,1889（non Conwentz,1886）柳叶属	Ⅵ/178/56
Saliciphyllum Conwentz,1886（non Fontaine,1889）柳叶属	Ⅵ/178/56
Salix 柳属	Ⅵ/179/56
Salvinia 槐叶萍属	Ⅱ/496/178
Samaropsis 拟翅籽属	Ⅴ/411/144
Sapindopsis 拟无患子属	Ⅵ/179/57
Saportaea 铲叶属	Ⅳ/280/91
Sassafras 檫木属	Ⅵ/180/57
Scarburgia 斯卡伯格穗属	Ⅴ/413/145
Schisandra 五味子属	Ⅵ/181/58
Schizolepis 裂鳞果属	Ⅴ/414/146
Schizoneura 裂脉叶属	Ⅰ/224/77
Schizoneura-Echinostachys 裂脉叶-具刺孢穗属	Ⅰ/226/79
Sciadopityoxylon 金松型木属	Ⅴ/419/150
Scleropteris Andrews,1942（non Saporta,1872）硬蕨属	Ⅱ/497/180
Scleropteris Saporta,1872（non Andrews,1942）硬蕨属	Ⅱ/496/179

Genus	Ref
Scoresbya 斯科勒斯比叶属	Ⅲ/554/184
Scotoxylon 苏格兰木属	Ⅴ/420/151
Scytophyllum 革叶属	Ⅲ/556/185
Selaginella 卷柏属	Ⅰ/227/80
Selaginellites 似卷柏属	Ⅰ/227/80
Sequoia 红杉属	Ⅴ/420/151
△*Setarites* 似狗尾草属	Ⅵ/181/58
Sewardiodendron 西沃德杉属	Ⅴ/422/153
△*Shanxicladus* 山西枝属	Ⅱ/498/180
△*Shenea* 沈氏蕨属	Ⅱ/498/180
△*Shenkuoia* 沈括叶属	Ⅵ/181/59
△*Sinocarpus* 中华古果属	Ⅵ/182/59
△*Sinoctenis* 中国篦羽叶属	Ⅲ/558/187
△*Sinodicotis* 中华缘蕨属	Ⅵ/183/60
△*Sinophyllum* 中国叶属	Ⅳ/281/92
△*Sinozamites* 中国似查米亚属	Ⅲ/563/190
Solenites 似管状叶属	Ⅳ/281/93
Sorbaria 珍珠梅属	Ⅵ/183/60
Sorosaccus 堆囊穗属	Ⅳ/283/94
Sparganium 黑三棱属	Ⅵ/183/60
△*Speirocarpites* 似卷囊蕨属	Ⅱ/498/181
Sphenarion 小楔叶属	Ⅳ/283/94
Sphenobaiera 楔拜拉属	Ⅳ/286/96
△*Sphenobaieroanthus* 楔叶拜拉花属	Ⅳ/301/108
△*Sphenobaierocladus* 楔叶拜拉枝属	Ⅳ/302/109
Sphenolepidium 准楔鳞杉属	Ⅴ/422/153
Sphenolepis 楔鳞杉属	Ⅴ/423/154
Sphenophyllum 楔叶属	Ⅰ/230/83
Sphenopteris 楔羊齿属	Ⅱ/499/182
Sphenozamites 楔羽叶属	Ⅲ/565/191
Spirangium 螺旋器属	Ⅲ/568/194
Spiropteris 螺旋蕨属	Ⅱ/508/189
Sporogonites 似孢子体属	Ⅰ/135/8
△*Squamocarpus* 鳞籽属	Ⅴ/426/156
△*Stachybryolites* 穗藓属	Ⅰ/135/8
Stachyopitys 小果穗属	Ⅳ/302/109
Stachyotaxus 穗杉属	Ⅴ/426/157
Stachypteris 穗蕨属	Ⅱ/509/190
△*Stalagma* 垂饰杉属	Ⅴ/427/157
Staphidiophora 似葡萄果穗属	Ⅳ/302/110
Stenopteris 狭羊齿属	Ⅲ/568/194
Stenorhachis 狭轴穗属	Ⅳ/303/110
△*Stephanofolium* 金藤叶属	Ⅵ/184/61
Stephenophyllum 斯蒂芬叶属	Ⅳ/307/113

Sterculiphyllum 苹婆叶属 ⋯⋯⋯⋯⋯⋯⋯⋯⋯⋯⋯⋯⋯⋯⋯⋯⋯⋯⋯⋯⋯⋯ Ⅵ/184/61
Storgaardia 斯托加叶属 ⋯⋯⋯⋯⋯⋯⋯⋯⋯⋯⋯⋯⋯⋯⋯⋯⋯⋯⋯⋯⋯ Ⅴ/428/158
Strobilites 似果穗属 ⋯⋯⋯⋯⋯⋯⋯⋯⋯⋯⋯⋯⋯⋯⋯⋯⋯⋯⋯⋯⋯⋯⋯ Ⅴ/430/160
△*Suturovagina* 缝鞘杉属 ⋯⋯⋯⋯⋯⋯⋯⋯⋯⋯⋯⋯⋯⋯⋯⋯⋯⋯⋯⋯ Ⅴ/433/162
Swedenborgia 史威登堡果属 ⋯⋯⋯⋯⋯⋯⋯⋯⋯⋯⋯⋯⋯⋯⋯⋯⋯⋯ Ⅴ/434/163
△*Symopteris* 束脉蕨属 ⋯⋯⋯⋯⋯⋯⋯⋯⋯⋯⋯⋯⋯⋯⋯⋯⋯⋯⋯⋯⋯ Ⅱ/510/191

T

△*Tachingia* 大箐羽叶属 ⋯⋯⋯⋯⋯⋯⋯⋯⋯⋯⋯⋯⋯⋯⋯⋯⋯⋯⋯⋯ Ⅲ/570/196
△*Taeniocladopisis* 拟带枝属 ⋯⋯⋯⋯⋯⋯⋯⋯⋯⋯⋯⋯⋯⋯⋯⋯⋯⋯ Ⅰ/231/83
Taeniopteris 带羊齿属 ⋯⋯⋯⋯⋯⋯⋯⋯⋯⋯⋯⋯⋯⋯⋯⋯⋯⋯⋯⋯⋯ Ⅲ/571/196
Taeniozamites 带似查米亚属 ⋯⋯⋯⋯⋯⋯⋯⋯⋯⋯⋯⋯⋯⋯⋯⋯⋯ Ⅲ/587/208
△*Taipingchangella* 太平场蕨属 ⋯⋯⋯⋯⋯⋯⋯⋯⋯⋯⋯⋯⋯⋯⋯ Ⅱ/512/192
Taxites 似红豆杉属 ⋯⋯⋯⋯⋯⋯⋯⋯⋯⋯⋯⋯⋯⋯⋯⋯⋯⋯⋯⋯⋯⋯ Ⅴ/437/165
Taxodioxylon 落羽杉型木属 ⋯⋯⋯⋯⋯⋯⋯⋯⋯⋯⋯⋯⋯⋯⋯⋯⋯ Ⅴ/437/165
Taxodium 落羽杉属 ⋯⋯⋯⋯⋯⋯⋯⋯⋯⋯⋯⋯⋯⋯⋯⋯⋯⋯⋯⋯⋯⋯ Ⅴ/438/166
Taxoxylon 紫杉型木属 ⋯⋯⋯⋯⋯⋯⋯⋯⋯⋯⋯⋯⋯⋯⋯⋯⋯⋯⋯⋯ Ⅴ/439/167
Taxus 红豆杉属 ⋯⋯⋯⋯⋯⋯⋯⋯⋯⋯⋯⋯⋯⋯⋯⋯⋯⋯⋯⋯⋯⋯⋯⋯ Ⅴ/439/167
△*Tchiaohoella* 蛟河羽叶属 ⋯⋯⋯⋯⋯⋯⋯⋯⋯⋯⋯⋯⋯⋯⋯⋯⋯⋯ Ⅲ/588/209
Tersiella 特西蕨属 ⋯⋯⋯⋯⋯⋯⋯⋯⋯⋯⋯⋯⋯⋯⋯⋯⋯⋯⋯⋯⋯⋯ Ⅲ/588/209
Tetracentron 水青树属 ⋯⋯⋯⋯⋯⋯⋯⋯⋯⋯⋯⋯⋯⋯⋯⋯⋯⋯⋯⋯ Ⅵ/185/62
Thallites 似叶状体属 ⋯⋯⋯⋯⋯⋯⋯⋯⋯⋯⋯⋯⋯⋯⋯⋯⋯⋯⋯⋯⋯ Ⅰ/136/8
△*Tharrisia* 哈瑞士叶属 ⋯⋯⋯⋯⋯⋯⋯⋯⋯⋯⋯⋯⋯⋯⋯⋯⋯⋯⋯⋯ Ⅲ/589/210
△*Thaumatophyllum* 奇异羽叶属 ⋯⋯⋯⋯⋯⋯⋯⋯⋯⋯⋯⋯⋯⋯ Ⅲ/589/210
Thaumatopteris 异叶蕨属 ⋯⋯⋯⋯⋯⋯⋯⋯⋯⋯⋯⋯⋯⋯⋯⋯⋯⋯ Ⅱ/512/192
△*Thelypterites* 似金星蕨属 ⋯⋯⋯⋯⋯⋯⋯⋯⋯⋯⋯⋯⋯⋯⋯⋯⋯ Ⅱ/519/197
Thinnfeldia 丁菲羊齿属 ⋯⋯⋯⋯⋯⋯⋯⋯⋯⋯⋯⋯⋯⋯⋯⋯⋯⋯⋯ Ⅲ/590/211
Thomasiocladus 托马斯枝属 ⋯⋯⋯⋯⋯⋯⋯⋯⋯⋯⋯⋯⋯⋯⋯⋯⋯ Ⅴ/440/168
Thuites 似侧柏属 ⋯⋯⋯⋯⋯⋯⋯⋯⋯⋯⋯⋯⋯⋯⋯⋯⋯⋯⋯⋯⋯⋯ Ⅴ/440/168
Thuja 崖柏属 ⋯⋯⋯⋯⋯⋯⋯⋯⋯⋯⋯⋯⋯⋯⋯⋯⋯⋯⋯⋯⋯⋯⋯⋯⋯ Ⅴ/441/169
Thyrsopteris 密锥蕨属 ⋯⋯⋯⋯⋯⋯⋯⋯⋯⋯⋯⋯⋯⋯⋯⋯⋯⋯⋯⋯ Ⅱ/519/198
△*Tianshia* 天石枝属 ⋯⋯⋯⋯⋯⋯⋯⋯⋯⋯⋯⋯⋯⋯⋯⋯⋯⋯⋯⋯⋯ Ⅳ/308/114
Tiliaephyllum 椴叶属 ⋯⋯⋯⋯⋯⋯⋯⋯⋯⋯⋯⋯⋯⋯⋯⋯⋯⋯⋯⋯ Ⅵ/185/62
Todites 似托第蕨属 ⋯⋯⋯⋯⋯⋯⋯⋯⋯⋯⋯⋯⋯⋯⋯⋯⋯⋯⋯⋯⋯ Ⅱ/520/198
△*Toksunopteris* 托克逊蕨属 ⋯⋯⋯⋯⋯⋯⋯⋯⋯⋯⋯⋯⋯⋯⋯⋯⋯ Ⅱ/534/209
△*Tongchuanophyllum* 铜川叶属 ⋯⋯⋯⋯⋯⋯⋯⋯⋯⋯⋯⋯⋯⋯ Ⅲ/599/218
Torellia 托勒利叶属 ⋯⋯⋯⋯⋯⋯⋯⋯⋯⋯⋯⋯⋯⋯⋯⋯⋯⋯⋯⋯⋯ Ⅳ/308/114
Toretzia 托列茨果属 ⋯⋯⋯⋯⋯⋯⋯⋯⋯⋯⋯⋯⋯⋯⋯⋯⋯⋯⋯⋯⋯ Ⅳ/308/115
Torreya 榧属 ⋯⋯⋯⋯⋯⋯⋯⋯⋯⋯⋯⋯⋯⋯⋯⋯⋯⋯⋯⋯⋯⋯⋯⋯⋯ Ⅴ/441/169
△*Torreyocladus* 榧型枝属 ⋯⋯⋯⋯⋯⋯⋯⋯⋯⋯⋯⋯⋯⋯⋯⋯⋯⋯ Ⅴ/443/170
Trapa 菱属 ⋯⋯⋯⋯⋯⋯⋯⋯⋯⋯⋯⋯⋯⋯⋯⋯⋯⋯⋯⋯⋯⋯⋯⋯⋯⋯ Ⅵ/186/63
Trichopitys 毛状叶属 ⋯⋯⋯⋯⋯⋯⋯⋯⋯⋯⋯⋯⋯⋯⋯⋯⋯⋯⋯⋯ Ⅳ/309/115
△*Tricrananthus* 三裂穗属 ⋯⋯⋯⋯⋯⋯⋯⋯⋯⋯⋯⋯⋯⋯⋯⋯⋯⋯ Ⅴ/443/171

Tricranolepis 三盔种鳞属	V/444/171
Trochodendroides 似昆栏树属	VI/187/63
Trochodendron 昆栏树属	VI/188/64
△*Tsiaohoella* 蛟河蕉羽叶属	III/601/219
Tsuga 铁杉属	V/444/172
Tuarella 图阿尔蕨属	II/535/209
Typha 香蒲属	VI/188/65
Typhaera 类香蒲属	VI/188/65
Tyrmia 基尔米亚叶属	III/602/220

U

Ullmannia 鳞杉属	V/445/172
Ulmiphyllum 榆叶属	VI/189/65
Umaltolepis 乌马果鳞属	IV/309/115
Uralophyllum 乌拉尔叶属	III/607/224
Uskatia 乌斯卡特藓属	I/139/11
Ussuriocladus 乌苏里枝属	V/445/172

V

Vardekloeftia 瓦德克勒果属	III/608/224
Viburniphyllum 荚蒾叶属	VI/189/66
Viburnum 荚蒾属	VI/190/66
Vitimia 维特米亚叶属	III/608/225
Vitiphyllum Nathorst,1886 (non Fontaine,1889) 葡萄叶属	VI/191/67
Vitiphyllum Fontaine,1889 (non Nathorst,1886) 葡萄叶属	VI/191/68
Vittaephyllum 书带蕨叶属	III/609/225
△*Vittifoliolum* 条叶属	IV/310/116
Voltzia 伏脂杉属	V/446/173

W

Weichselia 蝶蕨属	II/535/210
Weltrichia 韦尔奇花属	III/609/226
Williamsonia 威廉姆逊尼花属	III/610/227
Williamsoniella 小威廉姆逊尼花属	III/612/228
Willsiostrobus 威尔斯穗属	V/448/175

X

Xenoxylon 异木属	V/450/176
△*Xiajiajienia* 夏家街蕨属	II/536/210
△*Xinganphyllum* 兴安叶属	III/614/230

△*Xingxueina* 星学花序属 ⋯⋯⋯⋯⋯⋯⋯⋯⋯⋯⋯⋯⋯⋯⋯⋯⋯⋯⋯⋯⋯⋯⋯⋯⋯⋯⋯ Ⅵ/192/68
△*Xingxuephyllum* 星学叶属 ⋯⋯⋯⋯⋯⋯⋯⋯⋯⋯⋯⋯⋯⋯⋯⋯⋯⋯⋯⋯⋯⋯⋯⋯⋯⋯ Ⅵ/193/69
△*Xinjiangopteris* Wu S Q et Zhou,1986（non Wu S Z,1983）新疆蕨属 ⋯⋯⋯⋯⋯⋯⋯ Ⅱ/536/211
△*Xinjiangopteris* Wu S Z,1983（non Wu S Q et Zhou,1986）新疆蕨属 ⋯⋯⋯⋯⋯⋯⋯ Ⅱ/537/211
△*Xinlongia* 新龙叶属 ⋯⋯⋯⋯⋯⋯⋯⋯⋯⋯⋯⋯⋯⋯⋯⋯⋯⋯⋯⋯⋯⋯⋯⋯⋯⋯⋯⋯⋯ Ⅲ/614/230
△*Xinlongophyllum* 新龙羽叶属 ⋯⋯⋯⋯⋯⋯⋯⋯⋯⋯⋯⋯⋯⋯⋯⋯⋯⋯⋯⋯⋯⋯⋯⋯⋯ Ⅲ/615/231

Y

Yabeiella 矢部叶属 ⋯⋯⋯⋯⋯⋯⋯⋯⋯⋯⋯⋯⋯⋯⋯⋯⋯⋯⋯⋯⋯⋯⋯⋯⋯⋯⋯⋯⋯⋯ Ⅲ/616/231
△*Yanjiphyllum* 延吉叶属 ⋯⋯⋯⋯⋯⋯⋯⋯⋯⋯⋯⋯⋯⋯⋯⋯⋯⋯⋯⋯⋯⋯⋯⋯⋯⋯⋯ Ⅵ/193/69
△*Yanliaoa* 燕辽杉属 ⋯⋯⋯⋯⋯⋯⋯⋯⋯⋯⋯⋯⋯⋯⋯⋯⋯⋯⋯⋯⋯⋯⋯⋯⋯⋯⋯⋯⋯ Ⅴ/453/179
△*Yimaia* 义马果属 ⋯⋯⋯⋯⋯⋯⋯⋯⋯⋯⋯⋯⋯⋯⋯⋯⋯⋯⋯⋯⋯⋯⋯⋯⋯⋯⋯⋯⋯⋯ Ⅳ/312/118
Yixianophyllum 义县叶属 ⋯⋯⋯⋯⋯⋯⋯⋯⋯⋯⋯⋯⋯⋯⋯⋯⋯⋯⋯⋯⋯⋯⋯⋯⋯⋯⋯ Ⅲ/617/232
Yuccites Martius,1822（non Schimper et Mougeot,1844）似丝兰属 ⋯⋯⋯⋯⋯⋯⋯⋯ Ⅴ/453/179
Yuccites Schimper et Mougeot,1844（non Martius,1822）似丝兰属 ⋯⋯⋯⋯⋯⋯⋯⋯ Ⅴ/453/179
△*Yungjenophyllum* 永仁叶属 ⋯⋯⋯⋯⋯⋯⋯⋯⋯⋯⋯⋯⋯⋯⋯⋯⋯⋯⋯⋯⋯⋯⋯⋯⋯ Ⅲ/617/232

Z

Zamia 查米亚属 ⋯⋯⋯⋯⋯⋯⋯⋯⋯⋯⋯⋯⋯⋯⋯⋯⋯⋯⋯⋯⋯⋯⋯⋯⋯⋯⋯⋯⋯⋯⋯ Ⅲ/617/233
Zamiophyllum 查米羽叶属 ⋯⋯⋯⋯⋯⋯⋯⋯⋯⋯⋯⋯⋯⋯⋯⋯⋯⋯⋯⋯⋯⋯⋯⋯⋯⋯ Ⅲ/618/233
Zamiopsis 拟查米蕨属 ⋯⋯⋯⋯⋯⋯⋯⋯⋯⋯⋯⋯⋯⋯⋯⋯⋯⋯⋯⋯⋯⋯⋯⋯⋯⋯⋯⋯ Ⅱ/537/211
Zamiopteris 匙羊齿属 ⋯⋯⋯⋯⋯⋯⋯⋯⋯⋯⋯⋯⋯⋯⋯⋯⋯⋯⋯⋯⋯⋯⋯⋯⋯⋯⋯⋯ Ⅲ/620/234
Zamiostrobus 查米果属 ⋯⋯⋯⋯⋯⋯⋯⋯⋯⋯⋯⋯⋯⋯⋯⋯⋯⋯⋯⋯⋯⋯⋯⋯⋯⋯⋯ Ⅲ/620/235
Zamites 似查米亚属 ⋯⋯⋯⋯⋯⋯⋯⋯⋯⋯⋯⋯⋯⋯⋯⋯⋯⋯⋯⋯⋯⋯⋯⋯⋯⋯⋯⋯⋯ Ⅲ/621/235
△*Zhengia* 郑氏叶属 ⋯⋯⋯⋯⋯⋯⋯⋯⋯⋯⋯⋯⋯⋯⋯⋯⋯⋯⋯⋯⋯⋯⋯⋯⋯⋯⋯⋯⋯ Ⅵ/193/70
Zizyphus 枣属 ⋯⋯⋯⋯⋯⋯⋯⋯⋯⋯⋯⋯⋯⋯⋯⋯⋯⋯⋯⋯⋯⋯⋯⋯⋯⋯⋯⋯⋯⋯⋯⋯ Ⅵ/194/70

REFERENCES

Andrews H N Jr, 1970. Index of generic names of fossil plants (1820-1965). US Geological Survey Bulletin (1300): 1-354.

Archangelsky S, 1965. Fossil Ginkgoales from the Tico Flora, Santa Cruz Province, Argentina. British Mus. (Nat. History) Bull., Geol., V. 10, No. 5: 121-137, pls. 1-5.

Black M, 1929. Drifted plants-beds of the Upper Estuarine Series of Yorkshire. Quart. J. Geol. Soc., 85, Pt. 4: 389-437.

Blazer Anna M, 1975. Index of generic names of fossil plants (1966-1973). US Geological Survey Bulletin (1396): 1-54.

Bohlin B, 1971. Late Palaeozoic plants from Yuerhhung, Kansu, China // Reports from the scientific expedition to the northwestern provinces of China under the leadership of Dr. Seven Hedin; the Sino-Sewedish expedition publication 51. IV Palaeobotany. Stockholm: The Sven Hedin Foundation I: 1-150; II: pls. 1-25, figs. 1-296

Boureau Éd., Doubinger J, 1975. Pteriphylla (première partie) // Boureau Éd. Traite de paleobotanique. Paris Tome IV, fascicule 2. Masson et Cie, Paris.

Brongniart A, 1822, Sur la classification et la distribution des veegeetaux fossiles en geeneeral, et sur ceux des terrains de seediment supeerieur en particulier. Mus. Nat. Histoire Nat. Paris Meem., V. 8: 203-348.

Brongniart A, 1828a-1838. Histoire des veegeetaux fossiles ou recherches botaniques et geeologiques sur les veegeetaux renfermees dans les diverses couches couches du globe. Paris, G. Dufour and Ed. D'Ocagne, V.: 1-136 (1828a); 137-208 (1829); 209-248 (1830); 249-264 (1834); 337-368 (1835?); 369-488 (1836); V. 2: 1-24 (1837); 25-72 (1838). Plates Appeared Irregularly, V. 1: pls. 1-166; V. 2: pls. 1-29.

Brongniata, 1874. Notes sur les plantes fossiles de Tinkiako (Shensi merdionale), envoyees en 1873 par M. l'abbé A. David. Bulletin de la Societe Geologique de France, 3 (2): 408.

Bunbury C J F, 1851. On some fossil plants from the Jurassic strara of the Yorkshire Coast. Quart. Journ. Geol. Soc., 7.

Burago V I, 1976. On floristic connections between the wetern and eastern parts of the Angaraland in the Permian. Palaeontological Journal (1): 94-103.

Burago V I, 1982. On the mophology of a leaf of genus *Psygmophyllum*. Palaeontological Journal (2): 128-136.

Bureau of Geology and Mineral Resources of Beijing Municipality (北京地质矿产局), 1991. Regional geology of Beijing Municipality. Ministry of Geology and Mineral Resources, People's Republic of China, Geological Memoirs, 1 (27): 1-598, pls. 1-30. (in Chinese with English summary)

Bureau of Geology and Mineral Resources of Heilongjiang Province (黑龙江省地质矿产局), 1993. Regional geology of Heilongjiang Province. Ministry of Geology and Mineral Resources, People's Republic of China, Geological Memoirs, 1 (33): 1-734, pls. 1-18. (in

Chinese with English summary)

Bureau of Geology and Mineral Resources of Jiangsu Province(江苏省地质矿产局),1984. Regional geology of Jiangsu Province and Shanghai Municipality. People's Republic of China, Ministry of Geology and Mineral Resources, Geological Memoirs, 1 (1): 1-857, pls. 1-15. (in Chinese with English summary)

Bureau of Geology and Mineral Resources of Jilin Province(吉林省地质矿产局),1988. Regional geology of Jilin Province. People's Republic of China, Ministry of Geology and Mineral Resources, Geological Memoirs, 1 (10): 1-698, pls. 1-10. (in Chinese with English summary)

Bureau of Geology and Mineral Resources of Liaoning Province(辽宁省地质矿产局),1989. Regional geology of Liaoning Province. People's Republic of China, Ministry of Geology and Mineral Resources, Geological Memoirs, 1 (14): 1-856, pls. 1-17. (in Chinese with English summary)

Bureau of Geology and Mineral Resources of Ningxia Hui Autonomous Region(宁夏回族自治区地质矿产局),1990. Regional geology of Ningxia Hui Autonomous Region. People's Republic of China, Ministry of Geology and Mineral Resources, Geological Memoirs, 1 (22): 1-522, pls. 1-14. (in Chinese with English summary)

Cao Zhengyao(曹正尧),1983. Fossil plants from the Longzhaogou Group in eastern Heilongjiang Province: II // Research Team on the Mesozoic Coal-bearing Formation in eastern Heilongjiang. Fossils from the Middle-Upper Jurassic and Lower Cretaceous in eastern Heilongjiang Province, China: I. Harbin: Heilongjiang Science and Technology Publishing House: 22-50, pls. 1-9. (in Chinese with English summary)

Cao Zhengyao(曹正尧),1984a. Fossil plants from the Longzhaogou Group in eastern Heilongjiang Province: III // Research Team on the Mesozoic Coal-bearing Formation in eastern Heilongjiang. Fossils from the Middle-Upper Jurassic and Lower Cretaceous in eastern Heilongjiang Province, China: Part II. Harbin: Heilongjiang Science and Technology Publishing House: 1-34, pls. 1-9, text-figs. 1-6. (in Chinese with English summary)

Cao Zhengyao(曹正尧),1984b. Fossil plants from Early Cretaceous Tongshan Formation in Mishan County of Heilongjiang Province // Research Team on the Mesozoic Coal-bearing Formation in eastern Heilongjiang. Fossils from the Middle-Upper Jurassic and Lower Cretaceous in eastern Heilongjiang Province, China: Part II. Harbin: Heilongjiang Science and Technology Publishing House: 35-48, pls. 1-6, text-figs. 1, 2. (in Chinese with English summary)

Cao Zhengyao(曹正尧),1992. Fossil ginkgophytes from Chengzihe Formation Shuangyashan-Suibin region of eastern Heilongjiang. Acta Palaeontologica Sinica, 31 (2): 232-248, pls. 1-6, text-figs. 1-5. (in Chinese with English summary)

Cao Zhengyao(曹正尧),1994. Early Cretaceous floras in Circum-Pacific region of China. Cretaceous Research (15): 317-332, pls. 1-5.

Cao Zhengyao(曹正尧),1999. Early Cretaceous flora of Zhejiang. Palaeontologia Sinica, Whole Number 187, A (13): 1-174, pls. 1-40, text-figs. 1-35. (in Chinese and English)

Cao Zhengyao(曹正尧),2000. Some specimens of Gymnospermae from the lower part of Xiangshan Group in Jiangsu and Anhui provinces with study on their cuticles. Acta Palaeontologica Sinica, 39 (3): 334-342, pls. 1-4. (in Chinese with English summary)

Cao Zhengyao(曹正尧),Liang Shijing(梁诗经),Ma Aishuang(马爱双),1995. Fossil plants from Early Cretaceous Nanyuan Formation in Zhenghe, Fujian. Acta Palaeontologica Sinica,34（1）:1-17,pls. 1-4.（in Chinese with English summary）

Cenozoic Plants from China Writing Group of Beijing Institute of Botany and Nanjing Institute of Geology and Palaeontology, Chinese Academy of Sciences（中国科学院北京植物研究所、南京地质古生物研究所《中国新生代植物》编写组）,1978. Fossil plants of China, three Cenozoic plants from China. Beijing: Science Press:1-232, pls. 1-149, text-figs. 1-86.（in Chinese）

Chang Chichen（张志诚）,1976. Plant kingdom// Bureau of Geology of Inner Mongolia Autonomous Region, Northeast Institute of Geological Sciences. Palaeotologica atlas of North China, Inner Mongolia Volume: Ⅱ Mesozoic and Cenozoic. Beijing: Geological Publishing House:179-204.（in Chinese）

Chang Chichen（张志诚）, Chow Huiqin（周惠琴）, Huang Zhigao（黄枝高）,1976. Plants// Bureau of Geology of Inner Mongolia Autonomous Region, Northeast Institute of Geological Sciences. Fossils atlas of North China, Inner Mongolia Volume:Ⅱ. Beijing: Geological Publishing House:179-211, pls. 86-120.（in Chinese）

Chang Chuzhen（陈楚震）, Wang Yigang（王义刚）, Wang Zhihao（王志浩）, Huang Pin（黄嫔）,1988. Triassic biostratigraphy of southern Jiangsu Province// Academy of Geological Sciences, Jiangsu Bureau of Petroleum Prospecting, Nanjing Institute of Geology and Palaeontology, Chinese Academy of Sciences. Sinian-Triassic biostratigraphy of the Lower Yangtze Peneplatform in Jiangsu region. Nanjing: Nanjing University Press:315-368, pls. 1-6, figs. 15.（in Chinese）

Chang Jianglin（常江林）, Gao Qiang（高强）,1996. Characteristics of flora from Datong Formation in Ningwu Coal Field, Shanxi. Coal Geology & Exploration,24（1）:4-8, pl. 1.（in Chinese with English summary）

Chen Fen（陈芬）, Dou Yawei（窦亚伟）, Huang Qisheng（黄其胜）,1984. The Jurassic flora of West Hill, Beijing (Peking). Beijing: Geological Publishing House:1-136. pls. 1-38, text-figs. 1-18.（in Chinese with English summary）

Chen Fen（陈芬）, Dou Yawei（窦亚伟）, Yang Guanxiu（杨关秀）,1980. The Jurassic Mentougou-Yudaishan flora from western Yanshan, North China. Acta Palaeontologica Sinica,19（6）:423-430, pls. 1-3.（in Chinese with English summary）

Chen Fen（陈芬）, Meng Xiangying（孟祥营）, Ren Shouqin（任守勤）, Wu Chonglong（吴冲龙）,1988. The Early Cretaceous flora of Fuxin Basin and Tiefa Basin, Liaoning Province. Beijing: Geological Publishing House:1-180, pls. 1-60, text-figs. 1, 24.（in Chinese with English summary）

Chen Fen（陈芬）, Yang Guanxiu（杨关秀）,1982. Lower Cretaceous plants from Pingquan, Hebei Province and Beijing, China. Acta Botanica Sinica,24（6）:575-580, pls. 1, 2.（in Chinese with English summary）

Chen Fen（陈芬）, Yang Guanxiu（杨关秀）, Zhou Huiqin（周惠琴）,1981. Lower Cretaceous flora in Fuxin Basin, Liaoning Province, China. Earth Science: Journal of the Wuhan College of Geology (2):39-51, pls. 1-4, fig. 1.（in Chinese with English summary）

Chen Gongxin（陈公信）,1984. Pteridophyta, Spermatophyta// Regional Geological Surveying Team of Hubei Province. The palaeontological atlas of Hubei Province. Wuhan: Hubei Science and

Technology Press:556-615,797-812,pls. 216-270,figs. 117-133. (in Chinese with English title)

Chen Ping (陈萍),1998. The research of skin cuticle of two plant fossils. Coal Geology of China, 10 (2):14-15,18,pl. 1,text-figs. 1-3. (in Chinese with English title)

Chen Qishi (陈其奭),1986a. Late Triassic plants from Chayuanli Formation in Quxian, Zhejiang. Acta Palaeontologica Sinica,25 (4):445-453,pls. 1-3. (in Chinese with English summary)

Chen Qishi (陈其奭),1986b. The fossil plants from the Late Triassic Wuzao Formation in Yiwu, Zhejiang. Geology of Zhejiang, 2 (2):1-19, pls. 1-6, text-figs. 1-3. (in Chinese with English summary)

Chen Ye (陈晔),Chen Minghong (陈明洪),Kong Zhaochen (孔昭宸),1986. Late Triassic fossil plants from Lanashan Formation of Litang district, Sichuan Province // The Comprehensive Scientific Expedition to the Qinghai-Tibet Plateau, Chinese Academy of Sciences. Studies in Qinghai-Tibet Plateau: special issue of Hengduan Mountains scientific expedition: II. Beijing: Beijing Science and Technology Press:32-46,pls. 3-10. (in Chinese with English summary)

Chen Ye (陈晔),Duan Shuying (段淑英),1978. Vegetable kingdom:Palaeozoic//Chengdu Institute of Geology and Mineral Resources (The Southwest China Institute of Geological Science). Atlas of fossils of Southwest China, Sichuan Volume: II Carboniferous to Mesozoic. Beijing: Geological Publishing House:460-469,pls. 153-155. (in Chinese with English title)

Chen Ye (陈晔),Duan Shuying (段淑英),Zhang Yucheng (张玉成),1987. Late Triassic Qinghe flora of Sichuan. Botanical Research, 2:83-158, pls. 1-45, fig. 1. (in Chinese with English summary)

Chen Ye (陈晔),Jiao Yuehua (教月华),1991a. Morphological studies of *Rhaphidopteris hsui* sp. nov. Acta Botanica Sinica, 33 (6):443-449, pls. 1, 2, figs. 1-4. (in Chinese with English summary)

Cheng Lizhu (程丽珠),1982. Palaeozoic plants // Geological Bureau of Hunan Province. The palaeontological atlas of Hunan. People's Republic of China, Ministry of Geology and Mineral Resources, Geological Memoirs, 2: 506-520, pls. 323-333, text-figs. 5-9. (in Chinese)

Chow Huiqin (周惠琴),1963. Plants//The 3rd Laboratory of Academy of Geological Sciences, Ministry of Geology. Fossil atlas of Nanling. Beijing:Industry Press:158-176,pls. 65-76. (in Chinese)

Chow Huiqin (周惠琴),Huang Zhigao (黄枝高),Chang Chichen (张志诚),1976. A supplement of the plant kingdom // Bureau of Geology of Inner Mongolia Autonomous Region, Northeast Institute of Geological Sciences. Palaeotologica atlas of North China, Inner Mongolia Volume: II Mesozoic and Cenozoic. Beijing:Geological Publishing House:204-213. (in Chinese)

Chow T H (周赞衡),1923. A preliminary note on some younger Mesozoic plants from Shandong (Shantung). Bulletin of Geological Survey of China,5 (2):81-141,pls. 1,2. (in Chinese with English)

Delle G V,1959. Ginkgvye (Gingoales) iz Iurskikh otlozhenii Tkvarchel'skogo luglenoshogo basseina v Zakavkaz'e. Botanicheskii Zhurnal,44 (1):87-91. (in Russian)

Deng Longhua (邓龙华),1976. A review of the "bamboo shoot" fossils at Yenzhou recorded in *Dream pool essays* with notes on Shen Kuo's contribution to the development of palaeontology. Acta Palaeontologica Sinica, 15 (1): 1-6, text-figs. 1-4. (in Chinese with

English summary)

Deng Shenghui(邓胜徽), 1995. Early Cretaceous flora of Huolinhe Basin, Inner Mongolia, Northeast China. Beijing: Geological Publishing House: 1-125, pls. 1-48, text-figs. 1-23. (in Chinese with English summary)

Deng Shenghui(邓胜徽), 1998. Plant fossils from Early Cretaceous of Pingzhuang-Yuanbaoshan Basin, Inner Mongolia. Geoscience, 12 (2): 168-172, pls. 1, 2. (in Chinese with English summary)

Deng Shenghui(邓胜徽), Ren Shouqin(任守勤), Chen Fen(陈芬), 1997. Early Cretaceous flora of Hailar, Inner Mongolia, China. Beijing: Geological Publishing House: 1-116, pls. 1-32, text-figs. 1-12. (in Chinese with English summary)

Deng Shenghui(邓胜徽), Yang Xiaoju(杨小菊), Zhou Zhiyan(周志炎), 2004a. An Early Cretaceous *Ginkgo* ovule-bearing organ fossil from Liaoning, Northeast China and its evolutionary implications. Chinese Science Bulletin, 49 (13): 1334-1336. (in Chinese)

Deng Shenghui(邓胜徽), Yang Xiaoju(杨小菊), Zhou Zhiyan(周志炎), 2004b. An Early Cretaceous *Ginkgo* ovule-bearing organ fossil from Liaoning, Northeast China and its evolutionary implications. Chinese Science Bulletin, 49 (16): 1774-1776. (in English)

Deng Shenghui(邓胜徽), Yao Yimin(姚益民), Ye Dequan(叶德泉), Chen Piji(陈丕基), Jin Fan(金帆), Zhang Yiie(张义杰), Xu Kun(许坤), Zhao Yingcheng(赵应成), Yuan Xiaoqi(袁效奇), Zhang Shiben(张师本), et al., 2003. Jurassic System in the North of China: I Stratum Introduction. Beijing: Petroleum Industry Press: 1-399, pls. 1-105. (in Chinese with English summary)

Dijkstra S J, 1971-1974. Fossilium Catalogus: II Planteae (pars 79-86). Uitgeverij Dr. W. Junk N V 's-Gravenhage.

Ding Baoliang(丁保良), Lan Shanxian(蓝善先), Wang Yingping(汪迎平), 1989. Nonmarine Jurassic-Cretaceous volcanassic-sedimentary strata and biota of Zhejiang, Fujian and Jiangxi. Nanjing: Jiangsu Science and Technology Publishing House: 1-139, pls. 1-13, figs. 1-31. (in Chinese with English summary)

Doludenko M P, Rasskazova E S, 1972. Ginkgoales and Czekanowskiales from the Irkutsk Basin//Doludenko, et al. Mesozoic plants of East Siberia. Moscow: Nauka. 7-43. (in Russian)

Dou Yawei(窦亚伟), Sun Zhehua(孙喆华), Wu Shaozu(吴绍祖), Gu Daoyuan(顾道源), 1983. Vegetable kingdom//Regional Geological Surveying Team, Institute of Geosciences of Xinjiang Bureau of Geology, Geological Surveying Department, Xinjiang Bureau of Petroleum. Palaeontological atlas of Northwest China, Xinjiang Uygur Autonomous Region: 2. Beijing: Geological Publishing House: 561-614, pls. 189-226. (in Chinese)

Du Toit A L, 1927. The fossil flora of the Upper Karroo Bed. South African Mus. Annals, V. 22: 289-420.

Duan Shuying(段淑英), 1987. The Jurassic flora of Zhaitang, West Hill of Beijing. Department of Geology, University of Stockholm, Department of Palaeonbotang, Swedish Museum of Natural History, Stockholm: 1-95, pls. 1-22, text-figs. 1-17.

Duan Shuying(段淑英), 1989. Characteristics of the Zhaitang flora and its geological age//Cui Guangzheng, Shi Baoheng. Approach to geosciences of China. Beijing: Peking University

Press:84-93,pls. 1-3. (in Chinese with English summary)

Duan Shuying(段淑英),Chen Ye(陈晔),1982. Mesozoic fossil plants and coal formation of eastern Sichuan Basin// Compilatory Group of Continental Mesozoic Stratigraphy and Palaeontology in Sichuan Basin. Continental Mesozoic stratigraphy and paleontology in Sichuan Basin of China: Part II Paleontological professional papers. Chengdu: People's Publishing House of Sichuan: 491-519,pls. 1-16. (in Chinese with English summary)

Duan Shuying(段淑英),Chen Ye(陈晔),1991. The discovery of two new species of *Eretmophyllum* (Ginkgoales) in China. Cathaya(3):135-142,figs. 1-31.

Duan Shuying(段淑英),Chen Ye(陈晔),Chen Minghong(陈明洪),1983. Late Triassic flora of Ninglang district, Yunnan // The Comprehensive Scientific Expedition to the Qinghai-Tibet Plateau, Chinese Academy of Sciences. Studies in Qinghai-Tibet Plateau: special issue of Hengduan Mountains scientific expedition: I. Kunming: Yunnan People's Press:55-65,pls. 6-12. (in Chinese with English summary)

Duan Shuying(段淑英),Chen Ye(陈晔),Niu Maolin(牛茂林),1986. Middle Jurassic flora from southern margin of Ordos Basin. Acta Botanica Sinica,28(5):549-554,pls. 1,2. (in Chinese with English summary)

Durante M V,1980. On relationship between the Upper Permian flora of Nanshan and synchronous floras of the Angaraland. Palaeont. J. ,1:125-135. (in Russian)

Durante M V,1992. Angaran Upper Permian flora of the Nanshan Section (northern China) // Reports from the scientific expedition to the northwestern province of China under the leadership of Dr. Sven Hedin: the Sino-Swedish expedition, publication 55. IV. 3 Palaeobotany. Stockholm: The Sven Hedin Foundation:7-68,pls. 1-13,text-figs. 1-16.

Engo S,1942. On the fossil flora from the Shulan Coal Field, Kirin Province and the Fushun Coal Field, Fengtien Province. Bulletin of Central National Museum of Manchoukuo(3):33-47,pls. 16,17. (in Japanese and English)

Feistmantel O,1877,On a tree fern stem from the Cretaceous rocks near Trichinopoly in southern India. India Geol. Survey Recs. ,V. 10,Pt. 3:133-140,pl. 10.

Feng Shaonan(冯少南),Chen Gongxing(陈公信),Xi Yunhong(席运宏),Zhang Caifan(张采繁),1977b. Plants// Hubei Institute of Geological Sciences, et al. Fossil atlas of Middle-South China:II. Beijing:Geological Publishing House:622-674,pls. 230-253. (in Chinese)

Feng Shaonan(冯少南),Meng Fansong(孟繁嵩),Chen Gongxing(陈公信),Xi Yunhong(席运宏),Zhang Caifan(张采繁),Liu Yongan(刘永安),1977a. Plants// Hubei Institute Geological Sciences, et al. Fossil atlas of Middle-South China:III. Beijing:Geological Publishing House:195-262,pls. 70-107. (in Chinese)

Florin R, 1936. Die fossilen Ginkgophyten von Franz-Joseph-Land nebst Erörterungen ueber vermeintliche Cordaaitales mesozoischen alters: I. Spezieller Teil: Palaeontographica, Abt. B, Band,81:71-173.

Fontaine W M and White I C,1880. The Permian or upper Carboniferous flora of West Virginia. Pennsylvania 2d Geol. Survey Rept. Progress PP:1-143,pls. 1-38.

Gao Ruiqi(高瑞祺),Zhang Ying(张莹),Cui Tongcui(崔同翠),1994. Cretaceous oil and gas strata of Songliao Basin. Beijing: The Petroleum Industry Press:1-333,pls. 1-22. (in Chinese with English title)

Genkina R Z,1966. The fossil flora and stratigraphy of the Lower Mesozoic deposits of the Issk-Kul, Trough, Moscow. (in Russian)

Gothan W,Sze H C(斯行健),1931. Pflanzenreste aus dem Jura von Chinesisch Turkestan (Provinz Sinkiang). Contributions of National Research Institute Geology, Academia Sinica,1:33-40, pl. 1.

Grand'Eury F C,1877. Flore carbonifeere du Deepartement de la Loire et du centre de la France. Acad. Sci. Inst. France Meem. ,V. 24:1-624,pls. 1-34.

Gu Daoyuan(顾道源),1984. Pteridiophyta and Gymnospermae//Geological Survey of Xinjiang Administrative Bureau of Petroleum, Regional Surveying Team of Xinjiang Geological Bureau. Fossil atlas of Northwest China, Xinjiang Uygur Autonomous Region Volume: Ⅲ Mesozoic and Cenozoic. Beijing:Geological Publishing House:134-158,pls. 64-81. (in Chinese)

Halle T G,1927. Palaeozoic plants from central Shanxi (Shansi). Palaeontologia Sinica,Series A,2(1):1-316,pls. 1-64.

Harris T M,1926. The Rhaetic flora of Scoresby Sound,East Greenland. Medd. om Greenland, Bd. 68,Nr. 2:1-147.

Harris T M,1935. The Rhaetic flora of Scoresby Sound,East Greenland. Medd. om Greenland, Bd. 112,Nr. 1:1-176.

Harris T M,1937. The fossil flora of Scoresby Sound,East Greenland:Part 5 Stratigraphic relations of the plant beds. Medd. om Greenland,Bd. 112,Nr. 2:1-114. (in English)

Harris T M,1945. Notes on the Jurassic flora of Yorkshire (16-18):16. *Baiera furcata* (L. et H.) Braun; 17. *Sphenobaiera pencten* sp. n. ; 18 *Equisetites lateralis* (Phillips) and its distinction from *E. columnaris* (Brongniart). Ann. Nat. Hist. ,London,Ser. 11,12(88): 213-234.

Harris T M,1946. Notes on the Jurassic flora of Yorkshire (25-27). Ann. Mag. Nat. Hist. , London (11),12:820-835.

Harris T M,1951. Notes on the Jurassic flora of Yorkshire (49-51):49. *Solenites vimineus* (Phillips)n. comb. ;50. *Ginkgo whitbiensis* sp. n. ;51. *Elatides divaricatus* (Bunbury)n. comb. Ann. Mag. Nat. Hist. ,London,(12)4:915-937.

Harris T M,Miller J,1974. Czekanowskiales,the Yorkshire Jurassic flora:Ⅳ. London:Trustees of British Museum (Natural History):79-150.

Harris T M, Millington W,1974. The Yorkshire Jurassic flora:Ⅳ 1. Ginkgoales. London: Trustees of the British Museum (Natural History):1-78.

Hartz N,1896. Plante forsteninger fra Kap Steward I Ostgroenland. Med. om Greenland,19, Kjobenhavn.

He Dechang(何德长),1987. Fossil plants of some Mesozoic coal-bearing strata from Zhejing, Hubei and Fujiang//Qing Lijun,Bai Qingzhao,Xiong Cunwei,Wu Jingjun,Xu Maoyu,He Dechang,Wang Saiyu. Mesozoic coal-bearing strata from South China. Beijing:China Coal Industry Press:1-322,pls. 1-69. (in Chinese)

He Dechang(何德长),Shen Xiangpen(沈襄鹏),1980. Plant fossils//Institute of Geology and Prospect, Chinese Academy of Coal Sciences. Fossils of the Mesozoic coal-bearing series from Hunan and Jiangxi provinces:Ⅳ. Beijing:China Coal Industry Publishing House:1-

49, pls. 1-26. (in Chinese)

Heer O, 1870. Die miocene Flora und Fauna Spitzbergens, in Flora fossilis arctica, Band 2, Heft 3. Kgl. Svenska Vetenskapsakad. Handlingar, V. 8, No. 7:1-98, pls. 1-16.

Heer O, 1876a. Flora fossile halvetiae: Teil I, Die Pflanzen der steinkohlen Periode. Zurich: 1-60, pls. 1-22.

Heer O, 1876b. Beitraege zur fossilen Flora Spitzbergens, in Flora fossilis arctica, Band 4, Heft 1. Kgl. Svenska Vetenskapsakad. Handlingar, V. 14:1-141, pls. 1-32.

Heer O, 1876c. Beitraege zur Jura-Flora Ostsibitiens und des Amurlandes, in Flora fossilis arctica, Band 4, Heft 2. Acad. Imp. sci. St. -Peetersbourg Meem. , V. 22:1-122, pls. 1-31.

Heer O, 1878a, Die miocene Flora des Grinnell-landes, in Flora fossilis arctica, Band 5, Heft 1. Zurich:1-38, pls. 1-9.

Heer O, 1878b. Beitraege zur fossilen Flora Sibiriens und des Amurlandes, in Flora fossilis arctica, Band 5, Heft 2. Acad. Imp. sci. St. -Peetersbourg Meem. , V. 25:1-58, pls. 1-15.

Heer O, 1878c. Miocene Flora des Insel Sachalin, in Flora fossilis arctica, Band 5, Heft 3. Acad. Imp. Sci. St. -Peetersbourg Meem. , V. 25:1-61, pls. 1-15.

Heer O, 1878d. Beitraege zur miocene Flora von Sachalin, in Flora fossilis arctica, Band 5, Heft 4. Kgl. Svenska Vetenskapsakad. Handlingar, V. 15, No. 4:1-11, pls. 1-4.

Heer O, 1878e. Ueber fossile Pflanzem von Novaja Selmia in Flora fossilis arctica, Band 5, Heft 5. Kgl. Svenska Vetenskapsakad. Handlingar, V. 15, No. 3:1-6, pl. 1.

Heer O, 1881. Contributions ae la flore fossile du Portugal. Zurich, 51:pl. 28.

Høeg O A, 1967. Ordre Incertae Sedis des Palaeophyllales // Boureau Éd. Traite de Paeobotanique. Tome II. Masson et Cie. Paris:362-433.

He Xilin（何锡麟）, Liang Dunshi（梁敦士）, Shen Shuzhong（沈树忠）, 1996. Research on the Permian flora from Jiangxi Province, China. Xuzhou: China Mining and Technology University Publishing House:1-201, pls. 1-98. (in Chinese with English summary)

He Xilin（何锡麟）, Zhang Yujin（张玉瑾）, Zhu Meili（朱梅丽）, Zhang Guiyun（张桂芸）, Zhuang Shoujiang（庄寿强）, Zeng Yong（曾勇）, Song Ping（宋萍）, 1990. Research on the Late Palaeozoic coal-bearing stratigraphy and biota in Jungar, Inner Mongolia. Xuzhou: China Mining and Technology University Publishing House:1-407, pls. 1-30, text-figs. 1-13. (in Chinese with English summary)

He Yuanliang（何元良）, 1983. Plants// Yang Zunyi, Yin Hongfu, Xu Guirong, et al. Triassic of the South Qilian Mountains. Beijing: Geological Publishing House:38,185-189, pls. 28, 29, figs. 4-60, 4-61. (in Chinese with English title)

He Yuanliang（何元良）, Wu Xiuyuan（吴秀元）, Wu Xiangwu（吴向午）, Li Pejuan（李佩娟）, Li Haomin（李浩敏）, Guo Shuangxing（郭双兴）, 1979. Plants// Nanjing Institute of Geology and Palaeontology, Chinese Academy of Sciences, Qinghai Institute of Geological Sciences. Fossil atlas of Northwest China, Qinghai Volume: II. Beijing: Geological Publishing House:129-167, pls. 50-82. (in Chinese)

Hsu J（徐仁）, Chu C N（朱家楠）, Chen Yeh（陈晔）, Tuan Shuyin（段淑英）, Hu Yufan（胡雨帆）, Chu W C（朱为庆）, 1974. New genera and species of Late Traissic plants from Yongren, Yunnan: I. Acta Botanica Sinica, 16 (3):266-278, pls. 1-8, text-figs. 1-5. (in Chinese with English summary)

Hsu J（徐仁）,Chu C N（朱家楠）,Chen Yeh（陈晔）,Tuan Shuyin（段淑英）,Hu Yufan（胡雨帆）,Chu W C（朱为庆）,1979. Late Triassic Baoding flora,Southwest Sichuan,China. Beijing:Science Press:1-130,pls. 1-75,text-figs. 1-18.（in Chinese）

Hu Shusheng（胡书生）,Mei Meitang（梅美棠）,1993. The Late Mesozoic floral assemblage from the Lower Coal-bearing Member of Chang'an Formation（"Liaoyuan Formation"）in Liaoyuan Coal Field. Memoirs of Beijing Natural History Museum（53）:320-334,pls. 1,2,figs. 1,2.（in Chinese with English summary）

Hu Shusheng（胡书生）,Mei Meitang（梅美棠）,2000. The studies of fossil plants from Early Cretaceous coal-bearing strata in Liaoyuan,Jilin. Chinese Bulletin of Botany,17（Special Issue）:210-219,pl. 1.（in Chinese with English summary）

Hu Yufan（胡雨帆）,1987. Fossil plants of the Permian Series,northern Xinjiang and its flora. Botanical Research,2:159-206,pls. 1-11,text-figs. 1-5.（in Chinese with English summary）

Hu Yufan（胡雨帆）,Tuan Shuying（段淑英）,Chen Yeh（陈晔）,1974. Plant fossils of the Mesozoic coal-bearing strata of Yaan,Sichuan,and their geological age. Acta Botanica Sinica,16（2）:170-172,pls. 1,2,text-fig. 1（in Chinese）

Hu Yufan（胡雨帆）,Xiao Zongzheng（萧宗正）,1987. On the age of the Hongmiaoling Formation in Xishan,Beijing. Geotogical Review,33（6）:559-562,pl. 1.（in Chinese with English summary）

Hu Yufan（胡雨帆）,Xiao Zongzheng（萧宗正）,Ma Jie（马洁）,Wang Qiong（王琼）,1996. On the age and the fossil plants of the Hongmiaoling Formation in Xishan,Beijing. Memoirs of Beijing Natural History Museum（55）:87-89,pls. 1,2.（in Chinese with English summary）

Huang Benhong（黄本宏）,1976. Plants// Geological Bureau of Inner Mongolia Autonomous Region,Northeast Institute Geological Sciences. Fossil atlas of North China,Inner Mongolia Volume:I. Beijing:Geological Publishing House:355-379,pls. 203-225.（in Chinese）

Huang Benhong（黄本宏）,1977. Permian flora from the southeastern part of the Xiao Hinggan Ling（Lesser Khingan Mt.）,Northeast China. Beijing:Geological Publishing House:1-79,pls. 1-43.（in Chinese）

Huang Benhong（黄本宏）,1980. Fossil plants// Shenyang Institute of Geology and Mineral Resources. Palaeontological atlas of Northeast China:1 Palaeozoic. Beijing:Geological Publishing House:525-573,pls. 213-261,text-figs. 20-48.（in Chinese）

Huang Benhong（黄本宏）,1983. Fossil plants from the Taohaiyingzi Formation（Late Permian）in eastern Inner Mongolia. Acta Botanica Sinica,25（6）:580-583,pls. 1,2,text-fig. 1.（in Chinese with English summary）

Huang Benhong（黄本宏）,1986. The Upper Permian and fossil plants in central Da Hinggan Ling Range. Bulletin of the Shenyang Institute of Geology and Mineral Resources,Chinese Academy of Geological Sciences,14:99-111,pls. 1-4,text-figs. 1,2.（in Chinese with English summary）

Huang Benhong（黄本宏）,1993. Carboniferous and Permian systems and floras in the Da Hinggan Range. Beijing:Geological Publishing House:1-141,pls. 1-40.（in Chinese with English summary）

Huang Benhong（黄本宏）,1995. Angara floras in Carboniferous and Permian of China and their relationship with Cathaysian flora // Li Xingxue (editor-in-chief). Fossil floras of China through the geological ages. Guangzhou: Guangdong Science and Technology Press: 224-243, pls. 51-54, text-fig. 5-1. (in Chinese and English)

Huang Lianmeng (黄联盟), Huang Yuning (黄玉宁), Mei Meitang (梅美棠), Li Shengsheng (李生盛), 1989. The Early Permian coal-bearing strata and flora from southwestern Fujian Province, South China. Beijing: China Coal Industry Publishing House: 1-101, pls. 1-43. (in Chinese with English summary)

Huang Qisheng (黄其胜), 1983. The Early Jurassic Xiangshan flora from the Changjiang River Basin in Anhui Province of eastern China. Earth Science: Journal of Wuhan College of Geology (2): 25-36, pls. 2-4. (in Chinese with English summary)

Huang Qisheng (黄其胜), 1985. Discovery of pholidophorids from the Early Jurassic Wuchang Formation in Hubei Province, with notes on the Lower Wuchang Formation. Earth Science: Journal of Wuhan College of Geology, 10 (Special Issue): 187-190, pl. 1. (in Chinese with English summary)

Huang Qisheng (黄其胜), 1988. Vertical diversities of the Early Jurassic plant fossils in the middle-lower Changjiang River Basin. Geological Review, 34 (3): 193-202, pls. 1, 2, figs. 1-3. (in Chinese with English summary)

Huang Qisheng (黄其胜), 1992. Plants // Yin Hongfu, et al. The Triassic of Qinling Mountains and neighbouring areas. Wuhan: Press of China University of Geosciences: 77-85, 174-180, pls. 16-20. (in Chinese with English title)

Huang Qisheng (黄其胜), 2001. Early Jurassic flora and paleoenvironment in the Daxian and Kaixian couties, north border of Sichuan Basin, China. Earth Science: Journal of China University of Geosciences, 26 (3): 221-228. (in Chinese with English summary)

Huang Qisheng (黄其胜), Lu Zongsheng (卢宗盛), 1988a. Late Triassic fossil plants from Shuanghuaishu of Lushi County, Henan Province. Professional Papers of Stratigraphy and Palaeontology, 20: 178-188, pls. 1, 2. (in Chinese with English summary)

Huang Qisheng (黄其胜), Lu Zongsheng (卢宗盛), 1988b. The Early Jurassic Wuchang flora from southeastern Hubei Province. Earth Science: Journal of China University of Geosciences, 13 (5): 545-552, pls. 9-10, figs. 1-4. (in Chinese with English summary)

Huang Qisheng (黄其胜), Lu Zongsheng (卢宗盛), 1992. Coal-bearing strata and fossil assemblage of Early and Middle Jurassic // Li Sitian, Chen Shoutian, Yang Shigong, Huang Qisheng, Xie Xinong, Jiao Yangquan, Lu Zongsheng, Zhao Genrong. Sequence stratigraphy and depositional system analysis of the northeastern Ordos Basin: the fundamental research for the formation, distribution and prediction of Jurassic coal rich units. Beijing: Geological Publishing House: 1-10, pls. 1-3. (in Chinese with English title)

Huang Qisheng (黄其胜), Lu Zongsheng (卢宗盛), Huang Jianyong (黄剑勇), 1998. Early Jurassic Linshan flora from Northeast Jiangxi Province, China. Earth Science: Journal of China University of Geosciences, 23 (3): 219-224, pl. 1, fig. 1. (in Chinese with English summary)

Huang Qisheng (黄其胜), Lu Zongsheng (卢宗盛), Lu Shengmei (鲁胜梅), 1996. The Early Jurassic flora and palaeoclimate in northeastern Sichuan, China. Palaeobotanist, 45: 344-354, pls. 1, 2, text-figs. 1, 2.

Huang Qisheng (黄其胜), Qi Yue (齐悦), 1991. The Early-Middle Majian flora from western Zhejiang Province. Earth Science: Journal of China University of Geosciences, 16 (6): 599-608, pls. 1, 2, figs. 1, 2. (in Chinese with English summary)

Huang Zhigao (黄枝高), Zhou Huiqin (周惠琴), 1980. Fossil plants // Mesozoic stratigraphy and palaeontology from the basin of Shaanxi, Gansu and Ningxia: I. Beijing: Geological Publishing House: 43-104, pls. 1-60. (in Chinese)

Jin Ruoshi (金若时), 1997. Discovery of the plant fossil and significance of the certained age in Jiufengshan Formation the Oupu Basin, Huma County. Heilongjiang Geology, 8 (2): 6-17, pl. 1, figs. 1-4. (in Chinese with English summary)

Jongmana W J, Dijkstra S J, 1974. Gymnospermae (Ginkgophyta et Coniferae): VII. Fossilium Catalogus: II Plantae, Pars 86: 811-935.

Ju Kuixiang (鞠魁祥), Lan Shanxian (蓝善先), 1986. The Mesozoic stratigraphy and the discovery of *Lobatannularia* Kaw. in Lvjiashan, Nanjing. Bulletin of the Nanjing Institute of Geology and Mineral Resources, Chinese Academy of Geological Sciences, 7 (2): 78-88, pls. 1, 2; figs. 1-5. (in Chinese with English summary)

Ju Kuixiang (鞠魁祥), Lan Shanxian (蓝善先), Li Jinhua (李金华), 1983. Late Triassic plants and bivalves from Fanjiatang, Nanjing. Bulletin of the Nanjing Institute of Geology and Mineral Resources, Chinese Academy of Geological Sciences, 4 (4): 112-135, pls. 1-4, figs. 1, 2. (in Chinese with English summary)

Kang Ming (康明), Meng Fanshun (孟凡顺), Ren Baoshan (任宝山), Hu Bin (胡斌), Cheng Zhaobin (程昭斌), Li Baoxian (厉宝贤), 1984. Age of the Yima Formation in western Henan and the establishment of the Yangshuzhuang Formation. Journal of Stratigraphy, 8 (4): 194-198, pl. 1. (in Chinese with English title)

Kawasaki S, 1925. Some older Mesozoic plants is Kores. Bull. Geol. Surv. Chosen (Korea), Vol. 4, Pt. 1.

Kawasaki S, Kon'no E, 1932. The flora of the Heian System: Part 3. Bulletin on Geological Suseum of Chosen, 6 (3): 100-104.

Khudaiberdyev R, 1962. Wood of Ginkgo from the Upper Cretaceous of Southwest Kyzylkum. Akad. Nauk SSSR Doklady, V. 145: 422-424.

Khudayberdyev R, Gomolitakii N P, Lonhanova A V, 1971. Materialy k yurskoy flore Yuzhnoy Fergany, in Paleobotanika Uzbekistana: V. II Records of Jurassie flora of southern Fergana, in Paleobotany of Usbekistan (?). Tashkent, Akad. Nauk Uzbekskoy SSSR, Inst. Bot. ?: 3-61, pls. 1-28, 74.

Kiangsi and Hunan Coal Explorating Command Post, Ministry of Coal (煤炭部湘赣煤田地质会战指挥部), Nanjing Institute of Geology and Palaeontology, Chinese Academy of Sciences (中国科学院南京地质古生物研究所), 1968. Fossil atlas of Mesozoic coal-bearing strata in Kiangsi and Hunan provinces: 1-115, pls. 1-47, text-figs. 1-24. (in Chinese)

Kong Xianzhen (孔宪桢), Xu Huilong (许惠龙), Li Runlan (李润兰), Chang Jianglin (常江林), Liu Lujun (刘陆军), Zhao Xiuhu (赵修祜), Zhang Linxin (张遴信), Liao Zhuoting (廖卓庭), Zhu Huaicheng (朱怀诚), 1996. Late Palaeozoic coal-bearing strata and biota in Shanxi, China. Taiyuan: Shanxi Science and Technology Press: 1-280, pls. 1-49. (in Chinese with English summary)

Kon'no E, 1968. The Upper Permian flora from the eastern border of Northeast China. Science Reports of Tohoku University, Sendai, Japan, Series 2 (Geology) (Special Volume), 39 (3): 159-211, pls. 11-25.

Krasser F, Die von W A, 1901. Obrutschew in China und Centralasien (1893-1894): geasmmelten fossilien Pflanzen. Denkschriften der Könglische Akadedmie der Wissenschaften, Wien. Mathematik-Naturkunde Classe, 70: 139-154, pls. 1-4.

Krasser F, 1906. Fossile Pflanzen aus Transbaikalien, der Mongolei und Mandschurei. Denkschriften der Könglische Akadedmie der Wissenschaften, Wien. Mathematik-Naturkunde Classe, 78: 589-633, pls. 1-4.

Krasser L M, 1943. Budingia nov. gen., eine neue Conifere aus dem Zechstein der Wetterau. Oberhessischen. Gesell. Natur. U. Heilkunde Giessen Ber., New Ser., Naturw., Abt. 1940-43, V. 20-22: 15-19, pl. 1.

Krassilov V A, 1972. Mesozoic flora from the Bureya River region (Ginkgoales and Czecanowskiales). Moscow: Nauka: 1-150. (in Russian)

Kräusel R, 1943. Die Ginkgophyten der Trias von Lunz in Nieder-Osterreich und von neue Welt bei Basel. Palaeontographica, Abt. B, 87: 59-93.

Kryshtofovich A N, 1924. Remains of Jurassic plants from Pataoho, Manchuria. Bulletin of Geological Society of China, 3 (1): 105-108.

Kryshtofovich A N, Prynada V, 1932. Contribution to the Mesozoic flora of the Ussuriland. Bull. United Geol. Prosp. Serv. USSR, 51 (22), Leningrad.

Lebedev E L, 1965. Late Jurassic flora of the Zeia River and the Jurassic-Cretaceous boundary. Tr. Geol. Inst. Akad. Nauk. USSR, Moscow, 125: 1-142, pls. 1-36. (in Russian)

Lee H H (李星学), 1955. On the age of the Yunkang Series of the Datong (Tatung) Coal Field in North Shanxi (Shansi). Acta Palaeontologica Sinica, 3 (1): 25-46, pls. 1, 2, text-figs. 1-4. (in Chinese and English)

Lee H H (李星学), 1956. Index plant fossils of the main coal-bearing deposits of China. Beijing: Science Press: 1-23, pls. 1-6. (in Chinese)

Lee H H (李星学), 1963. Fossil plants of the Yuehmenkou Series, North China. Palaeontologia Sinica, Whole Number 148, New Series A, 6: 1-185, pls. 1-45. (in Chinese and English)

Lee H H (李星学), Li P C (李佩娟), Chow T Y (周志炎), Guo S H (郭双兴), 1964. Plants//Wang Y. Handbook of index fossils of South China. Beijing: Science Press: 21-25, 81, 82, 87, 88, 91, 114-117, 123-125, 128-131, 134-136, 139, 140. (in Chinese)

Lee H H (李星学), Wang S (王水), Li P C (李佩娟), Chang S J (张善桢), Yeh M N (叶美娜), Guo S H (郭双兴), Tsao C Y (曹正尧), 1963. Plants//Chao K K. Handbook of index fossils in Northwest China. Beijing: Science Press: 73, 74, 85-87, 97, 98, 107-110, 121-123, 125-131, 133-136, 143, 144, 150-155. (in Chinese)

Lee H H (李星学), Wang S (王水), Li P C (李佩娟), Chow T Y (周志炎), 1962. Plants//Wang Y. Handbook of index fossils in Yangtze area. Beijing: Science Press: 20-23, 77, 78, 89, 96-98, 103, 104, 125-127, 134-137, 146-148, 150-154, 156-158. (in Chinese)

Lee P C (李佩娟), 1964. Fossil plants from the Hsuchiaho Series of Guangyuan (Kwangyuan), northern Sichuan (Szechuan). Memoirs of Institute Geology and Palaeontology, Chinese Academy of Sciences, 3: 101-178, pls. 1-20, text-figs: 1-10. (in Chinese with English summary)

Lee P C (李佩娟), Tsao C Y (曹正尧), Wu S C (吴舜卿), 1976. Mesozoic plants from Yunnan // Nanjing Institute of Geology and Palaeontology, Chinese Academy of Sciences. Mesozoic plants from Yunnan: I. Beijing: Science Press: 87-150, pls. 1-47, text-figs. 1-3. (in Chinese)

Lee P C (李佩娟), Wu S C (吴舜卿), Li B X (厉宝贤), 1974a. Triassic plants // Nanjing Institute of Geology and Palaeontology, Chinese Academy of Sciences. Handbook of stratigraphy and palaeontology in Southwest China. Beijing: Science Press: 354-362, pls. 185-194. (in Chinese)

Lee P C (李佩娟), Wu S C (吴舜卿), Li B X (厉宝贤), 1974b. Early Jurassic plants // Nanjing Institute of Geology and Palaeontology, Chinese Academy of Sciences. Handbook of stratigraphy and palaeontology in Southwest China. Beijing: Science Press: 376-377, pls. 200-202. (in Chinese)

Liang Jiande (梁建德), Yang Zucai (杨祖才), Liu Hongchou (刘洪筹), Lei Jicheng (雷积成), Wang Zonge (王宗峨), Dong Dingxi (董定锡,), Shen Guanglong (沈光隆), 1980. A Permian biostratigraphic Section in eastern Longshou (Lungshou) Mountain of Gansu Province and its significance. Geological Review, 26 (1): 7-15, pls. 1, 2. (in Chinese with English title)

Liao Zhuoting (廖卓庭), Wu Guogan (吴国干) (editors-in-chief), 1998. Oil-bearing strata (Upper Devonian to Jurassic) of the Santanghu Basin in Xinjiang, China. Nanjing: Southeast Uniersity Press: 1-138, pls. 1-31. (in Chinese with English summary)

Li Baoxian (厉宝贤), 1981. On the cuticular structures of *Ginkgoites* from the Haizhou Formation (Upper Jurassic) in Fuxing (Fushin), western Liaoning. Acta Palaeontologica Sinica, 20 (3): 208-215, pls. 1-4. (in Chinese with English summary)

Li Baoxian (厉宝贤), Hu Bin (胡斌), 1984. Fossil plants from the Yongdingzhuang Formation of the Datong Coal Field, northern Shanxi. Acta Palaeontologica Sinica, 23 (2): 135-147, pls. 1-4. (in Chinese with English summary)

Li Chengsen (李承森), Cui Jinzhong (崔金钟), 1995. Atlas of fossil plant anatomy in China. Beijing: Science Press: 1-132, pls. 1-117.

Li Jieru (李杰儒), 1983. Middle Jurassic flora from Houfulongshan region of Jinxi, Liaoning. Bulletin of Geological Society of Liaoning Province, China: 1: 15-29, pls. 1-4. (in Chinese with English summary)

Li Jieru (李杰儒), 1985. Discovery of *Chiaohoella* and *Acanthopteris* from eastern Liaoning and their significance. Liaoning Geology (3): 201-208, pls. 1, 2. (in Chinese with English summary)

Li Jieru (李杰儒), 1988. A study on Mesozoic biostrata of Suzihe Basin. Liaoning Geology (2): 97-124, pls. 1-7. (in Chinese with English summary)

Li Jieru (李杰儒), Li Chaoying (李超英), Sun Changling (孙常玲), 1993. Mesozoic stratigraphic-palaeontology in Dandong area. Liaoning Geology (3): 230-243, pls. 1, 2; figs. 1-3. (in Chinese with English summary)

Li Jie (李洁), Zhen Baosheng (甄保生), Sun Ge (孙革), 1991. First discovery of Late Triassic florule in Wusitentag-Karamiran area of Kulun Mountain of Xinjiang. Xinjiang Geology, 9 (1): 50-58, pls. 1, 2. (in Chinese with English summary)

Lindley J, Hutton W, 1831-1837. The fossil flora of Great Britain, or figures and desciptions of the vegetable remains found in a fossil state in this country: V. 1: 1-48, pls. 1-14 (1831); 49-166, pls. 15-49 (1832); 167-218, pls. 50-79 (1833a); V. 2: 1-54, pls. 80-99 (1833b); 57-156, pls. 100-137 (1834); 157-206, pls. 138-156 (1835); V. 3: 1-72, pls. 157-176 (1835); 73-122, pls. 177-194 (1836); 123-205, pls. 195-230 (1837).

Li Peijuan (李佩娟), 1982. Early Cretaceous plants from the Tuoni Formation of eastern Tibet // Regional Geological Surveying Team, Bureau of Geology and Mineral Resources of Sichuan Province, Nanjing Institute of Geology and Palaeontology, Chinese Academy of Sciences (eds). Stratigraphy and palaeontology in western Sichuan and eastern Tibet, China: Part 2. Chengdu: People's Publishing House of Sichuan: 71-105, pls. 1-14, figs. 1-5. (in Chinese with English summary)

Li Peijuan (李佩娟), 1985. Flora of Early Jurassic Epoch // The Mountaineering Party of the Scientific Expedition, Chinese Academy of Sciences. The Geology and palaeontology of Tuomuer region, Tianshan Mountain. Urumqi: People's Publishing House of Xinjiang: 147-149, pls. 17-21. (in Chinese with English title)

Li Peijuan (李佩娟), He Yuanliang (何元良), Wu Xiangwu (吴向午), Mei Shengwu (梅盛吴), Li Bingyou (李炳胡), 1988. Early and Middle Jurassic strata and their floras from northeastern border of Qaidam Basin, Qinghai. Nanjing: Nanjing University Press: 1-231, pls. 1-140, text-figs. 1-24. (in Chinese with English summary)

Li Peijuan (李佩娟), Wu Xiangwu (吴向午), 1982. Fossil plants from the Late Triassic Lamaya Formation of western Sichuan // Regional Geological Surveying Team, Bureau of Geology and Mineral Resources of Sichuan Province, Nanjing Institute of Geology and Palaeontology, Chinese Academy of Sciences. Stratigraphy and palaeontology in western Sichuan and eastern Tibet, China: Part 2. Chengdu: People's Publishing House of Sichuan: 29-70, pls. 1-22. (in Chinese with English summary)

Liu Hongchou (刘洪筹), Shi Meiliang (史美良), Liang Jiangde (梁建德), Shen Guanglong (沈光隆), 1981. Some biostratigraphic problems of the Bexell's Nanshan Section // Palaeontology Society of China. Selected papers of the 12th Annual Conference of Palaeontological Society of China. Beijing: Science Press: 137-146, pls. 1, 2, text-fig. 1. (in Chinese)

Liu Lujun (刘陆军), Lee C M (李作明), 1998. Permian fossil plants in Central Island, Hongkong // Lee C M, Chen Jinhua, He Guoxiong (editors-in-chief). Palaeontology and stratigraphy of Hongkong: 1. Beijing: Science Press: 215-224, pls. 1-3. (in Chinese)

Liu Lujun (刘陆军), Wang Yi (王怿), Yao Zhaoqi (姚兆奇), 1997. Palaeobotanical characteristics and age of the Laoyemiao Formation in the Shantanghu Basin, northern Xinjiang. Journal of Stratigraphy, 21 (4): 247-252, pls. 1, 2, text-figs. 1, 2. (in Chinese with English summary)

Liu Lujun (刘陆军), Yao Zhaoqi (姚兆奇), 1996. Early Late Permian Angara flora from Turpan-Hami Basin. Acta Palaeontologica Sinica, 35 (6): 644-671, pls. 1-5, text-figs. 1-4. (in Chinese with English summary)

Liu Lujun (刘陆军), Yao Zhaoqi (姚兆奇), Wang Yi (王怿), 1998. Characteristics of Late Devonian-Jurassic floras in the Santanghu Basin, Xinjiang // Liao Zhuoting, Wu Guogan (editors-in-chief). Oil-gas-bearing strata (Upper Devonian-Jurassic) of the Suntanghu

Basin in Xinjiang, China. Nanjing: Southeast University Press: 53-55, pl. 8-13. (in Chinese)

Liu Maoqiang(刘茂强), Mi Jiarong(米家榕), 1981. A discussion on the geological age of the flora and its underlying volcanic rocks of Early Jurassic Epoch near Linjiang, Jilin Province. Journal of the Changchun College of Geology(3):18-39, pls. 1-3, figs. 1, 2. (in Chinese with English title)

Liu Mingwei(刘明渭), 1990. Plants of Laiyang Formation // Regional Geological Surveying Team, Shandong Bureau of Geology and Mineral Resources. The stratigraphy and palaeontology of Laiyang Basin, Shandong Province. Beijing: Geological Publishing House: 196-210, pls. 31-34. (in Chinese with English summary)

Liu Xiuqun(刘秀群), Francis M H, Li Chengsen(李承森), Wang Yufei(王宇飞), 2005. Emendation of *Sorosaccus gracilis* Harris, 1935 (a gymnospermous pollen cones). Acta Phytotaxonmica Sinica, 43(2):182-190. (in English with Chinese summary)

Liu Yusheng(刘裕生), Guo Shuangxing(郭双兴), Ferguson D K, 1996. A catalogue of Cenozoic megafossil plants in China. Palaeontographica, B, 238:141-179.

Liu Zijin(刘子进), 1982a. Vegetable kingdom // Xi'an Institute of Geology and Mineral Resources. Paleontological atlas of Northwest China: Shaanxi, Gansu and Ningxia Volume: Ⅲ Mesozoic and Cenozoic. Beijing: Geological Publishing House: 116-139, pls. 56-75. (in Chinese with English title)

Liu Zijin(刘子进), 1982b. A Preliminary study of Early Jurassic beds and the flora in eastern Gansu. Bulletin of Xi'an Institute of Geology and Mineral Resources, Chinese Academy of Geological Sciences (5):88-100. (in Chinese with English summary)

Li Xingxue(李星学)(editor-in-chief), 1995b. Fossil floras of China through the geological ages. Guangzhou. Guangdong Science and Technology Press: 1-695, pls. 1-144. (in English)

Li Xingxue(李星学)(editor-in-chief), 1995. Fossil floras of China through the geological ages. Guangzhou: Guangdong Science and Technology Press: 1-695, pls. 1-144. (in Chinese and English)

Li Xingxue(李星学), Shen Guanglong(沈光隆), Tian Baolin(田宝林), Wang Shijun(王士俊), Ouyang Shu(欧阳舒), 1995. Some notes on Carboniferous and Permian floras in China // Li Xingxue (editor-in-chief). Fossil floras of China through the geological ages. Guangzhou: Guangdong Science and Technology Press: 244-304, pls. 55-61. (in Chinese and English)

Li Xingxue(李星学), Wu Xiuyuan(吴秀元), Shen Guanglong(沈光隆), Liang Xiluo(梁希洛), Zhu Huaicheng(朱怀诚), Tong Zaisan(佟再三), Li Lan(李兰), 1993. The Namurian and its biota in the east sector of North Qilian Mountain. Jinan: Shandong Science and Technology Publishing House: 1-482, pls. 1-110, text-figs. 1-41. (in Chinese with English summary)

Li Xingxue(李星学), Yao Zhaoqi(姚兆奇), Deng Longhua(邓龙华), 1982. An early Late Permian flora from Toba, Qamdo district, eastern Tibet // The Comprehensive Scientific Expedition Team of the Qinghai-Tibet Plateau, Chinese Academy of Sciences. Palaeontology of Tibet: Ⅴ. Beijing: Science Press: 17-44, pls. 1-13, text-figs. 1-5. (in Chinese with English summary)

Li Xingxue(李星学), Ye Meina(叶美娜), Zhou Zhiyan(周志炎), 1987. Late Early Cretaceous flora from Shansong, Jiaohe, Jilin Province, Northeast China. Palaeontologia Cathayana, 3: 1-53, pls. 1-45, text-figs. 1-12.

Li Zuwang (李祖望), Duan Wenhai (段文海), Zhang Yaling (张亚玲), 1992. The Mesozoic stratigraphy of Aganzhen, Lanzhou and its surrouding area. Acta Geology Gansu, 1 (2): 17-31. (in Chinese with English summary)

Lundblad B, 1959. Studies in the Rhaeto-Liassic floras of Sweden: I, II Ginkgophyta from the mining district of Northwest. Scania. Kungel. Svenska Vetensk Apademiebs Band 6. Handligar, Fjarde Serien, 2: 1-38.

Lu Yanbang (陆彦邦), 1990. Fossil plant assemblages in Late Palaeozoic coal series in Huaibei Coal Field. Journal of Huainan Mining Institute, 10 (1): 14-30, pls. 1-3. (in Chinese with English summary)

Ma Jie (马洁), Du Xianming (杜贤铭), 1989. A new fossil *Ginkgo*, *Primoginkgo dissecta* gen. et sp. nov. from Shihezi Formation of Dongshan in Taiyuan. Memoirs of Beijing Natural History Museum (3943): 1-4, pls. 1, 2. (in Chinese with English summary)

Matthew G F, 1910. Revision of the flora of the Little River group: II Description of the type of *Dadoxylon ouangondianum*. Dawson: Royal Soc. Canada Proc. and Trans., Ser. 3, V. 3, Sec. 4: 77-113, pls. 1-4.

Matuzawa I, 1939. Fossil flora from the Peipiao Coal Field, Manchoukuo and its geological age. Reports of first sciencific expedition to Manchoukuo, 2 (4): 1-16, pls. 1-7.

Mei Meitang (梅美棠), Tian Baolin (田宝霖), Chen Ye (陈晔), Duan Shuying (段淑英), 1988. Floras of coal-bearing strata from China. Xuzhou: China University of Mining and Technology Publishing House: 1-327, pls. 1-60. (in Chinese with English summary)

Meng Fansong (孟繁松), 1981. Fossil plants of the Lingxiang Group of southeastern Hubei and their implications. Bulletin of the Yichang Institute of Geology and Mineral Resources, Chinese Academy of Geological Sciences (1981): Special Issue of Stratigraphy and Palaeontology: 98-105, pls. 1, 2, fig. 1. (in Chinese with English summary)

Meng Fansong (孟繁松), 1983. New materials of fossil plants from the Jiuligang Formation of Jingmen-Dangyang Basin, western Hubei. Professional Papers of Stratigraphy and Palaeontology, 10: 223-238. (in Chinese with English summary)

Meng Fansong (孟繁松), 1987. Fossil plants // Yichang Institute of Geology and Mineral Resources, CAGS. Biostratigraphy of the Changjiang River Basin: 4 Triassic and Jurassic. Beijing: Geological Publishing House: 239-257, pls. 24-37, text-figs. 18-20. (in Chinese with English summary)

Meng Fansong (孟繁松), 1992. New genus and species of fossil plants from Jiuligang Formation in western Hubei. Acta Palaeontologica Sinica, 31 (6): 703-707, pls. 1-3. (in Chinese with English summary)

Meng Fansong (孟繁松), 1999. Middle Jurassic fossil plants in the Changjiang River Basin of China and their paleoclimatic environment. Geology and Mineral Resources of South China (3): 19-26, pl. 1, figs. 1, 2. (in Chinese with English summary)

Meng Fansong (孟繁松), Zhang Zhenlai (张振来), Xu Guanghong (徐光洪), 2002. Jurassic // Wang Xiaofeng and others. Protection of precise geological remains in the Yangtze Gorges area, China with the study of the Archean-Mesozoic multiple stratigraphic subdivision and sea-level change. Beijing: Geological Publishing House: 291-317. (in Chinese with English title)

Mi Jiarong (米家榕), Sun Chunlin (孙春林), 1985. Late Triassic fossil plants from the vicinity of Shuangyang-Panshi, Jilin. Journal of the Changchun College of Geology (3): 1-8, pls. 1, 2, figs. 1-4. (in Chinese with English summary)

Mi Jiarong (米家榕), Sun Chunlin (孙春林), Sun Yuewu (孙跃武), Cui Shangsen (崔尚森), Ai Yongliang (艾永亮), 1996. Early-Middle Jurassic phytoecology and coal-accumulating environments in northern Hebei and western Liaoning. Beijing: Geological Publishing House: 1-169, pls. 1-39, text-figs. 1-20. (in Chinese with English summary)

Mi Jiarong (米家榕), Yuan Qingyang (苑清扬), Sun Chunlin (孙春林), Hou Haitao (侯海涛), 1991. Classification of some fossil ginkgolean leaves by computerization. Acta Botanica Sinica, 33 (4): 297-303, pls. 1, 2. (in Chinese with English summary)

Mi Jiarong (米家榕), Zhang Chuanbo (张川波), Sun Chunlin (孙春林), Luo Guichang (罗桂昌), Sun Yuewu (孙跃武), et al., 1993. Late Triassic stratigraphy, palaeontology and paleogeography of the northern part of the Circum Pacific Belt, China. Beijing: Science Press: 1-219, pls. 1-66, text-figs. 1-47. (in Chinese with English title)

Mi Jiarong (米家榕), Zhang Chuanbo (张川波), Sun Chunlin (孙春林), Yao Chunqing (姚春青), 1984. On the characteristics and the geologic age of the Xingshikou Formation in the West Hill of Beijing. Acta Geologica Sinica, 58 (4): 273-283, fig. 1. (in Chinese with English summary)

Miao Yuyan (苗雨雁), 2003. Discovery of *Leptostrobus laxiflora* Heer from Middle Jurassic Xishanyao Formation in the Baiyang River of Emin, Xijiang. Journal of Jilin University (Earth Science Edition), 33 (3): 263-269. (in Chinese with English summary)

Miao Yuyan (苗雨雁), 2005. New material of Middle Jurassic plants from Baiyang River of northwastern Junggar Basin, Xinjiang, China. Acta Palaeontologica Sinica, 44 (4): 517-534. (in English with Chinese summary)

Miki S, 1964. Mesozoic flora of *Lycoptera* Bed in South Manchuria. Bulletin of Mukogawa Women's University (12): 13-22. (in Japanese with English summary)

Münster G G, 1839-1843. Beitraege zur Petrefacten-Kunde: Pt. 1: 1-125, pls. 1-18 (1839); Pt. 5: 1-131, pls. 1-15 (1842); Pt. 6: 1-100, pls., 1-13 (1843).

Nathorst A G, 1875. Fossila vaexter fraen den stenkolsfoerande formationen vid Palsjoe i Skaene. Geol. Foeren. Stockholm Foerh., V. 2: 373-392.

Nathorst A G, 1878, 1879, 1886. Om floran i. Skånes kolforande Bildningar: I Floran vid Bjuf. Sverig. Geol. Unders. Afh., Stockholm (C), 27, 33, 85: 1-131

Nathorst A G, 1902a. Zur oberdevonischen Flor der Baeren-insel. Kgl. Svenska Vetenskapsakad. Handlingar, V. 36, No. 3: 1-60, pls. 1-14.

Nathorst A G, 1902b. Beitraege Zur Kenntnis einiger mesozoischen Cycadophyten. Kgl. Svenka vetenskqapsakad. Handlingar, V. 36, No. 4: 1-28, pls. 1-3.

Nathorst A G, 1907. Palaeobotanische Mitteilungen: 1, 2. Kgl. Svenska Vetenskapsakad. Handlingar, V. 42, No. 5: 1-16, pls. 1-3.

Nathorst A G, 1980. Braettelse, afgifven till Kongl. Vetenskaps Akademien, om en med understoed af allmaenna medel utfoerd vetenskaplig resa till England. Ofvers. Vetensk

Akad. Forh. ,Stockholm,5:23-84.

Newberry J S,1867 (1865). Description of fossil plants from the Chinese coal-bearing rocks// Pumpelly R. Geological researches in China,Mongolia and Japan during the years 1862-1865. Smithsonian Contributions to Knowledge (Washington),15 (202):119-123,pl. 9.

Ngo C K (敖振宽),1956a. Preliminary notes on the Rhaetic flora from Siaoping Coal Series of Guangdong (Kwangtung). Journal of Central-South Institute of Mining and Metallurgy (1):18-32,pls. 1-7,text-figs. 1-4. (in Chinese)

Ngo C K (敖振宽),1956b. New materials of fossil plants from the Tseshui Coal Series in Shuangfeng County,Hunan. Journal of Central-South Institute of Mining and Metallurgy (1):33-36,pl. 1. (in Chinese)

Nikitin P A,1965. Aquitanian seed flora of Lagernyi Sad (Tomsk). Tomsk Univ. Publishing House:119,pl. 23. *Palaeozoic Plants from China* Writing Group of Nanjing Institute of Geology and Palaeontology,Institute of Botany,Chinese Academy of Sciences (Gu et Zhi) (中国科学院南京地质古生物研究所、植物研究所《中国古生代植物》编写小组),1974. Palaeozoic plants from China. Beijing:Science Press:1-226,pls. 1-130,text-figs. 1-142. (in Chinese)

Ôishi S,1932. The Rhaetic plants from the Nariwa district,Prov. Bitchu (Okayama Prefecture),Japan. J. Fac. Sci. Hokkaido Imp. Univ. ,4,2:257-379.

Ôishi S,1932-1933. Rhaetic Plants from Province Nagato (Yamaguchi Prefecture). Jap. Journ. Fac. Sci. Hokkaido Imp. Univ. ,Ser. 4,Vol. 2,Nos. 1,2.

Ôishi S,1933. A study on the cuticles of some Mesozoic gymnospermous plants from China and Manchuria. Science Reports of Tohoku University,Series 2,12 (2):239-252,pls. 36-39.

Ôishi S,1940. The Mesozoic Floras of Japan. Journ. Fac. Sci. Hokkaido Imp. Univ. ,Ser. 4,Vol. 5,Nos. 2-4.

Ôishi S,1950. Illustrated catalogue of East Asiatic fossil plants. Kyoto:Chigaku-Shiseisha. 1-235. (two volumes:text and plates) (in Japanese)

Ôishi S,Huzioka K,1938. Fossil plants from Nariwa. A Supplement. Journ. Fac. Sci. ,Hokkaido Imp. Univ. ,Ser. 4,Vol. 4,Nos. 1-2.

Jin Kelin (金克林),1991. A large number of valuable plant fossils found from the Yima Coal Field,Henan. Coal Geology of China,3 (4):24. (in Chinese)

Ôishi S,1950. Illustrated catalogue of East Asiatic fossil plants. Kyoto:Chigaku-Shiseisha:1-235,pls. 1-15. (two volumes:texts and plates) (in Japanese)

P'an C H (潘钟祥),1936-1937. Notes on Kawasaki and Konno's *Rhipidopsis brevicaulis* and *Rh. baieroides* of Korea with description of similar form from Youxian (Yuhsien),Henan (Honan). Bulletin of Geological Society of China,16:261-280,pls. 1-5.

P'an C H (潘钟祥),1936. Older Mesozoic plants from North Shanxi (Shensi). Palaeontologia Sinica,Series A,4 (2):1-49,pls. 1-15.

Phillips J,1829. Illustration of the geology of Yorkshire (a description of the strata and organic remains of the Yorkshire Coast).

Potonié H,1903. Pflanzenreste aus der Juraformation: aus "Durch Asien",herausgegb. von Futterer K. ,Band 3,Lieferung 1,S:115-124,figs. 1-3.

Prynada V D,1938. Contribution to the Knowledge of the Mesozoic flora from the Kolyma

Basin. Contribution to the Knowledge of the Kolyma-Indighirka Land, Series Geology and Geomorphology, Fascicle 13: 1-67. (in Russian)

Prynada V D, 1951. Flore mesozoique de Sberie orientale et de Transbaikalie. Trav. Univ. Irkoutsk, 6: 1-37 Atlas. (in Russian)

Qian Lijun (钱丽君), Bai Qingzhao (白清昭), Xiong Cunwei (熊存卫), Wu Jingjun (吴景均), He Dechang (何德长), Zhang Xinmin (张新民), Xu Maoyu (徐茂钰), 1987. Jurassic coal-bearing strata and the characteristics of coal accumlation from northern Shaanxi. Xi'an: Northwest University Press: 1-202, pls. 1-56, text-figs. 1-31. (in Chinese)

Raciborski M, 1891a. Beitraege zur Kenntnis der rhaetischen Flora Polens. Internat. Acad. Sci. Bull. 10: 375-379.

Raciborski M, 1891b. Florn retycka Polnocnego stoku goer sewietokrzyskich (Ueber die rhaetische Flora am Nordabhange des polnischen Mittelgebirges). Polskiej Akad. Rozprawy Wydzialu matemstyczno-przyrodniczego Umiejetnoseci, Seri. 2d, V. 3: 292-326.

Ren Shouqin (任守勤), Chen Fen (陈芬), 1989. Fossil plants from Early Cretaceous Damoguaihe Formation in Wujiu Coal Basin, Hailar, Inner Mongolia. Acta Palaeontologica Sinica, 28 (5): 634-641, pls. 1-3, text-figs. 1, 2. (in Chinese with English summary)

Samylina V A, 1956. New Cycadophytes from the Mesozoic. Akad. Nauk SSSR, Bot. Jour., V. 41: 1334-1339, pl. 1, fig. 7, text fig. 2.

Samylina V A, 1967. The Mesozoic flora of the area to the west of the Kolyma River the Zyrianka Coal-basin: II Ginkgoales, Coniferales, General Chapters. Paleobotanika, Leningrad, 6: 133-175. (in Russian with English summary)

Samylina V A, Kiritchkova A I, 1991. The genus *Czekanowskia*: systematies, history, distribution and stratigraphic signficance. Nauka, Leningrad Otdelenie: 1-135, pls. 4-48. (in Russian with English summary)

Samylina V A, Kiritchkova A I, 1991. The genus *Czekanowskia*: systematies, history, distribution and stratigraphic significance. Leningrad: Leningrad Division, Science Press: 1-144. (in Russian)

Saporta G, 1873e-1875a. Paleontologie francaise ou description des fossiles de la France, plantes jurassiques. Paris, V. 2, Cycadees: 1873e: 1-222, pls. 1-26 (71-96); 1874: 223-288, pls. 27-48 (97-118); 1875a: 289-352, pls. 49-58 (119-128).

Saporta G, 1875b. Sur la decouverte de deux types nouveaux de coniferes dans les schistes permiens de Lodeve (Herault). Acad. Sci. Paris Comptes Rendus, V. 80: 1017-1022.

Saporta G, 1879. Le monde des plantes avant l'apparition de l'homme. Paris, G. Masson: 416, fig. 118.

Saporta G, 1884. Les organisms problematiques des anciennes mers. Paris: 102.

Schenk A, 1865b-1867. Die fossile Flora der grenzschichten des Keupers und Lias Frankens, Wiesbaden, Pts. 1-9: Pt. 1 (1865): 1-32, pls. 1-5; Pts. 2, 3 (1866): 33-96, pls. 6-15; Pt. 4 (1867): 97-128, pls. 16-20; Pts. 5, 6, (1867): 129-192, pls. 21-30; Pts. 7-9 (1867): 193-231, pls. 31-45.

Schenk A, 1883a. Pflanzliche Versteinerungen. Pflanzen der Steinkohlenformation // Richthofen F (von). China: IV. Berlin: 211-244, taf. 30-45, 49, fig. 1.

Schenk A, 1883b. Pflanzliche Versteinerungen. Pflanzen der Juraformation // Richthofen F (von). China: IV. Berlin: 245-267, taf. 46-54.

Schenk A, 1884. Die während der Reise des Grafen Bela Szechenyi in China gesammelten fossilen Pflanzen. Palaeontology, 31 (3): 163-182, pls. 13-15.

Schimper W, 1869-1874. Traitee de paleeontologie veegeetale ou la flore du monde primitive. Paris, J. B. Baillieere et Fils, V. 1: 1-74, pls. 1-56 (1869); V. 2: 1-522, pls. 57-84 (1870); 523-698, pls. 85-94 (1872); V. 3: 1-896, pls. 95-110 (1874).

Schmalhausen J, 1879. Beitraege zur Jura-Flora Russlands. Mem. Acad. Imp. Sciences St. Petersb. , Ser. 7, Pt. 27, No. 4. Seward A C, 1900. Catalogue of the Mesozoic plants in the British Museum: The Jurassic Flora: Part 1　The Yorkshire coast. British Mus. (Nat. History): 341, pls. 21.

Seward A C, 1911. Jurassic plants from Chinese Dzungaria collected by Prof. Obrutschew. Mémoires du Comité Géologique, Nouvelle Série, 75: 1-61, pls. 1-7. (in Russian and English)

Seward A C, 1912. Mesozoic plants from Afghanistan and Afghan-Turkistan. India Geol. Survey Mem. , Palaeontologia Indica, New Ser. , V. 4, Mem. 4: 1-57, pls. 1-7.

Seward A C, 1919. Fossil Plants: IV　Ginkgoales, Coniferales, Gnetales. Cambrige: Cambridge University Press: 1-543. (a text-book for students of botany and geology)

Shang Ping (商平), 1985. Coal-bearing strata and Early Cretaceous flora in Fuxin Basin, Liaoning Province. Journal of Mining Institute, 1985 (4): 99-121. (in Chinese with English summary)

Shang Ping (商平), Fu Guobin (付国斌), Hou Quanzheng (侯全政), Deng Shenghui (邓胜徽), 1999. Middle Jurassic fossil plants from Turpan-Hami Basin, Xinjiang, Northwest China. Geoscience, 13 (4): 403-407, pls. 1, 2. (in Chinese with English summary)

Shen Guanglong (沈光隆), 1995. Permian floras // Li Xingxue (editor-in-chief). Fossil floras of China through the geological ages. Guangzhou: Guangdong Science and Technology Press: 127-223, pls. 36-50, text-figs. 4. 1-4. 5. (in Chinese and English)

Shen K L (沈光隆), 1961. Jurassic fossil plants from Mienhsien Series in the vicinity of Huicheng Hsien of southern Gansu (Kansus). Acta Palaeontologica Sinica, 9 (2): 165-179, pls. 1, 2. (in Chinese with English summary)

Shi Ren (石人), 1959. Occurrence of *Ginkgophyton*, *Platyphyllum*, etc. from the Yohlu Sandstone, Changsha of Hunan. Geological Review, 19 (11): 496. (in Chinese)

Si Xingjian (Sze Hsingchien) (斯行健), 1989. Late Palaeozoic plants from the Qingshuihe region of Inner Mongolia and the Hequ district of northwestern Shanxi. Palaeontologia Sinica, Whole Number 176, New Series A, 11: 1-268, pls. 1-93. (in Chinese and English)

Sixtel T A, 1960. Stratigraphy of the continental deposits of the Upper Permian and Triassic of Central Asia: 101, pls. 19. Tashkent. (in Russian)

Stakislavsky F A, 1971. Fossil flora and stratigraphy of Triassic deposits of the Donbass; Rhaetian flora of the Raiskoye area. Kiev, Akad. Nauk SSSR, Inst. Geol. Nauk: 132, pl. 36. (in Russian)

Sternberg G K, 1820-1838. Versuch einer geognostischen botanischen Darstellung der Flora der Vorwelt: Leipsic and Prague, V. 1: Pt. 1: 1-24 (1820); Pt. 2: 1-33 (1822); Pt. 3: 1-39 (1823); Pt. 4: 1-24 (1825); V. 2, Pt. 5, 6: 1-80 (1833); Pt. 7, 8: 81-220 (1838).

Stockmans F, Mathieu F F, 1939. La flore paleozoique du bassin houiller de Kaiping (Chine).

Ouvrage edite par le Patimoine de Musee royal d'Histoire naturelle de Belaigue:49-165, pls. 1-34.

Stockmans F, Mathieu F F, 1941. Contribution a l'etude de la flore jurassique de la Chine septentrionale. Bulletin du Musee Royal d'Histoire Naturelle de Belgique:33-67, pls. 1-7.

Sun Bainian (孙柏年), Shi Yajun (石亚军), Zhang Chengjun (张成君), Wang Yunpeng (王云鹏), 2005. Cuticular analysis of fossil plants and its application. Beijing: Science Press: 1-116, pls. 1-24. (in Chinese with English summary)

Sun Fusheng (孙阜生), 1989. On subdivision of Angara floral province in light of cluster analysis. Acta Palaeontologica Sinica, 28 (6):773-785, pl. 1, text-figs. 1, 2. (in Chinese with English summary)

Sun Ge (孙革), 1987. Cuticles of *Phoenicopsis* from Northeast China with discussion on its taxonomy. Acta Palaeontologica Sinica, 26 (6):662-688, pls. 1-4, text-figs. 1-6. (in Chinese with English summary)

Sun Ge (孙革), 1993a. *Ginkgo coriacea* Florin from Lower Cretaceous of Huolinhe, northeastern Inner Mongolia, China. Palaeontographica, Abt. B, 230 (1-6):159-168, pls. 1-6, figs. 1-4.

Sun Ge (孙革), 1993b. Late Triassic flora from Tianqiaoling of Jilin, China. Changchun: Jilin Science and Technology Publishing House:1-157, pls. 1-56, figs. 1-11. (in Chinese with English summary)

Sun Ge (孙革), Cao Zhengyao (曹正尧), Li Haomin (李浩敏), Wang Xinfu (王鑫甫), 1995. Cretaceous floras // Li Xingxue (editor-in-chief). Fossil floras of China through the geological ages. Guangzhou: Guangdong Science and Technology Press: 411-454, pls. 118-122, text-figs. 9.1-9.2, tab. 9.1. (in Chinese and English)

Sun Ge (孙革), Mei Shengwu (梅盛吴), 2004. Plants // Yumen Oil Field Company, PetroChina Co., Ltd., Nanjing Institute of Geology and Palaeotology, Chinese Academy of Sciences. Cretaceous and Jurassic stratigraphy and environment of the Chaoshui and Yabulai basins, Northwest China. Hefei: University of Sciences and Technology of China Press:46-48, pls. 5-11. (in Chinese)

Sun Ge (孙革), Shang Ping (商平), 1988. A brief report on preliminary research of Huolinhe coal-bearing Jurassic-Cretaceous plant and strata from eastern Inner Mongolia, China. Journal of Fuxin Mining Institute, 7 (4):69-75, pls. 1-4, figs. 1, 2. (in Chinese with English summary)

Sun Ge (孙革), Susannah J L, Joan W, 2003. *Sphenobaiera ikorfatensis* (Seward) Florin from the Lower Cretaceous of Huolinhe, eastern Inner Mongolia, China. Palaeontology, 46 (2): 423-430

Sun Ge (孙革), Zhao Yanhua (赵衍华), 1992. Paleozoic and Mesozoic plants of Jilin // Jilin Bureau of Geology and Mineral Resources. Palaeontological atlas of Jilin. Changchun: Jilin Science and Technology Press:500-562, pls. 204-259. (in Chinese with English title)

Sun Ge (孙革), Zhao Yanhua (赵衍华), Li Chuntian (李春田), 1983. Late Triassic plants from Dajianggang of Shuangyang County, Jilin Province. Acta Palaeontologica Sinica, 22 (4): 447-459, pls. 1-3, figs. 1-5. (in Chinese with English summary)

Sun Ge (孙革), Zheng Shaoling (郑少林), David L D, Wang Yongdong (王永栋), Mei Shengwu (梅盛吴), 2001. Early angiosperms and their associated plants from western

Liaoning, China. Shanghai: Shanghai Scientific and Technological Education Publishing House:1-227. (in Chinese and English)

Sun Yuewu (孙跃武), Liu Pengju (刘鹏举), Feng Jun (冯君), 1996. Early Jurassic fossil plants from the Nandalong Formation in the vicinity of Shanggu, Chengde of Hebei. Journal of Changchun University of Earth Sciences, 26 (1):9-16, pl. 1. (in Chinese with English summary)

Surveying Group of Department of Geological Exploration of Changchun College of Geology (长春地质学院地勘系), Regional Geological Surveying Team (吉林省地质局区测大队), The 102 Surveying Team of Coal Geology Exploration Company of Jilin (Kirin) Province (吉林省煤田地质勘探公司 102 队调查队), 1977. Late Triassic stratigraphy and plants of Hunchun (Hunkiang), Jinlin (Kirin). Journal of Changchun College of Geology (3):2-12, pls. 1-4, text-fig. 1. (in Chinese)

Sze H C (斯行健), 1931. Beiträge zur liasischen Flora von China. Memoirs of National Research Institute of Geology, Academia Sinica, 12:1-85, pls. 1-10.

Sze H C (斯行健), 1933a. Jurassic plants from Shaanxi (Shensi). Memoirs of National Research Institute of Geology, Academia Sinica, 13:77-86, pls. 11,12.

Sze H C (斯行健), 1933b. Mesozoic plants from Gansu (Kansu). Memoirs of National Research Institute of Geology, Academia Sinica, 13:65-75, pls. 8-10.

Sze H C (斯行健), 1933c. Beiträge zur mesozoischen Flora von China. Palaeontologia Sinica, Series A, 4 (1):1-69, pls. 1-12.

Sze H C (斯行健), 1940. On the occurrence of the *Gigantopteris*-flora in Kwangsi. Bulletin of Geological Society of China, 20 (1):37-48, pl. 1, text-figs. 1-6.

Sze H C (斯行健), 1943. Culm plants of northern Kuangtun. Bulletin of Geological Society of China, 23 (3,4):139-149, pl. 1.

Sze H C (斯行健), 1945. The Cretaceous flora from the Pantou Series in Yunan, Fukien. Journal of Palaeontology, 19 (1):45-59, text-figs. 1-21.

Sze H C (斯行健), 1949. Die mesozoische Flora aus der Hsiangchi Kohlen Serie in western Hubei (Hupeh). Palaeontologia Sinica, Whole Number 133, New Series A, 2:1-71, pls. 1-15.

Sze H C (斯行健), 1952. Pflanzenreste aus dem Jura der Inner Mongolia. Science Record, 5 (1-4):183-190, pls. 1-3.

Sze H C (斯行健), 1953. Atlas of the Palaeozoic plants from China. Beijing:Chinese Academy of Sciences:1-148, pls. 1-80. (in Chinese)

Sze H C (斯行健), 1955a. On a new species of *Pelourdea* from the Upper Shihhotze Series, southeastern Shanxi (Shansi). Acta Palaeontologica Sinica, 3 (3):193-203, pls. 1, 2. (in Chinese with English summary)

Sze H C (斯行健), 1955b. On a new species of *Pelourdea* from the Upper Shihhotze Series, southeastern Shanxi (Shansi). Scientia Sinica, 4 (3):413-419, pls. 1,2.

Sze H C (斯行健), 1956a. Older Mesozoic plants from the Yenchang Formation, northern Shaanxi (Shensi). Palaeontologia Sinica, Whole Number 139, New Series A, 5:1-217, pls. 1-56, text-fig. 1. (in Chinese and English)

Sze H C (斯行健), 1956b. On the occurrence of the Yenchang Formation in Kuyuan district,

Gansu (Kansu) Province. Acta Palaeeontologica Sinica, 4 (3): 285-292. (in Chinese and English)

Sze H C (斯行健), 1956c. The fossil flora of the Mesozoic oil-bearing deposits of the Junggar (Dzungaria) Basin, northwestern Xinjiang (Sinkiang). Acta Palaeontologica Sinica, 4 (4): 461-476, pls. 1-3, text-fig. 1. (in Chinese and English)

Sze H C (斯行健), 1959. Jurassic plants from Tsaidam, Chinghai Province. Acta Palaeontologica Sinica, 7 (1): 1-31, pls. 1-8, text-figs. 1-3. (in Chinese and English)

Sze H C (斯行健), 1960. Late Triassic plants from Tiencho, Gansu (Kansu) // Institute of Geology and Palaeontology, Institute of Geology, Chinese Academy of Sciences, Peking College of Geology. Contributions to geology of Mt. Chilien, 4 (1). Beijing: Science Press: 23-26, pl. 1. (in Chinese)

Sze H C (斯行健), Hsu J (徐仁), 1954. Index fossils of China plants. Beijing: Geological Publishing House: 1-83, pls. 1-68. (in Chinese)

Sze H C (斯行健), Lee H H (李星学), 1950. On the presence of *Walchia* in the Upper Shihhotze Series in North China. Science Record, 3 (2-4): 247-255, pls. 1, 2, text-figs. 1-4 (in English with Chinese)

Sze H C (斯行健), Lee H H (李星学), 1952. Jurassic plants from Sichuan (Szechuan). Palaeontologia Sinica, Whole Number 135, New Series A, 3: 1-38, pls. 1-9, text-figs. 1-5. (in Chinese and English)

Sze H C (斯行健), Lee H H (李星学), et al., 1963. Fossil plants of China: 2 Mesozoic plants from China. Beijing: Science Press: 1-429, pls. 1-118, text-figs. 1-71. (in Chinese)

Takahashi E, 1954. *Czekanowskia rigida* Heer from the Jehol Series, Manchuria. Journal of Geological Society of Japan, 60 (701): 95, text-fig. 1. (in Japanese)

Tan Lin (谭琳), 1982. Stratigraphy // Bureau of Geology and Mineral Resources of Inner Mongolia Autonomous Region. The Mesozoic stratigraphy and paleontology of Guyang Coal-bearing Basin, Inner Mongolia Autonomous Region, China. Beijing: Geological Publishing House: 4-30, pls. 1, 2, figs. 2-7. (in Chinese with English title)

Tan Lin (谭琳), Zhu Jianan (朱家楠), 1982. Palaeobotany // Bureau of Geology and Mineral Resources of Inner Mongolia Autonomous Region. The Mesozoic stratigraphy and paleontology of Guyang Coal-bearing Basin, Inner Mongolia Autonomous Region, China. Beijing: Geological Publishing House: 137-160, pls. 33-41. (in Chinese with English title)

Tao Junrong (陶君容), 1988. Fossil flora and palaeoclimatic significance of Liuqu Formation, Lazi County, Tibet. Memoirs of the Institute of Geology, Chinese Academy of Sciences, 3: 223-238, pls. 1-3. (in Chinese)

Tao Junrong (陶君容), Xiong Xianzheng (熊宪政), 1986. The latest Cretaceous flora of Heilongjiang Province and the floristic relationship between East Asia and North America. Acta Phytotaxonomica Sinica, 24 (1): 1-15, pls. 1-16, fig. 1; 24 (2): 121-135. (in Chinese with English summary)

Teihard de Chardin P, Fritel P H, 1925. Note sur queques grés Mésozoiques a plantes de la Chine septentrionale. Bulletin de la Société Geologique de France, Series 4, 25 (6): 523-540, pls. 20-24, text-figs. 1-7.

Thomas H H, 1914. On some new and rare Jurassic plants from Yorkshire: *Eretmaphyllum*, a new type of ginkgoalian leaf. Cambridge Philos. Soc. Proc. ,V. 17:256-262,pls. 6-7.

Tian Baolin（田宝霖）,Zhang Lianwu（张连武）,1980. Fossil atlas of Wangjiazhai Mine Region in Shuicheng,Guizhou Province. Beijing:China Coal Industry Publishing House:1-110, pls. 1-50. (in Chinese)

Toyama B,Ôishi S,1935. Notes on some Jurassic plants from Jalai Nur (Chalainor), Province North Hsingan, Manchoukuo. Journal of Faculty of Science of Hokkaido Imperial University, Series 4, 3 (1):61-77, pls. 3-5, text-figs. 1-4

Turutanova-Ketova A I, 1931. Contributions to the study of the Jurassic flora of Lake Issyk-Kul Basin in the Kirgiz USSR. Trav. Mus. Geol. Leningrad, 8: 311-356. (in Russian with English summary)

Unger F, 1850a. Genera et species plantarum fossilium. Vienna:627.

Unger F, 1850b. Blaetterabdrucke aus dem Schwefelflotze von Swoszowice in Galicien. Haidinger's Naturw. Abh. ,V. 3,Pt. 1:121-128,pls. 13,14.

Vachrameev V A,Doludenko M P,1961. Upper Jurassic and Lower Cretaceous flora from the Bureya Basin and their stratigraphic significances. Trud Geol. Inst. AN SSSR, 54:1-136. (in Russian)

Vakhrameev V A,1980a. The Mesozoic higher spolophytes of USSR. Moscow:Science Press: 1-230. (in Russian)

Vakhrameev V A,1980b. The Mesozoic gymnosperms of USSR. Moscow:Science Press:1-124. (in Russian)

Wang Dexu（王德旭）,He Bo（贺勃）,Zhang Shuoling（张淑玲）,1986. Characteristics of Permian flora in Qilian Mountain region. Gansu Geology (6):37-60, pls. 1-9, text-figs. 1-3. (in Chinese with English summary)

Wang Guoping（王国平）,Chen Qishi（陈其奭）,Li Yunting（李云亭）,Lan Shanxian（蓝善先）,Ju Kuixiang（鞠魁祥）,1982. Kingdom plant:Mesozoic // Nanjing Institute of Geology and Mineral Resources. Paleontological atlas of East China:3 volume of Mesozoic and Cenozoic. Beijing:Geological Publishing House:236-294. 392-401, pls. 108-134. (in Chinese with English title)

Wang Guoping（王国平）,Lan Shanxian（蓝善先）,Li Hanmin（李汉民）,Li Xingxue（李星学）,Wu Xiuyuan（吴秀元）,Mo Zhuangguang（莫壮观）,Chen Qishi（陈其奭）,Cai Chongyang（蔡重阳）,1982. Plants // Nanjing Institute of Geology and Mineral Resources. Palaeontological atlas of East China:2 Late Palaeozoic. Beijing:Geological Publishing House:336-378, pls. 129-157, text-fig. 92. (in Chinese)

Wang Longwen（汪龙文）,Zhang Renshan（张仁山）,Chang Anzhi（常安之）,Yan Enzeng（严恩增）,Wei Xinyu（韦新育）,1958. Plants // Index fossil of China. Beijing:Geological Publishing House:376-380,468-473,535-564,585-599,603-625,541-663. (in Chinese)

Wang Rennong（王仁农）,Li Guichun（李桂春）,1998. Evolution of coal basins and coalaccumulating laws in China. Beijing:China Coal Industry Publishing House:1-186, pls. 1-48, text-figs. 1-56. (in Chinese with English summary)

Wang Shijun（王士俊）,1992. Late Triassic plants from northern Guangdong Province,China. Guangzhou:Sun Ya-sen University Press:1-100, pls. 1-44, text-figs. 1-4. (in Chinese with English summary)

Wang Wuli（王五力）,Zhang Hong（张宏）,Zhang Lijun（张立君）,Zheng Shaolin（郑少林）,Yang Fanglin（杨芳林）,Li Zhitong（李之彤）,Zheng Yuejuan（郑月娟）,Ding Qiuhong（丁秋红）,2004. Stand sections of Tuchaengzi Stage and Yixian Stage and their stratigraphy, palaeontology and tectonic-volcanic actions. Beijing: Geological Publishing House:1-514,pls. 1-37. (in Chinese with English summar)

Wang Xiangzhen（王祥珍）,Sun Shanda（孙善达）,Yu Baozhu（余宝柱）,Zeng Zhaoyong（曾昭勇）,Sun Daoming（孙道明）,Li Chengwen（李承文）,Wang Kaiping（王凯平）,Li Fujun（李福俊）,Lv Qiyu（吕其玉）,Li Zhengquan（李振泉）,1995. Late Palaeozoic coal-bearing strata and biota in Xuzhou area. Beijing:Science and Technology Press:1-374 pls. 1-52. (in Chinese with English summary)

Wang Xin（王鑫）,1995. Study on the Middle Jurassic flora of Tongchuan, Shaanxi Province. Chinese Journal of Botany,7（1）:81-88,pls. 1-3.

Wang Yongdong（王永栋）,Guignard G,Thvennard F,et al.,2005. Cuticlar anatomy of *Sphenobaiera huangii*（Ginkgoales）from the Lower Jurassic of Hubei,China. American Journal of Botany,92（4）:709-721. (in English)

Wang Zengyin（汪曾荫）,1997. Multiple classification of coal-bearing strata//Shang Guanxiong. Late Palaeozoic coal geology of North China Platform. Taiyuan:Shanxi Science and Technology Press:13-90. (in Chinese)

Wang Ziqiang（王自强）,1984. Plant kingdom//Tianjin Institute of Geology and Mineral Resources. Palaeontological atlas of North China:Ⅱ Mesozoic. Beijing:Geological Publishing House:223-296,367-384,pls. 108-174. (in Chinese with English title)

Wang Ziqiang（王自强）,1985. Palaeovegetation and plate tectonics:palaeophytogeography of North China during Permian and Triassic times. Palaeogeography,Palaeoclimatology,Palaeoecology,49（1）:25-45,pls. 1-4,text-figs. 1,2.

Wang Ziqiang（王自强）,2000. Vegetation declination on the eve of the P-T event in North China and plant survival strategies:an example of Upper Permian refugium in northwestern Shanxi,China. Acta Palaeontologica Sinica,39（Supplement）:127-153,pls. 1-8,text-figs. 1,2. (in Chinese with English summary)

Wang Ziqiang（王自强）,Wang Lixin（王立新）,1986. Late Permian fossil plants from the lower part of the Shiqianfeng（Shihchienfeng）Group in North China. Bulletin of the Tianjin Institute of Geology and Mineral Resources,Chinese Academy of Geological Sciences,15:1-80,pls. 1-40,text-figs. 1-24. (in Chinese with English summary)

Watt A D,1982. Index of generic names of fossil plants（1974-1978）. US Geological Survey Bulletin（1517）:1-63.

Wu Qiqie（吴其切）,Hu Cunli（胡存礼）,Yang Wenda（杨文达）,Mu Yuekong（穆曰孔）,Yu Zhilian（俞芝莲）,1986. Biostigraphy, Lithofacies and oil and gas character of Mesozoic cotintal strata in Jiangsu and its neighbouring district. Bulletin of the Nanjing Institute of Geology and Mineral Resources,Chinese Academy of Geological Sciences（Supplement 2）:1-92,pls. 1-25. (in Chinese with English summary)

Wu Shaozu（吴绍祖）,1989. Fossil plants//Institute of Geology and Mineral Resources, Xinjiang Bureau of Geology and Mineral Resources,Institute of Geology,Chinese Academy of Geological Sciences. Research on the boundary between Permian and Triassic in

Tianshan Mountain of China. Beijing: China Ocean Press: 26-29, 42-44, 85-99, 117-122, pls. 20-23, text-fig. 7-1, 7-2. (in Chinese with English summary)

Wu Shunqing (吴舜卿), 1995. Lower Jurassic plants from Tariqike Formation, northern Tarim Basin. Acta Palaeontologica Sinica, 34 (4): 468-474, pls. 1-3. (in Chinese with English summary)

Wu Shunqing (吴舜卿), 1999a. A preliminary study of the Jehol flora from western Liaoning. Palaeoworld, 11: 7-57, pls. 1-20. (in Chinese with English summary)

Wu Shunqing (吴舜卿), 1999b. Upper Triassic plants from Sichuan. Bulletin of Nanjing Institute of Geology and Palaeontology, Chinese Academy of Sciences, 14: 1-69, pls. 1-52, fig. 1. (in Chinese with English summary)

Wu Shunqing (吴舜卿), 2003. Land plants // Chang Meemann (editor-in-chief). The Jehol Biota. Shanghai: Shanghai Scientific and Technical Publishers: 1-208.

Wu Shunqing (吴舜卿), Lee C M (李作明), Lai K W (黎权伟), He Guoxiong (何国雄), Liao Zhuoting (廖卓庭), 1997. Discovery of Early Jurassic plants from Taio, Hongkong // Lee C M, Chen Jinghua, He Guoxiong (editors-in-chief). Stratigraphy and palaeontology of Hongkong: I. Beijing: Science Press: 163-174, pls. 1-5, fig. 1. (in Chinese)

Wu Shunqing (吴舜卿), Ye Meina (叶美娜), Li Baoxian (厉宝贤), 1980. Upper Triassic and Lower and Middle Jurassic plants from Hsiangchi Group, western Hubei. Memoirs of Nanjing Institute of Geology and Palaeontology, Chinese Academy of Sciences, 14: 63-131, pls. 1-39, text-fig. 1. (in Chinese with English summary)

Wu Shunqing (吴舜卿), Zhou Hanzhong (周汉忠), 1990. A preliminary study of Early Triassic plants from South Tianshan Mountains. Acta Palaeontologica Sinica, 29 (4): 447-459, pls. 1-4. (in Chinese with English summary)

Wu Shunqing (吴舜卿), Zhou Hanzhong (周汉忠), 1996. A preliminary study of Middle Triassic plants from northern margin of the Tarim Basin. Acta Palaeontologica Sinica, 35 (Supplement): 1-13, pls. 1-15. (in Chinese with English summary)

Wu Xiangwu (吴向午), 1982a. Fossil plants from the Upper Triassic Tumaingela Formation in Amdo-Baqen area, northern Tibet // The Comprehensive Scientific Expedition Team to the Qinghai-Tibet Plateau, Chinese Academy of Sciences. Palaeontology of Tibet: V. Beijing: Science Press: 45-62, pls. 1-9. (in Chinese with English summary)

Wu Xiangwu (吴向午), 1982b. Late Triassic plants from eastern Tibet // The Comprehensive Scientific Expedition Team to the Qinghai-Tibet Plateau, Chinese Academy of Sciences. Palaeontology of Tibet: V. Beijing: Science Press: 63-109, pls. 1, 20, text-figs. 1-4. (in Chinese with English summary)

Wu Xiangwu (吴向午), 1993a. Record of generic names of Mesozoic megafossil plants from China (1865-1990). Nanjing: Nanjing University Press: 1-250. (in Chinese with English summary)

Wu Xiangwu (吴向午), 1993b. Index of generic names founded on Mesozoic-Cenozoic specimens from China in 1865-1990. Acta Palaeontologica Sinica, 32 (4): 495-524. (in Chinese with English summary)

Wu Xiangwu (吴向午), 1993c. Early Cretaceous fossil plants from Shangxian Basin of Shaanxi and Nanzhao district of Henan, China. Palaeoworld, 2: 76-99, pls. 1-8, text-fig. 1. (in

Chinese with English title)

Wu Xiangwu (吴向午), Deng Shenghui (邓胜徽), Zhang Yaling (张亚玲), 2002. Fossil plants from the Jurassic of Chaoshui Basin, Northwest China. Palaeoworld, 14: 136-201, pls. 1-17. (in Chinese with English summary)

Wu Xiuyuan (吴秀元), Sun Bainian (孙柏年), Shen Guanglong (沈光隆), Wang Yongdong (王永栋), 1997. Permian fossil plants from northern margin of Tarim Basin, Xinjiang. Acta Palaeontologica Sinica, 36 (Supplement): 1-37, pls. 1-13, text-figs. 1, 2. (in Chinese with English summary)

Xi'an College of Geology, Research Institute of Exploration (西安地质学院), Development of Yumen Petroleum Administration Bureau (玉门石油管理局勘探开发研究院), 1989. Carboniferous and Permian stratigraphy and their sedimentary facies and source-reservoir conditions in the eastern part of Hexi Corridor region, Gansu (Kansu). Xi'an: Northwest University Press: 1-203, pls. 25-40. (in Chinese with English title)

Xiao Suzhen (萧素珍), 1988. New fossil plants of Late Palaeozoic from Shanxi and Henan provinces. Professional Papers of Stratigraphy and Palaeontology, 19: 155-164, pls. 1-3. (in Chinese with English summary)

Xiao Suzhen (萧素珍), Zhang Enpeng (张恩鹏), 1985. Plant kingdom // Tianjin Institute of Geology and Mineral Resources. Palaeontological atlas of North China: 1 Palaeozoic. Beijing: Geological Publishing House: 530-586, pls. 164-205. (in Chinese)

Xiao Zongzheng (萧宗正), Yang Honglian (杨鸿连), Shan Qingsheng (单青生), 1994. The Mesozoic stratigraphy and biota of the Beijing area. Beijing: Geological Publishing House: 1-133, pls. 1-20. (in Chinese with English title)

Xie Mingzhong (谢明忠), Sun Jingsong (孙景嵩), 1992. Flora from Xiahuayuan Formation in Xuanhua Coal Field in Hebei. Coal Geology of China, 4 (4): 12-14, pl. 1. (in Chinese with English title)

Xie Mingzhong (谢明忠), Zhang Shusheng (张树胜), 1995. Late Early Jurassic plants of northwestern Hebei. Coal Geology of China, 7 (2): 22-25, pl. 1. (in Chinese with English title)

Xiu Shengcheng (修申成), Yao Yimin (姚益民), Tao Minghua (陶明华), et al., 2003. Jurassic System in the North of China: Ⅴ Ordos stratigraphic region. Beijing: Petroleum Industry Press: 1-162. (in Chinese with English summary)

Xi Yunhong (席运宏), Yan Guoshun (阎国顺), 1987a. Plant kingdom // Wang Deyou, et al. Stratigraphy and palaeontology of Carboniferous and early Early Permian in Henan. Beijing: China Prospect Publishing House: 243-272. (in Chinese with English summary)

Xi Yunhong (席运宏), Yan Guoshun (阎国顺), 1987b. Pteridophyta and Gymnospermae // Wang Deyou, et al. Stratigraphy and palaeontology of Carboniferous and early Early Permian in Henan. Beijing: China Prospect Publishing House: 243-272, pls. 81-98. (in Chinese with English summary)

Xu Fuxiang (徐福祥), 1975. Fossil plants from the coal field in Tianshui, Gansu. Journal of Lanzhou University (Natural Sciences) (2): 98-109, pls. 1-5. (in Chinese)

Xu Fuxiang (徐福祥), 1986. Early Jurassic plants of Jingyuan, Gansu. Acta Palaeontologica Sinica, 25 (4): 417-425, pls. 1, 2, text-fig. 1. (in Chinese with English summary)

Xu Kun(许坤), Yang Jianguo(杨建国), Tao Minghua(陶明华), Liang Hongde(梁鸿德), Zhao Chuanben(赵传本), Li Ronghui(李荣辉), Kong Hui(孔慧), Li Yu(李瑜), Wan Chuanbiao(万传彪), Peng Weisong(彭维松), 2003. Jurassic System in the North of China: Ⅶ The stratigraphic region of Northeast China. Beijing: Petroleum Industry Press: 1-261, pls. 1-22. (in Chinese with English summar)

Yabe H, 1908. Jurassic plants from Taojiatun (Tao-Chia-Tun), China. Japanese Journal of Geology and Geography, 21(1): 1-10, pls. 1, 2.

Yabe H, 1922. Notes on some Mesozoic plants from Japan, Korea and China. Science Reports of Tohoku Imperial University Sendai, Series 2 (Geology), 7(1): 1-28, pls. 1-4, text-figs. 1-26.

Yabe H, Ôishi S, 1928. Jurassic plants from the Fangzi (Fang-Tzu) Coal Field, Shandong (Shantung). Japanese Journal of Geology and Geography, 6(1,2): 1-14, pls. 1-4.

Yabe H, Ôishi S, 1929. Jurassic plants from Fangzi (Fang-Tzu) Coal Field, Shandong (Shantung), supplement. Japanese Journal of Geology and Geography, 6(3,4): 103-106, pl. 26.

Yabe H, Ôishi S, 1933. Mesozoic plants from Manchuria. Science Reports of Tohoku Imperial University, Sendai, Series 2 (Geology), 12(2): 195-238, pls. 1-6, text-fig. 1.

Yan Defei(阎德飞), Sun Bainian(孙柏年), 2004. The discovery of *Solenites murrayana* L. et H. in Yaojie Coal Field, Gansu and its geological significance. Journal of Lanzhou University (Natural Sciences), 40(3): 84-88, pl. 1. (in Chinese with English summary)

Yang Guangrong(杨光荣), Zhang Yucheng(张玉成), Huang Yunan(黄运安), Li Changlin(李长林), Wang Xinghua(王兴华), 1986. Division of Upper Permian and coal-bearing characters in southern Sichuan. Chongqing: Chongqing Press: 1-153, pls. 16-19. (in Chinese with English summary)

Yang Guanxiu(杨关秀), 1987. Plant fossil assemblage, stratigraphic division and palaeoclimatic analysis of Permian coal measures in Yuxian // Yang Qi (editor-in-chief). Depositional environments and coal-forming characteristics of Late Palaeozoic coal measures in Yuxian, Henan Province. Beijing: Geological Publishing House: 11-54, pls. 2-17. (in Chinese with English summary)

Yang Guanxiu(杨关秀), Chen Feng(陈芬), 1979. Palaeobotany // Hou Hungfei (ed). The coal-bearing strata and fossils of Late Permian from Guangdong. Beijing: Geological Publishing House: 104-139, pls. 16-47. (in Chinese)

Yang Guanxiu(杨关秀), Huang Qisheng(黄其胜), 1985. Atlas of palaeobotany. Wuhan: Wuhan College of Geology Press: 1-237, text-figs. 1-161. (in Chinese)

Yang Jingyao(杨景尧), Liang Xiangyuan(梁湘沅), Li Hongwei(李宏伟), Guo Xinian(郭熙年), 1991. Palaeozoic strata and biota // Guo Xinian, Tang Zhonglin, Li Wancheng (eds). The Late Palaeozoic coal-accumulating laws in Hunan Province. Wuhan: China University of Geosciences Press: 8-68. (in Chinese)

Yang Shu(杨恕), Sun Bainian(孙柏年), Shen Guanglong(沈光隆), 1988. New materials of *Ginkgoites* from Jurassic in vicinity of Lanzhou, Gansu. Journal of Lanzhou University (Natural Sciences), 24 (Special Number of Geology): 70-77, pls. 1, 2. (in Chinese with English summary)

Yang Xianhe (杨贤河), 1978. The vegetable kingdom: Mesozoic // Chengdu Institute of Geology and Mineral Resources (The Southwest China Institute of Geological Science). Atlas of fossils of Southwest China, Sichuan Volume: Ⅱ Carboniferous to Mesozoic. Beijing: Geological Publishing House. 469-536, pl. 156-190. (in Chinese with English title)

Yang Xianhe (杨贤河), 1982. Notes on some Upper Triassic plants from Sichuan Basin // Compilatory Group of Continental Mesozoic Stratigraphy and Palaeontology in Sichuan Basin. Continental Mesozoic stratigraphy and paleontology in Sichuan Basin of China: Part Ⅱ Paleontological professional papers. Chengdu: People's Publishing House of Sichuan: 462-490, pls. 1-16. (in Chinese with English title)

Yang Xianhe (杨贤河), 1986. *Sphenobaierocladus*: a new ginhgophytes genus (Sphenobaieraceae n. fam.) and its affinites. Bulletin of the Chengdu Institute of Geology and Mineral Resources, Chinese Academy of Geological Sciences, 7: 49-60, pl. 1, figs. 1, 2. (in Chinese with English summary)

Yang Xianhe (杨贤河), 1989. Origin, classification and evolution of the class Ginkgophyta. Bulletin of the Chengdu Institute of Geology and Mineral Resources, Chinese Academy of Geological Sciences, 10: 77-90, pl. 1, figs. 1-7. (in Chinese with English summary)

Yang Xiaoju (杨小菊), 2003. New material of fossil plants from the Early Cretaceous Muling Formation of Jixi Basin, eastern Heilongjiang Province, China. Acta Palaeontologica Sinica, 42 (4): 561-584, pls. 1-7. (in English with Chinese summary)

Yang Xiaoju (杨小菊), 2004. *Ginkgoites myrioneurus* sp. nov. and associated shoots from the Lower Cretaceous of the Jixi Basin, Heilongjiang, China. Cretaceous Research, 25 (2004): 739-748.

Yang Xuelin (杨学林), Sun Liwen (孙礼文), 1982a. Fossil plants from the Shahezi and Yingchen formations in southern part of the Songhuajiang-Liaohe Basin, Nertheast China. Acta Palaeontologica Sinica, 21 (5): 588-596, pls. 1-3, text-figs. 1-3. (in Chinese with English summary)

Yang Xuelin (杨学林), Sun Liwen (孙礼文), 1982b. Early-Middle Jurassic coal-bearing deposits and flora from the south eastern part of Da Hinggan Ling, China. Coal Geology of Jilin (1): 1-67. (in Chinese with English summar)

Yang Xuelin (杨学林), Sun Liwen (孙礼文), 1985. Jurassic fossil plants from the southern part of Da Hinggan Ling, China. Bulletin of the Shenyang Institute of Geology and Mineral Resources, Chinese Academy of Geological Sciences, 12: 98-111, pls. 1-3, figs. 1-5. (in Chinese with English summary)

Yang Zunyi (杨遵仪), Yin Hongfu (殷洪福), Xu Guirong (徐桂荣), Wu Shunbao (吴顺宝), He Yuanliang (何元良), Liu Guangcai (刘广才), Yin Jiarun (阴家润), 1983. Triassic of the South Qilian Mountains. Beijing: Geological Publishing House: 1-224, pls. 1-29. (in Chinese with English summary)

Yan Tongsheng (阎同生), Qian Jinping (钱金平), Yuan Jinguo (袁金国), Wang Jian (王健), 2000. Carboniferous and Permian flora and paleoenvironment in Liujiang Coal Field of Hebei, China. Chinese Bulletin of Botany, 17 (Special Issue): 190-198, pl. 1, text-fig. 1. (in Chinese with English summary)

Yan Tongsheng (阎同生), Yang Zunyi (杨遵仪), 2001. The Late Paeonzoic strata and flora in

Funing, Quyang, Hebei. Beijing: Geological Publishing House: 1-89. (in Chinese)

Yao Zhaoqi (姚兆奇), 1989. Psygmophylloids of the Cathaysia flora. Acta Palaeontologica Sinica, 28 (2): 171-191, pls. 1-4, text-figs. 1-3. (in Chinese with English summary)

Ye Meina (叶美娜), Liu Xingyi (刘兴义), Huang Guoqing (黄国清), Chen Lixian (陈立贤), Peng Shijiang (彭时江), Xu Aifu (许爱福), Zhang Bixing (张必兴), 1986. Late Triassic and Early-Middle Jurassic fossil plants from northeastern Sichuan. Hefei: Anhui Science and Technology Publishing House: 1-141, pls. 1-56. (in Chinese with English summary)

Yin Hongfu (殷鸿福), Yang Fengqing (杨逢青), Huang Qisheng (黄其胜), Lai Xulong (赖旭龙), Yang Hengshu (杨恒书), et al., 1992. The Triassic of Qinling Montains and neighbouring areas. Wuhan: Press of the China University of Geosciences: 1-211, pls. 1-20. (in Chinese with English summary)

Yokoyama M, 1889. Jurassic plants from kaga and Echizen. Tokyo Univ. Coll. Sci. Jour., V. 3, Pt. 1: 1-66, pls. 1-14.

Yokoyama M, 1906. Mesozoic plants from China. Journal of College of Sciences, Imperial University, Tokyo, 21 (9): 1-39, pls. 1, 2, text-figs. 1, 2.

Yuan Xiaoqi (袁效奇), Fu Zhiyan (傅智雁), Wang Xifu (王喜富), He Jing (贺静), Xie Liqin (解丽琴), Liu Suibao (刘绥保), 2003. Jurassic System in the North of China: Ⅵ The stratigraphic region of North China. Beijing: Petroleum Industry Press: 1-165, pls. 1-28. (in Chinese with English summary)

Zalessky M D, 1913. Flore gondwanienne du bassin de la Petchora. Soc. Ouralienne Amis Sci. Nat. Catherinebourg Bull., V. 33: 1-31, pls. 1-4.

Zalessky M D, 1918. Flore paleozoique de la serie d'Angara. Comite Geol. Russie Mem. 174: 1-76, pls. 1-63.

Zalessky M D, 1932a. Observations sur l'extension d'une flore fossile voisine de calle de Gondwana dans la partie septentrionale de l'Eurasie: Soc. Geol. France Bull., Ser. 5, V. 2: 109-129.

Zalessky M D, 1932b. Observations sur les vegetaux nouveaux paleozoiques de Siberie: Soc. Geol. Nord Annales, V. 57: 111-134.

Zalessky M D, 1933a. Observations sur le vegetaux du terrain permien inferieur de l'Oural: Pt. 2. Acad. Sci. URSS Bull., 1933: 1093-1103.

Zalessky M D, 1933b. Sur un nouveau vegetal du carbonifere inferieur Caragandites rugosus. Acad. Sci. URSS Bull., 1933, No. 9: 1383-1385.

Zalessky M D, 1933c. Observations sur trois vegetaux nouveaux paleozoiques. Acad. Sci. URSS Bull., 1933, No. 9: 1386-1390.

Zalessky M D, 1933d. Observations sur les vegetaux nouveaux du terrain permien inferieur de l'Oural: Part. 1. Acad. Sci. URSS Bull., 1933, Ser., No. 2: 283-291, fig. 4.

Zeiller R, 1911. Note sur la flore houillere du Chansi. Annales des Mines de Paris, 9 (19): 431-453, pl. 7.

Zeng Yong (曾勇), Shen Shuzhong (沈树忠), Fan Bingheng (范炳恒), 1995. Flora from the coal-bearing strata of Yima Formation in western Henan. Nanchang: Jiangxi Science and Technology Publishing House: 1-92, pls. 1-30, figs. 1-9. (in Chinese with English summary)

Zhang Caifan(张采繁),1982. Mesozoic and Cenozoic plants// Geological Bureau of Hunan. The palaeontological atlas of Human. People's Republic of China, Ministry of Geology and Mineral Resources,Geological Memoirs,2(1):521-543,pls. 334-358. (in Chinese)

Zhang Caifan(张采繁),1986. Early Jurassic flora from eastern Hunan. Professional Papers of Stratigraphy and Palaeontology,14:185-206, pls. 1-6, figs. 1-10. (in Chinese with English summary)

Zhang Chuanbo(张川波),1986. The middle-late Early Cretaceous strata in Yanji Basin,Jilin Province. Journal of the Changchun College of Geology (2):15-28, pls. 1,2, figs. 1-3. (in Chinese with English summary)

Zhang Chuanbo(张川波), Zhao Dongpu(赵东甫), Zhang Xiuying(张秀英), Ding Qiuhong(丁秋红), Yang Chunzhi(杨春志), Shen De'an(沈德安),1991. The coal-bearing horizon of the Late Mesozoic in the eastern edge of the Songliao Basin, Jilin Province. Journal of Changchun University of Earth Sciences, 21 (3):241, 249, pls. 1, 2. (in Chinese with English summary)

Zhang Hanrong(张汉荣), Fan Wenzhong(范文仲), Fan Heping(范和平),1988. The Jurassic coal-bearing strata of the Yuxian area, Hebei. Journal of Stratigraphy,12 (4):281,289, pls. 1,2,figs. 1,2. (in Chinese with English title)

Zhang Hong(张泓),1987. Plant fossils // Institute of Geology and Exploration, China Coal Research Institute, Ministry of Coal Industry, Provincial Coal Exploration Corporation of Shanxi. Sedimentary environment of the coal-bearing strata in Pinglu-Shuoxian Mining Area, China. Xi'an: Shaanxi People's Education Press:195-205, pls. 1-21, text-fig. 129. (in Chinese with English summary)

Zhang Hong(张泓), Li Hengtang(李恒堂), Xiong Cunwei(熊存卫), Zhang Hui(张慧), Wang Yongdong(王永栋), He Zonglian(何宗莲), Lin Guangmao(蔺广茂), Sun Bainian(孙柏年),1998. Jurassic coal-bearing strata and coal accumulation in Northwest China. Beijing:Geological Publishing House:1-317, pls. 1-100. (in Chinese with English summary)

Zhang Jihui(张吉惠),1978. Plants // Stratigraphical and Geological Working Team, Guizhou Province. Fossil atlas of Southwest China, Guizhou Volume: II. Beijing:Geological Publishing House:458-491, pls. 150-165. (in Chinese)

Zhang Wu(张武),1982. Late Triassic fossil plants from Lingyuan County, Liaoning Province. Bulletin of the Shenyang Institute of Geology and Mineral Resources, Chinese Academy of Geological Sciences,3:187-196, pls. 1,2, text-figs. 1-6. (in Chinese with English summary)

Zhang Wu(张武), Chang Chichen(张志诚), Chang Shaoquan(常绍泉),1983. Studies on the Middle Triassic plants from Linjia Formation of Benxi, Liaoning Province. Bulletin of the Shenyang Institute of Geology and Mineral Resources, Chinese Academy of Geological Sciences,8:62-91, pls. 1-5, text-figs. 1-12. (in Chinese with English summary)

Zhang Wu(张武), Zhang Zhicheng(张志诚), Zheng Shaolin(郑少林),1980. Phyllum Pteridophyta, subphyllum Gymnospermae // Shenyang Institute of Geology and Mineral Resources. Paleontological atlas of Northeast China:II Mesozoic and Cenozoic. Beijing:Geological Publishing House:222-308, pls. 112-191, text-figs. 156-206. (in Chinese with English title)

Zhang Wu(张武), Zheng Shaolin(郑少林),1987. Early Mesozoic fossil plants in western Liaoning, Northeast China // Yu Xihan, et al. Mesozoic stratigraphy and palaeontology of western Liaoning:3. Beijing:Geological Publishing House:239-338,pls. 1-30,figs. 1-42. (in Chinese with English summary)

Zhang Wu(张武),Zheng Shaolin(郑少林),Ding Qiuhong(丁秋红),2000. Early Jurassic coniferous woods from Liaoning,China. Liaoning Geology,17(2):88-100,pls. 1-3,figs. 1,2 (in Chinese with English summary)

Zhang Wu(张武),Zheng Shaolin(郑少林),Shang Ping(商平),2000. A new species of ginkgoalean wood (*Ginkgoxylon chinense* Zhang et Zheng sp. nov.)from Lower Cretaceous of Liaoning,China. Acta Palaeontologica Sinica,39(Supplement):220-225,pls. 1,2.

Zhang Zhenlai(张振来),Xu Guanghong(徐光洪),Niu Zhijun(牛志军),Meng Fansong(孟繁松),Yao Huazhou(姚华舟),Huang Zhaoxian(黄照先),2002. Triassic. Wang Xiaofeng, et al. Protection of precise geological remains in the Changjiang River Basin,China with the study of the Archean-Mesozoic multiple stratigraphic subdivision and sea-level change. Beijing:Geological Publishing House:229-266. pls. 1-21. (in Chinese)

Zhang Zhicheng(张志诚),1984. The Upper Cretaceous fossil plant from Jiayin region, northern Heilongjiang. Professional Papers of Stratigraphy and Palaeontology,11:111-132,pls. 1-8,figs. 1,2. (in Chinese with English summary)

Zhang Zhicheng(张志诚),1987. Fossil plants from the Fuxin Formation in Fuxin district,Liaoning Province// Yu Xihan. Mesozoic stratigraphy and palaeontology of western Liaoning:3. Beijing: Geological Publishing House:369-386,pls. 1-7. (in Chinese with English summary)

Zhao Liming(赵立明),Ohana T,Kimura T,1993. A fossil population of *Ginkgo* leaves from the Xingyuan Foramtion, Inner Mongolia. Transaction and Proceedings of the Palaeontological Society of Japan,New Series,169:73-96,figs. 1-7.

Zhao Liming(赵立明),Tao Junrong(陶君容),1991. Fossil plants from Xingyuan Formation, Pingzhuang Chifeng, Inner Mongolia. Acta Botanica Sinica,33(12):963-967,pls. 1,2. (in Chinese with English summary)

Zhao Xiuhu(赵修祜),Liu Lujun(刘陆军),Hou Jihui(侯吉辉),1987. Carboniferous and Permian flora from the coal-bearing strata of southeastern Shanxi, North China// 114th Team of Shanxi Coal Geology and Exploration Corporation,Nanjing Institute of Geology and Palaeontology, Chinese Academy of Sciences. Late Paleozoic coal-bearing strata and biota from southeastern Shanxi, China. Nanjing:Nanjing University Press:61-137,pls. 1-30,text-figs. 1-4. (in Chinese with English summary)

Zhao Xiuhu(赵修祜),Mo Zhuangguan(莫壮观),Zhang Shanzhen(张善桢),Yao Zhaoqi(姚兆奇),1980. Late Permian flora from western Guizhou and eastern Yunnan// Nanjing Institute Geology and Palaeontology, Chinese Academy of Sciences. Stratigraphy and palaeontology of Upper Permian coal measures form western Guizhou and eastern Yunnan. Beijing:Science Press:70-99,pls. 1-23. (in Chinese)

Zheng Shaolin(郑少林),Zhang Wu(张武),1982a. New material of the Middle Jurassic fossil plants from western Liaoning and their stratigraphic significance. Bulletin of the Shenyang Institute of Geology and Mineral Resources,Chinese Academy of Geological Sciences,4: 160-168,pls. 1,2,text-fig. 1. (in Chinese with English summary)

Zheng Shaolin(郑少林),Zhang Wu(张武),1982b. Fossil plants from Longzhaogou and Jixi groups in eastern Heilongjiang Province. Bulletin of the Shenyang Institute of Geology and

Mineral Resources, Chinese Academy of Geological Sciences, 5: 227-349, pls. 1-32, text-figs. 1-17. (in Chinese with English summary)

Zheng Shaolin (郑少林), Zhang Wu (张武), 1989. New materials of fossil plants from the Nieerku Formation at Nanzamu district of Xinbin County, Liaoning Province. Liaoning Geology (1): 26-36, pl. 1, figs. 1, 2. (in Chinese with English summary)

Zheng Shaolin (郑少林), Zhang Wu (张武), 1990. Early and Middle Jurassic fossil flora from Tianshifu, Liaoning. Liaoning Geology (3): 212-237, pls. 1-6, fig. 1. (in Chinese with English summary)

Zheng Shaolin (郑少林), Zhang Wu (张武), 1996. Early Cretaceous flora from central Jilin and northern Liaoning, Northeast China. Palaeobotanist, 45: 378-388, pls. 1-4, text-fig. 1.

Zheng Shaolin (郑少林), Zhang Wu (张武), 2000. Late Paleozoic ginkgoalean woods from northern China. Acta Palaeontologica Sinica, 39 (Supplement): 119-126, pls. 1-3. (in Chinese with English summary)

Zheng Shaolin (郑少林), Zhang Wu (张武), Ding Qiuhong (丁秋红), 2001. Discovery of fossil plants from Middle-Upper Jurassic Tuchengzi Formation in western Liaoning, China. Acta Palaeontologica Sinica, 40 (1): 68-82, pls. 1-3, text-figs. 1-5. (in Chinese with English summary)

Zheng Shaolin (郑少林), Zhou Zhiyan (周志炎), 2004. A new Mesozoic *Gingko* from western Liaoning, China and its evolutionary significance. Review of Palaeobotany & Palynology, 131 (1, 2): 91-103.

Zhong Rong (钟蓉), Chen Fen (陈芬), Fu Zeming (傅泽明), Yuan Ding (袁鼎), 1996. Progress on Carboniferous stratigraphy and sedimentology in western Liaoning Province. Geoscience, 10 (3): 293-302, pls. 1, 2, text-figs. 1-3. (in Chinese with English summary)

Zhou Huiqin (周惠琴), 1981. Discovery of the Upper Triassic flora from Yangcaogou of Beipiao, Liaoning // Palaeontological Society of China. Selected papers from 12th Annual Conference of the Palaeontological Society of China. Beijing: Science Press: 147-152, pls. 1-3, text-fig. 1. (in Chinese with English title)

Zhou Tongshun (周统顺), 1978. On the Mesozoic coal-bearing strata and fossil plants from Fujian Province. Professional Papers of Stratigraphy and Palaeontology, 4: 88-134, pls. 15-30, text-figs. 1-5. (in Chinese)

Zhou Tongshun (周统顺), Cai Kaidi (蔡凯蒂), 1988. Occurrence of Late Angara flora in the Dashankou area of Yumen, Gansu. Professional Papers of Stratigraphy and Palaeontology, 21: 52-61, pls. 1-3, text-fig. 1. (in Chinese with English summary)

Zhou Tongshun (周统顺), Zhou Huiqin (周惠琴), 1986. Fossil plants // Institute of Geology, Chinese Academy of Geological Sciences, Institute of Geology, Xinjiang Bureau of Geology and Mineral Resources. Permian and Triassic strata and fossil assemblages in the Dalongkou area of Jimsar, Xinjiang. Ministry of Geology and Mineral Resources, Geological Memoirs, People's Republic of China, 2 (3): 39-69, pls. 5-20, figs. 1-10. (in Chinese with English summary)

Zhou Zhiyan (周志炎), 1984. Early Liassic plants from southeastern Hunan, China. Palaeontologia Sinica, Whole Number 165, New Series A, 7: 1-91, pls. 1-34, text-figs. 1-14. (in Chinese with English summary)

Zhou Zhiyan（周志炎），1989. Late Triassic plants from Shanqiao, Hengyang, Hunan Province. Palaeontologia Cathayana, 4: 131-197, pls. 1-15, text-figs. 1-46.

Zhou Zhiyan（周志炎），1994. Heterochronic origin of *Ginkgo biloba* type ovule organs. Acta Palaeontologica Sinica, 33 (2): 1-9, pl. 1, text-figs. 1, 2. (in Chinese with English summary)

Zhou Zhiyan（周志炎），1995. Jurassic floras // Li Xingxue (editor-in-chief). Fossil floras of China through the geological ages. Guangzhou: Guangdong Science and Technology Press: 343-410, pls. 82-96, text-figs. 8. 1-8. 6.

Zhou Zhiyan（周志炎），2002. Mesozoic Ginkgoales: phylogeny, classification and evolutionary trens. Acta Botanica Yunnanica, 25 (4): 377-396. (in Chinese with English summary)

Zhou Zhiyan（周志炎），Guiguard G, 1998. Leaf cuticular ultrastructure of two czekanowskialeans from the Middle Jurassic Yima Formation of Henan, China. Review of Palaeobotany and Palynology, 102 (3-4): 179-187, pls. 1-3, text-fig. 1.

Zhou Zhiyan（周志炎），Wu Xiangwu（吴向午）(chief compilers), 2002. Chinese bibliography of palaeobotany (megafossils) (1865-2000). Hefei: University of Science and Technology of China Press: 1-231 (in Chinese); 1-307 (in English).

Zhou Zhiyan（周志炎），Zhang Bole（章伯乐），1988. Two new ginkgolaean female reproductive organs from the Middle Jurassic of Henan Province. Science Bulletin (Kexue Tongbao), 33 (4): 1201-1203, text-fig. 1.

Zhou Zhiyan（周志炎），Zhang Bole（章伯乐），1989. A Middle Jurassic *Ginkgo* with ovule-bearing organs from Henan, China. Palaeontographica, Abt. B, 211: 113-133, pls. 1-8, text-figs. 1-7.

Zhou Zhiyan（周志炎），Zhang Bole（章伯乐），1992. *Baiera hallei* Sze and associated ovule-bearing organs from the Middle Jurassic of Henan, China. Palaeontographica, Abt. B, 224: 151-169, pls. 1-8, text-figs. 1-5.

Zhou Zhiyan（周志炎），Zhang Bole（章伯乐），1996. A Jurassic species of *Arctobaiera* (Czekanowskiales) with leafy long and dwarf shoots from the Middle Jurassic Yima Formation of Henan, China. Palaeobotanist, 45: 361-368, pls. 1, 2, text-figs. 1, 2.

Zhou Zhiyan（周志炎），Zhang Bole（章伯乐），1998. *Tianshia patens* gen. et sp. nov., a new type of leafy shoots associated with *Phoenicopsis* from the Middle Jurassic Yima Formation, Henan, China. Review of Palaeobotany and Palynology, 102 (3, 4): 165-178, pls. 1-4, figs. 1-3.

Zhou Zhiyan（周志炎），Zhang Bole（章伯乐），Wang Yongdong（王永栋），Guignard G, 2002. A new *Karkenia* (Ginkgoales) from the Jurassic Yima Formation, Henan, China and its megaspore membrane ultructure. Review of Palaeobotany & Palynology, 120: 92-105.

Zhou Zhiyan（周志炎），Zheng Shaolin（郑少林），2003. The missing link in *Ginkgo* evolution. Nature, 423: 821, 822.

Zhu Jianan（朱家楠），Feng Shaonan（冯少南），1992. Some fossil plants from Gutian Formation of Lianyang, Guangdong Province and their significance. Acta Botanica Sinica, 34 (4): 291-301, pls. 1-3, text-figs. 1-5. (in Chinese with English summary)

Zhu Jianan（朱家楠），Geng Baoyin（耿宝印），Lin Tianxing（林天兴），1994. Late Permian flora // Li Zhenyu. The series of the bioresources expedition on the Longqi Mountain nature reserve: plant of the Longqi Mountain: Ⅱ. Beijing: China Science and Technology Publishing House: 7-26, pls.

1-8. (in Chinese)

Zhu Jianan (朱家楠), Hu Yufan (胡雨帆), Li Zhengji (李正积), 1984. Late Permian strata and fossil plants from Junlian area, South Sichuan. Professional Papers of Stratigraphy and Palaeontology, 11:133-147, pls. 1-3, text-figs. 1-5. (in Chinese with English summary)

Zhu Tong (朱彤), 1990. The Permian coal-bearing strata and palaeobiocoenosis of Fujian. Beijing:Geological Publishing House:1-127, pls. 1-47. (in Chinese with English summary)